面向 21 世纪课程教材
"十二五"普通高等教育本科国家级规划教材
普通高等教育土建学科专业"十二五"规划教材

教育部2009年度普通高等教育精品教材
高校土木工程专业指导委员会规划推荐教材
（经典精品系列教材）

# 混凝土结构

中册　混凝土结构与砌体结构设计

（第五版）

东南大学　程文瀼　李爱群
同济大学　颜德姮　　　　主编
天津大学　王铁成
清华大学　叶列平　　　　主审

中国建筑工业出版社

图书在版编目（CIP）数据

混凝土结构　中册　混凝土结构与砌体结构设计/程文瀼等主编. —5版. —北京：中国建筑工业出版社，2012.6

面向21世纪课程教材．"十二五"普通高等教育本科国家级规划教材．普通高等教育土建学科专业"十二五"规划教材．教育部2009年度普通高等教育精品教材．高校土木工程专业指导委员会规划推荐教材（经典精品系列教材）

ISBN 978-7-112-14396-2

Ⅰ.①混… Ⅱ.①程… Ⅲ.①混凝土结构-结构设计②砌块结构-结构设计 Ⅳ.①TU37

中国版本图书馆CIP数据核字（2012）第115258号

面 向 21 世 纪 课 程 教 材
"十二五"普通高等教育本科国家级规划教材
普通高等教育土建学科专业"十二五"规划教材
教育部2009年度普通高等教育精品教材
高校土木工程专业指导委员会规划推荐教材
（经典精品系列教材）

混 凝 土 结 构
中册　混凝土结构与砌体结构设计
（第五版）

东南大学　程文瀼　李爱群
同济大学　颜德姮　　　　主编
天津大学　王铁成
清华大学　叶列平　　　　主审

\*

中国建筑工业出版社出版、发行（北京西郊百万庄）
各地新华书店、建筑书店经销
北京红光制版公司制版
北京建筑工业印刷厂印刷

\*

开本：787×960毫米　1/16　印张：30$\frac{1}{2}$　字数：630千字
2012年8月第五版　2014年11月第二十六次印刷
定价：**56.00**元
ISBN 978-7-112-14396-2
（22466）

**版权所有　翻印必究**
如有印装质量问题，可寄本社退换
（邮政编码 100037）

本教材分为上、中、下三册。此次修订全面参照最新的国家规范和标准对全书内容进行了梳理、充实和重新编排，使本教材能更好地适应当前混凝土结构课程教学发展的需要。上册混凝土结构设计原理，主要讲述基本理论和基本构件；中册混凝土结构与砌体结构设计，主要讲述楼盖、单层厂房、多层框架、高层建筑、砌体结构；下册为混凝土公路桥设计。

中册共分6章，主要结合《混凝土结构设计规范》(GB 50010—2010)、《建筑结构荷载规范》(GB 50009—2001)(2006年版)、《高层建筑混凝土结构技术规程》(JGJ3—2010)、《砌体结构设计规范》(GB 50003—2011)编写，内容包括：混凝土结构设计的一般原则和方法、楼盖、单层厂房、多层框架结构、高层建筑结构、砌体结构设计等。

本教材可作为高校土木工程专业教材，也可供从事混凝土结构设计、制作、施工等工程技术人员参考。

\* \* \*

责任编辑：朱首明　王　跃　吉万旺
责任设计：李志立
责任校对：张　颖　赵　颖

# 出 版 说 明

  1998年教育部颁布普通高等学校本科专业目录，将原建筑工程、交通土建工程等多个专业合并为土木工程专业。为适应大土木的教学需要，高等学校土木工程学科专业指导委员会编制出版了《高等学校土木工程专业本科教育培养目标和培养方案及课程教学大纲》，并组织我国土木工程专业教育领域的优秀专家编写了《高校土木工程专业指导委员会规划推荐教材》。该系列教材2002年起陆续出版，共40余册，十余年来多次修订，在土木工程专业教学中起到了积极的指导作用。

  本系列教材从宽口径、大土木的概念出发，根据教育部有关高等教育土木工程专业课程设置的教学要求编写，经过多年的建设和发展，逐步形成了自己的特色。本系列教材投入使用之后，学生、教师以及教育和行业行政主管部门对教材给予了很高评价。本系列教材曾被教育部评为面向21世纪课程教材，其中大多数曾被评为普通高等教育"十一五"国家级规划教材和普通高等教育土建学科专业"十五"、"十一五"、"十二五"规划教材，并有11种入选教育部普通高等教育精品教材。2012年，本系列教材全部入选第一批"十二五"普通高等教育本科国家级规划教材。

  2011年，高等学校土木工程学科专业指导委员会根据国家教育行政主管部门的要求以及新时期我国土木工程专业教学现状，编制了《高等学校土木工程本科指导性专业规范》。在此基础上，高等学校土木工程学科专业指导委员会及时规划出版了高等学校土木工程本科指导性专业规范配套教材。为区分两套教材，特在原系列教材丛书名《高校土木工程专业指导委员会规划推荐教材》后加上经典精品系列教材。各位主编将根据教育部《关于印发第一批"十二五"普通高等教育本科国家级规划教材书目的通知》要求，及时对教材进行修订完善，补充反映土木工程学科及行业发展的最新知识和技术内容，与时俱进。

高等学校土木工程学科专业指导委员会<br>
中国建筑工业出版社<br>
2013年2月

# 第五版前言

在编写第五版时,感到压力特别大。一是因为这本教材的发行量一直很大。二是因为本教材的老前辈,清华大学滕智明教授、东南大学丁大钧教授、本教材的主审清华大学江见鲸教授以及主要编写成员东南大学蒋永生教授都相继离开了我们。这就鞭策我们必须把本教材修订好,以不辜负大家和前辈们的殷切期望。

本教材是教育部确定的普通高等教育"十一五"国家级规划教材;同时本教材已被住房和城乡建设部评为普通高等教育土建学科专业"十二五"规划教材;也被高校土木工程专业指导委员会评为规划推荐教材。本套教材正在申报普通高等教育"十二五"国家级规划教材。

第五版是在第四版的基础上修订的,仍分为上、中、下三册;章、节都没有大的变动。这次修订,除了按新修订的《混凝土结构设计规范》(GB 50010—2010)和《砌体结构设计规范》(GB 50003—2011)进行修改外,还主要做了以下工作:

1. 对每一章都给出了教学要求,分为基本概念、计算能力和构造要求三方面,并都分为三个档次:对概念,分为"深刻理解"、"理解"和"了解";对计算,分为"熟练掌握"、"掌握"和"会做";对构造,分为"熟悉"、"领会"和"识记(知道)"。

2. 进一步突出重点内容,进一步讲清了难点内容。例如,增加了无腹筋梁斜截面受剪承载力的实验;给出了排架计算例题;用两个控制条件讲清了梁内负钢筋的截断;用控制截面的转移讲清了偏心受压构件的 $P-\delta$ 效应;把小偏心受压分成三种情况,并用两个计算步骤讲清了矩形截面非对称配筋小偏心受压构件截面承载力的设计等。并且对重要的内容,采用黑体字。

3. 为了贯彻规范提出的"宜采用箍筋作为承受剪力的钢筋",并与我国常规设计接轨,在楼盖设计中,不再采用弯起钢筋,并介绍了钢筋的平面表示法。

4. 全面地修改和补充了计算例题。

5. 为了方便教学,对本教材的上册制作了教学光盘。

担任本教材主审的是清华大学博士生导师、教授叶列平博士。

制作本教材教学光盘的是清华大学硕士、东京大学博士,现在北京建筑工程学院任教的祝磊副教授;硕士研究生季亮、黄宇星做了 ppt 编辑工作。

编写本教材第五版的分工如下:上册主编程文瀼、李爱群、王铁成、颜德姮；中册主编程文瀼、李爱群、颜德姮、王铁成；下册主编程文瀼、李爱群、叶见曙、颜德姮、王铁成。参加编写的有：王铁成（第1、2、3、10章）、顾蕙若（第4章）、李砚波（第5、6章）、康谷贻（第3、7章）、高莲娣（第9章）、颜德姮（第9章）、程文瀼（第3、8、12、14、15章）、李爱群（第8、12、15章）、邱洪兴（第11章）、张建荣（第13、14章）、戴国亮（第15章）、叶见曙（第16、17、18章）、安琳（第18章）、张娟秀（第19章）、吴文清（第20章）。熊文（第16、18章）有些图是东南大学硕士研究生高海平画的。

在编写过程中，南昌大学熊进刚教授、常州工学院周军文、刘爱华教授、北京工业大学曹万林教授、北京建筑工程学院刘栋栋教授、南京林业大学黄东升教授、苏毅副教授、扬州大学曹大富教授、华中科技大学袁涌副教授、华北水利水电学院程远兵教授、太原理工大学张文芳教授、河海大学张富有副教授、贵州大学颁亚平教授、深圳大学曹征良教授、西南交通大学林拥军教授、哈尔滨工业大学邹超英教授、山东科技大学韩金生博士、青岛理工大学隋杰英博士、上海师范大学建筑工程学院副教授赵世峰博士后、广东省惠州建筑设计院总工程师任振华博士、中国电子工程设计院设计大师，教授级高级工程师娄宇博士、中国电子工程设计院叶正强博士、中国建筑科学研究院白生翔研究员等对本教材的内容提出了宝贵意见，在此表示衷心感谢。

由程文瀼主编的《混凝土结构学习辅导与习题精解》也同时进行了修订，补充了很多疑难问题的解答，供大家学习时参考。这本《混凝土结构学习辅导与习题精解》（第二版）也是由中国建筑工业出版社出版的。

限于水平，不妥的地方一定很多，欢迎批评指正。

编 者
2011年9月

# 第 四 版 前 言

 这本《混凝土结构》教材主要是供土木工程专业中主修建筑工程，选修桥梁工程的大学生用的。全书有上、中、下三册。上册为《混凝土结构设计原理》，包括绪论、材性、弯、剪、压、拉、扭、变形裂缝和预应力等 9 章；中册为《混凝土结构与砌体结构设计》，包括设计原则和方法、楼盖、单厂、多层框架、高层和砌体结构等 6 章；下册为《混凝土公路桥设计》，包括总体设计、设计原理、梁式桥、拱式桥和墩台设计等 5 章。

 这本教材是教育部确定的普通高等教育"十一五"国家级规划教材，同时也被住房和城乡建设部评为普通高等教育土建学科专业"十一五"规划教材。2007年底，高校土木工程专业指导委员会对"混凝土结构基本原理"和"土力学"两门课程的教材组织了推荐评审工作，本教材的上册被评为住房和城乡建设部高等学校土木工程专业指导委员会"十一五"推荐教材。

 本教材是在原有的第三版基础上进行修订的。这次修订的主要内容是把原来上册第 3 章计算方法的内容都移到现在的中册第 10 章设计原则和方法中去，并把原来分散在楼盖和单厂中的楼面竖向荷载、风、雪荷载等内容也归并到第 10 章中；在上册中删去双偏压，增加型钢混凝土柱和钢管混凝土柱简介；在中册高层中突出剪力墙，并把它单独列为一节；在例题和习题中的受力钢筋大多改为HRB400 级钢筋。

 本教材的重点内容是，受弯构件的正截面受弯承载力、矩形截面偏压构件的正截面承载力计算、单向板肋形楼盖、单跨排架计算、多层框架的近似计算、剪力墙和梁式桥。本教材的难点内容是，保证受弯构件斜截面受弯承载力的构造措施、矩形截面小偏心受压构件的正截面承载力计算、钢筋混凝土超静定结构的内力重分布、排架柱和框架梁、柱控制截面的内力组合。教学中应突出重点内容，讲清难点内容。

 编写本教材第四版的分工如下：上册主编程文瀼、王铁成、颜德姮；中册主编：程文瀼、颜德姮、王铁成；下册主编：程文瀼、叶见曙、颜德姮、王铁成。江见鲸担任全书的主审。参加编写的有：王铁成（第 1、2、3、10 章）、顾蕙若（第 4 章）、李砚波（第 5、6 章）、康谷贻（第 3、5、6、7 章）；高莲娣（第 9 章）、颜德姮（第 9 章）、程文瀼（第 3、8、12、14、15 章）、邱洪兴（第 11 章）、张建荣（第 13、14 章）、戴国亮（第 15 章）、叶见曙（第 16、17、18 章）、安琳（第 18 章）、张秀娟（第 19 章）、吴文清（第 20 章）。东南大学蒋永生教授因病逝世，在此对他以前为本书所做的工作表示感谢。

为满足广大读者的要求，我们按本教材上册和中册的内容，由程文瀼担任主编，编写了《混凝土结构学习辅导与习题精解》，已由中国建筑工业出版社出版，供大家学习时参考。

限于水平，不妥的地方一定很多，欢迎批评指正。

编 者
2008年2月

# 第三版前言

为了写好这本普通高等教育"十五"国家级规划教材，我们做了一些调查研究工作，得到以下三点认识：(1) 这本教材主要是供土木工程专业中主修建筑工程，选修桥梁工程的本科大学生学习混凝土结构、砌体结构和桥梁工程课程用的教科书；(2) 要切实贯彻"少而精"原则，减少和精练教材内容；(3) 避免错误，并减轻学生的经济负担。为此，我们在本教材的第三版中做了以下工作：

1. 调整书的结构，全书仍分为上、中、下三册。上册为混凝土结构设计原理，把原来的第11章混凝土结构按《公路桥规》的设计原理及其在附录中的有关内容放到下册中去。中册为混凝土结构与砌体结构设计，有五章：楼盖、单层厂房、多层框架结构、高层建筑结构、砌体结构。下册为混凝土桥梁设计，有五章：公路混凝土桥总体设计、公路混凝土桥设计原理、混凝土梁式桥、混凝土拱式桥、桥梁墩台设计，是按新修订的《公路钢筋混凝土及预应力混凝土桥涵设计规范》(JTGD 62—2004)编写的。

2. 不再讲述我国工程中已经不用或用得很少的结构和构件，例如单层厂房中的混凝土屋盖和先张法预应力混凝土受弯构件等。对于那些尚待商榷的内容则仍给予保留，例如钢筋混凝土基础和双向偏心受压构件正截面承载力的计算等。

3. 认真地修改了原有的内容，使其进一步完善。

编写本教材第三版的老师如下：上册主编：程文瀼、王铁成、颜德姮；中册主编：程文瀼、颜德姮、王铁成；下册主编：程文瀼、叶见曙、颜德姮、王铁成。参加编写的有：王铁成（第1、2、3章）、杨建江（第4、8章）、顾蕙若（第5章）、李硕波（第6、7章）、康谷贻（第6、7、8章）、蒋永生（第9、15章）、高莲娣（第10章）、颜德姮（第10章）、叶见曙（第16、17、18章）、程文瀼（第4、12、17章）、邱洪兴（第11章）、曹双寅（第12章）、张建荣（第13、14章）、戴国亮（第15章）、吴文清（第20章）、安琳、张娟秀（第18、19章）。全书主审：江见鲸。天津大学陈云霞和东南大学陆莲娣两位教授因退休，没有再参加编写工作，在此向她们表示衷心的敬意。

此外，为满足广大读者的要求，我们已按本教材上册和中册的内容编写了《混凝土结构学习辅导与习题精解》，由中国建筑工业出版社出版，供大家学习时参考。

限于水平，不妥的地方一定很多，欢迎批评指正。

编者<br>2004年6月

# 第 一 版 前 言

本教材是教育部、建设部共同确定的"十五"国家级重点教材,也是我国土木工程专业指导委员会推荐的面向21世纪的教材。

本教材是根据全国高校土木工程专业指导委员会审定通过的教学大纲编写的,分上、中、下册,上册为《混凝土结构设计原理》,属专业基础课教材,主要讲述基本理论和基本构件;中册为《混凝土建筑结构设计》,属专业课教材,主要讲述楼盖、单层厂房、多层框架、高层建筑;下册为《混凝土桥梁设计》,也属专业课教材,主要讲述公路桥梁的设计。

编写本教材时,注意了以教学为主,少而精;突出重点、讲清难点,在讲述基本原理和概念的基础上,结合规范和工程实际;注意与其他课程和教材的衔接与综合应用;体现国内外先进的科学技术成果;有一定数量的例题,每章都有思考题,除第1章外,每章都有习题。

本教材的编写人员都具有丰富的教学经验,上册主编:程文瀼、康谷贻、颜德姮;中、下册主编:程文瀼、颜德姮、康谷贻。参加编写的有:王铁成(第1、2、3章)、陈云霞(第1、2章)、杨建江(第4、8章)、顾蕙若(第5章)、李砚波(第6、7章)、康谷贻(第6、7、8章)、蒋永生(第9章)、高莲娣(第10章)、颜德姮(第10章)、叶见曙(第11、16章)、程文瀼(第11、13章)、邱洪兴(第12章)、曹双寅(第13章)、张建荣(第14、15章)、陆莲娣(第16章)、朱征平(第16章)。全书主审:江见鲸。

原三校合编,清华大学主审,中国建筑工业出版社出版的高等学校推荐教材《混凝土结构》(建筑工程专业用),1995年荣获建设部教材一等奖。本教材是在此基础上全面改编而成的,其中,第11章是按东南大学叶见曙教授主编的高等学校教材《结构设计原理》中的部分内容改编的。

本教材已有近30年的历史,在历届专业指导委员会的指导下,四校的领导和教师紧密合作,投入很多精力进行了三次编写。在此,特向陈肇元、沈祖炎、江见鲸、蒋永生等教授及资深前辈:吉金标、蒋大骅、丁大钧、滕智明、车宏亚、屠成松、范家骥、袁必果、童啟明、黄兴棣、赖国麟、储彭年、曹祖同、于庆荣、姚崇德、张仁爱、戴自强等教授,向中国建筑科学研究院白生翔教授、清华大学叶列平教授,向给予帮助和支持的兄弟院校,向中国建筑工业出版社的领导及有关编辑等表示深深的敬意和感谢。

限于水平,本教材中有不妥之处,请批评指正。

编 者
2000年10月

# 目　　录

## 第 10 章　混凝土结构设计的一般原则和方法 ············· 1
　　§10.1　建筑结构设计的一般原则 ··············· 1
　　§10.2　建筑结构荷载 ···················· 3
　　§10.3　结构的功能要求和极限状态 ·············· 11
　　§10.4　按近似概率的极限状态设计法 ············· 14
　　§10.5　实用设计表达式 ··················· 16
　　思考题 ··························· 26

## 第 11 章　楼盖 ························ 28
　　§11.1　概述 ······················· 28
　　§11.2　现浇单向板肋梁楼盖 ················· 31
　　§11.3　双向板肋梁楼盖 ·················· 68
　　§11.4　无梁楼盖 ····················· 85
　　§11.5　装配式楼盖 ···················· 93
　　§11.6　楼梯与雨篷 ···················· 97
　　思考题 ··························· 106
　　习题 ···························· 110

## 第 12 章　单层厂房 ····················· 111
　　§12.1　单层厂房的结构形式、结构组成和结构布置 ······ 111
　　§12.2　排架计算 ····················· 122
　　§12.3　单层厂房柱 ···················· 148
　　§12.4　柱下独立基础 ··················· 157
　　§12.5　吊车梁 ······················ 167
　　§12.6　单层厂房设计例题 ················· 171
　　思考题 ··························· 198
　　习题 ···························· 198

## 第 13 章　多层框架结构 ···················· 200
　　§13.1　多层框架结构的组成与布置 ·············· 200
　　§13.2　框架结构内力与水平位移的近似计算方法 ········ 206
　　§13.3　多层框架内力组合 ················· 218
　　§13.4　无抗震设防要求时框架结构构件设计 ·········· 222

§13.5　多层框架结构基础 ……………………… 226
　　§13.6　现浇混凝土多层框架结构设计示例 ……… 235
　　思考题 ……………………………………………… 254
　　习题 ………………………………………………… 255

**第14章　高层建筑结构** …………………………… 256
　　§14.1　概述 ………………………………………… 256
　　§14.2　高层建筑结构体系与布置原则 …………… 261
　　§14.3　高层建筑结构上的作用 …………………… 272
　　§14.4　剪力墙构件 ………………………………… 275
　　§14.5　剪力墙结构 ………………………………… 300
　　§14.6　框架—剪力墙结构 ………………………… 308
　　§14.7　筒体结构 …………………………………… 327
　　思考题 ……………………………………………… 340
　　习题 ………………………………………………… 341

**第15章　砌体结构设计** …………………………… 342
　　§15.1　概述 ………………………………………… 342
　　§15.2　砌体与砂浆的种类和强度等级 …………… 343
　　§15.3　砌体结构的设计方法与砌体的强度设计值 … 347
　　§15.4　砌体结构构件的承载力 …………………… 355
　　§15.5　混合结构房屋的砌体结构设计 …………… 380
　　§15.6　墙体的设计计算 …………………………… 391
　　§15.7　圈梁、过梁、挑梁和墙梁的设计 ………… 404
　　§15.8　墙、柱的一般构造要求、框架填充墙和防止
　　　　　　墙体裂缝的措施 …………………………… 424
　　思考题 ……………………………………………… 429
　　习题 ………………………………………………… 430

**附录5　民用建筑楼面均布活荷载标准值及其组合值、频遇值和
　　　　准永久值系数** ……………………………… 435
**附录6　等截面等跨连续梁在常用荷载作用下的内力系数表** … 436
　　附表6-1　两跨梁 ………………………………… 436
　　附表6-2　三跨梁 ………………………………… 437
　　附表6-3　四跨梁 ………………………………… 439
　　附表6-4　五跨梁 ………………………………… 442
**附录7　双向板弯矩、挠度计算系数** …………… 446
　　附表7-1　四边简支 ……………………………… 446
　　附表7-2　三边简支一边固定 …………………… 447
　　附表7-3　对边简支、对边固定 ………………… 448

附表 7-4　四边固定 ·················································· 448
附表 7-5　邻边简支、邻边固定 ······································ 449
附表 7-6　三边固定、一边简支 ······································ 449

**附录8　钢筋混凝土结构伸缩缝最大间距（m）** ···················· 451

**附录9　单阶柱柱顶反力与水平位移系数值** ························ 452

**附录10　规则框架承受均布及倒三角形分布水平力作用时反弯点的高度比** ···················································· 457

附表 10-1　规则框架承受均布水平力作用时标准反弯点的高度比 $y_0$ 值 ························································· 457

附表 10-2　规则框架承受倒三角形分布水平力作用时标准反弯点的高度比 $y_0$ 值 ·············································· 459

附表 10-3　上下层横梁线刚度比对 $y_0$ 的修正值 $y_1$ ················ 461

附表 10-4　上下层高变化对 $y_0$ 的修正值 $y_2$ 和 $y_3$ ················ 461

**附录11　《砌体结构设计规范》GB 50003—2011 的有关规定** ········ 463

附表 11-1　砌体的弹性模量 ······································· 463

附表 11-2　砌体的线膨胀系数和收缩率 ···························· 463

附表 11-3　砌体的摩擦系数 ······································· 464

附表 11-4　烧结普通砖和烧结多孔砖砌体的抗压强度设计值 ········ 464

附表 11-5　混凝土普通砖和混凝土多孔砖砌体的抗压强度设计值 ································································· 464

附表 11-6　蒸压灰砂普通砖和蒸压粉煤灰普通砖砌体的抗压强度设计值 ························································· 464

附表 11-7　单排孔混凝土砌块和轻集料混凝土砌块对孔砌筑砌体的抗压强度设计值 ············································· 465

附表 11-8　双排孔或多排孔轻集料混凝土砌块砌体的抗压强度设计值 ························································· 465

附表 11-9　砌块高度为 180mm～350mm 毛料石砌体的抗压强度设计值 ························································· 465

附表 11-10　毛石砌体的抗压强度设计值 ···························· 465

附表 11-11　沿砌体灰缝截面破坏时砌体的轴心抗拉强度设计值、弯曲抗拉强度设计值和抗剪强度设计值 ······················ 466

附表 11-12　影响系数 $\varphi$ ··············································· 467

附表 11-13　网状配筋砖砌体轴向力影响系数 $\varphi_n$ ··················· 468

附表 11-14　组合砖砌体构件的稳定系数 $\varphi_{com}$ ····················· 469

附表 11-15　砌体结构中钢筋的最小保护层厚度 ····················· 470

**附录12　电动桥式起重机基本参数 5～50/5t 一般用途电动桥式起重机基本参数和尺寸系列（ZQ1-62）** ············· 471

# 第 10 章 混凝土结构设计的一般原则和方法

**教学要求：**

1. 了解建筑结构的组成和类型；了解建筑结构设计的步骤、内容和一般原则；

2. 理解建筑结构上的作用与荷载的定义、荷载分类及其四种代表值；掌握竖向荷载、雪荷载与风荷载的计算方法；

3. 理解建筑结构的功能要求和极限状态；

4. 理解建筑结构按近似概率极限状态设计法的思路及其实用设计表达式。

## §10.1 建筑结构设计的一般原则

### 10.1.1 建筑结构的组成和类型

建筑结构是建筑物的受力主体，以室外地面为界，分为上部结构和下部结构两部分。

**上部结构由水平结构体系和竖向结构体系组成。** 水平结构体系是指各层的楼盖和顶层的屋盖。它们一方面承受楼、屋面的竖向荷载，并把竖向荷载传递给竖向结构体系；另一方面把作用在各层处的水平力传递和分配给竖向结构体系。竖向结构体系的作用是，承受由楼、屋盖传来的竖向力和水平力并将其传给下部结构。由于结构物抵抗侧向力的能力是十分重要的，特别是高层建筑和有抗震设防要求的建筑物更是如此，而这种能力主要是由竖向结构体系提供的，所以常把竖向结构体系称为抗侧力结构体系。

下部结构主要由地下室和基础等组成，其主要作用是把上部结构传来的力可靠地传给天然地基或人工地基。

建筑物的结构类型通常是以上部结构中竖向结构体系的结构类型来命名的。

按结构材料，结构类型可分为砌体结构、混凝土结构、钢结构、组合结构和混合结构等。组合结构指的是结构构件由共同工作的两种或两种以上结构材料构成的结构。例如，由型钢—混凝土梁、柱等构成的钢—混凝土组合结构。混合结构是指整个结构是由两种或两种以上结构材料构成的，但结构构件却都是采用同一种结构材料的结构。例如，常在单层厂房中采用屋盖是钢结构、柱和基础等是混凝土结构的钢—混凝土混合结构。再如，在多层住宅中常采用砌体墙、柱，而楼、屋盖则是混凝土结构的砌体—混凝土混合结构。

按竖向结构体系，结构类型可分为排架结构、框架结构、剪力墙结构、框架—剪力墙结构和筒体结构等。其中，排架、框架和剪力墙是最常用的抗侧力构件，将分别在第12、13、14章中讲述。

### 10.1.2　建筑结构设计的阶段和内容

工程建设通常包括工程勘察、工程设计和工程施工三个主要环节。工程建设应遵守先勘察后设计，先设计后施工的程序。

建筑结构设计是工程设计的重要组成部分，一般分为三个阶段，即初步设计、技术设计和施工图设计。当有条件和经验时，也可把初步设计阶段与技术设计阶段合并，成为二阶段设计。

初步设计阶段的主要内容是，对地基、上下部结构等提出设计方案，并进行技术经济比较，从而确定一个可行的结构方案；同时对结构设计的关键问题提出技术措施。初步设计也常称为方案设计。

技术设计阶段的主要内容是，进行结构平面布置和结构竖向布置；对结构的整体进行荷载效应分析，必要时尚应对结构中受力状况特殊的部分进行更详细地结构分析；确定主要的构造措施以及重要部位和薄弱部位的技术措施。

施工图设计阶段的主要内容是，给出准确完整的各楼层的结构平面布置图；对结构构件及构件的连接进行设计计算，并给出配筋和构造图；给出结构施工说明并以施工图的形式提交最终设计图纸；将整个设计过程中的各项技术工作整理成设计计算书存档。对重要建筑物，当有需要时，还应按实际施工情况，给出竣工图。

### 10.1.3　建筑结构设计的一般原则

建筑结构设计的一般原则是安全、适用、耐久和经济合理。

安全性、适用性和耐久性是建筑结构应满足的功能要求，俗称"三性"，详见下述。

结构设计时应考虑功能要求与经济性之间的均衡，在保证结构可靠的前提下，设计出经济的、技术先进的、施工方便的结构。具体的结构设计原则如下：

（1）详细阅读和领会工程地质勘察报告，把建筑场地的水文、地质等资料作为设计的依据。

（2）把国家、地方和行业的现行设计法规、标准、规范和规程等作为设计的依据，切实遵守有关规定，特别是"强制性条文"的规定。

(3) 采用高性能的结构材料、先进的科学技术、先进的设计计算方法和施工方法。

(4) 结合工程的具体情况，尽可能采用并正确选择标准图。

(5) 宜优先采用有利于建筑工业化的装配式结构和装配整体式结构。

(6) 与其他工种的设计，诸如建筑设计、给水排水设计、电气设计、空气调节与通风设计等互相协调配合。

## §10.2 建筑结构荷载

### 10.2.1 结构上的作用与荷载

使结构产生内力或变形的原因称为"作用"，分直接作用和间接作用两种。荷载是直接作用，混凝土的收缩、温度变化、基础的差异沉降、地震等引起结构外加变形或约束的原因称为间接作用。间接作用与外界因素和结构本身的特性有关。例如，地震对结构物的作用是间接作用，它不仅与地震加速度有关，还与结构自身的动力特性有关，所以**不能把地震作用称为"地震荷载"**。

结构上的作用使结构产生的内力（如弯矩、剪力、轴向力、扭矩等）、变形、裂缝等统称为作用效应或荷载效应。荷载与荷载效应之间通常按某种关系相联系。

### 10.2.2 荷载的分类

按作用时间的长短和性质，荷载可分为永久荷载、可变荷载和偶然荷载三类。

(1) 永久荷载

永久荷载是指在设计使用期内，其值不随时间而变化，或其变化与平均值相比可以忽略不计，或其变化是单调的并能趋于限值的荷载。例如，结构的自重、土压力、预应力等荷载。永久荷载又称恒荷载。

(2) 可变荷载

可变荷载是指在结构设计基准期内其值随时间而变化，其变化与平均值相比不可忽略的荷载。例如，楼面活荷载、吊车荷载、风荷载、雪荷载等。可变荷载又称活荷载。

(3) 偶然荷载

偶然荷载是指在设计基准期内不一定出现，一旦出现，其值很大且持续时间很短的荷载。例如，爆炸力、撞击力等。

另外，随空间位置的变异，荷载可分为固定荷载和移动荷载。固定荷载如固定设备、水箱等；移动荷载如楼面上的人群荷载、吊车荷载、车辆荷载等。按结构对荷载的反应性质，荷载可分为静力荷载（如结构自重、楼面活荷载、雪荷载等）和动力荷载（如设备振动、吊车荷载、风荷载、车辆刹车、撞击力和爆炸力等）。

需要注意的是，确定各类可变荷载的标准值时，会涉及出现荷载值的时域问题。《建筑结构荷载规范》（GB 50009—2006）统一采用一般结构的设计使用年限 50 年作为规定荷载最大值的时域，称作设计基准期，即荷载的统计参数都是按设计基准期为 50 年确定的。由于设计基准期是为确定可变作用及时间有关的材料性能而选用的时间参数，所以它不等同于建筑结构的设计使用年限。

### 10.2.3 荷载代表值

《建筑结构荷载规范》给出了**四种荷载代表值，即标准值、组合值、频遇值和准永久值。荷载的标准值是荷载的基本代表值**，其他代表值可在标准值的基础上乘以相应的系数后得到。一些荷载（如可变荷载）随时间具有变异性，而设计中很难直接考虑其变异过程，这时一般根据不同的设计要求以及相应的极限状态和荷载效应组合的要求，规定不同的荷载代表值。

对永久荷载应采用标准值作为代表值；对可变荷载应根据设计要求采用标准值、组合值、频遇值和准永久值作为代表值；对偶然荷载按结构的使用特点确定其代表值。

荷载标准值是指其在结构的使用期间（一般结构的设计基准期为 50 年）可能出现的最大荷载值。

永久荷载标准值（如结构自重），可按结构构件的设计尺寸与材料单位体积的自重计算确定。对于自重变异性较大的构件，自重标准值应根据对结构的不利状态取上限值或下限值。

可变荷载标准值，对于有足够统计资料的可变荷载，可根据其最大荷载的统计分布按一定保证率取其上限分位值。实际荷载统计困难时，可根据长期工程经验确定一个协议值作为荷载标准值。

可变荷载的组合值是指对于有两种和两种以上可变荷载同时作用时，使组合后的荷载效应在设计基准期内的超越概率能与荷载单独作用时相应超越概率趋于一致的荷载值。可变荷载的组合值可表示为 $Q_c = \psi_c Q_k$，其中 $\psi_c$ 为可变荷载组合值系数。

可变荷载的准永久值是指在设计基准期内，其超越的总时间约为设计基准期一半的荷载值。可变荷载的准永久值可表示为 $Q_q = \psi_q Q_k$，其中 $\psi_q$ 为可变荷载准永久值系数。

可变荷载的频遇值是指在设计基准期内，其超越的总时间为规定的较小比率，或超越频率为规定频率的荷载值，可表示为 $Q_f = \psi_f Q_k$，其中 $\psi_f$ 为可变荷载频遇值系数。

可变荷载有准永久值和频遇值之分。由于荷载的标准值是考虑规定设计基准期内的最大荷载来确定的，在整个设计基准期荷载标准值的持续时间很短，在结构进行正常使用极限状态计算时，如取荷载标准值显得过于保守，所以根据荷载随时间变化的特性取可变荷载超过某一水平的累积总持续时间的荷载值来进行计算。准永久值和频遇值的区别是准永久值总持续时间较长，约为设计基准期的一半，一般与永久荷载组合用于结构长期变形和裂缝宽度的计算，而频遇值总持续时间较短，一般与永久荷载组合用于结构振动变形的计算。

### 10.2.4 竖向荷载

1. 楼、屋面的荷载

楼、屋面的荷载可分为竖向恒荷载和竖向活荷载两种类型。建筑结构的竖向恒荷载包括结构的自重和附加在结构上的恒荷载（如构件自重、门窗自重、设备重量等）。在设计基准期内竖向恒荷载可按照实际分布情况计算结构的荷载效应。对结构的自重，可按构件的设计尺寸与材料表观密度计算确定。

（1）民用建筑楼面均布活荷载

《建筑结构荷载规范》根据大量调查和统计分析，考虑可能出现的短期荷载，按等效均布荷载方法给出一般各类民用建筑的楼面均布活荷载标准值及其有关代表值系数如附录5所示。

考虑到实际楼面活荷载的量值和作用位置经常变动，不可能同时满布所有的楼面，所以在设计梁、墙、柱和基础时要考虑构件实际承担的楼面范围内荷载的分布变化，并予以折减。当楼面梁的从属面积（楼面梁所承担的楼面荷载范围的面积）超过一定值时（根据使用功能分别取 $25m^2$ 或 $50m^2$），计算楼面梁内力时活荷载应乘以折减系数 0.9。

对于多、高层建筑，设计墙、柱和基础时应根据计算构件的位置乘以楼层折减系数，如表10-1所示。

活荷载按楼层的折减系数　　　　　　　　　　　表10-1

| 墙、柱、基础计算截面以上的层数 | 1 | 2～3 | 4～5 | 6～8 | 9～20 | >20 |
|---|---|---|---|---|---|---|
| 计算截面以上各楼层活荷载总和的折减系数 | 1.00(0.9) | 0.85 | 0.70 | 0.65 | 0.60 | 0.55 |

注：当楼面梁的从属面积超过 $25m^2$ 时，采用括号内系数。

（2）工业建筑楼面均布活荷载

工业建筑楼面在生产使用或安装检修时，由设备、管道、运输工具及可能拆移的隔墙产生的局部荷载，均应按实际情况考虑，可采用等效均布活荷载代替。

楼面等效均布活荷载，包括计算次梁、主梁和基础时的楼面活荷载，可分别按《建筑结构荷载规范》附录 B 的规定确定。对于一般金工车间、仪器仪表生产车间、半导体器件车间、棉纺织车间、轮胎厂准备车间和粮食加工车间，当缺乏资料时，可按《建筑结构荷载规范》的附录 C 采用。对设计有大量排灰的厂房及其邻近建筑，其水平投影面上的屋面积灰荷载，应分别按《建筑结构荷载规范》相应的规定采用。

（3）屋面活荷载

房屋建筑的屋面，其水平投影面上的均布活荷载，应按表 10-2 采用。屋面均布活荷载不应与雪荷载同时组合。

屋面均布活荷载　　　　　　　　　　　表 10-2

| 项次 | 类别 | 标准值 (kN/m²) | 组合值系数 $\phi_c$ | 频遇值系数 $\phi_f$ | 准永久值系数 $\phi_q$ |
|---|---|---|---|---|---|
| 1 | 不上人的屋面 | 0.5 | 0.7 | 0.5 | 0 |
| 2 | 上人的屋面 | 2.0 | 0.7 | 0.5 | 0.4 |
| 3 | 屋顶花园 | 3.0 | 0.7 | 0.5 | 0.5 |

注：1. 不上人的屋面，当施工或维修荷载较大时，应按实际情况采用；对不同结构应按有关设计规范的规定，将标准值作 0.2kN/m² 增减；

2. 上人的屋面，当兼作其他用途时，应按相应楼面活荷载采用；

3. 对于因屋面排水不畅、堵塞等引起的积水荷载，应采取构造措施加以防治；必要时，应按积水的可能深度确定屋面活荷载；

4. 屋顶花园活荷载不包括花圃土石等材料自重。

设计屋面板、檩条、钢筋混凝土挑檐、雨篷和预制小梁时，尚应考虑施工或检修时的集中荷载并应在最不利位置处进行验算。

2. 雪荷载

屋面水平投影面上的雪荷载标准值，应按下式计算：

$$s_k = \mu_r s_0 \tag{10-1}$$

式中　$s_k$——雪荷载标准值（kN/m²）；

　　　$\mu_r$——屋面积雪分布系数；

　　　$s_0$——基本雪压（kN/m²）。

基本雪压一般是根据年最大雪压进行统计分析确定的。在我国，**基本雪压是以一般空旷平坦地面上统计的 50 年一遇重现期的最大积雪自重给出的**。根据全国各地区气象台的长期气象观测资料，制定了全国基本雪压分布图和全国各城市雪压表，可参见《建筑结构荷载规范》附录 D。对雪荷载敏感的结构，基本雪压应适当提高，并应由有关的结构设计规范具体规定。

屋面积雪分布系数是指屋面水平投影面积上的雪荷载与基本雪压的比值，它与屋面形式、朝向及风力等均有关。通常情况下，屋面积雪分布系数应根据不同类别的屋面形式确定。单跨屋面的积雪分布系数如表 10-3 所示。

单跨屋面积雪分布系数　　　　　表 10-3

| 类　别 | 屋面形式及积雪分布系数 |
|---|---|
| 单跨单坡屋面 | （图示 $\mu_r$，坡角 $\alpha$）<br><br>\| $\alpha$ \| $\leqslant 25°$ \| $30°$ \| $35°$ \| $40°$ \| $45°$ \| $\geqslant 50°$ \|<br>\|---\|---\|---\|---\|---\|---\|---\|<br>\| $\mu_r$ \| 1.0 \| 0.8 \| 0.6 \| 0.4 \| 0.2 \| 0 \| |
| 单跨双坡屋面 | 均匀分布的情况　$\mu_r$<br>不均匀分布的情况　$0.75\mu_r$　　$1.25\mu_r$<br>（图示坡角 $\alpha$，$\mu_s$）<br>$\mu_r$ 按单跨单坡屋面采用 |

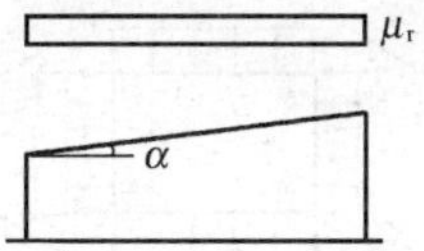

注：单跨双坡屋面仅当 $20°\leqslant\alpha\leqslant 30°$ 时，可采用不均匀分布情况。

雪荷载的组合值系数可取 0.7；频遇值系数可取 0.6。考虑到我国各地区寒冷时间长短不同，积雪消融时间有较大差别，有些地区甚至长期积雪，准永久值系数按Ⅰ、Ⅱ和Ⅲ分区的不同，分别取 0.5、0.2 和 0，雪荷载准永久值系数分区图按《建筑结构荷载规范》附图 D.5.2 的规定采用。

设计建筑结构及屋面的承重构件时，可按下列规定采用积雪的分布情况：

（1）屋面板和檩条按积雪不均匀分布的最不利情况采用；

（2）屋架和拱壳可分别按积雪全跨均匀分布情况、不均匀分布的情况和半跨均匀分布的情况采用；

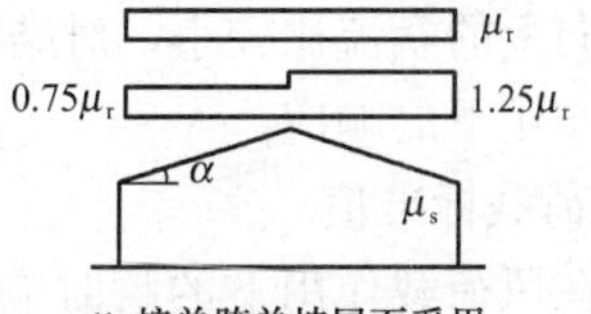

（3）框架和柱可按积雪全跨均匀分布情况采用。

## 10.2.5　风　荷　载

1. 风荷载的特点

风是空气在大气层中运动产生的。当风遇到结构阻挡时速度会改变，结构表面就产生了风压，使结构产生变形和振动。风场中的建筑物，在迎风面会受到一定的压力，由于建筑物的非流线型影响还会在建筑物的两侧和背面产生背风向的吸力和横风向的干扰力，如图 10-1 所示。压力、吸力和横风向干扰力及其合力构成了建筑物上的风荷载。风荷载在整个结构物表面是不均匀分布的，并随着建筑物体型、面积和高度的不同而变化。

风荷载包括由顺风向的平均风引起的静力风荷载、与平均风方向一致的顺风向脉动风荷载和与平均风方向垂直的横风向脉动风荷载。

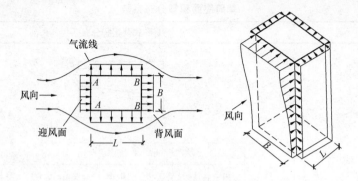

图 10-1 建筑物表面的风压分布示意

横风向上的紊流比较小,对结构的影响较小,工程中一般只考虑结构在顺风向风荷载作用下的响应。

2. 风荷载标准值

结构在风荷载作用下的瞬时响应最大值与风荷载时程有关。对一般工程设计,风荷载可近似按静力风荷载并用动力放大系数考虑脉动风的动力效应。对主要承重结构,垂直于建筑物表面上的风荷载标准值 $w_k$ 应按下式计算:

$$w_k = \beta_z \mu_s \mu_z w_0 \qquad (10\text{-}2)$$

式中 $w_k$——风荷载标准值(kN/m²);

$w_0$——基本风压(kN/m²);

$\mu_s$——风荷载体型系数;

$\mu_z$——风压高度变化系数;

$\beta_z$——高度 $z$ 处的风振系数。

**基本风压 $w_0$** 以当地空旷平坦地面上 10m 高处 10min 的平均风速观测数据,经概率统计得到的 50 年一遇的最大风速 $v_0$,按下式计算:

$$w_0 = \frac{1}{2}\rho v_0^2 = \frac{1}{1600}v_0^2 \qquad (10\text{-}3)$$

式中 $\rho$——空气密度。

根据全国基本风压分布图,《建筑结构荷载规范》规定,基本风压不得小于 0.3kN/m²。对于高层建筑、高耸结构以及对风荷载比较敏感的其他结构,基本风压应适当提高,并应由有关的结构设计规范具体规定。

风荷载的组合值、频遇值和准永久值系数可分别取 0.6、0.4 和 0。

3. 风压高度变化系数 $\mu_z$

在大气边界层内,风速随离地面高度的增大而增大,风速增大规律主要取决于地面粗糙度。

当离地面高度超过 300~500m,风速不再受地面粗糙度的影响,地面至该高度范围的风称为"梯度风",在梯度风高度范围内,高度 $z$ 处的风速 $v_z$ 与高度

10m 处的风速 $v_0$ 的关系为

$$v_z = v_0 \left(\frac{z}{10}\right)^\alpha \tag{10-4}$$

式中　$z$——建筑物计算位置离建筑物地面的高度（m）；
　　　$\alpha$——地面粗糙度指数，根据地面地貌、地面粗糙度分为四类：
　　　　　　A 类——近海海面和海岛、海岸、湖岸及沙漠地区；
　　　　　　B 类——田野、乡村、丛林、丘陵以及房屋比较稀疏的乡镇和城市郊区；
　　　　　　C 类——密集建筑群的城市市区；
　　　　　　D 类——密集建筑群且房屋高度较高的城市市区。

对于 A、B、C、D 类地面，$\alpha$ 分别取 0.12、0.16、0.22 和 0.30。
各类地面的风压高度变化系数 $\mu_z$，如表 10-4 所示。

风压高度变化系数 $\mu_z$　　　　表 10-4

| 离地面或海平面高度（m） | 地面粗糙度类别 | | | |
| --- | --- | --- | --- | --- |
| | A | B | C | D |
| 5 | 1.17 | 1.00 | 0.74 | 0.62 |
| 10 | 1.38 | 1.00 | 0.74 | 0.62 |
| 15 | 1.52 | 1.14 | 0.74 | 0.62 |
| 20 | 1.63 | 1.25 | 0.84 | 0.62 |
| 30 | 1.80 | 1.42 | 1.00 | 0.62 |
| 40 | 1.92 | 1.56 | 1.13 | 0.73 |
| 50 | 2.30 | 1.67 | 1.25 | 0.84 |
| 60 | 2.12 | 1.77 | 1.35 | 0.93 |
| 70 | 2.20 | 1.86 | 1.45 | 1.02 |
| 80 | 2.27 | 1.95 | 1.54 | 1.11 |
| 90 | 2.34 | 2.02 | 1.62 | 1.19 |
| 100 | 2.40 | 2.09 | 1.70 | 1.27 |
| 150 | 2.64 | 2.38 | 2.03 | 1.61 |
| 200 | 2.83 | 2.61 | 2.30 | 1.92 |
| 250 | 2.99 | 2.80 | 2.54 | 2.19 |
| 300 | 3.12 | 2.97 | 2.75 | 2.45 |
| 350 | 3.12 | 3.12 | 2.94 | 2.68 |
| 400 | 3.12 | 3.12 | 3.12 | 2.91 |
| ≥450 | 3.12 | 3.12 | 3.12 | 3.12 |

4. 风荷载体型系数 $\mu_s$

风荷载体型系数 $\mu_s$ 指风作用在建筑物表面所引起的实际压力（或吸力）与基本风压的比值。风荷载体型系数 $\mu_s$ 描述建筑物表面在稳定风压作用下的静态压力分布规律,与建筑物的体型、尺度、周围环境和地面粗糙度有关。对常见建筑物形状,《建筑结构荷载规范》列出了风荷载体型系数 $\mu_s$ 的建议取值,其中一部分如表 10-5 所示。

风荷载体型系数　　　　　　　表 10-5

| 类　别 | 体型及体型系数 $\mu_s$ | |
|---|---|---|
| 封闭式落地双坡屋面 | （图示） | α: 0°, 30°, ≥60°；$\mu_s$: 0, +0.2, +0.8 |
| 封闭式双坡屋面 | （图示） | α: ≤15°, 30°, ≥60°；$\mu_s$: −0.6, 0, +0.8 |
| 封闭式单坡屋面 | （图示） | |

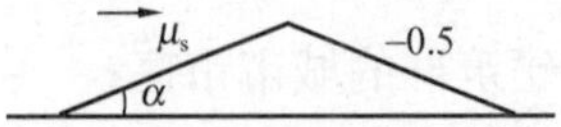

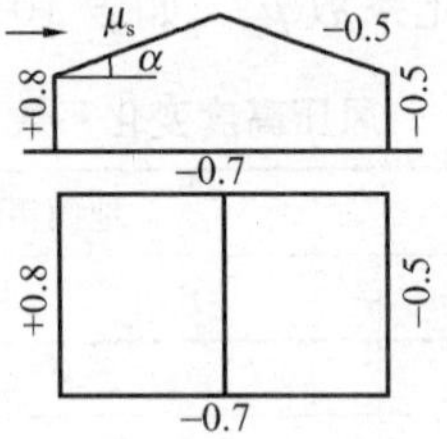

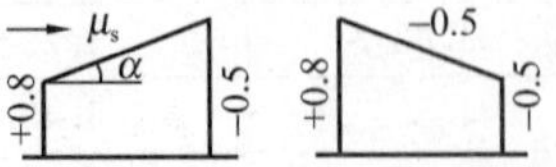

### 5. 风振系数 $\beta_z$

风振系数是考虑脉动风对结构产生动力效应的放大系数。结构风振动力效应与房屋的自振周期、结构的阻尼特性以及风的脉动性能等因素有关。刚度较大的钢筋混凝土多层建筑,由风载引起的振动很小,通常可以忽略不计。对较柔的高层建筑和大跨桥梁结构,当基本自振周期较长时,在风载作用下发生的动力效应不能忽略。对于高耸结构以及高度大于 30m 且高宽比大于 1.5 的高柔房屋,在高度 $z$ 处的风振系数 $\beta_z$ 可按以下简化公式计算:

$$\beta_z = 1 + \frac{\xi v \varphi_z}{\mu_z} \tag{10-5}$$

式中　$\xi$——脉动增大系数;
　　　$v$——脉动影响系数;
　　　$\varphi_z$——结构振型系数;
　　　$\mu_z$——风压高度变化系数。

$\xi$、$v$ 和 $\varphi_z$ 的取值见《建筑结构荷载规范》。

## §10.3 结构的功能要求和极限状态

### 10.3.1 结构的功能要求

1. 结构的安全等级

我国根据建筑结构破坏后果的影响程度，分为三个安全等级：破坏后果很严重的为一级，严重的为二级，不严重的为三级，见表 10-6。对人员比较集中使用频繁的影剧院、体育馆等，安全等级宜按一级设计。对特殊的建筑物，其设计安全等级可视具体情况确定。还有，建筑物中梁、柱等各类构件的安全等级一般应与整个建筑物的安全等级相同，对部分特殊的构件可根据其重要程度作适当调整。

建筑结构的安全等级 表 10-6

| 安全等级 | 破坏后果的影响程度 | 建筑物的类型 |
| --- | --- | --- |
| 一级 | 很严重 | 重要的建筑物 |
| 二级 | 严重 | 一般的建筑物 |
| 三级 | 不严重 | 次要的建筑物 |

在近似概率理论的极限状态设计法中，结构的安全等级是用结构重要性系数 $\gamma_0$ 来体现的，见下述。

2. 结构的设计使用年限

**设计使用年限是指设计规定的结构或结构构件不需进行大修即可按其预定目的使用的时期。**

设计使用年限可按《建筑结构可靠度设计统一标准》GB 50008 确定，也可按业主的要求经主管部门批准确定。各类工程结构的设计使用年限根据其预定目的是不一样的。一般建筑结构的设计使用年限为 50 年，而桥梁、大坝的设计使用年限比房屋的设计使用年限要长。

需要注意的是，结构的设计使用年限虽与其使用寿命有联系，但它不等同于使用寿命。超过设计使用年限的结构并不意味着已损坏而不能使用，只是说明其完成预定功能的能力越来越低了。

各类建筑结构的设计使用年限如表 10-7 所示。

房屋建筑结构的设计使用年限及荷载调整系数 $\gamma_L$ 表 10-7

| 类别 | 设计使用年限（年） | 示　例 | $\gamma_L$ |
| --- | --- | --- | --- |
| 1 | 5 | 临时性建筑结构 | 0.9 |
| 2 | 25 | 易于替换的结构构件 | — |

续表

| 类别 | 设计使用年限（年） | 示例 | $\gamma_L$ |
|---|---|---|---|
| 3 | 50 | 普通房屋和构筑物 | 1.0 |
| 4 | 100 | 标志性建筑和特别重要的建筑结构 | 1.1 |

注：对设计使用年限为25年的结构构件，$\gamma_L$应按各种材料结构设计规范的规定采用。

3. 建筑结构的功能

设计的结构和结构构件在规定的设计使用年限内，在正常维护条件下，应能保持其使用功能，而不需进行大修加固。根据我国《建筑结构可靠度设计统一标准》，**建筑结构应该满足的功能要求主要有安全性、适用性和耐久性三个方面。**

（1）安全性 建筑结构应能承受正常施工和正常使用时可能出现的各种荷载和变形，在偶然事件（如地震、爆炸等）发生时和发生后保持其整体稳定性。

（2）适用性 结构在正常使用过程中应具有良好的工作性能。例如，不产生影响使用的过大变形或振幅，不发生足以让使用者不安的过宽裂缝等。

（3）耐久性 结构在正常维护条件下应有足够的耐久性，完好使用到设计使用年限。例如，混凝土不发生严重风化、腐蚀、脱落、碳化，钢筋不发生锈蚀等。

此外，结构的功能还包括考虑突发事件对结构的一些特殊功能要求，例如，结构抗倒塌性能等。满足上述功能要求的结构是安全可靠的。

### 10.3.2 结构功能的极限状态

**整个结构或结构的一部分超过某一特定状态就不能满足设计指定的某一功能要求，这个特定状态称为该功能的极限状态**，例如，构件即将开裂、倾覆、滑移、压屈、失稳等。结构能有效地、安全可靠地工作，完成预定的各项功能，则结构处于有效状态。反之，结构不能有效工作，失去预定功能，则结构处于失效状态。有效状态和失效状态的分界，称为极限状态。极限状态是一种界限，是结构工作状态从有效状态转变为失效状态的分界，是结构开始失效的标志。

欧洲混凝土委员会（CEB）、国际预应力混凝土协会（FIP）、国际标准化组织（ISO）等国际组织以及我国《建筑结构可靠度设计统一标准》把结构的极限状态分为两类，即承载能力极限状态和正常使用极限状态。

1. 承载能力极限状态

**承载能力极限状态对应于结构或构件达到最大承载能力或达到不适于继续承载的变形状态。**例如，当整个结构或结构的一部分由于倾覆、滑移等作为刚体失去平衡；结构构件或其连接，因材料强度被超过而破坏（包括疲劳破坏），或因过度的塑性变形而不适于继续承载；结构或构件因压屈等丧失稳定；结构转变为机动体系等，都被认为结构或构件超过了承载能力极限状态。

结构超过了承载能力极限状态，就有可能导致人身伤亡或财产重大损失，结构或构件就不能满足安全性的要求。

2. 正常使用极限状态

**正常使用极限状态对应于结构或结构构件达到正常使用或耐久性能的某项规定限值。**例如，影响正常使用或外观的变形；影响正常使用或耐久性能的局部损坏；影响正常使用的振动；影响正常使用的其他特定状态等，都被认为结构或构件超过了正常使用极限状态。

结构超过了正常使用极限状态，就有可能产生过大的变形和裂缝，引起使用者心理上的不安感。混凝土结构过大的裂缝会影响结构的耐久性，严重者可能会导致重大工程事故。

### 10.3.3 极限状态方程

设 $S$ 表示荷载效应（由各种荷载分别产生的荷载效应的组合），设 $R$ 表示结构抗力，荷载效应和结构抗力都是随机变量。**当满足 $S \leqslant R$ 时，认为结构是可靠的，否则认为结构是失效的。**

结构的极限状态可以用极限状态函数来表达。承载能力极限状态函数可表示为

$$Z = R - S \tag{10-6}$$

根据概率统计理论，设 $S$、$R$ 都是随机变量，则 $Z = R - S$ 也是随机变量。根据 $S$、$R$ 的取值不同，不难知道 $Z$ 值可能出现三种情况，如图 10-2 所示。

当 $Z = R - S > 0$ 时，结构处于可靠状态；当 $Z = R - S = 0$ 时，结构处于极限状态；当 $Z = R - S < 0$ 时，结构处于失效（破坏）状态。

结构超过极限状态就不能满足设

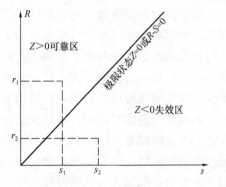

图 10-2 极限状态方程取值示意

计规定的某一功能要求。结构设计要考虑结构的承载能力、变形或开裂等，即结构的安全性、适用性和耐久性的功能要求，将上述的极限状态方程推广，写为如下通式：

$$Z = g(X_1, X_2, \cdots, X_n) \tag{10-7}$$

式中，$g(\cdots)$ 为某一函数，称为功能函数。$g(\cdots)$ 由所研究的结构功能而定，可以是承载能力，也可以是变形或裂缝宽度等。$X_1, X_2, \cdots, X_n$ 为影响该结构功能的各随机变量（例如，荷载效应以及材料强度、构件的几何尺寸等）。结构功能则可以表示为上述各随机变量的函数。

## §10.4 按近似概率的极限状态设计法

### 10.4.1 结构的可靠度

先用荷载和结构构件的抗力来说明结构可靠度的概念。

在混凝土结构的早期阶段,人们往往以为只要把结构构件的承载能力或抗力降低某一倍数,即除以一个大于1的安全系数,使结构具有一定的安全储备,有足够的能力承受荷载,结构便安全了。例如,用抗力的平均值 $\mu_R$ 与荷载效应的平均值 $\mu_S$ 表达的单一安全系数 $K$,定义为

$$K = \frac{\mu_R}{\mu_S} \tag{10-8}$$

其相应的设计表达式为

$$\mu_R \leqslant K\mu_S \tag{10-9}$$

实际上这种概念并不正确,因为这种安全系数没有定量地考虑抗力和荷载效应的随机性,而是要靠经验或工程判断的方法确定,带有主观成分。安全系数定得过低,难免不安全,定得过高,又偏于保守,会造成不必要的浪费。所以,这种安全系数不能反映结构的实际失效情况。

鉴于抗力和荷载效应的随机性,安全可靠应该属于概率的范畴,应当用结构完成其预定功能的可能性(概率)的大小来衡量,而不是用一个定值来衡量。当结构完成其预定功能的概率达到一定程度,或不能完成其预定功能的概率(失效概率)小到某一公认的、大家可以接受的程度,就认为该结构是安全可靠的。这样就比笼统地用安全系数来衡量结构安全与否更为科学和合理。

**结构在规定的时间内,在规定的条件下,完成预定功能的能力称为结构的可靠性。** 规定时间是指结构的设计使用年限,所有的统计分析均以该时间区间为准。所谓的规定条件,是指正常设计、正常施工、正常使用和维护的条件,不包括非正常的,例如人为的错误等。

**结构的可靠度是结构可靠性的概率度量**,即结构在设计使用年限内,在正常条件下,完成预定功能的概率。因此,结构的可靠度是用可靠概率 $p_s$ 来描述的。

### 10.4.2 可靠指标与失效概率

**可靠概率 $p_s = 1 - p_f$,$p_f$ 为失效概率**。这里,将用荷载效应与结构抗力之间的关系来说明失效概率 $p_f$ 的计算方法。设构件的荷载效应 $S$、抗力 $R$,都是服从正态分布的随机变量且二者为线性关系。$S$、$R$ 的均值分别为 $\mu_S$、$\mu_R$,标准差分别为 $\sigma_S$、$\sigma_R$,荷载效应为 $S$ 和抗力为 $R$ 的概率密度曲线如图 10-3 所示。按照结构设计的要求,显然 $\mu_R$ 应该大于 $\mu_S$。从图中的概率密度曲线可以看到,在多

数情况下构件的抗力 $R$ 大于荷载效应 $S$。但是，由于离散性，在 $S$、$R$ 的概率密度重叠区（阴影部分），仍有可能出现构件的抗力 $R$ 小于荷载效应 $S$ 的情况。重叠区的大小与 $\mu_S$、$\mu_R$ 以及 $\sigma_S$、$\sigma_R$ 有关。$\mu_R$ 比 $\mu_S$ 大的越多（$\mu_R$ 远离 $\mu_S$）或者 $\sigma_R$ 和 $\sigma_S$ 越小（曲线高而窄），都会使重叠范围减小。所以，重叠区的范围越小，结构的失效概率越低。从结构安全的角度可知，提高结构构件的抗力（例如，提高承载能力）以及减小抗力 $R$ 和荷载效应 $S$ 的离散程度（例如，减小不定因素的影响）可以提高结构构件的可靠程度。所以，加大平均值之差 $\mu_R - \mu_S$，减小标准差 $\sigma_R$ 和 $\sigma_S$ 可以使失效概率降低。

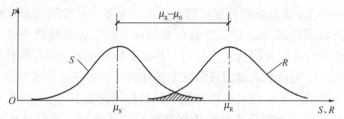

图 10-3　$R$、$S$ 的概率密度分布曲线

同前，若令 $Z=R-S$，$Z$ 也应该是服从正态分布的随机变量。图 10-4 表示 $Z$ 的概率密度分布曲线。图中的阴影部分表示出现 $Z<0$ 事件的概率，也就是结构失效的概率，可表示为

$$p_f = P(Z<0) = \int_{-\infty}^{0} f(Z) dZ \tag{10-10}$$

按上式计算失效概率 $p_f$ 比较麻烦，故改用一种可靠指标的计算方法。从图 10-4 可以看到，阴影部分的面积与 $\mu_Z$ 和 $\sigma_Z$ 的大小有关：增大 $\mu_Z$，曲线右移，阴影面积将减少；减少 $\sigma_Z$，曲线变得高而窄，阴影面积也将减少。如果将曲线对称轴至纵轴的距离表示成 $\sigma_Z$ 的倍数，取

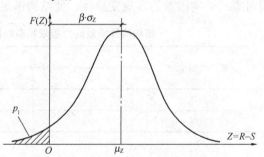

图 10-4　可靠指标与失效概率关系示意图

$$\mu_Z = \beta \sigma_Z \tag{10-11}$$

则

$$\beta = \frac{\mu_Z}{\sigma_Z} = \frac{\mu_R - \mu_S}{\sqrt{\sigma_R^2 + \sigma_S^2}} \tag{10-12}$$

可以看出，$\beta$ 大则失效概率小。所以，**$\beta$ 和失效概率一样可作为衡量结构可靠度的一个指标，称为可靠指标**。$\beta$ 与失效概率 $p_f$ 之间有一一对应关系。现将部分特殊值关系列于表 10-8。由公式（10-12）可知，在随机变量 $R$、$S$ 服从正态分

布时，只要知道 $\mu_R$、$\mu_S$、$\sigma_R$ 和 $\sigma_S$ 就可以求出可靠指标 $\beta$。

可靠指标 $\beta$ 与失效概率 $p_f$ 的对应关系　　　　　　表 10-8

| $\beta$ | $p_f$ | $\beta$ | $p_f$ | $\beta$ | $p_f$ |
| --- | --- | --- | --- | --- | --- |
| 1.0 | $1.59\times10^{-1}$ | 2.7 | $3.47\times10^{-3}$ | 3.7 | $1.08\times10^{-5}$ |
| 1.5 | $6.68\times10^{-2}$ | 3.0 | $1.35\times10^{-3}$ | 4.0 | $3.17\times10^{-5}$ |
| 2.0 | $2.28\times10^{-2}$ | 3.2 | $6.87\times10^{-4}$ | 4.2 | $1.33\times10^{-6}$ |
| 2.5 | $6.21\times10^{-3}$ | 3.5 | $2.33\times10^{-4}$ | 4.5 | $3.40\times10^{-6}$ |

需要注意的是：$\beta$ 是在随机变量都服从正态分布，且极限状态方程为线性时得出的，所以应用公式（10-12）计算可靠指标 $\beta$ 的前提是随机变量（例如，结构抗力和荷载效应等）应服从正态分布，并要求极限状态方程是线性的。

另一方面，结构按承载能力极限状态设计时，要保证其完成预定功能的概率不低于某一允许的水平，应对不同情况下的目标可靠指标 $[\beta]$ 值作出规定。结构和结构构件的破坏类型分为延性破坏和脆性破坏两类。延性破坏有明显的预兆，可及时采取补救措施，所以目标可靠指标可定得稍低些。脆性破坏常常是突发性破坏，破坏前没有明显的预兆，所以目标可靠指标就应该定得高一些。《建筑结构可靠度设计统一标准》根据结构的安全等级和破坏类型，在对代表性的构件进行可靠度分析的基础上，规定了按承载能力极限状态设计时的目标可靠指标 $[\beta]$ 值，见表 10-9。用可靠指标 $\beta$ 进行结构设计和可靠度校核，可以较全面地考虑可靠度影响因素的客观变异性，使结构满足预期的可靠度要求。

结构构件承载能力极限状态的目标可靠指标 $[\beta]$　　　　　　表 10-9

| 破坏类型 | 安 全 等 级 | | |
| --- | --- | --- | --- |
| | 一级 | 二级 | 三级 |
| 延性破坏 | 3.7 | 3.2 | 2.7 |
| 脆性破坏 | 4.2 | 3.7 | 3.2 |

## §10.5　实用设计表达式

### 10.5.1　分　项　系　数

采用概率极限状态方法并用可靠指标 $\beta$ 进行结构设计，需要大量的统计数据，且当随机变量不服从正态分布、极限状态方程是非线性时，计算可靠指标 $\beta$ 比较复杂。对于一般常见的工程结构，直接采用可靠指标进行设计工作量大，有时会遇到统计资料不足而无法进行的困难。考虑到多年来的设计习惯和实用上的简便，《建筑结构可靠度设计统一标准》提出了便于实际应用的设计表达式，称为实用设计表达式。实用设计表达式把荷载、材料、截面尺寸、计算方法等视为随机变量,应用数理统计的概率方法进行分析,采用了以荷载和材料强度的标准值分别与荷载分项系数和材料分项系数相联系的荷载设计值、材料强度设计值来表达的方式。这样,既考虑了结构设计的传统方式,又避免了设计时直接进行概率方面的计算。分项系数按照目标可靠指标 $[\beta]$ 值(或确定的结构失效概率 $p_f$ 值),并考虑工程经验优选确定后,将其隐含在设计表达式中。所以,**分项系数已起着考虑目标可靠指标的等价作用**。例如,永久荷载和可变荷载组合下的设计表达式为

$$\gamma_R \mu_R \geqslant \gamma_G \mu_G + \gamma_Q \mu_Q \tag{10-13}$$

式中　　$\gamma_R$——抗力分项系数;

　　　　$\gamma_G$——永久荷载分项系数;

　　　　$\gamma_Q$——可变荷载分项系数;

　　$\mu_G$、$\mu_Q$——分别为永久荷载和可变荷载的平均值。

分项系数可以利用分离函数得到。分离函数的作用是将目标可靠指标 $[\beta]$ 通过变换与多系数极限状态表达式中的分项系数联系起来,即把安全系数加以分离,表示为分项系数的形式。加拿大学者 N. C. Lind 提出的分离方法(林德法)如下。

可靠指标 $\beta$ 的表达式可以改写为

$$\mu_R - \mu_S = \beta \sqrt{\sigma_R^2 + \sigma_S^2} \tag{10-14}$$

为了便于分析,将等式右边根号项分为两项,即

$$\sqrt{A^2 + B^B} \approx \alpha A + \alpha B \tag{10-15}$$

或

$$\sqrt{1 + \left(\frac{B}{A}\right)^2} \approx \alpha \left(1 + \frac{B}{A}\right) \tag{10-16}$$

$\alpha$ 与 $\frac{B}{A}$ 的关系如图 10-5 所示。从图中可以看出,$\frac{1}{3} < \frac{B}{A} < 3$ 时,$\alpha$ 的变化范围不大。如果取 $\alpha = 0.75 \pm 0.06$,其误差能满足工程结构要求。

设荷载效应 $S$ 和抗力 $R$ 均为正态分布,且满足 $\frac{1}{3} < \frac{\sigma_R}{\sigma_S} < 3$ 的条件,采用 $\alpha$ 系数将公式 (10-14) 的右边项分离,即

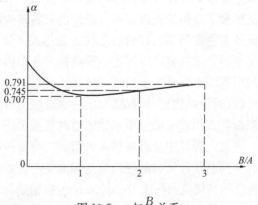

图 10-5　$\alpha$ 与 $\frac{B}{A}$ 关系

$$\mu_R - \mu_S = \beta\alpha\sqrt{\sigma_R^2 + \sigma_S^2} \approx \beta\alpha(\sigma_R + \sigma_S) = \beta\alpha\sigma_R + \beta\alpha\sigma_S \tag{10-17}$$

将式中的标准差用平均值与变异系数的乘积来表示,移项整理后得设计表达式

$$\mu_R(1 - \beta\alpha V_R) \geqslant \mu_R(1 + \beta\alpha V_S) \tag{10-18}$$

如果荷载项和抗力项都采用标准值,标准值由随机变量的概率分布的某一分位数确定,则标准值和平均值可写成如下关系:

$$R_k = \mu_R(1 - \delta_R V_R) \tag{10-19}$$

$$S_k = \mu_S(1 + \delta_S V_S) \tag{10-20}$$

式中 $R_k$、$S_k$——分别为抗力标准值和荷载标准值;

$\delta_R$、$\delta_S$——分别为与抗力和荷载有关的系数;

$V_R$、$V_S$——分别表示抗力和荷载的变异系数。

将式(10-19)和式(10-20)式整理后代入式(10-18),得

$$(1 - \alpha\beta V_R)\frac{R_k}{(1 - \delta_R V_R)} \geqslant (1 + \alpha\beta V_S)\frac{S_k}{(1 + \delta_S V_S)} \tag{10-21}$$

把 $\beta$ 改为 $[\beta]$,并令

$$\gamma_R = \frac{(1 - \delta_R V_R)}{(1 - \alpha[\beta]V_R)}$$

$$\gamma_S = \frac{(1 + \alpha[\beta]V_S)}{(1 + \delta_S V_S)} \tag{10-22}$$

现在定义 $\gamma_R$、$\gamma_S$ 分别为抗力分项系数和荷载分项系数,从而得一般表达式

$$\frac{R_k}{\gamma_R} \geqslant \gamma_S S_k \tag{10-23}$$

可见,抗力分项系数 $\gamma_R$ 和荷载分项系数 $\gamma_S$ 的来源与目标可靠指标 $[\beta]$ 有关,所以分项系数可以按照目标可靠指标 $[\beta]$ 通过反算来确定。这样,在设计表达式中就隐含了结构的失效概率,设计出来的结构已经具有某一可靠概率的保证。实用设计表达式是多系数的极限状态表达式,分项系数又都是由目标可靠指标 $[\beta]$ 值度量的,这样就可以保证一种结构的各个构件之间的可靠度水平或各种结构之间的可靠度水平基本上比较一致。

《混凝土结构设计规范》给出的承载能力极限状态设计表达式和正常使用极限状态设计表达式中的分项系数的值就是按上述原理确定的。

注意,设计中荷载包括永久荷载、可变荷载等,都是随机变量,因此必须求得各个荷载统计资料的平均值与标准差,然后利用概率的方法才能得到荷载效应 $S$ 的总的平均值与标准差。抗力 $R$ 包括钢筋与混凝土两种材料的强度,还有几何尺寸和计算模式的不定性等,这些随机变量不只是相加的关系,还有相乘的关系,也必须采用概率的方法才能得到抗力 $R$ 的平均值与标准差,然后按近似概率的有关计算方法求得可靠指标 $\beta$,最终求得失效概率 $p_f$(可靠度)。

需要指出的是：表达式中虽然用了统计与概率的方法，但是在概率极限状态分析中只用到统计平均值和均方差，并非实际的概率分布，并且在分离导出分项系数时还作了一些假定，运算中采用了一些近似的处理方法，因而计算结果是近似的，所以只能称为近似概率设计方法。完全掌握复合随机变量的实际分布，得出真正的失效概率，目前还处于研究阶段。

### 10.5.2 荷载效应组合

结构或结构构件在使用期间，除承受恒荷载外，还可能同时承受两种或两种以上的活荷载，这就需要给出这些荷载同时作用时产生的效应，这就是荷载效应组合的概念。荷载效应组合既需要考虑各种可能同时出现的荷载组合的最不利情况，但也不能所有参与组合的活荷载都取标准值(结构使用期内的最大值)，因为几种活荷载都同时达到各自标准值的可能性不大，因此应根据所考虑的极限状态，采用相应的可变荷载代表值。

对于建筑结构，《建筑结构荷载规范》将荷载作用效应组合分为基本组合、偶然组合、标准组合、频遇组合和准永久组合。设计时应根据使用过程中在结构上可能同时出现的荷载情况，按承载能力和正常使用极限状态分别进行荷载效应组合，并应取各自最不利的效应组合进行设计。

此外，考虑到结构安全等级或结构的设计使用年限的差异，其目标可靠指标应相应的提高或降低，故引入结构重要性系数 $\gamma_0$。对于承载能力极限状态，应采用基本组合和偶然组合，按下式进行设计：

$$\gamma_0 S \leqslant R \tag{10-24}$$

$$R = R(f_c, f_s, a_k, \cdots)/\gamma_{Rd} \tag{10-25}$$

式中 $\gamma_0$——结构重要性系数：在持久设计状况和短暂设计状况下，对安全等级为一级的结构构件不应小于 1.1，对安全等级为二级的结构构件不应小于 1.0，对安全等级为三级的结构构件不应小于 0.9；对地震设计状况下应取 1.0；

$S$——承载能力极限状态下作用组合的效应设计值：对持久设计状况和短暂设计状况按作用的基本组合计算；对地震设计状况按作用的地震组合计算；

$R$——结构构件的抗力设计值；

$\gamma_{Rd}$——结构构件的抗力模型不定性系数：静力设计取 1.0，对不确定性较大的结构构件根据具体情况取大于 1.0 的数值；抗震设计应用承载力抗震调整系数 $\gamma_{RE}$ 代替 $\gamma_{Rd}$；

$a_k$——几何参数的标准值，当几何参数的变异性对结构性能有明显的不利影响时，可增、减一个附加值；

$f_c$——混凝土的强度设计值；

$f_s$——钢筋的强度设计值。

对于正常使用极限状态，应根据不同的设计要求，采用标准组合、频遇组合和准永久组合，按下式进行设计：

$$S_k \leqslant C \tag{10-26}$$

式中 $S_k$——正常使用情况下荷载效应组合值；

  $C$——结构或结构构件达到正常使用要求的规定限值，例如变形、裂缝、振幅、加速度、应力等的限值。

上式是极限状态设计的简单表达式。实际上荷载效应中的荷载有永久荷载和可变荷载，并且可变荷载不止一个，同时，可变荷载对结构的影响有大有小，多个可变荷载也不一定会同时发生，例如，高层建筑各楼层可变荷载全部满载且遇到最大风荷载的可能性就不大。为此，考虑到两个或两个以上可变荷载同时出现的可能性较小，引入荷载组合值系数对其标准值折减。

### 10.5.3 承载能力极限状态设计表达式

令 $S_k$ 为荷载效应的标准值（下标 k 意指标准值），$\gamma_S(\geqslant 1)$ 为荷载分项系数，二者乘积为荷载效应的设计值。

$$S = \gamma_S S_k \tag{10-27}$$

同样，令 $R_k$ 为结构抗力标准值，$\gamma_R(>1)$ 为抗力分项系数，二者之商为抗力的设计值。

$$R = \frac{R_k}{\gamma_R} \tag{10-28}$$

按承载能力极限状态设计时，应考虑荷载效应的基本组合，必要时尚应考虑荷载效应的偶然组合。《建筑结构荷载规范》规定：对于基本组合，荷载效应组合的设计值应从由可变荷载效应控制的组合和由永久荷载效应控制的两组组合中取最不利值确定。

**对由可变荷载效应控制的组合**，其承载能力极限状态设计表达式一般形式为

$$S = \sum_{i \geqslant 1} \gamma_{Gi} S_{Gik} + \gamma_P S_P + \gamma_{Q1} \gamma_{L1} S_{Q1k} + \sum_{j>1} \gamma_{Qj} \psi_{cj} \gamma_{Lj} S_{Qjk} \leqslant R\left(\frac{f_{sk}}{\gamma_s}, \frac{f_{ck}}{\gamma_c}, a_k \cdots\right)$$

$$= R(f_s, f_c, a_k \cdots) \tag{10-29}$$

对由永久荷载效应控制的组合，其承载能力极限状态设计表达式的一般形式为

$$S = \sum_{i \geqslant 1} \gamma_{Gi} S_{Gik} + \gamma_P S_P + \gamma_L \sum_{j \geqslant 1} \gamma_{Qj} \psi_{cj} S_{Qjk} \leqslant R\left(\frac{f_{sk}}{\gamma_s}, \frac{f_{ck}}{\gamma_c}, a_k \cdots\right)$$

$$= R(f_s, f_c, a_k \cdots) \tag{10-30}$$

式中 $S_{Gik}$——第 $i$ 个永久作用标准值的效应；

$S_P$——预应力作用有关代表值的效应；

$S_{Q1k}$——第 1 个可变作用(主导可变作用)标准值的效应；

$S_{Qjk}$——第 $j$ 个可变作用标准值的效应；

$\gamma_{Gi}$——第 $i$ 个永久作用的分项系数；

$\gamma_P$——预应力作用的分项系数；

$\gamma_{Q1}$——第 1 个可变作用(主导可变作用)的分项系数；

$\gamma_{Qj}$——第 $j$ 个可变作用的分项系数；

$\gamma_{L1}$、$\gamma_{Lj}$——第 1 个和第 $j$ 个关于结构设计使用年限的荷载调整系数，应按表 3-1 取用；

$\psi_{cj}$——第 $j$ 个可变作用的组合值系数。

偶然事件本身属于小概率事件，两种不相关的偶然事件同时发生的概率更小，所以不必同时考虑两种偶然荷载。分别规定两种设计状况的偶然荷载组合如下：

(1)偶然事件发生时，结构承载能力极限状态设计的组合为：

$$S_d = \sum_{j=1}^{m} S_{Gjk} + S_{Ad} + \psi_{f_1} S_{Q1k} + \sum_{i=2}^{n} \psi_{qi} S_{Qik} \qquad (10\text{-}31)$$

式中 $S_{A_d}$——偶然荷载设计值 $A_d$ 的效应，如内力、位移等；

$\psi_{f1}$——第 1 个可变荷载的频遇值系数；

$\psi_{qi}$——第 $i$ 个可变荷载的准永久值系数。

(2)偶然事件发生后，受损结构整体稳固性验算的组合为：

$$S_d = \sum_{j=1}^{m} S_{Gjk} + \psi_{f_1} S_{Q1k} + \sum_{i=2}^{n} \psi_{qi} S_{Qik} \qquad (10\text{-}32)$$

设计人员和业主首先要控制偶然荷载发生的概率或减小偶然荷载的强度，其次才是进行偶然荷载设计。

偶然荷载的代表值不乘分项系数，这是因为偶然荷载标准值的确定本身带有主观的臆测因素；与偶然荷载同时出现的其他荷载可根据观测资料和工程经验采用适当的代表值。

以上等式右侧为结构承载力，用承载力函数 $R(\cdots)$ 表示，表明其为混凝土和钢筋强度标准值($f_{ck}$、$f_{sk}$)、分项系数($\gamma_c$、$\gamma_s$)、几何尺寸标准值($a_k$)以及其他参数的函数。

### 10.5.4 正常使用极限状态设计表达式

按正常使用极限状态设计，主要是验算构件的变形和抗裂度或裂缝宽度。按正常使用极限状态设计时，变形过大或裂缝过宽虽影响正常使用，但危害程度不及承载力引起的结构破坏造成的损失那么大，所以可适当降低对可靠度的要求。

《建筑结构可靠度设计统一标准》规定计算时取荷载标准值,不需乘分项系数,也不考虑结构重要性系数 $\gamma_0$。在正常使用状态下,可变荷载作用时间的长短对于变形和裂缝的大小显然是有影响的。可变荷载的最大值并非长期作用于结构之上,所以应按其在设计基准期内作用时间的长短和可变荷载超越总时间或超越次数,对其标准值进行折减。《建筑结构可靠度设计统一标准》采用一个小于 1 的准永久值系数和频遇值系数来考虑这种折减。荷载的准永久值系数是根据在设计基准期内荷载达到和超过该值的总持续时间与设计基准期内总持续时间的比值而确定的。荷载的准永久值系数乘以可变荷载标准值所得乘积称为荷载的准永久值。可变荷载的频遇值系数,是根据在设计基准期间可变荷载超越的总时间或超越的次数来确定的,荷载的频遇值系数乘可变荷载标准值所得乘积称为荷载的频遇值。

这样,可变荷载就有四种代表值,即标准值、组合值、准永久值和频遇值。其中标准值称为基本代表值,其他代表值可由基本代表值乘以相应的系数得到。各类可变荷载和相应的组合值系数、准永久值系数、频遇值系数可在荷载规范中查到。

根据实际设计的需要,常须区分荷载的短期作用(标准组合、频遇组合)和荷载的长期作用(准永久组合)下构件的变形大小和裂缝宽度计算。所以,《建筑结构可靠度设计统一标准》规定按不同的设计目的,分别选用荷载的标准组合、频遇组合和准永久组合。标准组合主要用于当一个极限状态被超越时将产生严重的永久性损害的情况;频遇组合主要用于当一个极限状态被超越时将产生局部损害、较大变形或短暂振动的情况;准永久组合主要用于当长期效应是决定性因素的情况,例如最大裂缝宽度的验算。

(1) 按荷载的标准组合时,荷载效应组合的设计值 $S$ 应按下式计算:

$$S = \sum_{i \geqslant 1} S_{Gik} + S_P + S_{Q1k} + \sum_{j > 1} \psi_{cj} S_{Qjk} \tag{10-33}$$

式中,永久荷载及第一个可变荷载采用标准值,其他可变荷载均采用组合值。$\psi_{cj}$ 为可变荷载组合值系数。

(2) 按荷载的频遇组合时,荷载效应组合的设计值 $S$ 应按下式计算:

$$S = \sum_{j \geqslant 1} S_{Gjk} + S_P + \psi_{f1} S_{Q1k} + \sum_{j > 1} \psi_{qj} S_{Qjk} \tag{10-34}$$

式中 $\psi_{f1}$——可变荷载的频遇值系数。

(3) 按荷载的准永久组合时,荷载效应组合的设计值 $S$ 应按下式计算:

$$S = \sum_{i \geqslant 1} S_{Gik} + S_P + \sum_{j \geqslant 1} \psi_{qj} S_{Qjk} \tag{10-35}$$

式中 $\psi_{qj}$——可变荷载的准永久值系数。

(4) 对于偶然组合,偶然荷载(如爆炸力、撞击力)的代表值不乘分项系数,与偶然荷载可能同时出现的其他荷载可根据观测资料和工程经验采用适当的代表值。

(5) 荷载效应组合时需注意以下问题：

1) 不管何种组合，都应包括永久荷载效应。

2) 对于可变荷载效应，是否参与在一个组合中，要根据其对结构或结构构件的作用情况而定。对于建筑结构，无地震作用参与组合时，一般考虑以下三种组合情况（不包括偶然组合）：

① 恒荷载＋风荷载＋其他活荷载

② 恒荷载＋除风荷载以外的其他活荷载

③ 恒荷载＋风荷载

荷载效应的计算由下例说明。

**【例 10-1】** 某办公楼楼面采用预应力混凝土七孔板，安全等级定为二级。板长 3.3m，计算跨度 3.18m，板宽 0.9m，板自重 2.04kN/m²，后浇混凝土层厚 40mm，板底抹灰层厚 20mm，可变荷载取 2.0kN/m²，准永久值系数为 0.4。试计算按承载能力极限状态和正常使用极限状态设计时的截面弯矩设计值。

**【解】** 永久荷载标准值计算如下：

| | |
|---|---|
| 自重 | 2.04kN/m² |
| 40mm 后浇层 | 25×1×0.04＝1kN/m² |
| 20mm 板底抹灰层 | 20×1×0.02＝0.4kN/m² |
| | 3.44kN/m² |

沿板长每延米均布荷载标准值为

$$0.9 \times 3.44 = 3.1 \text{kN/m}$$

可变荷载每延米标准值为

$$0.9 \times 2.0 = 1.8 \text{kN/m}$$

简支板在均布荷载作用下的弯矩为

$$m = (1/8)ql^2$$

故荷载效应为

$$S_{Gk} = \frac{1}{8} \times 3.1 \times 3.18^2 = 3.92 \text{kN} \cdot \text{m}$$

$$S_{Q1k} = \frac{1}{8} \times 1.8 \times 3.18^2 = 2.28 \text{kN} \cdot \text{m}$$

因只有一种可变荷载，故

$$M = \gamma_0 (\gamma_G S_{Gk} + \gamma_{Q1} S_{Q1k})$$

取 $\gamma_0 = 1.0$，$\gamma_G = 1.2$，$\gamma_{Q1} = 1.4$，故

按承载力极限状态设计时，按可变荷载效应控制得弯矩设计值为

$$M = 1.0 \times (1.2 \times 3.92 + 1.4 \times 2.28) = 7.9 \text{kN} \cdot \text{m}$$

按正常使用极限状态设计时，弯矩标准值为

$$M_k = 3.92 + 2.28 = 6.2 \text{kN} \cdot \text{m}$$

按荷载得准永久组合时为

$$M_{kq}=3.92+0.4\times2.28=4.83\text{kN}\cdot\text{m}$$

上例中仅有一个可变荷载，计算较为简单。若有两个或两个以上可变荷载，则需确定其中哪一个可变荷载的影响最大，并取之为 $Q_{1k}$，即第一个可变荷载，其余可变荷载均作为 $Q_{ik}$。鉴于实际设计中判别可变荷载中哪一个的影响最大常较为费时，《建筑结构可靠度设计统一标准》规定**对于一般常遇的排架结构和框架结构，为了计算方便，可变荷载的影响大小可不予区分，并采用相同的组合值系数，其承载能力极限状态设计表达式可以简化表达为**

$$\gamma_0\left(\gamma_G S_{Gk}+0.9\sum_{i=1}^{n}\gamma_{Qi}S_{Qik}\right)\leqslant R(f_s,f_c,a_k\cdots) \tag{10-36}$$

对由永久荷载效应控制的组合，其承载能力极限状态设计表达式仍为式(10-30)。

### 10.5.5　按极限状态设计时材料强度和荷载的取值

**1. 钢筋抗拉强度标准值**

热轧钢筋抗拉强度标准值用 $f_{yk}$ 表示。对于钢材，国家标准中已规定了每一种钢材的废品限值。抽样检查中如发现某炉钢材的屈服强度达不到此限值，即作为废品处理。例如，国家冶金工业局标准规定，对 HPB235（Q235）钢筋，其废品限值为 $235\text{N}/\text{mm}^2$。抽样检查所得的统计资料表明，确定的这个废品限值大体能满足保证率为 97.73%，即平均值减去二倍的标准差。这一保证率已高于《建筑结构可靠度设计统一标准》规定的保证率 95% 的要求，因而《混凝土结构设计规范》中取国家冶金局标准规定的废品限值作为钢筋强度的标准值。

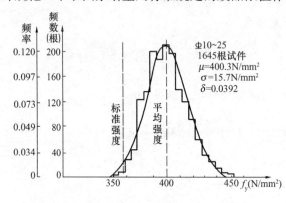

图 10-6　钢筋屈服强度频率分布图

图 10-6 表示一批 HRB335 钢筋（20MnSi）的强度频率分布图。图中曲线为与实测数据相近的理论曲线。从图中可以看出，频率分布符合正态分布，1645 根试件的平均强度为 $400.3\text{N}/\text{mm}^2$。知道了这批钢筋的屈服强度的变化规律后，钢材的废品限值由它的保证率确定。比如，对热轧钢筋，若取 $(\mu_f-2\sigma_f)$ 值，则与其对应的保证率为 97.75%。热轧钢筋的标准强度取等于国家标准颁布的屈服强度的废品限值。预应力钢绞线、钢丝和热处理钢筋的强度标准值系根据极限抗拉强度确定，用 $f_{ptk}$ 表示。

## 2. 混凝土立方体抗压强度标准值

混凝土立方体抗压强度标准值用 $f_{cu,k}$ 表示,其确定方法可由下面的例子加以说明。某混凝土制品厂生产的一批混凝土试块,试块总数为 839 块,试块尺寸为 150mm×150mm×150mm。混凝土试块的立方体抗压强度的直方图见图 10-7。由图可见,在强度平均值附近的试块占大多数,少数试块的强度达 40N/mm² 以上,另有少数试块强度在 20N/mm² 以下。根据 839 块试块的统计资料,抗压强度的强度平均值为 27.9N/mm²,标准差为 5.76N/mm²。根据《建筑结构可靠度设计统一标准》规定的混凝强度标准值取平均值减 1.645 倍的标准差,可得该厂生产的混凝土的立方体抗压强度标准值为

$$f_{cu,k} = \mu_{f_{cu}} - 1.645\sigma_{f_{cu}} = 27.9 - 1.645 \times 5.76 = 18.42 \text{N/mm}^2$$

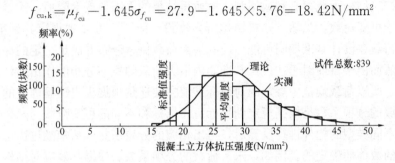

图 10-7 混凝土立方体强度的统计资料

## 3. 分项系数和设计值

### (1) 材料强度的分项系数

《混凝土结构设计规范》规定的钢筋强度的分项系数 $\gamma_s$,根据钢筋种类不同,取值范围在 1.1~1.5,如表 10-10 所示。混凝土强度的分项系数 $\gamma_c$ 规定为 1.4。上述钢筋和混凝土强度的分项系数是根据轴心受拉构件和轴心受压构件按照目标可靠指标经过可靠度分析而确定的。当缺乏统计资料时,也可按工程经验确定。从《混凝土结构设计规范》的材料强度标准值与强度设计值的换算中,可以看出不同级别的材料其材料分项系数并非定值,而是在某个范围内波动,这是考虑到过去的工程经验和国家的技术经济政策造成的。

各类钢筋的材料分项系数 $\gamma_s$ 值　　　　表 10-10

| 项次 | 种　类 | $\gamma_s$ |
|---|---|---|
| 1 | HPB235(Q235) | ≈1.1 |
| 2 | HRB335、HRB400、RRB400 | ≈1.1 |
| 3 | 消除应力钢丝、刻痕钢丝、钢绞线、热处理钢筋 | ≈1.2 |

分项系数确定之后,即可确定强度设计值。材料强度标准值除以材料的分项系数,即可得到材料的强度设计值。《混凝土结构设计规范》中同时给出了钢筋和混凝土强度的设计值。例如,混凝土轴心抗压强度的设计值 $f_c$ 按下式确定:

$$f_c = f_{ck}/\gamma_c = f_{ck}/1.4 \qquad (10\text{-}37)$$

对预应力钢丝、钢绞线和热处理钢筋的设计值系根据其条件屈服点(在构件承载力设计时,取极限抗拉强度 $\sigma_b$ 的 85% 作为条件屈服点)确定的。例如 $f_{ptk}=1770\text{N/mm}^2$ 的预应力钢丝,其强度设计值 $f_{py}=\dfrac{1770\times0.85}{1.2}=1253\text{N/mm}^2$,取整为 $1250\text{N/mm}^2$。

(2) 荷载的分项系数

永久荷载,如构件自身重力的标准值 $G_k$,由于其变异性不大,一般可按构件的设计尺寸乘以材料的平均重力密度得到。当永久荷载的变异性较大时,其标准值可按对结构承载力有利或不利,取所得结果的下限值或上限值。

对于可变荷载,虽然《建筑结构可靠度设计统一标准》中规定其标准值 $Q_k$ 应根据荷载在设计基准期间可能出现的最大荷载概率分布并满足一定的保证率来确定,然而由于目前对于在设计基准期内最大荷载的概率分布能作出估计的荷载尚不多,所以荷载规范中规定的荷载标准值主要还是根据历史经验确定的。

荷载的分项系数是根据规定的目标可靠指标和不同的可变荷载与永久荷载比值,对不同类型的构件进行反算后,得出相应的分项系数,从中经过优选,得出最合适的数值而确定的。例如,永久荷载的分项系数,根据其效应对结构不利和有利分别取 1.2 (或 1.35) 和 1.0,可变荷载的分项系数一般取 1.4 等。

## 思 考 题

10.1 试简要说明工程设计的过程和要求。

10.2 试分析不同结构体系的荷载传力途径,水平结构体系和竖向结构体系分别有哪些作用?

10.3 简述荷载的分类。

10.4 试说明有哪些荷载代表值及其意义?在设计中如何采用不同荷载代表值?

10.5 在混凝土结构设计中需要考虑哪些非荷载作用?

10.6 风振系数的物理意义是什么?与哪些因素有关?为什么在高而柔的结构中才需要计算?

10.7 计算雪荷载的目的是什么?雪荷载应如何考虑?

10.8 什么是保证率?什么叫结构的可靠度和可靠指标?我国《建筑结构可靠度设计统一标准》对结构可靠度是如何定义的?

10.9 建筑结构应该满足哪些功能要求?建筑结构安全等级是按什么原则划分的?结构的设计使用年限如何确定?结构超过其设计使用年限是否意味着不能再使用?为什么?

10.10 什么是结构的极限状态?结构的极限状态分为几类,其含义各是什么?

10.11 "作用"和"荷载"有什么区别?

10.12 什么是结构的功能函数?功能函数 $Z>0$、$Z<0$ 和 $Z=0$ 时各表示结构处于什么样的状态?

10.13 什么是结构可靠概率 $p_s$ 和失效概 $p_f$?什么是目标可靠指标?可靠指标与结构失效概率有何定性关系?怎样确定可靠指标?为什么说我国"规范"采用的极限状态设计法是近似概率设计方法?其主要特点是什么?

10.14 我国《建筑结构荷载规范》规定的承载力极限状态设计表达式采用了何种形式?说明式中各符号的物理意义及荷载效应基本组合的取值原则。式中可靠指标体现在何处?

10.15 什么是荷载标准值?什么是可变荷载的频遇值和准永久值?什么是荷载的组合值?对正常使用极限状态验算,为什么要区分荷载的标准组合和荷载的准永久组合?如何考虑荷载的标准组合和荷载的准永久组合?

10.16 混凝土强度标准值是按什么原则确定的?混凝土材料分项系数和强度设计值是如何确定的?

10.17 钢筋的强度设计值和标准值是如何确定的?分别说明钢筋和混凝土的强度标准值、平均值及设计值之间的关系。

# 第11章 楼 盖

**教学要求：**

1. 熟练掌握单向板肋梁楼盖的设计计算方法和施工图的绘制；深刻理解塑性铰和连续梁板塑性内力重分布的概念；

2. 了解双向板及其支承梁的受力特点和内力计算方法，知道双向板的构造要求；

3. 理解无梁楼盖的受力特点，知道装配式楼盖和装配整体式楼盖的有关知识；

4. 掌握板式楼梯的设计计算方法。

## §11.1 概 述

### 11.1.1 单向板与双向板的定义

按受力特点，混凝土楼盖中的周边支承板可分为单向板和双向板两类。只在一个方向弯曲或者主要在一个方向弯曲的板，称为单向板；在两个方向弯曲，且不能忽略任一方向弯曲的板称为双向板。

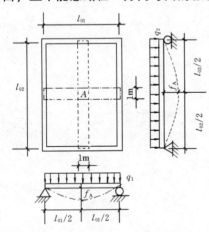

图 11-1 四边支承板的荷载传递

在图 11-1 所示的承受竖向均布荷载 $q$ 的四边简支矩形板中，$l_{02}$、$l_{01}$ 分别为其长、短跨方向的计算跨度，现在来研究荷载 $q$ 在长、短跨方向的传递情况。取出跨度中点两个相互垂直的宽度为 1m 的板带来分析。设沿短跨方向传递的荷载为 $q_1$，沿长跨方向传递的荷载为 $q_2$，则 $q=q_1+q_2$。当不计相邻板对它们的影响时，这两条板带的受力如同简支梁，由跨度中心点 $A$ 处挠度 $f_A$ 相等的条件：$\dfrac{5q_1 l_{01}^4}{384EI} = \dfrac{5q_2 l_{02}^4}{384EI}$，可求得两个方向传递的荷载比值

$$q_1/q_2 = (l_{02}/l_{01})^4$$

故

$$q_1 = \eta_1 q, \quad q_2 = \eta_2 q$$

$$\eta_1 = \frac{l_{02}^4}{l_{01}^4 + l_{02}^4}, \eta_2 = \frac{l_{01}^4}{l_{01}^4 + l_{02}^4}$$

式中　$\eta_1$、$\eta_2$——短跨、长跨方向的荷载分配系数。

当 $l_{02}/l_{01}=3$ 时，$\eta_1=0.988$，$\eta_2=0.012$。可见，尽管近似地忽略了相邻板的影响，但其受力特性已很显然，即当 $l_{02}/l_{01} \geqslant 3$ 时，荷载主要沿短跨方向传递，可忽略荷载沿长跨方向的传递。因此称 $l_{02}/l_{01} \geqslant 3$ 的板为单向板，即主要在一个跨度方向弯曲的板；$l_{02}/l_{01} \leqslant 2$ 的板为双向板，即在两个跨度方向弯曲的板。对于 $2 < l_{02}/l_{01} < 3$ 的板，可按单向板设计，但应适当增加沿长跨方向的分布钢筋，以承担长跨方向的弯矩。

荷载分配系数 $\eta_1$、$\eta_2$ 也可由板带的竖向弯曲刚度的原理得出。在上册第 8 章中讲过，使构件截面产生单位曲率需施加的弯矩值称为截面的弯曲刚度。同理可知，使板带产生单位挠度需施加的竖向均布荷载称为此板带的竖向弯曲刚度。因此，两个方向板带的竖向弯曲刚度分别为 $K_1 = \dfrac{384EI}{5l_{01}^4}$、$K_2 = \dfrac{384EI}{5l_{02}^4}$，故 $\eta_1 = \dfrac{K_1}{K_1+K_2} = \dfrac{l_{02}^4}{l_{01}^4+l_{02}^4}$，$\eta_2 = \dfrac{K_2}{K_1+K_2} = \dfrac{l_{01}^4}{l_{01}^4+l_{02}^4}$。可见，竖向均布荷载是按板带竖向弯曲刚度来分配的，短跨方向的板带竖向弯曲刚度大，分配得多些，长跨方向的板带则分配得少些。

**荷载按构件刚度来分配的原理是结构设计中一个重要的概念，是贯穿建筑结构设计的一条主线**。结构力学中的弯矩分配法就是按杆件的抗弯线刚度来分配节点不平衡弯矩的，本教材将在第 12 章单层厂房、第 13 章多层框架、第 14 章高层建筑结构设计中进一步讲述这个概念。

单向板的计算方法与梁相同，故又称梁式板，一般包括以下三种情况：①悬臂板；②对边支承板；③主要在一个方向受力的四边支承板。

### 11.1.2　楼盖的结构类型

楼盖的结构类型有三种分类方法。

按结构形式，楼盖可分为单向板肋梁楼盖、双向板肋梁楼盖、井式楼盖、密肋楼盖和无梁楼盖（又称板柱结构），见图 11-2。其中，单向板肋梁楼盖和双向板肋梁楼盖用得最普遍。

按预加应力情况，楼盖可分为钢筋混凝土楼盖和预应力混凝土楼盖两种。预应力混凝土楼盖用得最普遍的是无粘结预应力混凝土平板楼盖；当柱网尺寸较大时，预应力楼盖可有效减小板厚，降低建筑层高。

按施工方法，楼盖可分为现浇楼盖、装配式楼盖和装配整体式楼盖三种。现

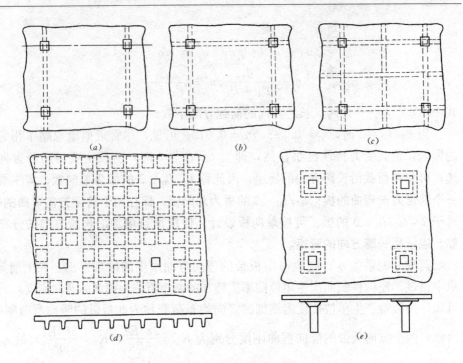

图 11-2 楼盖的结构类型
(a) 单向板肋梁楼盖；(b) 双向板肋梁楼盖；(c) 井式楼盖；
(d) 密肋楼盖；(e) 无梁楼盖

浇楼盖的刚度大，整体性好，抗震抗冲击性能好，防水性好，对不规则平面的适应性强，开洞容易。缺点是需要大量的模板，现场的作业量大，工期也较长。在§10.1中讲过，楼、屋盖起着把水平力传递和分配给竖向结构体系的作用，并且在高层建筑中通常假定楼、屋盖在自身平面内的刚度是无限大的（见第14章），因此楼、屋盖的整体性和在自身平面内的刚度是十分重要的。为此，我国《高层建筑混凝土结构技术规程》JGJ 3 规定，在高层建筑中，楼盖宜现浇；对抗震设防的建筑，当高度大于等于 50m 时，楼盖应采用现浇；当高度小于等于 50m 时，在顶层、结构转换层和平面复杂或开洞过大的楼层，也应采用现浇楼盖。

随着商品混凝土、泵送混凝土以及工具式模板的广泛使用，钢筋混凝土结构，包括楼盖在内，大多采用现浇。

目前，我国装配式楼盖主要用在多层砌体房屋，特别是多层住宅中。在抗震设防区，有限制使用装配式楼盖的趋势。装配整体式楼盖是提高装配式楼盖刚度、整体性和抗震性能的一种改进措施，最常见的方法是在板面做 50mm 厚的配筋现浇层。

## §11.2 现浇单向板肋梁楼盖

现浇单向板肋梁楼盖的设计步骤为：①结构平面布置，并初步拟定板厚和主、次梁的截面尺寸；②确定梁、板的计算简图；③梁、板的内力分析；④截面配筋及构造措施；⑤绘制施工图。

### 11.2.1 结构平面布置

单向板肋梁楼盖由板、次梁和主梁组成。楼盖则支承在柱、墙等竖向承重构件上。其中，次梁的间距决定了板的跨度；主梁的间距决定了次梁的跨度；柱或墙的间距决定了主梁的跨度。工程实践表明，单向板、次梁、主梁的常用跨度为：

单向板：1.7～2.5m，荷载较大时取较小值，一般不宜超过3m；

次　梁：4～6m；

主　梁：5～8m。

单向板肋梁楼盖结构平面布置方案通常有以下三种：

(1) 主梁横向布置，次梁纵向布置，如图11-3(a)所示。其优点是主梁和柱可形成横向框架，横向抗侧移刚度大，各榀横向框架间由纵向的次梁相连，房屋的整体性较好。此外，由于外纵墙处仅设次梁，故窗户高度可开得大些，对采光有利。

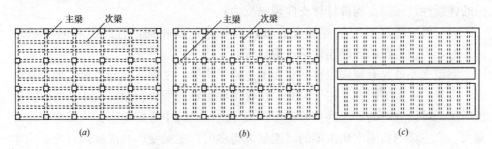

图 11-3 单向板肋梁楼盖梁的布置
(a) 主梁沿横向布置；(b) 主梁沿纵向布置；(c) 不设主梁

(2) 主梁纵向布置，次梁横向布置，如图11-3(b)所示。这种布置适用于横向柱距比纵向柱距大得多的情况。它的优点是减小了主梁的截面高度，增加了室内净高。

(3) 只布置次梁，不设主梁，如图11-3(c)所示。它仅适用于有中间走道的砌体墙承重的混合结构房屋。

在进行楼盖的结构平面布置时，应注意以下问题：

(1) 受力合理。荷载传递要简捷，梁宜拉通，避免凌乱；主梁跨间最好不要只布置1根次梁，以减小主梁跨间弯矩的不均匀；尽量避免把梁，特别是主梁搁置在门、窗过梁上；在楼、屋面上有机器设备、冷却塔、悬挂装置等荷载比较大的地方，宜设次梁；楼板上开有较大尺寸（大于800mm）的洞口时，应在洞口周边设置加劲的小梁。

(2) 满足建筑要求。不封闭的阳台、厨房间和卫生间的板面标高宜低于其他部位30~50mm（现时，有室内地面装修的，也常做平）；当不做吊顶时，一个房间平面内不宜只放1根梁。

(3) 方便施工。梁的截面种类不宜过多，梁的布置尽可能规则，梁截面尺寸应考虑设置模板的方便，特别是采用钢模板时。

### 11.2.2 计 算 简 图

结构物的计算简图包括计算模型及计算荷载两个方面。

1. 简化假定和计算模型

在现浇单向板肋梁楼盖中，板、次梁、主梁的计算模型为连续板或连续梁，其中，次梁是板的支座，主梁是次梁的支座，柱或墙是主梁的支座。为了简化计算，通常作如下简化假定：

(1) 支座没有竖向位移，且可以自由转动；

(2) 不考虑薄膜效应对板内力的影响；

(3) 在确定板传给次梁的荷载以及次梁传给主梁的荷载时，分别忽略板、次梁的连续性，按简支构件计算支座竖向反力；

(4) 跨数超过五跨的连续梁、板，当各跨荷载相同，且跨度相差不超过10%时，可按五跨的等跨连续梁、板计算。

假定支座处没有竖向位移，实际上忽略了次梁、主梁、柱的竖向变形分别对板、次梁、主梁的影响。柱子的竖向位移主要由轴向变形引起，在通常的内力分析中都是可以忽略的。忽略主梁变形，将导致次梁跨中弯矩偏小、主梁跨中弯矩偏大。当主梁的线刚度比次梁的线刚度大得多时，主梁变形对次梁内力的影响才比较小。次梁变形对板内力的影响也是这样。如要考虑这种影响，内力分析就相当复杂。

假定支座可自由转动，实际上忽略了次梁对板、主梁对次梁、柱对主梁的转动约束能力。在现浇混凝土楼盖中，梁、板是整浇在一起的，当板发生弯曲转动时，支承它的次梁将产生扭转，次梁的抗扭刚度将约束板的弯曲转动，使板在支承处的实际转角 $\theta'$ 比理想铰支承时的转角 $\theta$ 小，如图11-4所示。同样的情况发生在次梁和主梁之间。由此假定带来的误差将通过折算荷载的方式来弥补，见下述。

通常混凝土柱是与主梁刚接的，柱对主梁弯曲转动的约束能力取决于主梁线刚度与柱子线刚度之比,当比值较大时,约束能力较弱。一般认为,当主梁的线刚度与柱子线刚度之比大于5时,可忽略这种影响,按连续梁模型计算主梁,否则应按梁、柱刚接的框架模型计算。

四周与梁整体连接的低配筋率板,临近破坏时其中和轴非常接近板的表面。因此,在纯弯矩作用下,板的中平面位于受拉区,因周边变形受到约束,板内将存在轴向压力,这种轴向力一般称为薄膜力。由上册§5.9中讲的大偏心受压构件正截面的 $N_u$-$M_u$ 关系可知,轴向压力的存在将提高正截面的受弯承载力。特别是在受拉混凝土开裂后,实际中和轴成拱形(图11-5),板的周边支承构件提供的水平推力将减少板在竖向荷载下的截面弯矩。但是,为了简化计算,在内力分析时,一般不考虑板的薄膜效应。这一有利作用将在板的截面设计时,根据不同的支座约束情况,对板的计算弯矩进行折减,见后述。

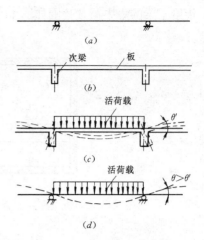

图 11-4 支座抗扭刚度的影响
(a) 板的计算模型;(b) 板的实际
支承情况;(c) 活荷载作用下,
板的变形;(d) 活荷载作用下,
板计算模型的变形

在荷载传递过程中,忽略梁、板连续性影响的假定(3),主要是为了简化计算,且误差也不大。

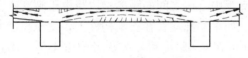

图 11-5 板的内拱作用

等跨连续梁,当其跨数超过五跨时,中间各跨的内力与第三跨非常接近,为了减少计算工作量,所有中间跨的内力和配筋都可以按第三跨来处理。等跨连续梁的内力有现成的图表可以利用,非常方便。对于非等跨,但跨度相差不超过10%的连续梁也可借用等跨连续梁的内力图表,以简化计算。

2. 计算单元及从属面积

为减少计算工作量,结构内力分析时,常常不是对整个结构进行分析,而是从实际结构中选取有代表性的某一部分作为计算的对象,称为计算单元。

对于单向板,可取1m宽度的板带作为其计算单元,在此范围内,即图11-6中用阴影线表示的楼面均布荷载便是该板带承受的荷载,这一负荷范围称为从属面积,即计算构件负荷的楼面面积。

楼盖中部主、次梁截面形状都是两侧带翼缘(板)的T形截面,每侧翼缘板的计算宽度取与相邻梁中心距的一半。次梁承受板传来的均布线荷载,主梁承受次梁传来的集中荷载,由上述假定(3)可知,一根次梁的负荷范围以及次梁传给主梁的集中荷载范围如图 11-6 所示。

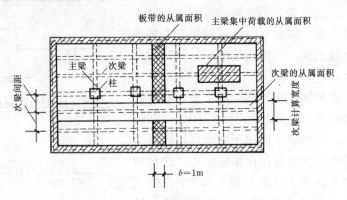

图 11-6 板、梁的荷载计算范围

**3. 计算跨度**

由图 11-6 知，**次梁的间距就是板的跨长，主梁的间距就是次梁的跨长，但不一定就等于计算跨度**。梁、板的计算跨度 $l_0$ 是指内力计算时所采用的跨间长度。**从理论上讲，某一跨的计算跨度应取为该跨两端支座处转动点之间的距离**。所

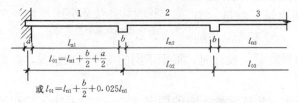

图 11-7 按弹性理论计算时的计算跨度

以当按弹性理论计算时，中间各跨取支承中心线之间的距离；边跨由于端支座情况有差别，与中间跨的取值方法不同。如果端部搁置在支承构件上，支承长度为 $a$，则对于梁，伸进边支座的计算长度可在 $0.025l_{n1}$ 和 $a/2$ 两者中取小值，即边跨计算长度在 $\left(1.025l_{n1}+\dfrac{b}{2}\right)$ 与 $\left(l_{n1}+\dfrac{a+b}{2}\right)$ 两者中取小值，如图 11-7 所示；对于板，边跨计算长度在 $\left(1.025l_{n1}+\dfrac{b}{2}\right)$ 与 $\left(l_{n1}+\dfrac{h+b}{2}\right)$ 两者中取小值。梁、板在边支座与支承构件整浇时，边跨也取支承中心线之间的距离。这里，$l_{n1}$ 为梁、板边跨的净跨长，$b$ 为第一内支座的支承宽度，$h$ 为板厚。

**4. 荷载取值**

楼盖上的竖向荷载有恒荷载和活荷载两类，已在 §10.2.4 中讲过了，此处不重复。

楼面结构上的局部荷载可按《建筑结构荷载规范》中附录 B 的规定，换算为等效均布活荷载。在《建筑结构荷载规范》的附录 C 中也给出了某些工业建筑的楼面活荷载值。

确定荷载效应组合的设计值时，恒荷载的分项系数取为：当其效应对结构不利时，对由活荷载效应控制的组合，取 1.2，对由恒荷载效应控制的组合，取

1.35；当其效应对结构有利时，一般情况，取 1.0，对倾覆和滑移验算取 0.9。活荷载的分项系数一般情况下取 1.4，对楼面活荷载标准值大于 $4kN/m^2$ 的工业厂房楼面结构的活荷载，取 1.3。

对于民用建筑，当楼面梁的负荷范围较大时，负荷范围内同时布满活荷载标准值的可能性较小，故可以对活荷载标准值进行折减，见 10.2.4 节。

已如前述，计算假定中的（1）忽略了支座对被支承构件的转动约束，这对等跨连续梁、板在恒荷载作用下带来的误差是不大的，但在活荷载不利布置下，次梁的转动将减小板的内力。为了使计算结果比较符合实际情况，**且为了简单，采取增大恒荷载、相应减小活荷载、保持总荷载不变的方法来计算内力，以考虑这种有利影响**。同理，主梁的转动也势必减小次梁的内力，故对次梁也采用折算荷载来计算次梁的内力，但折算得少些。

折算荷载的取值如下：

**连续板** $\qquad g'=g+\dfrac{q}{2}$；$q'=\dfrac{q}{2}$ \qquad (11-1)

**连续次梁** $\qquad g'=g+\dfrac{q}{4}$；$q'=\dfrac{3q}{4}$ \qquad (11-2)

式中　$g$、$q$——单位长度上恒荷载、活荷载设计值；

$g'$、$q'$——单位长度上折算恒荷载、折算活荷载设计值。

当板或梁搁置在砌体或钢结构上时，则荷载不作调整。

### 11.2.3 连续梁、板按弹性理论的内力计算

1. 活荷载的不利布置

活荷载时有时无，为方便设计，规定活荷载是以一个整跨为单位来变动的，因此在设计连续梁、板时，应研究活荷载如何布置将使梁、板内某一截面的内力绝对值最大，这种布置称为活荷载的最不利布置。

由弯矩分配法知，某一跨单独布置活荷载时：①本跨支座为负弯矩，相邻跨支座为正弯矩，隔跨支座又为负弯矩；②本跨跨中为正弯矩，相邻跨跨中为负弯矩，隔跨跨中又为正弯矩。

图 11-8 是五跨连续梁单跨布置活荷载时的弯矩 $M$ 和剪力 $V$ 的图形。研究图 11-8 的弯矩和剪力分布规律以及不同组合后的效果，不难发现活荷载最不利布置的规律：

**(1) 求某跨跨内最大正弯矩时，应在本跨布**

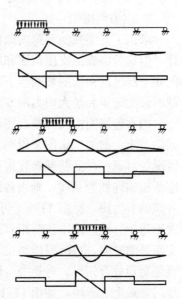

图 11-8　单跨承载时连续梁的内力图

置活荷载，然后隔跨布置；

（2）求某跨跨内最大负弯矩时，本跨不布置活荷载，而在其左右邻跨布置，然后隔跨布置；

（3）求某支座绝对值最大的负弯矩或支座左、右截面最大剪力时，应在该支座左、右两跨布置活荷载，然后隔跨布置。

2. 内力计算

明确活荷载不利布置后，可按结构力学中讲述的方法求出弯矩和剪力。对于等截面等跨连续梁，可由附录 6 查出相应的弯矩、剪力系数，利用下列公式计算跨内或支座截面的最大内力：

均布及三角形荷载作用下：

$$\left.\begin{array}{l} M = k_1 g l_0^2 + k_2 q l_0^2 \\ V = k_3 g l_0 + k_4 q l_0 \end{array}\right\} \quad (11\text{-}3)$$

集中荷载作用下：

$$\left.\begin{array}{l} M = k_5 G l_0 + k_6 Q l_0 \\ V = k_7 G + k_8 Q \end{array}\right\} \quad (11\text{-}4)$$

式中　　$g$、$q$——单位长度上的均布恒荷载设计值、均布活荷载设计值；

　　　　$G$、$Q$——集中恒荷载设计值、集中活荷载设计值；

　　　　$l_0$——计算跨度；

　　$k_1$、$k_2$、$k_5$、$k_6$——附录 7 中相应栏中的弯矩系数；

　　$k_3$、$k_4$、$k_7$、$k_8$——附录 7 中相应栏中的剪力系数。

3. 内力包络图

求出了支座截面和跨内截面的最大弯矩值、最大剪力值后，就可进行截面设计。但这只能确定支座截面和跨内的配筋，而不能确定钢筋在跨内的变化情况，例如上部纵向钢筋的切断与下部纵向钢筋的弯起，为此就需要知道每一跨内其他截面最大弯矩和最大剪力的变化情况，即内力包络图。

内力包络图由内力叠合图形的外包线构成。现以承受均布线荷载的五跨连续梁的弯矩、剪力包络图来说明。由上述活荷载的最不利布置规律可知，共有 6 种情况，对每一种活荷载布置情况与恒荷载组合起来，求出各支座的弯矩，并以支座弯矩的连线为基线，画出各跨在相应荷载作用下的简支梁弯矩图；同时也画出各跨的剪力图，见图 11-9。可见，每跨都有四个弯矩图形，分别对应于跨内最大正弯矩、跨内最小正弯矩（或负弯矩）和左、右支座截面的最大负弯矩。当端支座是简支时，边跨只能画出三个弯矩图形。把这些弯矩图形全部叠画在一起，就是弯矩叠合图形。弯矩叠合图形的外包线所对应的弯矩值代表了各截面可能出现的弯矩上、下限，如图 11-10（a）所示。**由弯矩叠合图形外包线所构成的弯矩图称作弯矩包络图**，即图 11-10（a）中用加黑线表示的。

同理可画出剪力包络图，如图 11-10（b）所示。每一跨的剪力包络图一般

§11.2 现浇单向板肋梁楼盖

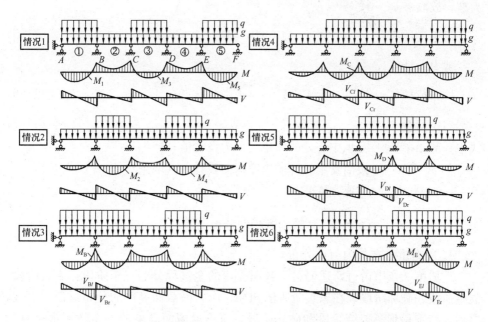

图 11-9 五跨连续梁（或板）的荷载布置与各截面的最不利内力图

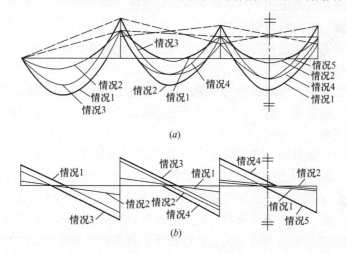

图 11-10 内力包络图
(a) 弯矩包络图；(b) 剪力包络图

只需考虑两种活荷载情况，即产生左、右端支座截面最大剪力的活荷载与恒荷载的组合。

4. 支座弯矩和剪力设计值

按弹性理论计算连续梁内力时，中间跨的计算跨度取为支座中心线间的距离，故所求得的支座弯矩和支座剪力都是指支座中心线的。实际上，正截面受弯承载力和斜截面承载力的控制截面应在支座边缘，内力设计值应以支座边缘截面

为准，故取

$$\text{弯矩设计值：} \quad M = M_c - V_0 \cdot \frac{b}{2} \quad (11\text{-}5)$$

剪力设计值：

$$\text{均布荷载} \quad V = V_c - (g+q) \cdot \frac{b}{2} \quad (11\text{-}6)$$

$$\text{集中荷载} \quad V = V_c \quad (11\text{-}7)$$

式中 $M_c$、$V_c$——支承中心处的弯矩、剪力设计值；

$V_0$——按简支梁计算的支座剪力设计值（取绝对值）；

$b$——支座宽度。

### 11.2.4 超静定结构塑性内力重分布的概念

1. 应力重分布与内力重分布

上册第3章中讲过，适筋梁正截面受弯的全过程分为三个阶段：未裂阶段、裂缝阶段、破坏阶段。在未裂阶段的初期，应力沿截面高度的分布近似为直线，之后，特别是到了裂缝阶段和破坏阶段，应力沿截面高度的分布就不再是直线了。**这种由于钢筋混凝土的非弹性性质，使截面上应力的分布不再服从线弹性分布规律的现象，称为应力重分布。**

应力重分布是指沿截面高度应力分布的非弹性关系，它是静定的和超静定的钢筋混凝土结构都具有的一种基本属性。

**支座反力和内力可以由静力平衡条件确定的结构是静定结构。**静定结构中，各截面内力，如弯矩、剪力、轴向力等是与荷载成正比的，各截面内力之间的关系是不会改变的。

**除静力平衡条件外，还需按变形协调条件才能确定内力的结构是超静定结构。**超静定钢筋混凝土结构在未裂阶段各截面内力之间的关系是由各构件弹性刚度确定的；到了裂缝阶段，刚度就改变了，裂缝截面的刚度小于未开裂截面的；当内力最大的截面进入破坏阶段出现塑性铰后，结构的计算简图也改变了，致使各截面内力间的关系改变得更大。这种由于超静定钢筋混凝土结构的非弹性性质而引起的**各截面内力之间的关系不再遵循线弹性关系的现象，称为内力重分布或塑性内力重分布。**

可见，塑性内力重分布不是指截面上应力的重分布，而是指超静定结构截面内力间的关系不再服从线弹性分布规律而言的，静定的钢筋混凝土结构不存在塑性内力重分布。

2. 混凝土受弯构件的塑性铰

为了简单，先以简支梁来说明。图 11-11 (a) 为混凝土受弯构件截面的 $M$-$\phi$ 曲线，图 11-11 (b) 和 (c) 为简支梁跨中作用集中荷载，在不同荷载值下的弯矩图。图中，$M_y$ 是受拉钢筋刚屈服时的截面弯矩，$M_u$ 是极限弯矩，即截面受弯承载力；$\phi_y$、$\phi_u$ 是对应的截面曲率。在破坏阶段，由于受拉钢筋已屈服，塑性应变增大而钢筋应力维持不变。随着截面受压区高度的减小，内力臂略有增大，截面的弯矩也有所增加，但弯矩的增量（$M_u-M_y$）不大，而截面曲率的增值（$\phi_u-\phi_y$）却很大，在 $M$-$\phi$ 图上大致是一条水平线。这样，在弯矩基本维持不变的情况下，截面曲率激增，形成了一个能转动的"铰"，这种铰称为塑性铰。

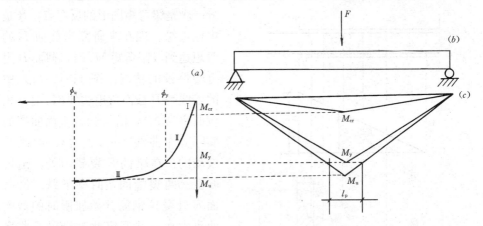

图 11-11　塑性铰的形成
(a) 跨中正截面的 $M$-$\phi$ 曲线；(b) 跨中有集中荷载作用的简支梁；(c) 弯矩图

当跨中截面弯矩从 $M_y$ 发展到 $M_u$ 的过程中，与它相邻的一些截面也进入"屈服"产生塑性转动。在图 11-11 (c) 中，$M \geqslant M_y$ 的部分是塑性铰的区域（由于钢筋与混凝土间粘结力的局部破坏，实际的塑性铰区域更大）。通常把这一塑性变形集中产生的区域理想化为集中于一个截面上的塑性铰，该范围称塑性铰长度 $l_p$，所产生的转角称为塑性铰的转角 $\theta_p$。

可见，塑性铰在破坏阶段开始时形成，它是有一定长度的，能承受一定的弯矩，并在弯矩作用方向转动，直至截面破坏。

**塑性铰与结构力学中的理想铰相比较**，有三个主要区别：①理想铰不能承受任何弯矩，而塑性铰则能承受基本不变的弯矩；②理想铰集中于一点，塑性铰则有一定的长度；③理想铰在两个方向都可产生无限的转动，而塑性铰则是有限转动的单向铰，只能在弯矩作用方向作有限的转动。

塑性铰有钢筋铰和混凝土铰两种。对于配置具有明显屈服点钢筋的适筋梁，塑性铰形成的起因是受拉钢筋先屈服，故称为钢筋铰。当截面配筋率大于界限配筋率，此时钢筋不会屈服，转动主要由受压区混凝土的非弹性变形引起，故称混凝土铰，它的转动量很小，截面破坏突然。混凝土铰大都出现在受弯构件的超筋截面或小偏心受压构件中，钢筋铰则出现在受弯构件的适筋截面或大偏心受压构件中。

显然，在混凝土静定结构中，塑性铰的出现就意味着承载能力的丧失，是不允许的，但在超静定混凝土结构中，不会把结构变成几何可变体系的塑性铰是允许的。为了保证结构有足够的变形能力，塑性铰应设计成转动能力大、延性好的钢筋铰。

下面讨论塑性铰的转角和等效塑性铰长度。

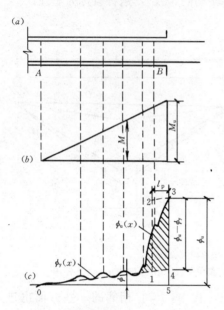

图 11-12 极限弯矩时梁的曲率分布
(a) 连续梁中间支座部分；(b) 梁支座截面到达 $M_u$ 时的弯矩图；(c) 与弯矩图相对应的截面曲率图

图 11-12 给出了连续梁的一部分，$A$ 是梁弯矩图形的反弯点，$B$ 是中柱边缘。现在来研究当截面 $B$ 的弯矩达到极限弯矩 $M_u$ 时，截面 $B$ 附近塑性铰的情况。图 11-12 (c) 中的实线是 $B$ 截面弯矩达到 $M_u$ 时（相应曲率为 $\phi_u$），沿梁长各截面曲率的实际分布曲线。可以看出，曲线是波动的：在梁的开裂截面处，出现峰值；两裂缝间，曲率下跌。设截面 $B$ 处受拉钢筋开始屈服时的截面曲率为 $\phi_y$，并假定此时沿梁长曲率的分布是直线分布，即在图 11-12 (c) 中自 $A$ 点作出的虚直线。由于曲率是指单位长度上转角，故截面 $B$ 处受拉钢筋屈服时，杆件 $AB$ 对截面 $B$ 的转角 $\theta_y$ 就等于图 11-12 (c) 中三角形 045 的面积；而当截面 $B$ 达到 $\phi_u$ 时的转角 $\theta_u$ 则等于图 11-12 (c) 中实曲线所围成的面积。因此，在破坏阶段中截面 $B$ 的塑性转角

$$\theta_p = \theta_u - \theta_y = \int_A^B \phi_u(x) dx - \int_A^B \phi_y(x) dx \tag{11-8}$$

即塑性铰转角 $\theta_p$ 等于实曲线所围面积与虚直线所围三角形面积之差。为方便，可近似取图中有阴影线的那部分面积。但是要求出这部分面积仍然很困难。因此用等效平行四边形 1234 来替代。等效平行四边形的纵坐标为 $(\phi_u-\phi_y)$，等效长度为 $l_p$，故 $B$ 截面的塑性铰转角为

$$\theta_p = (\phi_u - \phi_y) l_p \tag{11-9}$$

3. 塑性内力重分布的过程

图 11-13 (a) 为跨中承受集中荷载的两跨连续梁，试研究从开始加载直到梁破坏的全过程。假定支座截面和跨内截面的截面尺寸和配筋相同。梁的受力全过程大致可以分为三个阶段：

(1) 弹性内力阶段 集中荷载是由零逐渐增大至 $F_1$ 的,当它还很小时,梁各部分的截面弯曲刚度的比值未改变,结构接近弹性体系,弯矩分布可近似地由弹性理论确定,如图 11-13(b) 所示。

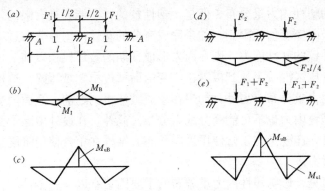

图 11-13 梁上弯矩分布及破坏机构形成

(a) 在跨中截面 1 处作用 $F_1$ 的两跨连续梁;(b) 按弹性理论的弯矩图;(c) 支座截面 B 达到 $M_{uB}$ 时的弯矩图;(d) B 支座出现塑性铰后在新增加的 $F_2$ 作用下的弯矩图;
(e) 截面 1 出现塑性铰时梁的变形及其弯矩图

(2) 截面间弯曲刚度比值改变阶段 由于支座截面的弯矩最大,随着荷载增大,中间支座(截面 B)受拉区混凝土先开裂,截面弯曲刚度降低,但跨内截面 1 尚未开裂。由于支座与跨内截面弯曲刚度的比值降低,致使支座截面弯矩 $M_B$ 的增长率低于跨内弯矩 $M_1$ 的增长率。继续加载,当截面 1 也出现裂缝时,截面抗弯刚度的比值有所回升,$M_B$ 的增长率又有所加快。两者的弯矩比值不断发生变化。

(3) 塑性铰阶段 当荷载增加到支座截面 B 上部受拉钢筋屈服,支座塑性铰形成,塑性铰能承受的弯矩为 $M_{uB}$(此处忽略 $M_u$ 与 $M_y$ 的差别),相应的荷载值为 $F_1$。再继续增加荷载,梁从一次超静定的连续梁转变成了两根简支梁。由于跨内截面承载力尚未耗尽,因此还可以继续增加荷载,直至跨内截面 1 也出现塑性铰,梁成为几何可变体系而破坏。设后加的那部分荷载为 $F_2$,则梁承受的总荷载为 $F=F_1+F_2$。

在 $F_2$ 作用下,应按简支梁来计算跨内弯矩,此时支座弯矩不增加,维持在 $M_{uB}$。

由上述分析可知,超静定钢筋混凝土结构的塑性内力重分布可概括为两个过程:第一过程主要发生在受拉混凝土开裂到第一个塑性铰形成之前,由于截面弯曲刚度比值的改变而引起的塑性内力重分布;第二过程发生于第一个塑性铰形成以后直到形成机构、结构破坏,由于结构计算简图的改变而引起的塑性内力重分布。显然,第二过程的塑性内力重分布比第一过程显著得多。所以,通常所说的塑性内力重分布主要是指第二过程而言的。

**4. 影响塑性内力重分布的因素**

若超静定结构中各塑性铰都具有足够的转动能力，保证结构加载后能按照预期的顺序，先后形成足够数目的塑性铰，以致最后形成机动体系而破坏，这种情况称为充分的塑性内力重分布。但是，塑性铰的转动能力是有限的，受到截面配筋率和材料极限应变值的限制。如果完成充分的塑性内力重分布过程所需要的转角超过了塑性铰的转动能力，则在尚未形成预期的破坏机构以前，早出现的塑性铰已经因为受压区混凝土达到极限压应变值而"过早"被压碎，这种情况属于不充分的塑性内力重分布。另外，如果在形成破坏机构之前，截面因受剪承载力不足而破坏，塑性内力也不可能充分地重分布。此外，在设计中除了要考虑承载能力极限状态外，还要考虑正常使用极限状态。结构在正常使用阶段，裂缝宽度和挠度也不宜过大。

由上述可见，影响塑性内力重分布的主要因素有以下三个：

(1) 塑性铰的转动能力。塑性铰的转动能力主要取决于纵向钢筋的配筋率、钢材的品种和混凝土的极限压应变值。

截面的极限曲率 $\phi_u = \varepsilon_{cu}/x$，配筋率越低，受压区高度 $x$ 就越小，故 $\phi_u$ 大，塑性铰转动能力越大；混凝土的极限压应变值 $\varepsilon_{cu}$ 越大，$\phi_u$ 大，塑性铰转动能力也越大。混凝土强度等级高时，极限压应变值减小，转动能力下降。

普通热轧钢筋具有明显的屈服台阶，延伸率也较大。

(2) 斜截面受剪承载力。要想实现预期的塑性内力重分布，其前提条件之一是在破坏机构形成前，不能发生因斜截面承载力不足而引起的破坏，否则将阻碍塑性内力重分布继续进行。国内外的试验研究表明，支座出现塑性铰后，连续梁的受剪承载力比不出现塑性铰的梁低。

(3) 正常使用条件。如果最初出现的塑性铰转动幅度过大，塑性铰附近截面的裂缝就可能开展过宽，结构的挠度过大，不能满足正常使用的要求。因此，在考虑塑性内力重分布时，应对塑性铰的允许转动量予以控制，也就是要控制塑性内力重分布的幅度。一般要求在正常使用阶段不应出现塑性铰。

**5. 考虑塑性内力重分布的意义和适用范围**

目前在超静定混凝土结构设计中，结构的内力分析与构件截面设计是不相协调的，结构的内力分析仍采用传统的弹性理论，而构件的截面设计考虑了材料的塑性性能。实际上，超静定混凝土结构在承载过程中，由于混凝土的非弹性变形、裂缝的出现和发展、钢筋的锚固滑移，以及塑性铰的形成和转动等因素的影响，结构构件的刚度在各受力阶段不断发生变化，从而使结构的实际内力与变形明显地不同于按刚度不变的弹性理论算得的结果。所以在设计混凝土连续梁、板时，恰当地考虑结构的塑性内力重分布，不仅可以使结构的内力分析与截面设计相协调，而且具有以下优点：

(1) 能更正确地估计结构的承载力和使用阶段的变形、裂缝；

(2) 利用结构塑性内力重分布的特性，合理调整钢筋布置，可以克服支座钢筋拥挤现象，简化配筋构造，方便混凝土浇捣，从而提高施工效率和质量；

(3) 根据结构塑性内力重分布规律，在一定条件和范围内可以人为控制结构中的弯矩分布，从而使设计得以简化；

(4) 可以使结构在破坏时有较多的截面达到其承载力，从而充分发挥结构的潜力，有效地节约材料。

考虑塑性内力重分布是以形成塑性铰为前提的，因此下列情况不宜采用：

(1) 在使用阶段不允许出现裂缝或对裂缝开展有较严格限制的结构，如水池池壁、自防水屋面，以及处于侵蚀性环境中的结构；

(2) 直接承受动力和重复荷载的结构；

(3) 二次受力叠合结构；

(4) 要求有较高安全储备的结构。

### 11.2.5　连续梁、板按调幅法的内力计算

1. 调幅法的概念和原则

在广泛的试验研究基础上，国内外学者曾先后提出过多种超静定混凝土结构考虑塑性内力重分布的计算方法，如极限平衡法、塑性铰法、变刚度法、强迫转动法、弯矩调幅法以及非线性全过程分析方法等。但是上述方法大多数计算繁冗，离工程设计应用尚有距离。目前，只有弯矩调幅法为多数国家的设计规范所采用。我国颁布的《钢筋混凝土连续梁和框架梁考虑内力重分布设计规程》（CECS51：93）也推荐用弯矩调幅法来计算钢筋混凝土连续梁、板和框架的内力。

**弯矩调幅法是一种实用设计方法，它把连续梁、板按弹性理论算得的弯矩值和剪力值进行适当地调整，通常是对那些弯矩绝对值较大的截面弯矩进行调整，然后按调整后的内力进行截面设计。**

截面弯矩的调整幅度用弯矩调幅系数 $\beta$ 来表示，即

$$\beta = \frac{M_e - M_a}{M_e} \tag{11-10}$$

式中　$M_e$——按弹性理论算得的弯矩值；

$M_a$——调幅后的弯矩值。

图 11-14 为一两跨的等跨连续梁，在跨度中点作用有集中荷载 $F$。按弹性理论计算，支座弯矩 $M_e = -0.188Fl_0$，跨度中点的弯矩 $M_1 = 0.156Fl_0$。现将支座弯矩调整为 $M_a = -0.15Fl_0$，则支座弯矩调幅系数 $\beta = \dfrac{(0.188-0.15)Fl_0}{0.188Fl_0} = 0.202$。此时，跨度中点的弯矩值可根据静力平衡条件确定。设 $M_0$ 为按简支梁确定的跨度中点弯矩，由图 11-14（c），$M'_1 + \dfrac{0+M_a}{2} = M_0$，可求得

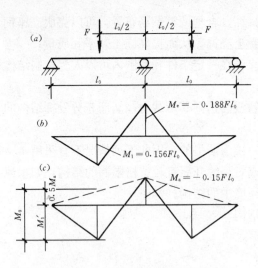

图 11-14 弯矩调幅法中力的平衡
(a) 计算简图；(b) 按弹性理论的弯矩图；
(c) 把支座弯矩调整后的弯矩图

$$M'_1 = \frac{1}{4}Fl_0 - \frac{1}{2} \times 0.15Fl_0$$
$$= 0.175Fl_0$$

可见调幅后，支座负弯矩降低了，而跨中正弯矩增大了。

综合考虑影响塑性内力重分布的影响因素后，我国《混凝土结构设计规范》提出了下列设计原则：

(1) 弯矩调幅后引起结构内力图形和正常使用状态的变化，应进行验算，或有构造措施加以保证；

(2) 受力钢筋宜采用 HRB400 级、HRB335 级热轧钢筋，混凝土强度等级宜在 C20～C45 范围内；截面的相对受压区高度 ξ 应满足 $0.10 \leqslant \xi \leqslant 0.35$。

调幅法按下列步骤进行：

(1) 用线弹性方法计算，并确定荷载最不利布置下的结构控制截面的弯矩最大值 $M_e$。

(2) 采用调幅系数 β 降低各支座截面弯矩，即设计值按下式计算：

$$M = (1-\beta)M_e \tag{11-11}$$

其中 β 值不宜超过 0.2。

(3) 结构的跨中截面弯矩值应取弹性分析所得的最不利弯矩值和按下式计算值中之较大值：

$$M = 1.02M_0 - \frac{1}{2}(M^l + M^r) \tag{11-12}$$

式中 $M_0$——按简支梁计算的跨中弯矩设计值；

$M^l$、$M^r$——连续梁或连续单向板的左、右支座截面弯矩调幅后的设计值。

(4) 调幅后，支座和跨中截面的弯矩值均应不小于 $M_0$ 的 1/3。

(5) 各控制截面的剪力设计值按荷载最不利布置和调幅后的支座弯矩由静力平衡条件计算确定。

2. 用调幅法计算等跨连续梁、板

(1) 等跨连续梁

在相等均布荷载和间距相同、大小相等的集中荷载作用下，等跨连续梁各跨跨中和支座截面的弯矩设计值 $M$ 可分别按下列公式计算：

承受均布荷载时

$$M = \alpha_m(g+q)l_0^2 \quad (11\text{-}13)$$

承受集中荷载时

$$M = \eta\alpha_m(G+Q)l_0 \quad (11\text{-}14)$$

式中 $g$——沿梁单位长度上的恒荷载设计值；

$q$——沿梁单位长度上的活荷载设计值；

$G$——一个集中恒荷载设计值；

$Q$——一个集中活荷载设计值；

$\alpha_m$——连续梁考虑塑性内力重分布的弯矩计算系数，按表 11-1 采用；

$\eta$——集中荷载修正系数，按表 11-2 采用；

$l_0$——计算跨度，按表 11-4 采用。

在均布荷载和间距相同、大小相等的集中荷载作用下，等跨连续梁支座边缘的剪力设计值 $V$ 可分别按下列公式计算：

均布荷载

$$V = \alpha_v(g+q)l_n \quad (11\text{-}15)$$

集中荷载

$$V = \alpha_v n(G+Q) \quad (11\text{-}16)$$

式中 $\alpha_v$——考虑塑性内力重分布梁的剪力计算系数，按表 11-3 采用；

$l_n$——净跨度；

$n$——跨内集中荷载的个数。

**连续梁和连续单向板考虑塑性内力重分布的弯矩计算系数 $\alpha_m$**　　表 11-1

| 支承情况 | | 截面位置 | | | | | |
|---|---|---|---|---|---|---|---|
| | | 端支座 A | 边跨跨中 I | 离端第二支座 B | 离端第二跨跨中 II | 中间支座 C | 中间跨跨中 III |
| 梁、板搁支在墙上 | | 0 | 1/11 | 二跨连续：<br>−1/10<br>三跨以上连续：<br>−1/11 | 1/16 | −1/14 | 1/16 |
| 板 | 与梁整浇连接 | −1/16 | 1/14 | | | | |
| 梁 | | −1/24 | | | | | |
| 梁与柱整浇连接 | | −1/16 | 1/14 | | | | |

注：1. 表中系数适用于荷载比 $q/g > 0.3$ 的等跨连续梁和连续单向板；

2. 连续梁或连续单向板的各跨长度不等，但相邻两跨的长跨与短跨之比值小于 1.10 时，仍可采用表中弯矩系数值。计算支座弯矩时应取相邻两跨中的较长跨度值，计算跨中弯矩时应取本跨长度。

**集中荷载修正系数 $\eta$**　　表 11-2

| 荷载情况 | 截面 | | | | | |
|---|---|---|---|---|---|---|
| | A | I | B | II | C | III |
| 当在跨内中点处作用一个集中荷载时 | 1.5 | 2.2 | 1.5 | 2.7 | 1.6 | 2.7 |
| 当在跨内三分点处作用两个集中荷载时 | 2.7 | 3.0 | 2.7 | 3.0 | 2.9 | 3.0 |
| 当在跨内四分点处作用三个集中荷载时 | 3.8 | 4.1 | 3.8 | 4.5 | 4.0 | 4.8 |

**连续梁考虑塑性内力重分布的剪力计算系数 $\alpha_v$** 表 11-3

| 支承情况 | 截面位置 | | | | |
|---|---|---|---|---|---|
| | A支座内侧 $A_{in}$ | 离端第二支座 | | 中间支座 | |
| | | 外侧 $B_{ex}$ | 内侧 $B_{in}$ | 外侧 $C_{ex}$ | 内侧 $C_{in}$ |
| 搁支在墙上 | 0.45 | 0.60 | 0.55 | 0.55 | 0.55 |
| 与梁或柱整体连接 | 0.50 | 0.55 | | | |

(2) 等跨连续板

承受均布荷载的等跨连续单向板,各跨跨中及支座截面的弯矩设计值 $M$ 可按下式计算:

$$M = \alpha_m(g+q)l_0^2 \tag{11-17}$$

式中 $g$、$q$——沿板跨单位长度上的恒荷载设计值、活荷载设计值;

$\alpha_m$——连续单向板考虑塑性内力重分布的弯矩计算系数,按表 11-1 采用;

$l_0$——计算跨度,按表 11-4 采用。

**梁、板的计算跨度 $l_0$** 表 11-4

| 支承情况 | 计算跨度 | |
|---|---|---|
| | 梁 | 板 |
| 两端与梁(柱)整体连接 | 净跨 $l_n$ | 净跨 $l_n$ |
| 两端支承在砖墙上 | $1.05l_n$ ($\leqslant l_n+b$) | $l_n+h$ ($\leqslant l_n+a$) |
| 一端与梁(柱)整体连接,另一端支承在砖墙上 | $1.025l_n$ ($\leqslant l_n+b/2$) | $l_n+h/2$ ($\leqslant l_n+a/2$) |

注:表中 $b$ 为梁的支承宽度,$a$ 为板的搁置长度,$h$ 为板厚。

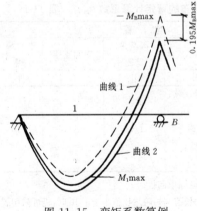

图 11-15 弯矩系数算例

下面以承受均布荷载的五跨连续梁为例(图 11-15),简要说明确定表 11-1 中弯矩计算系数的方法。

假定梁的边支座为砌体,并取 $q/g=3$,可以写成 $g+q=q/3+q=4q/3$ 和 $g+q=g+3g=4g$。于是

$$q = \frac{3}{4}(g+q); \quad g = \frac{1}{4}(g+q)$$

次梁的折算荷载

$$g' = g+q/4 = \frac{1}{4}(g+q) + \frac{3}{16}(g+q)$$
$$= 0.4375(g+q)$$

$$q' = 3q/4 = \frac{9}{16}(g+q) = 0.5625(g+q)$$

按弹性理论,边跨支座 $B$ 弯矩最大(绝对值)时,活荷载应布置在一、二、四跨(图 11-15 中曲线 1),相应的弯矩

$$M_{Bmax} = -0.105g'l_0^2 - 0.119q'l_0^2 = -0.1129(g+q)l_0^2$$

考虑调幅 20%，则

$$M_B = 0.8 M_{B\max} = -0.0903(g+q)l_0^2$$

表 11-1 中取 $\alpha_m = 1/11 = 0.0909$，相当于支座调幅值为 0.195。

当 $M_{B\max}$ 下调后，根据第一跨的静力平衡条件，相应的跨内最大弯矩出现在距端支座 $x=0.409l_0$ 处，其值为（图 11-15 中粗实线所示）

$$M_1 = \frac{1}{2}(0.409l_0)^2(g+q) = 0.0836(g+q)l_0^2$$

按弹性理论，活荷载布置在一、三、五跨时，边跨跨内出现最大正弯矩（图 11-15 中曲线 2）

$$M_{1\max} = 0.078 g' l_0^2 + 0.1 q' l_0^2 = 0.0904(g+q)l_0^2$$

取 $M_{1\max}$、$M_1$ 两者的大值，作为跨中截面的弯矩设计值。为方便起见，弯矩系数取为 1/11。

其余系数可按类似方法确定。

3. 用调幅法计算不等跨连续梁、板

相邻两跨的长跨与短跨之比小于 1.10 的不等跨连续梁、板，在均布荷载或间距相同、大小相等的集中荷载作用下，各跨跨中及支座截面的弯矩设计值和剪力设计值仍可按上述等跨连续梁、板的规定确定。对于不满足上述条件的不等跨连续梁、板或各跨荷载值相差较大的等跨连续梁、板，现行规程提出了简化方法，可分别按下列步骤进行计算：

（1）不等跨连续梁

1）按荷载的最不利布置，用弹性理论分别求出连续梁各控制截面的弯矩最大值 $M_e$。

2）在弹性弯矩的基础上，降低各支座截面的弯矩，其调幅系数 $\beta$ 不宜超过 0.2；在进行正截面受弯承载力计算时，连续梁各支座截面的弯矩设计值可按下列公式计算：

当连续梁搁置在墙上时：

$$M = (1-\beta)M_e \tag{11-18}$$

当连续梁两端与梁或柱整体连接时：

$$M = (1-\beta)M_e - V_0 b/3 \tag{11-19}$$

式中 $V_0$——按简支梁计算的支座剪力设计值；
   $b$——支座宽度。

3）连续梁各跨中截面的弯矩不宜调整，其弯矩设计值取考虑荷载最不利布置并按弹性理论求得的最不利弯矩值和按式 (11-12) 算得的弯矩之间的大值。

4）连续梁各控制截面的剪力设计值，可按荷载最不利布置，根据调整后的支座弯矩用静力平衡条件计算，也可近似取考虑活荷载最不利布置按弹性理论算得的剪力值。

(2) 不等跨连续板

1) 从较大跨度板开始,在下列范围内选定跨中的弯矩设计值:

边跨
$$\frac{(g+q)l_0^2}{14} \leqslant M \leqslant \frac{(g+q)l_0^2}{11} \tag{11-20}$$

中间跨
$$\frac{(g+q)l_0^2}{20} \leqslant M \leqslant \frac{(g+q)l_0^2}{16} \tag{11-21}$$

2) 按照所选定的跨中弯矩设计值,由静力平衡条件,来确定较大跨度的两端支座弯矩设计值,再以此支座弯矩设计值为已知值,重复上述条件和步骤确定邻跨的跨中弯矩和相邻支座的弯矩设计值。

【例 11-1】 一等跨等截面两跨连续梁,计算跨度 $l_0=4.5\mathrm{m}$,承受均布恒荷载设计值 $g=8\mathrm{kN/m}$,均布活荷载 $q=24\mathrm{kN/m}$。试采用弯矩调幅法确定该梁的弯矩。

【解】

(1) 计算弹性弯矩。梁的计算简图见图 11-16。考虑活荷载的最不利布置,将支座负弯矩值及跨内正弯矩值列于表 11-5,弯矩叠合图见图 11-17(a)。

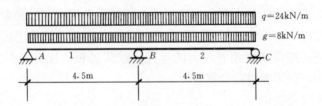

图 11-16 例 11-1 中连续梁的计算简图

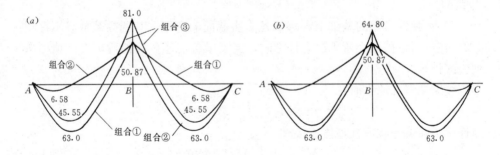

图 11-17 弯矩调幅
(a) 调幅前的弯矩图;(b) 调幅后的弯矩图

弹性弯矩值 (kN·m) 表 11-5

| 最不利荷载组合 | | 截 面 | |
|---|---|---|---|
| | 1 | B | 2 |
| ① $M_{1max}$、$M_{2min}$ | 63.0 | −50.87 | 6.58 |
| ② $M_{2max}$、$M_{1min}$ | 6.58 | −50.87 | 63.0 |
| ③ $-M_{Bmax}$ | 45.55 | −81.0 | 45.55 |

(2) 调整支座弯矩。将支座 $B$ 截面的最大弯矩减低 20%。调幅后的 $B$ 支座弯矩

$$M_B = (1-0.2) \times (-81.0) = -64.8 \text{kN} \cdot \text{m}$$

(3) 跨中截面弯矩不调整。因按式（11-12）计算得到的跨内弯矩

$$M = 1.02 M_0 - \frac{1}{2}(M^l + M^r) = 1.02 \times 81 - 0.5 \times 64.8 = 50.22 \text{kN} \cdot \text{m}$$

小于按弹性理论求得的跨内最大弯矩值 63.0kN·m，故不调整。

调幅后的弯矩图见图 11-17 (b)。

如采用弯矩系数法，由表 11-1，支座 $B$ 的弯矩为 $-(8+24) \times 4.5^2/10 = -64.8$ kN·m；跨内正弯矩为 $(8+24) \times 4.5^2/11 = 58.91$ kN·m。

从上面的例题可以看出，支座截面最大弯矩和跨内截面最大弯矩并不是同时出现的，它们对应了不同的活荷载不利布置。当将最大支座弯矩调整后，如果相应的跨中弯矩（此时跨中弯矩相应地会增加）并没有超过最大的跨内弯矩，则支座截面的配筋可以减少，而跨中配筋不需要增加，因而可以节约材料。此外，由于支座截面的弯矩调幅值可以在允许的调幅范围内任意选择，因而设计并不是唯一的，设计人员有相当大的自由度。

### 11.2.6 单向板肋梁楼盖的截面设计与构造

**1. 单向板的截面设计与构造**

(1) 设计要点

现浇钢筋混凝土单向板的厚度 $h$ 除应满足建筑功能外，还应符合下列要求：

| | |
|---|---|
| 屋面板 | $h \geq 60$mm |
| 民用建筑楼板 | $h \geq 60$mm |
| 工业建筑楼板 | $h \geq 70$mm |
| 行车道下的楼板 | $h \geq 80$mm |

此外，为了保证刚度，单向板的厚度尚应不小于跨度的 1/30〔（连续板）、1/35（简支板）以及 1/12（悬臂板）〕。因为板的混凝土用量占整个楼盖的 50% 以上，因此在满足上述条件的前提下，板厚应尽可能薄些。板的配筋率一般为 0.3%～0.8%。

为了考虑四边与梁整体连接的中间区格单向板拱作用的有利因素，对中间区格的单向板，其中间跨的跨中截面弯矩及支座截面弯矩可各折减 20%，但边跨的跨中截面弯矩及第一支座截面弯矩则不折减。

现浇板在砌体墙上的支承长度不宜小于 120mm。

由于板的跨高比远比梁小，对于一般工业与民用建筑楼盖，仅混凝土就足以承担剪力，可不必进行斜截面受剪承载力计算。

(2) 配筋构造

1) **板中受力筋**：由计算确定的受力钢筋有承受负弯矩的板面负筋和承受正弯矩的板底正筋两种。常用直径为 6mm、8mm、10mm、12mm 等。正钢筋采用 HPB300 级钢筋时，端部采用半圆弯钩，负钢筋端部应做成直钩支撑在底模上。为了施工中不易被踩下，负钢筋直径一般不小于 8mm。对于绑扎钢筋，当板厚 $h \leqslant 150mm$ 时，间距不应大于 200mm；$h > 150mm$ 时，不应大于 $1.5h$，且不宜大于 250mm。伸入支座的钢筋，其间距不应大于 400mm，且截面积不得少于受力钢筋的 1/3。钢筋间距也不宜小于 70mm。

简支板或连续板下部纵向受力钢筋伸入支座的锚固长度不应小于钢筋直径的 5 倍，且宜伸过支座中心线。当连续板内温度、收缩应力较大时，伸入支座的长度宜适当增加。

为了施工方便，选择板内正、负钢筋时，一般宜使它们的间距相同而直径不同，直径不宜多于两种。

连续板受力钢筋的配筋方式有弯起式和分离式两种，见图 11-18。弯起式配筋可先按跨内正弯矩的需要确定所需钢筋的直径和间距，然后在支座附近弯起 1/2～2/3，如果还不满足所要求的支座负钢筋需要，再另加直的负钢筋；通常取相同的间距。弯起角一般为 30°，当板厚大于 120mm 时，可采用 45°。弯起式配筋的钢筋锚固较好，可节省钢材，但施工较复杂。

分离式配筋的钢筋锚固稍差，耗钢量略高，但设计和施工都比较方便，是目前最常用的方式。采用分离式配筋的多跨板，板底钢筋宜全部伸入支座；支座负弯矩钢筋向跨内延伸的长度应根据负弯矩图确定，并满足钢筋锚固的要求。

连续单向板内受力钢筋的弯起和截断，一般可以按图 11-18 确定，图中 $a$ 的取值为：当板上均布活荷载 $q$ 与均布恒荷载 $g$ 的比值 $q/g \leqslant 3$ 时，$a = l_n/4$；当 $q/g > 3$ 时，$a = l_n/3$，$l_n$ 为板的净跨长。当连续板的相邻跨度之差超过 20%，或各跨荷载相差很大时，则钢筋的弯起与切断应按弯矩包络图确定。

2) **板中构造钢筋**：连续单向板除了按计算配置受力钢筋外，通常还应布置以下 5 种构造钢筋：

①**分布钢筋**：在平行于单向板的长跨，与受力钢筋垂直的方向设置分布筋，分布筋放在受力筋的内侧。分布筋的截面面积不应少于受力钢筋的 15%，且不宜小于该方向板截面面积的 0.15%；分布钢筋的间距不宜大于 250mm，直径不小于 6mm，在受力钢筋的弯折处也宜设置分布筋。

分布筋具有以下主要作用：浇筑混凝土时固定受力钢筋的位置；承受混凝土收缩和温度变化所产生的内力；承受并分布板上局部荷载产生的内力；对四边支承板，可承受在计算中未计及但实际存在的长跨方向的弯矩。

②**防裂构造钢筋**：在温度、收缩应力较大的现浇板区域，**应在板的表面双向配置防裂构造钢筋**。每一方向的配筋率均不宜小于 0.10%，间距不宜大于 200mm。防裂构造钢筋可利用原有钢筋贯通布置，也可另外设置钢筋并与原有

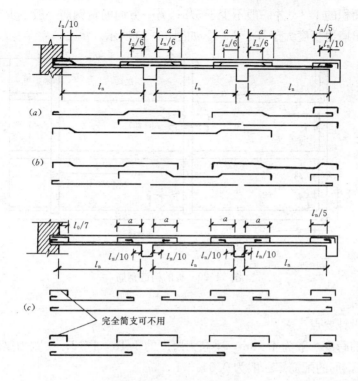

图 11-18 连续单向板的配筋方式
(a) 一端弯起式；(b) 两端弯起式；(c) 分离式

钢筋按受拉钢筋的要求搭接或在周边构造中锚固。

③ **与主梁垂直的附加负筋**：力总是按最短距离传递的，所以靠近主梁的竖向荷载，大部分是传给主梁而不是往单向板的跨度方向传递。所以主梁梁肋附近的板面存在一定的负弯矩，因此必须在主梁上部的板面配置附加短钢筋。其数量不少于每米 5ϕ8，且沿主梁单位长度内的总截面面积不少于板中单位宽度内受力钢筋截面积的 1/3，伸入板中的长度从主梁梁肋边算起不小于板计算跨度 $l_0$ 的 1/4，如图 11-19 所示。

④ **与承重砌体墙垂直的附加负筋**：嵌入承重砌体墙内的单向板，计算时按简支考虑，但实际上有部分嵌固作用，将产生局部负弯矩。为此，应沿承重砌体墙每米

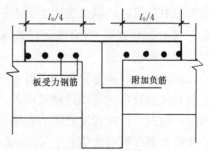

图 11-19 与主梁垂直的附加负筋

配置不少于 5ϕ8 的附加短负筋，伸出墙边长度大于等于 $l_0/7$，如图 11-20 所示。

⑤ **板角附加短钢筋**：两边嵌入砌体墙内的板角部分，应在板面双向配置附加的短负钢筋。其中，沿受力方向配置的负钢筋截面面积不宜小于该方向跨中受力

钢筋截面面积的1/3，并一般不少于5$\phi$8；另一方向的负钢筋一般不少于5$\phi$8。每一方向伸出墙边长度大于等于$l_0/4$，如图11-20所示。

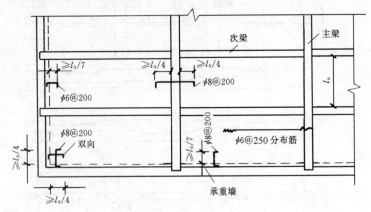

图11-20 板的构造钢筋

2. 次梁

(1) 设计要点

次梁的跨度一般为4～6m，梁高为跨度的1/18～1/12；梁宽为梁高的1/3～1/2。纵向钢筋的配筋率一般为0.6%～1.5%。

在现浇肋梁楼盖中，板可作为次梁的上翼缘。在跨内正弯矩区段，板位于受压区，故应按T形截面计算，翼缘计算宽度$b_f'$可按上册第3章表3-7的规定确定；在支座附近的负弯矩区段，板处于受拉区，应按矩形截面计算。

当次梁考虑塑性内力重分布时，调幅截面的相对受压区高度应满足$\xi \leqslant 0.35h_0$的限制，此外在斜截面受剪承载力计算中，为避免梁因出现斜截面受剪破坏而影响其内力重分布，应将计算所需的箍筋面积增大20%。增大范围如下：当为集中荷载时，取支座边至最近一个集中荷载之间的区段；当为均布荷载时，取$1.05h_0$，此处$h_0$为梁截面有效高度。

(2) 配筋构造

次梁的一般构造要求与上册第3、第4章受弯构件的配筋构造相同。次梁的配筋方式也有弯起式和连续式两种，如图11-21所示。沿梁长纵向钢筋的弯起和切断，原则上应按弯矩及剪力包络图确定。但对于相邻跨跨度相差不超过20%，活荷载和恒荷载的比值$q/g \leqslant 3$的连续梁，可参考图11-21布置钢筋。

按图11-21 (a)，中间支座负钢筋的弯起，第一排的上弯点距支座边缘为50mm；第二排、第三排上弯点距支座边缘分别为$h$和$2h$，$h$为截面高度。

支座处上部受力钢筋总面积为$A_s$，则第一批截断的钢筋面积不得超过$A_s/2$，延伸长度从支座边缘起不小于$l_n/5+20d$（$d$为截断钢筋的直径）；第二批截断的钢筋面积不得超过$A_s/4$，延伸长度不小于$l_n/3$。所余下的纵筋面积不小于$A_s/4$，

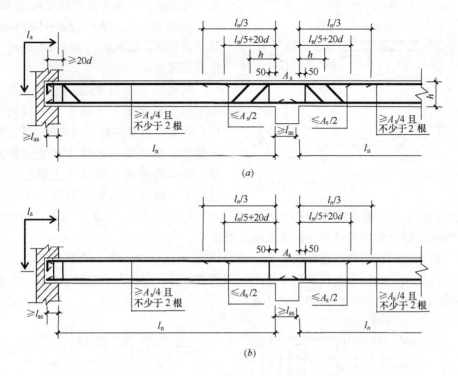

图 11-21 次梁的钢筋布置
(a) 有弯起钢筋；(b) 无弯起钢筋

且不少于两根，可用来承担部分负弯矩并兼作架立钢筋，其伸入边支座的锚固长度不得小于 $l_a$。

位于次梁下部的纵向钢筋除弯起的外，应全部伸入支座，不得在跨间截断。下部纵筋伸入边支座和中间支座的锚固长度详见上册§4.5.3。

连续次梁因截面上、下均配置受力钢筋，所以一般均沿梁全长配置封闭式箍筋，第一根箍筋可距支座边 50mm 处开始布置，同时在简支端的支座范围内，一般宜布置一根箍筋。

3. 主梁

主梁的跨度一般在 5～8m 为宜；梁高为跨度的 1/15～1/10。主梁除承受自重和直接作用在主梁上的荷载外，主要承受次梁传来的集中荷载。为简化计算，可将主梁的自重等效成集中荷载，其作用点与次梁的位置相同。因梁、板整体浇筑，故主梁跨内截面按 T 形截面计算，支座截面按矩形截面计算。

如果主梁是框架横梁，水平荷载（如风荷载、水平地震作用等）也会在梁中产生弯矩和剪力，此时，应按框架梁设计。

在主梁支座处，主梁与次梁截面的上部纵向钢筋相互交叉重叠（图11-22），致使主梁承受负弯矩的纵筋位置下移，梁的有效高度减小。**所以在计算主梁支座**

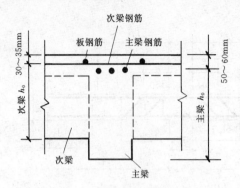

图 11-22 主梁支座截面的钢筋位置

截面负钢筋时，截面有效高度 $h_0$ 应取：一层钢筋时，$h_0=h-(50\sim60)$ mm；两层钢筋时，$h_0=h-(70\sim80)$ mm，$h$ 是截面高度。

次梁与主梁相交处，在主梁高度范围内受到次梁传来的集中荷载的作用。此集中荷载并非作用在主梁顶面，而是靠次梁的剪压区传递至主梁的腹部。所以在主梁局部长度上将引起主拉应力，特别是当集中荷载作用在主梁的受拉区时，会在梁腹部产生斜裂缝，而引起局部破坏。为此，需设置附加横向钢筋，把此集中荷载传递到主梁顶部受压区。

附加横向钢筋应布置在长度为 $s=2h_1+3b$ 的范围内（图 11-23），以便能充分发挥作用。附加横向钢筋可采用附加箍筋和吊筋，宜优先采用附加箍筋。附加箍筋和吊筋的总截面面积按下式计算：

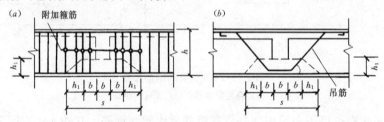

图 11-23 附加横向钢筋布置
(a) 附加箍筋；(b) 吊筋

$$F_l \leqslant 2f_y A_{sb}\sin\alpha + m \cdot n f_{yv} A_{sv1} \tag{11-22}$$

式中 $F_l$——由次梁传递的集中力设计值；

$f_y$——吊筋的抗拉强度设计值；

$f_{yv}$——附加箍筋的抗拉强度设计值；

$A_{sb}$——一根吊筋的截面积；

$A_{sv1}$——单肢箍筋的截面积；

$m$——附加箍筋的排数；

$n$——在同一截面内附加箍筋的肢数；

$\alpha$——吊筋与梁轴线间的夹角。

主梁搁置在砌体上时，应设置梁垫，并进行砌体的局部受压承载力计算，见第 15 章。

主梁纵向受力钢筋的弯起和切断，原则上应按弯矩包络图和剪力包络图确定。

此外，主梁和次梁中还应设置架立钢筋，有时还需设置腰筋，详见上册§4.6.2，此处不重复。

### 11.2.7 单向板肋梁楼盖设计例题

某多层厂房的建筑平面如图 11-24 所示，环境类别为一类，楼梯设置在旁边的附属房屋内。楼面均布可变荷载标准值为 $8kN/m^2$，楼盖拟采用现浇钢筋混凝土单向板肋梁楼盖。试进行设计，其中板、次梁按考虑塑性内力重分布设计，主梁内力按弹性理论计算。

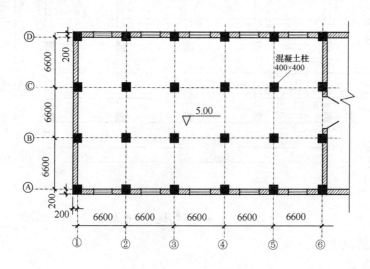

图 11-24 +5.00 建筑平面

1. 设计资料

（1）楼面做法：水磨石面层；钢筋混凝土现浇板；20mm 混合砂浆抹底。

（2）材料：混凝土强度等级 C30；梁钢筋采用 HRB400 级钢筋，板采用 HPB300 级钢筋。

2. 楼盖的结构平面布置

主梁沿横向布置，次梁沿纵向布置。主梁的跨度为 6.6m，次梁的跨度为 6.6m，主梁每跨内布置两根次梁，板的跨度为 6.6/3=2.2m，$l_{02}/l_{01}=6.6/2.2=3$，因此按单向板设计。

按跨高比条件，要求板厚 $h \geqslant 2200/30 = 73mm$，对工业建筑的楼盖板，要求 $h \geqslant 70mm$，取板厚 $h=80mm$（注：在民用建筑中，楼板内往往要双向布设电线管，故板厚常不宜小于 100mm）。

次梁截面高度应满足 $h=l_0/18 \sim l_0/12 = 6600/18 \sim 6600/12 = 367 \sim 550mm$。考虑到楼面可变荷载比较大，取 $h=500mm$。截面宽度取为 $b=200mm$。

主梁的截面高度应满足 $h=l_0/15 \sim l_0/10=6600/15 \sim 6600/10=440 \sim 660$mm,取 $h=650$mm。截面宽度取为 $b=300$mm。

楼盖结构平面布置图见图 11-25。

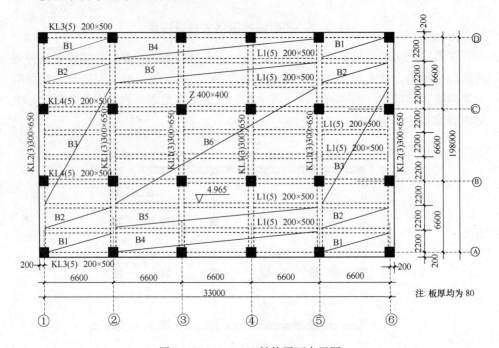

图 11-25 +4.965 结构平面布置图

3. 板的设计

(1) 荷载

板的永久荷载标准值

| | |
|---|---|
| 水磨石面层 | 0.65kN/m² |
| 80mm 钢筋混凝土板 | 0.08×25=2.0kN/m² |
| 20mm 混合砂浆 | 0.02×17=0.34kN/m² |
| 小计 | 2.99kN/m² |
| 板的可变荷载标准值 | 8.0kN/m² |

永久荷载分项系数取 1.2;因楼面可变荷载标准值大于 4.0kN/m²,所以可变荷载分项系数应取 1.3。于是板的

| | |
|---|---|
| 永久荷载设计值 | $g=2.99 \times 1.2=3.59$kN/m² |
| 可变荷载设计值 | $q=8 \times 1.3=10.4$kN/m² |
| 荷载总设计值 | $g+q=13.99$kN/m²,近似取为 $g+q=14.0$kN/m² |

(2) 计算简图

## §11.2 现浇单向板肋梁楼盖

按塑性内力重分布设计。次梁截面为 200mm×500mm，板的计算跨度：

边跨　　$l_{01}=l_n=2200-200/2=2100$
中间跨　$l_{02}=l_n=2200-200=2000$mm

因跨度相差小于 10%，可按等跨连续板计算。取 1m 宽板带作为计算单元，计算简图如图 11-26 所示。

(3) 弯矩设计值

不考虑板拱作用截面弯矩的折减。由表 11-1 可查得，板的弯矩系数 $\alpha_m$ 分别为：边支座 1/16；边跨中，1/11；离端第二支座，−1/11；中跨中，1/16；中间支座，1/14。故

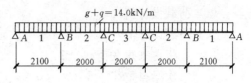

图 11-26　板的计算简图

$$M_A = -(g+q)l_{01}^2/16 = -14.0\times 2.1^2/16 = -3.86\text{kN}\cdot\text{m}$$
$$M_1 = (g+q)l_{01}^2/14 = -14.0\times 2.1^2/14 = 4.41\text{kN}\cdot\text{m}$$
$$M_B = -(g+q)l_{01}^2/11 = -14.0\times 2.1^2/11 = -5.19\text{kN}\cdot\text{m}$$
$$M_C = -(g+q)l_{02}^2/14 = -14.0\times 2.0^2/14 = -4.00\text{kN}\cdot\text{m}$$
$$M_2 = M_3 = (g+q)l_{02}^2/16 = 14.0\times 2.0^2/16 = 3.50\text{kN}\cdot\text{m}$$

(4) 正截面受弯承载力计算

环境类别一级，C30 混凝土，板的最小保护层厚度 $c=15$mm。假定纵向钢筋直径 $d$ 为 10mm，板厚 80mm，则截面有效高度 $h_0=h-c-\dfrac{d}{2}=80-15-10/2=60$mm；板宽 $b=1000$mm。C30 混凝土，$\alpha_1=1.0$，$f_c=14.3\text{kN/mm}^2$；HPB300 钢筋，$f_y=270\text{N/mm}^2$。板配筋计算的过程列于表 11-6。

板 的 配 筋 计 算　　　　　　　　表 11-6

| 截　　面 | A | 1 | B | 2 | C |
|---|---|---|---|---|---|
| 弯矩设计值（kN·m） | −3.86 | 4.41 | −5.61 | 3.50 | −4.00 |
| $\alpha_s=M/(\alpha_1 f_c b h_0^2)$ | 0.075 | 0.086 | 0.109 | 0.068 | 0.078 |
| $\xi=1-\sqrt{1-2\alpha_s}$ | 0.078<0.35 | 0.090 | 0.116<0.35 | 0.070 | 0.081<0.35 |
| 计算配筋（mm²）$A_s=\xi b h_0 \alpha_1 f_c/f_y$ | 247.9 | 285.0 | 367.7 | 223.9 | 257.3 |
| 实际配筋（mm²） | $\phi 8@200$ $A_s=251$ | $\phi 8/10@200$ $A_s=322$ | $\phi 10@200$ $A_s=393$ | $\phi 8@200$ $A_s=251$ | $\phi 8@200$ $A_s=251$ |

计算结果表明，支座截面的 $\xi$ 均小于 0.35，符合塑性内力重分布的原则；$A_s/bh=251/(1000\times 80)=0.31\%$，此值大于 $0.45f_t/f_y=0.45\times 1.43/270=0.24\%$，同时大于 0.2%，满足最小配筋率的要求。

4. 次梁设计

根据本车间楼盖的实际使用情况,楼盖的次梁和主梁的可变荷载不考虑梁从属面积的荷载折减。

(1) 荷载设计值

永久荷载设计值

  板传来永久荷载       $3.59 \times 2.2 = 7.90 \text{kN/m}$

  次梁自重    $0.2 \times (0.5-0.08) \times 25 \times 1.2 = 2.52 \text{kN/m}$

  次梁粉刷  $0.02 \times (0.5-0.08) \times 2 \times 17 \times 1.2 = 0.34 \text{kN/m}$

小计                 $g = 10.76 \text{kN/m}$

可变荷载设计值

$$q = 10.4 \times 2.2 = 22.88 \text{kN/m}$$

荷载总设计值

$$g + q = 33.64 \text{kN/m}$$

(2) 计算简图

按塑性内力重分布设计。主梁截面为 300mm×650mm。计算跨度:

  边跨 $l_{01} = l_n = 6600 - 100 - 300/2$

      $= 6350 \text{mm}$

中间跨 $l_{02} = l_n = 6600 - 300 = 6300 \text{mm}$

因跨度相差小于10%,可按等跨连续梁计算。次梁的计算简图见图 11-27。

(3) 内力计算

由表 11-1、表 11-3 可分别查得弯矩系数和剪力系数。

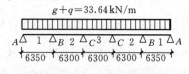

图 11-27 次梁计算简图

弯矩设计值:

$$M_A = -(g+q)l_{01}^2/24 = -33.64 \times 6.35^2/24 = -56.52 \text{kN·m}$$

$$M_1 = (g+q)l_{01}^2/14 = 33.64 \times 6.35^2/14 = 96.89 \text{kN·m}$$

$$M_B = -(g+q)l_{01}^2/11 = 33.64 \times 6.35^2/11 = 123.31 \text{kN·m}$$

$$M_2 = M_3 = (g+q)l_{02}^2/16 = 33.64 \times 6.3^2/16 = 83.45 \text{kN·m}$$

$$M_C = -(g+q)l_{02}^2/14 = -33.64 \times 6.3^2/14 = -95.37 \text{kN·m}$$

剪力设计值:

$$V_A = 0.50(g+q)l_{n1} = 0.50 \times 33.64 \times 6.35 = 106.81 \text{kN}$$

$$V_{Bl} = 0.55(g+q)l_{n1} = 0.55 \times 33.64 \times 6.35 = 117.49 \text{kN}$$

$$V_{Br} = V_c = 0.55(g+q)l_{n2} = 0.55 \times 33.64 \times 6.3 = 116.56 \text{kN}$$

(4) 承载力计算

1) 正截面受弯承载力

正截面受弯承载力计算时，跨内按 T 形截面计算，翼缘宽度取 $b'_f = l/3 = 6600/3 = 2200\text{mm}$、$b'_f = b + s_n = 200 + 2000 = 2200\text{mm}$，$b + 12h'_f = 200 + 12 \times 80 = 1160\text{mm}$ 三者的较小值，故取 $b'_f = 11600\text{mm}$。除支座 B 截面纵向钢筋按两排布置外，其余截面均布置一排。

环境类别一级，C30 混凝土，梁的最小保护层厚度 $c = 20\text{mm}$。假定箍筋直径 10mm，纵向钢筋直径 20mm，则一排纵向钢筋 $h_0 = 500 - 20 - 10 - 20/2 = 460\text{mm}$，二排纵向钢筋 $h_0 = 460 - 25 = 435\text{mm}$。

C30 混凝土，$\alpha_1 = 1.0$，$\beta_c = 1$，$f_c = 14.3\text{N/mm}^2$，$f_t = 1.43\text{N/mm}^2$；纵向钢筋采用 HRB400 钢，$f_y = 360\text{N/mm}^2$，$f_{yv} = 360\text{N/mm}^2$。正截面承载力计算过程列于表 11-7。经判别跨内截面均属于第一类 T 形截面。

次梁正截面受弯承载力计算  表 11-7

| 截面 | A | 1 | B | 2 | C |
|---|---|---|---|---|---|
| 弯矩设计值 (kN·m) | −56.52 | 96.89 | −123.31 | 83.45 | −95.37 |
| $\alpha_s = M/(\alpha_1 f_c b h_0^2)$ 或 $\alpha_s = M/(\alpha_1 f_c b'_f h_0^2)$ | $\dfrac{56.52 \times 10^6}{1 \times 14.3 \times 200 \times 460^2}$ $= 0.093$ | $\dfrac{96.89 \times 10^6}{1 \times 14.3 \times 1160 \times 460^2}$ $= 0.028$ | $\dfrac{123.31 \times 10^6}{1 \times 14.3 \times 200 \times 435^2}$ $= 0.228$ | $\dfrac{83.45 \times 10^6}{1 \times 14.3 \times 1160 \times 460^2}$ $= 0.024$ | $\dfrac{95.37 \times 10^6}{1 \times 14.3 \times 200 \times 460^2}$ $= 0.158$ |
| $\xi = 1 - \sqrt{1 - 2\alpha_s}$ | 0.098 < 0.35 | 0.028 | 0.262 < 0.35 | 0.024 | 0.172 < 0.35 |
| $A_s = \xi b h_0 \alpha_1 f_c / f_y$ 或 $A_s = \xi b'_f h_0 \alpha_1 f_c / f_y$ | 358.9 | 593.4 | 906.3 | 509.0 | 630.2 |
| 选配钢筋 (mm²) | 2⌀16 $A_s = 402$ | 3⌀16 $A_s = 603$ | 5⌀16 $A_s = 1005$ | 2⌀18 $A_s = 509$ | 2⌀16+1⌀18 $A_s = 658$ |

计算结果表明，支座截面的 $\xi$ 均小于 0.35，符合塑性内力重分布的原则；$A_s/(bh) = 402/(200 \times 500) = 0.40\%$，此值大于 $0.45 f_t/f_y = 0.45 \times 1.43/360 = 0.18\%$，同时大于 0.2%，满足最小配筋率的要求。

2) 斜截面受剪承载力

斜截面受剪承载力计算包括：截面尺寸的复核、腹筋计算和最小配箍率验算。验算截面尺寸：

$h_w = h_0 - h'_f = 435 - 80 = 355\text{mm}$，因 $h_w/b = 355/200 = 1.8 < 4$，截面尺寸按下式验算：

$0.25\beta_c f_c b h_0 = 0.25 \times 1 \times 14.3 \times 200 \times 435 = 311.03 \times 10^3\text{N} > V_{\max} = 117.49\text{kN}$ 截面尺寸满足要求。

计算所需腹筋：

采用ϕ6双肢箍筋，计算支座 $B$ 左侧截面。由 $V_{cs}=0.7f_tbh_0+f_{yv}\dfrac{A_{sv}}{s}h_0$，可得到箍筋间距

$$s=\dfrac{f_{yv}A_{sv}h_0}{V_{Bl}-0.7f_tbh_0}=\dfrac{360\times56.6\times435}{117.49\times10^3-0.7\times1.43\times200\times435}=292\text{mm}$$

调幅后受剪承载力应加强，梁局部范围内将计算的箍筋面积增加20%或箍筋间距减小20%。现调整箍筋间距，$s=0.8\times294=235$mm，截面高度在300~500mm的梁，最大箍筋间距200mm 最后取箍筋间距 $s=200$mm。为方便施工，沿梁长不变。

验算配箍率下限值：

弯矩调幅时要求的配箍率下限为：$0.3f_t/f_{yv}=0.3\times1.43/360=0.12\%$，实际配箍率 $\rho_{sv}=A_{sv}/(bs)=56.6/(200\times200)=0.14\%>0.12\%$，满足要求。

5. 主梁设计

主梁按弹性方法设计。

(1) 荷载设计值

为简化计算，将主梁自重等效为集中荷载。

次梁传来的永久荷载　　$10.76\times6.6=71.02$kN

主梁自重(含粉刷)$[(0.65-0.08)\times0.3\times2.2\times25+2\times(0.65-0.08)\times2\times2.2\times34]\times1.2=12.31$kN

永久荷载设计值　$G=71.02+12.31=83.33$kN

可变荷载设计值　$Q=22.88\times6.6=151.01$kN

(2) 计算简图

因主梁的线刚度与柱线刚度之比大于5，竖向荷载下主梁内力近似按连续梁计算，按弹性理论设计，计算跨度取支承中心线之间的距离，$l_0=6600$mm。主梁的计算简图见图11-28，可利用附表6-2计算内力。

(3) 内力设计值及包络图

1) 弯矩设计值

弯矩　　$M=k_1Gl_0+k_2Ql_0$

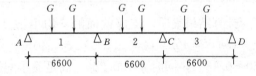

图 11-28　主梁计算简图

式中系数 $k_1$、$k_2$ 由附表6-2相应栏内查得。

$M_{1,\max}=0.244\times83.33\times6.64+0.289\times151.01\times6.60$
$=422.23$kN·m

$M_{B,\max}=-0.267\times83.33\times6.64-0.311\times151.01\times6.60$
$=-456.81$kN·m

$M_{2,\max}=0.067\times83.33\times6.60+0.200\times151.01\times6.60$

$$= 236.18 \text{kN} \cdot \text{m}$$

2）剪力设计值

剪力 $$V = k_3 G + k_4 Q$$

式中系数 $k_3$、$k_4$ 附表 6-2 相应栏内查得。

$V_{A,\max} = 0.733 \times 83.33 + 0.866 \times 151.01 = 185.21 \text{kN}$

$V_{Bl,\max} = -1.267 \times 83.33 - 1.311 \times 151.01 = -303.55 \text{kN}$

$V_{Br,\max} = 1.0 \times 83.33 + 1.222 \times 151.01 = 267.86 \text{kN}$

3）弯矩包络图

①第 1、3 跨有可变荷载，第 2 跨没有可变荷载

由附表 6-2 知，支座 $B$ 或 $C$ 的弯矩值为：

$M_B = M_C = -0.267 \times 83.33 \times 6.6 - 0.133 \times 151.01 \times 6.6 = -279.40 \text{kN} \cdot \text{m}$

在第 1 跨内：以支座弯矩 $M_A = 0$，$M_B = -279.40 \text{kN} \cdot \text{m}$ 的连线为基线，作 $G = 83.33 \text{kN}$，$Q = 151.01 \text{kN}$ 的简支梁弯矩图，得第 1 个集中荷载和第 2 个集中荷载作用点处弯矩值分别为：

$$\frac{1}{3}(G+Q)l_0 + \frac{M_B}{3} = \frac{1}{3}(83.33+151.01) \times 6.6 - \frac{279.40}{3} = 422.41 \text{kN} \cdot \text{m}（与前面计算的 M_{1\max} = 422.23 \text{kN} \cdot \text{m} 接近）$$

$$\frac{1}{3}(G+Q)l_0 + \frac{2M_B}{3} = \frac{1}{3}(83.33+151.01) \times 6.6 - \frac{2 \times 279.40}{3} = 329.28 \text{kN} \cdot \text{m}$$

在第 2 跨内：以支座弯矩 $M_B = -279.40 \text{kN} \cdot \text{m}$，$M_C = -279.40 \text{kN} \cdot \text{m}$ 的连线为基线，作 $G = 83.33 \text{kN}$，$Q = 0$ 的简支弯矩图，得集中荷载作用点处的弯矩值：$\frac{1}{3}Gl_0 + M_B = \frac{1}{3} \times 83.33 \times 6.60 - 279.40 = -96.07 \text{kN} \cdot \text{m}$。

②第 1、2 跨有可变荷载，第 3 跨没有可变荷载

第 1 跨内：在第 1 跨内以支座弯矩 $M_A = 0$，$M_B = -456.81 \text{kN} \cdot \text{m}$ 的连线为基线，作 $G = 83.33 \text{kN}$，$Q = 151.01 \text{kN}$ 的简支梁弯矩图，得第 1 个集中荷载和第 2 个集中荷载作用点处弯矩值分别为：

$$\frac{1}{3}(83.33+151.01) \times 6.6 - \frac{456.81}{3} = 363.28 \text{kN} \cdot \text{m}$$

$$\frac{1}{3}(83.33+151.01) \times 6.6 - \frac{2 \times 456.81}{3} = 211.01 \text{kN} \cdot \text{m}$$

在第 2 跨内：$M_C = -0.267 \times 83.33 \times 6.6 - 0.089 \times 151.01 \times 6.6 = -235.55 \text{kN} \cdot \text{m}$。以支座弯矩 $M_B = -456.81 \text{kN} \cdot \text{m}$，$M_C = -235.55 \text{kN} \cdot \text{m}$ 的连线为基线，作 $G = 83.33 \text{kN}$，$Q = 151.01 \text{kN}$ 的简支梁弯矩图，得第 1 个集中荷载和第 2 个集中荷载作用点处弯矩值分别为：

$$\frac{1}{3}(G+Q)l_0 + M_C + \frac{2}{3}(M_B - M_C)$$

$$= \frac{1}{3}(83.33+151.01) \times 6.6 - 235.55 + \frac{2}{3}(-456.81+235.55)$$

$$= 132.49 \text{kN} \cdot \text{m}$$

$$\frac{1}{3}(G+Q)l_0 + M_C + \frac{1}{3}(M_B - M_C)$$

$$= \frac{1}{3}(83.33+151.01) \times 6.6 - 235.55 + \frac{1}{3}(-456.81+235.55)$$

$$= 206.25 \text{kN} \cdot \text{m}$$

③第2跨有可变荷载，第1、3跨没有可变荷载

$M_B = M_C = -0.267 \times 83.33 \times 6.6 - 0.133 \times 151.01 \times 6.6 = -279.40 \text{kN} \cdot \text{m}$

第2跨两集中荷载作用点处的弯矩为：

$$\frac{1}{3}(G+Q)l_0 + M_B = \frac{1}{3}(83.33+151.01) \times 6.6 - 279.40$$

$$= 236.15 \text{kN} \cdot \text{m} （与前面计算的 M_{2,\max} = 236.18 \text{kN} \cdot \text{m} 接近）$$

第1、3跨两集中荷载作用点处的弯矩分别为：

$$\frac{1}{3}Gl_0 + \frac{1}{3}M_B = \frac{1}{3} \times 83.33 \times 6.6 - \frac{1}{3} \times 279.40 = 90.19 \text{kN} \cdot \text{m}$$

$$\frac{1}{3}Gl_0 + \frac{2}{3}M_B = \frac{1}{3} \times 83.33 \times 6.6 - \frac{2}{3} \times 279.40 = -2.94 \text{kN} \cdot \text{m}$$

弯矩包络图如图11-29（a）所示。

(4) 承载力计算

1) 正截面受弯承载力

跨内按T形截面计算，因跨内设有间距小于主梁间距的次梁，翼缘计算宽度按$l/3 = 6.6/3 = 2.2\text{m}$ 和 $b+s_n = 6\text{m}$ 中较小值确定，取$b'_f = 2.2\text{m}$。

主梁混凝土保护层厚度的要求以及跨内截面有效高度的计算方法同次梁，支座截面因存在板、次梁、主梁上部钢筋的交叉重叠，截面有效高度的计算方法有所不同。板混凝土保护层厚度15mm、板上部纵筋10mm、次梁上部纵筋直径18mm。假定主梁上部纵筋直径25mm，则一排钢筋时，$h_0 = 650-15-10-18-25/2 = 595\text{mm}$；二排钢筋时，$h_0 = 595-25 = 570\text{mm}$。

纵向受力钢筋除B支座截面为2排外，其余均为1排。跨内截面经判别都属于第一类T形截面。B支座边的弯矩设计值$M_B = M_{B\max} - V_0 b/2 = -456.81 + 234.34 \times 0.40/2 = -409.94 \text{kN} \cdot \text{m}$。正截面受弯承载力的计算过程列于表11-8。

§11.2 现浇单向板肋梁楼盖

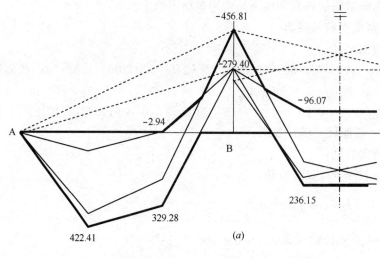

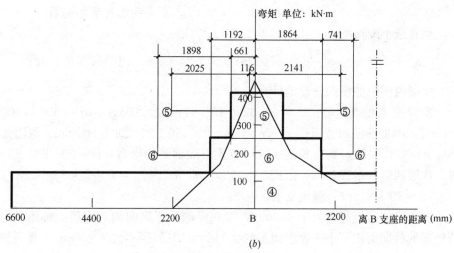

图 11-29 主梁的弯矩包络图和抵抗弯矩图
(a) 弯矩包络图；(b) 抵抗弯矩图

主梁正截面承载力计算　　　　　　　　　表 11-8

| 截　面 | 1 | B | 2 | |
|---|---|---|---|---|
| 弯矩设计值(kN·m) | 422.23 | −409.94 | 236.18 | −96.07 |
| $a_s = M/(\alpha_1 f_c b h_0^2)$ 或 $a_s = M/(\alpha_1 f_c b'_t h_0^2)$ | $\dfrac{422.23 \times 10^6}{1 \times 14.3 \times 2200 \times 610^2}$ $=0.036$ | $\dfrac{409.94 \times 10^6}{1 \times 14.3 \times 300 \times 570^2}$ $=0.294$ | $\dfrac{236.18 \times 10^6}{1 \times 14.3 \times 2200 \times 610^2}$ $=0.020$ | $\dfrac{96.07 \times 10^6}{1 \times 14.3 \times 300 \times 610^2}$ $=0.060$ |
| $\gamma_s = (1+\sqrt{1-2a_s})/2$ | 0.982 | 0.821 | 0.990 | 0.969 |
| $A_s = M/(\gamma_s f_y h_0)$ | 1958.7 | 2433.8 | 1086.6 | 451.5 |
| 选配钢筋 (mm²) | 4⊕22+1⊕25 $A_s=2010$ | 4⊕22+2⊕25 $A_s=2502$ | 3⊕22 $A_s=1140$ | 2⊕22 $A_s=760$ |

主梁纵向钢筋的弯起和切断按弯矩包络图确定。

2) 斜截面受剪承载力

验算截面尺寸：

$h_w = h_0 - h'_f = 570 - 80 = 490 \text{mm}$，因 $h_w/b = 490/300 = 1.63 < 4$，截面尺寸按下式验算：

$0.25\beta_c f_c b h_0 = 0.25 \times 1 \times 14.3 \times 300 \times 570 = 611.33 \times 10^3 \text{kN} > V_{\max} = 303.55 \text{kN}$，截面尺寸满足要求。

计算所需腹筋：

采用 ⌽10—200 双肢箍筋，

$$V_{cs} = 0.7 f_t b h_0 + f_{yv} \frac{A_{sv}}{s} h_0$$

$$= 0.7 \times 1.43 \times 300 \times 570 + 360 \times \frac{157}{200} \times 570$$

$$= 332.25 \times 10^3 \text{kN} = 332.25 \text{kN} > V_{\max}，不需要配置弯起钢筋。$$

验算最小配箍率：

$$\rho_{sv} = \frac{A_{sv}}{bs} = \frac{157}{300 \times 200} = 0.26\% > 0.24 \frac{f_t}{f_{yv}} = 0.10\%，满足要求。$$

次梁两侧附加横向钢筋的计算：

次梁传来的集中力 $F_l = 71.02 + 151.01 = 222.03 \text{kN}$，$h_1 = 650 - 500 = 150 \text{mm}$，附加箍筋布置范围 $s = 2h_1 + 3b = 2 \times 150 + 3 \times 200 = 900 \text{mm}$。取附加箍筋 ⌽10—200 双肢，则在长度 $s$ 内可布置附加箍筋的排数，$m = 900/200 + 1 = 6$ 排，次梁两侧各布置 3 排。由式 (11-22)，$m \cdot n f_{yv} A_{sv1} = 6 \times 2 \times 360 \times 78.5 = 339.12 \times 10^3 \text{kN} > F_l$，满足要求。

因主梁的腹板高度大于 450mm，需在梁侧设置纵向构造钢筋，每侧纵向构造钢筋的截面面积不小于腹板面积的 0.1%，且其间距不大于 200mm。现每侧配置 2⌽14，$308/(300 \times 570) = 0.18\% > 0.1\%$，满足要求。

6. 绘制施工图

楼盖施工图包括施工说明、结构平面布置图、板配筋图、次梁和主梁配筋图。

(1) 施工说明

施工说明是施工图的重要组成部分，用来说明无法用图来表示或者图中没有表示的内容。完整的施工说明应包括：设计依据（采用的规范标准；结构设计有关的自然条件，如风荷载、雪荷载等基本情况以及工程地质简况等）；结构设计一般情况（建筑结构的安全等级、设计使用年限和建筑抗震设防类别）；上部结构选型概述；采用的主要结构材料及特殊材料；基础选型；以及需要特别提醒施工注意的问题。

本设计示例楼盖仅仅是整体结构的一部分，施工说明可以简单些，详见图

11-31 (c)。

(2) 结构平面布置图

结构平面布置图上应表示梁、板、柱、墙等所有结构构件的平面位置、截面尺寸、水平构件的竖向位置以及编号,构件编号由代号和序号组成,相同的构件可以用一个序号。楼盖的平面布置图见图11-25,图中柱、主梁、次梁、板的代号分别用"Z"、"KL"、"L"和"B"表示,主、次梁的跨数写在括号内。

(3) 板配筋图

板配筋采用分离式,板面钢筋从支座边伸出长度 $a = l_n/4 = 2000/4 = 500$。板配筋见图11-30。

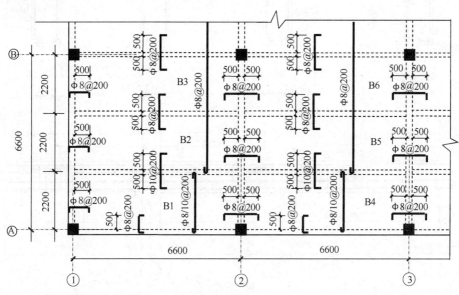

注:板厚80;分布钢筋 $\phi 6@250$

图 11-30 板配筋图

(4) 次梁配筋图

次梁支座截面上部钢筋的第一批切断点要求离支座边 $l_n/5 + 20d = 6300/5 + 20 \times 18 = 16200$mm,现取16500mm;切断面积要求小于总面积的二分之一,B支座切断 $2\phi 16$,$402/1005 = 0.4 < 0.5$,C支座切断 $1\phi 18$,$254.5/658 = 0.39 < 0.5$,均要求满足;B支座第二批切断 $1\phi 16$,离支座边 $l_n/3 = 6300/3 = 2100$mm;剩余 $2\phi 16$ 兼做架立筋。端支座上部钢筋伸入主梁长度 $l_a = (0.14 \times 360/1.43)d = 564$mm。下部纵向钢筋在中间支座的锚固长度 $l_{as} \geq 12d = 216$mm。次梁配筋见图11-31(a)。

(5) 主梁配筋图

主梁纵向钢筋的弯起和切断需按弯矩包络图确定。底部纵向钢筋全部伸入支座,不配置弯起钢筋,所以仅需确定B支座上部钢筋的切断点。截取负弯矩的

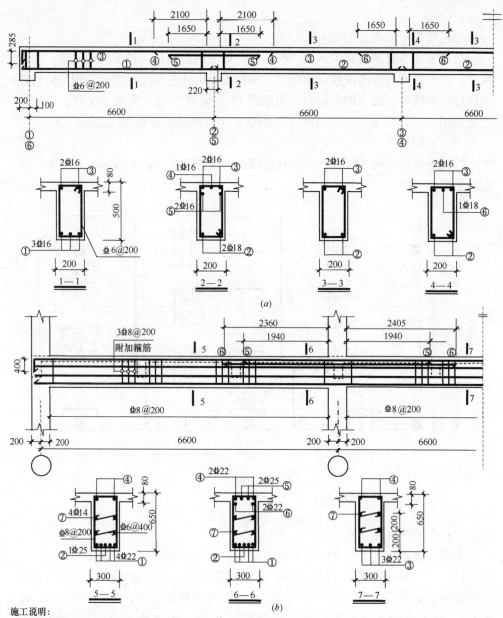

施工说明:
1. 本工程设计使用年限50年,结构安全等级为二级,环境类别为一类。
2. 采用下列规范:
　1)《混凝土结构设计规范》GB 50010—2010;
　2)《建筑结构荷载规范》GB 50009—2001。
3. 荷载取值:楼面可变荷载标准值8.0kN/m²。
4. 混凝土强度等级C30;梁内钢筋采用HRB400级,用 ⊥ 表示;板内钢筋采用HPB300级,用φ表示。
5. 板纵向钢筋的混凝土保护层厚度15mm;梁最外层钢筋的混凝土保护层厚度20mm。

图 11-31　梁配筋图及施工说明
(a) L1（次梁）配筋图；(b) KL1（主梁）配筋图

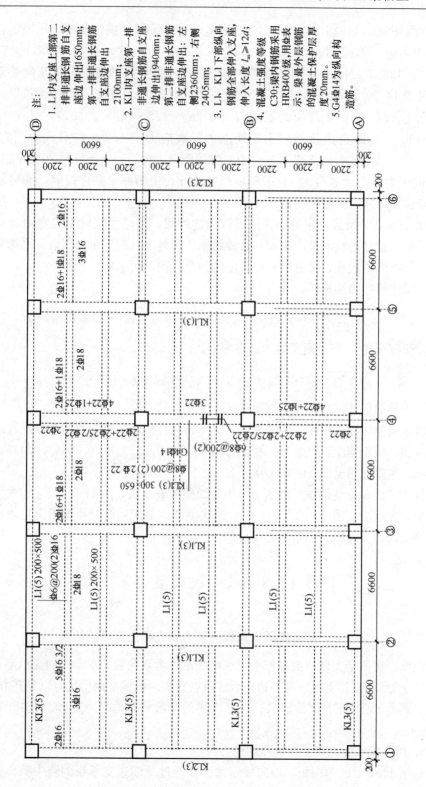

图 11-32  +4.965 楼面梁平法施工图

弯矩包络图见图 11-29 (b)。将 B 支座的④、⑤、⑥号筋按钢筋面积比确定各自抵抗的弯矩，如④号筋（$2\Phi22$，$A_s=760\text{mm}$）抵抗弯矩为 $409.94\times760/2433.8=128.01\text{kN·m}$。钢筋的充分利用点和不需要点的位置可按几何关系求得，见图 11-29 (b)。第一批拟截断⑤号筋（$2\Phi25$），因截断点位于受拉区，离该钢筋充分利用点的距离应大于 $1.2l_a+1.7h_0=1.2\times(35.2\times25)+1.7\times570=2025\text{mm}$；截断点离该钢筋不需要点的距离应大于 $1.3h_0$（741mm）和 $20d$（500mm）。⑤号筋截断点离 B 支座中心线的距离：按第一个条件时 $2025+116=2141\text{mm}$；按第二个条件时 $741+661=1402\text{mm}$，由第一个条件控制。⑥号筋的截断点位置可同理确定。

如§11.2.2 所述，主梁计算简图取为连续梁，忽略了柱对主梁弯曲转动的约束作用，梁柱的线刚度比越大，这种约束作用越小。内支座因节点不平衡弯矩较小，约束作用较小，可忽略；边支座的约束作用不可忽略。

主梁边跨的固端弯矩：

$$M^g_{AB}=\frac{4(G+Q)l_{01}}{27}=4\times(83.33+151.01)\times6.6/27=229.13\text{kN·m}$$

梁、柱线刚度比 5.36，则梁端的最终弯矩：

$$M_{AB}=-229.13+\frac{5.36}{5.36+2\times1}229.13=62.23\text{kN·m}$$

将④号筋贯通，可承受负弯矩 $158.17\text{kN·m}>M_{AB}$，满足要求。

因主梁的腹板高度 $h_w=610-80=530\text{mm}>450\text{mm}$，需在梁的两侧配置纵向构造钢筋。现每侧配置 $2\Phi14$，配筋率 $308/(300\times530)=0.20\%>0.1\%$，满足要求。主梁配筋见图 11-31 (b)。

目前工程单位结构施工图基本采用平面整体表示法，图 11-32 是主、次梁配筋的平面表示法。图 11-31 (a)、(b) 的次梁和主梁配筋图只是为了满足教学要求而给出的，实际施工图是不必给出的。

## §11.3 双向板肋梁楼盖

### 11.3.1 四边支承双向板的受力特点和主要试验结果

在纵、横两个方向弯曲且都不能忽略的板称为双向板。双向板的支承形式可以是四边支承、三边支承、两邻边支承或四点支承；板的平面形状可以是正方形、矩形、圆形、三角形或其他形状。这里讲述的是最常见的四边支承的正方形和矩形板。

1. 四边支承板弹性工作阶段的受力特点

在第 11.1 节的单向板、双向板定义中，通过从四边支承板的跨中截出两个方向的板带，近似分析了双向板在两个方向的荷载传递与长、短跨比值的关系。实际上，图11-33中从四边支承板内截出的任意两个板带并不是孤立的，它们受到相邻板带的约束，这使得实际的竖向位移和弯矩有所减小。

两个相邻板带的竖向位移是不相等的，靠近双向板边缘的板带，其竖向位移比靠近中央的相邻板带的竖向位移小，可见在相邻板带之间必定存在着竖向剪力。这种竖向剪力构成了扭矩。对此，还可以从图11-33中$l_{01}$方向微元体12与微元体34的变形情况来理解：34面的曲率比12面小，故34面与12面之间有扭转角；同理，在$l_{02}$方向23面与14面间也有扭转角。

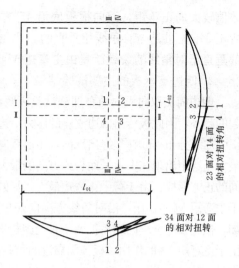

图11-33 双向板中的扭转变形

扭矩的存在减小了按独立板带计算的弯矩值。与用弹性薄板理论所求得的弯矩值进行比较，也可将双向板的弯矩计算简化为：按独立板带计算出的弯矩乘以小于1的修正系数来考虑扭矩的影响。

与材料力学中由正应力、剪应力确定主应力的大小和方向相似，由$l_{01}$、$l_{02}$方向的弯矩$M_1$、$M_2$及扭矩$M_{12}$可确定主弯矩$M_{\mathrm{I}}$和$M_{\mathrm{II}}$及其方向：

$$\left.\begin{array}{c} M_{\mathrm{I}} \\ M_{\mathrm{II}} \end{array}\right\} = \frac{M_1 + M_2}{2} \pm \sqrt{\left(\frac{M_1 - M_2}{2}\right)^2 + M_{12}^2} \tag{11-23}$$

$$\tan 2\varphi = \frac{2M_{12}}{M_1 - M_2} \tag{11-24}$$

式中 $M_{\mathrm{I}}$、$M_{\mathrm{II}}$——两个互相垂直的主弯矩；

$\varphi$——主弯矩作用平面与$l_{01}$方向的夹角。

对于正方形板，由于对称，板的对角线上没有扭矩，故对角线平面就是主弯矩平面。图11-34为均布荷载$p$作用下，四边简支跨度为$l$的正方形板对角线上主弯矩的变化图形以及板中心线上弯矩$M_1$（$=M_2$）的变化图形（假定泊松比为零）。当用矢量表示时，主弯矩$M_{\mathrm{I}}$的矢量是与对角线相平行的，且都是

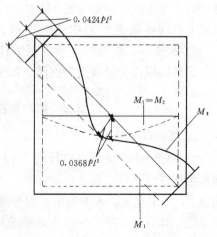

图11-34 四边简支方板的主弯矩变化

数值较大的正弯矩，**双向板板底沿 $45°$ 方向开裂，就是由主弯矩 $M_{\mathrm{I}}$ 产生的**；主弯矩 $M_{\mathrm{II}}$ 矢量是与对角线相垂直的，并在角部是数值较大的负值，**双向板顶面角部垂直于对角线的裂缝就是由主弯矩 $M_{\mathrm{II}}$ 产生的**。

2. 四边支承板的主要试验结果

四边简支双向板的均布加载试验表明：①板的竖向位移呈碟形，板的四角有翘起的趋势，因此板传给四边支座的压力沿边长是不均匀的，中部大、两端小，大致按正弦曲线分布；②在裂缝出现前，矩形双向板基本上处于弹性工作阶段，短跨方向的最大正弯矩出现在中点，而长跨方向的最大正弯矩偏离跨中截面；③两个方向配筋相同的正方形板，由于跨中正弯矩最大，板的第一批裂缝出现在板底中间部分，随后由于主弯矩 $M_{\mathrm{I}}$ 的作用，沿对角线方向向四角发展，如图 11-35 所示，随着荷载不断增加，板底裂缝继续向四角扩展，直至因板的底部钢筋屈服而破坏；④当接近破坏时，由于主弯矩 $M_{\mathrm{II}}$ 的作用，板顶面靠近四角附近，出现垂直于对角线方向，大体上呈圆

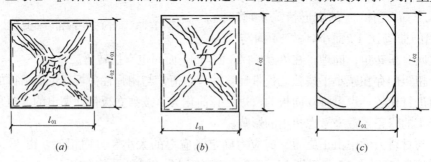

图 11-35 均布荷载下双向板的裂缝分布
（a）正方形板底裂缝；（b）矩形板板底裂缝；（c）矩形板板面裂缝

形的环状裂缝，这些裂缝的出现，又促进了板底对角线方向裂缝的进一步扩展；在两个方向配筋相同的矩形板板底的第一批裂缝，出现在中部，平行于长边方向，这是由于短跨跨中的正弯矩 $M_1$ 大于长跨跨中的正弯矩 $M_2$ 所致。随着荷载进一步加大，这些板底的跨中裂缝逐渐延长，并沿 $45°$ 角向板的四角扩展，如图 11-35（b）所示，板顶四角也出现大体呈圆形的环状裂缝，如图 11-35（c）所示。最终因板底裂缝处受力钢筋屈服而破坏。

### 11.3.2 双向板按弹性理论的内力计算

1. 单块双向板

当板厚远小于板短边边长的 $1/8 \sim 1/5$，且板的挠度远小于板的厚度时，双向板可按弹性薄板小挠度理论计算。为了工程应用，对于矩形板已制成表格，见附录 7，可供查用。表中列出了均布荷载作用下六种支承情况板的弯矩系数和挠度系数。计算时，只需根据支承情况和短跨与长跨的比值，查出弯矩系数，即可算得有关弯矩：

$$m = 表中系数 \times pl_{01}^2$$

式中 $m$——跨中或支座单位板宽内的弯矩设计值（kN·m/m）；

$p$——均布荷载设计值（kN/m²）；

$l_{01}$——短跨方向的计算跨度（m），计算方法与单向板相同。

需要说明的是，附录 7 中的系数是根据材料的泊松比 $\nu=0$ 制定的。当 $\nu \neq 0$ 时，可按下式计算：

$$m_1^\nu = m_1 + \nu m_2$$

$$m_2^\nu = m_2 + \nu m_1$$

对混凝土，可取 $\nu = 0.2$。

2. 多跨连续双向板

多跨连续双向板的计算多采用以单区格板计算为基础的实用计算方法。此法假定支承梁不产生竖向位移且不受扭；同时还规定，双向板沿同一方向相邻跨度的比值 $l_{0\min}/l_{0\max} \geq 0.75$，以免计算误差过大。

(1) 跨中最大正弯矩

为了求连续双向板跨中最大正弯矩，活荷载应按图 11-36 所示的棋盘式布

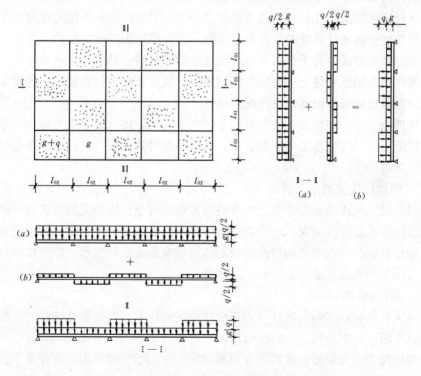

图 11-36 连续双向板的计算图式
(a) 满布荷载；(b) 荷载间隔布置

置。对这种荷载分布情况可以分解成满布荷载 $g+\dfrac{q}{2}$ 及间隔布置 $\pm\dfrac{q}{2}$ 两种情况，分别如图 11-36（a）和图 11-36（b）所示。这里 $g$ 是均布恒荷载，$q$ 是均布活荷载。对于前一种荷载情况，可近似认为各区格板都固定支承在中间支承上；对于后一种荷载情况，可近似认为各区格板在中间支承处都是简支的。沿楼盖周边则根据实际支承情况确定。于是可以利用附录 7 分别求出单区格板在两种荷载情况下的跨中弯矩，然后叠加，得到各区格板的跨中最大正弯矩。

（2）支座最大负弯矩

**支座最大负弯矩可近似按满布活荷载时求得**。这时认为各区格板都固定在中间支座上，楼盖周边仍按实际支承情况确定，然后按单块双向板计算出各支座的负弯矩。由相邻区格板分别求得的同一支座负弯矩不相等时，取绝对值的较大值作为该支座的最大负弯矩。

### 11.3.3 双向板按塑性铰线法的计算

双向板按塑性理论计算的方法很多，塑性铰线法是最常用的方法之一。塑性铰线与塑性铰的概念是相仿的。塑性铰出现在杆系结构中，而板式结构则形成塑性铰线。两者都是因受拉钢筋屈服所致。

一般将裂缝出现在板底的称为正塑性铰线；裂缝出现在板面的称为负塑性铰线。用塑性铰线法计算双向板分两个步骤：首先假定板的破坏机构，即由一些塑性铰线把板分割成由若干个刚性板所构成的破坏机构；然后利用虚功原理，建立荷载与作用在塑性铰线上的弯矩之间的关系，从而求出各塑性铰线上的弯矩，以此作为各截面的弯矩设计值进行配筋设计。

从理论上讲，塑性铰线法得到的是一个上限解，即板的承载力将小于等于该解。实际上由于穹隆作用等有利因素，试验得到的板的破坏荷载都超过按塑性铰线算得的值。

1. 塑性铰线法的基本假定

（1）沿塑性铰线单位长度上的弯矩为常数，等于相应板配筋的极限弯矩；

（2）形成破坏机构时，整块板由若干个刚性板块和若干条塑性铰线组成，忽略各刚性板块的弹性变形和塑性铰线上的剪切变形及扭转变形，即整块板仅考虑塑性铰线上的弯曲转动变形。

2. 破坏机构的确定

确定板的破坏机构，就是要确定塑性铰线的位置。判别塑性铰线的位置可以依据以下四个原则进行：①对称结构具有对称的塑性铰线分布，如图 11-37（a）中的四边简支正方形板，在两个方向都对称，因而塑性铰线也应该在两个方向对称；②正弯矩部位出现正塑性铰线，如图中的实线所示，负塑性铰线则出现在负弯矩区域，如图 11-37（b）中四边固支板的支座边，如图中的虚线所示；③塑性铰线应满足转动要求,每一条塑性铰线都是两相邻刚性板块的公共边界,应能随两相邻板块一起转动,因而塑性铰线必须通过相邻板块转动轴的交点,在图 11-37(b)中,板块Ⅰ和Ⅱ、Ⅱ和Ⅲ、Ⅲ和Ⅳ,以及Ⅳ和Ⅰ的转动轴交点分别在四角,因而塑性铰线 1、2、3、4 需通过这些点,塑性铰线 5 与长向支承边(即板块Ⅰ、Ⅲ的转动轴)平行,意味着它们在无穷远处相交;④塑性铰线的数量应使整块板成为一个几何可变体系。

 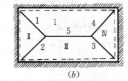 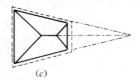 

图 11-37 板的破坏机构

(a) 四边简支方形板;(b) 四边固支矩形板;(c) 四边简支梯形板;(d) 三边简支矩形板

有时,破坏机构不止一个,这时需要研究各种破坏机构,求出最小的承载力。当不同的破坏机构可以用若干变量来描述时,可通过承载力对变量求导数的方法得到最小承载力。

3. 基本原理

根据虚功原理,外力所做的功应该等于内力所做的内功。设任一条塑性铰线的长度为 $l$,单位长度塑性铰线承受的弯矩为 $m$,塑性铰线的转角为 $\theta$。

由于除塑性铰线上的塑性转动变形外,其余变形均略去不计,因而内功 $U$ 等于各条塑性铰线上的弯矩向量与转角向量相乘的总和,即

$$U = \sum l \vec{m} \cdot \vec{\theta} \tag{11-25}$$

式中 $\Sigma$ 是指对各条塑性铰线求和。

外力所做的功 $W$ 等于微元 $ds$ 上的外力大小与该处竖向位移乘积的积分,设板内各点的竖向位移为 $w$、各点的荷载集度为 $p$,则外功为

$$W = \iint wp \, ds$$

对于均布荷载,各点的荷载集度相同,$p$ 可以提到积分号的外面,而 $\iint w \, ds$ 是板发生位移后倒角锥体体积,用 $V$ 表示,可利用几何关系求得。于是上式可写成

$$W = pV \tag{11-26}$$

虚功方程可表示为:

$$\sum \vec{lm} \cdot \vec{\theta} = pV \tag{11-27}$$

从上式可以得到极限荷载与弯矩的关系。

下面通过一例题来说明公式(11-27)的使用。

【例 11-2】 用塑性铰线法计算图 11-38 所示两邻边简支的等腰直角三角形各向同性板的极

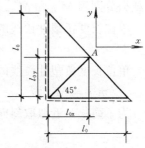

图 11-38 两边简支的三角形

荷载 $p_u$。

**【解】** 因板对称于对角线，所以正塑性铰线一定位于直角平分线上，即正塑性铰线与直角边的夹角为 $45°$。

向量可以用坐标分量表示，最常用的坐标是直角坐标系❶。式（11-25）用直角坐标可以表示为

$$U = \sum(M_x\theta_x + M_y\theta_y) = \sum(m_x l_{0x}\theta_x + m_y l_{0y}\theta_y)$$

对于各向同性板（就混凝土板而言意味着双向配筋相同），$m_x = m_y = m$。

对于本例题，正塑性铰线在 $x$、$y$ 轴上的投影长度 $l_{0x} = l_{0y} = l_0/2$；设 $A$ 点发生单位竖向位移，则 $\theta_x = \theta_y = 2/l_0$。于是

内功

$$U = m\left(\frac{l_0}{2} \times \frac{2}{l_0} + \frac{l_0}{2} \times \frac{2}{l_0}\right) = 2m$$

外功

$$W = p_u\left(\frac{1}{3} \times \frac{1}{2} \times l_0 \times \frac{l_0}{2} + \frac{1}{3} \times \frac{1}{2} \times l_0 \times \frac{l_0}{2}\right) = \frac{p_u l_0^2}{6}$$

由虚功方程，可以得到

$$p_u = \frac{12m}{l_0^2}$$

楼盖中最常见的是四边支承矩形板。现在来分析四边固支矩形板的极限承载力。根据前面介绍的判别塑性铰线位置的方法，可以确定板的破坏机构，如图 11-39 所示。共有 5 条正塑性铰线（因 4 条斜向正塑性铰线相同均用 1 表示，水平正塑性铰线用 2 表示）和 4 条负塑性铰线（分别用 3、4、5、6 表示）。这些塑性铰线将板划分为 4 个板

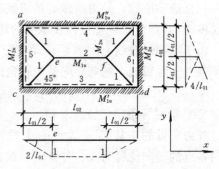

图 11-39 四边固支板的破坏机构

块。短跨（$l_{01}$）方向，跨中极限承载力用 $M_{1u}$ 表示，两支座的极限承载力分别用 $M'_{1u}$ 和 $M''_{1u}$ 表示；长跨（$l_{02}$）方向，跨中极限承载力用 $M_{2u}$ 表示，两支座的极限承载力分别用 $M'_{2u}$ 和 $M''_{2u}$ 表示。于是

单位长度正塑性铰线的受弯承载力：

$$m_1 = M_{1u}/l_{02}, m_2 = M_{2u}/l_{01}$$

单位长度负塑性铰线的受弯承载力：

$$m'_1 = M'_{1u}/l_{02}, m''_1 = M''_{1u}/l_{02}, m'_2 = M'_{2u}/l_{01}, m''_2 = M''_{2u}/l_{01}$$

为了简化，近似取斜向塑性铰线与板边的夹角为 $45°$。设点 $e$、$f$ 发生单位竖

---

❶ 对于圆形板，采用极坐标更方便。

向位移，则各条塑性铰线的转角分量及铰线在 $x$、$y$ 方向的投影长度为：

塑性铰线 1（共 4 条）
$$\theta_{1x} = \theta_{1y} = 2/l_{01}, l_{1x} = l_{1y} = l_{01}/2$$

塑性铰线 2
$$\theta_{2x} = 4/l_{01}, \theta_{2y} = 0; \quad l_{2x} = l_{02} - l_{01}, l_{2y} = 0$$

塑性铰线 3、4
$$\theta_{3x} = \theta_{4x} = 2/l_{01}, \theta_{3y} = \theta_{4y} = 0; \quad l_{3x} = l_{4x} = l_{02}, l_{3y} = l_{4y} = 0$$

塑性铰线 5、6
$$\theta_{5x} = \theta_{6x} = 0, \theta_{5y} = \theta_{6y} = 2/l_{01}; l_{5x} = l_{6x} = 0, l_{5y} = l_{6y} = l_{01}$$

于是，内功
$$\begin{aligned}U &= 4(m_1 l_{1x}\theta_{1x} + m_2 l_{1y}\theta_{1y}) + m_1 l_{2x}\theta_{2x} + m'_1 l_{3x}\theta_{3x} + m''_1 l_{4x}\theta_{4x} \\ &\quad + m'_2 l_{5y}\theta_{5y} + m''_2 l_{6y}\theta_{6y} \\ &= \frac{1}{l_{01}}[4(l_{02}m_1 + l_{01}m_2) + 2(l_{02}m'_1 + l_{02}m''_1) + 2(l_{01}m'_2 + l_{01}m''_2)] \\ &= \frac{2}{l_{01}}[2M_{1u} + 2M_{2u} + M'_{1u} + M''_{1u} + M'_{2u} + M''_{2u}]\end{aligned}$$

可求得外功
$$W = p_u\left[\frac{l_{01}}{2} \times l_{02} - 2 \times \frac{l_{01}}{2} \times \frac{1}{3} \times \frac{l_{01}}{2}\right] = \frac{p_u l_{01}}{6}(3l_{02} - l_{01})$$

最后由虚功方程，得到
$$2M_{1u} + 2M_{2u} + M'_{1u} + M''_{1u} + M'_{2u} + M''_{2u} = \frac{p_u l_{01}^2}{12}(3l_{02} - l_{01}) \qquad (11\text{-}28)$$

式 (11-28) 就是连续双向板按塑性铰线法计算的基本公式，它表示了双向板塑性铰线上正截面受弯承载力的总值与极限荷载 $p_u$ 之间的关系。

4. 计算公式

双向板设计时，各塑性铰线上总的受弯承载力用相应的弯矩设计值代替。但一个方程无法同时确定多个变量，为此，需要补充附加条件。

令
$$n = \frac{l_{02}}{l_{01}}, \alpha = \frac{m_2}{m_1}, \beta = \frac{m'_1}{m_1} = \frac{m''_1}{m_1} = \frac{m'_2}{m_2} = \frac{m''_2}{m_2}$$

于是，正截面受弯承载力的总值可以用 $n$、$\alpha$、$\beta$ 和 $m_1$ 来表示：
$$M_{1u} = m_{1u} l_{02} = n m_{1u} l_{01} \qquad (11\text{-}29)$$
$$M_{2u} = m_{2u} l_{01} = \alpha m_{1u} l_{01} \qquad (11\text{-}30)$$
$$M'_{1u} = M''_{1u} = m'_{1u} l_{02} = n\beta m_{1u} l_{01} \qquad (11\text{-}31)$$
$$M'_{2u} = M''_{2u} = m'_{2u} l_{01} = \alpha\beta m_{1u} l_{01} \qquad (11\text{-}32)$$

代入式 (11-28)，即得

$$m_{1u} = \frac{p_u l_{01}^2}{8} \frac{(n-1/3)}{[n\beta + \alpha\beta + n + \alpha]} \qquad (11\text{-}33)$$

设计双向板时，长短跨比值 $n$ 为已知，这时只要选定 $\alpha$ 和 $\beta$ 值，即可按式 (11-31) 求得 $m_{1u}$，再根据选定的 $\alpha$ 与 $\beta$ 值，求出其余的正截面受弯承载力设计值 $m_{2u}$、$m'_{1u}$、$m'_{2u}$。考虑到应尽量使按塑性铰线法得出的两个方向跨中正弯矩的比值与弹性理论得出的比值相接近，以期在使用阶段两个方向的截面应力较接近，宜取 $\alpha = \frac{1}{n^2}$；同时考虑到节省钢材及配筋方便，根据经验，宜取 $\beta = 1.5 \sim 2.5$，通常取 $\beta = 2$。

为了合理利用钢筋，参考弹性理论的内力分析结果，通常将两个方向的跨中正弯矩钢筋在距支座 $l_{01}/4$ 处弯起 50%，弯起钢筋可以承担部分支座负弯矩。这样在距支座 $l_{01}/4$ 以内的正塑性铰线上单位板宽的极限弯矩值分别为 $m_1/2$ 和 $m_2/2$，故此时两个方向的跨中总弯矩分别为

$$M_{1u} = m_{1u}\left(l_{02} - \frac{l_{01}}{2}\right) + \frac{m_{1u}}{2} \frac{l_{01}}{2} = m_{1u}\left(n - \frac{1}{4}\right)l_{01} \qquad (11\text{-}29a)$$

$$M_{2u} = m_{2u}\frac{l_{01}}{2} + \frac{m_{2u}}{2}\frac{l_{01}}{2} = \frac{3}{4}\alpha m_{1u} l_{01} \qquad (11\text{-}30a)$$

支座上负弯矩钢筋仍各自沿全长布置，亦即各负塑性铰线上的总弯矩值没有变化。将上式代入式 (11-28)，即得

$$m_{1u} = \frac{p l_{01}^2}{8} \frac{\left(n - \frac{1}{3}\right)}{\left[n\beta + \alpha\beta + \left(n - \frac{1}{4}\right) + \frac{3}{4}\alpha\right]} \qquad (11\text{-}34)$$

式 (11-34) 就是四边固定双向板在距支座 $l_{01}/4$ 处将跨中钢筋弯起一半时短跨方向每米正截面承载力设计值 $m_{1u}$ 的计算公式。

双向板楼盖的中间部分的双向板区格可认为是四边固定的，在均布荷载下可采用上述设计方法，但楼盖周边部分的双向板区格往往是有简支边的。对于具有简支边的连续双向板，只需将下列不同情况下的支座弯矩和跨中弯矩代入公式 (11-28)，即可得到相应的设计公式：

(1) 三边连续、一长边简支。此时简支边的支座弯矩等于零，其余支座弯矩和长跨跨中弯矩不变，仍按式 (11-31)、式 (11-32) 和式 (11-30a) 计算，而短跨因简支边不需要弯起部分跨中钢筋，故跨中弯矩为：

$$M_{1u} = \frac{1}{2}\left[n + \left(n - \frac{1}{4}\right)\right]m_{1u}l_{01} = \left(n - \frac{1}{8}\right)m_{1u}l_{01} \qquad (11\text{-}29b)$$

(2) 三边连续、一短边简支。此时简支边的支座弯矩等于零，其余支座弯矩和短跨跨中弯矩不变，仍按式 (11-31)、式 (11-30a) 和式 (11-29a) 计算，长跨跨中正截面受弯承载力设计值为：

$$M_{2u} = \frac{1}{2}\left[\alpha + \frac{3}{4}\alpha\right]m_{1u}l_{01} = \frac{7}{8}\alpha m_{1u}l_{01} \tag{11-30b}$$

(3) 两相邻边连续、另两相邻边简支。此时的两个方向的跨中弯矩分别取（1）、（2）两种情况的弯矩值。

当部分跨中钢筋弯起后，弯起处正弯矩的承载力下降，所以有可能在该处先于跨度中央出现塑性铰线，形成如图 11-40 所示的向下幂式破坏机构。此时可以按图示破坏机构进行承载力复核。

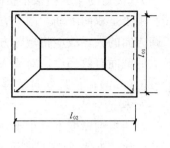

图 11-40 双向板向下的幂式破坏机构

如果双向板承受的活荷载相对比较大，则当棋盘形间隔布置活荷载时，没有活荷载的区格板也有可能发生如图 11-41 所示向上的幂式破坏机构。图中斜向虚线代表负塑性铰线，而矩形框线仅为破裂线，并非负塑性铰线。因为此处已无负钢筋承受弯矩。这种破坏机构通常发生在支座负弯矩钢筋伸出长度不够的情况下。研究表明，当支座负钢筋伸入长度大于等于 $l_{01}/4$ 时，一般可以避免这种破坏。

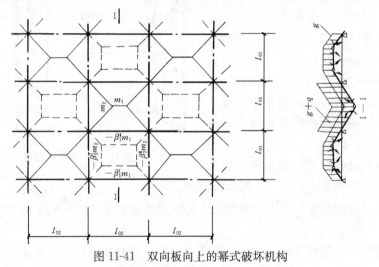

图 11-41 双向板向上的幂式破坏机构

### 11.3.4 双向板的截面设计与构造要求

1. 截面设计

对于周边与梁整体连接的双向板区格，由于在两个方向受到支承构件的变形约束，整块板内存在穹顶作用，使板内弯矩大大减小。鉴于这一有利因素，对四边与梁整体连接的板，规范允许其弯矩设计值按下列情况进行折减：

1）中间跨和跨中截面及中间支座截面，减小 20%。

2）边跨的跨中截面及楼板边缘算起的第二个支座截面，当 $l_b/l_0 < 1.5$ 时减小 20%；当 $1.5 \leqslant l_b/l_0 \leqslant 2.0$ 时减小 10%，式中 $l_0$ 为垂直于楼板边缘方向板的

计算跨度；$l_b$为沿楼板边缘方向板的计算跨度。

3) 楼盖的角区格板不折减。

由于是双向配筋，两个方向的截面有效高度不同。考虑到短跨方向的弯矩比长跨方向的大，故应将短跨方向的跨中受拉钢筋放在长跨方向的外侧，以期具有较大的截面有效高度。对于一类环境，通常其取值分别如下：短跨方向，$h_{01}=h-20$（mm）；长跨方向，$h_{02}=h-30$（mm），其中$h$为板厚。

2. 构造要求

双向板的厚度不宜小于80mm。由于挠度不另作验算，双向板的板厚与短跨跨长的比值$h/l_{01}$应满足刚度要求：

$$h/l_{01} \geqslant 1/40$$

双向板的配筋形式与单向板相似，有弯起式和分离式两种。

按弹性理论方法设计时，所求得的跨中正弯矩钢筋数量是指板的中央处的数量，靠近板的两边，其数量可逐渐减少。考虑到施工方便，可按下述方法配置：将板在$l_{01}$和$l_{02}$方向各分为三个板带，如图11-42所示。两个方向的边缘板带宽度均为$l_{01}/4$，其余则为中间板带。在中间板带上，按跨中最大正弯矩求得的单位板宽内的钢筋数量均匀布置；而在边缘板带上，按中间板带单位板宽内的钢筋数量一半均匀布置。

支座上承受负弯矩的钢筋，按计算值沿支座均匀布置，并不在板带内减少。

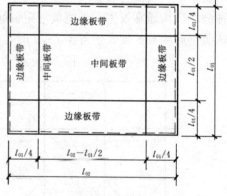

图 11-42 板带的划分

受力钢筋的直径、间距及弯起点、切断点的位置等规定，与单向板的有关规定相同。

按塑性铰线法设计时，其配筋应符合内力计算的假定，跨中钢筋或全板均匀布置；或划分成中间及边缘板带后，分别按计算值的100%和50%均匀布置，跨中钢筋的全部或一部分伸入支座下部。支座上的负弯矩钢筋按计算值沿支座均匀布置。

沿墙边、墙角处的构造钢筋与单向板相同。

### 11.3.5 双向板支承梁的设计

§11.1中讲过，"荷载是以构件的刚度来分配的"，刚度大的分配得多些，因此板面上的竖向荷载总是以最短距离传递到支承梁上的。于是就可理解到当双向板承受竖向荷载时，直角相交的相邻支承梁总是按45°线来划分负荷范围的，故沿短跨方向的支承梁承受板面传来的三角形分布荷载；沿长跨方向的支承梁承受板面传来的梯形分布荷载，如图11-43所示。

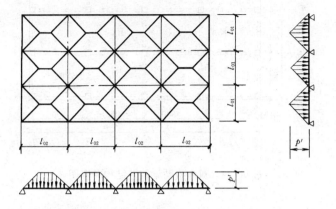

图11-43 双向板支承梁承受的荷载

按弹性理论设计计算梁的支座弯矩时，可按支座弯矩等效的原则，按下式将三角形荷载和梯形荷载等效为均布荷载 $p_e$：

三角形荷载作用时

$$p_e = \frac{5}{8} p' \quad (11\text{-}35)$$

梯形荷载作用时

$$p_e = (1 - 2\alpha_1^2 + \alpha_1^3) p' \quad (11\text{-}36)$$

式中 $p' = p \cdot \dfrac{l_{01}}{2} = (g+q) \cdot \dfrac{l_{01}}{2}$；

$$\alpha_1 = 0.5 \frac{l_{01}}{l_{02}}$$

$g$、$q$——分别为板面的均布恒荷载和均布活荷载；

$l_{01}$、$l_{02}$——分别为短跨、长跨的计算跨度。

对于无内柱的双向板楼盖，通常称为井字形楼盖。这种楼盖的双向板仍按连续双向板计算，其支承梁的内力则按结构力学的交叉梁系进行计算，或查有关设计手册。

当考虑塑性内力重分布计算支承梁内力时，可在弹性理论求得的支座弯矩基础上，进行调幅，选定支座弯矩后，利用静力平衡条件求出跨中弯矩。

### 11.3.6 双向板设计例题

某厂房拟采用双向板肋梁楼盖，结构平面布置图如图11-44所示，支承梁截面取为200mm×500mm，板厚取为100mm。

设计资料如下：环境类别为一类；楼面活荷载 $q_k = 10\text{kN/m}^2$，板自重加上面层、粉刷层等，恒荷载 $g_k = 3.24\text{kN/m}^2$；采用C30混凝土，板中钢筋采用

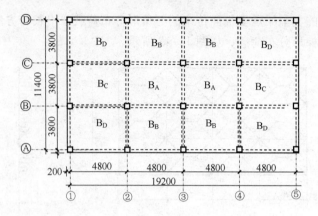

图 11-44 双向板肋梁楼盖结构布置图

HRB400 钢筋。

试按弹性理论进行板的设计。

1. 荷载设计值

$q = 1.3 \times 10$
  $= 13.0 \text{ kN/m}^2$

$g = 1.2 \times 3.24$
  $= 3.89 \text{ kN/m}^2$

$g + q/2 = 3.89 + 13.0/2 = 10.39 \text{ kN/m}^2$

$q/2 = 6.5 \text{ kN/m}^2$

$g + q = 3.89 + 13.0 = 16.89 \text{ kN/m}^2$

2. 计算跨度

内跨：$l_0 = l_c$（轴线间距离），边跨：$l_0 = l_c + 200/2$

各区格板的计算跨度列于表 11-9。

3. 弯矩计算

跨中最大弯矩为当内支座固定时在 $g+q/2$ 作用下的跨中弯矩值与内支座铰支时在 $q/2$ 作用下的跨中弯矩值之和。本题计算时混凝土的泊松比取 0.2；支座最大负弯矩为当内支座固定时 $g+q$ 作用下的支座弯矩。

根据不同的支承情况，整个楼盖可以分为 A、B、C、D 四种区格板。

A 区格板：$l_{01}/l_{02}=0.79$，周边固支时，由附表 7-4 查得 $l_{01}$、$l_{02}$ 方向的跨中弯矩系数分别为 0.0276、0.0141，支座弯矩系数分别为 $-0.0671$、0.0560；周边简支时，由附表 7-1 查得 $l_{01}$、$l_{02}$ 方向的跨中弯矩系数分别为 0.0573、0.0331。于是

$m_1 = (0.0276 + 0.2 \times 0.0141)(g+q/2)l_{01}^2 + (0.0573 + 0.2 \times 0.0331)ql_{01}^2/2$
  $= 0.0304 \times 10.39 \times 3.8^2 + 0.0639 \times 6.5 \times 3.8^2 = 10.56 \text{kN} \cdot \text{m}$

$m_2 = (0.0141 + 0.2 \times 0.0276)(g+q/2)l_{01}^2 + (0.0331 + 0.2 \times 0.0573)ql_{01}^2/2$

$$= 0.096 \times 10.39 \times 3.8^2 + 0.0445 \times 6.5 \times 3.8^2 = 7.12 \text{kN} \cdot \text{m}$$

$$m'_1 = m''_1 = -0.0671(g+q)l_{01}^2 = -16.37 \text{ kN} \cdot \text{m}$$

$$m'_2 = m''_2 = -0.056(g+q)l_{01}^2 = -13.66 \text{ kN} \cdot \text{m}$$

对边区格板的简支边,取 $m'$ 或 $m''=0$。各区格板分别算得的弯矩值,列于表 11-9。

按弹性理论计算的弯矩值 表 11-9

| 区格<br>项目 | A | B | C | D |
|---|---|---|---|---|
| $l_{01}$(m) | 3.8 | 3.9 | 3.8 | 3.9 |
| $l_{02}$(m) | 4.8 | 4.8 | 4.9 | 4.9 |
| $l_{01}/l_{02}$ | 0.79 | 0.81 | 0.78 | 0.76 |
| $m_1$ | $(0.0276+0.2\times 0.0141)\times 10.39\times 3.8^2+(0.0573+0.2\times 0.0331)\times 5.6\times 3.8^2=10.56$ | $(0.0305+0.2\times 0.0226)\times 10.39\times 3.9^2+(0.0550+0.2\times 0.0337)\times 5.6\times 3.9^2=11.64$ | $(0.0323+0.2\times 0.0146)\times 10.39\times 3.8^2+(0.0585+0.2\times 0.0327)\times 5.6\times 3.8^2=11.38$ | $(0.0391+0.2\times 0.0224)\times 10.39\times 3.9^2+(0.0561+0.2\times 0.0334)\times 5.6\times 3.9^2=13.09$ |
| $m_2$ | $(0.0141+0.2\times 0.0276)\times 10.39\times 3.8^2+(0.0331+0.2\times 0.0573)\times 5.6\times 3.8^2=4.688$ | $(0.0226+0.2\times 0.0305)\times 10.39\times 3.9^2+(0.0307+0.2\times 0.0550)\times 5.6\times 3.9^2=8.96$ | $(0.0146+0.2\times 0.0323)\times 10.39\times 3.8^2+(0.0327+0.2\times 0.0585)\times 5.6\times 3.8^2=7.32$ | $(0.0224+0.2\times 0.0391)\times 10.39\times 3.9^2+(0.0334+0.2\times 0.0561)\times 5.6\times 3.9^2=9.19$ |
| $m'_1$ | $-0.0671\times 16.89\times 3.8^2=-16.37$ | $-0.0760\times 16.89\times 3.9^2=-19.52$ | $-0.0733\times 16.89\times 3.8^2=-17.88$ | $-0.0883\times 16.89\times 3.9^2=-22.68$ |
| $m''_1$ | $-16.37$ | 0 | $-17.88$ | 0 |
| $m'_2$ | $-0.056\times 16.89\times 3.8^2=-13.66$ | $-0.0702\times 16.89\times 3.9^2=-18.04$ | 0 | 0 |
| $m''_2$ | $-13.66$ | $-18.04$ | $-0.0570\times 16.89\times 3.8^2=-13.91$ | $-0.0748\times 16.89\times 3.9^2=-19.21$ |

**4. 截面设计**

截面有效高度:一类环境类别板的最小混凝土保护层厚度 15mm,假定选用 $\phi 10$ 钢筋,则 $l_{01}$ 方向跨中截面的 $h_{01}=100-15-10/2=80$mm, $l_{02}$ 方向跨中截面的 $h_{02}=80-10=70$mm,支座截面的 $h_0=80$mm。

截面设计用的弯矩:因楼盖周边有梁与板整浇,故所有区格的跨中弯矩及 A-A 支座弯矩减少 20%。截面配筋计算结果及实际配筋列于表 11-10。

最小配筋率验算:$A_s/(bh)=265(1000\times 100)=0.27\%$,此值大于 $0.45f_t/f_y=0.45\times 1.43/360=0.18\%$,同时大于 0.2%,满足的要求。

**5. 绘制施工图**

双向板楼盖的板配筋图见图 11-45。

**6. 按塑性铰线法设计**

(1) 荷载设计值

$$g+q=11.472\text{kN/m}^2$$

(2) 计算跨度

内跨：$l_0=l_c-b$（$b$ 为梁宽），边跨：$l_0=l_c-250+100/2-b/2$
各区格板的计算跨度值列于表 11-11。

双向板截面配筋　　　　　　　　　　　　　　　表 11-10

| 截面 | 项目 | | $h_0$ (mm) | $m$ (kN·m) | $A_s$ (mm²) | 配筋 | 实有 $A_s$ (mm²) |
|---|---|---|---|---|---|---|---|
| 跨中 | A区格 | $l_{01}$方向 | 80 | 0.8×10.56=8.45 | 308.3 | ⌽8@150 | 335.0 |
| | | $l_{02}$方向 | 70 | 0.8×7.12=5.70 | 236.2 | ⌽8@190 | 265.0 |
| | B区格 | $l_{01}$方向 | 80 | 0.8×11.64=9.31 | 341.7 | ⌽8@150 | 335.0 |
| | | $l_{02}$方向 | 70 | 0.8×8.96=7.16 | 300.6 | ⌽8@150 | 335.0 |
| | C区格 | $l_{01}$方向 | 80 | 0.8×11.38=9.11 | 333.7 | ⌽8@150 | 335.0 |
| | | $l_{02}$方向 | 70 | 0.8×7.32=5.86 | 243.1 | ⌽8@190 | 265.0 |
| | D区格 | $l_{01}$方向 | 80 | 0.8×13.09=10.47 | 387.3 | ⌽8@130 | 387.0 |
| | | $l_{02}$方向 | 70 | 0.8×9.19=7.35 | 308.8 | ⌽8@15 | 335.0 |
| 支座 | A—A | | 80 | 0.8×13.66=10.93 | 405.3 | ⌽10@190 | 413.0 |
| | A—B | | 80 | 0.8×16.37=13.10 | 493.1 | ⌽8/10@130 | 495.0 |
| | A—C | | 80 | 0.8×13.91=11.13 | 413.3 | ⌽10@190 | 413.0 |
| | C—D | | 80 | 0.8×22.68=18.15 | 709.2 | ⌽10@110 | 714.0 |
| | B—B | | 80 | 0.8×18.04=14.43 | 548.3 | ⌽8/10@110 | 585.0 |
| | B—D | | 80 | 0.8×19.21=15.37 | 588.1 | ⌽8/10@110 | 585.0 |

按塑性铰线法计算的正截面受弯承载力设计值　　　　表 11-11

| 项目 \ 区格 | A | B | C | D |
|---|---|---|---|---|
| $l_{01}$ (m) | 3.6 | 3.3 | 3.6 | 3.3 |
| $l_{02}$ (m) | 4.6 | 4.6 | 4.3 | 4.3 |
| $M_{1u}$ | $3.70m_1$ | $4.19m_1$ | $3.40m_1$ | $3.89m_1$ |
| $M_{2u}$ | $1.62m_1$ | $1.49m_1$ | $1.89m_1$ | $1.73m_1$ |
| $M'_{1u}$ | $-9.20m_1$ | $-30.82$ | $-8.60m_1$ | $-29.33$ |
| $M''_{1u}$ | $-9.20m_1$ | 0 | $-8.60m_1$ | 0 |
| $M'_{2u}$ | $-4.32m_1$ | $-3.96m_1$ | 0 | 0 |
| $M''_{2u}$ | $-4.43m_1$ | $-3.96m_1$ | $-14.47$ | $-16.10$ |

§ 11.3 双向板肋梁楼盖

续表

| 项目\区格 | A | B | C | D |
|---|---|---|---|---|
| $m_{1u}$ | 3.35 | 4.07 | 3.41 | 4.85 |
| $m_{2u}$ | 2.01 | 2.44 | 2.04 | 2.91 |
| $m'_{1u}$ | −6.70 | −6.70 | −6.82 | −6.82 |
| $m''_{1u}$ | −6.70 | 0 | −6.82 | 0 |
| $m'_{2u}$ | −4.02 | −4.88 | 0 | 0 |
| $m''_{2u}$ | −4.02 | −4.88 | −4.02 | −4.88 |

(3) 弯矩计算

首先假定边缘板带跨中配筋率与中间板带相同，支座截面配筋率不随板带而变，取同一数值；跨中钢筋在离支座 $l_1/4$ 处间隔弯起；取 $m_{2u}=\alpha m_{1u}$，对所有区格，均取 $\alpha=0.6$；取 $\beta'_1=\beta''_1=\beta'_2=\beta''_2=2$，然后利用式（11-28）进行连续运算。

A 区格板：

$$M_{1u} = m_{1u}(4.6-3.6/2) + m_{1u}/2 \times 3.6/4 \times 2 = 3.70 m_{1u}$$
$$M_{2u} = m_{2u} \times 3.6/2 + m_{2u}/2 \times 3.6/4 \times 2 = 2.70 m_{2u} = 1.62 m_{1u}$$
$$M'_{1u} = M''_{1u} = -2m_{1u} \times 4.6 = -9.2 m_{1u}$$
$$M'_{2u} = M''_{2u} = -2m_{2u} \times 3.6 = -7.2 m_{2u} = -4.32 m_{1u}$$

将上列各值代入式（11-28）（支座总弯矩取绝对值），即得

$$3.70 m_{1u} + 1.62 m_{1u} + \frac{1}{2}(9.2 m_{1u} + 9.2 m_{1u} + 4.32 m_{1u} + 4.32 m_{1u})$$
$$= \frac{11.47}{8} \times 3.6^2 \times (4.6 - 3.6/3)$$

$m_{1u} = 3.35$ kN·m
$m_{2u} = 0.6 \times 3.35 = 2.01$ kN·m
$m'_{1u} = m''_{1u} = -2 \times 3.35 = -6.7$ kN·m
$m'_{2u} = m''_{2u} = -2 \times 2.01 = -4.02$ kN·m

B 区格板：

将 A 区格板的 $m''_{1u}$ 作为 B 区格板 $m'_{1u}$ 的已知值，并取 $m''_{1u}=0$，则

$$M'_{1u} = -6.7 \times 4.6 = -30.82 \text{ kN·m}$$
$$M''_{1u} = 0$$
$$M'_{2u} = M''_{2u} = -2m_{2u} \times 3.3 = -6.6 m_{2u} = -3.96 m_1$$
$$M_{1u} = \left(\frac{4.6}{3.3} - \frac{1}{8}\right) \cdot m_{1u} \times 3.3 = 4.19 m_1;$$

$$M_{2u} = \frac{3}{4} \times 0.6 m_{1u} \times 3.3 = 1.49 m_1$$

将各参数值代入式（11-28），得到

$$4.19 m_{1u} + 1.49 m_{1u} + \frac{1}{2}(30.82 + 0 + 3.96 m_{1u} + 3.96 m_{1u})$$

$$= \frac{11.47}{8} \times 3.3^2 \times (4.6 - 3.3/3)$$

$$9.64 m_{1u} = 39.23$$

$$m_{1u} = 4.07 \text{kN} \cdot \text{m}$$

$$m_{2u} = 0.6 \times 4.07 = 2.44 \text{kN} \cdot \text{m}$$

$$m'_{1u} = -6.7 \text{kN} \cdot \text{m}$$

$$m'_{2u} = m''_{2u} = -2 \times 2.44 = -4.88 \text{kN} \cdot \text{m}$$

对于 $C$、$D$ 区格的板，亦按同理进行计算。所有计算结果列于表 11-11。

(4) 截面设计

令 $m_1 = m_{1u}$；$m_2 = m_{2u}$；$m'_1 = m'_{1u}$；$m''_1 = m''_{1u}$；$m'_2 = m'_{2u}$；$m''_2 = m''_{2u}$。各区格板的截面配筋计算列于表 11-12。配筋施工图见图 11-45。

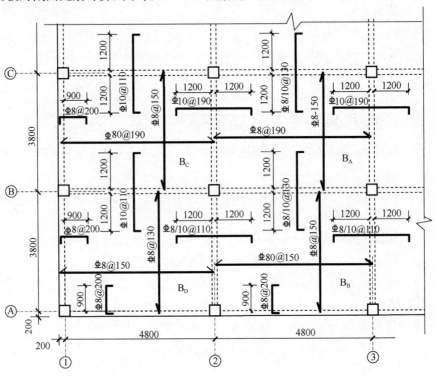

注：板厚100。

图 11-45 双向板配筋图

按塑性理论设计的截面配筋  表 11-12

| 截面 | | 项目 | $h_0$ (mm) | $m$ (kN·m) | $A_s$ (mm²) | 配筋 | 实有 $A_s$ (mm²) |
|---|---|---|---|---|---|---|---|
| 跨中 | A区格 | $l_{01}$方向 | 81 | 3.35×0.8=2.68 | 165.85 | $\phi$6/8@200 | 196 |
| | | $l_{02}$方向 | 73 | 2.01×0.8=1.61 | 110.41 | $\phi$6@200 | 141 |
| | B区格 | $l_{01}$方向 | 81 | 4.07 | 251.86 | $\phi$8@200 | 251 |
| | | $l_{02}$方向 | 73 | 2.44 | 167.54 | $\phi$6@160 | 177 |
| | C区格 | $l_{01}$方向 | 81 | 3.41 | 211.02 | $\phi$6/8@160 | 246 |
| | | $l_{02}$方向 | 73 | 2.04 | 140.08 | $\phi$6@200 | 141 |
| | D区格 | $l_{01}$方向 | 81 | 4.85 | 300.13 | $\phi$8@160* | 314 |
| | | $l_{02}$方向 | 73 | 2.91 | 199.81 | $\phi$6/8@160 | 246 |
| 支座 | A—A | | 81 | −4.02×0.8=−3.22 | 199.02 | $\phi$6@100 | 283 |
| | A—B | | 81 | −6.7 | 415.24 | $\phi$8@100 | 503 |
| | A—C | | 81 | −4.02 | 224.51 | $\phi$6@100 | 283 |
| | C—D | | 81 | −6.82 | 422.04 | $\phi$6/8@80 | 491 |
| | B—B | | 81 | −4.88 | 301.99 | $\phi$6@80 | 354 |
| | B—D | | 81 | −4.88 | 301.99 | $\phi$6@80 | 354 |

## §11.4 无 梁 楼 盖

### 11.4.1 无梁楼盖的结构组成与受力特点

**1. 结构组成**

无梁楼盖不设梁，是一种双向受力的板柱结构。由于没有梁，钢筋混凝土板直接支承在柱上，故与相同柱网尺寸的肋梁楼盖相比，其板厚要大些。为了提高柱顶处平板的受冲切承载力以及减小板的计算跨度，往往在柱顶设置柱帽；但当荷载不太大时，也可不用柱帽。常用的矩形柱帽有无帽顶板的、有折线顶板的和有矩形顶板的三种形式，如图 11-46 所示。通常柱和柱帽的形式为矩形，有时因建筑要求也可做成圆形。

无梁楼盖的建筑构造高度比肋梁楼盖小，这使得建筑楼层的有效空间加大，

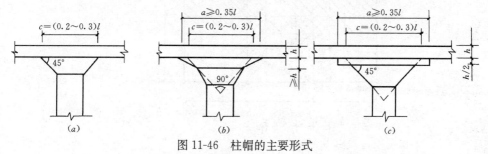

图 11-46 柱帽的主要形式

(a) 无帽顶板的矩形柱帽；(b) 有折线顶板的矩形柱帽；(c) 有矩形顶板的矩形柱帽

同时,平滑的板底可以大大改善采光、通风和卫生条件,故无梁楼盖常用于多层的工业与民用建筑中,如商场、书库、冷藏库、仓库等,水池顶盖和某些整板式基础也采用这种结构形式。

无梁楼盖根据施工方法的不同可分为现浇式和装配整体式两种。无梁楼盖可采用升板施工技术,在现场逐层将在地面预制的屋盖和楼盖分阶段提升至设计标高后,通过柱帽与柱整体连接在一起,由于它将大量的空中作业改在地面上完成,故可大大提高进度。其设计原理,除需考虑施工阶段验算外,与一般无梁楼盖相同。此外,为了减轻自重,也可用多次重复使用的塑料模壳,形成双向密肋的无梁楼盖。目前,我国在公共建筑和住宅建筑中正在推广采用现浇混凝土空心无柱帽无梁楼盖,板中的空腔宜是双向的,可由预制的薄壁盒作为填充物构成。

无梁楼盖因没有梁,抗侧刚度比较差,所以当层数较多或有抗震要求时,宜设置剪力墙,构成板柱-抗震墙结构。

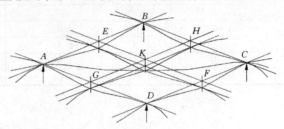

根据以往经验,当楼面活荷载标准值在 $5kN/m^2$ 以

图 11-47 无梁楼板的弹性变形曲线

上,柱网为 6m×6m 时,无梁楼盖比肋梁楼盖经济。

2. 受力特点

无梁楼板是四点支承的双向板,均布荷载作用下,它的弹性变形曲线如图 11-47 所示。如把无梁楼板划分成如图 11-48 所示的柱上板带与跨中板带,则图

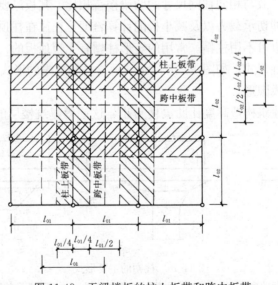

图 11-48 无梁楼板的柱上板带和跨中板带

11-47中的柱上板带$AB$、$CD$和$AD$、$BC$分别成了跨中板带$EF$、$GH$的弹性支座。柱上板带支承在柱上，其跨中具有挠度$f_1$；跨中板带弹性支承在柱上板带，其跨中相对挠度$f_2$；无梁楼板跨中的总挠度为$f_1+f_2$。此挠度较相同柱网尺寸的肋梁楼盖的挠度为大，因而无梁楼板的板厚应大些。

试验表明，无梁楼板在开裂前，处于未裂工作阶段；随着荷载增加，裂缝首先在柱帽顶部出现，随后不断发展，在跨中中部1/3跨度处，相继出现成批的板底裂缝，这些裂缝相互正交，且平行于柱列轴线。即将破坏时，在柱帽顶上和柱列轴线上的板顶裂缝以及跨中的板底裂缝中出现一些特别大的裂缝，在这些裂缝处，受拉钢筋屈服，受压的混凝土压应变达到极限压应变值，最终导致楼板破坏。破坏时的板顶裂缝分布情况见图11-49（$a$），板底裂缝分布情况见图11-49（$b$）。

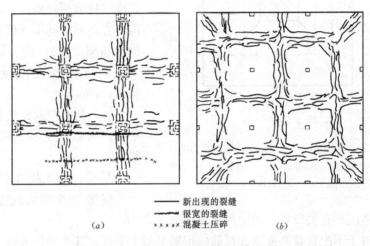

图11-49 无梁楼板裂缝分布
($a$)板面裂缝；($b$)板底裂缝

注意，双向板肋梁楼盖中讲的是四边支承双向板，而无梁楼板是柱支承的双向板，两者支承条件不同，受力也就不同。竖向均布荷载作用下，四边支承双向板主要沿短跨方向受力，整个板弯曲成"碟形"，而无梁楼板则主要沿长跨方向受力，整个板弯曲成"碗形"，即"拉网形"。因此，在规定板厚与跨度的比值时，四边支承双向板是用短跨长$l_{01}$来标志的，而无梁楼板则要用长跨长$l_{02}$来标志；同时无梁楼板中两个方向钢筋的相对位置正好与四边支承双向板中的相反，长跨方向的受力大些，所以要把沿长跨方向的钢筋放在短跨方向钢筋的外侧。

### 11.4.2 柱帽及板受冲切承载力计算

确定柱帽尺寸及配筋时，应满足柱帽边缘处平板的受冲切承载力要求。当满布荷载时，无梁楼盖中的内柱柱帽边缘处的平板，可以认为承受集中反力的冲切，见图 11-50。

### 1. 试验结果

集中反力的平板冲切，属于在局部荷载下具有均布反压力的冲切情况。这种情况的试验表明：

（1）冲切破坏时，形成破坏锥体的锥面与平板面大致呈 45°倾角；

（2）受冲切承载力与混凝土轴向抗拉强度、局部荷载的周边长度（柱或柱帽周长）及板纵横两个方向的配筋率（仅对不太高的配筋率而言），均大体呈线性关系；与板厚大体呈抛物线关系；

（3）具有弯起钢筋和箍筋的平板，可以大大提高受冲切承载力。

### 2. 受冲切承载力计算公式

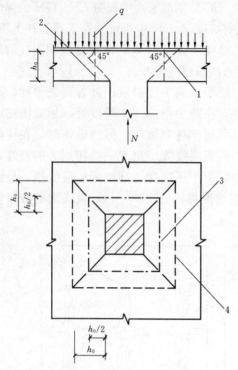

图 11-50 集中反力作用下板受冲切承载力的计算
1—冲切破坏锥体的斜截面；2—临界截面；3—临界截面的周长；4—冲切破坏锥体的底面线

根据受冲切承载力试验结果，并参考国外有关资料，我国规范规定如下：

（1）对于不配置箍筋或弯起钢筋的钢筋混凝土平板，其受冲切承载力按下式计算：

$$F_l \leqslant 0.7\beta_h f_t \eta u_m h_0 \tag{11-37}$$

式中 $F_l$——冲切荷载设计值，即柱子所承受的轴向压力设计值的层间差值减去柱顶冲切破坏锥体范围内板所承受的荷载设计值，参见图 11-50，$F_l = N - p(c+2h_0)(d+2h_0)$；

$\beta_h$——截面高度影响系数；当 $h \leqslant 800$mm 时，取 $\beta_h = 1.0$；当 $h \geqslant 2000$mm 时，取 $\beta_h = 0.9$，其间按线性内插法取用；

$u_m$——距柱帽周边 $h_0/2$ 处的周长；

$f_t$——混凝土抗拉强度设计值；

$h_0$——板的截面有效高度；

$\eta$——系数，取 $\eta_1$、$\eta_2$ 中的较小值，其中 $\eta_1 = 0.4 + 1.2/\beta_s$，$\eta_2 = 0.5 + \alpha_s h_0/4u_m$。$\beta_s$ 是局部荷载或集中反力作用面积为矩形时的长边与短边尺寸的比值，$\beta_s$ 不宜大于 4；当 $\beta_s < 2$ 时，取 $\beta_s = 2$；当面积为圆

形时，取 $\beta_s=2$。$\alpha_s$ 是柱类型的影响系数；对中柱，取 $\alpha_s=42$；对边柱，取 $\alpha_s=30$；对角柱，取 $\alpha_s=20$。

（2）当受冲切承载力不能满足式（11-37）的要求，且板厚不小于 150mm 时，可配置箍筋或弯起钢筋。此时受冲切截面应符合下列条件：

$$F_l \leqslant 1.2 f_t \eta u_m h_0 \tag{11-38}$$

当配置箍筋时，受冲切承载力按下式计算：

$$F_l \leqslant 0.5 \eta f_t u_m h_0 + 0.8 f_{yv} A_{svu} \tag{11-39}$$

当配置弯起钢筋时，受冲切承载力按下式计算：

$$F_l \leqslant 0.5 \eta f_t u_m h_0 + 0.8 f_y A_{sbu} \sin\alpha \tag{11-40}$$

式中 $A_{svu}$——与呈 45°冲切破坏锥体斜截面相交的全部箍筋截面面积；

$A_{sbu}$——与呈 45°冲切破坏锥体斜截面相交的全部弯起钢筋截面面积；

$\alpha$——弯起钢筋与板底面的夹角；

$f_y$、$f_{yv}$——分别为弯起钢筋和箍筋的抗拉强度设计值。

对于配置受冲切的箍筋或弯起钢筋的冲切破坏锥体以外的截面，仍应按式（11-37）进行受冲切承载力验算。此时，取冲切破坏锥体以外 $0.5h_0$ 处的最不利周长。

### 11.4.3 竖向均布荷载下无梁楼盖的内力分析

无梁楼盖计算方法也有按弹性理论和塑性铰线法两种计算方法。按弹性理论的计算方法中，有精确计算法、等效框架法、经验系数法等。下面简单介绍工程设计中常用的经验系数法和等效框架法。

1. 经验系数法

经验系数法又称总弯矩法或直接设计法。该方法先计算两个方向的截面总弯矩，再将截面总弯矩分配给同一方向的柱上板带和跨中板带。

为了使各截面的弯矩设计值适应各种活荷载的不利布置，在应用该法时，要求无梁楼盖的布置必须满足下列条件：

（1）每个方向至少应有三个连续跨；

（2）同方向相邻跨度的差值不超过较长跨度的 1.3 倍；

（3）任一区格板的长边与短边之比值 $l_x/l_y \leqslant 2$；

（4）可变荷载和永久荷载之比值 $q/g \leqslant 3$。

用该方法计算时，只考虑全部均布荷载，不考虑活荷载的不利布置。

经验系数法的计算步骤如下：

（1）分别按下式计算每个区格两个方向的总弯矩设计值：

$x$ 方向

$$M_{0x} = \frac{1}{8}(g+q)l_y\left(l_x - \frac{2}{3}c\right)^2 \tag{11-41}$$

$y$ 方向 
$$M_{0y} = \frac{1}{8}(g+q)l_x\left(l_y - \frac{2}{3}c\right)^2 \tag{11-42}$$

式中 $l_x$、$l_y$——两个方向的柱距；

$g$、$q$——板单位面积上作用的永久荷载和可变荷载设计值；

$c$——柱帽在计算弯矩方向的有效宽度。

(2) 将每一方向的总弯矩，分别分配给柱上板带和跨中板带的支座截面和跨中截面，即将总弯矩（$M_{0x}$ 或 $M_{0y}$）乘以表 11-13 中所列系数。

无梁双向板的弯矩计算系数　　　　　表 11-13

| 截面 | 边跨 | | | 内跨 | |
|---|---|---|---|---|---|
| | 边支座 | 跨中 | 内支座 | 跨中 | 支座 |
| 柱上板带 | −0.48 | 0.22 | −0.50 | 0.18 | −0.50 |
| 跨中板带 | −0.05 | 0.18 | −0.17 | 0.15 | −0.17 |

(3) 在保持总弯矩值不变的情况下，允许将柱上板带负弯矩的 10% 分配给跨中板带负弯矩。

2. 等代框架法

钢筋混凝土无梁双向板体系不符合经验系数法所要求的四个条件时，可采用等代框架法确定竖向均布荷载作用下的内力。

等代框架法是把整个结构分别沿纵、横柱列两个方向划分，并将其视为纵向等代框架和横向等代框架，分别进行计算分析。其中等代框架梁就是各层的无梁楼板。计算步骤如下：

(1) 计算等代框架梁、柱的几何特征。竖向均布荷载作用下，等效框架梁宽度和高度取为板跨中心线间的距离（$l_x$ 或 $l_y$）和板厚，跨度取为 ($l_y - 2c/3$) 或 ($l_x - 2c/3$)；等代柱的截面即原柱截面，柱的计算高度取为层高减柱帽高度，底层柱高度取为基础顶面至楼板底面的高度减柱帽高度；

(2) 按框架计算内力。当仅有竖向荷载作用时，可近似按分层法计算（详见第 14 章）；

(3) 计算所得的等代框架控制截面总弯矩，按照划分的柱上板带和跨中板带分别确定支座和跨中弯矩设计值，即将总弯矩乘以表 11-14 或表 11-15 中所列的分配比值。

方形板的柱上板带和跨中板带的弯矩分配比值　　　　　表 11-14

| 截面 | 端跨 | | | 内跨 | |
|---|---|---|---|---|---|
| | 边支座 | 跨中 | 内支座 | 跨中 | 支座 |
| 柱上板带 | 0.9 | 0.55 | 0.75 | 0.55 | 0.75 |
| 跨中板带 | 0.10 | 0.45 | 0.25 | 0.45 | 0.25 |

矩形板的柱上板带和跨中板带的弯矩分配比值    表 11-15

| $l_x/l_y$ | 0.50~0.60 | | 0.60~0.75 | | 0.75~1.33 | | 1.33~1.67 | | 1.67~2.0 | |
| --- | --- | --- | --- | --- | --- | --- | --- | --- | --- | --- |
| 弯 矩 | $-M$ | $M$ | $-M$ | $M$ | $-M$ | $M$ | $-M$ | $M$ | $-M$ | $M$ |
| 柱上板带 | 0.55 | 0.50 | 0.65 | 0.55 | 0.70 | 0.60 | 0.80 | 0.75 | 0.85 | 0.85 |
| 跨中板带 | 0.45 | 0.50 | 0.35 | 0.45 | 0.30 | 0.40 | 0.20 | 0.25 | 0.15 | 0.15 |

这里可能会产生一个疑问，即在经验系数法或等代框架法计算板柱结构时，在 $x$ 方向和 $y$ 方向都用了荷载 $(g+q)$，是否重复了。产生这个疑问的根源是错误地把四边支承双向板中荷载在两个方向分配的概念带到板柱结构中来了。板柱结构中，无梁楼盖的每个区格板是四点支承的双向板，柱间的柱上板带（包括有暗梁的情况）是有竖向位移的，它们是跨中板带的弹性支承，因此荷载往四个支承点传递，不存在荷载在两个方向分配的问题。周边支承的双向板，支承处是没有竖向位移的，所以荷载往板的支承边传递，于是就有荷载分配问题。显然，把无梁楼盖当作四边支承的双向板设计，使传力路线变长，是不经济的。

水平荷载作用下，板柱结构也可近似地按等代框架法来计算，但这时等代梁的计算宽度比竖向均布荷载作用下的要小。这是因为**竖向均布荷载作用下是楼板的变形带动柱变形；而水平荷载作用下，则是柱的变形能带动多大宽度的板跟它一起变形**。我国《建筑抗震设计规范》GB 50011 规定，等代梁的宽度宜采用垂直于等代平面框架方向柱距的 50%。

### 11.4.4 截面设计与构造要求

1. 截面的弯矩设计值

当竖向荷载作用时，有柱帽的无梁楼板内跨，具有明显的穹顶作用，这时截面的弯矩设计值可以适当折减。除边跨及边支座外，所有其余部位截面的弯矩设计值均为按内力分析得到的弯矩乘以 0.8。

2. 板厚及板的截面有效高度

无梁楼板通常是等厚的。对板厚的要求，除满足承载力要求外，还需满足刚度的要求。由于目前对其挠度尚无完善的计算方法，所以，用板厚 $h$ 与长跨 $l_{02}$ 的比值来控制其挠度。此控制值为：有帽顶板时，$h/l_{02} \leqslant 1/35$；无帽顶板时，$h/l_{02} \leqslant 1/30$；无柱帽时，柱上板带可适当加厚，加厚部分的宽度可取相应跨度的 0.3 倍。

板的截面有效高度取值，与双向板类同。同一部位的两个方向弯矩同号时，由于纵横向钢筋叠置，应分别取各自的截面有效高度。

3. 板的配筋

板的配筋通常采用绑扎钢筋的双向配筋方式。为减少钢筋类型，又便于施工，一般采用一端弯起、另一端直线段的弯起式配筋。钢筋弯起和截断点的位置，必须满足图 11-51 的构造要求。对于支座上承受负弯矩的钢筋，为使其在施工阶段具有一定的刚性，其直径不宜小于 12mm。

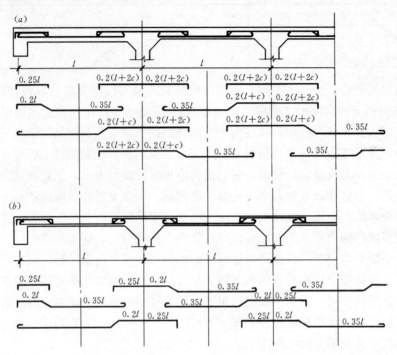

图 11-51　无梁楼板的配筋构造
(a) 柱上板带配筋；(b) 跨中板带配筋

4. 柱帽配筋构造要求

柱帽的配筋根据板的受冲切承载力确定。计算所需的箍筋应配置在冲切破坏锥体范围内。此外，尚应按相同的箍筋直径和间距向外延伸至不小于 $0.5h_0$ 范围内。箍筋宜为封闭式，并应箍住架立钢筋，箍筋直径不应小于 6mm，其间距不应大于 $h_0/3$，如图 11-52 (a) 所示。

计算所需的弯起钢筋，可由一排或两排组成，其弯起角可根据板的厚度在 30°～45°之间选取，弯起钢筋的倾斜段应与冲切破坏斜截面相交，其交点应在离集中反力作用面积周边以外 $h/3 \sim h/2$ 的范围内，如图 11-52 (b) 所示。弯起钢筋直径不应小于 12mm，且每一方向不应少于三根。

不同类型柱帽的一般构造要求，如图 11-53 所示。

5. 边梁

无梁楼盖的周边，应设置边梁，其截面高度不小于板厚的 2.5 倍。边梁除与半个柱上板带一起承受弯矩外，还须承受未计及的扭矩，所以应另设置必要的抗扭构造钢筋。

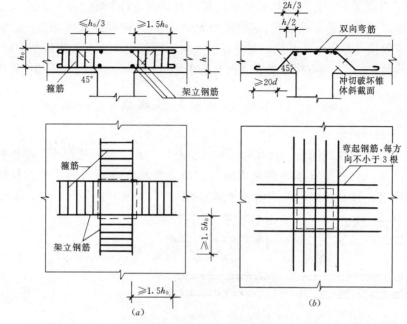

图 11-52 板中抗冲切钢筋布置
(a) 箍筋；(b) 弯起钢筋

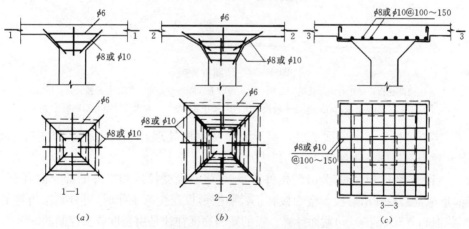

图 11-53 柱帽的配筋构造
(a) 无帽顶板矩形柱帽的配筋；(b) 有折线顶板矩形柱帽的配筋；
(c) 有矩形顶板柱帽的配筋

# §11.5 装配式楼盖

## 11.5.1 概　述

设计装配式楼盖时，一方面应注意合理地进行楼盖结构布置和预制构件的选型;另一方面要处理好预制构件间的连接以及预制构件和墙(柱)的连接。

装配式楼盖主要有铺板式、密肋式和无梁式等,其中铺板式应用最广。铺板式楼盖的主要构件是预制板和预制梁。各地大量采用的是本地的通用定型构件,由各地预制构件厂供应,当有特殊要求或施工条件受到限制时,才进行专用的构件设计。

### 11.5.2 预制板与预制梁

**1. 预制板的形式**

我国常用的预制铺板,其截面形式有空心板、正(倒)槽形板、平板和夹心板等(图11-54);按支承条件又可以分为单向板和双向板。为了节约材料,提高构件刚度,预制板应尽可能做成预应力的。

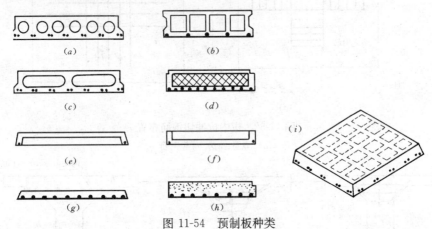

图 11-54 预制板种类

(a) 预应力圆孔板;(b) 有矩形孔的空心板;(c) 预应力椭圆形空心板;(d) 夹心板;(e) 正槽形板;
(f) 倒槽形板;(g) 实心单向板;(h) 大尺寸双向板;(i) 大尺寸空心双向板

实心平板上、下表面平整,利于地面及顶棚处理,一般用于小跨度的走道板、管沟盖板等(跨度在1.5m以内)。

当板的跨度加大时,为减轻构件重量,可将截面受拉区和中部的部分混凝土去掉,形成空心板和槽形板。空心板和正(倒)槽形板在受弯工作时,可分别按折算的I形截面和T形(倒T形)截面计算。板的截面高度往往是由挠度要求控制的。

空心板板面平整,地面及顶棚容易处理,且隔声、隔热效果好,已大量用于楼盖、屋盖中,其缺点是板面不能任意开洞且混凝土用量仍较大。

槽形板的混凝土用量较省,当板肋向下搁置时可以较好地利用板面混凝土受压,但不能提供平整的顶棚,使用时常常需要另做顶棚。槽形板除了可用于普通楼盖外,由于板上开洞较自由,在工业建筑中应用较多,也适用于厕所、厨房楼板。

夹心板往往做成自防水保温屋面板,它在两层混凝土中间填充泡沫混凝土等保温材料,将承重、保温、防水三者结合在一起。

预制大楼板可以做成一个房间一块,为双向板。沿短跨方向施加预应力的实心平板，平面尺寸根据建筑模数，开间从 2.7～3.9m，按 0.3m 累进；进深为 4.8m 和 5.1m。实心大楼板板厚仅 110mm（包括面层），用钢量较少，室内无板缝，建筑效果好，但因构件尺寸大，运输、吊装较困难。

2. 预制板的尺寸

板的厚度应满足承载力要求和刚度要求，并应和砌体的皮数匹配。通常根据刚度要求，由高跨比来确定最小截面高度，必要时再进行变形验算。

实心板：一般取板厚 $h = l/30$（$l$ 为板跨），常用板厚 60～80mm。

预应力空心板：$h = l/35 \sim l/30$，常用截面高度有 110mm 和 180mm 两种。

钢筋混凝土空心板：$h = l/25 \sim l/20$。

板的宽度应根据板的制作、运输、起吊的具体条件而定，并且应照顾本地区常用房间的尺寸，以便于板的排列。当施工条件许可时，宜采用宽度较大的板。板的实际宽度 $b$ 应比板的标志宽度略小，板间留有 10～20mm 缝隙。这是考虑到预制板制作时允许误差，且铺板后用细石混凝土灌缝，可以加强楼盖的整体性。

预制板的标志长度一般是房间的开间或进深尺寸。板的实际长度应根据板的具体搁置情况，由设计者在施工图中注明。

3. 预制梁

混合结构房屋中的楼盖梁往往是简支梁或带伸臂的简支梁，有时也采用连续梁。梁的截面形式见图 11-55。图 11-55(b)、(c) 习称花篮梁，预制板搁置在梁侧挑出的小牛腿上，可以增加室内净高。花篮梁可以是全部预制的，也可以做成叠合梁（图 11-55g），后者不仅增加了房屋净空，还加强了楼盖的整体性。

两端简支的楼盖梁的截面高度一般为 $l/18 \sim l/14$。

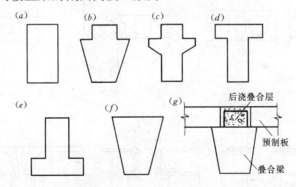

图 11-55 梁的截面形式
(a) 矩形；(b) 花篮形；(c) 有挑耳的花篮形；(d) T 形；
(e) 倒 T 形；(f) 梯形；(g) 叠合梁

### 11.5.3 预制构件的计算特点

预制构件和现浇构件一样，应按规定进行承载能力极限状态的计算和正常使用条件下的变形和裂缝宽度验算。除此以外，预制构件尚应按制作、运输及安装时的荷载设计值进行施工阶段的验算。进行吊装验算时，首先要确定吊装方案，根据构件上的吊点位置计算内力，并在施工图上绘出吊装简图。

对构件在运输、堆放时的工作状态，以及预应力混凝土构件在放张时的受力状况也应重视，必要时应采取某些构造措施，以防止构件开裂。

进行施工吊装验算时应注意以下问题：

（1）动力系数：对预制构件自身进行吊装验算时，应将构件自重乘以动力系数。动力系数可取 1.5，但根据构件吊装时的受力情况，可适当增减。

（2）吊环计算：吊环应采用 HPB300 级钢筋，严禁采用冷加工钢筋。吊环埋入构件深度不应小于 $30d$（$d$ 为吊环钢筋直径），并应焊接或绑扎在构件的钢筋骨架上。每个吊环可按两个截面计算；在构件的自重标准值作用下，吊环应力不应大于 $50N/mm^2$。当一个构件上设有 4 个吊环时，计算中仅考虑三个同时发挥作用。

（3）预制构件在施工阶段的安全等级，可较其使用阶段的安全等级降低一级，但不得低于三级。

### 11.5.4 非抗震的铺板式楼盖的连接构造

1. 板与板的连接

预制板间下部缝宽约 20mm，上部缝宽稍大，一般应采用不低于 C15 的细石混凝土或不低于 M15 的水泥砂浆灌缝（图 11-56$a$）。

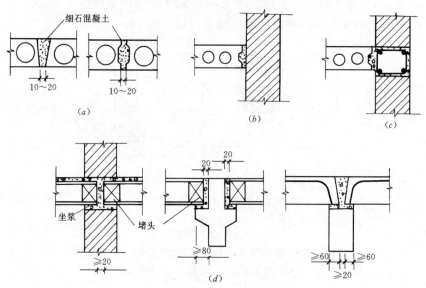

图 11-56 板与板、板与墙、板与墙的连接

($a$) 板与板的连接；($b$) 板与非支承墙的连接；($c$) 非支承墙有圈梁时与板的连接；
($d$) 板与支承墙、梁的连接

## 2. 板与支承墙或支承梁的连接

一般依靠支承处坐浆和一定的支承长度来保证。坐浆厚10～20mm，板在砖砌体上的支承长度不应小于100mm，在混凝土梁上不应小于60mm（或80mm），见图11-56（d）。空心板两端的孔洞应用混凝土或砖块堵实，避免在灌缝或浇筑楼盖面层时漏浆。

## 3. 板与非支承墙的连接

一般采用细石混凝土灌缝（图11-56b），当沿墙有现浇带时更有利于加强板与墙的连接。板与非支承墙的连接不仅起着将水平荷载传给横墙的作用，还起着保证横墙稳定的作用。因此，当预制板的跨度大于4.8m时，往往在板的跨中附近加设锚拉筋以加强其与横墙的连接，具体构造见图11-57。当横墙上有圈梁时可将灌缝部分与圈梁连成整体（图11-57c）。

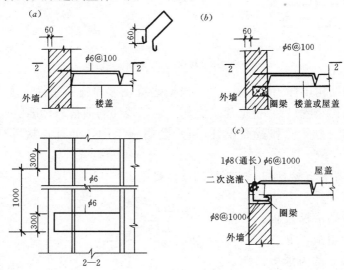

图 11-57　板底为圈梁时预制板侧边连接
(a) 没有圈梁时；(b) 有圈梁时；(c) 墙顶有圈梁时，板与圈梁的锚拉

## 4. 梁与砌体墙的连接

梁在砌体墙上的支承长度，应考虑梁内受力纵筋在支承处的锚固要求，并满足支承下砌体局部受压承载力要求。当砌体局部受压承载力不足时，应按计算设置梁垫。预制梁的支承处应坐浆，必要时应在梁端设拉接钢筋。

# §11.6　楼梯与雨篷

## 11.6.1　楼　　梯

楼梯是多层及高层房屋中的重要组成部分。楼梯的平面布置、踏步尺寸、栏杆形式等由建筑设计确定。板式楼梯和梁式楼梯是最常见的楼梯形式，在宾馆等一些公共建筑中也采用一些特种楼梯，如螺旋板式楼梯和悬挑板式楼梯，见图11-58。

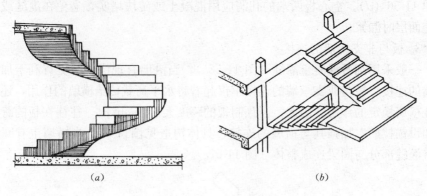

图 11-58　特种楼梯
(a) 螺旋板式楼梯；(b) 悬挑板式楼梯

楼梯的结构设计步骤包括：1) 根据建筑要求和施工条件，确定楼梯的结构形式和结构布置；2) 根据建筑类别，确定楼梯的活荷载标准值；3) 进行楼梯各部件的内力分析和截面设计；4) 绘制施工图，处理连接部件的配筋构造。

下面介绍板式楼梯和梁式楼梯的设计要点。

1. 板式楼梯

板式楼梯由梯段板、平台板和平台梁组成，见图11-59。梯段板是斜放的齿形板，支承在平台梁上和楼层梁上，底层下段一般支承在地垄梁上。最常见的双跑楼梯每层有两个梯段，也有采用单跑楼梯和三跑楼梯的。

板式楼梯的优点是下表面平整，施工支模较方便，外观

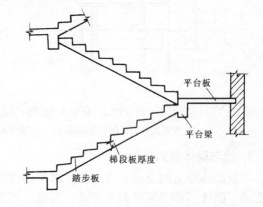

图 11-59　板式楼梯的组成

比较轻巧。缺点是梯段板较厚，约为梯段板水平长度的1/30～1/25，混凝土用量和钢材用量较多，一般适用于梯段板水平长度不超过3m时。

板式楼梯的设计内容包括梯段板、平台板和平台梁的设计。

(1) 梯段板

梯段板按斜放的简支梁计算，它的正截面是与梯段板垂直的，楼梯的活荷载

是按水平投影面计算的，计算跨度取平台梁间的斜长净距 $l'_n$，故计算简图如图 11-60 所示。设梯段板单位水平长度上的竖向均布荷载为 $p$（表示为 ↓），则沿斜板单位长度上的竖向均布荷载为 $p' = p\cos\alpha$（表示为 ↓），此处 $\alpha$ 为梯段板与水平线间的夹角。再将竖向的 $p'$ 沿垂直于斜板方向及平行于斜板方向分解为：

$$p'_x = p'\cos\alpha = p\cos\alpha\cos\alpha$$

$$p'_y = p'\sin\alpha = p\cos\alpha\sin\alpha$$

此处 $p'_x$、$p'_y$ 分别为 $p'$ 在垂直于斜板方向及沿斜板方向的分力。其中 $p'_y$ 对斜板的弯矩和剪力没有影响。

设 $l_n$ 为梯段板的水平净跨长，则

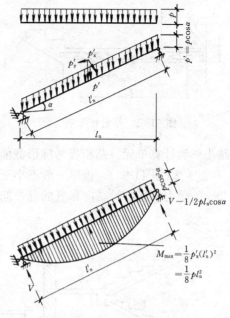

图 11-60 梯段板的计算简图

$l_n = l'_n\cos\alpha$，于是斜板的跨中最大弯矩和支座最大剪力可以表示为：

$$M_{max} = \frac{1}{8} p'_x (l'_n)^2 = \frac{1}{8} pl_n^2 \quad (11-43)$$

$$V_{max} = \frac{1}{2} p'_n l'_n = \frac{1}{2} pl_n\cos\alpha \quad (11-44)$$

可见，简支斜梁在竖向均布荷载 $p$ 作用下的最大弯矩，等于其水平投影长度的简支梁在 $p$ 作用下的最大弯矩；最大剪力为水平投影长度的简支梁在 $p$ 作用下的最大剪力值乘以 $\cos\alpha$。

考虑到梯段板与平台梁整浇，平台对斜板的转动变形有一定的约束作用，故计算板的跨中正弯矩时，常近似取 $M_{max} = pl_n^2/10$。

截面承载力计算时，斜板的截面高度应垂直于斜面量取，并取齿形的最薄处。

为避免斜板在支座处产生过大的裂缝，应在板面配置一定数量钢筋，一般取 $\phi 8@200$，长度为 $l_n/4$。斜板内分布钢筋可采用 $\phi 6$ 或 $\phi 8$，每级踏步不少于 1 根，放置在受力钢筋的内侧。

(2) 平台板和平台梁

平台板一般设计成单向板，可取 1m 宽板带进行计算，平台板一端与平台梁整体连接，另一端可能支承在砖墙上，也可能与过梁整浇。跨中弯矩可近似取 $M = pl^2/8$，或 $M \approx pl^2/10$。考虑到板支座的转动会受到一定约束，一般应将板下部钢筋在支座附近弯起一半，或在板面支座处另配短钢筋，伸出支承边缘长度

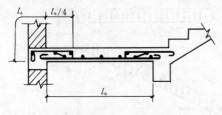

图 11-61 平台板配筋

为 $l_n/4$,图 11-61 为平台板的配筋。

平台梁的设计与一般梁相似。

2. 梁式楼梯

梁式楼梯由踏步板、斜梁、平台板和平台梁组成,见图 11-62。

(1) 踏步板两端支承在斜梁上,按两端简支的单向板计算,一般取一个踏步作为计算单元。踏步板为梯形截面,板的截面高度可近似取平均高度 $h = (h_1 + h_2)/2$(图 11-63),板厚一般不小于 30~40mm。每一踏步一般需配置不少于 $2\phi 6$ 的受力钢筋,沿斜向布置的分布筋直径不小于 $\phi 6$,间距不大于 250mm。

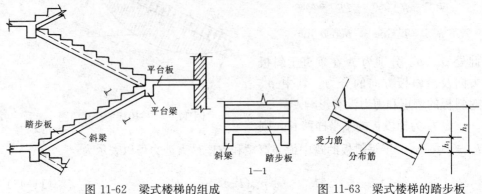

图 11-62 梁式楼梯的组成    图 11-63 梁式楼梯的踏步板

(2) 斜梁的内力计算与板式楼梯的斜板相同。踏步板可能位于斜梁截面高度的上部,也可能位于下部。计算时截面高度可取为矩形截面。图 11-64 为斜梁的配筋构造。

(3) 平台梁主要承受斜梁传来的集中荷载(由上、下跑楼梯斜梁传来)和平

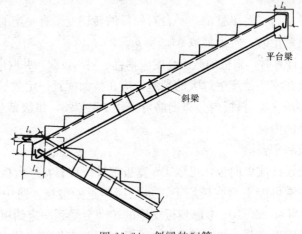

图 11-64 斜梁的配筋

台板传来的均布荷载，平台梁一般按简支梁计算。

3. 现浇楼梯的一些构造处理

(1) 当楼梯下净高不够时，可将楼层梁向内移动(图11-65)，这样板式楼梯的梯段板成为折线形。此时，设计应注意两个问题：①梯段板中的水平段，其板厚应与梯段斜板相同，不能和平台板同厚；②折角处的下部受拉钢筋不允许沿板底弯折，以免产生向外的合力，将该处的混凝

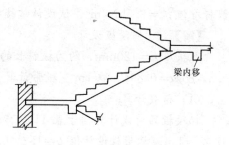

图 11-65 楼层梁内移

土崩脱，应将此处纵筋断开，各自延伸至顶面再行锚固。若板的弯折位置靠近楼层梁，板内可能出现负弯矩，则板上面还应配置承担负弯矩的短钢筋，见图11-66。

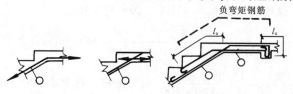

图 11-66 板内折角处配筋

(2) 楼层梁内移后，梁式楼梯会出现折线形斜梁。折线梁内折角处的受拉纵向钢筋应分开配置，并各自延伸以满足锚固要求，同时还应在该处增设附加箍筋，见图11-67。该箍筋应足以承受未伸入受压区锚固的纵向受拉钢筋的合力，且在任何情况下不应小于全部纵向受拉钢筋合力的35%，按下式计算：

$$N_{s2} = 0.7 f_y A_s \cos\frac{\alpha}{2} \tag{11-45}$$

式中　$A_s$——全部纵向受拉钢筋面积；

　　　$\alpha$——构件的内折角。

按上述条件求得的箍筋，应布置在长度为 $s = h\tan\dfrac{3}{8}\alpha$ 的范围内。

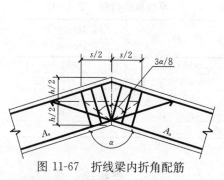

图 11-67 折线梁内折角配筋

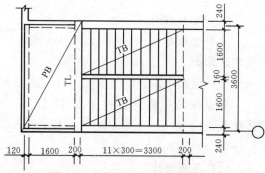

图 11-68 例题 11-3 楼梯结构平面

【例 11-3】　某公共建筑现浇板式楼梯，楼梯平面布置见图 11-68。层高 3.6m，

踏步尺寸 150mm×300mm。采用 C30 混凝土，HRB335 钢筋。楼梯上均布活荷载标准值 $q_k$＝3.5kN/m²，试设计该楼梯。

**【解】** 1. 梯段板设计

取板厚 $h$＝120mm，约为板斜长的 1/30。板倾斜角的正切 $\tan\alpha$＝150/300＝0.5，$\cos\alpha$＝0.894。取 1m 宽板带计算。

(1) 荷载计算

梯段板的荷载计算列于表 11-16。恒荷载分项系数 $\gamma_G$＝1.2；活荷载分项系数 $\gamma_Q$＝1.4。总荷载设计值 $p$＝1.2×6.6＋1.4×3.5＝12.82kN/m。

(2) 截面设计

板水平计算跨度 $l_n$＝3.3m，弯矩设计值 $M = \frac{1}{10}pl_n^2 = 0.1 \times 12.82 \times 3.3^2 =$ 13.96 kN·m。板的有效高度 $h_0$＝120－20＝100mm。

$$\alpha_s = \frac{M}{\alpha_1 f_c b h_0^2} = \frac{13.96 \times 10^6}{1.0 \times 14.3 \times 1000 \times 100^2} = 0.098, \text{计算得} \gamma_s = 0.949$$

$$A_s = \frac{M}{\gamma_s f_y h_0} = \frac{13.96 \times 10^6}{0.949 \times 300 \times 100} = 491 \text{mm}^2，选配 \Phi 10@160，A_s = 491 \text{mm}^2$$

分布筋每级踏步 1 根 $\phi$8。梯段板配筋见图 11-69。

梯段板的荷载　　　　　　　　　　　　　　表 11-16

| 荷　载　种　类 | | 荷　载　标　准　值 (kN/m) |
|---|---|---|
| 恒荷载 | 水磨石面层 | (0.3＋0.15)×0.65/0.3＝0.98 |
| | 三角形踏步 | 0.5×0.3×0.15×25/0.3＝1.88 |
| | 混凝土斜板 | 0.12×25/0.894＝3.38 |
| | 板底抹灰 | 0.02×17/0.894＝0.38 |
| | 小　　计 | 6.6 |
| 活　荷　载 | | 3.5 |

2. 平台板设计

设平台板厚 $h$＝70mm，取 1m 宽板带计算。

(1) 荷载计算

平台板的荷载计算列于表 11-17。总荷载设计值 $p$＝1.2×2.74＋1.4×3.5＝8.19kN/m。

平台板的荷载　表 11-17

| 荷　载　种　类 | | 荷载标准值 (kN·m) |
|---|---|---|
| 恒荷载 | 水磨石面层 | 0.65 |
| | 70mm 厚混凝土板 | 0.07×25＝1.75 |
| | 板底抹灰 | 0.02×17＝0.34 |
| | 小　　计 | 2.74 |
| 活　荷　载 | | 3.5 |

(2) 截面设计

平台板的计算跨度 $l_0$＝1.8－0.2/2＋0.12/2＝1.76m。弯矩设计值 $M =$

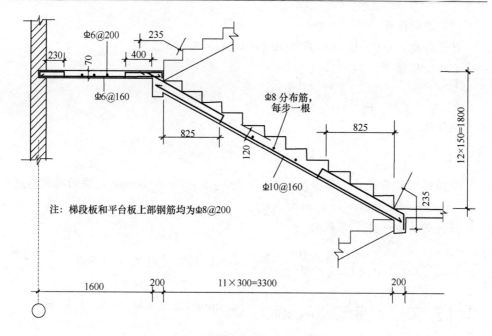

图 11-69  梯段板和平台板配筋

$$\frac{1}{10}pl_0^2 = 0.1 \times 8.19 \times 1.76^2 = 2.54 \text{kN} \cdot \text{m}。板的有效高度 h_0 = 70-20 = 50\text{mm}。$$

$$\alpha_s = \frac{M}{\alpha_1 f_c b h_0^2} = \frac{2.54 \times 10^6}{1.0 \times 14.3 \times 1000 \times 50^2} = 0.071,\text{计算得 } \gamma_s = 0.963$$

$$A_s = \frac{M}{\gamma_s f_y h_0} = \frac{2.54 \times 10^6}{0.963 \times 300 \times 50} = 176\text{mm}^2,\text{选配}\Phi 6@160,A_s = 177\text{mm}^2$$

3. 平台梁设计

设平台梁截面尺寸为 200mm×350mm。

(1) 荷载计算

平台梁的荷载计算列于表 11-18。总荷载设计值 $p = 1.2 \times 14.95 + 1.4 \times 8.93 = 30.44 \text{kN/m}$。

平台梁的荷载                      表 11-18

| 荷 载 种 类 | | 荷载标准值 (kN·m) |
|---|---|---|
| 恒荷载 | 梁自重 | 0.2×(0.35−0.17)×25=1.4 |
| | 梁侧粉刷 | 0.02×(0.35−0.07)×2×17=0.19 |
| | 平台板传来 | 2.74×1.8/2=2.47 |
| | 梯段板传来 | 6.6×3.3/2=10.89 |
| | 小    计 | 14.95 |
| 活荷载 | | $3.5 \times \left(\frac{3.3}{2} + \frac{1.8}{2}\right) = 8.93$ |

(2) 截面设计

计算跨度 $l_0=1.05l_n=1.05\times(3.6-0.24)=3.53\text{m}$。

弯矩设计值

$$M=\frac{1}{8}pl_0^2=47.4\text{kN}\cdot\text{m}$$

剪力设计值

$$V=\frac{1}{2}pl_n=51.1\text{kN}$$

截面按倒 L 形计算，$b'_f=b+5h'_f=200+5\times70=550\text{mm}$，梁的有效高度 $h_0=350-35=315\text{mm}$。

经判别属第一类 T 形截面

$$\alpha_s=\frac{47.4\times10^6}{1.0\times14.3\times550\times315^2}=0.061,\text{计算得}\ \gamma_s=0.968$$

$$A_s=\frac{M}{\gamma_s f_y h_0}=\frac{47.4\times10^6}{0.968\times300\times315}=517.8\text{mm}^2,\text{选配 }3\Phi16,A_s=603\text{mm}^2$$

配置 $\phi6@200$ 箍筋，则斜截面受剪承载力

$$V_{cs}=0.7f_tbh_0+f_{yv}\frac{A_{sv}}{s}h_0$$

$$=0.7\times1.43\times200\times315+300\times\frac{56.6}{200}\times315$$

$$=89.8\text{kN}>51.1\text{kN} \quad \text{满足要求}。$$

平台梁配筋见图 11-70。

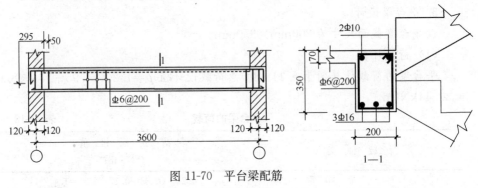

图 11-70 平台梁配筋

## 11.6.2 雨　　篷

雨篷、外阳台、挑檐是建筑工程中常见的悬挑构件，它们的设计除了与一般梁板结构相同之外，还应进行抗倾覆验算。下面以雨篷为例，介绍设计要点。

1. 一般要求

板式雨篷一般由雨篷板和雨篷梁组成（图 11-71）。雨篷梁既是雨篷板的支承，又兼有过梁作用。

一般雨篷板的挑出长度为 0.6~1.2m 或更长，视建筑要求而定。现浇雨篷板多数做成变厚度的，一般根部板厚为 1/10 挑出长度，但不小于 70mm，板端不小于

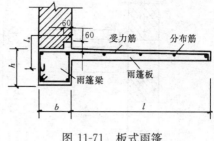

图 11-71 板式雨篷

50mm。雨篷板周围往往设置凸沿以便能有组织排水。

雨篷梁的宽度一般取与墙厚相同，梁的高度应按承载力确定。梁两端伸进砌体的长度应满足雨篷抗倾覆的要求。

雨篷计算包括三个内容：① 雨篷板的正截面承载力计算；② 雨篷梁在弯矩、剪力、扭矩共同作用下的承载力计算；③ 雨篷抗倾覆验算。

2. 雨篷板和雨篷梁的承载力计算

(1) 作用在雨篷上的荷载

雨篷板上的荷载有恒载（包括自重、粉刷等）、雪荷载、均布活荷载，以及施工和检修集中荷载。以上荷载中，雨篷均布活荷载与雪荷载不同时考虑，取两者中的大值。

施工和检修集中荷载与均布活荷载不同时考虑。每一个集中荷载值为 1.0kN，进行承载力计算时，沿板宽每 1m 考虑一个集中荷载；进行抗倾覆验算时，沿板宽每隔 2.5~3.0m 考虑一个集中荷载。

雨篷板的内力分析，当无边梁时与一般悬臂板相同；当有边梁时，与一般梁板结构相同。

(2) 雨篷梁计算

雨篷梁承受的荷载有自重、梁上砌体重、可能计入的楼盖传来的荷载，以及雨篷板传来的荷载。雨篷板传来的荷载将构成雨篷梁的扭矩。

当雨篷板上作用有均布荷载 $p$ 时，作用在雨篷梁中心线的力包括竖向力 $V$ 和力矩 $m_p$，如图 11-72 所示，沿板宽方向每 1m 的数值分别为 $V = pl (\text{kN/m})$ 和

$$m_p = pl\left(\frac{b+l}{2}\right) \text{kN} \cdot \text{m/m} \tag{11-46}$$

在力矩 $m_p$ 作用下，雨篷梁的最大扭矩为

$$T = m_p l_0 / 2 \tag{11-47}$$

此处 $l_0$ 为雨篷梁的跨度，可近似取 $l_0 = 1.05 l_n$。

雨篷梁在自重、梁上砌体重力等荷载作用下产生弯矩和剪力；在雨篷板传来的荷载作用下不仅产生弯矩和剪力，还将产生扭矩。因此，雨篷梁是受弯、剪、扭的构件。

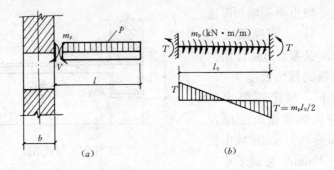

图 11-72 雨篷梁上的扭矩
(a) 雨篷板传来的竖向力和力矩；(b) 雨篷梁上的扭矩分布

(3) 雨篷抗倾覆验算

雨篷板上荷载使整个雨篷绕雨篷梁底的倾覆点转动倾倒，而梁上自重、梁上砌体重力等却有阻止雨篷倾覆的稳定作用。雨篷的抗倾覆验算参见§15.7.3。

## 思 考 题

11.1 现浇单向板肋梁楼盖中的主梁按连续梁进行内力分析的前提条件是什么？

11.2 计算板传给次梁的荷载时，可按次梁的负荷范围确定，隐含着什么假定？

11.3 为什么连续梁内力按弹性计算方法与按塑性计算方法时，梁计算跨度的取值是不同的？

11.4 试比较钢筋混凝土塑性铰与结构力学中的理想铰和理想塑性铰的区别。

11.5 按考虑塑性内力重分布设计连续梁是否在任何情况下总是比按弹性方法设计节省钢筋？

11.6 试比较塑性内力重分布和应力重分布。

11.7 下列图 11-73 各图形中，哪些属于单向板，哪些属于双向板？图中虚线为简支边，斜线为固定边，没有表示的为自由边。

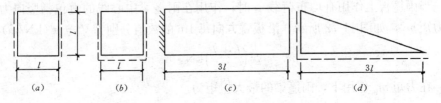

图 11-73 思考题 11.7 图

11.8 试确定下列图 11-74 中各板的塑性铰线，板边的支承表示方法与上题同。

11.9 选择题

1. 计算现浇单向板肋梁楼盖时，对板和次梁可采用折算荷载来计算，这

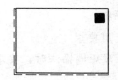 

图 11-74　思考题 11.8 图

是考虑到（　　）。
(A) 在板的长跨方向也能传递一部分荷载
(B) 塑性内力重分布的有利影响
(C) 支座的弹性转动约束
(D) 出现活荷载最不利布置的可能性较小

2. 整浇肋梁楼盖中的单向板，中间区格内的弯矩可折减 20%，主要是考虑到（　　）。
(A) 板内存在的拱作用
(B) 板上荷载实际上也向长跨方向传递一部分
(C) 板上活载满布的可能性较小
(D) 板的安全度较高可进行挖潜

3. 五等跨连续梁，为使第三跨跨中出现最大弯矩，活荷载应布置在（　　）。
(A) 1、2、5 跨　　　　　　(B) 1、2、4 跨
(C) 1、3、5 跨　　　　　　(D) 2、4 跨

4. 五等跨连续梁，为使边支座出现最大剪力，活荷载应布置在（　　）。
(A) 1、2、5 跨　　　　　　(B) 1、2、4 跨
(C) 1、3、5 跨　　　　　　(D) 2、4 跨

5. 钢筋混凝土超静定结构中存在塑性内力重分布是因为（　　）。
(A) 混凝土的拉压性能不同
(B) 结构由钢筋、混凝土两种材料组成
(C) 各截面刚度不断变化以及塑性铰的形成
(D) 受拉混凝土不断退出工作

6. 下列哪种情况将出现不完全的塑性内力重分布？（　　）。
(A) 出现较多的塑性铰，形成机构
(B) 截面受压区高度系数 $\xi \leqslant 0.35$
(C) 截面受压区高度系数 $\xi = \xi_b$
(D) 斜截面有足够的受剪承载力

7. 即使塑性铰具有足够的转动能力，弯矩调幅值也必须加以限制，主要

是考虑到（　　）。
(A) 力的平衡　　　　　　　(B) 施工方便
(C) 正常使用要求　　　　　(D) 经济性

8. 连续梁采用弯矩调幅法时，要求截面受压区高度系数 $\xi \leqslant 0.35$，以保证（　　）。
(A) 正常使用要求　　　　　(B) 具有足够的承载力
(C) 塑性铰的转动能力　　　(D) 发生适筋破坏

9. 次梁与主梁相交处，在主梁上设附加箍筋或吊筋，这是为了（　　）。
(A) 补足因次梁通过而少放的箍筋
(B) 考虑间接加载于主梁腹部将引起斜裂缝
(C) 弥补主梁受剪承载力不足
(D) 弥补次梁受剪承载力不足

10. 整浇肋梁楼盖板嵌入墙内时，沿墙设板面附加筋是为了（　　）。
(A) 承担未计及的负弯矩，减小跨中弯矩
(B) 承担未计及的负弯矩，并减小裂缝宽度
(C) 承担板上局部荷载
(D) 加强板与墙的连接

11. 简支梁式楼梯，梁内将产生（　　）。
(A) 弯矩和剪力　　　　　　(B) 弯矩和轴力
(C) 弯矩、剪力和扭矩　　　(D) 弯矩、剪力和轴力

12. 板内分布钢筋不仅可使主筋定位，分布局部荷载，还可（　　）。
(A) 承担负弯矩　　　　　　(B) 承受收缩及温度应力
(C) 减小裂缝宽度　　　　　(D) 增加主筋与混凝土的粘结

13. 矩形简支双向板，板角在主弯矩作用下（　　）。
(A) 板面和板底均产生环状裂缝
(B) 均产生对角裂缝
(C) 板面产生对角裂缝；板底产生环状裂缝
(D) 与 C 相反

14. 按弹性理论，矩形简支双向板（　　）。
(A) 角部支承反力最大　　　(B) 长跨向最大弯矩位于中点
(C) 角部扭矩最小　　　　　(D) 短跨向最大弯矩位于中点

15. 楼梯为斜置构件，主要承受活荷载和恒荷载，其中（　　）。
(A) 活载和恒载均沿水平分布
(B) 均沿斜向分布
(C) 活载沿斜向分布；恒载沿水平分布
(D) 与 C 相反

16. 连续单向板的厚度一般不应小于（　　）。
    (A) $l_0/35$　　(B) $l_0/40$　　(C) $l_0/30$　　(D) $l_0/50$

17. 连续单向板内跨的计算跨度（　　）。
    (A) 无论弹性计算方法还是塑性计算方法均采用净跨
    (B) 均采用支承中心间的距离
    (C) 弹性计算方法采用净跨
    (D) 塑性计算方法采用净跨

18. 无梁楼盖用经验系数法计算时（　　）。
    (A) 无论负弯矩还是正弯矩柱上板带分配的多一些
    (B) 跨中板带分配得多些
    (C) 负弯矩柱上板带分配得多些；正弯矩跨中板带分配得多些
    (D) 与 C 相反

19. 无梁楼盖按等代框架计算时，柱的计算高度对于楼层取（　　）。
    (A) 层高　　　　　　　　(B) 层高减去板厚
    (C) 层高减去柱帽高度　　(D) 层高减去 2/3 柱帽高度

20. 板式楼梯和梁式楼梯踏步板配筋应满足（　　）。
    (A) 每级踏步不少于 1φ6
    (B) 每级踏步不少于 2φ6
    (C) 板式楼梯每级踏步不少于 1φ6；梁式每级不少于 2φ6
    (D) 板式楼梯每级踏步不少于 2φ6；梁式每级不少于 1φ6

21. 无梁楼盖按等代框架计算竖向荷载作用下内力时，等代框架梁的跨度取（　　）。
    (A) 柱轴线距离减柱宽
    (B) 柱轴线距离
    (C) 柱轴线距离减柱帽宽度
    (D) 柱轴线距离减 2/3 柱帽宽度

22. 画端支座为铰支的连续梁弯矩包络图时，边跨和内跨（　　）。
    (A) 均有四个弯矩图形
    (B) 均有三个弯矩图形
    (C) 边跨有四个弯矩图；内跨有三个弯矩图
    (D) 边跨有三个弯矩图；内跨有四个弯矩图

23. 画连续梁剪力包络图时，边跨和内跨画（　　）。
    (A) 四个剪力图形
    (B) 两个剪力图形
    (C) 边跨四个剪力图形；内跨三个剪力图形
    (D) 边跨三个剪力图形；内跨四个剪力图形

24. 折梁内折角处的纵向钢筋应分开配置,分别锚入受压区,主要是考虑
   (  )。
   (A) 施工方便
   (B) 避免纵筋产生应力集中
   (C) 以免该处纵筋合力将混凝土崩脱
   (D) 改善纵筋与混凝土的粘结性能

## 习　题

11.1 已知一两端固定的单跨矩形截面梁,其净距为 6m,截面尺寸 $b \times h =$ 200mm×500mm,采用 C30 混凝土,支座截面配置了 3 $\underline{\Phi}$ 16 钢筋,跨中截面配置了 2 $\underline{\Phi}$ 16 钢筋。环境类别为一类,箍筋直径为 6mm。
   求:1. 支座截面出现塑性铰时,该梁承受的均布荷载 $p_1$;
   2. 按考虑塑性内力重分布计算该梁的极限荷载 $p_u$;
   3. 支座弯矩的调幅值 $\beta$。

11.2 一单向连续板,环境类别为一类受力钢筋的配置如图 11-75 所示,采用 C30 混凝土,HRB400 钢筋,板厚为 120mm。
   试用塑性理论计算该板所能承受的极限均布荷载 $p_u$。

11.3 如图 11-76 所示四边简支的正方形板,中间开一正方形洞。板双向具有相同的配筋,假定单位长塑性铰线所能承受的弯矩为 $m$。
   求该板所能承受的极限竖向均布荷载 $p_u$。

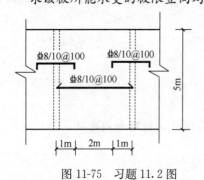

图 11-75　习题 11.2 图

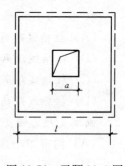

图 11-76　习题 11.3 图

# 第12章 单层厂房

**教学要求：**
1. 了解单层厂房的结构形式、结构组成和结构布置；
2. 熟练掌握等高横向排架的计算方法和内力组合；
3. 掌握单层厂房柱及柱下独立基础的设计方法；
4. 理解牛腿的受力性能、承载力计算、知道牛腿的构造要求；
5. 了解吊车梁的受力特点，知道吊车梁的形式和构造要求。

## §12.1 单层厂房的结构形式、结构组成和结构布置

### 12.1.1 单层厂房的结构形式

目前，我国混凝土单层厂房的结构形式主要有排架结构和刚架结构两种。

排架结构由屋架（或屋面梁）、柱和基础组成，柱与屋架铰接，与基础刚接。根据生产工艺和使用要求的不同，排架结构可做成等高、不等高和锯齿形等多种形式，见图 12-1 和图 12-2，后者通常用于单向采光的纺织厂。**排架结构是目前单层厂房结构的基本结构形式**，其跨度可超过 30m，高度可达 20～30m 或更高，吊车吨位可达 150t 甚至更大。排架结构传力明确，构造简单，施工亦较方便。

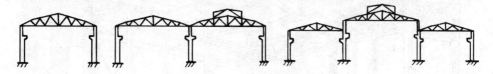

图 12-1 排架类型

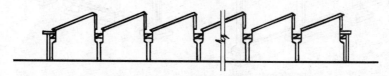

图 12-2 锯齿形厂房

单层厂房的刚架结构是指装配式钢筋混凝土门式刚架。它的特点是柱和横梁刚接成一个构件，柱与基础通常为铰接。刚架顶节点做成铰接的，称为三铰刚

架,见图 12-3（a）,做成刚接的称为两铰刚架,见图 12-3（b）,前者是静定结构,后者是超静定结构。为便于施工吊装,两铰刚架通常做成三段,在横梁中弯矩为零（或很小）的截面处设置接头,用焊接或螺栓连接成整体。刚架顶部也有做成弧形的,见图 12-3（c）、（d）。刚架立柱和横梁的截面高度都是随内力（主要是弯矩）的增减沿轴线方向做成变高的,以节约材料。

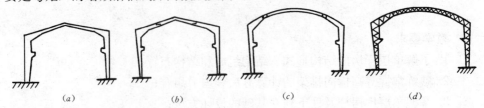

图 12-3 刚架形式

(a) 三铰刚架；(b) 两铰刚架；(c) 弧形刚架；(d) 弧形或工字形空腹刚架

我国于 20 世纪 60 年代初期开始在轻型厂房中采用混凝土刚架结构,目前已很少用了,但钢的刚架结构仍用得很广泛。

本章主要讲述单层厂房排架结构设计中的主要问题。

### 12.1.2 单层厂房的结构组成与传力路线

#### 1. 结构组成

单层厂房排架结构通常由下列结构构件组成并相互连接成整体,见图 12-4。

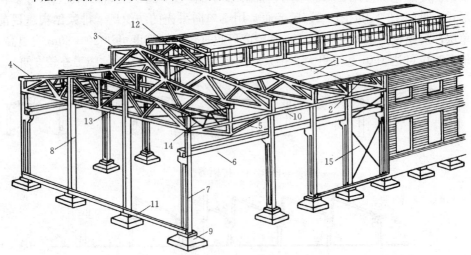

图 12-4 厂房结构组成

1—屋面板；2—天沟板；3—天窗架；4—屋架；5—托架；6—吊车梁；7—排架柱；8—抗风柱；
9—基础；10—连系梁；11—基础梁；12—天窗架垂直支撑；13—屋架下弦横向水平支撑；
14—屋架端部垂直支撑；15—柱间支撑

(1) 屋盖结构

混凝土屋盖结构由屋面板（包括天沟板）、屋架或屋面梁（包括屋盖支撑）组成，有时还设有天窗架和托架等。混凝土屋盖结构分无檩和有檩两种屋盖体系，将大型屋面板直接支承在屋架或屋面梁上的称为无檩屋盖体系；将小型屋面板或瓦材支承在檩条上，再将檩条支承在屋架上的称为有檩屋盖体系。在屋盖结构中，屋面板起围护作用并承受作用在板上的荷载，再将这些荷载传至屋架或屋面梁；屋架或屋面梁是屋面承重构件，承受屋盖结构自重和屋面板传来的活荷载，并将这些荷载传至排架柱。天窗架支承在屋架或屋面梁上，也是一种屋面承重构件。

(2) 横向平面排架

横向平面排架由横梁（屋架或屋面梁）、横向柱列和基础组成，是厂房的基本承重结构。厂房结构承受的竖向荷载、横向水平荷载以及横向水平地震作用都是由横向平面排架承担并传至地基的。

(3) 纵向平面排架

纵向平面排架由纵向柱列、连系梁、吊车梁、柱间支撑和基础等组成，其作用是保证厂房的纵向稳定性和刚性，并承受作用在山墙、天窗端壁以及通过屋盖结构传来的纵向风荷载、吊车纵向水平荷载等，再将其传至地基，见图12-5，另外它还承受纵向水平地震作用、温度应力等。

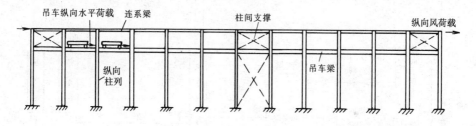

图12-5 纵向平面排架

(4) 吊车梁

吊车梁一般为装配式的，简支在柱的牛腿上，主要承受吊车竖向荷载、横向或纵向水平荷载，并将它们分别传至横向或纵向平面排架。吊车梁是直接承受吊车动力荷载的构件。

(5) 支撑

单层厂房的支撑包括屋盖支撑和柱间支撑两种，其作用是加强厂房结构的空间刚度，保证结构构件在安装和使用阶段的稳定和安全，同时起着把风荷载、吊车水平荷载或水平地震作用等传递到相应承重构件的作用。

(6) 基础

基础承受柱和基础梁传来的荷载并将它们传至地基。

(7) 围护结构

围护结构包括纵墙、横墙（山墙）及由连系梁、抗风柱（有时还有抗风梁或抗风桁架）和基础梁等组成的墙架。这些构件所承受的荷载，主要是墙体和构件的自重以及作用在墙面上的风荷载等。

随着技术进步和我国钢产量的大幅度增加，现在我国大多数单层厂房都已采用钢屋盖，所以在本章中将不再讲述混凝土屋盖的内容。

2. 传力路线

图 12-6 给出了单层厂房结构的传力路线。由该图可知，单层厂房结构所承受的竖向荷载和水平荷载，基本上都是传递给排架柱，再由柱传至基础及地基的，因此屋架（或屋面梁）、柱、基础是单层厂房的主要承重构件。**在有吊车的厂房中，吊车梁也是主要承重构件**，设计时应予以重视。

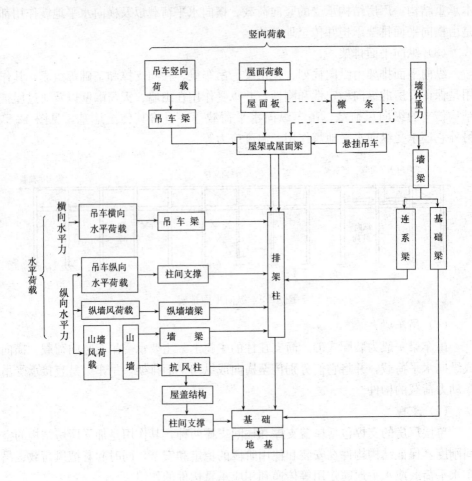

图 12-6　单层厂房传力路线示意

### 12.1.3 单层厂房的结构布置

**1. 柱网与定位轴线**

**(1) 柱网**

厂房承重柱或承重墙的相邻纵向定位轴线间的距离,称为跨度;相邻横向定位轴线间的距离,称为柱距;纵向定位轴线与横向定位轴线在平面上构成的网格,称为柱网。

柱网布置应首先满足生产工艺及使用要求,同时为了保证结构构件标准化和定型化,还应遵守《厂房建筑模数协调标准》(GBJ 6—86) 规定的统一模数制,以100mm 为基本单位,用 M 表示。并且规定,当厂房跨度在 18m 及以下时,应采用 30M 数列(3m 的倍数),即 9m、12m、15m 和 18m;当厂房跨度大于 18m 时,应采用 60M 数列(6m 的倍数),即 24m、30m、36m 等,如图 12-7 所示。

柱距一般采用 6m,但也有采用 9m 和 12m 的。

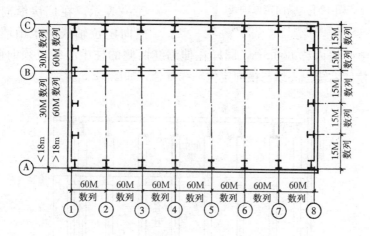

图 12-7 跨度和柱距示意图

**(2) 纵向定位轴线**

纵向定位轴线一般用编号 Ⓐ、Ⓑ、Ⓒ…表示。对于无吊车或吊车起重量不大于 30t 的厂房,边柱外边缘、纵墙内缘、纵向定位轴线三者相重合,形成封闭结合,如图 12-8 (a) 所示。纵向定位轴线之间的距离(即跨度 $L$)与吊车轨距 $L_k$ 之间一般有如下关系:

$$L = L_k + 2e, \quad e = B_1 + B_2 + B_3 \tag{12-1}$$

式中,$L_k$ 为吊车跨度,即吊车轨道中心线间的距离,可由吊车规格查得;$e$ 为吊车轨道中心线至纵向定位轴线间的距离,一般取 750mm;$B_1$ 为吊车轨道中心线至吊车桥架外边缘的距离,可由吊车规格查得;$B_2$ 为吊车桥架外边缘至上柱内边缘的净空宽度,当吊车起重量不大于 50t 时,取 $B_2 \geqslant 80$mm,当吊车起重量大

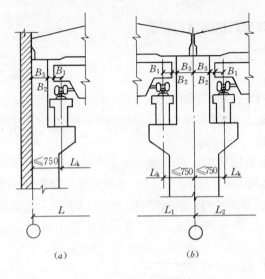

于50t时,取 $B_2 \geqslant 100mm$;$B_3$为边柱的上柱截面高度或中柱边缘至其纵向定位轴线的距离。

对边柱,当按计算 $e \leqslant 750mm$ 时,取 $e = 750mm$,如图12-8(a)所示;对中柱,当为多跨等高厂房时,按计算 $e \leqslant 750mm$,也取 $e=750mm$,纵向定位轴线与上柱中心线重合,如图12-8(b)所示。

(3) 横向定位轴线

横向定位轴线一般通过柱截面的几何中心,用编号①、②、③…表示。在厂房纵向尽端处,横向定位轴线位于山墙内边缘,并把端柱中心线内移600mm,同样在伸缩缝两侧的柱中心线也须向两边各移600mm,使伸缩缝中心线与横向定位轴线重合,如图12-9所示。

图12-8 纵向定位轴线
(a)边柱时;(b)中柱时

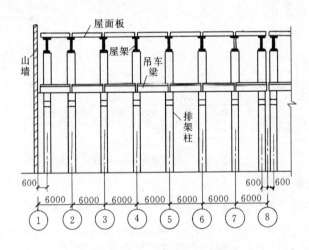

图12-9 厂房的横向定位轴线

2. 变形缝

变形缝包括伸缩缝、沉降缝和防震缝。

如果厂房长度和跨度过大,当气温变化时,由于温度变形将使结构内部产生很大的温度应力,严重的可使墙面、屋面和构件等拉裂,影响使用,如图12-10(a)所示。为减少厂房结构中的温度应力,可设置伸缩缝将厂房结构分成若干温度区段。伸缩缝应从基础顶面开始,将两个温度区段的上部结构构件完全分开，并留出一定宽度的缝隙，在伸缩缝两侧设置并列的双排柱、双榀屋架，而基础则不分开，可做成将双排柱连在一起的基础。这样就能使上部结构在气温有变化时，水平方向可以较自由地发生变形，不致引起房屋开裂，如图 12-10 (b) 所示。温度区段的形状应力求简单，并应使伸缩缝的数量最少。温度区段的长度（伸缩缝之间的距离），取决于结构类型和温度变化情况。《混凝土结构设计规范》对钢筋混凝土结构伸缩缝的最大间距作了规定，装配式钢筋混凝土排架结构伸缩缝最大间距为 100m（室内或土中）或 70m（露天），见附录 8。当厂房的伸缩缝间距超过规定值时，应验算温度应力。

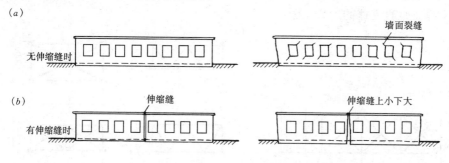

图 12-10 温度变化产生裂缝示意图

在有些情况下，为避免厂房因基础不均匀沉降而引起开裂和损坏，需在适当部位用沉降缝将厂房划分成若干刚度较一致的单元。在一般单层厂房中可不做沉降缝，只有在特殊情况下才考虑设置，如厂房相邻两部分高度相差很大（如 10m 以上），两跨间吊车吨位相差悬殊，地基承载力或下卧层土质有巨大差别，或厂房各部分的施工时间先后相差很长，地基土的压缩程度不同等情况。沉降缝应将建筑物从屋顶到基础全部分开，以使在缝两边发生不同沉降时不致损坏整个建筑物。沉降缝可兼作伸缩缝。

防震缝是为了减轻厂房震害而采取的措施之一。在地震区，当厂房平、立面布置复杂，结构高度或刚度相差很大，以及在厂房侧边贴建生活间、变电所、炉子间等披屋时，应设置防震缝将相邻两部分分开。地震区的伸缩缝和沉降缝均应符合防震缝要求。

3. 单层厂房的支撑

就整体而言，支撑的主要作用是：①保证结构构件的稳定与正常工作；②增强厂房的整体稳定性和空间刚度；③把纵向风荷载、吊车纵向水平荷载及水平地震作用等传递到主要承重构件；④保证在施工安装阶段结构构件的稳定。在装配式混凝土单层厂房结构中，支撑虽然不是主要的承重构件，但却是联系各种主要结构构件并把它们构成整体的重要组成部分。工程实践表明，如果支撑布置不当，不仅会影响厂房的正常使用，甚至可能引起工程事故，应给予足够的重视。

厂房支撑分屋盖支撑和柱间支撑两类。下面扼要讲述屋盖支撑和柱间支撑的作用和布置原则,至于具体布置方法及构造细节可参阅有关标准图集或参考文献。

(1) 屋盖支撑

**屋盖支撑通常包括上、下弦水平支撑、垂直支撑及纵向水平系杆。**

屋盖上、下弦水平支撑是指布置在屋架(屋面梁)上、下弦平面内以及天窗架上弦平面内的水平支撑。支撑节间的划分应与屋架节间相适应。水平支撑一般采用十字交叉的形式。交叉杆件的交角一般为30°~60°,其平面图如图12-11所示。

屋盖垂直支撑是指布置在屋架(屋面梁)间或天窗架(包括挡风板立柱)间的支撑。垂直支撑的形式见图12-12。

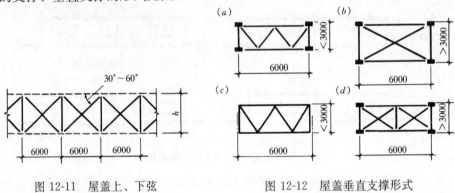

图12-11 屋盖上、下弦水平支撑形式

图12-12 屋盖垂直支撑形式
(a)、(b)、(c) 钢支撑;(d) 钢筋混凝土支撑

系杆分刚性(压杆)和柔性(拉杆)两种。系杆设置在屋架上、下弦及天窗上弦平面内。

屋盖支撑的构成思路是这样的:在每一个温度区段内,由上、下弦水平支撑分别在温度区段的两端构成横向的上、下水平刚性框,再用垂直支撑和水平系杆把两端的水平刚性框连接起来。天窗架间的支撑构成思路也与此相同。

(2) 柱间支撑

柱间支撑一般包括上部柱间支撑、中部及下部柱间支撑,见图12-14。柱间支撑通常宜采用十字交叉形支撑;它具有构造简单、传力直接和刚度较大等特点。交叉杆件的倾角一般在35°~50°之间。在特殊情况下,因生产工艺的要求及结构空间的限制,可以采用其他形式的支撑。当柱距$l$与柱间支撑的高度$h$的比值$l/h \geqslant 2$时可采用人字形支撑;$l/h \geqslant 2.5$时可采用八字形支撑;当柱距为15m且$h$较小时,采用单斜撑比较合理,见图12-13。

柱间支撑的作用是保证厂房结构的纵向刚度和稳定,并将水平荷载(包括天窗端壁部和厂房山墙上的风荷载、吊车纵向水平制动力以及作用于厂房纵向的其他荷载)传至基础。

凡属下列情况之一者,应设置柱间支撑:

1) 厂房内设有悬臂吊车或3t及以上悬挂吊车;

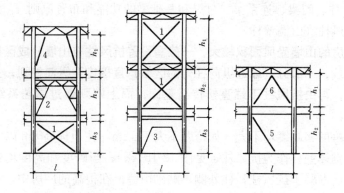

图 12-13 柱间支撑形式
1—十字交叉形支撑；2—空腹门形支撑；3—大八字形支撑；4—小八字形支撑；5—单斜撑；6—人字撑

2) 厂房内设有属于 A6、A7、A8 工作级别的吊车，或设有工作级别属于 A1～A5 的吊车，起重量在 10t 及以上；

3) 厂房跨度在 18m 以上或柱高在 8m 以上；

4) 纵向柱列的总数在 7 根以下；

5) 露天吊车栈桥的柱列。

柱间支撑应布置在伸缩缝区段的中央或临近中央（上部柱间支撑在厂房两端第一个柱距内也应同时设置），见图 12-14。这样有利于在温度变化或混凝土收缩时，厂房可较自由变形而不致产生较大的温度或收缩应力。并在柱顶设置通长刚性连系杆来传递荷载，见图 12-14。当屋架端部设有下弦系杆时，也可不设柱顶系杆。

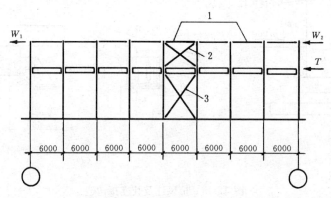

图 12-14 柱间支撑
1—柱顶系杆；2—上部柱间支撑；3—下部柱间支撑

柱间支撑一般采用钢结构，当厂房设有中级或轻级工作制吊车时，亦可采用钢筋混凝土柱间支撑。

4. 抗风柱、圈梁、连系梁、过梁和基础梁的功能和布置原则

(1) 抗风柱（山墙壁柱）

单层厂房的山墙受风面积较大，一般需设置抗风柱将山墙分成区格，使墙面受到的风荷载，一部分（靠近纵向柱列的区格）直接传至纵向柱列，另一部分则传给抗风柱，再由抗风柱下端直接传至基础，而上端则通过屋盖系统传至纵向柱列。

当厂房跨度和高度均不大（如跨度不大于12m，柱顶标高8m以下）时，可在山墙设置砌体壁柱作为抗风柱，见图12-15（a）；当跨度和高度均较大时，一般都设置钢筋混凝土抗风柱，柱外侧再贴砌山墙。在很高的厂房中，为不使抗风柱的截面尺寸过大，可加设水平抗风梁或钢抗风桁架作为抗风柱的中间铰支点，见图12-15（b）。

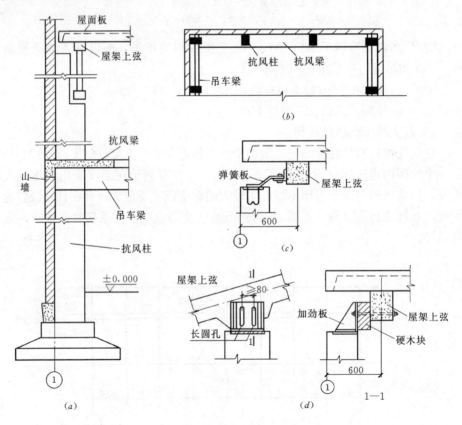

图 12-15 抗风柱及其连接构造

抗风柱的柱脚，一般采用插入基础杯口的固接方式。如厂房端部需扩建时，则柱脚与基础的连接构造宜考虑抗风柱拆迁的可能。抗风柱上端与屋架的连接必须满足两个要求：一是在水平方向必须与屋架有可靠的连接以保证有效地传递风荷载；二是在竖向脱开，且两者之间能允许一定的竖向相对位移，以防厂房与抗

风柱沉降不均匀时产生不利影响。所以，抗风柱与屋架一般采用竖向可以移动、水平向又有较大刚度的弹簧板连接，见图 12-15 (c)，若不均匀沉降可能较大时，则宜采用有竖向长孔的螺栓连接方案，见图 12-15 (d)。

抗风柱的上柱宜采用矩形截面，其截面尺寸不宜小于 350mm×300mm，下柱宜采用工字形或矩形截面，当柱较高时也可采用双肢柱。

抗风柱主要承受山墙风荷载，一般情况下其竖向荷载只有柱自重，故设计时可近似地按照受弯构件计算，并应考虑正、反两个方向的弯矩。当抗风柱还承受由承重墙梁、墙板及雨篷等传来的竖向荷载时，则应按偏心受压构件计算。

(2) 圈梁、连系梁、过梁和基础梁

当用砌体作为厂房的围护结构时，一般要设置圈梁或连系梁、过梁及基础梁。

**圈梁的作用是增强房屋的整体刚度，防止由于地基的不均匀沉降或较大振动荷载等对厂房的不利影响。** 圈梁置于墙体内，和柱连接，柱对它仅起拉结作用。通常，柱上不需设置支承圈梁的牛腿。

圈梁的布置与墙体高度、对厂房刚度的要求以及地基情况有关。一般单层厂房圈梁布置的原则是：对无桥式吊车的厂房，当墙厚 $h \leqslant 240$mm、檐口标高为 5~8m 时，应在檐口附近布置一道，当檐高大于 8m 时，宜增设一道；对有桥式吊车或较大振动设备的厂房，除在檐口或窗顶布置圈梁外，尚宜在吊车梁标高处或其他适当位置增设一道；外墙高度大于 15m 时还应适当增设。

圈梁宜连续地设在同一水平面上，并形成封闭圈。当圈梁被门窗洞口截断时，应在洞口上部增设相同截面的附加圈梁，附加圈梁与圈梁的搭接长度不应小于其垂直距离的二倍，且不得小于 1.0m，见图 12-16。

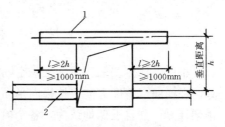

图 12-16 圈梁的搭接长度
1—附加圈梁；2—圈梁

圈梁的截面宽度宜与墙厚相同，当墙厚 $h \geqslant 240$mm 时，其宽度不宜小于 $2h/3$。圈梁高度应为砌体每层厚度的倍数，且不小于 120mm。圈梁的纵向钢筋不宜小于 $4\phi 10$，钢筋的搭接长度为 $1.2 l_a$（$l_a$ 为锚固长度），箍筋间距不大于 250mm。当圈梁兼作过梁时，过梁部分配筋应按计算确定。

圈梁可采用现浇或预制装配现浇接头的方式。混凝土强度等级，现浇的不宜低于 C15，预制的不宜低于 C20。

连系梁的作用除连系纵向柱列、增强厂房的纵向刚度并把风荷载传递到纵向柱列外，还承受其上部墙体的重力。连系梁通常是预制的，两端搁置在柱牛腿上,其连接可采用螺栓连接或焊接连接。

**过梁的作用是承托门窗洞口上的墙体重力。**

在进行厂房结构布置时,应尽可能将圈梁、连系梁和过梁结合起来,使一个构件能起到两个或三个构件的作用,以节约材料,简化施工。

在一般厂房中,通常用基础梁来承托围护墙的重力,而不另做基础。基础梁底部离地基土表面应预留 100mm 的孔隙,使梁可随柱基础一起沉降而不受地基土的约束,同时还可防止地基土冻结膨胀时将梁顶裂。基础梁与柱一般可不连接(一级抗震等级的基础梁顶面应以增设预埋件与柱焊接),将基础梁直接搁置在柱基础杯口上,或当基础埋置较深时,放置在基础上面的混凝土垫块上,见图 12-17。施工时,基础梁支承处应坐浆。

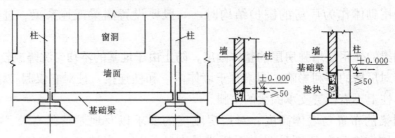

图 12-17 基础梁的布置

当厂房高度不大,且地基比较好,柱基础又埋得较浅时,也可不设基础梁而做砖石或混凝土的墙基础。

基础梁应优先采用矩形截面,必要时才采用梯形截面。

## §12.2 排 架 计 算

单层厂房排架结构实际上是空间结构,为了方便,可简化为平面结构进行计算。在横向(跨度方向)按横向平面排架计算,在纵向(柱距方向)按纵向平面排架计算,并且近似地认为,各个横向平面排架之间以及各个纵向平面排架之间都是互不影响,各自独立工作。

纵向平面排架是由柱列、基础、连系梁、吊车梁和柱间支撑等组成,如图 12-5 所示。由于纵向平面排架的柱较多,抗侧刚度较大,每根柱承受的水平力不大,因此往往不必计算,仅当抗侧刚度较差、柱较少、需要考虑水平地震作用或温度内力时才进行计算。所以本节讲的排架计算是指横向平面排架而言的,以下除说明的以外,一般简称为排架。

**排架计算是为柱和基础设计提供内力数据的,主要内容为:确定计算简图、荷载计算、柱控制截面的内力分析和内力组合。必要时,还应验算排架的水平位移值。**

### 12.2.1 计 算 简 图

由相邻柱距的中心线截出的一个典型区段,称为排架的计算单元,如图 12-18 (a) 中的斜线部分所示。除吊车等移动的荷载以外,斜线部分就是排架的负荷范围,或称荷载从属面积。

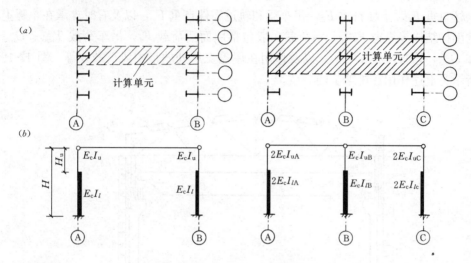

图 12-18 排架的计算单元和计算简图

为了简化计算,根据构造和实践经验,假定:

**(1) 柱下端固接于基础顶面,上端与屋面梁或屋架铰接;**
**(2) 屋面梁或屋架没有轴向变形。**

由于柱插入基础杯口有一定深度,并用细石混凝土与基础紧密地浇捣成一体,而且地基变形是有限制的,基础转动一般较小,因此假定(1)通常是符合实际的。但有些情况,例如地基土质较差、变形较大或有大面积堆料等比较大的地面荷载时,则应考虑基础位移和转动对排架内力和变形的影响。

**由假定(2)知,横梁或屋架两端的水平位移相等。**假定(2)对于屋面梁或大多数下弦杆刚度较大的屋架是适用的;对于组合式屋架或两铰、三铰拱架则应考虑其轴向变形对排架内力和变形的影响,这种情况称为"跨变"。所以假定(2)实际上是指没有"跨变"的排架计算。

计算简图中,柱的计算轴线取上部和下部柱截面重心的连线,屋面梁或屋架用一根没有轴向变形的刚杆表示,也就是说这里研究的是没有跨变的铰接排架。单跨和双跨排架的计算简图如图 12-18 (b) 所示。图中:

柱总高 $H$=柱顶标高+基础底面标高的绝对值-初步拟定的基础高度;

上部柱高 $H_u$=柱顶标高-轨顶标高+轨道构造高度+吊车梁支承处的吊车梁高;

上、下部柱的截面弯曲刚度 $E_cI_u$、$E_cI_l$，由混凝土强度等级以及预先假定的柱截面形状和尺寸确定。这里，$I_u$、$I_l$ 分别为上、下部柱的截面惯性矩。

## 12.2.2 荷载计算

作用在排架上的荷载分恒荷载和活荷载两类。恒荷载一般包括屋盖自重 $F_1$，上柱自重 $F_2$，下柱自重 $F_3$，吊车梁和轨道零件自重 $F_4$，以及有时支承在牛腿上的围护结构等重力 $F_5$ 等。活荷载一般包括屋面活荷载 $F_6$，吊车荷载 $T_{max}$、$D_{max}$ 和 $D_{min}$，均布风载 $q_1$、$q_2$，以及作用在屋盖支承处的集中风荷载 $\overline{W}$ 等。图 12-19 所示为上述作用在排架上的荷载。

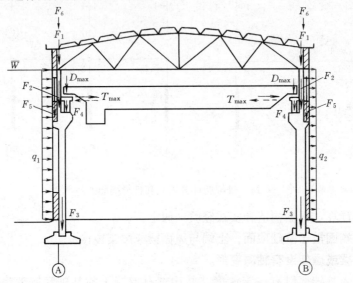

图 12-19 排架荷载示意图

集中荷载的作用点要根据实际情况确定。当采用屋架时，屋盖荷载可以认为是通过屋架端节点处上弦与下弦中心线的交点作用在柱上的；当采用屋面梁时，可认为是通过梁端支承垫板的中心线作用在柱顶的。

设 $F_1$ 是作用在上部柱顶的竖向偏心压力，它对上柱计算轴线的偏心距为 $e_1$，则可将 $F_1$ 换算成轴心压力 $\overline{F}_1$（$=F_1$）和力矩 $M_1=F_1e_1$，如图 12-20 (a) 所示。$\overline{F}_1$ 对上部柱是轴心压力，但对下部柱却是偏心压力，同样可把它换算成对下部柱的轴心压力 $\overline{F}_1'$（$=\overline{F}_1=F_1$）和力矩 $M_1'=\overline{F}_1e_0$，$e_0$ 是上、下部柱计算轴线间的距离，如图 12-20 (b) 所示。这样，$F_1$ 对整个排架柱的作用可归纳为：在上部柱和下部柱内产生轴心压力 $\overline{F}_1=\overline{F}_1'=F_1$，作用在柱顶的力矩 $M_1=F_1e_1$ 和作用在下部柱顶的力矩 $M_1'=F_1e_0$。排架在轴心压力 $\overline{F}_1$ 和 $\overline{F}_1'$ 作用下除对柱产生轴向受压变形外，不产生其他内力，因此不需要进行排架内力分析；对于力矩 $M_1$、$M_1'$ 的作用则应进行排架内力分析，图 12-20 (c) 所示为它的计算简图。对竖向偏心

压力 $F_1$ 采取这样的换算是为了可以分别利用附录 9 中的附图 9-2 和附图 9-3 进行内力分析。

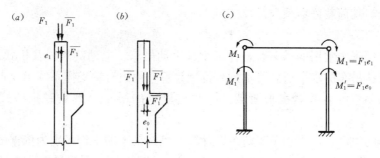

图 12-20 竖向偏心力的换算

对图 12-19 中的其他竖向偏心压力 $F_2$、$F_4$、$F_5$、$F_6$ 以及 $D_{max}$ 和 $D_{min}$ 可同理换算。

下面讲述排架上各项荷载的具体计算。

1. 恒荷载

各种恒荷载的数值可按材料重力密度和结构的有关尺寸由计算得到，标准构件可从标准图上直接查得。在排架计算中，取恒荷载的荷载分项系数 $\gamma_G=1.2$。考虑到构件安装顺序，吊车梁和柱等构件是在屋面梁（或屋架）没有吊装之前就位的，这时排架还没有形成，因此对吊车梁和柱自重产生的内力不应按排架计算，而应按悬臂柱来分析（有的设计单位仍按排架计算，不过这部分内力值不大，因此两种分析方法的最终结果差别不大）。

2. 屋面均布活荷载

房屋建筑的屋面，其水平投影面上的屋面均布活荷载，应按《建筑结构荷载规范》GB 50009 中表 4.3.1 采用。对不上人屋面，其屋面均布活荷载标准值为 $0.5kN/m^2$。

3. 雪荷载

已在 §10.2.4 中讲过了。排架计算时，可近似按积雪全跨均匀分布考虑，取屋面积雪分布系数 $\mu_r=1$。

4. 屋面积灰荷载

设计生产中有大量排灰的厂房及其邻近建筑物时，应考虑积灰荷载。对于具有一定除尘设施和保证清灰制度的机械、冶金、水泥厂的厂房屋面，其水平投影面上的屋面积灰荷载应分别按《建筑结构荷载规范》GB 50009 中表 4.4.1-1 和表 4.4.1-2 采用；对于屋面上易形成灰堆处，在设计屋面板、檩条时，积灰荷载标准值可乘以下列增大系数：在高低跨处两倍于屋面高差但不大于 6m 的分布宽度内取 2.0，在天沟处不大于 3m 的分布宽度内取 1.4。

排架计算时，屋面均布活荷载不与雪荷载同时组合，仅取两者中的较大值。

屋面积灰荷载应与雪荷载和屋面均布活荷载两者中的大值同时组合。

屋面均布活荷载、雪荷载、屋面积灰荷载都属于可变荷载，都按屋面水平投影面积计，其荷载分项系数都取 $\gamma_Q=1.4$。

5. 吊车荷载

单层厂房中常用的吊车有悬挂吊车、手动吊车、电动葫芦以及桥式吊车等。其中，悬挂吊车的水平荷载可不列入排架计算，而由有关支撑系统承受；手动吊车和电动葫芦可不考虑水平荷载。因此这里讲的吊车荷载是专指桥式吊车而言的。

吊车的生产、订货和吊车荷载的计算都是按吊车的工作级别为依据的，共分 8 个工作级别：A1、A2、A3、A4、A5、A6、A7、A8。吊车的工作级别是根据要求的利用等级和载荷状态确定的，利用等级是按吊车在使用期内要求的总工作循环次数分成的 10 个利用等级，载荷状态是指吊车荷载达到其额定值的频繁程度。

一般满载机会少、运行速度低以及不需要紧张而繁重工作的场所，如水电站、机械检修站等的吊车工作级别属于 A1～A3；机械加工车间和装配车间的吊车工作级别属于 A4、A5；冶炼车间和直接参加连续生产的吊车工作级别属于 A6、A7 或 A8。

桥式吊车对排架的作用有竖向荷载和水平荷载两种。

(1) 作用在排架上的吊车竖向荷载设计值 $D_{max}$、$D_{min}$

桥式吊车由大车(桥架)和小车组成，大车在吊车梁的轨道上沿厂房纵向行驶，小车在大车桥架的轨道上沿横向运行；带有吊钩的起重卷扬机安装在小车上。

当小车吊有额定起吊质量开到大车某一侧的极限位置时，如图 12-21 所示，在这一侧的每个大车的轮压称为吊车的最大轮压标准值 $P_{max,k}$，在另一侧的轮压称为最小轮压标准值 $P_{min,k}$，$P_{max,k}$ 与 $P_{min,k}$ 同时发生。

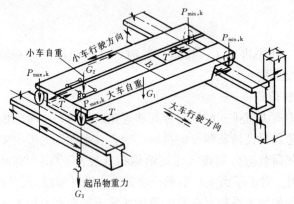

图 12-21 产生 $P_{max,k}$，$P_{min,k}$ 的小车位置

$P_{\max,k}$ 和 $P_{\min,k}$ 可从吊车制造厂提供的吊车产品说明书中查得。附录 12 给出了 5～50/5t 一般用途电动桥式起重机基本参数和尺寸系列（ZQ1-62）。专业标准《起重机基本参数和尺寸系列（ZQ1-62～8-62）》曾经给出吊车有关的各项参数，对于常用吊车可参见附表 12。对于四轮吊车：

$$P_{\min,k} = \frac{G_{1,k} + G_{2,k} + G_{3,k}}{2} - P_{\max,k} \tag{12-2}$$

式中　$G_{1,k}$、$G_{2,k}$——分别为大车、小车的自重标准值，以"kN"计，等于各自的质量 $m_1$、$m_2$（以"t"计）与重力加速度 g 的乘积，$G_{1,k} = m_1 g$、$G_{2,k} = m_2 g$；

　　　　$G_{3,k}$——与吊车额定起吊质量 Q 对应的重力标准值，以"kN"计，等于以"t"计的额定起吊质量 Q 与重力加速度的乘积 $G_{3,k} = Qg$。

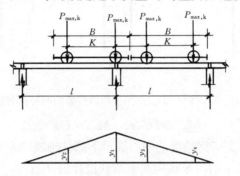

图 12-22　简支吊车梁的支座反力影响线

吊车是移动的，因而由 $P_{\max,k}$ 在吊车梁支座产生的最大反力标准值 $D_{\max,k}$ 必须用吊车梁支座竖向反力影响线来确定；同时，在另一侧排架柱上则由 $P_{\min,k}$ 产生 $D_{\min,k}$。$D_{\max,k}$、$D_{\min,k}$ 就是作用在排架上的吊车竖向荷载标准值，两者同时发生。利用图 12-22 所示的简支吊车梁支座反力影响线，$D_{\max,k}$、$D_{\min,k}$ 按下式计算：

$$D_{\max,k} = \beta P_{\max,k} \Sigma y_i$$

$$D_{\min,k} = \beta P_{\min,k} \Sigma y_i = D_{\max,k} \frac{P_{\min,k}}{P_{\max,k}} \tag{12-3}$$

式中　$\Sigma y_i$——各大轮子下影响线纵标值的总和；

　　　　$\beta$——多台吊车的荷载折减系数，按表 12-1 取值。

吊车最大轮压的设计值 $P_{\max} = \gamma_Q P_{\max,k}$，吊车最小轮压的设计值 $P_{\min} = \gamma_Q P_{\min,k}$，故作用在排架上的吊车竖向荷载设计值 $D_{\max} = \gamma_Q D_{\max,k}$，$D_{\min} = \gamma_Q D_{\min,k}$，这里的 $\gamma_Q$ 是吊车荷载的荷载分项系数，$\gamma_Q = 1.4$。

**由于 $D_{\max}$ 可以发生在左柱，也可以发生在右柱，因此在 $D_{\max}$、$D_{\min}$ 作用下单跨排架的计算应考虑图 12-23（a）、（b）所示的两种荷载情况。**

$D_{\max}$、$D_{\min}$ 对下部柱都是偏心压力，如前所述，应把它们换算成作用在下部柱顶面的轴心压力和力矩，其中力矩

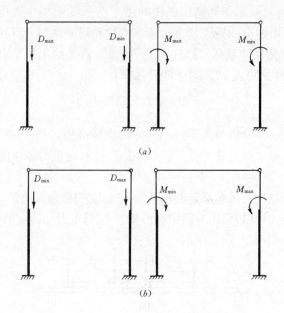

图 12-23 $D_{max}$、$D_{min}$ 作用下单跨排架的两种荷载情况

$$M_{max}=D_{max}e_4, \quad M_{min}=D_{min}e_4 \tag{12-4}$$

式中 $e_4$——吊车梁支座钢垫板的中心线至下部柱轴线的距离。

(2) 作用在排架上的吊车横向水平荷载设计值 $T_{max}$

吊车的水平荷载有纵向水平荷载与横向水平荷载两种。

吊车纵向水平荷载是由大车的运行机构在刹车时引起的纵向水平惯性力。吊车纵向水平荷载标准值应按作用在一边轨道上所有刹车轮的最大轮压 $P_{max,k}$ 之和乘以刹车轮与钢轨间的滑动摩擦系数 $\alpha'$，根据《建筑结构荷载规范》，取 $\alpha'=0.10$。

对于一般的四轮吊车，它在一边轨道上的刹车轮只有 1 个，所以吊车纵向水平荷载设计值 $T_0=0.1P_{max}$。

吊车纵向水平荷载作用于刹车轮与轨道的接触点，方向与轨道一致，由纵向平面排架承受。

吊车横向水平荷载是当小车吊有重物时刹车所引起的横向水平惯性力，它通过小车刹车轮与桥架轨道之间的摩擦力传给大车，再通过大车轮在吊车轨顶传给吊车梁，而后由吊车梁与柱的连接钢板传给排架柱，见图 12-68 (b)。**因此对排架来说，吊车横向水平荷载作用在吊车梁顶面的水平处。**

吊车横向水平荷载标准值，应按小车重力标准值与额定起重力标准值之和乘以横向水平荷载系数 $\alpha$，因此总的吊车横向水平荷载标准值 $\Sigma T_{i,k}$ 可以表示为：

$$\Sigma T_{i,k}=\alpha(G_{2,k}+G_{3,k}) \tag{12-5}$$

式中 $\alpha$——吊车横向水平荷载系数，现行《建筑结构荷载规范》规定：

对于软钩吊车

当额定起吊质量 $Q_3 \leqslant 10t$ 时，$\alpha = 0.12$；
当额定起吊质量 $15t < Q_3 < 50t$ 时，$\alpha = 0.10$；
当额定起吊质量 $Q_3 \geqslant 75t$ 时，$\alpha = 0.08$；
对于硬钩吊车取 $\alpha = 0.20$。

软钩吊车是指吊重通过钢丝绳传给小车的常见吊车，硬钩吊车是指重通过刚性结构，如夹钳、料耙等传给小车的特种吊车。硬钩吊车工作频繁，运行速度高，小车附设的刚性悬臂结构使吊重不能自由摆动，以致刹车时产生的横向水平惯性力较大，并且硬钩吊车的卡轨现象也较严重，因此硬钩吊车的横向水平荷载系数取得较高。

吊车横向水平荷载应等分于桥架的两端，分别由轨道上的车轮平均传至轨道，其方向与轨道垂直。通常起吊质量 $Q \leqslant 50t$ 的桥式吊车，其大车总轮数为 4，即每一侧的轮数为 2，**因此通过一个大车轮子传递的吊车横向水平荷载标准值 $T_k$**，按下式计算：

$$T_k = \frac{1}{4} \sum T_{i,k} = \frac{1}{4} \alpha (G_{2,k} + G_{3,k}) \tag{12-6}$$

由于吊车是移动的，吊车对排架产生的最大横向水平荷载应根据影响线确定。显然，吊车对排架产生的最大横向水平荷载标准值 $T_{max,k}$ 时的吊车位置与产生 $D_{max,k}$、$D_{min,k}$ 的相同，因此，当考虑多台吊车的荷载折减系数 $\beta$ 后，应有

$$T_{max,k} = \beta T_k \sum y_i = \frac{1}{4} \alpha \beta (G_{2,k} + G_{3,k}) \sum y_i \tag{12-7}$$

如果两台吊车作用下的 $D_{max}$ 已求得，则两台吊车作用下的 $T_{max}$ 可直接由 $D_{max}$ 求得

$$T_{max} = D_{max} \cdot \frac{T_k}{P_{max,k}} \tag{12-8}$$

**注意，小车是沿横向左、右运行的，有正反两个方向的刹车情况，因此对 $T_{max}$ 既要考虑它向左作用又要考虑它向右作用。这样，对单跨排架就有两种荷载情况，对两跨排架有四种荷载情况**，如图 12-24 所示。

(3) 多台吊车组合

排架计算中考虑多台吊车竖向荷载时，对一层吊车的单跨厂房的每个排架，参与组合的吊车台数不宜多于两台；对一层吊车的多跨厂房的每个排架，不宜多于四台。这里，一层吊车是指同一跨内只有一个吊车轨顶标高的吊车，有的车间由于生产工艺的需要，如生产大型变压器的车间，在同一跨内吊车轨顶有两种不同标高的，称为两层吊车。

排架计算中考虑多台吊车水平荷载时，对单跨或多跨厂房的每个排架，参与组合的吊车台数不应多于两台。

**多台吊车同时出现 $D_{max}$ 和 $D_{min}$ 的概率，以及同时出现 $T_{max}$ 的概率都不大，因**

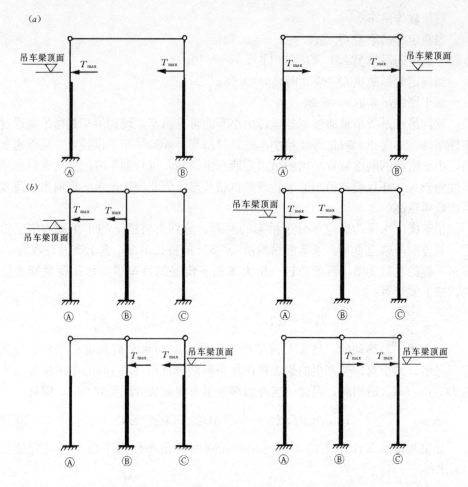

图 12-24 $T_{max}$ 作用下单跨、两跨排架的荷载情况

此排架计算时,多台吊车的竖向荷载标准值和水平荷载标准值都应乘以多台吊车的荷载折减系数 $\beta$。折减系数与吊车工作级别及吊车台数有关,工作级别低的吊车,其满载的概率比工作级别高的吊车的满载概率要小些,故应折减多些;四台吊车同时出现 $T_{max}$ 或同时出现 $D_{max}$、$D_{min}$ 的概率要比两台或三台吊车的小些,因此应折减多些。《建筑结构荷载规范》规定的多台吊车的荷载折减系数 $\beta$ 见表12-1。

多台吊车的荷载折减系数 $\beta$    表 12-1

| 参与组合的吊车台数 | 吊车工作级别 | |
|---|---|---|
| | A1~A5 | A6~A8 |
| 2 | 0.9 | 0.95 |
| 3 | 0.85 | 0.90 |
| 4 | 0.8 | 0.85 |

注:对于多层吊车的单跨或多跨厂房,计算排架时,参与组合的吊车台数及荷载的折减系数,应按实际情况考虑。

## §12.2 排架计算

**【例12-1】** 已知：有一单跨厂房，跨度18m，柱距6m，设计时考虑两台10t中级载荷状态的桥式吊车，吊车桥架跨度 $l_k=1.65$m。

求：$D_{max}$、$D_{min}$ 和 $T_{max}$。

**【解】** 由吊车产品目录 ZQ1-62 查得，桥架宽度 $B=5.55$m，轮距 $K=4.40$m，小车质量 $m_2=3.8$t，吊车最大轮压标准值 $P_{max,k}=115$kN，大车质量 $m_1=18$t。

由式 (12-2) 得

$$P_{min,k}=\frac{G_{1,k}+G_{2,k}+G_{3,k}}{2}-P_{max,k}$$

$$=\frac{(m_1+m_2+Q)g}{2}-P_{max,k}$$

$$=\frac{18+3.8+10}{2}\times 10-115$$

$$=44\text{kN}$$

这里，$g$ 为重力加速度，取为 $10\text{m/s}^2$。

查表12-1，得 $\beta=0.9$。

吊车梁的支座竖向反力影响线及两台吊车的布置如图 12-25 所示。

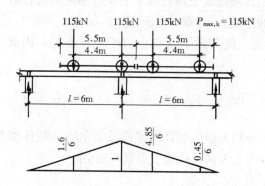

图 12-25 吊车梁支座竖向反力影响线及求 $D_{max}$ 时的吊车位置

按式 (12-4)

$$D_{max}=\beta\gamma_Q P_{max,k}\Sigma y_i=0.9\times 1.4\times 115\times\left(1+\frac{1.6+4.85+0.45}{6}\right)=311.54\text{kN}$$

故 $\quad D_{min}=D_{max}\dfrac{P_{min,k}}{P_{max,k}}=311.54\times\dfrac{44}{115}=119.2$kN

按式 (12-6) 和式 (12-7) 得

$$T_k=\frac{1}{4}\alpha\beta(m_2+Q)g=\frac{1}{4}\times 0.12\times 0.9\times(3.8+10)\times 10=3.73\text{kN}$$

$$T_{max}=D_{max}\cdot\frac{T_k}{P_{max,k}}=311.54\times\frac{3.73}{115}=10.1\text{kN}$$

6. 风荷载

§10.2.5 中已经讲了有关风荷载的一些基本知识，不再重复。

排架计算时，作用在柱顶以下墙面上的风荷载按均布考虑，其风压高度变化系数可按柱顶标高取值，这是偏于安全的。当基础顶面至室外地坪的距离不大时，为简化计算，风荷载可按柱全高计算，不再减去基础顶面至室外地坪那一小段多算的风荷载。若基础埋置较深时，则按实际情况计算，否则误差较大。

柱顶至屋脊间屋盖部分的风荷载，仍取为均布的，其对排架的作用则按作用在柱顶的水平集中风荷载标准值 $\overline{W}_k$ 考虑。这时的风压高度变化系数可按下述情况确定：有矩形天窗时，按天窗檐口取值；无矩形天窗时，按厂房檐口标高取值。

$\overline{W}_k$ 值应分成两部分计算：

$$\overline{W}_k = \overline{W}_{1k} + \overline{W}_{2k}$$

式中 $\overline{W}_{1k}$——作用在竖直面上的风荷载标准值，按柱顶至檐口顶部的距离 $h_1$ 计算，见图12-26 (a)；

$\overline{W}_{2k}$——作用在坡屋面上风荷载水平分力标准值的合力，按檐口顶部至屋脊的距离 $h_2$ 计算，见图12-26 (a)。

应注意屋面坡面上风荷载本身是垂直于该坡面的，因此对于图 12-26 (b) 所示的双坡屋面：

$$\overline{W}_{2k} = F_2 - F_1 = (\mu_{s2} - \mu_{s1})\mu_z w_0 h_2 B \tag{12-9}$$

式中 $\mu_{s2}$、$\mu_{s1}$——分别为迎风和背风屋面坡面上的风载体型系数，因已考虑了力的方向，故这里取其绝对值；

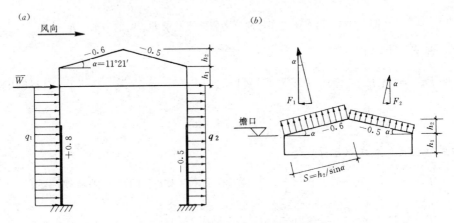

图 12-26 屋盖部分风荷载的计算

$B$——排架计算单元的宽度；

$\mu_z$——计算$\overline{W}_k$时按上述规定采用的风压高度变化系数。

风荷载的设计值$\overline{W}$、$q_1$、$q_2$等于其标准值乘以风荷载分项系数$\gamma_Q$，$\gamma_Q = 1.4$。

风荷载是可以变向的，因此排架计算时，要考虑左风和右风两种情况。

**【例12-2】** 已知：某金工车间，外形尺寸及部分风载体型系数如图12-26所示，基本风压$w_0 = 0.35 \text{kN/m}^2$，柱顶标高为$+10.5\text{m}$，室外天然地坪标高为$-0.30\text{m}$，$h_1 = 2.1\text{m}$，$h_2 = 1.2\text{m}$，地面粗糙类别为B，排架计算宽度$B = 6\text{m}$。

求：作用在排架上风荷载的设计值。

**【解】** (1) 求$q_1$、$q_2$

风压高度变化系数按柱顶离室外天然地坪的高度$10.5 + 0.3 = 10.8\text{m}$取值。查表10-4得：离地面10m时，$\mu_z = 1.00$；离地面15m时，$\mu_z = 1.14$。用插入法求出离地面10.8m的$\mu_z$值：

$$\mu_z = 1 + \frac{1.14 - 1.00}{15 - 10}(10.8 - 10) = 1.02$$

故

$$q_{1k} = \mu_s \mu_z w_0 B = 0.8 \times 1.02 \times 0.35 \times 6 = 1.71 \text{kN/m}(\rightarrow)$$

$$q_{2k} = \mu_s \mu_z w_0 B = 0.5 \times 1.02 \times 0.35 \times 6 = 1.07 \text{kN/m}(\rightarrow)$$

$$q_1 = \gamma_Q q_{1k} = 1.4 \times 1.71 = 2.39 \text{kN/m}(\rightarrow)$$

$$q_2 = \gamma_Q q_{2k} = 1.4 \times 1.07 = 1.5 \text{kN/m}(\rightarrow)$$

(2) 求$\overline{W}$

风压高度变化系数按檐口离室外地坪的高度$10.8 + 2.1 = 12.9\text{m}$取值。用插入法得

$$\mu_z = 1 + \frac{1.14 - 1.00}{15 - 10}(12.9 - 10) = 1.08$$

$$\overline{W}_k = [(0.8 + 0.5)h_1 + (0.5 - 0.6)h_2]\mu_z w_0 B$$

$$= [1.3 \times 2.1 - 0.1 \times 1.2] \times 1.08 \times 0.35 \times 6 = 5.92 \text{kN}$$

故

$$\overline{W} = \gamma_Q \overline{W}_k = 1.4 \times 5.92 = 8.29 \text{kN}$$

### 12.2.3 用剪力分配法计算等高排架

从排架计算的观点来看，柱顶水平位移相等的排架，称为等高排架。等高排架有柱顶标高相同的，以及柱顶标高虽不同但柱顶由倾斜横梁贯通相连的两种，

分别如图 12-27 (*a*)、(*b*) 所示。由于计算假定 (2) 规定了横梁的长度是不变的,因此在这两种情况中,柱顶水平位移都相等,都可按等高排架计算。

柱顶水平位移不相等的不等高排架,当采用"力法"计算时,可参阅有关文献。这里只介绍计算等高排架的一种简便方法——柱顶水平力的分配方法,简称剪力分配法。

由结构力学知,当单位水平力作用在单阶悬臂柱顶时,见图 12-28 (*a*),柱顶水平位移

$$\Delta u = \frac{H^3}{3E_c I_l}\left[1+\lambda^3\left(\frac{1}{n}-1\right)\right]$$

$$= \frac{H^3}{C_0 E_c I_l} \qquad (12\text{-}10)$$

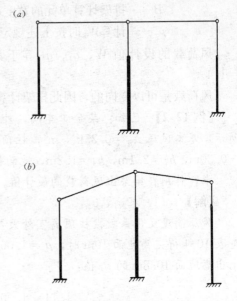

图 12-27 属于按等高排架计算的两种情况

式中 $\lambda = \dfrac{H_u}{H}$,$n = \dfrac{I_u}{I_l}$,$C_0 = \dfrac{3}{1+\lambda^3\left(\dfrac{1}{n}-1\right)}$,$C_0$ 可由附录 9 的附图 9-1 查得;

$H_u$ 和 $H$ 分别为上部柱高和柱的总高;$I_u$、$I_l$ 分别为上、下部柱的截面惯性矩。

因此要使柱顶产生单位水平位移,则需在柱顶施加 $\dfrac{1}{\Delta u}$ 的水平力,如图 12-28 (*b*) 所示。显然,材料相同时,柱越粗壮,需施加的柱顶水平力越大,可见 $\dfrac{1}{\Delta u}$ 反映了柱抵抗侧移的能力,一般称它为柱的"抗剪刚度"或"侧向刚度",记作 $D_0$。

1. 柱顶作用水平集中力时的剪力分配

当柱顶作用水平集中力 $F$ 时,如图 12-29 所示,设有 $n$ 根柱,任一柱 $i$ 的抗

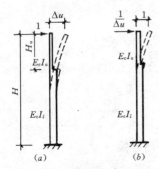

图 12-28 单阶悬臂柱的抗剪刚度(侧向刚度)

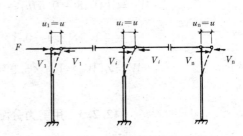

图 12-29 柱顶作用水平集中力时的剪力分配

剪刚度 $D_{0i} = \frac{1}{\Delta u_i}$，则其分担的柱顶剪力 $V_i$ 可由力的平衡条件和变形条件求得。按抗剪刚度的定义，有

$$V_i = D_{0i} u$$

故

$$\sum_{i=1}^{n} V_i = \sum_{i=1}^{n} D_{0i} u$$

因为各柱顶水平位移 $u$ 相等，得

$$\sum_{1}^{n} V_i = u \sum_{i=1}^{n} D_{0i}$$

而 $\sum_{i=1}^{n} V_i = F$，则 $u = \frac{1}{\sum_{i=1}^{n} D_{0i}} F$

所以

$$V_i = \frac{D_{0i}}{\sum_{i=1}^{n} D_{0i}} F = \eta_i F \qquad \eta_i = \frac{D_{0i}}{\sum_{i=1}^{n} D_{0i}} \qquad (12\text{-}11)$$

式中 $\eta_i$ 称为柱 $i$ 的剪力分配系数，它等于柱 $i$ 自身的抗剪刚度与所有柱（包括其本身）总的抗剪刚度的比值。**可见，在等高排架中，柱顶水平力是按排架柱侧向刚度来分配的，侧向刚度大的排架柱分到的多些，反之则少些，这就是在 11.1.1 节中讲过的"荷载"按构件刚度来分配的原理。**

这里要说明一个问题，在图 12-29 中如果把柱顶水平集中力 $F$ 从左侧柱 A 的柱顶移至右侧柱 C 的柱顶，且不改变其作用方向，则由剪力分配法可知，各柱的柱顶剪力不会改变，但横梁将由受压改变为受拉。

各柱的柱顶剪力求出后，各柱就可按独立悬臂柱那样计算内力。

2. 任意荷载作用时的剪力分配

当排架上有任意荷载作用时，如图 12-30 所示，为了能利用上述剪力分配系数进行计算，可以把计算过程分为三个步骤：1) 先在排架柱顶附加不动铰支座以阻止水平位移，并求出不动铰支座的水平反力 $R$，如图 12-30 (b) 或 (c) 所示；2) 撤销附加的不动铰支座，在此排架柱顶加上反向作用的 $R$，如图 12-30 (d) 所示；3) 将上述两个状态叠加，以恢复原状，即叠加上述两个步骤中求出的内力就是排架的实际内力。各种荷载作用下的不动铰支座反力 $R$ 可从附录 9 中的附图 9-1～附图 9-8 求得。例如，附图 9-4～附图 9-6 中的系数 $C_5$ 即为吊车横向水平荷载 $T_{max}$ 作用下的不动铰支座反力系数。

这里规定，柱顶剪力、柱顶水平集中力、柱顶不动铰支座反力，凡是自左向右作用的取为正号，反之取负号。当 A 柱与 B 柱相同时，柱顶水平位移相同，故柱顶没有水平剪力。

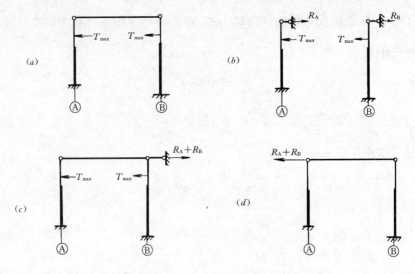

图 12-30 任意荷载作用时的剪力分配

【例 12-3】 已知：某金工车间的排架计算简图如图 12-31 所示，A 柱与 B 柱形状和尺寸等均相同。

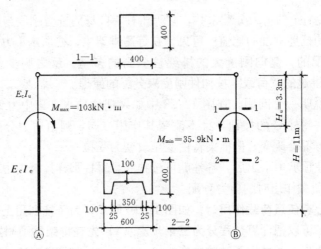

图 12-31 例 12-3 的排架计算简图

求：在 $M_{max}=103$ kN·m 和 $M_{min}=35.9$ kN·m 联合作用下按剪力分配法计算的排架内力。

【解】 (1) 计算参数 $n$ 和 $\lambda$

上部柱截面惯性矩

$$I_u = \frac{1}{12} \times 400 \times 400^3 = 2.13 \times 10^9 \text{mm}^4$$

下部柱截面惯性矩

$$I_l \approx \frac{1}{12} \times 400 \times 600^3 - \frac{1}{12} \times 300 \times 350^3 - 2 \times \frac{1}{2} \times 300 \times 25 \left(175 + \frac{2 \times 25}{3}\right)^2$$
$$= 5.85 \times 10^9 \text{mm}^4$$

故
$$n = \frac{I_u}{I_l} = \frac{2.13 \times 10^9}{5.85 \times 10^9} = 0.36$$

$$\lambda = \frac{H_u}{H} = \frac{3300}{11000} = 0.3$$

(2) 在柱顶附加不动铰支座

在 A 柱和 B 柱的柱顶分别虚加水平不动铰支座，如图 12-32 (a) 所示。查附录 9 中的附图 9-3 得 $C_3 = 1.3$。因此不动铰支座反力

$$R_A = \frac{M_{\max}}{H} C_3 = \frac{-103}{11} \times 1.3 = -12.17 \text{kN}(\leftarrow)$$

$$R_B = \frac{M_{\min}}{H} C_3 = \frac{35.9}{11} \times 1.3 = 4.24 \text{kN}(\rightarrow)$$

因此 A 柱和 B 柱的柱顶剪力为：

$$V_{A,1} = R_A = -12.17 \text{kN} (\leftarrow)$$
$$V_{B,1} = R_B = 4.24 \text{kN} (\rightarrow)$$

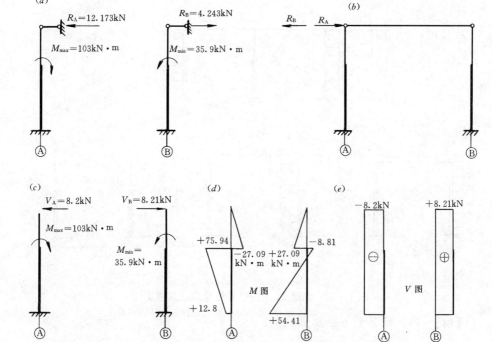

图 12-32　例 12-3 的排架弯矩图和剪力图

## 138　第12章　单层厂房

(3) 撤销附加的不动铰支座

为了撤销附加的不动铰支座，需在排架的柱顶施加水平集中力 $-R_A$ 和 $-R_B$，如图 12-32 (b) 所示。因为 A 柱与 B 柱相同，故剪力分配系数 $\eta_A = \eta_B = \frac{1}{2}$，于是在 $-R_A$ 及 $-R_B$ 作用下，各分配到的柱顶剪力

$$V_{A,2} = V_{B,2} = \frac{1}{2} \times (-R_A - R_B) = \frac{1}{2} \times (12.17 - 4.24) = 3.97 \text{kN} (\rightarrow)$$

(4) 叠加 (2) 和 (3) 两个状态

叠加 (2) 和 (3) 两个状态，恢复结构原有受力状况，此时总的柱顶剪力

$$V_A = V_{A,1} + V_{A,2} = -12.17 + 3.97 = -8.20 \text{kN} (\leftarrow)$$

$$V_B = V_{B,1} + V_{B,2} = 4.24 + 3.97 = 8.21 \text{kN} (\rightarrow)$$

相应的内力图（弯矩图和剪力图）如图 12-32 (d)、(e) 所示。

【例 12-4】 已知：在风荷载作用下，图 12-33 (a) 所示的排架：$\overline{W} = 2\text{kN}$，$q_1 = 1.87 \text{kN/m}$，$q_2 = 1.17 \text{kN/m}$；A 柱与 C 柱相同，$I_{1A} = I_{1C} = 2.13 \times 10^9 \text{mm}^4$，$I_{2A} = I_{2C} = 9.23 \times 10^9 \text{mm}^4$，$I_{1B} = 4.17 \times 10^9 \text{mm}^4$，$I_{2B} = 9.23 \times 10^9 \text{mm}^4$；$E_C$ 都相同；上柱高均为 $H_u = 3.10 \text{m}$，柱总高均为 $H = 12.22 \text{m}$。

求：用剪力分配法计算此排架在风荷载作用下的内力。

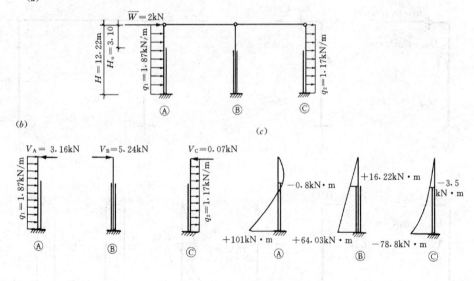

图 12-33　例题 12-4 的排架计算简图及弯矩图

【解】 (1) 计算剪力分配系数

$$\lambda = \frac{H_u}{H} = \frac{3.10}{12.22} = 0.254$$

A、C 柱　$n=\dfrac{2.13}{9.23}=0.231$，B 柱　$n=\dfrac{4.17}{9.23}=0.452$

由附录 9 中的附图 9-1 查得

A、C 柱：$C_0=2.85$，$\Delta u_A=\Delta u_C=\dfrac{12.22^3}{E_C\times 9.23\times 2.85}=6937\dfrac{1}{E_C}\text{mm}$

B 柱：$C_0=2.94$，$\Delta u_B=\dfrac{12.22^3}{E_C\times 9.23\times 2.94}=6725\dfrac{1}{E_C}\text{mm}$

剪力分配系数

$$\eta_A=\eta_C=\dfrac{\dfrac{1}{6937}}{2\times\dfrac{1}{6937}+\dfrac{1}{6725}}=0.33,\quad \eta_B=\dfrac{\dfrac{1}{6725}}{2\times\dfrac{1}{6937}+\dfrac{1}{6725}}=0.34$$

$$\eta_A+\eta_B+\eta_C=0.33+0.34+0.33=1.0$$

(2) 计算各柱顶剪力

把荷载分成 $\overline{W}$、$q_1$ 和 $q_2$ 三种情况，分别求出各柱顶所产生的剪力而后叠加。

在各柱顶分别附加水平不动铰支座：

在 $q_1$ 的作用下，A 柱虚加水平不动铰支座，由附录 9 中的附图 9-8，查得 $C_{11}=0.361$，故 A 柱不动铰支座反力

$$R_A=C_{11}q_1H=0.361\times 1.87\times 12.22=-8.25\text{kN}\ (\leftarrow)$$

在 $q_2$ 作用下，C 柱虚加水平不动铰支座产生支座反力，其值为

$$R_C=8.25\times\dfrac{1.17}{1.87}=-5.16\text{kN}\ (\leftarrow)$$

在 $q_1$ 和 $q_2$ 作用下，B 柱没有不动铰支座反力。

撤销附加的不动铰支座，在排架柱顶施加集中力 $-R_A$ 和 $-R_C$，并把它们与 $\overline{W}$ 相加后进行剪力分配：

$$V_{A,2}=V_{C,2}=\eta_A\ (\overline{W}-R_A-R_C)=0.33\times\ (2+8.25+5.16)=5.09\text{kN}\ (\rightarrow)$$

$$V_{B,2}=\eta_B\ (\overline{W}-R_A-R_C)=0.34\times 15.41=5.24\text{kN}\ (\rightarrow)$$

叠加上述两个状态，恢复结构原有受力状况，即把各柱分配到的柱顶剪力与柱顶不动铰支座反力相加，即得该柱的柱顶剪力：

$$V_A=V_{A,2}+R_A=5.09-8.25=-3.16\text{kN}\ (\leftarrow)$$

$$V_B=V_{B,2}=5.24\text{kN}\ (\rightarrow)$$

$$V_C=V_{C,2}+R_C=5.09-5.16=-0.07\text{kN}\ (\leftarrow)$$

(3) 绘制弯矩图

柱顶剪力求出后，按悬臂柱求弯矩图，如图 12-33 (c) 所示。

## 12.2.4 内 力 组 合

**1. 控制截面**

控制截面是指构件某一区段内对截面配筋起控制作用的那些截面。因此，排架计算应致力于求出控制截面的内力而不是所有截面的内力。

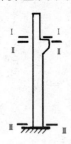

图 12-34 单阶排架柱的控制截面

在图 12-34 所示的一般单阶排架柱中，通常上柱各截面配筋是相同的，而在上柱中，牛腿顶面（即上柱底截面）Ⅰ-Ⅰ的内力最大，因此截面Ⅰ-Ⅰ为上柱的控制截面。在下柱中，通常各截面配筋也是相同的，而牛腿顶截面Ⅱ-Ⅱ和柱底截面Ⅲ-Ⅲ的内力较大，因此取截面Ⅱ-Ⅱ和Ⅲ-Ⅲ为下柱的控制截面。另外，截面Ⅲ-Ⅲ的内力值也是设计柱下基础的依据。截面Ⅰ-Ⅰ与Ⅱ-Ⅱ虽在一处，但截面及内力值却都不同，分别代表上、下柱截面，在设计截面Ⅱ-Ⅱ时，不计牛腿对其截面承载力的影响。

如果截面Ⅱ-Ⅱ的内力较小，需要的配筋较少，或者当下柱高度较大，下柱的配筋也可以是沿高度变化的。这时应在下部柱的中部再取一个控制截面，以便控制下部柱中纵向钢筋的变化。

**2. 不同种类内力的组合**

在排架内力计算中，当求出了各种荷载单独作用下某个控制截面上的内力以后，有两个问题需要解决。

控制截面的内力种类有轴向压力 $N$、弯矩 $M$ 和水平剪力 $V$。所以第一个问题是对同一个控制截面，这三种内力应该怎样搭配，其截面的承载力才是最不利的？这就需要作出判断。

排架柱是偏心受压构件，其纵向受力钢筋的计算主要取决于轴向压力 $N$ 和弯矩 $M$，根据可能需要的最大的配筋量，一般可考虑以下四种内力的不利组合：

(1) $+M_{max}$ 及相应的 $N$ 和 $V$；

(2) $-M_{max}$ 及相应的 $N$ 和 $V$；

(3) $N_{max}$ 及相应的 $M$ 和 $V$；

(4) $N_{min}$ 及相应的 $M$ 和 $V$。

当柱截面采用对称配筋及采用对称基础时，第（1）、（2）两种内力组合合并为一种，即 $|M|_{max}$ 及相应的 $N$ 和 $V$。

通常，按上述四种内力组合已能满足设计要求，但在某些情况下，它们可能都不是最不利的。例如，对大偏心受压的柱载面，偏心距 $e_0=\dfrac{M}{N}$ 越大（即 $M$ 越大，$N$ 越小）时，配筋量往往越多。因此，有时 $M$ 虽然不是最大值而比最大值略小，而它所对应的 $N$ 若减小很多，那么这组内力所要求的配筋量反而会更大些。

3. 同一种内力的组合

永久荷载和可能同时出现的各种可变荷载，对某个控制截面的同一种内力都会分别产生荷载效应，所以第二个问题是怎样把同一种内力的这些荷载效应进行组合才能得到其最不利值！例如，对于 $+M_{max}$ 及相应的 $N$ 和 $V$ 这一种内力搭配，怎样进行荷载效应的组合，才能得到最大的 $+M_{max}$。显然，这就是§10.5.3 中讲过的荷载效应的基本组合。

《建筑结构荷载规范》规定，对于一般排架、框架结构，可以采用简化规则，在下列荷载效应组合值中取最不利值确定：

(1) 由可变荷载效应控制的组合

1)"恒荷载"+任一种"活荷载"

$$S = \gamma_G S_{GK} + \gamma_{Q1} S_{Q1K} \tag{12-12}$$

2)"恒荷载"+0.9（任意两种或两种以上"活荷载"）

$$S = \gamma_G S_{GK} + 0.9 \sum_{i=1}^{n} \gamma_{Qi} S_{QiK} \tag{12-13}$$

(2) 由永久荷载效应控制的组合

仍按式 (10-30) 采用，即

$$S = 1.35 S_{GK} + \sum_{i=1}^{n} \gamma_{Qi} \psi_{ci} S_{QiK} \tag{12-14}$$

对组合值系数 $\psi_{ci}$，除风荷载仍取 $\psi_c = 0.6$ 外，雪荷载和其他可变荷载可统一取 $\psi_c = 0.7$。

应注意，在应用式 (12-14) 的组合时，为减轻计算工作量，当考虑以自重为主时，对可变荷载可只考虑与结构自重方向一致的竖向荷载，例如雪荷载、吊车竖向荷载，不考虑水平荷载，例如风荷载、吊车水平荷载。此外，当采用钢结构屋盖时，因屋盖自重较小，故可不考虑由永久荷载控制的组合。

4. 内力组合表及注意事项

内力组合通常列表进行，作为示例，表 12-2 列出了§12.6 单层厂房设计例题中 A 柱的内力组合表。表中给出的控制截面内力值都已考虑了荷载分项系数及多台吊车的荷载折减系数 $\beta$，由于采用的是钢屋盖，故没有考虑永久荷载效应控制的组合。为了简单，在表中称"不同种类内力的组合"为"内力组合"；称"同一种内力的组合"为"荷载组合"。

内力组合时应注意以下几点：

1) 每次组合以一种内力为目标来决定荷载项的取舍，例如，当考虑第 (1) 种内力组合时，必须以得到 $+M_{max}$ 为目标，然后得到与它对应的 $N$、$V$ 值。

2) 每次组合都必须包括恒荷载项。

3) 当取 $N_{max}$ 或 $N_{min}$ 为组合目标时，应使相应的 $M$ 绝对值尽可能的大，因此对不产生轴向力而产生弯矩的荷载项（风荷载及吊车水平荷载）中的弯矩值也应组合进去，例如，表 12-2 中的截面Ⅰ-Ⅰ，在进行 $N_{min}$ 及相应的 $M$ 组合时，取组合项为①+②+0.9[④+⑥+⑧]，其中④+⑥+⑧情况下不产生轴力，但产生弯矩。

4) 风荷载项中有左风和右风两种，每次组合只能取其中的一种。

5) 对于吊车荷载项要注意三点：

①注意 $D_{max}$（或 $D_{min}$）与 $T_{max}$ 间的关系。由于吊车横向水平荷载不可能脱离其竖向荷载而单独存在，因此当取用 $T_{max}$ 所产生的内力时，就应把同跨内 $D_{max}$（或 $D_{min}$）产生的内力组合进去，即"有 $T$ 必有 $D$"。另一方面，吊车竖向荷载却是可以脱离吊车横向水平荷载而单独存在的，即"有 $D$ 不一定有 $T$"。不过考虑到 $T_{max}$ 既可向左又可向右作用的特性，如果取用了 $D_{max}$（或 $D_{min}$）产生的内力，总是要同时取用 $T_{max}$（多跨时也只取一项）才能得最不利的内力。因此在吊车"恒荷载+0.9（任意两种或两种以上活荷载）"的内力组合时，要遵守"有 $T_{max}$ 必有 $D_{max}$（或 $D_{min}$），有 $D_{max}$（或 $D_{min}$）也要有 $T_{max}$"的规则。

②吊车竖向荷载与吊车水平荷载是两种不同的活荷载，因此在"恒荷载+任一种活荷载"的内力组合中，不能取用 $T_{max}$，因为"有 $T$ 必有 $D$"。

③注意取用的吊车荷载项目数。在一般情况下，内力组合表中每一个吊车荷载项都是表示一个跨度内两台吊车的内力（已乘两台吊车时的吊车荷载折减系数 $\beta$，对 A1~A5 级 $\beta=0.9$，对 A6~A8 级 $\beta=0.95$）。因此，对于 $T_{max}$，不论单跨还是多跨排架，都只能取用表中的一项，对于吊车竖向荷载，单跨时在 $D_{max}$ 或 $D_{min}$ 中两者取一，多跨时或者取一项或者取两项（在不同跨内各取一项）。当取两项时，吊车荷载折减系数 $\beta$ 应改为四台吊车的值，故对其内力值应乘以转换系数，A1~A5 级时为 0.8/0.9，A6~A8 级时为 0.85/0.95。

6) 由于柱底水平剪力对基础底面将产生弯矩，其影响不能忽视，故在组合截面Ⅲ-Ⅲ的内力时，要把相应的水平剪力值求出。

7) 下面将讲到，在确定基础底面尺寸时，应采用内力的标准值，所以对柱底截面Ⅲ-Ⅲ还需按式（10-33）算出内力的标准组合值。此式中的活荷载组合值系数 $\psi_{ci}$，对屋面均布活荷载、雪荷载、A1~A7 的软钩吊车均可取为 0.7；对风荷载为 0.6；对屋面积灰荷载为 0.9。在§12.6 单层厂房设计例题的锥形杯口基础设计中将给出算例。

5. 对内力组合值的评判

图 12-35 给出了对称配筋矩形截面偏心受压构件的截面承载力 $N_u-M_u$ 的两条相关曲线，它们的截面尺寸及材料都相同，但每一侧纵向受力钢筋的数量不同，$A_{S2}>A_{S1}$。

由图中的 $a$ 点与 $b$ 点及 $c$ 点与 $d$ 点知，$N_u$ 相同，$M_u$ 大的配筋多；由图中的 $b$ 点与 $e$ 点及 $c$ 点与 $f$ 点知，$M_u$ 相同，小偏心受压时，$N_u$ 大的配筋多，而大偏心受压时，$N_u$ 大的却配筋少。也就是说，不论大偏心受压，还是小偏心受压，弯矩对配筋总是不利的；而轴向力则在大偏心受压时对配筋有利，而在小偏心受

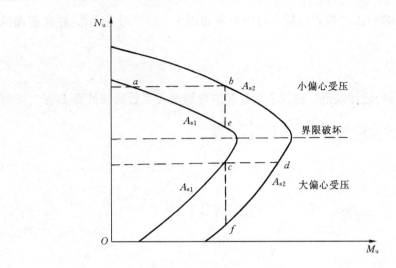

图 12-35　对称配筋矩形截面偏心受压构件内力组合值的评判

压时对配筋不利。因此可按以下规则来评判内力的组合值：

1) $N$ 相差不多时，$M$ 大的不利；

2) $M$ 相差不多时，凡 $M/N > 0.3h_0$ 的，$N$ 小的不利；$M/N \leqslant 0.3h_0$ 的，$N$ 大的不利。

表 12-8 中，黑体字的内力组合值为评判后得到的不利内力组合值。如果评判筛选后，同一控制截面尚有二组或二组以上不利内力组合值时，只能通过截面设计才能最后确定其配筋。

### 12.2.5　排架柱的 $P$-$\Delta$ 二阶效应

上册§5.4 中讲过：轴向压力对偏心受压构件侧移产生附加弯矩和附加曲率的二阶荷载效应，习称 $P$-$\Delta$ 二阶效应。

排架柱是偏心受压构件，在荷载作用下，例如在柱顶不动支点水平反力 $F$ 作用下，使各截面产生水平位移，其柱顶的水平位移为 $\Delta$，见图 12-36（a）；在水平力 $F$ 作用下，柱的各截面将产生一阶弹性弯矩，图 12-36（b）是其一阶弹性弯矩图，柱底弯矩为 $M_0$。

由于排架柱顶处作用有轴向压力 $P$，则由侧移对柱的各个截面产生的附加弯矩就等于 $P$ 与各截面处水平位移的乘积，对柱底截面就是 $P\Delta$，见图 12-36（c）。

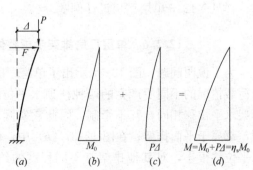

图 12-36　排架柱的 $P$-$\Delta$ 二阶效应

于是，考虑 $P\text{-}\Delta$ 二阶效应后，总弯矩图如图 12-36（d）所示，柱底截面的总弯矩

$$M = M_0 + P\Delta$$

《混凝土结构设计规范》建议采用近似的弯矩增大系数法来计算 $P\text{-}\Delta$ 二阶弯矩效应，即令弯矩增大系数 $\eta_s = 1 + \dfrac{P\Delta}{M_0}$，则

$$M = \eta_s M_0 \tag{12-15}$$

$$\eta_s = 1 + \frac{1}{1500 e_i/h_0}\left(\frac{l_0}{h}\right)^2 \zeta_c$$

$$\zeta_c = \frac{0.5 f_c A}{N}$$

$$e_i = e_0 + e_a$$

式中 $\zeta_c$——截面曲率修正系数；当 $\zeta_c > 1.0$ 时，取 $\zeta_c = 1.0$；

$e_i$——初始偏心距；

$M_0$——一阶弹性分析柱端弯矩设计值；

$e_0$——轴向压力对截面重心的偏心距，$e_0 = M_0/N$；

$e_a$——附加偏心距；

$l_0$——排架柱的计算长度，按表 12-4 取用，即对控制截面 I-I 取 $l_0 = 2H_u$，对控制截面 III-III 取 $l_0 = H_l$；

$h, h_0$——分别为所考虑弯曲方向柱的截面高度和截面有效高度；

$A$——柱的截面面积，对于 I 形截面取 $A = bh + 2(b_f - b)h'_f$。

以上近似计算方法，也适用于控制截面 I-I。

由于作用在排架上的荷载比较多，每一种荷载都会使排架柱产生 $P\text{-}\Delta$ 效应，而且除了屋盖竖向荷载使排架柱顶产生的水平位移稍小以外，其他荷载产生的 $\Delta$ 都不能忽略。为了简化计算，《规范》规定，排架柱的 $P\text{-}\Delta$ 效应按内力组合值计算，详见§12.6 单层厂房设计例题。

### 12.2.6　单层厂房排架考虑整体空间作用的基本概念

为了说明问题，图 12-37 示出了单跨厂房在柱顶水平荷载作用下，由于结构或荷载情况的不同所产生的四种柱顶水平位移示意图。在图 12-37（a）中，各排架水平位移相同，互不牵制，因此它实际上与没有纵向构件连系着的排架相同，都属于平面排架；在图 12-37（b）中，由于两端有山墙，其侧移刚度很大，水平位移很小，对其他排架有不同程度的约束作用，故柱顶水平位移呈曲线，$u_b < u_a$；在图 12-37（c）中，没有直接承载的排架因受到直接承载排架的牵动也

将产生水平位移；在图 12-37（d）中，由于有山墙，各排架的水平位移都比情况（c）的小，$u_d < u_c$。可见，在后三种情况中，各个排架或山墙都不能单独变形，而是互相制约成一整体的。这种排架与排架、排架与山墙之间相互关联的整体作用称为厂房的整体空间作用。产生单层厂房整体空间作用的条件有两个，一是各横向排架（山墙可理解为广义的横向排架）之间必须有纵向构件将它们联系起来，另一是各横向排架彼此的情况不同，或者是结构不同或者是承受的荷载不同。由此可以理解到，无檩屋盖比有檩屋盖、局部荷载比均布荷载的厂房的整体空间作用要大些。由于山墙的侧向刚度大，对与它相邻的一些排架水平位移的约束亦大，故在厂房整体空间作用中起着相当大的作用。

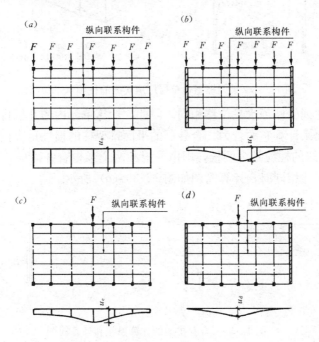

图 12-37 柱顶水平位移的比较

图 12-38 为清华大学实测的某无檩屋盖单跨单层厂房每个排架的柱顶水平位移值，以及形成空间作用后各排架柱顶横向水平位移图。这时，直接承载排架的柱顶水平位移大约仅为单个排架时的 12%，其内力也将相应地大大减小。

### 12.2.7 排架计算中的两个问题

**1. 纵向柱距不等的排架内力分析**

单层厂房中，有时由于工艺要求，或者在局部区段中少放若干根柱（习称"抽柱"），或者中列柱的柱距比边列柱的大，这就形成了纵向柱距不等的情况。

当屋面刚度较大，或者设有可靠的下弦纵向水平支撑时，可以选取较宽的计算单元，如图 12-39（a）中阴影线部分所示的来进行内力分析，并且假定计算

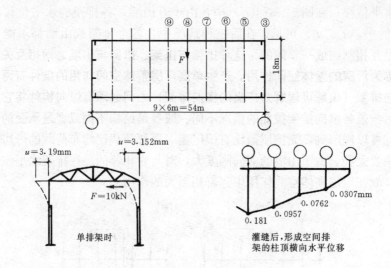

图 12-38　某无檩屋盖单层厂房实测的柱顶水平位移图

单元中同一柱列的柱顶水平位移相同。因此，计算单元内的几榀排架可以合并为一榀平面排架来计算它的合力。合并后的平面排架柱的惯性矩应按合并考虑。例如，A、C 轴线的柱应计为两根，即由一根和两个半根合并而成。当同一纵轴线上的柱截面尺寸相同时，计算简图如图 12-39（b）所示。

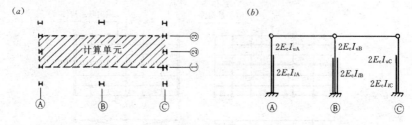

图 12-39　合并排架的计算单元和计算简图

按此原则计算时，应注意以下几点：

（1）为使实际情况与上述假定基本相符，所取计算单元的纵向宽度不宜大于 24m。

（2）"合并排架"的恒荷载、风荷载等的计算方法与一般排架相同，但吊车荷载则应按计算单元的中间排架②产生 $D_{2max}$、$D_{2min}$ 和 $T_{2max}$ 时的吊车位置来计算，如图 12-40 所示。即"合并排架"的吊车竖向荷载和横向水平荷载为：

$$\left. \begin{array}{l} D_{max}=D_{2max}+\dfrac{D_1+D_2}{2} \\ D_{min}=D_{max} \cdot \dfrac{P_{min}}{P_{max}} \\ T_{max}=D_{max} \cdot \dfrac{T}{P_{max}} \end{array} \right\} \quad (12\text{-}16)$$

(3) 按计算简图和荷载求得内力后，必须进行还原，以求得柱的实际内力。例如，计算简图中 A、C 轴线的柱是由两根柱并成的，因此应将它们的 $M$、$V$ 除以 2 才等于原结构中 A、C 轴线各根柱的 $M$、$V$。但是对于由吊车荷载 $P_{max}$、$P_{min}$ 产生的轴向力 $N$，则不能把"合并排架"求得的轴向力除以 2，而应该按这根柱实际所承受的吊车竖向荷载来计算。例如，对于排架柱②，由 $P_{max}$ 或 $P_{min}$ 产生的轴向力应等于 $D_{2max}$ 或 $D_{2min} = D_{2max} \cdot \dfrac{P_{min}}{P_{max}}$。

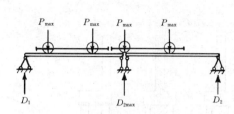 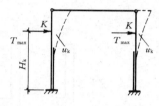

图 12-40　合并排架的吊车荷载计算图　　图 12-41　排架水平位移的验算

**2. 排架的水平位移验算**

下节中将讲到，在一般情况下，当矩形、工字形柱的截面尺寸满足表 12-3 的要求时，就可认为排架的侧向刚度已得到保证，不必验算它的水平位移值。但在某些情况下，例如吊车吨位较大时，为安全计，尚需对水平位移进行验算。显然，最有实际意义的是验算吊车梁顶与柱连接点 $K$ 的水平位移值。这时，考虑正常的使用情况，即按一台最大吊车的横向水平荷载作用在 $K$ 点时验算，$K$ 点的水平位移值 $u_k$，见图 12-41，应满足下列规定：

(1) 当 $u_k \leqslant 5$mm 时，可不验算相对水平位移值；

(2) 当 $5$mm$< u_k < 10$mm 时，其相对水平位移限值如下：

吊车工作级别为 A1～A5 的厂房柱——$\dfrac{H_k}{1800}$

吊车工作级别为 A6～A8 的厂房柱——$\dfrac{H_k}{2200}$

$H_k$——自基础顶面至吊车梁顶面的距离。

对于露天栈桥柱的水平位移，则按悬臂柱计算，除考虑一台最大起重量的吊车横向水平荷载作用以外，还应考虑由吊车梁安装偏差 20mm 产生的偏心力矩的作用，这时应满足下列规定：

$$u_k \leqslant 10\text{mm} \text{ 及 } u_k \leqslant \dfrac{H_k}{2500} \qquad (12\text{-}17)$$

在计算水平位移限值时，可按上册式 (8-2) 取柱截面弯曲刚度

$$B = 0.85 E_c I_0$$

式中　$I_0$——按弹性模量比 $E_s/E_c$ 把钢筋换算成混凝土后的换算截面的惯性矩。

## §12.3 单层厂房柱

### 12.3.1 柱的形式

单层厂房柱的形式很多,有矩形柱、工字形柱、双肢柱等,如图 12-42 所示。

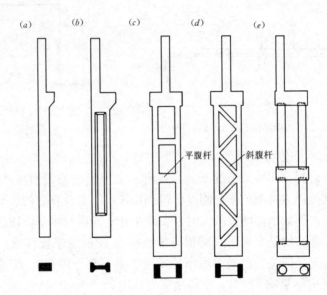

图 12-42 单层厂房柱的形式
(a) 矩形柱;(b) 工字形柱;(c) 平腹杆双肢柱;(d) 斜腹杆双肢柱;(e) 管柱

矩形柱的混凝土用量多,经济指标较差,但外形简单,施工方便,抗震性能好,是目前用得最普遍的。有时,矩形柱也可做成现场预制的。

### 12.3.2 矩形柱的设计

柱的设计内容一般包括确定外形构造尺寸和截面尺寸,根据各控制截面最不利的内力组合进行截面设计并满足构造要求,对预制柱还需进行吊装阶段的验算,同时还包括与屋架、吊车梁等构件的连接构造和绘制施工图等。

**1. 截面尺寸和外形构造尺寸**

柱截面尺寸除应保证柱具有足够的承载力外,还必须使柱具有足够的刚度,以免造成厂房横向和纵向变形过大,发生吊车轮和轨道的过早磨损,影响吊车正常运行或导致墙和屋盖产生裂缝,影响厂房的正常使用。根据刚度要求,对于 6m 柱距的厂房柱和露天栈桥柱的最小截面尺寸,可按表 12-2 确定。

## §12.3 单层厂房柱

**6m柱距实腹柱截面尺寸参考表**　　　　　　　　　　　　表12-2

| 项目 | 简图 | 分项 | | 截面高度 $h$ | 截面宽度 $b$ |
|---|---|---|---|---|---|
| 无吊车厂房 | | 单跨 | | $\geqslant H/18$ | $\geqslant H/30$,并$\geqslant 300$mm |
| | | 多跨 | | $\geqslant H/20$ | |
| 有吊车厂房 | | $Q\leqslant 10$t | | $\geqslant H_k/14$ | $\geqslant H_l/20$,并 $\geqslant 400$mm |
| | | $Q=15\sim 20$t | $H_k\leqslant 10$m | $\geqslant H_k/11$ | |
| | | | $10$m$<H_k\leqslant 12$m | $H_k/12$ | |
| | | $Q=30$t | $H_k\leqslant 10$m | $\geqslant H_k/9$ | |
| | | | $H_k>12$m | $H_k/10$ | |
| | | $Q=50$t | $H_k\leqslant 11$m | $\geqslant H_k/9$ | |
| | | | $H_k\geqslant 13$m | $H_k/11$ | |
| | | $Q=75\sim 100$t | $H_k\leqslant 12$m | $\geqslant H_k/9$ | |
| | | | $H_k\geqslant 14$m | $H_k/8$ | |
| 露天栈桥 | | $Q\leqslant 10$t | | $H_k/10$ | $\geqslant H_l/25$,并$\geqslant 500$mm 管柱 $r\geqslant H_l/70$ $D\geqslant 400$mm |
| | | $Q=15\sim 30$t | $H_k\leqslant 12$m | $H_k/9$ | |
| | | $Q=50$t | $H_k\leqslant 12$m | $H_k/8$ | |

注：1. 表中 $Q$ 为吊车起吊质量，$H$ 为基础顶至柱顶的总高度，$H_k$ 为基础顶至吊车梁顶的高度，$H_l$ 为基础顶至吊车梁底的高度；

2. 表中有吊车厂房的柱截面高度系按吊车工作级别为 A6～A8 考虑的，如吊车工作级别为 A1～A5，应乘以系数 0.95；

3. 当厂房柱距为 12m 时，柱的截面尺寸宜乘以系数 1.1。

**2. 截面设计**

根据排架计算求得的控制截面最不利的内力组合 $M$ 和 $N$，按偏心受压构件进行截面计算。对于刚性屋盖的单层厂房排架柱、露天吊车柱和栈桥柱，其计算长度 $l_0$ 可按表12-3取用。

**3. 裂缝宽度验算**

《混凝土结构设计规范》规定，对 $e_0/h_0 \leqslant 0.55$ 的偏心受压构件，可不验算裂缝宽度。排架柱是偏心受压构件，当 $e_0/h_0 > 0.55$ 时，要进行裂缝宽度验算，这时应采用荷载准永久组合的内力值。风荷载的准永久值系数 $\psi_q=0$；屋面活荷载的准永久值系数：不上人屋面 $\psi_q=0$，上人屋面 $\psi_q=0.4$，屋顶花园 $\psi_q=0.5$；雪荷载的准永久值系数按分区 Ⅰ、Ⅱ、Ⅲ 的不同，分别取 $\psi_q=0.5$、0.2 和 0；软钩吊车的准永久值系数：工作级别 A1-A3，$\psi_q=0.5$；A4、A5，$\psi_q=0.6$；A6、A7，$\psi_q=0.7$；A8 及硬钩吊车 $\psi_q=0.95$。

采用刚性屋盖的单层工业厂房排架柱、露天吊车柱和栈桥柱的计算长度 $l_0$    表12-3

| 柱 的 类 型 | | 排架方向 | 垂 直 排 架 方 向 | |
|---|---|---|---|---|
| | | | 有柱间支撑 | 无柱间支撑 |
| 无吊车厂房柱 | 单跨 | $1.5H$ | $1.0H$ | $1.2H$ |
| | 两跨及多跨 | $1.25H$ | $1.0H$ | $1.2H$ |
| 有吊车厂房柱 | 上柱 | $2.0H_u$ | $1.25H_u$ | $1.5H_u$ |
| | 下柱 | $1.0H_l$ | $0.8H_l$ | $1.0H_l$ |
| 露天吊车柱和栈桥柱 | | $2.0H_l$ | $1.0H_l$ | — |

注：1. 表中 $H$ 为从基础顶面算起的柱子全高；$H_l$ 为从基础顶面至装配式吊车梁底面或现浇式吊车梁顶面的柱子下部高度；$H_u$ 为从装配式吊车梁底面或从现浇式吊车梁顶面算起的柱子上部高度；

2. 表中有吊车厂房排架柱的计算长度，当计算中不考虑吊车荷载时，可按无吊车厂房采用，但上柱的计算长度仍按有吊车厂房采用；

3. 表中有吊车厂房排架柱的上柱在排架方向的计算长度，仅适用于 $H_u/H_l \geqslant 0.3$ 的情况；当 $H_u/H_l < 0.3$ 时，宜采用 $2.5H_u$。

4. 构造要求

矩形和工字形柱的混凝土强度等级常用 C20～C30，当轴向力大时宜用较高强度等级。纵向受力钢筋一般采用 HRB400 和 HRB335 级钢筋，构造钢筋可用 HPB235 或 HRB335 级钢筋，直径 $d \geqslant 6mm$ 的箍筋用 HPB235 级钢筋。

纵向受力钢筋直径不宜小于 12mm，全部纵向受力钢筋的配筋率不宜超过 5％；当混凝土强度等级小于或等于 C50 时，全部纵向受力钢筋的配筋率不应小于 0.5％，当混凝土强度等级大于 C50 时，不应小于 0.6％；柱截面每边纵向钢筋的配筋率不应小于 0.2％。当柱的截面高度 $h \geqslant 600mm$ 时，在侧面应设置直径为 10～16mm 的纵向构造钢筋，并相应地设置复合箍筋或拉结筋。

柱内纵向钢筋的净距不应小于 50mm；对水平浇筑的预制柱，其最小净距不应小于 25mm 和纵向钢筋的直径。垂直于弯矩作用平面的纵向受力钢筋的中距不应大于 350mm。

柱中箍筋的构造应满足对偏心受压构件的要求。柱与屋架（屋面梁）、吊车梁等构件的连接构造可参阅有关标准图集或设计手册。

5. 吊装、运输阶段的承载力和裂缝宽度验算

预制柱一般考虑翻身起吊，按图 12-43 中的 1-1、2-2 和 3-3 截面根据运输、吊装时混凝土的实际强度，分别进行承载力和裂缝宽度验算。验算时应注意下列问题：

（1）柱身自重应乘以动力系数 1.5（根据吊装时的受力情况可适当增减）；柱自重的重力荷载分项系数取 1.35。

(2) 因吊装验算系临时性的，故构件安全等级可较其使用阶段的安全等级降低一级。

(3) 柱的混凝土强度一般按设计强度的70%考虑。当吊装验算要求高于设计强度值的70%方可吊装时，应在施工图上注明。

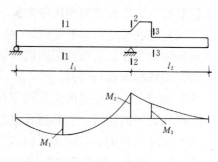

图 12-43　柱吊装验算简图

(4) 一般宜采用单点绑扎起吊，吊点设在牛腿下部处。当需用多点起吊时，吊装方法应与施工单位共同商定并进行相应的验算。

(5) 当柱变阶处截面吊装验算配筋不足时，可在该局部区段加配短钢筋。

### 12.3.3　牛　　腿

单层厂房中，常采用柱侧伸出的牛腿来支承屋架（屋面梁）、托架和吊车梁等构件。由于这些构件大多是负荷较大或有动力作用的，所以牛腿虽小，却是一个重要部件。

根据牛腿竖向力 $F_v$ 的作用点至下柱边缘的水平距离 $a$ 的大小，一般把牛腿分成两类：当 $a \leqslant h_0$ 时为短牛腿，见图 12-44 (a)；$a > h_0$ 时为长牛腿，见图 12-44 (b)，此处 $h_0$ 为牛腿与下柱交接处的牛腿竖直截面的有效高度。

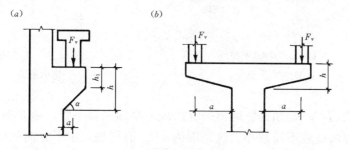

图 12-44　牛腿分类

长牛腿的受力特点与悬臂梁相似，可按悬臂梁设计。一般支承吊车梁等构件的牛腿均为短牛腿（以下简称牛腿），它实质上是一变截面深梁，其受力性能与普通悬臂梁不同。

本节将在介绍牛腿试验研究结果的基础上，阐明牛腿的设计方法。

1. 试验研究结果

(1) 弹性阶段的应力分布

图 12-45 为对 $a/h_0 = 0.5$ 的环氧树脂牛腿模型进行光弹性试验得到的主应力迹线。由图可见，在牛腿上部，主拉应力迹线基本上与牛腿上边缘平行，且牛腿

上表面的拉应力沿长度方向比较均匀。牛腿下部主压应力迹线大致与从加载点到牛腿下部与柱的相交点 $a$ 的连线 $ab$ 相平行。牛腿中下部主拉应力迹线是倾斜的，这大致能说明为什么从加载板内侧开始的裂缝有向下倾斜的现象。

(2) 裂缝的出现与展开

钢筋混凝土牛腿在竖向力作用下的试验表明：当荷载加到破坏荷载的 20%～40% 时出现竖向裂缝，但其展开很小，对牛腿的受力性能影响不大；当荷载继续加大至破坏荷载的 40%～60% 时，在加载板内侧附近出现第一条斜裂缝①，见图 12-46；此后，随着荷载的增加，除这条斜裂缝不断发展外，几乎不再出现第二条斜裂缝；最后，当荷载加大至接近破坏时（约为破坏荷载的 80%），突然出现第二条斜裂缝②，预示牛腿即将破坏。在牛腿使用过程中，**所谓不允许出现斜裂缝均指裂缝①而言的。它是确定牛腿截面尺寸的主要依据**。

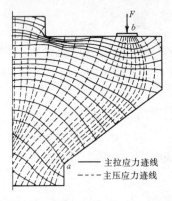

图 12-45　牛腿光弹性试验结果示意图

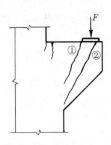

图 12-46　牛腿裂缝示意图

试验表明，$a/h_0$ 值是影响斜裂缝出现迟早的主要参数。随 $a/h_0$ 值的增加，出现斜裂缝的荷载不断减小。这是因为 $a/h_0$ 值增加，水平方向的应力 $\sigma_x$ 也增加，而竖直方向的应力 $\sigma_y$ 减小，因此主拉应力增大，斜裂缝提早出现。

(3) 破坏形态

**牛腿的破坏形态主要取决于 $a/h_0$ 值**，有以下三种主要破坏形态：

1) 弯曲破坏　当 $a/h_0 > 0.75$ 和纵向受力钢筋配筋率较低时，一般发生弯曲破坏。其特征是当出现裂缝①后，随荷载增加，该裂缝不断向受压区延伸，水平纵向钢筋应力也随之增大并逐渐达到屈服强度，这时裂缝①外侧部分绕牛腿下部与柱的相交点转动，致使受压区混凝土压碎而引起破坏，见图 12-47 (a)。

2) 剪切破坏　又分纯剪破坏、斜压破坏和斜拉破坏三种，其中纯剪破坏是当 $a/h_0$ 值很小（<0.1）或 $a/h_0$ 值虽较大但边缘高度 $h_1$ 较小时，可能发生沿加载板内侧接近竖直截面的纯剪破坏。其特征是在牛腿与下柱交接面上出现一系列

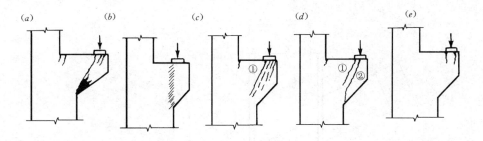

图 12-47 牛腿的破坏形态
(a) 弯曲破坏；(b) 纯剪破坏；(c) 斜压破坏；(d) 斜拉破坏；(e) 局部压坏

短斜裂缝，最后牛腿沿此裂缝从柱上切下而遭破坏，见图 12-47 (b)。这时牛腿内纵向钢筋应力较低。当 $a/h_0 = 0.1 \sim 0.75$ 时，则可能发生斜压破坏或斜拉破坏，分别见图 12-47 中的 (c) 和 (d)。

3) 局部受压破坏　当加载板过小或混凝土强度过低，由于很大的局部压应力而导致加载板下混凝土局部压碎破坏，见图 12-47 (e)。

(4) 牛腿在竖向力和水平拉力同时作用下的受力情况

对同时作用有竖向力 $F_v$ 和水平拉力 $F_h$ 的牛腿的试验结果表明，由于水平拉力的作用，牛腿截面出现斜裂缝的荷载比仅有竖向力作用的牛腿有不同程度的降低。当 $F_h/F_v = 0.2 \sim 0.5$ 时，开裂荷载下降 36%～47%，可见影响较大，同时牛腿的承载力亦降低。试验还表明，有水平拉力作用的牛腿与没有水平拉力作用的牛腿，两者的破坏规律相似。

2. 牛腿设计

牛腿设计的主要内容是：确定牛腿的截面尺寸、承载力计算和配筋构造。

(1) 截面尺寸的确定

由于牛腿的截面宽度通常与柱同宽，因此主要是确定截面高度。由上述牛腿试验结果可知，牛腿的破坏都是发生在斜裂缝形成和展开以后。因此，**牛腿截面高度的确定，一般以控制其在使用阶段不出现或仅出现细微斜裂缝为准**。所以，牛腿的截面尺寸应根据式 (12-18) 给出的斜裂缝控制条件和构造要求来确定，如图 12-48 所示。

$$F_{vk} \leqslant \beta \left(1 - 0.5 \frac{F_{hk}}{F_{vk}}\right) \frac{f_{tk} b h_0}{0.5 + \dfrac{a}{h_0}} \qquad (12\text{-}18)$$

式中　$F_{vk}$——作用于牛腿顶部按荷载效应标准组合计算的竖向力值；

$F_{hk}$——作用于牛腿顶部按荷载效应标准组合计算的水平拉力值；

$\beta$——裂缝控制系数：对支承吊车梁的牛腿，取 0.65；对其他牛腿，取 0.8；

$a$——竖向力的作用点至下柱边缘的水平距离，此时应考虑安装偏差

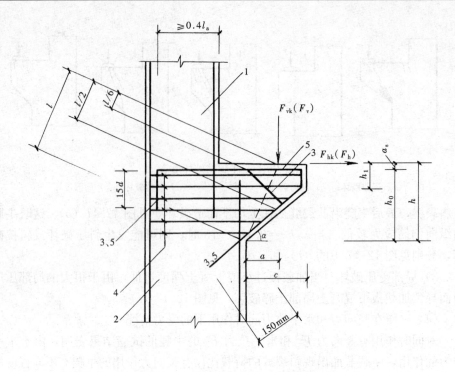

图 12-48 牛腿的尺寸和钢筋配置

20mm；当考虑 20mm 安装偏差后的竖向力作用点位于下柱截面以内时，取 $a=0$；

$b$——牛腿宽度；

$h_0$——牛腿与下柱交接处的垂直截面有效高度，取 $h_0=h_1-a_s+c \cdot \tan\alpha$，$\alpha$ 为牛腿底面的倾斜角，当 $\alpha>45°$ 时，取 $\alpha=45°$，$c$ 为下柱边缘到牛腿外边缘的水平长度。

式（12-18）中的 $(1-0.5F_{hk}/F_{vk})$ 是考虑在水平拉力 $F_{hk}$ 同时作用下对牛腿抗裂度的不利影响；系数 $\beta$ 考虑了不同使用条件对牛腿抗裂度的要求，当取 $\beta=0.65$，可使牛腿在正常使用条件下，基本上不出现斜裂缝，当取 $\beta=0.80$，可使多数牛腿在正常使用条件下不出现斜裂缝，有的仅出现细微裂缝。

根据试验结果，牛腿的纵向钢筋对斜裂缝出现基本上没有影响，弯筋对斜裂缝展开有重要作用，但对斜裂缝出现也无明显影响，因此在式（12-18）中，未引入与纵向钢筋和弯筋的有关参数。

牛腿外边缘高度不应太小，否则，当 $a/h_0$ 较大而竖向力靠近外边缘时，将会造成斜裂缝不能向下发展到与柱相交，而发生沿加载板内侧边缘的近似垂直截面的剪切破坏。因此，《混凝土结构设计规范》规定，$h_1$ 不应小于 $h/3$，且不应小于 200mm。

牛腿底面倾斜角 $\alpha$ 不应大于 45°（一般取 45°），以防止斜裂缝出现后可能引起底面与下柱相交处产生严重的应力集中。

加载板尺寸大小对牛腿的承载力有一定影响，尺寸越大（并有足够刚度），牛腿的承载力越高。尺寸过小，将导致牛腿在加载板处局部承压不足而降低承载力。因此《混凝土结构设计规范》规定，在竖向力 $F_{vk}$ 作用下，牛腿支承面上局部受压应力不应超过 $0.75f_c$，即

$$F_{vk}/A \leqslant 0.75f_c \qquad (12\text{-}19)$$

式中　$A$——牛腿支承面上的局部受压面积。

若不满足式（12-19）的要求，应采取加大受压面积，提高混凝土强度等级或设置钢筋网等有效措施。

（2）承载力计算和配筋构造

1) 计算简图

试验结果指出，在荷载作用下，牛腿中纵向钢筋受拉，在斜裂缝①外侧有一个不很宽的压力带。在整个压力带内，斜压力分布比较均匀，如同桁架中的压杆。破坏时混凝土应力可达其抗压强度。由于上述受力特点，**计算时可将牛腿简化为一个以纵向钢筋为拉杆和混凝土斜撑为压杆的三角形桁架**，其计算简图如图 12-49 (c) 所示。当竖向力和作用在牛腿顶面的水平拉力共同作用时，其计算简图见图 12-49 (d)。

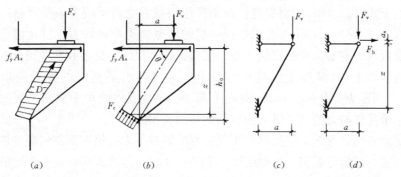

图 12-49　牛腿承载力计算简图

2) 纵向受拉钢筋的计算和构造

由图 12-49 (d)，取力矩平衡条件，可得

$$f_y A_s z = F_v a + F_h(z + a_s) \qquad (12\text{-}20)$$

若近似取 $z = 0.85 h_0$，则得

$$A_s = \frac{F_v a}{0.85 f_y h_0} + \left(1 + \frac{a_s}{0.85 h_0}\right)\frac{F_h}{f_y} \qquad (12\text{-}21)$$

式（12-21）中的 $a_s/(0.85 h_0)$ 可近似取 0.2，则得

$$A_s = \frac{F_v a}{0.85 f_y h_0} + 1.2 \frac{F_h}{f_y} \tag{12-22}$$

式中　$F_v$——作用在牛腿顶部的竖向力设计值；

$F_h$——作用在牛腿顶部的水平拉力设计值；

$a$——竖向力至下柱边缘的距离，当 $a<0.3h_0$ 时，取 $a=0.3h_0$。

**可见，位于牛腿顶面的水平纵向受拉钢筋是由两部分组成的：①承受竖向力的抗弯钢筋；②承受水平拉力的抗拉锚筋。**水平纵向受拉钢筋宜采用 HRB335 级或 HRB400（RRB400）级钢筋，钢筋直径不应小于 12mm。由于水平纵向受拉钢筋的应力沿牛腿上部受拉边全长基本相同，因此不得将其下弯兼作弯起钢筋，而应全部直通至牛腿外边缘再沿斜边下弯，并伸入下柱内 150mm 后截断，另一端在柱内应有足够的锚固长度（按梁的上部钢筋的有关规定），以免钢筋未达到强度设计值前就被拔出而降低牛腿的承载能力。

承受竖向力所需的水平纵向受拉钢筋的配筋率（按全截面计算）不应小于 0.2%，也不宜大于 0.6%，且根数不宜少于 4 根。承受水平拉力的锚筋应焊在预埋件上，且不应少于 2 根。

(3) 水平箍筋和弯起钢筋的构造要求

由于式（12-18）的斜裂缝控制条件比斜截面受剪承载力条件严格，所以满足了式（12-18）后，不再要求进行牛腿的斜截面受剪承载力计算，但应按构造要求设置水平箍筋和弯起钢筋。在总结我国的工程设计经验和参考国外有关设计规范的基础上，《混凝土结构设计规范》规定，水平箍筋的直径应取用 6～12mm，间距为 100～150mm，且在上部 $2h_0/3$ 范围内的水平箍筋总截面面积不应小于承受竖向力的水平纵向受拉钢筋截面面积的 1/2。

试验表明，弯起钢筋虽然对牛腿抗裂的影响不大，但对限制斜裂缝展开的效果较显著。试验还表明，当剪跨比 $a/h_0 \geqslant 0.3$ 时，弯起钢筋可提高牛腿的承载力 10%～30%，剪跨比较小时，在牛腿内设置弯起钢筋不能充分发挥作用。因此《混凝土结构设计规范》规定，当 $a/h_0 \geqslant 0.3$ 时，宜设置弯起钢筋，弯起钢筋宜采用 HRB335 级或 HRB400 级钢筋，并宜使其与集中荷载作用点到牛腿斜边下端点连线的交点 $A$ 位于牛腿上部 $l/6 \sim l/2$ 之间的范围内，$l$ 为连线的长度，见图 12-49，其截面面积不应少于承受竖向力的受拉钢筋截面面积的 1/2，根数不少于 2 根，直径不宜小于 12mm。纵向受拉钢筋不得兼作弯起钢筋。

当满足以上构造要求时，就能满足牛腿受剪承载力的要求。

当牛腿设于上柱柱顶时，宜将柱对边纵向受力钢筋沿柱顶水平弯入牛腿，作为牛腿纵向受拉钢筋使用。若牛腿纵向受拉钢筋与柱对边纵向受力钢筋分开配置时，则牛腿纵向受拉钢筋与柱对边纵向受力钢筋应有可靠搭接。柱顶牛腿配筋构造见图 12-50。

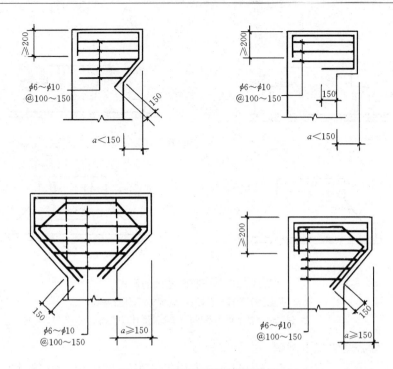

图 12-50 柱顶牛腿的配筋构造

## §12.4 柱下独立基础

### 12.4.1 柱下独立基础的形式

柱的基础是单层厂房中的重要受力构件,上部结构传来的荷载都是通过基础传至地基。按受力形式,柱下独立基础有轴心受压和偏心受压两种,在单层厂房中,柱下独立基础一般是偏心受压的。按施工方法,柱下独立基础可分为预制柱下基础和现浇柱下基础两种。

单层厂房柱下独立基础的常用形式是扩展基础,有阶梯形和锥形两类,见图12-51。预制柱下基础因与预制柱连接的部分做成杯口,故又称为杯形基础。

### 12.4.2 柱下扩展基础的设计

柱下扩展基础设计的主要内容为:确定基础底面尺寸;确定基础高度和变阶处的高度;计算底板钢筋;构造处理及绘制施工图等。

1. 确定基础底面尺寸

基础底面尺寸是根据地基承载力条件和地基变形条件确定的。由于柱下扩展基础的底面积不太大,故假定基础是绝对刚性且地基土反力为线性分布。

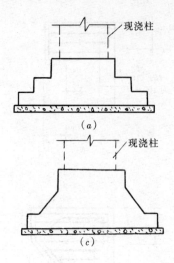
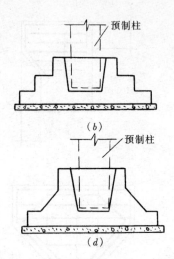

图 12-51 柱下扩展基础的形式
(a) 现浇柱下阶梯形基础；(b) 阶梯形杯形基础；
(c) 现浇柱下锥形基础；(d) 锥形杯口基础

(1) 轴心受压柱下基础

轴心受压时，假定基础底面的压力为均匀分布，见图 12-52，设计时应满足下式要求

$$p_k = \frac{N_k + G_k}{A} \leqslant f_a \qquad (12-23)$$

式中　$N_k$——相应于荷载效应标准组合时，上部结构传至基础顶面的竖向力值；
　　　$G_k$——基础及基础上方土的重力标准值；
　　　$A$——基础底面面积；
　　　$f_a$——经过深度和宽度修正后的地基承载力特征值。

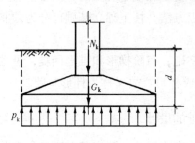

图 12-52 轴心受压基础计算简图

设 $d$ 为基础埋置深度，并设基础及其上土的重力密度的平均值为 $\gamma_m$（可近似取 $\gamma_m = 20\text{kN/m}^3$），则 $G_k \approx \gamma_m d A$，代入式 (12-23) 可得

$$A \geqslant \frac{N_k}{f_a - \gamma_m d} \qquad (12-24)$$

设计时先按式 (12-24) 算得 $A$，再选定基础底面积的一个边长 $b$，即可求得另一边长 $l = A/b$，当采用正方形时，$b = l = \sqrt{A}$。

(2) 偏心受压柱下基础

当偏心荷载作用下基础底面全截面受压时，假定基础底面的压力按线性非均

匀分布，见图 12-53 (a)，这时基础底面边缘的最大和最小压力可按下式计算：

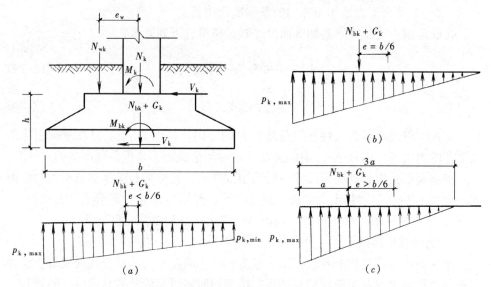

图 12-53　偏心受压基础计算简图

$$\begin{matrix} p_{k,max} \\ p_{k,min} \end{matrix} = \frac{N_{bk}+G_k}{A} \pm \frac{M_{bk}}{W} \qquad (12\text{-}25)$$

式中　$M_{bk}$——作用于基础底面的力矩标准组合值，$M_{bk}=M_k+N_{wk}e_w$；
　　　$N_{bk}$——由柱和基础梁传至基础底面的轴向力标准组合值，$N_{bk}=N_b+N_{wk}$；
　　　$N_{wk}$——基础梁传来的竖向力标准值；
　　　$e_w$——基础梁中心线至基础底面形心的距离；
　　　$W$——基础底面面积的抵抗矩，$W=lb^2/6$。

令 $e=M_{bk}/(N_{bk}+G_k)$，并将 $W=lb^2/6$ 代入上式可得：

$$\begin{matrix} p_{k,max} \\ p_{k,min} \end{matrix} = \frac{N_{bk}+G_k}{bl}\left(1 \pm \frac{6e}{b}\right) \qquad (12\text{-}26)$$

由式（12-26）可知，当 $e<b/6$ 时，$p_{min}>0$，这时地基反力图形为梯形，见图 12-53 (a)；当 $e=b/6$ 时，$p_{min}=0$，地基反力为三角形，见图 12-53 (b)；当 $e>b/6$ 时，$p_{min}<0$，见图 12-53 (c)。这说明基础底面积的一部分将产生拉应力，但由于基础与地基的接触面是不可能受拉的，因此这部分基础底面与地基之间是脱离的，亦即这时承受地基反力的基础底面积不是 $bl$ 而是 $3al$，因此此时 $p_{max}$ 不能按式（12-26）计算，而应按下式计算：

$$p_{k,max} = \frac{2(N_{bk}+G_k)}{3al} \qquad (12\text{-}27)$$

$$a = \frac{b}{2} - e \qquad (12\text{-}28)$$

式中 $a$——合力($N_k+G_k$)作用点至基础底面最大受压边缘的距离；

$l$——垂直于力矩作用方向的基础底面边长。

在确定偏心受压柱下基础底面尺寸时，应符合下列要求：

$$p_k = \frac{p_{k,\max} + p_{k,\min}}{2} \leqslant f_a \quad (12\text{-}29)$$

$$p_{k,\max} \leqslant 1.2 f_a \quad (12\text{-}30)$$

上式中将地基承载力特征值提高20%的原因，是因为 $p_{k,\max}$ 只在基础边缘的局部范围内出现，而且 $p_{k,\max}$ 中的大部分是由活荷载而不是恒荷载产生的。

确定偏心受压基础底面尺寸一般采用试算法：先按轴心受压基础所需的底面积增大20%～40%，初步选定长、短边尺寸，然后验算是否符合式（12-29）和式（12-30）的要求。如不符合，则需另行假定尺寸和重算，直至满足。

2. 确定基础高度

基础高度应满足两个要求：①构造要求；②满足柱与基础交接处混凝土受冲切承载力的要求（对于阶梯形基础还应按相同原则对变阶处的高度进行验算）。

试验结果表明，当基础高度（或变阶处高度）不够时，柱传给基础的荷载将使基础发生如图12-54（a）所示的冲切破坏，即沿柱边大致呈45°方向的截面被拉脱而形成图12-54（b）、（c）所示的角锥体（阴影部分）破坏。为了防止冲切破坏，必须使冲切面外的地基反力所产生的冲切力 $F_l$ 小于或等于冲切面处混凝

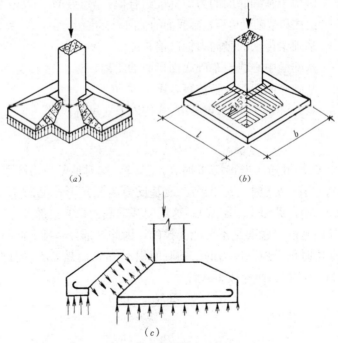

图12-54 基础冲切破坏简图

土的受冲切承载力。

《建筑地基基础设计规范》GB 50007—2011 规定，柱下独立基础，在柱与基础交接处以及基础变阶处的受冲切承载力可按下列公式计算（图 12-55）：

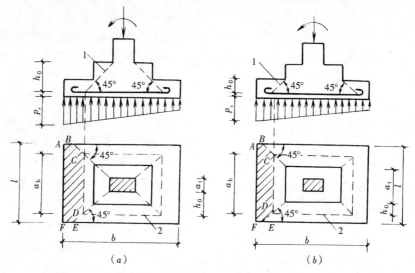

图 12-55　计算阶形基础的受冲切承载力截面位置
(a) 柱与基础交接处；(b) 基础变阶处
1—冲切破坏锥体最不利一侧的斜截面；2—冲切破坏锥体的底面线

$$F_l \leqslant 0.7\beta_{hp} f_t a_m h_0 \tag{12-31}$$

$$F_l = p_s A_l \tag{12-32}$$

$$a_m = \frac{a_t + a_b}{2} \tag{12-33}$$

式中　$a_t$——冲切破坏锥体最不利一侧斜截面的上边长；当计算柱与基础交接处的受冲切承载力时，取柱宽；当计算基础变阶处的受冲切承载力时，取上阶宽；

$a_b$——冲切破坏锥体最不利一侧斜截面在基础底面范围内的下边长，当冲切破坏锥体的底面落在基础底面以内，见图 12-55 (a)、(b)，计算柱与基础交接处的受冲切承载力时，取柱宽加两倍基础有效高度；当计算变阶处时，取上阶宽加两倍该处的基础有效高度；

$a_m$——冲切破坏锥体最不利一侧计算长度 (m)；

$h_0$——基础冲切破坏锥体的有效高度 (m)；

$\beta_{hp}$——受冲切承载力截面高度影响系数，当基础高度 $h \leqslant 800mm$ 时，取 1.0，当 $h \geqslant 2000mm$ 时，取 0.9，其间按线性内插法取用；

$f_t$——混凝土轴心抗拉强度设计值;

$F_l$——相应于作用的基本组合时作用在 $A_l$ 上的地基土净反力设计值(kPa);

$A_l$——冲切验算时取用的部分基底面积,即图12-55中的多边形阴影面积 $ABCDEF$,或图12-56中的阴影面积 $ABCD$;

$p_s$——扣除基础自重及其上土重后,相应于作用的基本组合时的地基土单位面积上的净反力,对偏心受压基础可取基础边缘处最大地基土单位面积净反力。

设计时,一般是根据构造要求先假定基础高度,然后按式(12-29)验算。如不满足,则应将高度增大重新验算,直至满足。当基础底面落在45°线(即冲切破坏锥体)以内时,可不进行受冲切验算。

**3. 计算底板受力钢筋**

在前面计算基础底面地基土的反力时,应计入基础自身重力及基础上方土的重力,但是在计算基础底板受力钢筋时,由于这部分地基土反力的合力与基础及其上方土的自重力相抵消,因此这时地基土的反力中不应计及基础及其上方土的重力,即以地基净反力设计值 $p_s$ 来计算钢筋。

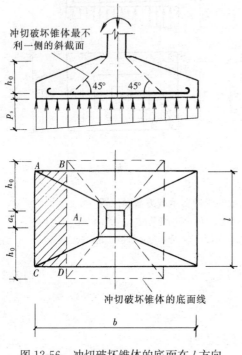

图 12-56 冲切破坏锥体的底面在 $l$ 方向落在基础底面以外

基础底板在地基净反力设计值作用下,在两个方向都将产生向上的弯曲,因此需在底板两个方向都配置受力钢筋。配筋计算的控制截面一般取在柱与基础交接处或变阶处(对阶形基础)。计算(两个方向)弯矩时,把基础视作固定在柱周边或变阶处(对阶形基础)的四面挑出的倒置的悬臂板,见图12-57。

(1)轴心荷载作用下的基础

为简化计算,把基础底板划分为四块独立的悬臂板。对轴心受压基础,沿基础长边 $b$ 方向的截面Ⅰ-Ⅰ处的弯矩 $M_I$ 等于作用在梯形面积 $ABCD$ 形心处的地基净反力设计值 $p_s$ 的合力与形心到柱边截面的距离相乘之积。设沿基础短边和长边方向的柱截面尺寸分别为 $a_t$、$b_t$,则由图12-58(a)不难写出

$$M_I = \frac{1}{24} p_s (b-b_t)^2 (2l+a_t) \qquad (12\text{-}34)$$

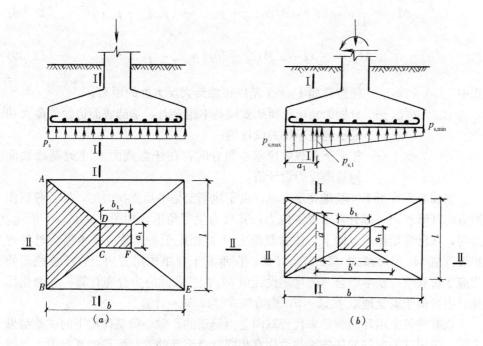

图 12-57 矩形基础底板计算简图

沿长边 $b$ 方向的受拉钢筋截面面积 $A_{sI}$ 可近似按下式计算：

$$A_{sI} = \frac{M_I}{0.9 f_y h_{0I}} \quad (12\text{-}35)$$

式中 $h_{0I}$——截面 I-I 的有效高度，$h_{0I} = h - a_{sI}$，当基础下有混凝土垫层时，取 $a_{sI} = 40\text{mm}$，无混凝土垫层时，取 $a_{sI} = 70\text{mm}$。

同理，沿短边 $l$ 方向，对柱边截面 II-II 的弯矩 $M_{II}$ 为：

$$M_{II} = \frac{1}{24} p_s (l - a_t)^2 (2b + b_t) \quad (12\text{-}36)$$

沿短边方向的钢筋一般置于沿长边钢筋的上面，如果两个方向的钢筋直径均为 $d$，则截面 II-II 的有效高度 $h_{0II} = h_{0I} - d$，于是，沿短边方向的钢筋截面面积 $A_{sII}$ 为：

$$A_{sII} = \frac{M_{II}}{0.9 f_y (h_{0I} - d)} \quad (12\text{-}37)$$

（2）偏心荷载作用下的基础

当偏心距小于或等于 1/6 基础宽度 $b$ 时，见图 12-58 (b)，沿弯矩作用方向在任意截面 I-I 处及垂直于弯矩作用方向在任意截面 II-II 处相应于荷载效应基本组合时的弯矩设计值 $M_I$、$M_{II}$，可分别按下列公式计算：

$$M_{\mathrm{I}} = \frac{1}{12}a_1^2[(2l+a')(p_{s,\max}+p_{s,\mathrm{I}})+(p_{s,\max}-p_{s,\mathrm{I}})l] \qquad (12\text{-}38)$$

$$M_{\mathrm{II}} = \frac{1}{48}(l-a')^2(2b+b')(p_{s,\max}+p_{s,\min}) \qquad (12\text{-}39)$$

式中　　　$a_1$——任意截面Ⅰ-Ⅰ至基底边缘最大反力处的距离；

$p_{s,\max}$、$p_{s,\min}$——分别为相应于荷载效应基本组合时，基础底面边缘的最大和最小地基净反力设计值；

$p_{s,\mathrm{I}}$——相应于荷载效应基本组合时，在任意截面Ⅰ-Ⅰ处基础底面地基净反力设计值。

当偏心距大于 1/6 基础宽度 $b$ 时，由于地基土是不承受拉力的，故沿弯矩作用方向基础底面一部分将出现零应力，其反力呈三角形，如图 12-54（c）所示。这时，在沿弯矩作用方向上，任意截面Ⅰ-Ⅰ处相应于荷载效应基本组合时的弯矩设计值 $M_{\mathrm{I}}$ 仍可按式（12-37）计算；在垂直于弯矩作用方向上，任意截面处相应于荷载效应基本组合时的弯矩设计值 $M_{\mathrm{II}}$ 应按实际应力分布计算，为简化计算，也可偏于安全地取 $p_{s,\min}=0$，然后按式（12-39）计算。

也有建议采用环向钢筋来代替双向受力钢筋的，轴心荷载作用下的试验结果表明，采用这种配筋的基础承载力比有相同数量钢筋的双向配筋的基础为大，但施工不便。

**请注意两点：①确定基础底面尺寸时，为了与地基承载力特征值 $f_a$ 相匹配，应采用内力标准值，而在确定基础高度和配置钢筋时，应按基础自身承载能力极限状态的要求，采用内力的设计值；②在确定基础高度和配筋计算时，不应计入基础自身重力及其上方土的重力，即采用地基净反力设计值 $p_s$。**

4. 构造要求

(1) 一般要求

轴心受压基础的底面一般采用正方形。偏心受压基础的底面应采用矩形，长边与弯矩作用方向平行，长、短边长的比值在 1.5～2.0 之间，不应超过 3.0。

锥形基础的边缘高度不宜小于 300mm；阶形基础的每阶高度宜为 300～500mm。

混凝土强度等级不宜低于 C20。基础下通常要做素混凝土（一般为 C10）垫层，厚度一般采用 100mm，垫层面积比基础底面积大，通常每端伸出基础边 100mm。

底板受力钢筋一般采用 HRB400、HRB335 或 HPB235 级钢筋，其最小直径不宜小于 8mm，间距不宜大于 200mm。当有垫层时，受力钢筋的保护层厚度不宜小于 35mm，无垫层时不宜小于 70mm。

基础底板的边长大于或等于 2.5m 时，沿此方向的钢筋长度可减短 10%，但宜交错布置，见图 12-58。

对于现浇柱基础，如与柱不同时浇灌，其插筋的根数、直径及钢筋种类应与柱内纵向受力钢筋相同，见图 12-59。插筋在基础内的锚固长度，无抗震设防要求时为 $l_a$；有抗震设防时为 $l_{aE}$：一、二级抗震等级 $l_{aE}=1.15l_a$，三级抗震等级 $l_{aE}=1.05l_a$，四级抗震等级 $l_{aE}=l_a$，$l_a$ 为纵向受拉钢筋的锚固长度。插筋下端宜做成直钩放在基础底板钢筋上，当柱为轴心或小偏心受压，基础高度大于等于 1200mm 时，或者柱为大偏心受压，基础高度大于等于 1400mm 时，可仅将四角的插筋伸至底板钢筋网上，其余插筋锚固在基础顶面下 $l_a$ 或 $l_{aE}$ 处，见图 12-59。插筋与柱的纵向受力钢筋的连接方法，应符合《混凝土结构设计规范》的规定。

(2) 预制基础的杯口形式和柱的插入深度

当预制柱的截面为矩形及工字形时，柱基础采用单杯口形式；当为双肢柱时，可采取双杯口，也可采用单杯口形式。杯口的构造见图 12-60。

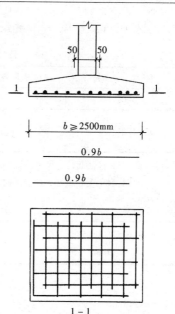

图 12-58 基础边长大于等于 2500mm 时的底部配筋示意

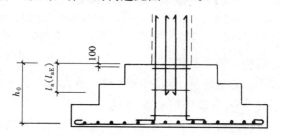

图 12-59 现浇柱的基础中插筋构造示意

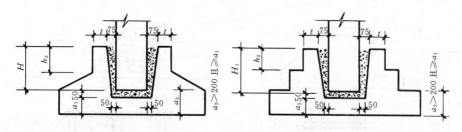

图 12-60 预制柱的杯口构造

预制柱插入基础杯口应有足够的深度，使柱可靠地嵌固在基础中，插入深度 $h_1$ 应满足表 12-4 的要求，同时 $h_1$ 还应满足柱纵向受力钢筋锚固长度的要求和柱吊装时稳定性的要求，即应使 $h_1 \geqslant 0.05$ 倍柱长（指吊装时的柱长）。

基础的杯底厚度 $a_1$ 和杯壁厚度 $t$ 可按表 12-5 选用。

柱的插入深度 $h_1$ (mm)　　　　　　　表 12-4

| 矩形或工字形柱 | | | | 双肢柱 |
|---|---|---|---|---|
| <500 | 500≤h<800 | 800≤h≤1000 | h>1000 | |
| $h$~$1.2h$ | $h$ | 0.9$h$ ≥800 | 0.8$h$ ≥1000 | $(1/3$~$2/3)h_a$ $(1.5$~$1.8)h_b$ |

注：1. $h$ 为柱截面长边尺寸；$h_a$ 为双肢柱整个截面长边尺寸；$h_b$ 为双肢柱整个截面短边尺寸；
　　2. 柱轴心受压或小偏心受压时，$h_1$ 可适当减小，偏心距大于 2$h$ 时，$h_1$ 应适当加大。

基础的杯底厚度和杯壁厚度　　　　　　　表 12-5

| 柱截面长边尺寸 $h$ (mm) | 杯底厚度 $a_1$ (mm) | 杯壁厚度 $t$ (mm) |
|---|---|---|
| $h$<500 | ≥150 | 150~200 |
| 500≤$h$<800 | ≥200 | ≥200 |
| 800≤$h$<1000 | ≥200 | ≥300 |
| 1000≤$h$<1500 | ≥250 | ≥350 |
| 1500≤$h$<2000 | ≥300 | ≥400 |

注：1. 双肢柱的杯底厚度值，可适当加大；
　　2. 当有基础梁时，基础梁下的杯壁厚度，应满足其支承宽度的要求；
　　3. 柱子插入杯口部分的表面应凿毛，柱子与杯口之间的空隙，应用比基础混凝土强度等级高一级的细石混凝土充填密实，当达到材料强度设计值的 70% 以上时，方能进行上部结构的吊装。

(3) 无短柱基础杯口的配筋构造

当柱为轴心或小偏心受压且 $t/h_2$≥0.65 时，或大偏心受压且 $t/h_2$≥0.75 时，杯壁可不配筋；当柱为轴心或小偏心受压且 0.5≤$t/h_2$<0.65 时，杯壁可按表 12-6 的要求构造配筋，钢筋置于杯口顶部，每边两个，见图 12-61 ($a$)；在其他情况下，应按计算配筋。

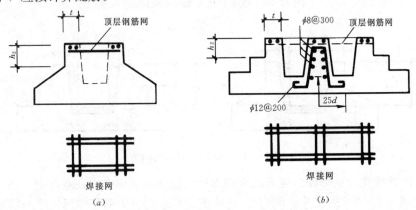

图 12-61　无短柱基础的杯口配筋构造

| 杯壁构造配筋 | | | 表 12-6 |
|---|---|---|---|
| 柱截面长边尺寸（mm） | $H<1000$ | $1000 \leqslant h<1500$ | $1500 \leqslant h<2000$ |
| 钢筋直径（mm） | 8～10 | 10～12 | 12～16 |

当双杯口基础的中间隔板宽度小于 400mm 时，应在隔板内配置 $\phi 12@200$ 的纵向钢筋和 $\phi 8@300$ 的横向钢筋，见图 12-61 (b)。

## §12.5 吊 车 梁

吊车梁直接承受吊车荷载，是单层厂房中主要承重构件之一，对吊车的正常运行和保证厂房的纵向刚度等都起着重要的作用。

### 12.5.1 吊车梁的受力特点

装配式吊车梁是支承在柱上的简支梁，其受力特点取决于吊车荷载的特性，主要有以下四点：

1. 吊车荷载是移动荷载

吊车荷载是两组移动的集中荷载，一组是移动的竖向荷载 $F$，另一组是移动的横向水平荷载 $T$。露天条件下的吊车梁，还应考虑与吊车横向水平荷载同时作用的水平风荷载 $W=0.3(\mathrm{kN/m^2}) \times B \times H$，除沿海特大风荷载地区外，这时可不考虑高度修正系数，其中 $B \times H$ 为吊车规格所标志的尺寸。

这里的"一组"是指可能作用在吊车梁上的吊车轮子。所以既要考虑自重和 $F$ 作用下的竖向弯曲，也要考虑自重、$F$ 和 $T$ 联合作用下的双向弯曲。因为是移动荷载，故要用影响线法来求出各计算截面上的最大内力，或作包络图。由结构力学知，绝对最大弯矩可按下述方法求得：设移动荷载的合力为 $R$，若梁的中心线平分合力 $R$ 与其相邻的一个集中荷载的间距 $a$ 时，见图 12-62，则此集中荷载所在截面就可能产生绝对最大弯矩，因为与相邻的集中荷载有左、右两个，故需作比较，其中弯矩大的就是绝对最大弯矩。在两台吊车作用时，弯矩包络图一般呈"鸡心形"，即绝对最大弯矩不在跨度中央，从绝对最大弯矩截面至支座的那段弯矩包络图可近似地取为二次抛物线。支座和跨中截面间的剪力包络图形，可近似地按直线取用，如图 12-62 所示。

2. 吊车荷载是重复荷载

实际调查表明，如果车间使用期为 50 年，则在这期间重级载荷状态吊车荷载的重复次数

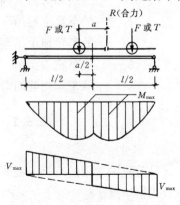

图 12-62 吊车梁的弯矩和剪力包络图

可达到 $(4\sim6)\times10^6$ 次，中级载荷状态吊车一般可达到 $2\times10^6$ 次。直接承受这种重复荷载的结构或构件，材料会因疲劳而降低强度。所以对直接承受吊车的构件，除静力计算外，还要进行疲劳强度验算。在疲劳强度验算中，荷载取用标准值，对吊车荷载要考虑动力系数，对跨度不大于 12m 的吊车梁，可取用一台最大吊车荷载。

3. 吊车荷载具有动力特性

吊车荷载具有冲击和振动作用，因此在计算吊车梁及其连接的强度时，要考虑吊车荷载的动力特性，对吊车竖向荷载应乘以动力系数 $\mu$。对悬挂吊车（包括电动葫芦）及轻、中级载荷状态的软钩吊车，动力系数 $\mu$ 可取为 1.05；对重级载荷状态的软钩吊车、硬钩吊车和其他特种钩车，动力系数 $\mu$ 可以取为 1.1。

4. 吊车荷载是偏心荷载

吊车竖向荷载 $\mu F_{max}$ 和横向水平荷载 $T$ 对吊车梁横截面的弯曲中心是偏心的，如图 12-63 所示。每个吊车轮产生的扭矩按两种情况计算：

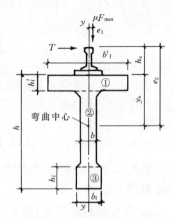

图 12-63 吊车荷载的偏心影响

静力计算时，考虑两台吊车

$$t = (\mu F_{max} e_1 + T e_2) \times 0.7 \tag{12-40}$$

疲劳强度验算时，只考虑一台吊车，且不考虑吊车横向水平荷载的影响

$$t^f = 0.8 \mu F_{max} e_1 \tag{12-41}$$

式中　$t$、$t^f$——静力计算和疲劳强度验算时，由一个吊车轮产生的扭矩值，上角码 $f$ 表示"疲劳"；

0.7、0.8——扭矩和剪力共同作用的组合系数；

$e_1$——吊车轨道对吊车梁横截面弯曲中心的偏心距，一般取 $e_1=20mm$；

$e_2$——吊车轨顶至吊车梁横截面弯曲中心的距离，$e_2 = h_a + y_a$；

$h_a$——吊车轨顶至吊车梁顶面的距离，一般可取 $h_a=200mm$；

$y_a$——吊车梁横截面弯曲中心至梁顶面的距离，不详述。

### 12.5.2　吊车梁的形式和构造要点

1. 形式

目前我国常用的有钢筋混凝土、预应力混凝土等截面或变截面的吊车梁以及组合式吊车梁。

图 12-64 (a) 为 6m 的钢筋混凝土 T 形等截面吊车梁，可适用于跨度 12~30m，吊车为 A1~A3 级 3~5t，A4、A5 级 3~30t，A6、A7 级 5~20t 的厂房。

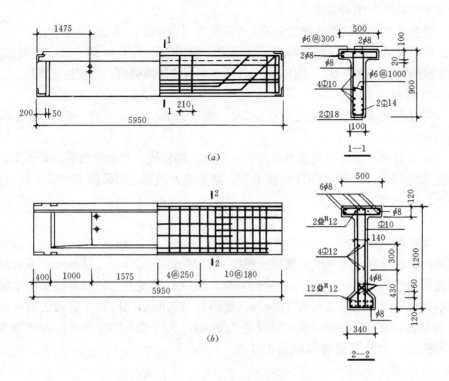

图 12-64 等截面吊车梁

预应力混凝土等截面吊车梁可为先张或后张，T形截面或工字形截面。图 12-64 (b) 示出了 6m 的先张法预应力混凝土工字形等截面吊车梁，可适用于 6m 柱距，吊车为 A4、A5 级：5～50t，A6、A7 级：5～30t 的厂房。预应力混凝土等截面吊车梁的工作性能、技术经济指标都比钢筋混凝土吊车梁好，应优先采用，特别是对于吨位较大或重级载荷状态的吊车。

变截面吊车梁有鱼腹式和折线式两种，分别如图 12-65 (a)、(b) 所示，它们都可以是钢筋混凝土或预应力混凝土的。因其外形较接近于弯矩包络图形，故各正截面的受弯承载力接近等强。由于受拉边的部分区段又是倾斜的，故受拉主钢筋

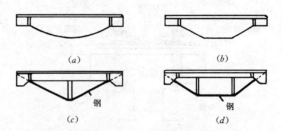

图 12-65 变截面吊车梁和组合式吊车梁
(a) 鱼腹式吊车梁；(b) 折线式吊车梁；
(c)、(d) 组合式吊车梁

的竖向分力可抵消部分剪力，从而可减薄腹板厚度和降低竖向箍筋用量，取得较好的经济效果。其缺点是施工不够方便；用机械方法张拉曲线钢筋（束）时，预应力摩擦损失值也较大；且当梁端截面底部非预应力构造钢筋配置较少时，可能

在支承垫板处产生斜裂缝。

组合式吊车梁的下弦杆为钢材（竖杆也有用钢材的），如图12-65（c）、（d）所示。由于焊缝的疲劳性能不易保证，目前一般用于不大于5t的A1～A5级吊车，且无侵蚀性气体的小型厂房中。对于外露钢材应作防腐处理，并应注意维护。

2. 材料

混凝土强度等级可采用C30～C50，预应力混凝土吊车梁一般宜采用C40，必要时用C50。

吊车梁中的预应力钢筋可采用碳素钢丝、钢绞线或热处理钢筋；非预应力钢筋宜采用HRB335或HRB400级钢筋，对非受力钢筋也可采用HPB235级钢筋。

3. 构造要点

（1）截面尺寸

梁高可取跨度的1/12～1/4，一般有600mm、900mm、1200mm和1500mm四种；钢筋混凝土吊车梁的腹板一般取$b$=140mm、160mm、180mm，在梁端部分逐渐加厚至200mm、250mm、300mm。预应力混凝土工字形等截面吊车梁的最小腹板厚度，先张法可为120mm（竖捣）、100mm（卧捣）。后张法当考虑预应力钢筋（束）在腹板中通过时可为140mm，在梁端头均应加厚腹板而渐变成T形截面。上翼缘宽度取梁高的1/3～1/2，不小于400mm，一般用400mm、500mm、600mm。

（2）连接构造

轨道与吊车梁的连接以及吊车梁与柱的连接构造可详见有关标准图集，图12-66为其一般做法。其中，上翼缘与柱相连的连接角钢或连接钢板承受吊车横向水平荷载的作用，按压杆计算。所有连接焊缝高度也应按计算确定，且不小于8mm。

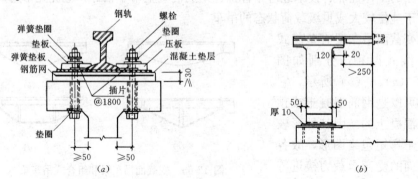

图12-66 吊车梁的连接构造
(a) 轨道与吊车梁的连接；(b) 吊车梁与柱的连接

（3）配筋构造

纵向钢筋：因为是直接承受重复荷载的，因此纵向受力钢筋不得采用绑扎接头，也不宜采用焊接接头，并不得焊有任何附件（端头锚固除外）；先张法预应力混凝土吊车梁中，除有专门锚固措施外，不应采用光面碳素钢丝；在预应力吊车梁中，上、下部预应力钢筋均应对称放置，为防止由于施加预应力而产生预拉区的裂缝和减少支座附近区段的主拉应力，宜在靠近支座附近将一部分预应力钢筋弯起，上部预应力钢筋截面面积 $A'_p$ 应根据计算确定，一般宜为下部预应力钢筋截面面积的 $1/8 \sim 1/4$；在薄腹的钢筋混凝土吊车梁中，为了防止腹中裂缝开展过宽、过高，应沿肋部两侧的一定高度内设置通长的腰筋，可以将主筋分散布置以便部分地代替这种腰筋，分散纵筋宜上疏下密，直径上小下大，并使截面有效高度 $h_0$ 基本控制在 $(0.85 \sim 0.9)h$ 之间，如图 12-64（a）所示。

箍筋：不得采用开口箍；箍筋直径一般不宜小于 6mm；箍筋间距，在梁中部一般为 $200 \sim 250$mm，在梁端部 $l_a + 1.5h$ 范围内，箍筋面积应比跨中增加 $20\% \sim 25\%$，间距一般为 $150 \sim 200$mm，此处，$h$ 为梁的跨中截面高度，$l_a$ 为主筋锚固长度；上翼缘内的箍筋一般按构造配置，间距为 200mm 或与腹板中的箍筋间距相同。

端部构造钢筋：为了防止预应力混凝土吊车梁端部截面在放张或施加预应力时产生水平裂缝，宜将一部分预应力钢筋靠近支座区段弯起，并使预应力钢筋尽可能沿构件端部均匀布置；如预应力钢筋在构件端部不能均匀布置而需要集中布置时，应在梁端设置附加竖向钢筋网、封闭式箍筋或其他形式的构造钢筋。

## §12.6 单层厂房设计例题

### 12.6.1 已 知 条 件

某金工车间为单跨等高厂房，跨度 24m，柱距 6m，车间总长 48m，无天窗。设有 2 台 20/5t 软钩吊车，工作级别为 A5 级，轨顶标高 +9.000m。采用钢屋盖、预制钢筋混凝土柱、预制钢筋混凝土吊车梁和柱下独立基础。屋面不上人。室内地坪标高为 ±0.000，室外地坪标高为 -0.150，基础顶面离室外地坪为 1.0m。纵向围护墙为支承在基础梁上的自承重空心砖砌体墙，厚 240mm，双面粉刷，排架柱外侧伸出拉结筋与其相连。

当地的基本风压值 $W_0 = 0.40\text{kN/m}^2$，地面粗糙类别为 B 类；基本雪压为 $0.3\text{kN/m}^2$，雪荷载的准永久值系数 $\psi_q = 0.5$；地基承载力特征值为 $165\text{kN/m}^2$。不考虑抗震设防。

### 12.6.2 构 件 选 型

1. 钢屋盖

采用图 12-67 所示的 24m 钢桁架，桁架端部高度为 1.2m，中央高度为

2.4m，屋面坡度为 1/12。钢檩条长 6m，屋面板采用彩色钢板，厚 4mm。

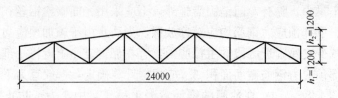

图 12-67　24m 钢桁架

**2. 预制钢筋混凝土吊车梁和轨道连接**

采用标准图 G323（二），中间跨 DL—9Z，边跨 DL—9B，梁高 $h_b=1.2$m。轨道连接采用标准图集 G325（二）。

**3. 预制钢筋混凝土柱**

取轨道顶面至吊车梁顶面的距离 $h_a=0.2$m，故

牛腿顶面标高＝轨顶标高 $-h_b-h_a=9-1.2-0.2=+7.600$m。

由附录 12 查得，吊车轨顶至吊车顶部的高度为 2.3m，考虑屋架下弦至吊车顶部所需空隙高度为 220mm，故

$$柱顶标高＝9+2.3+0.22=+11.520\text{m}$$

基础顶面至室外地坪的距离为 1.0m，则

基础顶面至室内地坪的高度为 $1.0+0.15=1.15$m，故

从基础顶面算起的柱高 $H=11.52+1.15=12.67$m

$$上部柱高\ H_u=11.52-7.6=3.92\text{m}，$$
$$下部柱高\ H_l=12.67-3.92=8.75\text{m}。$$

参考表 12-3，选择柱截面形式和尺寸：

上部柱采用矩形截面 $b\times h=400\text{mm}\times 400\text{mm}$；

下部柱采用 I 形截面 $b_f\times h\times b\times h_f=400\text{mm}\times 900\text{mm}\times 100\text{mm}\times 150\text{mm}$。

**4. 柱下独立基础**

采用锥形杯口基础

### 12.6.3　计算单元及计算简图

**1. 定位轴线**

$B_1$：由附表 12 可查得轨道中心线至吊车端部的距离 $B_1=260$mm；

$B_2$：吊车桥架至上柱内边缘的距离，一般取 $B_2\geqslant 80$mm；

$B_3$：封闭的纵向定位轴线至上柱内边缘的距离，$B_3=400$mm。

$B_1+B_2+B_3=260+80+400=740$mm $<750$mm，可以。

故取封闭的定位轴线Ⓐ、Ⓑ都分别与左、右外纵墙内皮重合。

**2. 计算单元**

由于该金工车间厂房在工艺上没有特殊要求，结构布置均匀，除吊车荷载

外，荷载在纵向的分布是均匀的，故可取一榀横向排架为计算单元，计算单元的宽度为纵向相邻柱间距中心线之间的距离，即 $B=6.0\mathrm{m}$，如图 12-68（$a$）所示。

3. 计算简图

排架的计算简图示于图 12-68（$b$）。

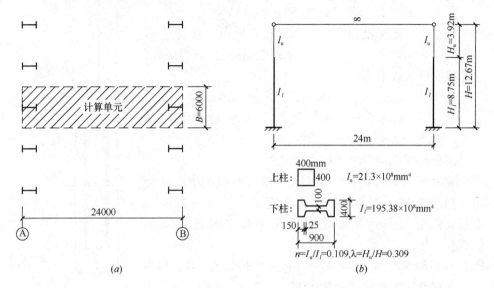

图 12-68　设计例题的计算单元与计算简图
（$a$）计算单元；（$b$）计算简图

### 12.6.4 荷 载 计 算

1. 屋盖荷载

（1）屋盖恒荷载

近似取屋盖恒荷载标准值为 $1.2\mathrm{kN/m^2}$，故由屋盖传给排架柱的集中恒荷载设计值

$$F_1=1.2\times1.2\times12\times6=103.68\mathrm{kN}$$

作用于上部柱中心线外侧 $e_0=50\mathrm{mm}$ 处。

（2）屋面活荷载

《荷载规范》规定，屋面均布活荷载标准值为 $0.5\mathrm{kN/m^2}$，比屋面雪荷载标准值 $0.3\mathrm{kN/m^2}$ 大，故仅按屋面均布活荷载计算。于是由屋盖传给排架柱的集中活荷载设计值

$$F_6=1.4\times0.5\times6\times12=50.4\mathrm{kN}$$

作用于上部柱中心线外侧 $e_0=50\mathrm{mm}$ 处。

2. 柱和吊车梁等恒荷载

上部柱自重标准值为 $4.0\mathrm{kN/m}$，故作用在牛腿顶截面处的上部柱恒荷载设

计值

$$F_2 = 1.2 \times 3.92 \times 4 = 18.82 \text{kN}$$

下部柱自重标准值为 $4.69\text{kN/m}$，故作用在基础顶截面处的下部柱恒荷载设计值

$$F_3 = 1.2 \times 8.75 \times 4.69 = 49.25 \text{kN}$$

吊车梁自重标准值为 $39.5\text{kN/}$根，轨道连接自重标准值为 $0.80\text{kN/m}$，故作用在牛腿顶截面处的吊车梁和轨道连接的恒荷载设计值

$$F_4 = 1.2 \times (39.5 + 6 \times 0.8) = 53.16 \text{kN}$$

图 12-69 示出了 $F_1$、$F_2$、$F_3$、$F_4$ 和 $F_6$ 的作用位置。

3. 吊车荷载

吊车跨度 $L_k = 24 - 2 \times 0.75 = 22.5\text{m}$

查附录 12，得 $Q = 20/5\text{t}$，$L_k = 22.5\text{m}$ 时的吊车最大轮压标准值 $P_{max,k}$、最小轮压标准值 $P_{min,k}$、小车自重标准值 $G_{2,k}$ 以及与吊车额定起重量相对应的重力标准值 $G_{3,k}$：

$P_{max,k} = 215\text{kN}$，$P_{min,k} = 45\text{kN}$，$G_{2,k} = 75\text{kN}$，$G_{3,k} = 200\text{kN}$

并查得吊车宽度 $B$ 和轮距 $K$：

$B = 5.55\text{m}$，$K = 4.40\text{m}$

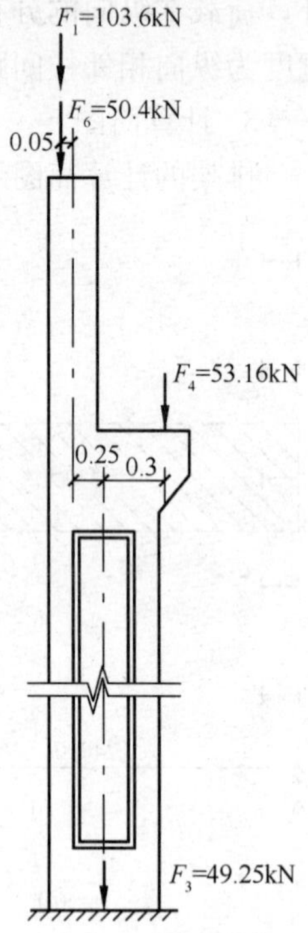

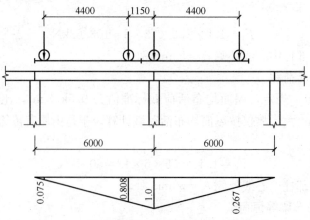

图 12-69 设计例题中各种恒荷载的作用位置

(1) 吊车竖向荷载设计值 $D_{max}$、$D_{min}$

由图 12-70 所示的吊车梁支座反力影响线知

$$D_{max,k} = \beta P_{max,k} \Sigma y_i = 0.9 \times 215 \times (1 + 0.808 + 0.267 + 0.075) = 416.03 \text{kN}$$

$$D_{max} = \gamma_Q D_{max,k} = 1.4 \times 416.03 = 582.44 \text{kN}$$

图 12-70 设计例题中的吊车梁支座反力影响线

$$D_{\min} = D_{\max}\frac{P_{\min,k}}{P_{\max,k}} = 582.44 \times \frac{45}{215} = 121.91\text{kN}$$

(2) 吊车横向水平荷载设计值 $T_{\max}$

由式（12-6）知

$$T_k = \frac{1}{4}\alpha(G_{2,k} + G_{3,k}) = \frac{1}{4} \times 0.1 \times (75 + 200) = 6.875\text{kN}$$

$$T_{\max} = D_{\max}\frac{T_k}{P_{\max,k}} = 582.44 \times \frac{6.875}{215} = 18.62\text{kN}$$

4. 风荷载

(1) 作用在柱顶处的集中风荷载设计值 $\overline{W}$

这时风荷载的高度变化系数 $\mu_Z$ 按檐口离室外地坪的高度 $0.15+11.52+1.2$（屋架端部高度）$=12.87\text{m}$ 来计算。查表 10-4，得离地面 10m 时，$\mu_Z=1.0$；离地面 15m 时，$\mu_Z=1.14$，用插入法，知

$$\mu_Z = 1 + \frac{1.14 - 1.0}{15 - 10} \times (12.87 - 10) = 1.08$$

由图 12-67 知，$h_1 = h_2 = 1.2\text{m}$

$$\overline{W}_k = [(0.8 + 0.5)h_1 + (0.5 - 0.6)h_2] \cdot \mu_Z W_0 B$$
$$= [(0.8 + 0.5) \times 1.2 - 0.1 \times 1.2] \times 1.08 \times 0.4 \times 6 = 3.73\text{kN}$$

$$\overline{W} = \gamma_Q \overline{W}_k = 1.4 \times 3.73 = 5.22\text{kN}$$

(2) 沿排架柱高度作用的均布风荷载设计值 $q_1$、$q_2$

这时风压高度变化系数 $\mu_Z$ 按柱顶离室外地坪的高度 $0.15+11.52=11.67\text{m}$ 来计算。

$$\mu_Z = 1 + \frac{1.14 - 1.0}{15 - 10} \times (11.67 - 10) = 1.05$$

$$q_1 = \gamma_Q \mu_s \mu_Z W_0 B = 1.4 \times 0.8 \times 1.05 \times 0.4 \times 6 = 2.82\text{kN/m}$$

$$q_2 = \gamma_Q \mu_s \mu_Z W_0 B = 1.4 \times 0.5 \times 1.05 \times 0.4 \times 6 = 1.76\text{kN/m}$$

### 12.6.5 内力分析

内力分析时所取的荷载值都是设计值，故得到的内力值都是内力的设计值。

1. 屋盖荷载作用下的内力分析

(1) 屋盖集中恒荷载 $F_1$ 作用下的内力分析

柱顶不动支点反力 $R = \dfrac{M_1}{H}C_1$

$$M_1 = F_1 \times e_0 = 103.68 \times 0.05 = 5.18 \text{kN} \cdot \text{m}$$

按 $n = I_u/I_l = 0.109$，$\lambda = H_u/H = 0.309$，查附图 9-2，得柱顶弯矩作用下的系数 $C_1 = 2.16$。按公式计算：

$$C_1 = 1.5 \times \frac{1 - \lambda^2 \left(1 - \dfrac{1}{n}\right)}{1 + \lambda^3 \left(\dfrac{1}{n} - 1\right)} = 1.5 \times \frac{1 - 0.309^2 \left(1 - \dfrac{1}{0.109}\right)}{1 + 0.309^3 \left(\dfrac{1}{0.109} - 1\right)} = 2.15$$

可见计算值与查附图 9-2 所得的接近，取 $C_1 = 2.15$。

$$R = \frac{M_1}{H} C_1 = \frac{5.18}{12.67} \times 2.15 = 0.88 \text{kN}$$

(2) 屋盖集中活荷载 $F_6$ 作用下的内力分析

$$M_6 = F_6 \times e_0 = 50.4 \times 0.05 = 2.52 \text{kN} \cdot \text{m}$$

$$R = \frac{M_6}{H} C_1 = \frac{50.4 \times 0.05}{12.67} \times 2.15 = 0.43 \text{kN}$$

在 $F_1$、$F_6$ 分别作用下的排架柱弯矩图、轴向力图和柱底剪力图，分别见图 12-71 (a) 和 (b)，图中标注出的内力值是指控制截面 Ⅰ-Ⅰ、Ⅱ-Ⅱ 和 Ⅲ-Ⅲ 截面的内力设计值。弯矩以使排架柱外侧受拉的为正，反之为负；柱底剪力以向左为正、向右为负。

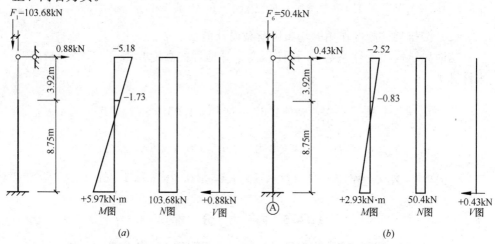

图 12-71 屋盖荷载作用下的内力图
(a) 屋盖恒荷载作用下的内力图；(b) 屋盖活荷载作用下的内力图

2. 柱自重、吊车梁及轨道连接等自重作用下的内力分析。

不作排架分析，其对排架柱产生的弯矩和轴向力如图 12-72 所示。

3. 吊车荷载作用下的内力分析

(1) $D_{max}$ 作用在 A 柱，$D_{min}$ 作用在 B 柱时，A 柱的内力分析

$$M_{max} = D_{max} \cdot e = 582.44 \times (0.75 - 0.45)$$
$$= 174.73 \text{kN} \cdot \text{m}$$

$$M_{min} = D_{min} \cdot e = 121.91 \times (0.75 - 0.45)$$
$$= 36.57 \text{kN} \cdot \text{m}$$

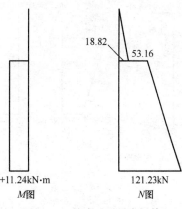

图 12-72 柱自重及吊车梁等作用下的内力图

这里的偏心距 $e$ 是指吊车轨道中心线至下部柱截面形心的水平距离。

A 柱顶的不动支点反力，查附图 9-3，得 $C_3 = 1.1$，按计算

$$C_3 = 1.5 \times \frac{1-\lambda^2}{1+\lambda^3\left(\frac{1}{n}-1\right)} = 1.5 \times \frac{1-0.309^2}{1+0.309^3\left(\frac{1}{0.109}-1\right)}$$

$$= 1.09, \text{取 } C_3 = 1.09 \text{。}$$

A 柱顶不动支点反力 $R_A = \dfrac{M_{max}}{H} C_3 = \dfrac{174.73}{12.67} \times 1.09 = 15.03 \text{kN} (\leftarrow)$

B 柱顶不动支点反力 $R_B = \dfrac{M_{min}}{H} C_3 = \dfrac{36.57}{12.67} \times 1.09 = -3.15 \text{kN} (\rightarrow)$

A 柱顶水平剪力 $V_A = R_A + \dfrac{1}{2}(-R_A - R_B) = 15.03 + \dfrac{1}{2}(-15.03 + 3.15)$

$$= 9.09 \text{kN} (\leftarrow)$$

B 柱顶水平剪力 $V_B = R_B + \dfrac{1}{2}(-R_A - R_B) = -3.15 + \dfrac{1}{2}(-15.03 + 3.15)$

$$= -9.09 \text{kN} (\rightarrow)$$

内力图示于图 12-73 (a)。

(2) $D_{min}$ 作用在 A 柱，$D_{max}$ 作用在 B 柱时的内力分析

此时，A 柱顶剪力与 $D_{max}$ 作用在 A 柱时的相同，也是 $V_A = 9.09 \text{kN} (\leftarrow)$，故可得内力值，示于图 12-73 (b)。

(3) 在 $T_{max}$ 作用下的内力分析

$T_{max}$ 至牛腿顶面的距离为 $9 - 7.6 = 1.4 \text{m}$；

$T_{max}$ 至柱底的距离为 $9 + 0.15 + 1.0 = 10.15 \text{m}$。

因 A 柱与 B 柱相同，受力也相同，故柱顶水平位移相同，没有柱顶水平剪力，故 A 柱的内力如图 12-74 所示。

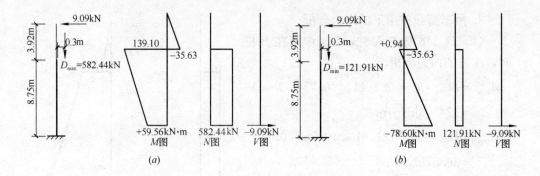

图 12-73 吊车竖向荷载作用下的内力图
(a) $D_{max}$ 作用在 A 柱时；(b) $D_{min}$ 作用在 A 柱时

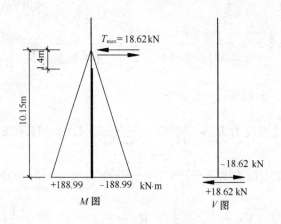

图 12-74 $T_{max}$ 作用下的内力图

### 4. 风荷载作用下，A 柱的内力分析

左风时，在 $q_1$、$q_2$ 作用下的柱顶不动铰支座反力，由附图 9-8 查得 $C_{11}=0.326$；按计算

$$C_{11} = \frac{3\left[1+\lambda^4\left(\frac{1}{n}-1\right)\right]}{8\left[1+\lambda^3\left(\frac{1}{n}-1\right)\right]} = \frac{3\left[1+0.309^4\left(\frac{1}{0.109}-1\right)\right]}{8\left[1+0.309^3\left(\frac{1}{0.109}-1\right)\right]} = 0.325$$

取 $C_{11}=0.325$，不动铰支座反力：

$$R_A = q_1 H C_{11} = 2.82 \times 12.67 \times 0.325 = -11.61 \text{kN}(\leftarrow)$$

$$R_B = q_2 H C_{11} = 1.76 \times 12.67 \times 0.325 = -7.25 \text{kN}(\leftarrow)$$

A 柱顶水平剪力：

§12.6 单层厂房设计例题

$$V_A = R_A + \frac{1}{2}(\overline{W} - R_A - R_B) = -11.61 + \frac{1}{2}(5.22 + 11.61 + 7.25)$$

$$= 0.43\text{kN}(\rightarrow)$$

$$V_B = R_B + \frac{1}{2}(\overline{W} - R_A - R_B) = -7.25 + \frac{1}{2}(5.22 + 11.61 + 7.25)$$

$$= 4.79\text{kN}(\rightarrow)$$

故左风和右风时，A柱的内力图分别示于图12-75（a）和（b）。

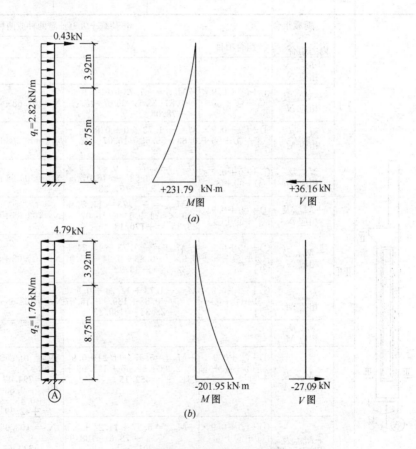

图12-75 风荷载作用下A柱内力图
(a) 左风时；(b) 右风时

## 12.6.6 内力组合表及其说明

1. 内力组合表

A柱控制截面Ⅰ-Ⅰ、Ⅱ-Ⅱ和Ⅲ-Ⅲ的内力组合列于表12-7。

# 第12章 单层厂房

排架Ⓐ柱的

| 柱号、控制截面及正号内力的方向 | 控制截面 | 荷载类型<br>荷载编号<br>内力设计值 | 恒荷载 ①屋面恒荷载 | | | 恒荷载 ②柱、吊车梁自重 | | | ③屋面均布活荷载 | | |
|---|---|---|---|---|---|---|---|---|---|---|---|
| | | | $M$ | $N$ | $V$ | $M$ | $N$ | $V$ | $M$ | $N$ | $V$ |
| | | | −5.18<br>+1.73<br>+5.97 | 103.68 | +0.88 | 18.82 / 53.16<br>+11.24 | 121.23 | | −2.52<br>−0.83<br>+2.93 | 50.4 | +0.43 |

| | | 荷载组合 | 恒荷载+0.9(任意两种或两种以上活荷载) | |
|---|---|---|---|---|
| | | 内力组合 | 组合项目 | $M$ | $N$、$V$ |
| I-I | | $+M_{max}$及相应 $N$ | | | |
| | | $-M_{max}$及相应 $N$ | ①+②+0.9×<br>[③+④+⑥+⑧] | $-M_{max}=-1.73+0+0.9\times$<br>$[-0.83-35.63-16.07-32.3]$<br>$=\mathbf{-78.08}$ | $N=103.68+18.82+0.9\times$ |
| | | $N_{max}$及相应 $M$ | ①+②+0.9×<br>[③+④+⑥+⑧] | $M=-1.73+0+0.9\times[-0.83-35.63-16.07-32.3]$<br>$=-78.08$ | $N_{max}=103.68+18.82+0.9\times$ |
| | | $N_{min}$及相应 $M$ | ①+②+0.9×<br>[④+⑥+⑧] | $M=-1.73+0+0.9$<br>$[-35.63-16.07-32.3]=-77.33$ | $N_{min}=103.68+18.82+0.9\times$ |
| II-II | | $+M_{max}$及相应 $N$ | ①+②+0.9×<br>[④+⑥+⑦] | $+M_{max}=-1.73+11.24+$<br>$0.9\times[139.1+16.07+23.35]=\mathbf{+170.18}$ | $N=103.68+53.16+0.9\times$ |
| | | $-M_{max}$及相应 $N$ | ①+②+0.9×<br>[③+⑤+⑥+⑧] | $-M_{max}=-1.73+11.24+$<br>$0.9\times[-0.83+0.94-16.07-32.3]=-33.92$ | $N=103.68+53.16+0.9\times$ |
| | | $N_{max}$及相应 $M$ | ①+②+0.9×<br>[③+④+⑥+⑦] | $M=-1.73+11.24+0.9\times$<br>$[-0.83+139.1+16.07+23.35]=169.43$ | $N_{max}=103.68+53.16+0.9\times$ |
| | | $N_{min}$及相应 $M$ | | | |
| III-III | | $+M_{max}$及相应 $N$、$V$ | ①+②+0.9<br>×[③+④+⑥+⑦] | $+M_{max}=5.97+11.24+0.9$<br>$\times[2.93+59.56+188.99+231.79]=\mathbf{452.15}$ | $N=103.68+121.23+0.9\times$<br>$=\mathbf{794.47}$<br>$V=+0.88+0+0.9\times$<br>$[+0.43$<br>$=\mathbf{+42.39}$ |
| | | $-M_{max}$及相应 $N$、$V$ | ①+②+0.9×<br>[⑤+⑥+⑧] | $-M_{max}=5.97+11.24+0.9$<br>$\times[-78.6-188.99-201.95]$<br>$=\mathbf{-405.38}$ | $N=103.68+121.23+$<br>$0.9\times$<br>$=\mathbf{334.63}$<br>$V=+0.88+0+0.9\times$<br>$=\mathbf{-48.44}$ |
| | | $N_{max}$及相应 $M$、$V$ | ①+②+0.9×<br>[③+④+⑥+⑦] | $M=5.97+11.24+0.9\times$<br>$[2.93+59.56+188.99+231.79]=+452.15$ | $N_{max}=103.68+121.23+0.9\times$<br>$=794.47$<br>$V=+0.88+0+0.9\times[+0.43$<br>$=+42.39$ |
| | | $N_{min}$及相应 $M$、$V$ | | | |

## §12.6 单层厂房设计例题

内力组合表(单位：kN、kN·m)　　　　　　　　　　　　　　　　　　　　　　表 12-7

| 活 荷 载 | | | | | | | | | | |
|---|---|---|---|---|---|---|---|---|---|---|
| ④ $D_{max}$ 在Ⓐ柱 | | | ⑤ $D_{min}$ 在Ⓐ柱 | | | ⑥ $T_{max}$ | | ⑦左风 | ⑧右风 | |
| $M$ | $N$ | $V$ | $M$ | $N$ | $V$ | $M$ | $V$ | $M$ | $V$ | $M$ | $V$ |
| +139.1 / −35.63 / +59.56 | 582.44 | +9.09 | +0.94 / −35.63 / −78.6 | 121.91 | +9.09 | +16.07 / −16.07 / +188.99 / −188.99 | −18.62 | +23.35 / +231.79 | +36.16 | −32.3 / −201.95 | −27.09 |

| | 恒荷载＋任一种活荷载 | | |
|---|---|---|---|
| | 组合项目 | $M$ | $N, V$ |
| | ①+②+⑦ | $+M_{max}=-1.73+0+23.04$ $=+21.31$ | $N=103.68+18.82+0$ $=122.50$ |
| $[50.4+0+0+0]=\mathbf{167.86}$ | | | |
| $[50.4+0+0+0]=167.86$ | ①+②+③ | $M=-1.73+0-0.83$ $=-2.56$ | $N_{max}=103.68+18.82+50.4$ $=172.90$ |
| $[0+0+0]=122.50$ | ①+②+⑧ | $M=-1.73+0-32.3$ $=-33.85$ | $M_{min}=103.68+18.82+0$ $=122.50$ |
| $[582.44+0+0]=\mathbf{681.04}$ | ①+②+④ | $+M_{max}=-1.73+11.24$ $+139.1$ $=+148.61$ | $N=103.68+53.16+582.44$ $=739.28$ |
| $[50.4+121.91+0+0]=311.92$ | ①+②+⑧ | $-M_{max}=-1.73+11.24$ $-32.3$ $=-11.37$ | $N=103.68+53.16+0$ $=156.84$ |
| $[50.4+582.44+0+0]=726.4$ | ①+②+④ | $M=-1.73+11.24+139.1$ $=+148.61$ | $N_{max}=103.68+53.16+582.44$ $=739.28$ |
| | ①+②+⑦ | $M=-1.73+11.24+23.35$ $=+32.86$ | $N_{min}=103.68+53.16+0$ $=156.84$ |
| $[50.4+582.44+0+0$ $-9.09+18.62+36.16]$ | ①+②+⑦ | $+M_{max}=+5.97+11.24$ $+231.79$ $=+249$ | $N=103.68+121.23+0$ $=224.91$ $V=+0.88+0+36.16$ $=+37.04$ |
| $[121.91+0+0]$ $[-9.09-18.62-27.09]$ | ①+②+⑧ | $-M_{max}=5.97+11.24$ $-201.95$ $=-184.74$ | $N=103.68+121.23+0$ $=224.91$ $V=+0.88+0-27.09$ $=-27.97$ |
| $[50.4+582.44+0+0$ $-9.09+18.62+36.16]$ | ①+②+④ | $M=5.97+11.24+59.56$ $=+76.77$ | $N_{max}=103.68+121.23+$ $582.44=807.35$ $V=+0.88+0-9.09=-8.21$ |
| | ①+②+⑦ | $M=+5.97+11.24+231.79$ $=\mathbf{+249}$ | $N_{min}=103.68+121.23+0$ $=\mathbf{224.91}$ $V=+0.88+0+36.16=\mathbf{+37.04}$ |

## 2. 内力组合的说明

(1) 控制截面 I-I 在以 $+M_{max}$ 及相应 $N$ 为目标进行恒荷载 $+0.9\times$（任意两种或两种以上活荷载）的内力组合时，由于"有 $T$ 必有 $D$"，由 $T_{max}$ 产生的是正弯矩 $+16.07$ kN·m，而在 $D_{max}$ 或 $D_{min}$ 作用下产生的是负弯矩 $-35.63$ kN·m，如果把它们组合起来，得到的是负弯矩，与要得到 $+M_{max}$ 的目标不符，故不予组合。

(2) 控制截面 I-I 在以 $N_{max}$ 及相应 $M$ 为目标进行恒荷载 $+0.9\times$（任意两种或两种以上活荷载）的合力组合时，应在得到 $N_{max}$ 的同时，使得 $M$ 尽可能的大，因此采用①+②+$0.9\times$[③+④+⑥+⑧]。

(3) $D_{max}$、$D_{min}$、$T_{max}$ 和风荷载对截面 I-I 都不产生轴向力 $N$，因此对 I-I 截面进行 $N_{max}$ 及相应 $M$ 的恒荷载+任一活荷载内力组合时，取①+②+③。

(4) 在恒荷载+任一种活荷载的内力组合中，通常采用恒荷载+风荷载，但当以 $N_{max}$ 为内力组合目标时或在对 II-II 截面以 $+M_{max}$ 为内力组合目标时，则常改用恒荷载 $+D_{max}$。

(5) 评判 II-II 截面的内力组合时，对 $+M_{max}=170.18$ kN 及相应 $N=681.04$ kN，$e_0=0.25$ m 稍小于 $0.3h_0=0.3\times0.86=0.258$ m，但考虑到 $P-\Delta$ 二阶效应后弯矩会增大，故估计是大偏压，因此取它为最不利内力组合；对 III-III 截面，$N_{min}=224.91$ kN 及相应 $M=+249$ kN·m，$e_0=1.107$ m，偏心距很大，故也取为最不利内力组合。

(6) 控制截面 III-III 的 $-M_{max}$ 及相应 $N$、$V$ 的组合，是为基础设计用的。

### 12.6.7 排架柱截面设计

采用就地预制柱，混凝土强度等级为 C30，纵向受力钢筋为 HRB400 级钢筋，采用对称配筋。

#### 1. 上部柱配筋计算

由内力组合表 12-7 知，控制截面 I-I 的内力设计值为
$M=78.08$ kN·m，$N=167.86$ kN

(1) 考虑 $P-\Delta$ 二阶效应

$e_0=M/N=78.08/167.86=465$ mm，$e_a=20$ mm，

$$e_i=e_0+e_a=465+20=485 \text{ mm}$$

$A=bh=400\times400=160\times10^3 \text{ mm}^2$

$$\zeta_c=\frac{0.5f_cA}{N}=\frac{0.5\times14.3\times160\times10^3}{167.86\times10^3}=6.82>1.0，取 \zeta_c=1.0$$

查表 12-4 知，$l_0=2H_u=2\times3.92=7.84$ m

$$\eta_s=1+\frac{1}{150\frac{e_i}{h_0}}\left(\frac{l_0}{h}\right)\zeta_c=1+\frac{1}{1500\times\frac{485}{360}}\left(\frac{7.84}{0.4}\right)^2\times1=1.19$$

## §12.6 单层厂房设计例题

(2) 截面设计

假设为大偏心受压，则

$$x = \frac{N}{\alpha_1 f_c b_f'} = \frac{167.86 \times 10^3}{1 \times 14.3 \times 400} = 29.35\text{mm} < 2a_s' = 80\text{mm}$$

取 $x = 2a_s' = 80\text{mm}$ 计算

$$e' = \eta_s e_i - \frac{h}{2} + a_s' = 1.19 \times 485 - \frac{400}{2} + 40 = 417.15\text{mm}$$

$$A_s = A_s' = \frac{Ne'}{f_y(h_0 - a_s')} = \frac{167.86 \times 10^3 \times 417.15}{360(360-40)} = 608\text{mm}^2$$

选用 3Φ18，$A_s = A_s' = 763\text{mm}^2$，故截面一侧钢筋截面面积 $763\text{mm}^2 > \rho_{\min}bh = 0.2\% \times 400 \times 40 = 320\text{mm}^2$；同时柱截面总配筋 $2 \times 763 = 1526\text{mm}^2 > 0.55\% \times 400 \times 400 = 880\text{mm}^2$。

(3) 垂直于排架方向的截面承载力验算

由表12-4知，垂直于排架方向的上柱计算长度 $l_0 = 1.25H_a = 1.25 \times 3.92 = 4.9\text{m}$

$$\frac{l_0}{b} = \frac{4.9}{0.4} = 12.21，查上册表5-1，得 \varphi = 0.95$$

$$N_u = 0.9\varphi(f_c A + f_y' A_s') = 0.9 \times 0.95 \times (14.3 \times 400 \times 400 + 360 \times 1526)$$
$$= 2425.94\text{kN} > N = 167.86\text{kN}，承载力满足。$$

### 2. 下部柱配筋计算

按控制截面Ⅲ-Ⅲ进行计算。由内力组合表知，有二组不利内力：

$$(a) \begin{cases} M = 452.15\text{kN} \cdot \text{m} \\ N = 794.49\text{kN} \end{cases} \quad (b) \begin{cases} M = 249\text{kN} \cdot \text{m} \\ N = 224\text{kN} \end{cases}$$

(1) 按 (a) 组内力进行截面设计

$$e_0 = \frac{452.15}{794.49} = 569\text{mm}，e_a = h/30 = 900/30 = 30\text{mm}，$$

$$e_i = e_0 + e_a = 569 + 30 = 599\text{mm}$$

$$A = bh + 2(b_f - b)h_f = 100 \times 900 + 2(400-100)(150-12.5)$$
$$= 1.875 \times 10^5 \text{mm}^2$$

$$\zeta_c = \frac{0.5 f_c A}{N} = \frac{0.5 \times 14.3 \times 1.875 \times 10^5}{794.49 \times 10^3} = 1.69 > 1.0，取 \zeta_c = 1.0$$

$$\eta_s = 1 + \frac{1}{1500 \frac{e_i}{h_0}} \left(\frac{l_0}{h}\right)^2 \cdot \zeta_c = 1 + \frac{1}{1500 \times \frac{599}{860}} \left(\frac{8.75}{0.9}\right)^2 \times 1.0 = 1.09$$

假设为大偏心受压，且中和轴在翼缘内：

$$x = \frac{N}{\alpha_1 f_c b} = \frac{794.49 \times 10^3}{1 \times 14.3 \times 400} = 131\text{mm} > 2a_s' = 80\text{mm}$$

$$< h'_f = 162.5\text{mm}$$

说明中和轴确实在翼缘内。

$$e' = \eta_s e_i - \frac{h}{2} + a'_s = 1.09 \times 599 - 450 + 40 = 243\text{mm}$$

$$A_s = A'_s = \frac{Ne' - \alpha_1 f_c b'_f \cdot x\left(\frac{x}{2} - a'_s\right)}{f_y(h_0 - a'_s)}$$

$$= \frac{794.99 \times 10^3 \times 243 - 1 \times 14.3 \times 400 \times 131 \times \left(\frac{131}{2} - 40\right)}{360(860 - 40)}$$

$$= 654\text{mm}^4$$

采用 4 $\Phi$ 18，$A_s = A'_s = 1018\text{mm}^2$

(2) 按 (b) 组内力进行截面设计

$$e_0 = \frac{249 \times 10^6}{224 \times 10^3} = 1112\text{mm}, \ e_a = 30\text{mm}, \ e_i = 1142\text{mm}$$

$$\zeta_c = \frac{0.5 f_c A}{N} = \frac{0.5 \times 14.3 \times 1.875 \times 10^5}{224 \times 10^3} = 5.99 > 1.0, 取 \zeta_c = 1.0$$

$$\eta_s = 1 + \frac{1}{1500 \times \frac{1142}{860}} \left(\frac{8.75}{0.9}\right)^2 \times 1.0 = 1.05$$

$$x = \frac{N}{\alpha_1 f_c b'_f} = \frac{224 \times 10^3}{1 \times 14.3 \times 400} = 39.16\text{mm} < 2a'_s = 80\text{mm}$$

按 $x = 2a'_s = 80\text{mm}$ 计算

$$e' = \eta_s e_i - \frac{h}{2} + a'_s = 1.05 \times 1142 - \frac{900}{2} + 40 = 789.1\text{mm}$$

$$A_s = A'_s = \frac{Ne'}{f_y(h_0 - a'_s)} = \frac{224 \times 10^3 \times 789.1}{360(860 - 40)}$$

$$= 599\text{mm}^2 < 4 \ \Phi \ 18, A_s = A'_s = 1018\text{mm}^2$$

(3) 垂直于排架方向的承载力验算

由表 12-4 知，有柱间支撑时，垂直排架方向的下柱计算长度为 $0.8H_l = 0.8 \times 8.75 = 7\text{m}$

$$\frac{l_0}{b_f} = \frac{7}{0.4} = 17.5, \ \varphi = 0.825$$

$$N_u = 0.9\varphi(f_c A + f'_y A'_s) = 0.9 \times 0.825 \times (14.3 \times 1.875 \times 10^5 + 360 \times 2 \times 1018)$$

$$= 2535.05\text{kN} > (a) 组轴向力 N = 794.49\text{kN}，满足。$$

3. 排架柱的裂缝宽度验算

裂缝宽度应按内力的准永久组合值进行验算。内力组合表中给出的是内力的设计值，因此要将其改为内力的准永久组合值，即把内力设计值乘以准永久组合值系数 $\psi_q$，再除以活载荷分项系数 $\gamma_Q=1.4$。风荷载的 $\psi_q=0$，故不考虑风荷载；不上人屋面的屋面活荷载，其 $\psi_q=0$，故把它改为雪荷载，即乘以系数 30/50。

(1) 上部柱裂缝宽度验算

按式 (10-35) 的荷载准永久组合，可得控制截面 I-I 的准永久组合内力值：

$$M_q = -17.3 + 0 + \left(\frac{0.5}{1.4} \times \frac{30}{50} \times (-0.83) - \frac{0.6}{1.4} \times 35.63 - \frac{0.6}{1.4} \times 16.07\right]$$

$$= -24.07 \text{kN} \cdot \text{m}$$

$$N_g = 103.68 + 18.82 + \left(\frac{0.5}{1.4} \times \frac{30}{50} \times 50.4\right) = 133.3 \text{kN}$$

由上册式 (8-38) 知最大裂缝宽度

$$W_{max} = \alpha_{cr}\psi \frac{\delta_{sq}}{E_s}\left(1.9c_s + 0.08\frac{d_{eq}}{\rho_{te}}\right)$$

$$\rho_{te} = \frac{A_s}{A_{te}} = \frac{A_s}{0.5bh} = \frac{763}{0.5 \times 400 \times 400} = 0.0096 < 0.01, 取 \rho_{te} = 0.01$$

$$e_0 = \frac{M_q}{N_q} = \frac{24.07 \times 10^6}{133.3 \times 10^3} = 181 \text{mm}, y_s = \frac{h}{2} - a_s = 200 - 40 = 160 \text{mm}$$

$$\eta_s = 1 + \frac{1}{4000 \cdot \frac{e_0}{h_0}}\left(\frac{l_0}{h}\right)^2 = 1 + \frac{1}{4000 \times \frac{181}{360}}\left(\frac{2 \times 3.92}{0.4}\right)^2 = 1.19$$

$$e = \eta_s e_0 + y_s = 1.19 \times 181 + 160 = 375.39 \text{mm}$$

$$\gamma'_f = 0$$

$$z = \left[0.87 - 0.12(1-\gamma'_f)\left(\frac{h_0}{e}\right)^2\right]h_0$$

$$= \left[0.87 - 0.12\left(\frac{360}{375.39}\right)^2\right] \times 360 = 299 \text{mm}$$

$$\sigma_{sq} = \frac{N_q(e-z)}{A_s z} = \frac{133.3 \times 10^3 \times (375.39 - 299)}{763 \times 299} = 44.63 \text{N/mm}^2$$

纵向受拉钢筋外边缘至受拉边的距离为 28mm，近似取 $C_s=20$mm。

$$\psi = 1.1 - 0.65\frac{f_{tk}}{\rho_{te}\sigma_{sq}} = 1.1 - 0.65 \times \frac{2.01}{0.01 \times 44.63} = 负值, 取 \psi = 0.2$$

$$W_{\max} = \alpha_{cr}\psi\frac{\sigma_{sq}}{E_s}\left(1.9c_s + 0.08\frac{d_{eq}}{\rho_{te}}\right)$$

$$= 1.9 \times 0.2 \times \frac{44.63}{2.0 \times 10^5}\left(1.9 \times 28 + 0.08 \times \frac{18}{0.01}\right)$$

$= 0.017\text{mm} < 0.3\text{mm}$,满足(注:本题 $e_0/h_0 = 181/360$

$= 0.503 < 0.55$,本来就不必进行裂缝宽度验算)。

(2) 下部柱裂缝宽度验算

对Ⅲ-Ⅲ截面内力组合$+M_{\max}$及相应 $N$ 的情况进行裂缝宽度验算。

$$M_q = 5.97 + 11.24 + \left[\frac{0.5}{1.4} \times \frac{30}{50} \times 2.93 + \frac{0.6}{1.4}(59.56 + 188.99 + 231.79)\right]$$

$= 223.7\text{kN·m}$

$$N_q = 103.68 + 121.23 + \left(\frac{0.5}{1.4} \times \frac{30}{50} \times 50.4 + \frac{0.6}{1.4} \times 582.44\right) = 443.72\text{kN}$$

$$\rho_{te} = \frac{A_s}{0.5bh + (b_f - b)h_f} = \frac{1018}{0.5 \times 100 \times 900 + (400 - 100) \times 162.5}$$

$= 0.011$

$$y_s = \frac{h}{2} - a_s = 450 - 40 = 410\text{mm},$$

$$e_0 = \frac{M_q}{N_q} = \frac{223.7 \times 10^6}{443.72 \times 10^3} = 504.15\text{mm}$$

$$\frac{l_0}{h} = \frac{8.75}{0.9} = 9.72 < 14,故取 \eta_s = 1.0$$

$$e = \eta_s e_0 + y_s = 1 \times 504.15 + 410 = 914.15\text{mm}$$

$$\gamma'_f = \frac{(b'_f - b)h'_f}{bh} = \frac{(400 - 100) \times 162.5}{100 \times 900} = 0.542$$

$$z = \left[0.87 - 0.12(1 - \gamma'_f)\left(\frac{h_0}{e}\right)^2\right]h_0$$

$$= \left[0.87 - 0.12(1 - 0.542)\left(\frac{860}{914.15}\right)^2\right] \times 860$$

$= 706\text{mm}$

$$\sigma_{sq} = \frac{N_q(e - z)}{A_s z} = \frac{443.72 \times 10^3 \times (914.15 - 706)}{1018 \times 706} = 128.51\text{N/mm}^2$$

$$\psi = 1.1 - 0.65\frac{f_{tk}}{\rho_{te}\sigma_{sq}} = 1.1 - 0.65 \times \frac{2.01}{0.011 \times 128.51}$$

$= 0.176 < 0.2,取 \psi = 0.2$

$$W_{\max} = \alpha_{cr}\psi\frac{\sigma_{sq}}{E_s}\left(1.9c_s + 0.08\frac{d_{eq}}{\rho_{te}}\right)$$

$$= 1.9 \times 0.2 \times \frac{128.51}{2.0 \times 10^5}\left(1.9 \times 28 + 0.08 \times \frac{18}{0.011}\right)$$

$$= 0.048\text{mm} < 0.3\text{mm},满足。$$

**4. 箍筋配置**

非地震区的单层厂房排架柱箍筋一般按构造要求设置。本例题对上、下柱均采用Φ8@200,在牛腿处箍筋加密为Φ8@100。

**5. 牛腿设计**

根据吊车梁支承位置,吊车梁尺寸及构造要求,确定牛腿尺寸如图 12-76 所示。牛腿截面宽度 $b=400$mm,截面高度 $h=600$mm,截面有效高度 $h_0=560$mm。

(1) 按裂缝控制要求验算牛腿截面高度

作用在牛腿顶面的竖向力标准值

$$F_{vk} = D_{\max,k} + F_{4,k} = 416.03 + \frac{53.16}{1.2}$$

$$= 460.33\text{kN}$$

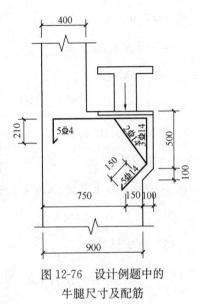

图 12-76 设计例题中的牛腿尺寸及配筋

牛腿顶面没有水平荷载,即 $F_{hk}=0$($T_{\max}$ 作用在上柱轨顶标高处)。

设裂缝控制系数 $\beta=0.65$,$f_{tk}=2.01\text{N/mm}^2$,$a=-150+20=-130\text{mm}<0$,故取 $a=0$,由式(12-18)得

$$\beta\left(1-0.5\frac{F_{hk}}{F_{vk}}\right)\frac{f_{tk}bh_0}{0.5+\dfrac{a}{h_0}} = 0.65 \times \frac{2.01 \times 400 \times 560}{0.5}$$

$$= 585.31\text{kN} > F_{vk} = 460.33\text{kN},满足。$$

(2) 牛腿配筋

由于 $a=-130$mm,故可按构造要求配筋。水平纵向受拉钢筋截面面积 $A_s \geqslant \rho_{\min}bh = 0.002 \times 400 \times 600 = 480\text{mm}^2$,采用 5Φ14,$A_s=769\text{mm}^2$,其中 2Φ14 是弯起钢筋。已如前述,牛腿处水平箍筋为Φ8@100。

**6. 排架柱的吊装验算**

(1) 计算简图

由表 12-4 知,排架柱插入基础杯口内的高度 $h_1=0.9\times900=810$mm,取 $h_1=850$mm,故柱总长为 $3.92+8.75+0.85=13.52$m。

采用就地翻身起吊,吊点设在牛腿下部处,因此起吊时的支点有两个:柱底

和牛腿底，上柱和牛腿是悬臂的，计算简图如图 12-77 所示。

（2）荷载计算

吊装时，应考虑动力系数 $\mu=1.5$，柱自重的重力荷载分项系数取 1.35。

$q_1 = \mu \gamma_G q_{1k}$
$= 1.5 \times 1.35 \times 4.0$
$= 8.10 \text{kN/m}$

$q_2 = \mu \gamma_G q_{2k}$
$= 1.5 \times 1.35 \times (0.4 \times 1.0 \times 25)$
$= 20.25 \text{kN/m}$

$q_3 = \mu \gamma_G q_{3k} = 1.5 \times 1.35 \times 4.69$
$= 9.5 \text{kN/m}$

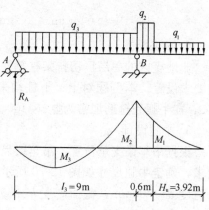

图 12-77 设计例题中预制柱的翻身起吊验算

（3）弯矩计算

$$M_1 = \frac{1}{2} q_1 H_u^2 = -\frac{1}{2} \times 8.10 \times 3.92^2 = 62.23 \text{kN} \cdot \text{m}$$

$$M_2 = -\frac{1}{2} q_1 H_u \times \left(\frac{H_u}{2} + 0.6\right) - \frac{1}{2} q_2 \times (0.6)^2$$

$$= -8.10 \times 3.92 \times \left(\frac{3.92}{2} + 0.6\right)$$

$$-\frac{1}{2} \times 20.25 \times (0.6)^2 = -81.29 \text{kN} \cdot \text{m}$$

由 $\Sigma M_B = 0$ 知，$R_A l_3 - \frac{1}{2} q_3 l_3^2 - M_2 = 0$

$$R_A = \frac{1}{2} q_3 l_3 + \frac{M_2}{l_3} = \frac{1}{2} \times 9.5 \times 9 - \frac{81.29}{9} = 33.72 \text{kN}$$

$$M_3 = R_A x - \frac{1}{2} q_3 x^2$$

令 $\frac{dM_3}{dx} = 0$，得 $x = R_A/q_3 = 33.72/9.5 = 3.55$，故

$$M_3 = 33.72 \times 3.55 - \frac{1}{2} \times 9.5 \times 3.55^2 = 59.84 \text{kN} \cdot \text{m}$$

## §12.6 单层厂房设计例题

(4) 截面受弯承载力及裂缝宽度验算

上柱：  $M_u = f'_y A'_s (h_0 - a'_s) = 360 \times 763 \times (360 - 40) = 87.9 \text{kN} \cdot \text{m}$
$> \gamma_0 M_1 = 0.9 \times 62.23 = 56.01 \text{kN} \cdot \text{m}$，满足。

裂缝宽度验算：

$$M_k = 62.23/1.35 = 46.1 \text{kN} \cdot \text{m}$$

$$\sigma_{sk} = \frac{M_k}{0.87 h_0 A_s} = \frac{46.1 \times 10^6}{0.87 \times 360 \times 763} = 193 \text{N/mm}^2$$

$$\rho_{te} = \frac{A_s}{0.5bh} = \frac{763}{0.5 \times 400 \times 400} = 0.0096 < 0.01, \text{取} \rho_{te} = 0.01$$

$$\psi = 1.1 - 0.65 \frac{f_{tk}}{\rho_{te}\sigma_{sk}} = 1.1 - 0.65 \times \frac{2.01}{0.01 \times 193} = 0.42$$

$$W_{max} = \alpha_{cr} \psi \frac{\sigma_{sk}}{E_s} \left( 1.9 c_s + 0.08 \frac{d_{eq}}{\rho_{te}} \right)$$

$$= 1.9 \times 0.42 \times \frac{193}{2.0 \times 10^5} \left( 1.9 \times 28 + 0.08 \times \frac{18}{0.01} \right)$$

$$= 0.15 \text{mm} < 0.3，\text{满足}。$$

下柱：$M_u = f'_y A'_s (h_0 - a'_s) = 360 \times 1018 \times (860 - 40) = 300.5 \text{kN} \cdot \text{m}$
$> \gamma_0 M_2 = 0.9 \times 81.29 = 73.16 \text{kN} \cdot \text{m}$

裂缝宽度验算

$$M_k = \frac{81.29}{1.35} = 60.21 \text{kN} \cdot \text{m}$$

$$\sigma_{sk} = \frac{M_k}{0.87 h_0 A_s} = \frac{60.21 \times 10^6}{0.87 \times 860 \times 1018} = 79.05 \text{N/mm}^2$$

$\rho_{te} = 0.011$（见前面计算）

$$\psi = 1.1 - 0.65 \frac{f_{tk}}{\rho_{te}\sigma_{sk}} = 1.1 - 0.65 \times \frac{2.01}{0.011 \times 79.05} - \text{负值，取} \psi = 0.2$$

$$W_{max} = \alpha_{cr} \psi \frac{\sigma_{sk}}{E_s} \left( 1.9 c_s + 0.08 \frac{d_{eq}}{\rho_{te}} \right)$$

$$= 1.9 \times 0.2 \times \frac{79.05}{2.0 \times 10^5} \left( 1.9 \times 28 + 0.08 \times \frac{18}{0.01} \right)$$

$$= 0.028 \text{mm} < 0.3，\text{满足}。$$

7. 绘制排架柱的施工图

包括模板图与配筋图，见图 12-78。

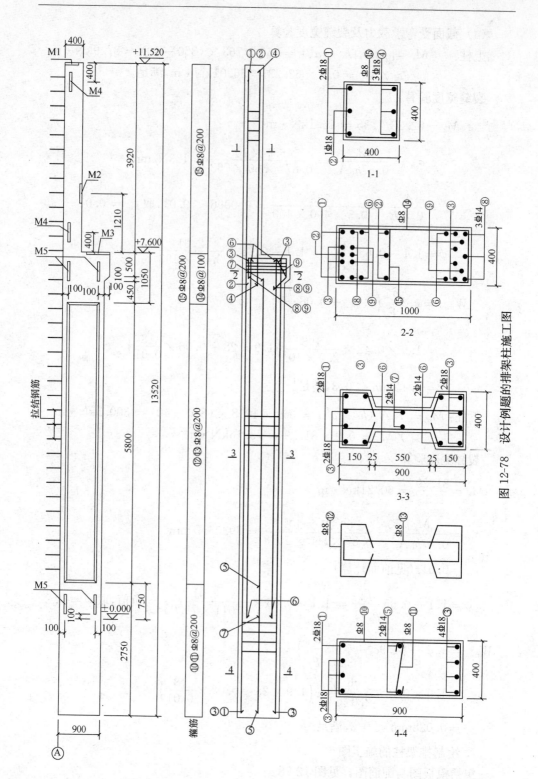

图 12-78 设计例题的排架柱施工图

### 12.6.8 锥形杯口基础设计

**1. 作用在基础底面的内力**

(1) 基础梁和围护墙的重力荷载

每个基础承受的围护墙宽度为计算单元的宽度 $B=6.0\text{m}$,墙高 $11.52+1.2$（柱顶至檐口）$+1.15-0.45$（基础梁高）$=13.42\text{m}$。墙上有上、下钢框玻璃窗,窗宽 3.6m,上、下窗高分别为 1.8m 和 4.8m,钢窗自重 $0.45\text{kN/m}^2$,每根基础梁自重标准值为 $16.7\text{kN/m}^2$,内、外 20mm 厚水泥石灰砂浆粉刷 $2\times0.36\text{kN/m}^2$,空心砖重度 $16\text{kN/m}^3$。故由墙体和基础梁传来的重力荷载标准值 $N_{Wk}$ 和设计值 $N_W$:

基础梁自重                  16.7kN

围护墙自重

$(2\times0.36+16\times0.24)\times[6\times13.42-(1.8+4.8)\times3.6]=258.83\text{kN}$

钢窗自重         $0.45\times3.6\times(4.8+1.8)=10.69\text{kN}$

$$N_{Wk}=286.22$$
$$N_k=1.2\times N_{Wk}=1.2\times286.22=343.46\text{kN}$$

如图 12-79 所示,$N_{Wk}$ 或 $N_W$ 对基础的偏心距

$$e_W=120+450=570\text{mm}$$

对基础底面的偏心弯矩

$$M_{Wk}=N_{Wk}e_W=286.22\times0.57$$
$$=163.15\text{kN}\cdot\text{m}(\curvearrowright)$$
$$M_W=N_We_W=343.46\times0.57$$
$$=195.77\text{kN}\cdot\text{m}(\curvearrowright)$$

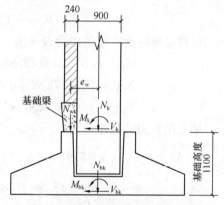

图 12-79 设计例题中基础梁和围护墙对基础的重力荷载

(2) 柱传来的第①组内力

由排架柱内力组合表 12-7 知,控制截面的内力组合 $-M_{max}$ 及相应 $M$、$V$ 为

$$-M_{max}=-405.38\text{kN}\cdot\text{m}(\curvearrowright)$$
$$N=334.63\text{kN}(\downarrow)$$
$$V=+48.44\text{kN}(\leftarrow)$$

注: 内力组合表 12-7 中给出的柱底水平剪力设计值 $-48.44\text{kN}$ 是基础对柱的,其方向是 $\rightarrow$,现在要的是柱对基础的水平剪力设计值,故其方向应相反 $\leftarrow$。

对基础底面产生的内力设计值为

$$M_{b①}=-405.38-48.44\times1.1(\text{基础高度})=-458.66\text{kN}\cdot\text{m}(\curvearrowright)$$
$$N_{b①}=334.63\text{kN}(\downarrow)$$
$$V_{b①}=48.44\text{kN}(\leftarrow)$$

按式(10-33)这组内力的标准值为

$$M_{k,\max} = \frac{1}{1.2} \times (5.97 + 11.24) - \frac{1}{1.4} \times 201.95 - \frac{0.7}{1.4} \times (78.6 + 188.99)$$

$$= -263.71 \text{kN} \cdot \text{m}(\curvearrowleft)$$

$$N_k = \frac{1}{1.2} \times (103.68 + 121.23) + \frac{1}{1.4} \times 121.91 = 274.5 \text{kN}(\downarrow)$$

$$V_k = \frac{1}{1.2} \times 0.88 - \frac{1}{1.4} \times 27.09 - \frac{0.7}{1.4} \times (9.09 + 18.62)$$

$$= 32.47 \text{kN}(\leftarrow)$$

对基础底面产生的内力标准值为

$$M_{bk①} = -263.71 - 35.96 \times 1.1 = -303.27 \text{kN} \cdot \text{m}(\curvearrowleft)$$

$$N_{bk①} = 274.5 \text{kN}(\downarrow)$$

$$V_{bk①} = 32.47 \text{kN}(\leftarrow)$$

(3) 柱传来的第②组内力

$$+M_{\max} = +452.15 \text{kN} \cdot \text{m}(\curvearrowright)$$

$$N = 794.47 \text{kN}(\downarrow)$$

$$V = +42.39 \text{kN}(\rightarrow)$$

柱对基础底面产生的内力设计值

$$+M_{b②} = 452.15 + 42.39 \times 1.1 = 498.78 \text{kN} \cdot \text{m}(\curvearrowright)$$

$$N_{b②} = 794.47 \text{kN}(\downarrow)$$

$$V_{b②} = +42.39 \text{kN}(\rightarrow)$$

第②组内力的标准值为

$$M_{k,\max} = \frac{1}{1.2} \times (5.97 + 11.24) + \frac{1}{1.4} \times 231.79 + \frac{0.7}{1.4}$$

$$\times (2.93 + 59.56 + 188.99)$$

$$= 305.64 \text{kN} \cdot \text{m}(\curvearrowright)$$

$$N_k = \frac{1}{1.2} \times (103.68 + 121.23) + \frac{1}{1.4} \times 582.44 + \frac{0.7}{1.4} \times 50.4$$

$$= 628.66 \text{kN}(\downarrow)$$

$$V_k = \frac{1}{1.2} \times 0.88 + \frac{1}{1.4} \times 36.16 + \frac{0.7}{1.4}(0.43 - 9.09 + 18.62)$$

$$= 31.54 \text{kN}(\rightarrow)$$

柱对基础底面产生的内力标准值

$$M_{bk②} = 325.02 + 30.68 \times 1.1 = 305.64 \text{kN} \cdot \text{m}(\curvearrowright)$$

$$N_{bk②} = 628.66 \text{kN}(\downarrow)$$

$$V_{bk②} = 31.54 \text{kN}(\rightarrow)$$

## 2. 初步确定基础尺寸

**(1) 基础高度和杯口尺寸**

已知柱插入杯口深度为 850mm，故杯口深度为 850+50=900mm。杯口顶部尺寸：宽为 400+2×75=550mm，长为 900+2×75=1050mm；杯口底部尺寸：宽为 400×2×50=500mm，长为 900+2×50=1000mm。

按表 12-6 取杯壁厚度 $t=300$mm，杯底厚度 $a_1=200$mm。

据此，初步确定基础高度为 850+50+200=1100mm。

**(2) 确定基础底面尺寸**

基础埋深为 $d=0.15+1.0+1.10=2.25$m，取基础底面以上土的平均重度为 $\gamma_m=20$kN/m³，则深度修正后的地基承载力特征值 $f_a$ 为

$$f_a = f_{ak} + \eta_d \gamma_m (d - 0.5) = 165 + 1.0 \times 20 \times (2.25 - 0.5) = 200 \text{kN/m}^2$$

由内力组合表 12-8 知，按式（10-30）控制截面Ⅲ-Ⅲ的最大轴向力标准值

$$N_{k,\max} = \frac{1}{1.2}(103.65 + 121.23) + \frac{1}{1.4} \times 582.44 + \frac{0.7}{1.4} \times 50.4 = 628.63 \text{kN}$$

按轴心受压估算基础底面尺寸

$$A = \frac{N_{Wk} + N_{k,\max}}{f_a - \gamma_m d} = \frac{286.22 + 628.63}{200 - 20 \times 2.25} = 5.9 \text{m}^2$$

考虑到偏心等影响，将基础再放大 30% 左右，取 $l=2.6$m，$b=3.4$m。

基础底面面积　$A = l \times b = 2.6 \times 3.4 = 8.84 \text{m}^2$

基础底面弹性抵抗矩　$\overline{W} = \frac{1}{6} \times l \times b^2 = \frac{1}{6} \times 2.6 \times 3.4^2 = 5.01 \text{m}^2$

## 3. 地基承载力验算

基础及基础上方上的重力标准值

$$G_k = 2.6 \times 3.4 \times 1.15 \times 20 = 203.32 \text{kN}$$

**(1) 按第①组内力标准值验算**

轴向力　$N_{Wk}+N_{bk①}+G_k=286.22+274.5+203.32=764.04$kN

弯矩　$N_{Wk}e_W+M_{bk①}=163.15+303.27=466.42$kN·m

偏心距　$e=\frac{466.42}{764.04}=0.61 > \frac{b}{6}=\frac{3.4}{6}=0.567$，基础底面有一部分出现拉应力。

$$a = \frac{b}{2} - e = \frac{3.4}{2} - 0.61 = 1.09$$

$$p_{k,\max} = \frac{2(N_{Wk}+N_{bk①}G_k)}{3al} = \frac{2 \times 755.34}{3 \times 1.09 \times 2.6} = 177.69 \text{kN/m}^2 < 1.2f_a$$

$$= 1.2 \times 200 = 240 \text{kN/m}^2, 满足$$

$$p_k = \frac{p_{k,\max} + p_{k,\min}}{2} = \frac{177.69 + 0}{2} = 88.84 \text{kN/m}^2 < f_a = 200 \text{kN/m}^2,\text{满足}$$

(2) 按第 2 组内力标准值的验算

轴向力　　$N_{wk} + N_{bk②} + G_k = 286.22 + 628.66 + 203.32 = 1118.2 \text{kN}$

弯矩　　$M_{bk②} - N_{wb}e_W = 305.64 - 163.15 = 142.49 \text{kN·m}$

$$\left.\begin{array}{l} p_{p,\max} \\ p_{k,\min} \end{array}\right\} = \frac{1118.2}{8.84} \pm \frac{142.49}{5.01} = \begin{array}{l} 154.93 \text{ kN/m}^2 \\ 98.05 \text{ kN/m}^2 \end{array} < 1.2 f_a = 240 \text{kN/m}^2,\text{满足}。$$

$$\frac{p_{k,\max} + p_{k,\min}}{2} = \frac{154.93 + 98.05}{2} = 126.49 \text{kN/m}^2 < f_a = 200 \text{kN/m}^2,\text{满足}。$$

**4. 基础受冲切承载力验算**

只考虑杯口顶面由排架柱传到基础底面的内力设计值，显然这时第②组内力最不利。$N_b = 794.47 \text{kN}$，$M_b = 498.78 \text{kN/m}^2$，故

$$p_{s,\max} = \frac{N_{b②}}{A} + \frac{M_{b②}}{W} = \frac{794.47}{8.84} + \frac{498.78}{5.01} = 189.43 \text{kN/m}^2$$

因为由柱边作出的 45°斜线与杯壁相交，这说明不可能从柱边发生冲切破坏，故仅需对台阶以下进行受冲切承载力验算。这时冲切锥体的有效高度 $h_0 = 750 - 40 = 710 \text{mm}$，冲切破坏锥体最不利一侧上边长 $a_t$ 和下边长 $a_b$ 分别为

$$a_t = 400 + 2 \times 275 = 950 \text{mm}$$

$$a_b = 2 \times (200 + 275) + 2 \times 710 = 2370 \text{mm}$$

$$a_m = \frac{1}{2}(a_t + a_b) = 950 + 2370 = 1660 \text{mm}$$

考虑冲切荷载时取用的基础底面多边形面积，即图 12-80 中打斜线的部分的面积

$$A_l = \left[\left(\frac{b}{2} - \frac{h_t}{2} - h_0\right)l - \left(\frac{l}{2} - \frac{b_t}{2} - h_0\right)^2\right]$$

$$= \left[\left(\frac{3400}{2} - 750 - 710\right) \times 2600 - \left(1300 - \frac{200+275}{2} - 710\right)^2\right]$$

$$= 62.4 \times 10^4 - 12.43 \times 10^4$$

$$= 49.97 \times 10^4 \text{mm}^2 \approx 0.5 \text{m}^2$$

$$F_l = p_{s,\max} A_l = 189.43 \times 0.5 = 94.72 \text{kN}$$

$$\beta_{hp} = 1 - \frac{1100 - 800}{2000} \times 0.1 = 0.985$$

$$0.7 \beta_{hp} f_t a_m h_0 = 0.7 \times 0.985 \times 1.10 \times 1660 \times 710 = 893.91 \text{kN} > F_l = 94.72 \text{kN}$$

故此基础高度满足受冲切承载力的要求。

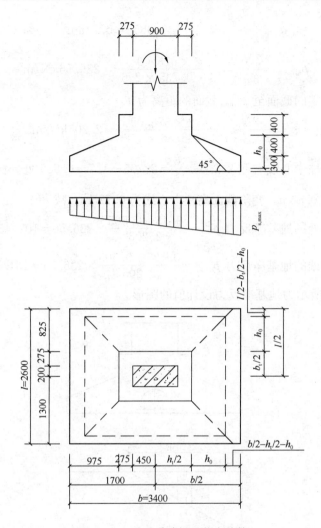

图 12-80 基础受冲切承载力验算

**5. 基础底板配筋计算**

按地基净反力设计值进行配筋计算

(1) 沿排架方向，即沿基础长边 $b$ 方向的底板配筋计算

由前面的计算可知，第①组内力最不利，再考虑由基础梁和围护墙传来的内力设计值，故作用在基础底面的弯矩设计值和轴向力设计值为：

$$M_b = M_w + M_{b①} = 195.77 + 458.66 = 654.43 \text{kN} \cdot \text{m}(\checkmark)$$

$$N_b = N_w + N_{b①} = 343.46 + 334.63 = 678.09 \text{kN}$$

偏心距 $e = \dfrac{M_b}{N_b} = \dfrac{654.43}{678.09} = 0.965 \text{m} > \dfrac{b}{6} = \dfrac{3.4}{6} = 0.567$，基础底面有一部分出现拉应力。

$$a = \frac{b}{2} - e = \frac{3.4}{2} - 0.965 = 0.735\text{m}$$

$$p_{s,\max} = \frac{2N_b}{3al} = \frac{2 \times 678.09}{3 \times 0.735 \times 2.6} = 236.56\text{kN/m}^2$$

设应力为零的截面至 $p_{s,\max}$ 截面的距离为 $x$,

$$x = \frac{2N_b}{p_{s,\max} \cdot l} = \frac{2 \times 678.09}{236.56 \times 2.6} = 2.205\text{kN/m}^2$$

此截面在柱中心线右侧 $2.205 - \frac{l}{2} = 2.205 - 1.7 = 0.505$ 处。柱边截面离柱中心线左侧为 0.45m，变阶截面离柱中心线为 0.725m，故

柱边截面处的地基净反力 $p_{s,\text{I}} = \frac{0.45 + 0.505}{2.205} \times 236.56 = 102.45\text{kN/m}^2$,

变阶截面处的地基净反力 $p_{s,\text{I}'} = \frac{0.725 + 0.505}{2.205} \times 236.56 = 131.98\text{kN/m}^2$

图 12-81 所示为地基净反力设计值的图形。

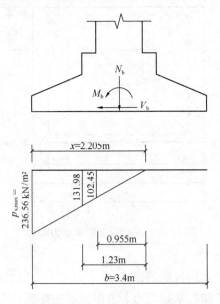

图 12-81 地基净反力设计值图

沿基础长边方向，对柱边截面 I-I 处的弯矩按式 (12-38) 计算

$$M_\text{I} = \frac{1}{12}a_1^2[(2l + a')(p_{s,\max} + p_{s,\text{I}}) + (p_{s,\max} - p_{s,\text{I}})l]$$

$$= \frac{1}{12} \times 1.25^2 \times [(2 \times 2.6 + 0.4)(236.56 + 102.45)$$

$$+ (236.56 - 102.45) \times 2.6]$$

$$= 201.79\text{kN} \cdot \text{m}$$

变阶处截面 I′-I′ 的弯矩

$$M_{I'} = \frac{1}{12} \times 0.975^2 \times [(2 \times 2.6 + 0.95)(236.56 + 131.98)$$

$$+ (236.56 - 131.98) \times 2.6]$$

$$= 179.55 \text{kN} \cdot \text{m} \quad < M_I, 故按 M_I 配筋$$

采用 HRB335 级钢筋，$f_y = 300 \text{N/mm}^2$，保护层厚度取为 40mm，故 $h_{0I} = 1060$mm，故

$$A_{sI} = \frac{M_I}{0.9 f_y h_{0I}} = \frac{201.79 \times 10^6}{0.9 \times 300 \times 1060} = 705.07 \text{mm}^2$$

采用 16 Φ 12，$A_s = 1808 \text{mm}^2$

(2) 垂直排架方向，即沿基础短边 $l$ 方向的底板配筋计算
按轴心受压考虑，此处从略。
基础施工图如图 12-82 所示。

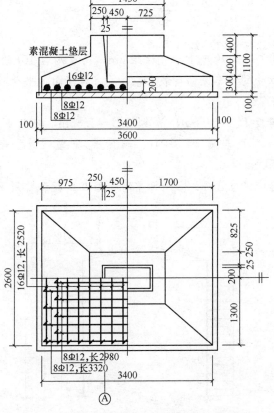

图 12-82 设计例题中柱下锥形杯口基础施工图

## 思 考 题

12.1 单层厂房排架结构中,哪些构件是主要承重构件?单层厂房中的支撑分几类?支撑的主要作用是什么?

12.2 排架内力分析的目的是什么?排架内力分析的步骤是怎样的?

12.3 $D_{max}$、$D_{min}$ 和 $T_{max}$ 是怎样求得的?

12.4 排架柱"抗剪刚度"或"侧向刚度"的物理意义是什么?任意荷载作用下,等高铰接排架的剪力分配法是怎样的?

12.5 什么是不同种类内力的组合?什么是同一种内力的组合?内力组合时应注意哪些事项?对内力组合值是怎样评判的?

12.6 什么是厂房的整体空间作用?

12.7 设计矩形截面单层厂房柱时,应着重考虑哪些问题?

12.8 柱下扩展基础的设计步骤和要点是什么?

12.9 吊车梁的受力特点是什么?

## 习 题

12.1 某单层单跨厂房,跨度18m、柱距6m,内有两台10t 的 A4 级桥式吊车。试求该柱承受的吊车竖向荷载 $D_{max}$、$D_{min}$ 和横向水平荷载 $T_{max}$。起重机有关资料如下:

吊车跨度 $L_k=16.5$m,吊车宽 $B=5.55$m,轮距 $K=4.4$m,吊车总质量 18.0t,小车质量 3.94t,额定起重量 10t,最大轮压标准值 $P_{max,k}=115$kN。

12.2 试用剪力分配法求图 12-83 所示单跨排架在风荷载作用下各柱的内力。已

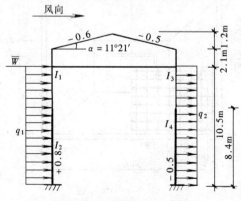

图 12-83 习题 12.2 中的图

知基本风压 $w_0=0.45\text{kN/m}^2$，15m 高度处 $\mu_z=1.14$（10m 高 $\mu_z=1.0$），体型系数 $\mu_s$ 示于图中。柱截面惯性矩：$I_1=2.13\times10^9\text{mm}^4$，$I_2=14.38\times10^9\text{mm}^4$，$I_3=7.2\times10^9\text{mm}^4$，$I_4=19.5\times10^9\text{mm}^4$。

12.3 图 12-84 所示排架，在 $A$、$B$ 牛腿顶面作用有力矩 $M_1$ 和 $M_2$。

试求 $A$、$B$ 柱的内力，已知 $M_1=153.2\text{kN}\cdot\text{m}$，$M_2=131\text{kN}\cdot\text{m}$，柱截面惯性矩同习题 12.2。

12.4 图 12-85 所示柱牛腿。已知竖向力设计值 $F_v=324\text{kN}$，水平拉力设计值 $F_h=78\text{kN}$，采用 C30 混凝土和 HRB335 级钢筋。

试计算牛腿的纵向受力钢筋。

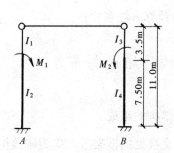

图 12-84 习题 12.3 中的图

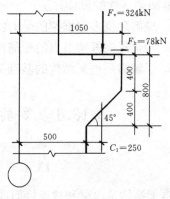

图 12-85 习题 12.4 中的图

12.5 某单层厂房现浇柱下独立锥形扩展基础，已知由柱传来基础顶面的轴向压力标准值 $N_k=920\text{kN}$、弯矩 $M_k=276\text{kN}\cdot\text{m}$、剪力 $V_k=25\text{kN}$；设计值 $N=230\text{kN}$，$M=197\text{kN}\cdot\text{m}$，$V=18\text{kN}$，剪力对基础底面产生的弯矩与作用在基础顶面的弯矩是同一方向的。柱截面尺寸 $b\times h=400\text{mm}\times600\text{mm}$，地基承载力特征值 $f_a=200\text{kN/m}^2$，基础埋深 1.5m。基础采用 C20 混凝土，HRB335 级钢筋。试设计此基础并绘出基础平面、剖面和配筋图。

# 第13章 多层框架结构

**教学要求：**
1. 了解多层框架的结构类型、结构布置和计算简图；
2. 熟练掌握现浇多层框架的近似计算方法——分层法、反弯点法和 $D$ 值法，掌握框架梁、柱的设计方法；
3. 理解现浇多层框架的受力特点；
4. 领会现浇框架节点的配筋构造要求；
5. 了解多层框架结构的基础类型、内力计算方法和构造。

## §13.1 多层框架结构的组成与布置

### 13.1.1 多层框架结构的组成

框架结构是由梁和柱连接而成的。梁柱交接处的框架节点应为刚接构成双向梁柱抗侧力体系。主体结构除个别部位外，不应采用铰接。柱底应为固定支座，框架梁宜拉通、对直，框架柱宜纵横对齐、上下对中，梁柱轴线宜在同一竖向平面内。有时由于使用功能或建筑造型上的要求，框架结构也可做成缺梁、内收或有斜向布置的梁等，如图 13-1 所示。

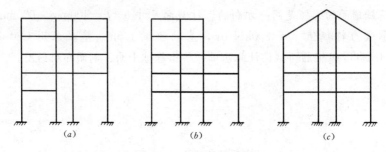

图 13-1 框架结构示例
(a) 缺梁的框架；(b) 内收的框架；(c) 有斜梁的框架

框架结构是高次超静定结构，既承受竖向荷载，又承受风荷载或水平地震等横向力的作用。一般情况下，计算时不考虑填充墙对框架抗侧的贡献，因为填充墙的布置在建筑物的使用过程中具有不确定性，而且填充墙常常采用轻质材料，或在柱与墙之间留有缝隙仅通过钢筋柔性连接。但当填充墙采用砌体墙并与框架结构为刚性连接时，例如砌体填充墙的上部与框架梁底之间充分"塞紧"，或采用先砌墙后浇梁的施工顺序时。震害表明，地震发生时，水平地震力将使嵌砌在框架和梁中间的填充墙砌体顶推框架梁柱，如图13-2所示，易造成柱节点处的破坏。因此，有抗震设防要求时宜采用填充墙与框架脱开的方法，详见第15章15.8.2节。

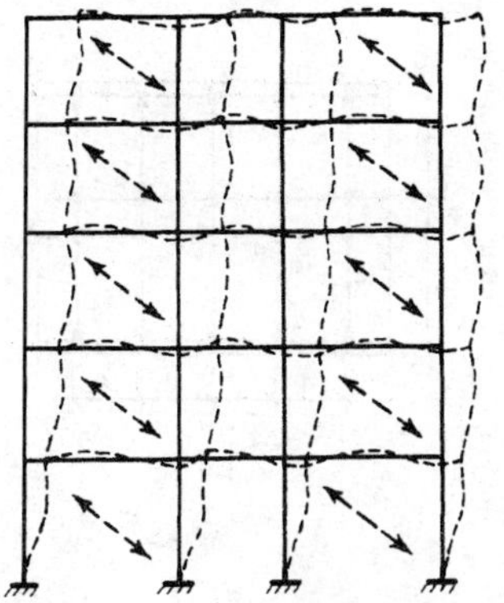

混凝土框架结构按施工方法的不同可分为现浇式、装配式和装配整体式等。

现浇框架是指梁、柱、楼盖均为钢筋混凝土现浇的，故整体性强、抗震（振）性能好，其缺点是现场施工的工作量大、需要大量的模板。

图13-2 刚性填充墙的作用

装配式框架是指梁、柱、楼板均为预制，通过焊接拼装连接成整体的框架结构。由于所有构件均为预制，可实现标准化、工厂化、机械化生产。因此，施工速度快、效率高。但由于在焊接接头处须预埋连接件，增加了用钢量。装配式框架结构的整体性较差，抗震（振）能力弱，不宜在地震区应用。

装配整体式框架是指梁、柱、楼板均为预制，在构件吊装就位后，焊接或绑扎节点区钢筋，浇筑节点区混凝土，从而将梁、柱、楼板连成整体的框架结构。装配整体式框架既具有较好的整体性和抗震（振）能力，又可采用预制构件，减少现场浇筑混凝土的工作量。因此它兼有现浇式框架和装配式框架的优点。但节点区现场浇筑混凝土施工复杂是其缺点。

目前国内外大多采用现浇混凝土框架，故这里主要讲述现浇框架。

### 13.1.2 框架结构布置

1. 柱网布置

框架结构的柱网布置既要满足生产工艺和建筑平面布置的要求，又要使结构受力合理，施工方便。

（1）柱网布置应满足生产工艺的要求

在多层工业厂房设计中，生产工艺的要求是厂房平面设计的主要依据，建筑平面布置主要有内廊式、统间式、大宽度式等几种。与此相应，柱网布置方式可分为内廊式、等跨式、对称不等跨式等几种，见图13-3。

（2）柱网布置应满足建筑平面布置的要求

在旅馆、办公楼等民用建筑中，柱网布置应与建筑分隔墙布置相协调，一般常将柱子设在纵横建筑隔墙交叉点上，以尽量减少柱子对建筑使用功能的影响。柱网的尺寸还受梁跨度的限制，梁跨度一般在6～9m之间为宜。

在旅馆建筑中，建筑平面一般布置成两边为客房，中间为走道。这时，柱

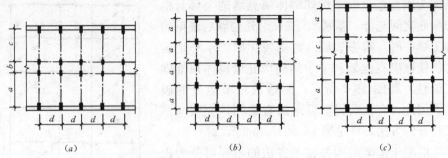

图 13-3 多层厂房柱网布置
(a) 内廊式；(b) 等跨式；(c) 对称不等跨式

网布置可有两种方案：一种是布置成走道为一跨，客房与卫生间为一跨（图 13-4a）；另一种是将走道与两侧的卫生间并为一跨，边跨仅布置客房（图 13-4b）。

在办公楼建筑中，一般是两边为办公室，中间为走道，这时可将中柱布置在走道两侧，如图 13-5（a）所示。亦可取消一排柱子，布置成两跨框架，如图 13-5（b）所示。

(3) 柱网布置要使结构受力合理

多层框架主要承受竖向荷载。柱网布置时，应考虑到结构在竖向荷载作用下内力分布均匀合理，各构件材料强度均能充分利用。如图 13-6 所示的两种框架结构，很显然，在竖向荷载作用下框架 A 的

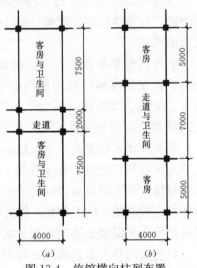

图 13-4 旅馆横向柱列布置

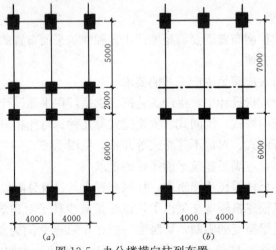

图 13-5 办公楼横向柱列布置

梁跨中最大弯矩、梁支座最大负弯矩及柱端弯矩均比框架 $B$ 大；再如图 13-5 所示的两种框架结构，尽管由力学分析知：图 $(b)$ 所示框架的内力比图 $(a)$ 所示框架大，但当结构跨度较小、层数较少时，图 $(a)$ 框架往往为按构造要求确定截面尺寸及配筋量，而图 $(b)$ 框架则在抽掉了一排柱子以后，其他构件的材料用量并无多大增加。

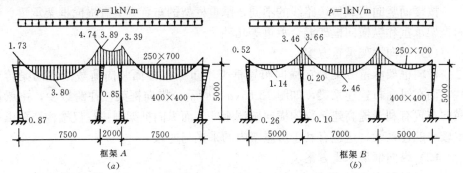

图 13-6　框架弯矩图（kN·m）

纵向柱列的布置对结构受力也有影响，框架柱距一般可取建筑开间，如图 13-7 $(a)$ 所示。但当开间小、层数又少时，柱截面设计时常按构造配筋，材料强度不能充分利用。同时，过小的柱距也使建筑平面难以灵活布置，为此可考虑柱距为两个开间，如图 13-7 $(b)$ 所示。

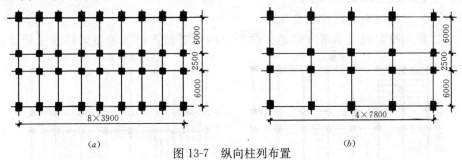

图 13-7　纵向柱列布置

(4) 柱网布置应方便施工

建筑设计及结构布置时均应考虑到施工方便，以加快施工进度，降低工程造价。例如，对于装配式结构，既要考虑到构件的最大长度和最大重量，使之满足吊装、运输设备的限制条件，又要考虑到构件尺寸的模数化、标准化，并尽量减少规格种类，以满足工业化生产的要求，提高生产效率。现浇框架结构可不受建筑模数和构件标准的限制，但在结构布置时亦应尽量使梁板布置简单规则，以方便施工。

2. 承重框架的布置

一般情况下柱在两个方向均应有梁拉结，亦即沿房屋纵横方向均应布置梁系。因此，实际的框架结构是一个空间受力体系。但为计算分析方便起见，可把实际框架结构看成纵横两个方向的平面框架。沿建筑物长向的称为纵向框架，沿建筑物短向的称为横向框架。纵向框架和横向框架分别承受各自方向上的水平力，而楼面竖向荷载则依楼盖结构布置方式的不同而按不同的方式传递：如为现浇平板楼盖，则竖向荷载向距离较近的梁上传递；对于预制板楼盖，则传至搁置预制板的梁上。一般应该在承受较大楼面竖向荷载的方向布置框架承重梁，而另一方向则布置较小的连系梁。

按楼面竖向荷载传递路线的不同，承重框架的布置方案有横向框架承重、纵向框架承重和纵横向框架混合承重等几种。

(1) 横向框架承重方案

横向框架承重方案是在横向布置框架承重梁，楼面竖向荷载由横向梁传至柱，而在纵向布置连系梁，如图13-8(a)所示。横向框架往往跨数少，主梁沿横向布置有利于提高建筑物的横向抗侧刚度。而纵向框架则往往仅按构造要求布置较小的连系梁。这也有利于房屋室内的采光与通风。

(2) 纵向框架承重方案

纵向框架承重方案是在纵向布置框架承重梁，在横向布置连系梁，如图13-8(b)所示。因为楼面荷载由纵向梁传至柱子，所以横向梁高度较小，有利于设备管线的穿行；当在房屋开间方向需要较大空间时，可获得较高的室内净高；另外，当地基土的物理力学性能在房屋纵向有明显差异时，可利用纵向框架的刚度来调整房屋的不均匀沉降。纵向框架承重方案的缺点是房屋的横向抗侧刚度较差，进深尺寸受预制板长度的限制。

(3) 纵横向框架混合承重方案

纵横向框架混合承重方案是在两个方向均需布置框架承重梁以承受楼面荷

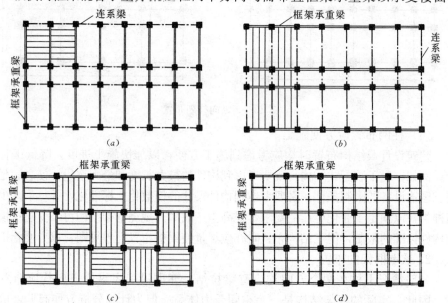

图13-8 承重框架布置方案

载。当采用预制板楼盖时，其布置如图13-8（c）所示，当采用现浇板楼盖时，其布置如图13-8（d）所示。当楼面上作用有较大荷载，或楼面有较大开洞，或当柱网布置为正方形或接近正方形时，常采用这种承重方案。纵横向框架混合承重方案具有较好的整体工作性能，对抗震有利。

3. 变形缝的设置

变形缝是伸缩缝、沉降缝、防震缝的统称。在多层及高层建筑结构中，应尽量少设缝或不设缝，这可简化构造、方便施工、降低造价、增强结构整体性和空间刚度。为此，在建筑设计时，应通过调整平面形状、尺寸、体型等措施，在结构设计时，应通过选择节点连接方式、配置构造钢筋、设置刚性层等措施；在施工方面，应通过分阶段施工、设置后浇带、做好保温隔热层等措施，来防止由于混凝土收缩、不均匀沉降、地震作用等因素所引起的结构或非结构构件的损坏。当建筑物平面较狭长，或形状复杂、不对称，或各部分刚度、高度、重量相差悬殊，且上述措施都无法解决时，则设置伸缩缝、沉降缝、防震缝也是必要的。

伸缩缝的设置，主要与结构的长度有关。《混凝土结构设计规范》对钢筋混凝土结构伸缩缝的最大间距作了规定，详见附录8。当结构的长度超过规范规定的容许值时，应验算温度应力并采取相应的构造措施。

沉降缝的设置，主要与基础受到的上部荷载及场地的地质条件有关。当上部荷载差异较大，或地基土的物理力学指标相差较大，则应设沉降缝，沉降缝可利用挑梁或搁置预制板、预制梁等办法做成，见图13-9。

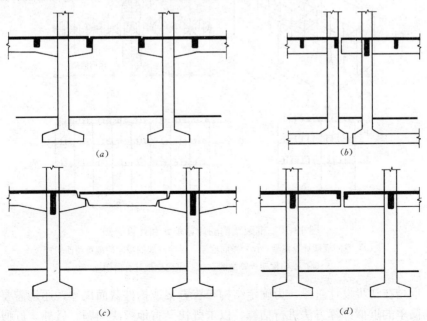

图13-9 沉降缝构造
(a) 简支板式；(b) 单悬挑式；(c) 简支梁式；(d) 双悬挑式

伸缩缝与沉降缝的宽度一般不宜小于50mm。

防震缝的设置主要与建筑平面形状、高差、刚度、质量分布等因素有关。防震缝的设置，应使各结构单元简单、规则，刚度和质量分布均匀，以避免地震作用下的扭转效应。为避免各单元之间的结构在地震发生时互相碰撞，防震缝的宽度不得小于100mm，同时对于框架结构房屋，当高度超过15m时，6度、7度、8度和9度相应每增加高度5m、4m、3m和2m，防震缝宽度宜加宽20mm。

在非地震区的沉降缝，可兼作伸缩缝；在地震区的伸缩缝或沉降缝应符合防震缝的要求。当仅需设置防震缝时，则基础可不分开，但在防震缝处基础应加强构造和连接。

## §13.2 框架结构内力与水平位移的近似计算方法

框架结构是一个空间受力体系，如图13-10 (a) 所示。结构分析时有按空间结构分析和简化成平面结构分析两种方法。在计算机没有普及的年代，空间框架常被简化成平面框架并采用手算的方法进行分析。目前框架结构分析常根据结构力学位移法的基本原理编制软件，可直接得到结构的变形、内力，以至各截面的配筋。由于目前计算机内存和运算速度都已有很大提高，因此多采用空间结构分析法。

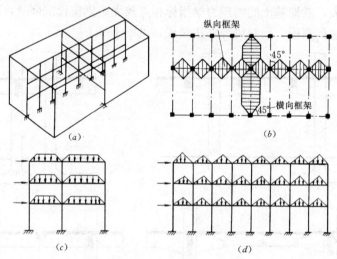

图 13-10 框架结构的计算单元和计算简图
(a) 空间框架计算模型；(b) 横向框架、纵向框架的竖向荷载负荷面积；
(c) 横向框架计算简图；(d) 纵向框架计算简图

但是在初步设计阶段，为确定结构布置方案或构件截面尺寸，还是需要采用一些简单的近似计算方法进行估算，以求既快又省地解决问题。另外，近似的手算方法虽然计算精度较差，但概念明确，能够直观地反映框架结构的受力特点，从而可判断电算结果的合理性。所以这里仍将重点介绍现浇平面框架结构按弹性理论的近似手算方法,包括:竖向荷载作用下的分层法、水平荷载作用下的反弯点法和改进反弯点法($D$值法)。当竖向荷载与水平荷载联合作用时,可分别计算框架的内力和水平位移,然后叠加。

### 13.2.1 框架结构的计算简图

1. 计算单元

为方便常忽略结构纵向和横向之间的空间联系,忽略各构件的抗扭作用,将横向框架和纵向框架分别按平面框架进行分析计算,如图 13-10($c$)、($d$)所示。通常,横向框架的间距、荷载和构件尺寸都相同,因此取出中间有代表性的一榀横向框架作为计算单元。纵向框架上的荷载等往往各不相同,故常有中列柱和边列柱的区别,中列柱纵向框架的计算单元宽度可各取为两侧跨距的一半,边列柱纵向框架的计算单元宽度可取为一侧跨距的一半。取出的平面框架所承受的竖向荷载与楼盖结构的布置情况有关,当采用现浇楼盖时,楼面分布荷载一般可按角平分线传至两侧相应的梁上,水平荷载则简化成节点集中力。

2. 节点

现浇框架中,梁和柱内的纵向受力钢筋都将穿过节点或锚入节点区,因此节点应简化为刚接节点。框架支座一般设计成固定支座。

3. 跨度与层高

在结构计算简图中,杆件用其轴线来表示。框架梁的跨度可取柱子轴线之间的距离,当上下层柱截面尺寸变化时,一般以最小截面的形心线来确定。框架的层高可取相应的建筑层高,即取本层楼面至上层楼面的高度,但底层的层高则应从基础顶面算起。

4. 框架梁的截面惯性矩

在计算框架梁截面惯性矩 $I$ 时应考虑到现浇楼板的贡献。在框架梁两端节点附近,梁承受负弯矩,顶部的楼板受拉,楼板对梁的截面弯曲刚度影响较小;而在框架梁的跨中,梁承受正弯矩,楼板处于受压区形成 T 形截面梁,楼板对梁的截面弯曲刚度影响较大。为方便设计,假定梁的截面惯矩 $I$ 沿轴线不变,对现浇楼盖,中框架取 $I=2I_0$,边框架取 $I=1.5I_0$;对装配整体式楼盖,中框架取 $I=1.5I_0$,边框架取 $I=1.2I_0$;这里 $I_0$ 为矩形截面梁的截面惯性矩。对装配式楼盖,则按梁的实际截面计算 $I$。

当框架梁是有支托的加腋梁时,若 $\dfrac{I_m}{I}<4$ 或 $\dfrac{h_m}{h}<1.6$,则可以不考虑支托的影响,简化为无支托的等截面梁。式中,$I_m$、$h_m$ 分别是支托端最高截面的惯性矩和高度,而 $I$、$h$ 则是跨中截面的惯性矩和高度。

5. 荷载计算

作用于框架结构上的荷载有竖向荷载和水平荷载两种。竖向荷载包括结构自重及楼（屋）面活荷载，一般为分布荷载，有时也有集中荷载。多、高层建筑中的楼面活荷载，不可能以荷载规范所给的标准值同时满布在所有的楼面上，所以在结构设计时可考虑楼面活荷载折减，见表10-1。

风荷载的计算方法与单层厂房相同，风载体型系数 $\mu_s$ 可按《建筑结构荷载规范》GB 50009取用。当高度不超过40m，且质量和刚度沿高度分布比较均匀时，可采用底部剪力法计算水平地震作用。风荷载和水平地震作用一般均简化成作用于框架节点的水平集中力。

### 13.2.2 竖向荷载作用下的分层法

框架结构在竖向荷载作用下的内力计算可近似地采用分层法。其假定为：

**(1)** 结构没有水平位移；

**(2)** 某楼层的竖向荷载只对本层框架梁及与其相连的楼层柱产生内力。

通常，多层多跨框架在竖向荷载作用下的水平位移是不大的，而当忽略水平位移后将使计算大为简化，因此假定（1）既是近似的也是实用合理的。

某层框架梁承受竖向荷载后，将在本层框架梁以及与它相连的楼层柱产生较大的内力，而对其他楼层的梁、柱内力的影响必须通过框架节点处的楼层柱才能传递给相邻楼层。由弯矩分配法知，框架梁的抗弯线刚度比框架柱的大，所以节点不平衡弯矩分配给上、下楼层柱本端的弯矩是不大的，再传递到柱的远端，其值就更小了。这个已经很小的柱端弯矩还要经过弯矩分配才能使邻层的框架梁、柱产生内力。因此，假定（2）近似地忽略其他楼层梁和与本楼层不相连的其他楼层柱的内力是合理的。

按照叠加原理，多层多跨框架在多层竖向荷载同时作用下的内力，可以看成是各层竖向荷载单独作用下的内力的叠加，见图13-11（a）。又根据上述假定，当各层梁上单独作用竖向荷载时，仅在图13-11（b）所示结构的实线部分内产生内力，虚线部分中所产生的内力可忽略不计。所以**假定（2）的实质就是把具有 $n$ 个楼层的框架按楼层分解成 $n$ 个开口框架**。

这样，框架结构在竖向荷载作用下，可按图13-11（c）所示各个开口框架单元进行计算。这里，各个开口框架的上、下端均为固定支承，而实际上，除底层柱的下端外，其他各层柱端均有转角产生，即虚线部分对实线部分的约束作用应为介于铰支承与固定支承之间的弹性支承。为了减小由此所引起的误差，在按图13-11（c）的计算简图进行计算时，**应作以下修正：①除底层以外其他各层柱的线刚度均乘0.9的折减系数；②除底层以外其他各层柱的弯矩传递系数取为1/3**。通常，可方便地采用弯矩分配法求得图13-11（c）中各开口框架中的结构内力，然后将相邻两个开口框架中同层同柱号的柱内力叠加，作为原框架结构柱子的内力。而分层计算所得的各层梁的内力，即为原框架结构中相应层次的梁的内力。

由分层法计算所得的框架节点处的弯矩之和常常不等于零。这是由于分层计

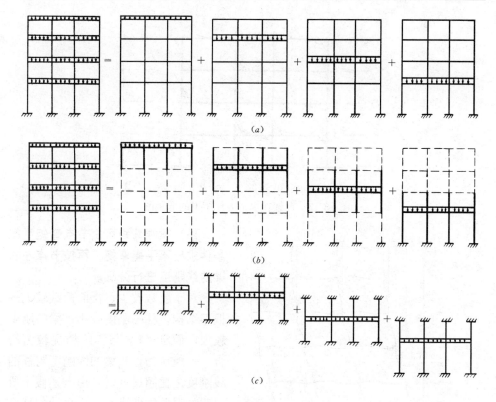

图 13-11 分层法计算简图

算单元与实际结构不符所带来的误差。若欲提高精度，可对节点，特别是边节点不平衡弯矩再作一次分配，予以修正。

### 13.2.3 水平荷载作用下的反弯点法

风荷载或水平地震对框架结构的作用，一般都可简化为作用于框架节点上的水平力。由精确法分析可知，框架结构在节点水平力作用下定性的弯矩图如图 13-12 所示，各杆件的弯矩图都呈直线形，且一般都有一个反弯点。变形图如图 13-13 所示。因为梁的轴向变形可以忽略，故同一层内的各节点具有相同的侧向位移，同一层内的各柱具有相同的层间位移。

在图 13-12 中，如能确定各柱内的剪力及反弯点的位置，便可求得各柱的柱端弯矩，并进而由节点平衡条件求得梁端弯矩及整个框架结构的其他内力。为此假定：

(1) 求各个柱的剪力时，假定各柱上、下端都不发生角位移，即认为梁的线刚度与柱的线刚度之比为无限大；

(2) 在确定柱的反弯点位置时，假定除底层柱以外，其余各层柱的上、下端节点转角均相同，即除底层柱外，其余各层框架柱的反弯点位于层高的中点；对于底层柱，则假定其反弯点位于距支座 $\frac{2}{3}$ 层高处；

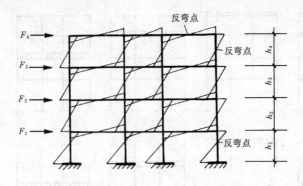

图 13-12　框架在水平力作用下的弯矩图

**(3) 梁端弯矩可由节点弯矩平衡条件求出不平衡弯矩，再按节点左右梁的线刚度进行分配。**

对于层数较少、楼面荷载较大的框架结构，柱的刚度较小，梁的刚度较大，假定（1）与实际情况较为符合。一般认为，当梁的线刚度与柱的线刚度之比超过 3 时，由上述假定所引起的误差能够满足工程设计的精度要求。

设框架结构共有 $n$ 层，每层内有 $m$ 个柱子（图 13-14$a$），将框架沿第 $j$ 层各柱的反弯点处切开代以剪力和

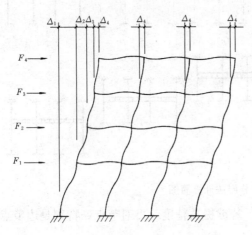

图 13-13　框架在水平力作用下的变形

轴力（图 13-14$b$），则按水平力的平衡条件有

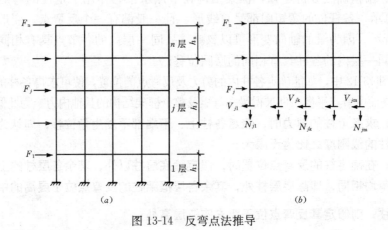

图 13-14　反弯点法推导

## §13.2 框架结构内力与水平位移的近似计算方法

$$V_j = \sum_{i=j}^{n} F_i$$

$$V_j = V_{j1} + \cdots + V_{jk} + \cdots + V_{jm} = \sum_{k=1}^{m} V_{jk} \tag{13-1}$$

式中 $F_i$——作用在楼层 $i$ 的水平力；

$V_j$——框架结构在第 $j$ 层所承受的层间总剪力；

$V_{jk}$——第 $j$ 层第 $k$ 柱所承受的剪力；

$m$——第 $j$ 层内的柱子数；

$n$——楼层数。

由假定（1）知，水平力作用下，$j$ 楼层框架柱 $k$ 的变形如图 13-15 所示。由结构力学可知，框架柱内的剪力为：

$$V_{jk} = D'_{jk} \Delta u_j, \quad D'_{jk} = \frac{12 i_{jk}}{h_j^2} \tag{13-2}$$

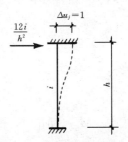

图 13-15 两端固定等截面柱的侧向刚度

式中 $i_{jk}$——第 $j$ 层第 $k$ 柱的线刚度；

$h_j$——第 $j$ 层柱子高度；

$\Delta u_j$——框架第 $j$ 层的层间侧向位移；

$D'_{jk}$——第 $j$ 层第 $k$ 柱的侧向刚度。

对于图 13-15 所示的柱，其侧向刚度 $D'_{jk} = \dfrac{12i}{h^2}$ 称为两端固定柱 $k$ 的侧向刚度，它表示要使两端固定的等截面柱的上、下端产生单位相对水平位移（$\Delta u_j = 1$）时，需要在柱顶施加的水平力。注意到梁的轴向变形忽略不计，则第 $j$ 层的各柱具有相同的层间侧向位移 $\Delta u_j$，将式（13-2）代入式（13-1），有

$$\Delta u_j = \frac{V_j}{\sum\limits_{k=1}^{m} D'_{jk}} = \frac{V_j}{\sum\limits_{k=1}^{m} \dfrac{12 i_{jk}}{h_j^2}}$$

将上式代入式（13-2），并考虑到同一楼层中，柱高相同，则得 $j$ 楼层中任一柱 $k$ 在层间剪力 $V_j$ 中分配到的剪力

$$V_{jk} = \frac{i_{jk}}{\sum\limits_{k=1}^{m} i_{jk}} V_j \tag{13-3}$$

求得各柱所承受的剪力 $V_{jk}$ 以后，由假定（2）便可求得各柱的杆端弯矩，对于底层柱，有

$$\left.\begin{array}{l} M_{c1k}^{t} = V_{1k} \cdot \dfrac{h_1}{3} \\[2mm] M_{c1k}^{b} = V_{1k} \cdot \dfrac{2h_1}{3} \end{array}\right\} \tag{13-4a}$$

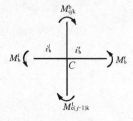

图 13-16 节点平衡条件

对于上部各层柱，有

$$M_{cjk}^t = M_{cjk}^b = V_{jk}\frac{h_j}{2} \quad (13\text{-}4b)$$

上式中的下标 $clk$ 表示底层 $k$ 号柱的节点；$cjk$ 表示第 $j$ 层第 $k$ 号柱的节点 $c$，上标 $t$、$b$ 分别表示柱的上端和下端。

在求得柱端弯矩以后，由图 13-16 所示的节点弯矩平衡条件并根据假定（3），即可求得梁端弯矩：

$$\left.\begin{aligned} M_b^l &= \frac{i_b^l}{i_b^l + i_b^r}(M^b{}_{cjk} + M_{c(j-1)k}^t) \\ M_b^r &= \frac{i_b^r}{i_b^l + i_b^r}(M^b{}_{cjk} + M_{c(j-1)k}^t) \end{aligned}\right\} \quad (13\text{-}5)$$

式中　$M_b^l$、$M_b^r$——节点左、右的梁端弯矩；

　　$M_{cjk}^b$、$M_{c(j-1)k}^t$——节点上、下的柱端弯矩（即柱下端、上端的柱端弯矩）；

　　$i_b^l$、$i_b^r$——节点左、右的梁的线刚度。

以各个梁为截离体，将梁的左、右端弯矩之和除以该梁的跨长，便得梁端剪力。自上而下逐层叠加节点左右的梁端剪力，即可得到柱内轴向力。

这里要注意两点：①下面将讲到框架的水平变形图式是剪切型，表现在图 13-13 中层间水平位移是上小下大，即 $\Delta u_4 < \Delta u_3 < \Delta u_2 < \Delta u_1$；②框架楼层柱的上、下端刚度都比较大，因此当产生相对水平位移时，就像两端固定的构件那样，在杆件的中部产生反弯点。当上、下端的刚度相等时，反弯点就在柱高的中点；当上、下端刚度不相等时，反弯点偏向刚度小的那一端。

### 13.2.4　水平荷载作用下的 $D$ 值法

反弯点法首先假定梁柱之间的线刚度之比为无穷大，其次又假定柱的反弯点高度为一定值，从而使框架结构在侧向荷载作用下的内力计算大为简化。但这样做同时也带来了一定的误差，首先是当梁柱线刚度较为接近时，特别是在高层框架结构或抗震设计时，梁的线刚度可能小于柱的线刚度，框架节点对柱的约束应为弹性支承，即框架柱的侧向刚度不能由图 13-15 求得，柱的侧向刚度不仅与柱的线刚度和层高有关，而且还与梁的线刚度等因素有关。另外，柱的反弯点高度也与梁柱线刚度比、上下层横梁的线刚度比、上下层层高的变化等因素有关。日本武藤清教授在分析了上述影响因素的基础上，对反弯点法中柱的侧向刚度和反弯点高度的计算方法作了改进，称为改进反弯点法。改进反弯点法中，柱的侧向刚度以 $D$ 表示，故此法又称为"D

值法"。

1. 改进后的柱侧向刚度 $D$

柱的侧向刚度是当柱上下端产生单位相对横向位移时，柱所承受的剪力，即对于框架结构中第 $j$ 层第 $k$ 柱

$$D_{jk} = \frac{V_{jk}}{\Delta u_j} \tag{13-6}$$

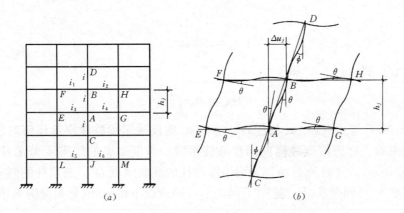

图 13-17　$D$ 值的推导

(a) 整体框架结构；(b) 中间梁柱单元的变形

下面以图 13-17 所示框架中间柱为例，导出 $D_{jk}$ 的计算公式。假定：

(1) 柱 $AB$ 及与其上下相邻柱的线刚度均为 $i_c$。

(2) 柱 $AB$ 及与其上下相邻柱的层间水平位移均为 $\Delta u_j$。

(3) 柱 $AB$ 两端节点及与其上下左右相邻的各个节点的转角均为 $\theta$；

(4) 与柱 $AB$ 相交的横梁的线刚度分别为 $i_1$、$i_2$、$i_3$、$i_4$。

这样，在框架受力后，柱 $AB$ 及相邻各构件的变形如图 13-17（b）所示。它可以看成是上下层的相对层间位移 $\Delta u_j$ 和各节点的转角 $\theta$ 的叠加。

由节点 $A$ 和节点 $B$ 的力矩平衡条件，分别可得

$$4(i_3 + i_4 + i_c + i_c)\theta + 2(i_3 + i_4 + i_c + i_c)\theta - 6(i_c\phi + i_c\phi) = 0$$

$$4(i_1 + i_2 + i_c + i_c)\theta + 2(i_1 + i_2 + i_c + i_c)\theta - 6(i_c\phi + i_c\phi) = 0$$

将以上两式相加，化简后得

$$\theta = \frac{2}{2 + \frac{\sum i}{2i_c}}\phi = \frac{2}{2 + K}\phi \tag{a}$$

式中　$\sum i = i_1 + i_2 + i_3 + i_4$，$K = \dfrac{\sum i}{2i_c}$，$\phi = \dfrac{\Delta u_j}{h_j}$。

柱 $AB$ 在受到层间侧向位移 $\Delta u_j$ 和两端节点转角 $\theta$ 的约束变形时，柱内的剪

力 $V_{jk}$ 为

$$V_{jk} = \frac{12i_c}{h_j}\left(\frac{\Delta u_j}{h_j} - \theta\right) \tag{b}$$

将式 (a) 代入式 (b)，得

$$V_{jk} = \frac{K}{2+K}\frac{12i_c}{h_j^2}\Delta u_j$$

令

$$\alpha_c = \frac{K}{2+K}$$

则

$$V_{jk} = \alpha_c \frac{12i_c}{h_j^2}\Delta u_j$$

将上式代入式 (13-6)，得

$$D_{jk} = \alpha_c \frac{12i_c}{h_j^2} \tag{13-7}$$

将式 (13-7) 与式 (13-2) 相比较，可见 $\alpha_c$ 值反映了梁柱线刚度比值对柱侧向刚度的影响，称为框架柱侧向刚度降低系数。当框架梁的线刚度为无穷大时，$K=\infty$，$\alpha_c=1$，这时的 $D$ 值即为两端固定柱的侧向刚度 $D'$。底层柱的侧向刚度降低系数 $\alpha_c$ 可同理求得。表 13-1 列出了各种情况下的 $\alpha_c$ 值及相应的 $K$ 值的计算公式。

$\alpha_c$ 值和 $K$ 值的计算式　　　　　　　表 13-1

| 楼层 | 简图 | $K$ | $\alpha_c$ |
|---|---|---|---|
| 一般层 | | $K = \dfrac{i_1+i_2+i_3+i_4}{2i_c}$ | $\alpha_c = \dfrac{K}{2+K}$ |
| 底层 | | $K = \dfrac{i_1+i_2}{i_c}$ | $\alpha_c = \dfrac{0.5+K}{2+K}$ |

注：边柱情况下，式中 $i_1$、$i_3$ 取 0 值。

求得框架柱侧向刚度 $D$ 值以后，与反弯点法相似，由同一层内各柱的层间位移相等的条件，可把层间剪力 $V_j$ 按下式分配给该层的各柱：

$$V_{jk} = \frac{D_{jk}}{\sum_{k=1}^{m} D_{jk}} V_j \tag{13-8}$$

式中　$V_{jk}$——第 $j$ 层第 $k$ 柱所分配到的剪力；
　　　$D_{jk}$——第 $j$ 层第 $k$ 柱的侧向刚度 $D$ 值；

$m$——第 $j$ 层框架柱数；

$V_j$——第 $j$ 层框架柱所承受的层间总剪力。

## 2. 修正后的柱反弯点高度

柱的反弯点位置取决于该柱上、下端的转角。如果柱两端转角相同，反弯点就在柱高的中央；如果柱上、下端转角不同，则反弯点偏向转角较大的一端，亦即偏向约束刚度较小的一端。影响柱两端转角大小的因素有：水平荷载的形式、梁柱线刚度比、结构总层数及该柱所在的层次、柱上下横梁线刚度比、上层层高的变化、下层层高的变化等。为分析上述因素对反弯点高度的影响，可假定框架在节点水平力作用下，同层各节点的转角相等，即假定同层横梁的反弯点均在横梁跨度的中央而该点又无竖向位移。这样，一个多层多跨的框架可简化成图 13-18（a）所示的计算简图。当上述影响因素逐一发生变化时，可分别求出柱底端至柱反弯点的距离（反弯点高度），并制成相应的表格，以供查用。

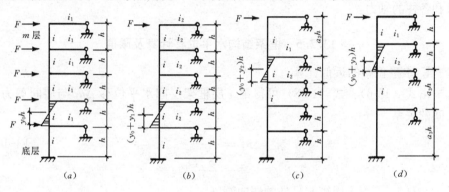

图 13-18 柱的反弯点高度

（1）梁柱线刚度比及层数、层次对反弯点高度的影响

假定框架横梁的线刚度、框架柱的线刚度和层高沿框架高度保持不变，则按图 13-18（a）可求出各层柱的反弯点高度 $y_0 h$；$y_0$ 称为标准反弯点高度比，其值与结构总层数 $n$、该柱所在的层次 $j$、框架梁柱线刚度比 $K$ 及侧向荷载的形式等因素有关，可由附录 10 的附表 10-1、附表 10-4 查得，其中 $K$ 值可按表 13-1 计算。

（2）上下横梁线刚度比对反弯点高度的影响

若某层柱的上下横梁线刚度不同，则该层柱的反弯点位置将向横梁刚度较小的一侧偏移，因而必须对标准反弯点进行修正。以反弯点高度的上移增量 $y_1 h$ 为修正值，见图 13-18（b），$y_1$ 可根据上下横梁的线刚度比 $I$ 和 $K$ 由附表 10-3 查得。当 $(i_1 + i_2) < (i_3 + i_4)$ 时，反弯点上移，由 $I = \dfrac{i_1 + i_2}{i_3 + i_4}$ 查附表 10-3 即得 $y_1$ 值。当 $(i_1 + i_2) > (i_3 + i_4)$ 时，反弯点下移，查表时应取 $I = \dfrac{i_3 + i_4}{i_1 + i_2}$，查得的 $y_1$ 应冠以负号。对于底层柱，不考虑修正值 $y_1$，即取 $y_1 = 0$。

(3) 层高变化对反弯点的影响

若某柱所在层的层高与相邻上层或下层的层高不同，则该柱的反弯点位置就不同于标准反弯点位置而需要修正。当上层层高发生变化时，反弯点高度的上移增量为 $y_2h$，见图 13-18 ($c$)；当下层层高发生变化时，反弯点高度的上移增量为 $y_3h$，见图 13-18 ($d$)。$y_2$ 和 $y_3$ 可由附录 10 的附表 10-4 查得。对于顶层柱，不考虑修正值 $y_2$，即取 $y_2=0$；对于底层柱，不考虑修正值 $y_3$，即取 $y_3=0$。

综上所述，经过各项修正后，**柱底至反弯点的高度 $yh$** 可由下式求出：

$$yh = (y_0 + y_1 + y_2 + y_3)h \tag{13-9}$$

在按式（13-7）求得框架柱的侧向刚度 $D$、按式（13-8）求得各柱的剪力、按式（13-9）求得各柱的反弯点高度 $yh$ 后，与反弯点法一样，就可求出各柱的杆端弯矩。然后，即可根据节点平衡条件求得梁端弯矩，并进而求出各梁端的剪力和各柱的轴力。

### 13.2.5 框架结构水平位移计算及限值

**1. 水平位移的近似计算**

由式（13-6）、式（13-8）可得第 $j$ 层框架层间水平位移 $\Delta u_j$ 与层间剪力 $V_j$ 之间的关系

$$\Delta u_j = \frac{V_j}{\sum_{k=1}^{m} D_{jk}} \tag{13-10a}$$

式中　$D_{jk}$——第 $j$ 层第 $k$ 号柱的侧向刚度；

　　　$m$——框架第 $j$ 层的总柱数。

这样便可逐层求得各层的层间水平位移。框架顶点的总水平位移 $u$ 应为各层间位移之和，即

$$u = \sum_{j=1}^{n} \Delta u_j \tag{13-10b}$$

式中　$n$——框架结构的总层数。

应当指出，按上述方法求得的框架结构水平位移只是由梁、柱弯曲变形所产生的变形量，而未考虑梁、柱的轴向变形和截面剪切变形所产生的结构侧移。但对一般的多层框架结构，按上式计算的框架水平位移已能满足工程设计的精度要求。

顺便指出，由式（13-10a）可以看出，框架层间位移 $\Delta u_j$ 与水平荷载在该层所产生的层间剪力 $V_j$ 成正比。由于框架柱的侧向刚度一般沿高度变化不大，而层间剪力 $V_j$ 是自顶层向下逐层累加的，所以**层间水平位移 $\Delta u_j$** 是自顶层向下逐层递增的，框架的位移曲线如图 13-19 ($a$) 所示。这种位移曲线称为剪切型，

它与均布水平荷载作用下的悬臂柱由截面内的剪力所引起的剪切变形曲线相似,见图 13-19 (b)。悬臂柱由弯矩引起的变形曲线为弯曲型,如图 13-19 (c) 所示。在第 14 章中将讲到,水平荷载作用下的剪力墙变形曲线属于弯曲型。

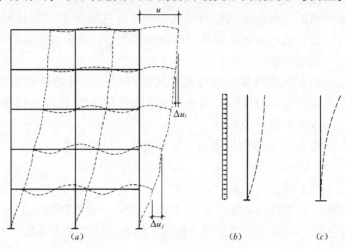

图 13-19 结构的水平位移曲线
(a) 水平荷载下框架的变形(剪切型);(b) 悬臂柱的剪切型变形;
(c) 悬臂柱的弯曲型变形

2. 弹性层间位移角限值

按弹性方法计算得到的框架层间水平位移 $\Delta u$ 除以层高 $h$,得弹性层间位移角 $\theta_e$ 的正切。由于 $\theta_e$ 较小,故可近似地认为 $\theta_e = \Delta u/h$。框架的弹性层间位移角 $\theta_e$ 过大将导致框架中的隔墙等非承重的填充构件等开裂。我国《建筑抗震设计规范》(GB 50011—2010) 规定了框架的最大弹性层间位移 $\Delta u$ 与层高之比不能超过其限值,即要求:

$$\frac{\Delta u}{h} \leqslant [\theta_e] \tag{13-11}$$

式中 $\Delta u$——按弹性方法计算所得的楼层层间水平位移;
$h$——层高;
$[\theta_e]$——弹性层间位移角限值,钢筋混凝土框架结构为 1/550。

### 13.2.6 框架结构考虑 $P\text{-}\Delta$ 效应的增大系数法

框架结构在水平力作用下产生的侧向水平位移与重力荷载共同作用会在结构内产生附加内力,即所谓的 $P\text{-}\Delta$ 效应,亦称重力二阶效应或侧移二阶效应。手算框架结构的 $P\text{-}\Delta$ 效应时,可近似地采用《规范》建议的增大系数法,对未考虑 $P\text{-}\Delta$ 效应的一阶弹性分析所得的框架柱端弯矩、梁端弯矩和层间水平位移分别按下式予以增大:

$$M = M_{ns} + \eta_s M_s \tag{13-12}$$

$$\Delta u_j = \eta_s \Delta u_{js} \tag{13-13}$$

式中 $M$——考虑 $P\text{-}\Delta$ 效应后的柱端、梁端弯矩设计值；

$M_{ns}$——由不引起框架侧移的荷载按一阶弹性分析得到的柱端、梁端弯矩设计值，例如在对称竖向荷载作用下，按分层法计算得到的柱端、梁端弯矩设计值；

$M_s$——引起框架侧移的荷载或作用所产生的一阶弹性分析得到的柱端、梁端弯矩设计值，例如在水平力作用下按 $D$ 值法得到的柱端、梁端弯矩设计值；

$\Delta u_j$——考虑 $P\text{-}\Delta$ 效应后楼层 $j$ 的层间水平位移值；

$\Delta u_{js}$——一阶弹性分析的楼层 $j$ 的层间水平位移值；

$\eta_s$—— $P\text{-}\Delta$ 效应增大系数。

框架结构中 $\eta_s$ 按楼层为单位进行考虑，即同一计算楼层中的所有柱上、下端都采用同一个 $P\text{-}\Delta$ 效应增大系数，楼层 $j$ 的 $P\text{-}\Delta$ 效应增大系数：

$$\eta_{s,j} = \frac{1}{1 - \dfrac{\sum\limits_{k=1}^{m} N_{jk}}{\sum\limits_{k=1}^{m} D_{jk} h_j}} \tag{13-14}$$

式中 $\sum\limits_{k=1}^{m} D_{jk}$——楼层 $j$ 中所有 $m$ 个柱子的侧向刚度之和，计算结构中的弯矩增大系数 $\eta_s$ 时，宜对柱、梁的截面弹性抗弯刚度 $E_c I$ 乘以折算系数：对梁，取 0.4；对柱，取 0.6；计算位移增大系数 $\eta_s$ 时，不进行刚度折减；

$\sum\limits_{k=1}^{m} N_{jk}$——楼层 $j$ 中所有 $m$ 个柱子的轴向力设计值之和；

$h_j$——楼层 $j$ 的层高。

梁端的 $P\text{-}\Delta$ 效应增大系数 $\eta_s$ 取相应节点处上、下柱端 $P\text{-}\Delta$ 效应增大系数的平均值，即楼层 $j$ 上方的框架梁端，其 $P\text{-}\Delta$ 效应增大系数 $\eta_s = \dfrac{1}{2}(\eta_{s,j} + \eta_{s,j+1})$。

## §13.3 多层框架内力组合

### 13.3.1 控制截面

框架柱的弯矩、轴力和剪力沿柱高是线性变化的，因此可取各层柱的上、下端截面作为控制截面。对于框架梁，在水平力和竖向分布荷载共同作用下，剪力沿梁轴线呈线性变化，弯矩则呈抛物线形变化，因此，除梁的两端为控制截面以外，还应在跨间取最大正弯矩的截面为控制截面。为了简便，不再用求极值的方法确定最大正弯矩控制截面，而直接以梁的跨中截面作为控制截面。

还应指出的是，在截面配筋计算时应采用构件端部截面的内力，而不是轴线处的内力，由图13-20可见，梁端柱边的剪力和弯矩应按下式计算：

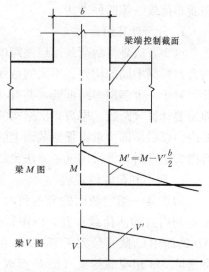

图 13-20 梁端控制截面弯矩及剪力

$$\left. \begin{array}{l} V' = V - (g+p)\dfrac{b}{2} \\ M' = M - V'\dfrac{b}{2} \end{array} \right\} \quad (13\text{-}15)$$

式中 $V'$、$M'$——梁端柱边截面的剪力和弯矩；

$V$、$M$——内力计算得到的梁端柱轴线截面的剪力和弯矩；

$g$、$p$——作用在梁上的竖向分布恒荷载和活荷载。

当计算水平荷载或竖向集中荷载产生的内力时，则 $V' = V$。

### 13.3.2 荷载效应组合

第10章中讲过，框架结构设计时，荷载效应组合可采用与排架结构一样的简化处理方法，即对于由可变荷载效应控制的组合，采用式（10-28）；对于由永久荷载控制的组合则采用式（10-29）。

### 13.3.3 最不利内力组合

对于框架结构梁、柱的最不利内力组合为：

梁端截面：$+M_{max}$、$-M_{max}$、$V_{max}$；

梁跨中截面：$+M_{max}$；

柱端截面：$|M|_{max}$ 及相应的 $N$、$V$；

$N_{max}$ 及相应的 $M$；

$N_{min}$ 及相应的 $M$。

同时，在进行截面设计时，框架梁跨中截面正弯矩设计值不应小于竖向荷载作用下按简支梁计算的跨中弯矩设计值的 50%。

### 13.3.4 竖向活荷载的最不利位置

考虑活荷载最不利布置有分跨计算组合法、最不利荷载位置法、分层组合法和满布荷载法等四种方法。

1. 分跨计算组合法

这个方法是将活荷载逐层逐跨单独地作用在结构上，分别计算出整个结构的内力，根据不同的构件、不同的截面、不同的内力种类，组合出最不利内力。因此，对于一个多层多跨框架，共有（跨数×层数）种不同的活荷载布置方式，亦即需要计算（跨数×层数）次结构的内力，其计算工作量是很大的。但求得了这些内力以后，即可求得任意截面上的最大内力，其过程较为简单。在运用电脑进行内力组合时，常采用这一方法。

2. 最不利荷载位置法

为求某一指定截面的最不利内力，可以根据影响线方法，直接确定产生此最不利内力的活荷载布置。以图13-21（a）的四层四跨框架为例，欲求某跨梁 $AB$ 的跨中 $C$ 截面最大正弯矩 $M_C$ 的活荷载最不利布置，可先作 $M_C$ 的影响线，即解除 $M_C$ 相应的约束（将 $C$ 点改为铰），代之以正向约束力，使结构沿约束力的正向产生单位虚位移 $\theta_C = 1$，由此可得到整个结构的虚位移图，如图 13-21（b）所示。

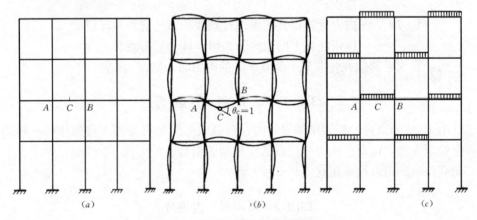

图 13-21　最不利荷载的布置

根据虚位移原理，为求梁 $AB$ 跨中最大正弯矩，则须在图 13-21（b）中凡产生正向虚位移的跨间均布置活荷载，亦即除该跨必须布置活荷载外，其他各跨应相间布置，同时在竖向亦相间布置，形成棋盘形间隔布置，如图 13-21（c）所示。可以看出，当 $AB$ 跨达到跨中弯矩最大时的活荷载最不利布置，也正好使其他布置活荷载跨的跨中弯矩达到最大值。因此，只要进行二次棋盘形活荷载布置，便可求得整个框架中所有梁的跨中最大正弯矩。

梁端最大负弯矩或柱端最大弯矩的活荷载最不利布置，亦可用上述方法得到。但对于各跨各层梁柱线刚度均不一致的多层多跨框架结构，要准确地作出其影响线是十分困难的。对于远离计算截面的框架节点往往难以准确地判断其虚位移（转角）的方向，好在远离计算截面处的荷载，对于计算截面的内力影响很小，在实用中往往可以忽略不计。

显然，柱最大轴向力的活荷载最不利布置，是在该柱以上的各层中，与该柱相邻的梁跨内都布满活荷载。

3. 分层组合法

不论用分跨计算组合法还是用最不利荷载位置法求活荷载最不利布置时的结构内力，都是非常繁冗的。分层组合法是以分层法为依据的，比较简单，对活荷载的最不利布置作如下简化：

（1）对于梁，只考虑本层活荷载的不利布置，而不考虑其他层活荷载的影响。因此，其布置方法和连续梁的活荷载最不利布置方法相同。

（2）对于柱端弯矩，只考虑柱相邻上、下层的活荷载的影响，而不考虑其他层活荷载的影响。

（3）对于柱最大轴力，则考虑在该层以上所有层中与该柱相邻的梁上满布活荷载的情况，但对于与柱不相邻的上层活荷载，仅考虑其轴向力的传递而不考虑其弯矩的作用。

4. 满布荷载法

当活荷载产生的内力远小于恒荷载及水平力所产生的内力时，可不考虑活荷载的最不利布置，而把活荷载同时作用于所有的框架梁上，这样求得的内力在支座处与按最不利荷载位置法求得的内力极为相近，可直接进行内力组合。但求得的梁的跨中弯矩却比最不利荷载位置法的计算结果要小，因此对梁跨中弯矩应乘以 1.1～1.2 的系数予以增大。

### 13.3.5 梁端弯矩调幅

按照框架结构的合理破坏形式，在梁端出现塑性铰是允许的，为了便于浇捣混凝土，也往往希望节点处梁的负钢筋放得少些；而对于装配式或装配整体式框架，节点并非绝对刚性，梁端实际弯矩将小于其弹性计算值。因此，在进行框架结构设计时，一般均对梁端弯矩进行调幅，即人为地减小梁端负弯矩，减少节点附近梁顶面的配筋量。

设某框架梁 $AB$ 在竖向荷载作用下，梁端最大负弯矩分别为 $M_{A0}$、$M_{B0}$，梁跨中最大正弯矩为 $M_{C0}$，则调幅后梁端弯矩可取

$$\left.\begin{aligned} M_A &= \beta M_{A0} \\ M_B &= \beta M_{B0} \end{aligned}\right\} \tag{13-16}$$

式中，$\beta$ 为弯矩调幅系数。对于现浇框架，可取 $\beta = 0.8 \sim 0.9$；对于装配整体式框架，由于接头焊接不牢或由于节点区混凝土灌注不密实等原因，节点容易产生变形而达不到绝对刚性，框架梁端的实际弯矩比弹性计算值要小，因此，弯矩调幅系数允许取得低一些，一般取 $\beta = 0.7 \sim 0.8$。

必须指出，弯矩调幅只对竖向荷载作用下的内力进行，即水平荷载作用下产生的弯矩不参加调幅，因此，弯矩调幅应在内力组合之前进行。

梁端弯矩调幅后，在相应荷载作用下的跨中弯矩必将增加，如图13-22所示。这时应校核该梁的静力平衡条件，即调幅后梁端弯矩 $M_A$、$M_B$ 的平均值与跨中最大正弯矩 $M_{C0}$ 之和应大于按简支梁计算的跨中弯矩值 $M_0$。

$$\frac{|M_A + M_B|}{2} + M_{C0} \geqslant M_0$$

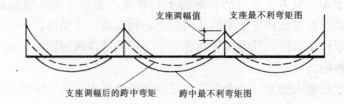

图 13-22　支座弯矩调幅

截面设计时，框架梁跨中截面正弯矩设计值不应小于竖向荷载作用下按简支梁计算的跨中弯矩设计值的 50%。

## §13.4　无抗震设防要求时框架结构构件设计

### 13.4.1　柱的计算长度 $l_0$

梁与柱为刚接的钢筋混凝土框架柱，其计算长度应根据框架不同的侧向约束条件及荷载情况，并考虑柱的二阶效应（由轴向力与柱的挠曲变形所引起的附加弯矩）对柱截面设计的影响程度来确定。

一般多层房屋中梁柱为刚接的框架结构，各层柱的计算长度 $l_0$ 可按表 13-2 取用。

框架结构各层柱的计算长度　　　　　　　表 13-2

| 楼盖类型 | 柱的类别 | $l_0$ |
|---|---|---|
| 现浇楼盖 | 底层柱 | $1.0H$ |
|  | 其余各层柱 | $1.25H$ |
| 装配式楼盖 | 底层柱 | $1.25H$ |
|  | 其余各层柱 | $1.5H$ |

注：表中 $H$ 为底层柱从基础顶面到一层楼盖顶面的高度；对其余各层柱为上下两层楼盖顶面之间的高度。

### 13.4.2　框架节点的构造要求

节点设计是框架结构设计中极重要的一环。节点设计应保证整个框架结构安全可靠、经济合理且便于施工。在非地震区，框架节点的承载能力一般通过采取适当的构造措施来保证。对装配整体式框架的节点，还需保证结构的整体性，受力明确，构造简单，安装方便，又易于调整，在构件连接后能尽早地承受部分或全部设计荷载，使上部结构得以及时继续安装。

1. 材料强度

框架节点区的混凝土强度等级，应不低于柱子的混凝土强度等级。在装配整体式框架中，后浇节点的混凝土强度等级宜比预制柱的混凝土强度等级提高 $5N/mm^2$。

2. 截面尺寸

如节点截面过小，梁上部钢筋和柱外侧钢筋配置数量过高时，以承受静力荷载为主的顶层端节点将由于核心区斜压杆机构中压力过大而发生核心区混凝土的斜向压碎。因此应对梁、柱负弯矩钢筋的相对配置数量加以限制，这也相当于限制节点的截面尺寸不能过小。《混凝土结构设计规范》规定，在框架顶层端节点处，梁上部纵向钢筋的截面面积 $A_s$ 应满足下式要求：

$$A_s \leqslant \frac{0.35\beta_c f_c b_b h_0}{f_y} \tag{13-17}$$

式中 $A_s$——顶层端节点处梁上部纵向钢筋截面面积；

$b_b$——梁腹板宽度；

$h_0$——梁截面有效高度。

3. 箍筋

在框架节点核心区应设置水平箍筋，箍筋的布置应符合对柱中箍筋的构造要求，且间距不宜大于 250mm。对四边均有梁与之相连的中间节点，可仅沿节点周边设置矩形箍筋，而不设复合箍筋。当顶层端节点内设有梁上部纵筋和柱外侧纵筋的搭接接头时，节点内水平箍筋的布置应依照纵筋搭接范围内箍筋的布置要求确定。

4. 梁柱纵筋在节点区的锚固

框架中间节点梁上部纵向钢筋应贯穿中间节点，该钢筋自柱边伸向跨中的截断位置应根据梁端负弯矩确定。梁下部纵向钢筋的锚固要求见图 13-23，当计算中不利用该钢筋强度时，其伸入节点的锚固长度可按简支梁 $V>0.7f_t bh_0$ 的情况取用。当计算中充分利用钢筋的抗拉强度时，其下部纵向钢筋应伸入节点内锚固，锚固长度 $l_a$ 按上册式 (2-23) 计算，如图 13-23 (a) 所示。梁下部纵向钢筋也可贯穿框架节点，在节点外梁内弯矩较小部位搭接，如图 13-23 (b) 所示，钢筋搭接长度 $l_l$ 按上册式 (4-27) 计算。当计算中充分利用钢筋的抗压强度时，其下部纵向钢筋应按受压钢筋的要求锚固，锚固长度应不小于 $0.7l_a$。

框架中间层端节点梁纵向钢筋的锚固要求见图 13-24 所示。当柱截面高度足够时，框架梁的上部纵向钢筋可用直线方式伸入节点，如图 13-24 (a) 所示。当柱截

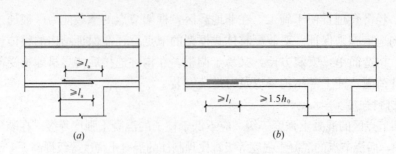

图 13-23　梁下部纵向钢筋在中间节点或中间支座范围的锚固与搭接
(a) 节点中的直线锚固；(b) 节点或支座范围外的搭接

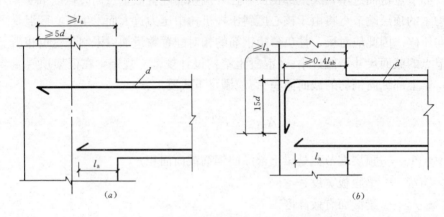

图 13-24　框架中间层端节点梁纵向钢筋的锚固

面高度不足以布置直线锚固长度时，应将梁上部纵向钢筋伸至节点外边并向下弯折，如图 13-24 (b) 所示。梁下部纵向钢筋在端节点的锚固要求与中间节点相同。

框架柱的纵向受力钢筋不宜在节点中切断。柱纵筋接头位置应尽量选择在层高中间等弯矩较小的区域。顶层柱的纵筋应在梁中锚固，如图 13-25 所示。当顶层节点处梁截面高度足够时，柱纵向钢筋可用直线方式锚固，其锚固长度 $l_a$ 按上册式 (2-22) 计算，同时必须伸至梁顶面，如图 13-25 (a) 所示；当顶层节点处梁截面高度小于柱纵筋锚固长度 $l_a$ 时，柱纵向钢筋应伸至梁顶面然后向节点内水平弯折，如图 13-25 (b) 所示；当楼盖为现浇，且板厚不小于 100mm 时，柱纵向钢筋水平段亦可向外弯折，如图 13-25 (c) 所示。

框架顶层端节点最好是将柱外侧纵向钢筋弯入梁内作为梁上部纵向受力钢筋使用，亦可将梁上部纵向钢筋和柱外侧纵向钢筋在顶层端节点及其附近部位搭接，如图 13-26 所示。

搭接接头可沿顶层端节点外侧及梁端顶部布置（图 13-26a），搭接长度不应小于 $1.5l_a$，其中，伸入梁内的外侧柱纵向钢筋截面面积不宜小于外侧柱纵向钢筋全部截面面积的 65%；梁宽范围以外的外侧柱纵向钢筋宜沿节点顶部伸至柱内边，当柱纵向钢筋位于柱顶第一层时，至柱内边后宜向下弯折不小于 $8d$ 后截

§13.4 无抗震设防要求时框架结构构件设计　　225

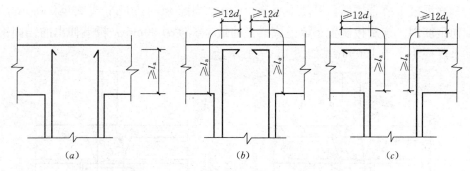

图 13-25　顶层中节点柱纵向钢筋的锚固

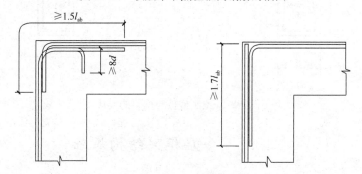

图 13-26　梁上部纵向钢筋与柱外侧纵向钢筋在顶层端节点的搭接
（a）位于节点外侧和梁端顶部的弯折搭接接头；（b）位于柱顶部外侧的直线搭接接头

断；当柱纵向钢筋位于柱顶第二层时，可不向下弯折。当有现浇板且板厚不小于100mm时，梁宽范围以外的外侧柱纵向钢筋可伸入现浇板内，其长度与伸入梁内的柱纵向钢筋相同。当外侧柱纵向钢筋配筋率大于1.2%时，伸入梁内的柱纵向钢筋应满足以上规定，且宜分两批截断，其截断点之间的距离不宜小于20d。梁上部纵向钢筋应伸至节点外侧并向下弯至梁下边缘高度后截断。此处，d 为柱外侧纵向钢筋的直径。

搭接接头也可沿柱顶外侧布置（图13-26b），此时，搭接长度竖直段不应小于$1.7l_a$。当梁上部纵向钢筋的配筋率大于1.2%时，弯入柱外侧的梁上部纵向钢筋应满足以上规定的搭接长度，且分两批截断，其截断点之间的距离不宜小于20d，d 为梁上部纵向钢筋的直径。柱外侧纵向钢筋伸至柱顶后宜向节点内水平弯折，弯折段的水平投影长度不宜小于12d，d 为柱外侧纵向钢筋的直径。

梁上部纵向钢筋与柱外侧纵向钢筋在节点角部的弯弧内半径，当钢筋直径 d ≤25mm 时，不宜小于6d；当钢筋直径 d＞25mm 时，不宜小于8d。钢筋弯弧外的混凝土中应配置防裂、防剥落的构造钢筋。

5. 框架梁与预制楼板的连接构造

预制楼板常为槽形板或空心板。要使楼盖结构有良好的整体性，在板缝之间应配以必要的联系钢筋并以细石混凝土灌缝，也可在预制板上浇不低于C20级的钢筋混凝土叠合楼面，厚度不小于40mm，内配 $\phi4@150mm$ 或 $\phi6@250mm$ 的双向钢筋网。预制板搁置于墙上或梁上的最小长度为30mm，板端伸出的锚固钢筋长度应不小于100mm，如图13-27所示。

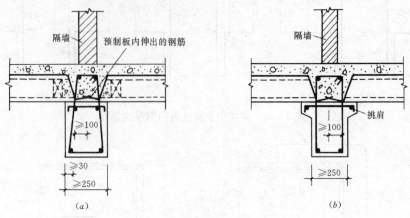

图 13-27 预制楼板与框架的连接

## §13.5 多层框架结构基础

### 13.5.1 基础的类型及其选择

多层框架结构的基础，一般有柱下独立基础、条形基础、十字形基础、片筏基础，必要时也可采用箱形基础，当地基承载力或变形不能满足设计要求时，可采用桩基或复合地基。柱下独立基础的设计方法已在第12章作了介绍，本章仅介绍条形基础、十字形基础、片筏基础的设计要点。

条形基础呈条状布置，见图13-28 (a)，横截面一般呈倒T形，其作用是把各柱传来的上部结构的荷载较为均匀地传给地基，同时把上部各榀框架结构连成整体，以增加结构的整体性，减少不均匀沉降。条形基础可沿纵向布置，亦可沿横向布置。

十字形基础是沿柱网纵横方向均布置条形基础，见图13-28 (b)，既扩大了基底受荷面积，又可使上部结构在纵横两向都有联系，具有较强的空间整体刚度。

若十字形基础的底面积不能满足地基承载力或变形的要求，则可扩大基础底面积直至使底板连成一片，即成为片筏基础。片筏基础可做成平板式或梁板式。平板式片筏基础是一片等厚的平板，见图13-28 (c)，施工简单方便，但混凝土用量大；梁板式片筏基础一般沿柱网纵横方向布置肋梁，见图13-28 (d)，可减小底板厚度，但施工较为复杂。

基础类型的选择，取决于现场的工程地质条件、上部结构荷载的大小、上部结构对地基不均匀沉降及倾斜的敏感程度以及施工条件等因素。设计时应进行必要的技术经济比较，综合考虑后确定。

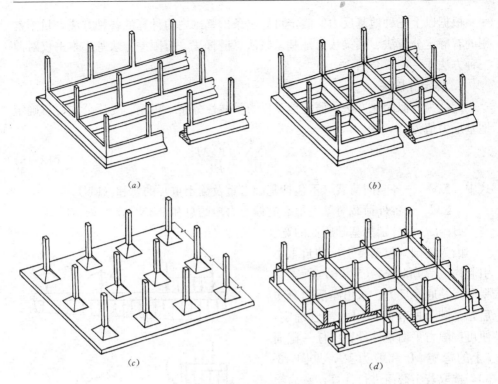

图 13-28 基础类型

(a) 条形基础；(b) 十字形基础；(c) 平板式片筏基础；(d) 梁板式片筏基础

### 13.5.2 条形基础的内力计算

条形基础一方面承受上部结构传来的荷载，另一方面又受地基反力的作用。两者的合力满足静力平衡条件。如能确定地基反力的分布规律，则基础的内力计算就很容易了。但地基反力的分布与上部结构刚度、基础本身的刚度、地基土的物理力学性质等许多因素有关，问题比较复杂，目前尚无统一的精确计算方法，只能在某种假定的基础上进行一些近似计算。

目前在工程设计中常用的假定一般有三种：第一种是近似地把地基反力分布看成为线性分布，由静力平衡条件来确定反力值的线性分布假定；第二种是认为地基土每单位面积上所受的压力与地基沉降成正比的所谓文克勒（Winkler）假定；第三种是认为地基是半无限的弹性连续体，并考虑基础与地基变形相协调的半无限弹性体假定。上述三种假定，可用图 13-29 表示。

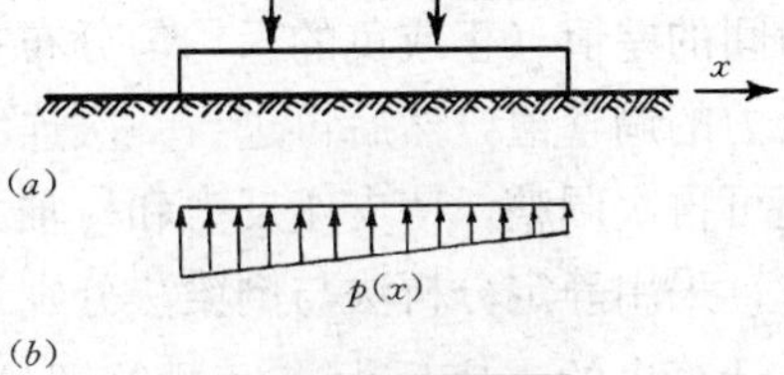

图 13-29 地基反力

(a) 线性分布假定；(b) 文克勒假定；(c) 半无限弹性体假定

根据以上三种地基反力的假定可导出条形基础内力计算的各种方法，目前常用的有静定分析法、倒梁法、地基系数法、链杆法、有限差分法等，本书仅对前三种方法作一简要介绍。

**1. 静定分析法**

此法为近似简化方法，假定地基反力呈线性分布，用偏心受压公式便可确定地基反力值为：

$$\begin{matrix} p_{\max} \\ p_{\min} \end{matrix} = \frac{\Sigma N}{BL} \pm \frac{6\Sigma M}{BL^2} \tag{13-18}$$

式中　$\Sigma N$——各竖向荷载（不包括基础自重及覆土重）的总和（kN）；

$\Sigma M$——各外荷载对基底形心的偏心力矩的总和（kN·m）；

$B$、$L$——分别为基础底面的宽度和长度（m）。

因为基础（包括覆土）的自重不引起内力，所以式（13-18）所得结果即为基底净反力。求出净反力分布后，基础上所有的作用力都已确定，便可按静力平衡条件计算出任一截面 $i$ 上的弯矩 $M_i$ 和剪力 $V_i$，见图13-30，选取若干截面进行计算，然后绘制弯矩图、剪力图。

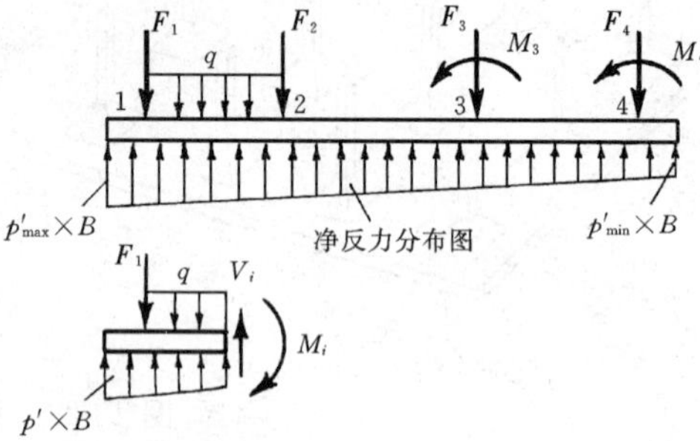

**2. 倒梁法**

此法也是近似简化方法，假定地基反力呈线性分布，见图13-31。此法是以柱子作为支座，地基反力作为荷载，将基础梁视作倒置的多跨连续梁来计算各控制截面的内力。

图13-30　按静力平衡条件计算条形基础的内力

用倒梁法计算所得的支座反力与上部柱传来的竖向荷载之间有较大的不平衡力，这个不平衡力主要是由于未考虑基础梁挠度与地基变形协调条件而造成的。为了解决这个矛盾，实践中提出了反力的局部调整法，即将支座反力与柱轴力间的差值（正或负的）均匀分布在相应支座两侧各1/3跨度范围内，作为地基反力的调整值，然后再进行一次连续梁分析。如果调整一次后的结果仍不满意，还可再次调整，使支座反力和柱轴力基本吻合。

采用静定分析法与倒梁法分别计算，其结果往往会有较大差别，只有当倒梁法计算出的支座反力未经调整即恰好等于柱轴力时，两者的计算结果才会一致。在工程设计中，必要时可参考上述两种简化计算结果的内力包络图来进行截面设计。

必须指出，地基的反力分布图形

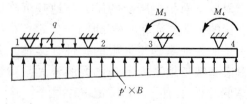

图13-31　倒梁法计算简图

对条形基础的内力影响很大。而地基反力的分布规律，不仅与基础的尺寸、形状、刚度和埋置深度有关，而且还与荷载的作用情况、上部结构的刚度及地基土的物理力学性质等因素有关。一般来说，在比较均匀的地基上，上部结构刚度较好，荷载分布较均匀，基础梁的高度大于 1/6 柱距时，地基反力可按直线分布。如果实际情况不符合上述条件，特别是地基土的压缩性明显不均匀时，以反力分布直线假定为前提的简化计算结果可能完全不反映实际情况。此时，应按其他更为精确的方法进行分析。

3. 地基系数法

地基系数（又称基床系数）法是捷克工程师文克勒（E. Winkler）于 1867 年提出的，因此又称文克勒理论。该法假定基础梁底面中任意点的地基反力与该

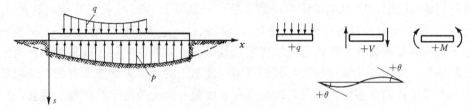

图 13-32 地基系数法计算简图

点的地基沉降（变形）成正比，见图 13-32，即

$$p = ks \tag{13-19}$$

式中　$p$——基础底面某点的地基反力（N/mm²）；

　　　$k$——地基系数（N/mm³）；

　　　$s$——地基在该点的沉降量（mm）。

应用材料力学中梁的弹性挠曲线微分方程式，可得基础梁的微分方程如下：

对于有线荷载 $q$ 的梁段

$$EI \frac{\mathrm{d}^4 s}{\mathrm{d} x^4} = q - Bp \tag{13-20a}$$

对于无线荷载 $q$ 的梁段

$$EI \frac{\mathrm{d}^4 s}{\mathrm{d} x^4} = -Bp \tag{13-20b}$$

式中　$EI$——条形基础梁的截面弯曲刚度；

　　　$q$——上部结构传给基础梁的线荷载；

　　　$B$——基础梁底面宽度。

将式（13-19）代入式（13-20），可得

有线荷载梁段

$$\frac{\mathrm{d}^4 s}{\mathrm{d} x^4} + \frac{kB}{EI} s = \frac{q}{EI} \tag{13-21a}$$

无线荷载梁段

$$\frac{\mathrm{d}^4 s}{\mathrm{d} x^4} + \frac{kB}{EI} s = 0 \tag{13-21b}$$

或

$$\frac{d^4s}{dx^4}+4\lambda^4 s=\frac{q}{EI}(\text{有线荷载梁段}) \tag{13-22a}$$

$$\frac{d^4s}{dx^4}+4\lambda^4 s=0(\text{无线荷载梁段}) \tag{13-22b}$$

式中 $\lambda=\sqrt[4]{\dfrac{kB}{4EI}}$。 (13-23)

式（13-21）或式（13-22）通常称为弹性地基梁的挠曲微分方程。$\lambda$ 则称为弹性地基梁的柔度特征值。

微分方程（13-22）的解为：

$$s=e^{\lambda x}(C_1\cos\lambda x+C_2\sin\lambda x)+e^{-\lambda x}(C_3\cos\lambda x+C_4\sin\lambda x)+c_0 \tag{13-24}$$

式中 $C_1$、$C_2$、$C_3$、$C_4$ 为积分常数，可根据不同的边界条件确定，$c_0$ 为特解，由荷载条件确定。求得基础梁的挠度 $s$ 后，由微分关系即可求得梁截面转角 $\theta$、弯矩 $M$ 和剪力 $V$。具体求解可见地基及基础教材，这里不作详细讨论。

采用地基系数法计算，首先应确定地基系数 $k$ 的取值。但一般基础下各类土的地基系数值的变化幅度很大，其值不但与地基土的物理力学性质有关，还与基础和上部结构的许多因素有关，因此确定 $k$ 值是一个十分复杂的问题，读者在查 $k$ 值表或应用 $k$ 值计算公式时应有所注意。

地基系数法基于文克勒假定，地基土就像一系列独立的弹簧，互不相关。实际上，地基土具有抗剪能力，荷载会相互传递扩散，在基础范围以外一定距离的地基土也会产生沉陷，如图 13-32 中虚线所示。因此，地基系数法较适用于受剪承载力低的土层，或基础梁支承在不厚的软土层上，而下面为坚硬的土层或岩层的情况，这时地基土较接近于弹簧支承的条件。

### 13.5.3 十字形基础的内力计算

作用在十字形基础上的上部结构荷载，通常是由柱子传来的集中力（有时尚包括力矩），而且都作用在十字形基础的交叉节点处。因此，如能确定节点处荷载在纵横两个方向基础梁上的分配，则十字形基础就可分别按纵横两个方向的条形基础来进行计算。

分析十字形基础节点处荷载的分配时，不论用什么方法，都必须满足两个条件：第一个是静力平衡条件，即分配在纵横梁上的两个力之和应等于作用在节点上的荷载；第二个是变形协调条件，即纵横梁在交叉节点处的沉降应相等。由于十字形基础按弹性理论空间问题计算时尚无简便实用的解法，因此一般仍采用文克勒假定。另外，为了简化计算，略去基础扭转变形的影响，假定在十字交叉点处纵横两向基础是上下铰接的，即一个方向的条形基础有转角时，在另一个方向的条形基础内不引起内力，节点上两个方向的力矩分别由相应方向上的基础梁承担。

图 13-33 所示为一十字形基础，任一节点 $i$ 上作用有集中力 $F_i$。此集中力 $F_i$ 可分为两个力 $F_{ix}$ 和 $F_{iy}$，分别作用于 $x$ 方向和 $y$ 方向的基础梁上。根据静力

平衡条件有

$$F_i = F_{ix} + F_{iy} \quad (13\text{-}25)$$

按照变形协调条件，$x$ 方向的梁和 $y$ 方向的梁在交叉点处的沉降应相等，即

$$s_{ix} = s_{iy}$$

当任一节点 $i$ 上作用有集中力 $F_i$、$x$ 方向的弯矩 $M_{ix}$ 以及 $y$ 方向的弯矩 $M_{iy}$ 时，上式可写成：

$$\Sigma F_{jx} s'_{ijx} + \Sigma M_{jx} s''_{ijx} = \Sigma F_{ky} s'_{iky} + \Sigma M_{ky} s''_{iky} \quad (13\text{-}26)$$

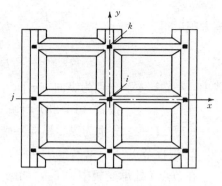

图 13-33　十字形基础

式中　$F_{jx}$、$F_{ky}$——$j$ 节点上 $x$ 方向梁所承担的集中荷载和 $k$ 节点 $y$ 方向梁所承担的集中荷载；

$M_{jx}$、$M_{ky}$——作用在 $j$ 节点上的 $M_x$ 和作用在 $k$ 节点上的 $M_y$；$M_{jx}$ 完全由 $x$ 方向梁承担，$M_{ky}$ 完全由 $y$ 方向梁承担，根据交叉点为铰接的假定，都不存在分配问题；

$s'_{ijx}$、$s''_{ijx}$——在 $x$ 方向梁的 $j$ 节点处分别作用单位集中力和单位弯矩所引起的 $i$ 节点处的沉降；

$s'_{iky}$、$s''_{iky}$——在 $y$ 方向梁的 $k$ 节点处分别作用单位集中力和单位弯矩所引起的 $i$ 节点处的沉降。

这样，当十字形基础有 $n$ 个节点时，就有 $2n$ 个未知数，即 $F_{ix}$、$F_{iy}$ 等。这 $2n$ 个未知数虽可由式（13-25）和式（13-26）建立的 $2n$ 个联立方程式解出，但计算工作量相当繁重。考虑到相邻荷载对地基沉降的影响随距离的增大而迅速减小，当十字形基础的节点间距离较大，且各节点荷载差别又不悬殊时，可不考虑相邻荷载的影响。这样，节点荷载的分配计算即可大为简化。

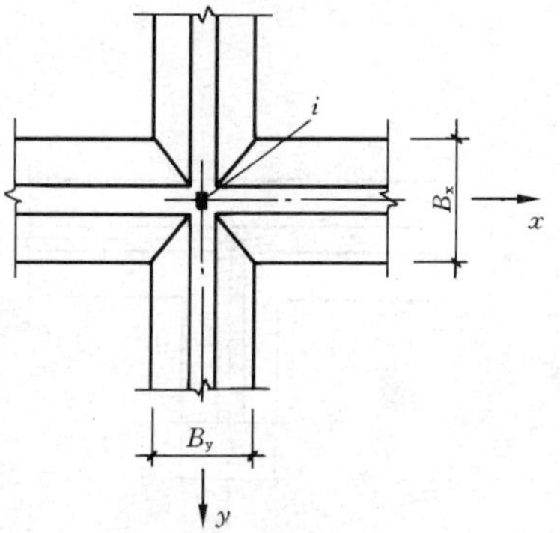

1. 中柱节点

在节点 $i$ 作用着上部结构传来的集中力 $F_i$

图 13-34　中柱节点

（见图 13-34），$F_i$ 可分成两个集中力 $F_{ix}$ 和 $F_{iy}$，分别作用在纵横两向条形基础上。按节点 $i$ 处的静力平衡及变形协调条件，把纵横两向的条形基础都视作无限长梁，就可列出下列方程式：

$$\left.\begin{array}{r} F_{ix} + F_{iy} = F_i \\ \dfrac{F_{ix}}{8\lambda_x^3 EI_x} = \dfrac{F_{iy}}{8\lambda_y^3 EI_y} \end{array}\right\} \quad (13\text{-}27)$$

解方程后得

$$\left.\begin{array}{l} F_{ix} = \dfrac{I_x\lambda_x^3}{I_x\lambda_x^3 + I_y\lambda_y^3} F_i \\ F_{iy} = \dfrac{I_y\lambda_y^3}{I_x\lambda_x^3 + I_y\lambda_y^3} F_i \end{array}\right\} \quad (13\text{-}28)$$

式中　$\lambda_x$、$\lambda_y$——分别为纵向（$x$ 向）和横向（$y$ 向）基础梁的柔度特征值，可按式（13-23）计算；

$I_x$、$I_y$——分别为纵、横向基础梁的截面惯性矩。

2. 边柱节点

在节点 $i$ 处承受集中力 $F_i$，如图 13-35 所示。$F_i$ 可分解成作用于无限长梁上的 $F_{ix}$ 和作用于半无限长梁上的 $F_{iy}$。根据静力平衡条件与变形协调条件，与中柱节点时一样，可导得

$$\left.\begin{array}{l} F_{ix} = \dfrac{4I_x\lambda_x^3}{4I_x\lambda_x^3 + I_y\lambda_y^3} F_i \\ F_{iy} = \dfrac{I_y\lambda_y^3}{4I_x\lambda_x^3 + I_y\lambda_y^3} F_i \end{array}\right\} \quad (13\text{-}29)$$

3. 角柱节点

在节点 $i$ 处承受集中力 $F_i$，如图 13-36 所示，$F_i$ 可分解成作用在两条半无限长梁上的荷载 $F_{ix}$ 和 $F_{iy}$，同理，可导得

$$\left.\begin{array}{l} F_{ix} = \dfrac{I_x\lambda_x^3}{I_x\lambda_x^3 + I_y\lambda_y^3} F_i \\ F_{iy} = \dfrac{I_y\lambda_y^3}{I_x\lambda_x^3 + I_y\lambda_y^3} F_i \end{array}\right\} \quad (13\text{-}30)$$

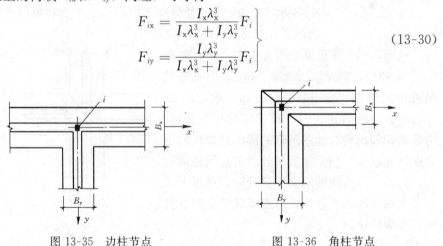

图 13-35　边柱节点　　　　图 13-36　角柱节点

### 13.5.4　条形基础的构造要求

条形基础要进行梁截面受弯承载力计算、梁截面受剪承载力计算、翼板的受弯承载力计算、翼板的受冲切承载力计算。当基础梁内存在扭矩时，尚应进行基础梁受扭承载力计算。当条形基础的混凝土强度等级小于柱的混凝土强度等级时，尚应验算柱下条形基础梁顶面的局部受压承载力。条形基础的构造要求如图 13-37 所示。基础的横截面一般做成倒 T 形，梁高 $h$ 宜为柱距的 1/8～1/4，其

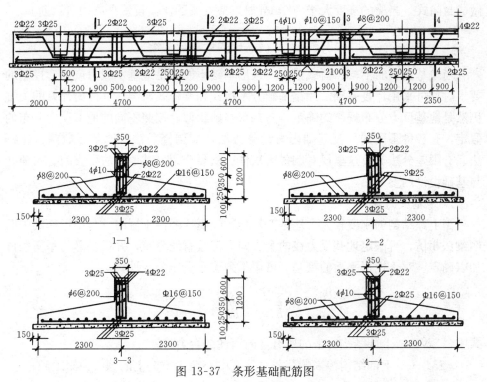

图 13-37 条形基础配筋图

翼板厚度 $h_f$ 不应小于 200mm。当 $h_f \leqslant 250$mm 时，翼板可做成等厚度；当 $h_f >$ 250mm 时，翼板宜做成坡度 $i \leqslant 1:3$ 的变截面。当柱荷载较大时，接近柱旁的剪力较大，此时可在基础梁的支座处加腋。基础梁的肋宽应比墙或柱稍大些，当肋宽小于柱截面边长时，则在柱子与条形基础交接处，基础应放大，其平面尺寸不应小于图 13-38 的要求。条形基础的两端端部应向外伸出，每端伸出长度宜为第一跨跨度的 0.25~0.3 倍，以增大基础的底面积，减小基底反力，并使基础梁内力分布更趋合理。

柱下条形基础的混凝土强度等级，不应低于 C20；梁顶部和底部的纵向受力钢筋除应满足计算要求外，顶部钢筋按计算配筋全部贯通，底部通长的钢筋不应少于底部受力钢筋截面总面积的 1/3。肋中受力钢筋直径不小于 10mm。翼板中受力钢筋直径不小于 8mm，间距 100~200mm。当翼板的悬伸长度 $l_f > 750$mm 时，翼板受力钢筋有一半可在距翼板边为 $a$ ($a = 0.5l_f - 20d$) 处切断。

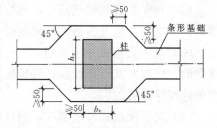

图 13-38 柱与条形基础交接处，条形基础肋部尺寸的放大（单位：mm）

箍筋直径不应小于 8mm。当肋宽 $b \leqslant$ 350mm 时用双肢箍；当 350mm $< b \leqslant$ 800mm 时用四肢箍；当 $b >$ 800mm 时用六肢箍。在梁的中间 0.4L（L 为梁跨）范围内，箍筋间距可以适当放大。箍筋应做成封闭式。当梁的高度大于700mm时,应在梁的侧面设置纵向构造钢筋。

### 13.5.5 片筏基础的计算与构造

当地基土软弱不均、荷载很大,条形基础不能满足地基承载力或变形控制的要求时,可采用片筏基础。片筏基础分平板式和梁板式两类。其内力计算的关键仍然是地基反力分布规律的确定。与条形基础相似,按照不同的地基反力分布的假定,有各种不同的片筏基础内力计算方法,如倒楼盖法、地基系数法、链杆法、有限差分法等。这里仅对倒楼盖法作一简要介绍,其他方法可查阅有关地基与基础设计的参考书。

1. 地基反力计算

当上部结构的刚度较大,地基为较均匀的高压缩性土层时,与条形基础中的倒梁法相仿,可假定地基反力在两个方向上都按直线分布,并根据静力平衡条件加以确定。对于矩形平面的筏基,可用下列偏心受压公式计算:

$$\begin{matrix} p_{\max} \\ p_{\min} \end{matrix} = \frac{\Sigma N}{LB} \pm \frac{6\Sigma M_x}{BL^2} \pm \frac{6\Sigma M_y}{LB^2} \qquad (13-31)$$

式中　$\Sigma N$——上部结构传来的所有竖向荷载的合力;

　　　$\Sigma M_x$——上部结构传来的荷载对基底中心在 $x$ 方向上的偏心力矩之和;

　　　$\Sigma M_y$——上部结构传来的荷载对基底中心在 $y$ 方向上的偏心力矩之和;

　　　$L$——筏基长度;

　　　$B$——筏基宽度。

为避免建筑物发生较大的倾斜,并改善基础的受力状况,必要时可调整底板各边的外挑长度,使基础接近中心受荷状态,这时可假定地基反力为均匀分布。

2. 梁板内力计算

基底反力确定后,将筏基视为倒置的楼盖,以柱子为支座,地基的净反力为荷载,即可按普通平面楼盖计算其内力。

(1) 对于平板式片筏基础,可按倒无梁楼盖计算基础板内力。即:将板在纵横两向分别划分柱上板带和柱间板带,分别求其内力。

(2) 对于梁板式片筏基础,当柱网尺寸接近正方形,且在柱网单元内不布置次肋时,应按井式楼盖计算,底板按多跨连续双向板计算,纵向肋及横向肋可按多跨连续梁计算。

(3) 对于梁板式片筏基础,当柱网尺寸呈矩形,柱网单元中布置了次肋且次肋间距较小时,可按平面肋形楼盖考虑。片筏基础底板按单向多跨连续板计算;次肋作为次梁,按多跨连续梁计算;纵向肋作为主梁也按多跨连续梁计算。

应当指出,按连续梁计算肋梁时,必然也会遇到计算出的支座反力与柱轴力不等的问题,这时可根据实际情况作些必要的调整,也可用前述静定分析法计算肋梁的内力，再参考两种结果进行配筋。

3. 构造要求

片筏基础的底板厚度可根据受冲切承载力计算确定，同时不宜小于400mm。冲切计算时，应考虑作用在冲切临界截面重心上的不平衡弯矩所产生的附加剪力。当筏板在个别柱位不满足受冲切承载力要求时，可将该柱下的筏板局部加厚或配置抗冲切钢筋。对于梁板式筏形基础，基底板厚度与最大双向板格的短边净跨之比不应小于1/14。

梁板式片筏基础，次肋刚度不宜比主肋小得太多，因为次肋还负有增强筏形基础整体刚度、调整主肋受力的作用。此外，当底板挑出较大时，宜将肋梁一并挑至板边，并削去板角。

片筏基础的底板配筋构造要求与一般现浇楼盖相同，但为了抵抗混凝土的收缩和温度应力，在底板的上、下两面都宜布置双向的通长钢筋，每层每个方向不少于$\phi 10@200$，通常采用$\phi 12@200$或$\phi 14@200$。此外，在底板底面的四角，应放置45°斜向5$\phi 12$的钢筋。多跨连续梁肋的配筋构造则与一般的连续梁相似，可参照其要求进行处理。

## §13.6 现浇混凝土多层框架结构设计示例

某六层办公楼，采用现浇框架结构，建筑平、剖面如图13-39所示，没有抗震设防要求，试设计之（限于篇幅，本例仅介绍③轴框架结构的设计）。

### 13.6.1 设 计 资 料

(1) 设计标高：室内设计标高±0.000相当于绝对标高4.400m，室内外高差600mm。

(2) 墙身做法：墙身为普通机制砖填充墙，用M5混合砂浆砌筑。内粉刷为混合砂浆底，纸筋灰面，厚20mm，内墙涂料两度。外粉刷为1∶3水泥砂浆底，厚20mm，陶瓷锦砖贴面。

(3) 楼面做法：楼板顶面为20mm厚水泥砂浆找平，5mm厚1∶2水泥砂浆加"108"胶水着色粉面层；楼板底面为15mm厚纸筋面石灰抹底，涂料两度。

(4) 屋面做法：现浇楼板上铺膨胀珍珠岩保温层（檐口处厚100mm，2%自两侧檐口向中间找坡），1∶2水泥砂浆找平层厚20mm，二毡三油防水层，撒绿豆砂保护。

(5) 门窗做法：门厅处为铝合金门窗，其他均为木门、钢窗。

(6) 地质资料：属Ⅲ类建筑场地，余略。

(7) 基本风压：$w_0=0.55\text{kN/m}^2$（地面粗糙度属B类）。

(8) 活荷载：屋面活荷载2.0kN/m²，办公室楼面活荷载2.0kN/m²，走廊楼面活荷载2.5kN/m²。

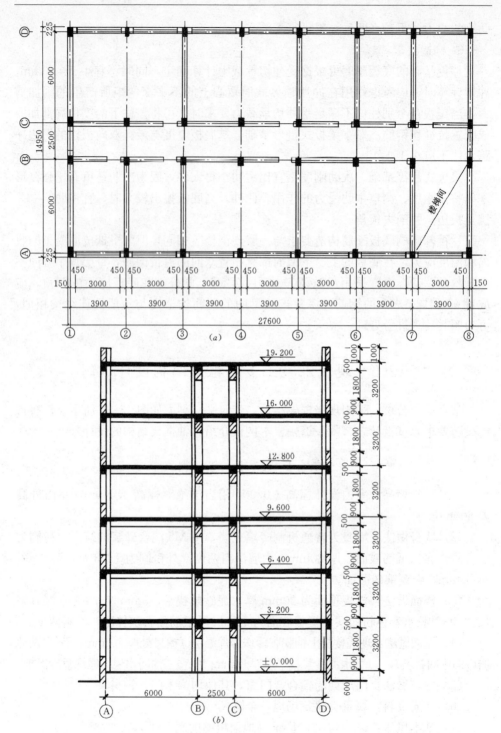

图 13-39 建筑平面图、剖面图
(a) 建筑平面图；(b) 建筑剖面图

### 13.6.2 结构布置及结构计算简图的确定

结构平面布置如图 13-40 所示。各梁柱截面尺寸确定如下：

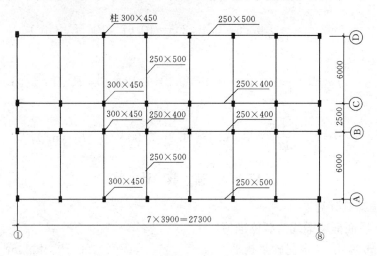

图 13-40 结构平面布置图

边跨（AB、CD 跨）梁：取 $h=\frac{1}{12}l=\frac{1}{12}\times 6000=500$mm，取 $b=250$mm。

中跨（BC 跨）梁：取 $h=400$mm，$b=250$mm。

边柱（A 轴、D 轴）连系梁，取 $b\times h=250$mm$\times 500$mm；中柱（B 轴，C 轴）连系梁，取 $b\times h=250$mm$\times 400$mm；柱截面均为 $b\times h=300$mm$\times 450$mm，现浇楼板厚 100mm。

结构计算简图如图 13-41 所示。根据地质资料，确定基础顶面离室外地面为 500mm，由此求得底层层高为 4.3m。各梁柱构件的线刚度经计算后列于图 13-41。其中在求梁截面惯性矩时考虑到现浇楼板的作用，取 $I=2I_0$（$I_0$ 为不考虑楼板翼缘作用的梁截面惯矩）。

AB、CD 跨梁：

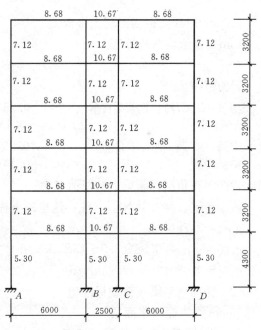

图 13-41 结构计算简图

注：图中数字为线刚度，单位：$\times 10^{-4}E_c$m$^3$。

$$i = 2E_c \times \frac{1}{12} \times 0.25 \times 0.50^3 / 6.0$$
$$= 8.68 \times 10^{-4} E_c \ (\text{m}^3)$$

BC 跨梁：
$$i = 2E_c \times \frac{1}{12} \times 0.25 \times 0.4^3 / 2.5 = 10.67 \times 10^{-4} E_c \ (\text{m}^3)$$

上部各层柱：
$$i = E_c \times \frac{1}{12} \times 0.30 \times 0.45^3 / 3.2 = 7.12 \times 10^{-4} E_c \ (\text{m}^3)$$

底层柱：
$$i = E_c \times \frac{1}{12} \times 0.3 \times 0.45^3 / 4.3 = 5.30 \times 10^{-4} E_c \ (\text{m}^3)$$

### 13.6.3 荷 载 计 算

1. 恒荷载计算

（1）屋面框架梁线荷载标准值：

| | |
|---|---|
| 20mm 厚 1∶2 水泥砂浆找平 | $0.02 \times 20 = 0.4 \text{kN/m}^2$ |
| 100～140mm 厚（2%找坡）膨胀珍珠岩 | $\frac{0.10 + 0.14}{2} \times 7 = 0.84 \text{kN/m}^2$ |
| 100mm 厚现浇钢筋混凝土楼板 | $0.10 \times 25 = 2.5 \text{kN/m}^2$ |
| 15mm 厚纸筋石灰抹底 | $0.015 \times 16 = 0.24 \text{kN/m}^2$ |
| 屋面恒荷载 | $3.98 \text{kN/m}^2$ |
| 边跨(AB、CD 跨)框架梁自重 | $0.25 \times 0.50 \times 25 = 3.13 \text{kN/m}$ |
| 梁侧粉刷 | $2 \times (0.5 - 0.1) \times 0.02 \times 17 = 0.27 \text{kN/m}$ } 3.4kN/m |
| 中跨(BC 跨)框架梁自重 | $0.25 \times 0.40 \times 25 = 2.5 \text{kN/m}$ |
| 梁侧粉刷 | $2 \times (0.4 - 0.1) \times 0.02 \times 17 = 0.2 \text{kN/m}$ } 2.7kN/m |

因此，作用在顶层框架梁上的线荷载为：

$g_{6AB1} = g_{6CD1} = 3.4 \text{kN/m}$（注：这里的下标 6 表示第 6 层即顶层框架梁）

$g_{6BC1} = 2.7 \text{kN/m}$

$g_{6AB2} = g_{6CD2} = 3.98 \times 3.9 = 15.52 \text{kN/m}$

$g_{6BC2} = 3.98 \times 2.5 = 9.95 \text{kN/m}$

（2）楼面框架梁线荷载标准值

| | |
|---|---|
| 25mm 厚水泥砂浆面层 | $0.025 \times 20 = 0.50 \text{kN/m}^2$ |
| 100mm 厚现浇钢筋混凝土楼板 | $0.10 \times 25 = 2.5 \text{kN/m}^2$ |
| 15mm 厚纸筋石灰抹底 | $0.015 \times 16 = 0.24 \text{kN/m}^2$ |

§13.6 现浇混凝土多层框架结构设计示例

| | |
|---|---|
| 楼面恒荷载 | $3.24\text{kN/m}^2$ |
| 边跨框架梁及梁侧粉刷 | $3.4\text{kN/m}$ |
| 边跨填充墙自重 $\quad 0.24\times(3.2-0.5)\times19=12.31\text{kN/m}$ | |
| 墙面粉刷 $\quad\quad (3.2-0.5)\times0.02\times2\times17=1.84\text{kN/m}$ | $\Big\}14.15\text{kN/m}$ |
| 中跨框架梁及梁侧粉刷 | $2.7\text{kN/m}$ |

因此,作用在中间层框架梁上的线荷载为:

$g_{AB1}=g_{CD1}=3.4+14.15=17.55\text{kN/m}$

$g_{BC1}=2.7\text{kN/m}$

$g_{AB2}=g_{CD2}=3.24\times3.9=12.64\text{kN/m}$

$g_{BC2}=3.24\times2.5=8.1\text{kN/m}$

(3) 屋面框架节点集中荷载标准值

| | |
|---|---|
| 边柱连系梁自重 | $0.25\times0.50\times3.9\times25=12.19\text{kN}$ |
| 粉刷 | $0.02\times(0.50-0.10)\times2\times3.9\times17=1.06\text{kN}$ |
| 1m 高女儿墙自重 | $1\times3.9\times0.24\times19=17.78\text{kN}$ |
| 粉刷 | $1\times0.02\times2\times3.9\times17=2.65\text{kN}$ |
| 连系梁传来屋面自重 | $\dfrac{1}{2}\times3.9\times\dfrac{1}{2}\times3.9\times3.98=15.13\text{kN}$ |

| | |
|---|---|
| 顶层边节点集中荷载 | $G_{6A}=G_{6D}=48.81\text{kN}$ |
| 中柱连系梁自重 | $0.25\times0.40\times3.9\times25=9.75\text{kN}$ |
| 粉刷 | $0.02\times(0.40-0.10)\times2\times3.9\times17=0.80\text{kN}$ |

连系梁传来屋面自重

$$\dfrac{1}{2}\times(3.9+3.9-2.5)\times1.25\times3.98=13.18\text{kN}$$

$$\dfrac{1}{2}\times3.9\times1.95\times3.98=15.13\text{kN}$$

| | |
|---|---|
| 顶层中节点集中荷载 | $G_{6B}=G_{6C}=38.86\text{kN}$ |

(4) 楼面框架节点集中荷载标准值

| | |
|---|---|
| 边柱连系梁自重 | $12.19\text{kN}$ |
| 粉刷 | $1.06\text{kN}$ |
| 钢窗自重 | $3.0\times1.8\times0.45=2.43\text{kN}$ |
| 窗下墙体自重 | $0.24\times0.9\times3.6\times19=14.77\text{kN}$ |
| 粉刷 | $2\times0.02\times0.9\times3.6\times17=2.20\text{kN}$ |
| 窗边墙体自重 | $0.60\times(3.2-1.4)\times0.24\times19=4.92\text{kN}$ |
| 粉刷 | $0.60\times(3.2-1.4)\times2\times0.02\times17=0.73\text{kN}$ |
| 框架柱自重 | $0.30\times0.45\times3.2\times25=10.8\text{kN}$ |

粉刷                       $0.78 \times 0.02 \times 3.2 \times 17 = 0.85 \text{kN}$

连系梁传来楼面自重       $\dfrac{1}{2} \times 3.9 \times \dfrac{1}{2} \times 3.9 \times 3.24 = 12.32 \text{kN}$

---

中间层边节点集中荷载                $G_A = G_D = 62.27 \text{kN}$

中柱连系梁自重                               $9.75 \text{kN}$

粉刷                                              $0.80 \text{kN}$

内纵墙自重             $3.6 \times (3.2 - 0.4) \times 0.24 \times 19 = 45.96 \text{kN}$

粉刷             $3.6 \times (3.2 - 0.4) \times 2 \times 0.02 \times 17 = 6.85 \text{kN}$

扣除门洞重加上门重     $-2.1 \times 1.0 \times (5.24 - 0.2) = -10.58 \text{kN}$

框架柱自重                                   $10.8 \text{kN}$

粉刷                                              $0.85 \text{kN}$

连系梁传来楼面自重

$$\dfrac{1}{2} \times (3.9 + 3.9 - 2.5) \times 1.25 \times 3.24 = 10.73 \text{kN}$$

$$\dfrac{1}{2} \times 3.9 \times 1.95 \times 3.24 = 12.32 \text{kN}$$

---

中间层中节点集中荷载                $G_B = G_C = 87.48 \text{kN}$

(5) 恒荷载作用下的结构计算简图

恒荷载作用下的结构计算简图如图 13-42 所示。

2. 楼面活荷载计算

楼面活荷载作用下的结构计算简图如图 13-43 所示。图中各荷载值计算如下：

$p_{6AB} = p_{6CD} = 1.5 \times 3.9 = 5.85 \text{kN/m}$

$p_{6BC} = 1.5 \times 2.5 = 3.75 \text{kN/m}$

$P_{6A} = P_{6D} = \dfrac{1}{2} \times 3.9 \times \dfrac{1}{2} \times 3.9 \times 1.5 = 5.70 \text{kN}$

$P_{6B} = P_{6C} = \dfrac{1}{2} \times (3.9 + 3.9 - 2.5) \times 1.25 \times 1.5 + \dfrac{1}{4} \times 3.9 \times 3.9 \times 1.5$
$= 10.67 \text{kN}$

$p_{AB} = p_{CD} = 2.0 \times 3.9 = 7.8 \text{kN/m}$

$p_{BC} = 2.5 \times 2.5 = 6.25 \text{kN/m}$

$P_A = P_D = \dfrac{1}{4} \times 3.9 \times 6 \times 2.0 = 8.7 \text{kN}$

$P_B = P_C = 8.7 + \dfrac{1}{4} \times 3.9 \times 2.5 \times 2.5 = 14.79 \text{kN}$

## §13.6 现浇混凝土多层框架结构设计示例

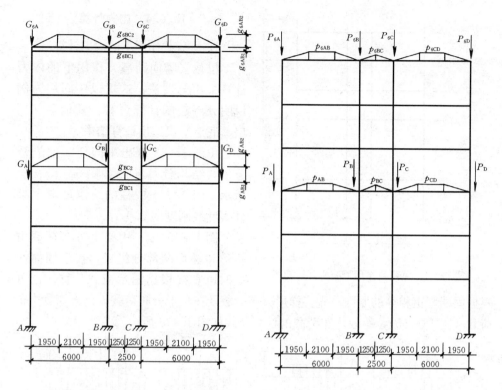

图 13-42 恒荷载作用下结构计算简图　　图 13-43 楼面活荷载作用下结构计算简图

### 3. 风荷载计算

风压标准值计算公式为：

$$w = \beta_z \cdot \mu_s \cdot \mu_z \cdot w_0$$

因结构高度 $H=20.3\text{m}<30\text{m}$，可取 $\beta_z=1.0$；对于矩形平面 $\mu_s=1.3$；$\mu_z$ 可查《建筑结构荷载规范》。将风荷载换算成作用于框架每层节点上的集中荷载，计算过程如表 13-3 所示。表中 $z$ 为框架节点至室外地面的高度，$A$ 为一榀框架各层节点的受风面积，计算结果如图 13-44 所示。

风荷载计算　　　　表 13-3

| 层次 | $\beta_z$ | $\mu_s$ | $z$ (m) | $\mu_z$ | $w_0$ (kN/m²) | $A$ (m²) | $P_w$ (kN) |
|---|---|---|---|---|---|---|---|
| 6 | 1.0 | 1.3 | 19.8 | 1.246 | 0.55 | 10.14 | 9.03 |
| 5 | 1.0 | 1.3 | 16.6 | 1.175 | 0.55 | 12.48 | 10.48 |
| 4 | 1.0 | 1.3 | 13.4 | 1.090 | 0.55 | 12.48 | 9.72 |
| 3 | 1.0 | 1.3 | 10.2 | 1.006 | 0.55 | 12.48 | 8.97 |
| 2 | 1.0 | 1.3 | 7.0 | 0.880 | 0.55 | 12.48 | 7.85 |
| 1 | 1.0 | 1.3 | 3.8 | 0.608 | 0.55 | 13.65 | 5.93 |

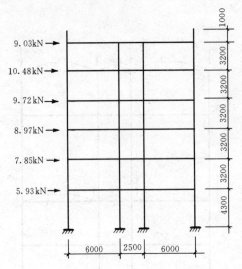

图 13-44 风荷载作用下结构计算简图

### 13.6.4 内力计算

**1. 恒荷载作用下的内力计算**

恒载（竖向荷载）作用下的内力计算采用分层法。这里以中间层为例说明分层法的计算过程，其他层（顶层、底层）仅给出计算结果。

由图 13-42 取出中间任一层进行分析，结构计算简图如图 13-45（a）所示。图 13-45 中柱的线刚度取框架柱实际线刚度的 0.9 倍。

图 13-45（a）中梁上分布荷载由矩形和梯形两部分组成，在求固端弯矩时可直接根据图示荷载计算，也可根据固端弯矩相等的原则，先将梯形分布荷载及三角形分布荷载，化为等效均布荷载（图 13-45b），等效均布荷载的计算公式如图 13-46 所示。

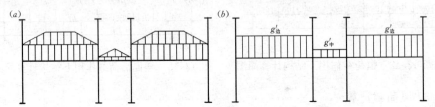

图 13-45 分层法计算简图

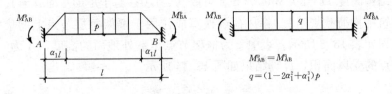

图 13-46 荷载的等效

把梯形荷载化作等效均布荷载

$$\alpha_1 = 0.5 \times \frac{3.9}{6.0} = 0.325$$

$$\begin{aligned}
g'_{\text{边}} &= g_{AB1} + (1 - 2\alpha_1^2 + \alpha_1^3) g_{AB2} \\
&= 17.55 + (1 - 2 \times 0.325^2 + 0.325^3) \times 12.64 \\
&= 27.95 \text{kN/m}
\end{aligned}$$

## §13.6 现浇混凝土多层框架结构设计示例

$$g'_{\text{中}} = g_{BC1} + \frac{5}{8}g_{BC2} = 2.7 + \frac{5}{8} \times 8.1 = 7.76 \text{kN/m}$$

图 13-45（b）所示结构内力可用弯矩分配法计算并可利用结构对称性取二分之一结构计算。各杆的固端弯矩为：

$$M_{AB} = \frac{1}{12}g'_{\text{边}} l_{\text{边}}^2 = \frac{1}{12} \times 27.95 \times 6^2 = 83.85 \text{kN} \cdot \text{m}$$

$$M_{BC} = \frac{1}{3}g'_{\text{中}} l_{\text{中}}^2 = \frac{1}{3} \times 7.76 \times 1.25^2 = 4.04 \text{kN} \cdot \text{m}$$

$$M_{CB} = \frac{1}{6}g'_{\text{中}} l_{\text{中}}^2 = \frac{1}{6} \times 7.76 \times 1.25^2 = 2.02 \text{kN} \cdot \text{m}$$

弯矩分配法计算过程如图 13-47 所示，计算所得结构弯矩图见图 13-48。同样可用分层法求得顶层及底层的弯矩图，列于图 13-48。

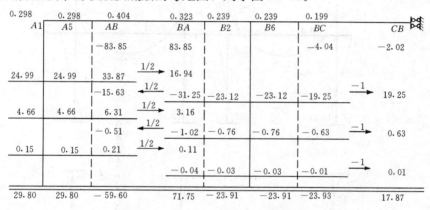

图 13-47 弯矩分配法计算过程

将各层分层法求得的弯矩图叠加，可得整个框架结构在恒荷载作用下的弯矩图。很显然，叠加后框架内各节点弯矩并不一定能达到平衡，这是由于分层法计算的误差所造成的。为提高精度，可将节点不平衡弯矩再分配一次进行修正，修正后竖向荷载作用下整个结构弯矩图如图 13-49（a）所示。并进而可求得框架各梁柱的剪力和轴力（图 13-49b）。

必须注意，在求得图 13-45（b）所示结构的梁端支座弯矩后，如欲求梁跨中弯矩，则需根据求得的支座弯矩和各跨的实际荷载分布（即图 13-45a 所示荷载分布）按平衡条件计算，而不能按等效分布荷载计算。框架梁在实际分布荷载作用下按简支梁计算的跨中弯矩如图 13-50 所示。

考虑梁端弯矩调幅，并将梁端节点弯矩换算至梁端柱边弯矩值，以备内力组合时用，如图 13-51 所示。

2. 楼面活荷载作用下的内力计算

活荷载作用下的内力计算也采用分层法，考虑到活荷载分布的最不利组合，各层楼面活荷载布置可能有图 13-52 所示的几种组合形式。同样采用弯矩分配法

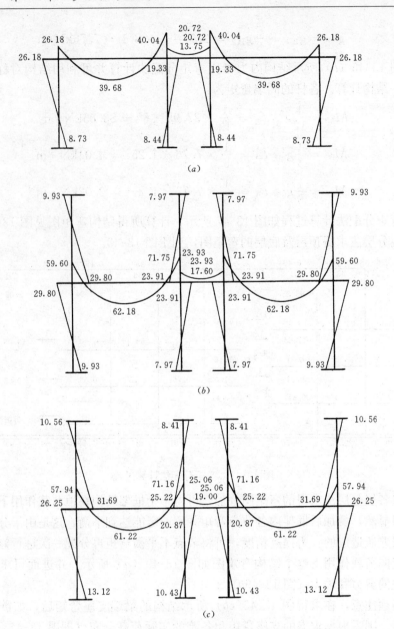

图 13-48 分层法弯矩计算结果
(a) 顶层；(b) 标准层；(c) 底层

计算，考虑弯矩调幅，并将梁端节点弯矩换算成梁端柱边弯矩值。其最后弯矩图（标准层）如图 13-52 所示。

3. 风荷载作用下内力计算

风荷载作用下的结构计算简图如图 13-44 所示。内力计算采用 $D$ 值法，计算过程见图 13-53。其中由附表 10-3、附表 10-4 查得 $y_1=y_2=y_3=0$，即 $y=y_0$。

## §13.6 现浇混凝土多层框架结构设计示例

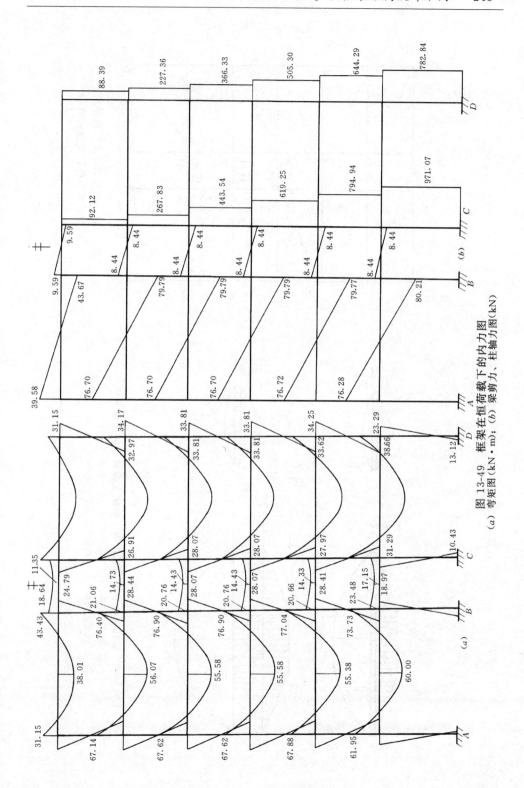

图 13-49 框架在恒荷载下的内力图
(a) 弯矩图(kN·m); (b) 梁剪力、柱轴力图(kN)

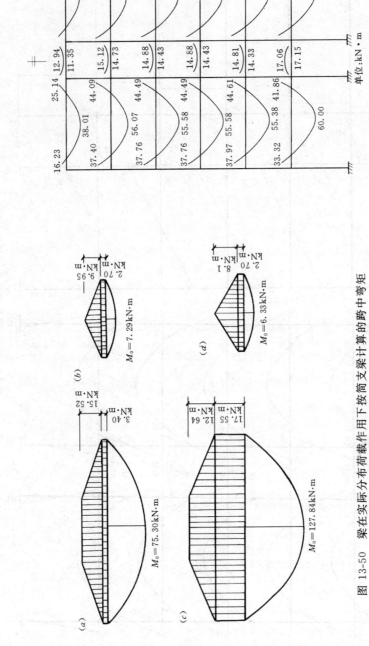

图 13-51 框架梁在恒荷载作用下经调幅并算至柱边截面的弯矩

图 13-50 梁在实际分布荷载作用下按简支梁计算的跨中弯矩
(a) 顶层边跨梁；(b) 顶层中跨梁；(c) 标准层及底层边跨梁；(d) 标准层及底层中跨梁

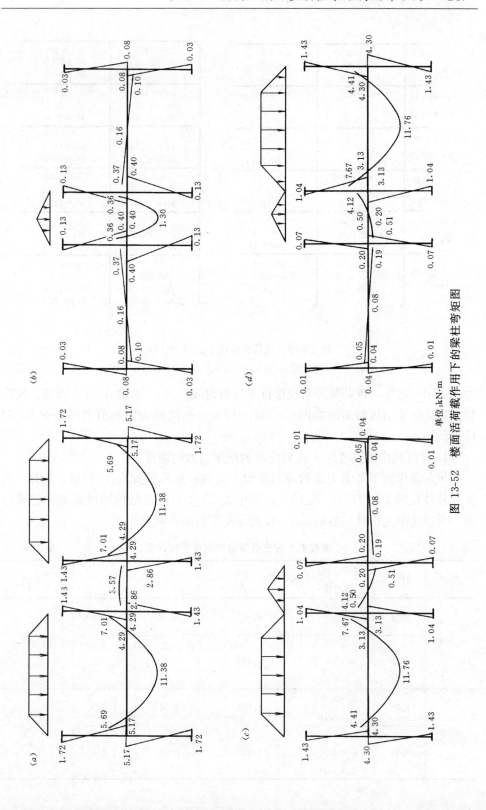

图 13-52 楼面活荷载作用下的梁柱弯矩图 单位：kN·m

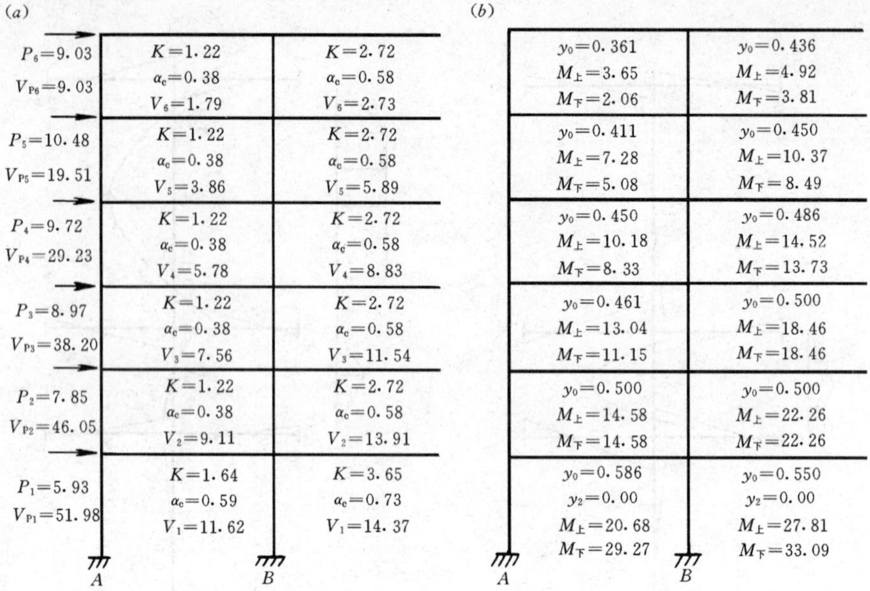

```
(a)                                              (b)
P₆=9.03      K=1.22        K=2.72         y₀=0.361      y₀=0.436
V_P₆=9.03    αc=0.38       αc=0.58        M上=3.65      M上=4.92
             V₆=1.79       V₆=2.73        M下=2.06      M下=3.81

P₅=10.48     K=1.22        K=2.72         y₀=0.411      y₀=0.450
V_P₅=19.51   αc=0.38       αc=0.58        M上=7.28      M上=10.37
             V₅=3.86       V₅=5.89        M下=5.08      M下=8.49

P₄=9.72      K=1.22        K=2.72         y₀=0.450      y₀=0.486
V_P₄=29.23   αc=0.38       αc=0.58        M上=10.18     M上=14.52
             V₄=5.78       V₄=8.83        M下=8.33      M下=13.73

P₃=8.97      K=1.22        K=2.72         y₀=0.461      y₀=0.500
V_P₃=38.20   αc=0.38       αc=0.58        M上=13.04     M上=18.46
             V₃=7.56       V₃=11.54       M下=11.15     M下=18.46

P₂=7.85      K=1.22        K=2.72         y₀=0.500      y₀=0.500
V_P₂=46.05   αc=0.38       αc=0.58        M上=14.58     M上=22.26
             V₂=9.11       V₂=13.91       M下=14.58     M下=22.26

P₁=5.93      K=1.64        K=3.65         y₀=0.586      y₀=0.550
V_P₁=51.98   αc=0.59       αc=0.73        y₂=0.00       y₂=0.00
             V₁=11.62      V₁=14.37       M上=20.68     M上=27.81
                                          M下=29.27     M下=33.09
             A             B              A             B
```

图 13-53 风荷载作用下的内力计算
(a) 剪力在各柱间分配 (kN); (b) 各柱反弯点及柱端弯矩 (kN·m)

由图 13-54 可见，风荷载分布较接近于均布荷载，故 $y_0$ 由附表 10-1 查得。风荷载作用下框架结构弯矩图如图 13-54(a)所示，框架轴力图和剪力图如图 13-54(b)所示。

4. 风荷载作用下考虑 P-Δ 效应时的框架内力的调整。

风荷载作用下考虑 P-Δ 效应时框架内力的调整系数按式（13-14）计算，具体计算过程列于表 13-4、表 13-5。其中表 13-4 为框架结构刚度折减的计算过程，梁的线刚度折减系数取 0.4，柱的线刚度折减系数取 0.6。

考虑 P-Δ 效应框架结构刚度折减计算　　表 13-4

| 层次 | 柱号 | 折减后的线刚度 | $K=\dfrac{i_1+i_2+i_3+i_4}{2i_c}$ | $\alpha_c$ | $D_{jk}$ | $\sum_{k=1}^{4}D_{jk}h_j$ |
|---|---|---|---|---|---|---|
| 2~6 层 | 边柱 | $i_2=i_4=3.47$<br>$i_c=4.27$ | 0.813 | 0.289 | 1.446 | 24.467 |
|  | 中柱 | $i_1=i_3=3.47$<br>$i_2=i_4=4.27$<br>$i_c=4.27$ | 1.813 | 0.475 | 2.377 |  |
| 底层 | 边柱 | $i_2=3.47$<br>$i_c=3.18$ | 1.091 | 0.515 | 1.063 | 20.889 |
|  | 中柱 | $i_1=3.47$<br>$i_2=4.27$<br>$i_c=3.18$ | 2.434 | 0.662 | 1.366 |  |

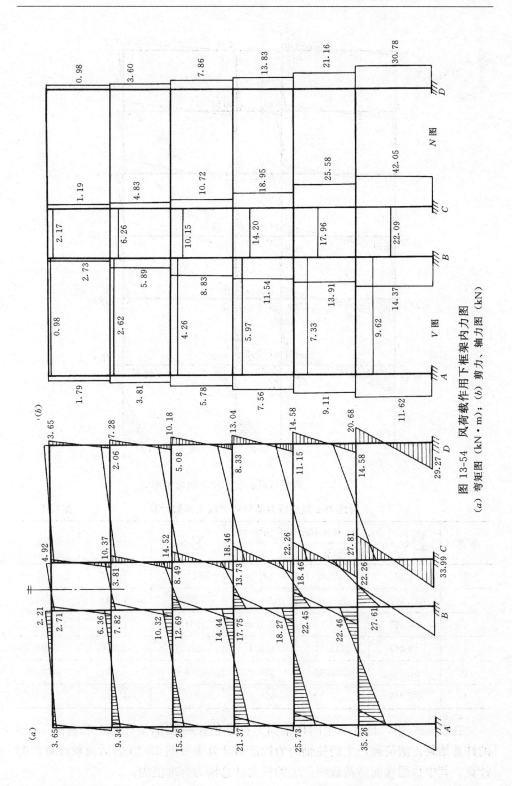

图 13-54 风荷载作用下框架内力图
(a) 弯矩图 (kN·m); (b) 剪力、轴力图 (kN)

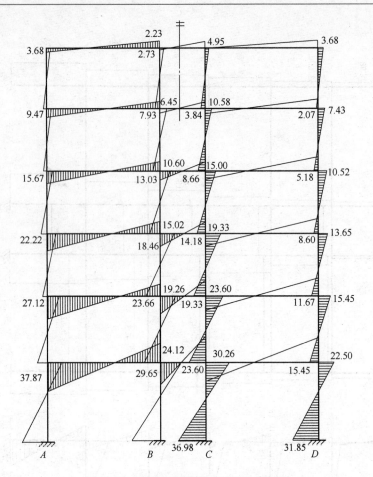

图 13-55 调整后风荷载作用下的弯矩图

**考虑 P-Δ 效应框架梁柱内力增大系数计算** 表 13-5

| 层次 | $\sum_{k=1}^{4} D_{jk}h_j$ | 柱轴力标准值（kN） | | $\sum_{k=1}^{4} N_{jk}$ | 柱的 $\eta_s$ | 梁的 $\eta_s$ |
| --- | --- | --- | --- | --- | --- | --- |
| | | 恒载 | 活载 | | | |
| 6 | 24.467 | 361.02 | 87.74 | 543.78 | 1.007 | 1.007 |
| 5 | 24.467 | 990.92 | 209.61 | 1453.21 | 1.020 | 1.014 |
| 4 | 24.467 | 1619.74 | 331.48 | 2361.35 | 1.033 | 1.027 |
| 3 | 24.467 | 2249.10 | 453.35 | 3270.14 | 1.047 | 1.040 |
| 2 | 24.467 | 2878.46 | 575.22 | 4178.93 | 1.060 | 1.054 |
| 1 | 20.889 | 3507.82 | 697.09 | 5087.72 | 1.088 | 1.074 |

在表 13-5 中，自重产生的柱轴向力标准值按一榀框架计算，取自图 13-49 的计算结果。活荷载产生的柱轴向力标准值计算参照图 13-43 的活荷载计算简图计算。其中顶层楼面活荷载所产生的框架柱总轴力标准值为：

$$\Sigma N_{6P} = 5.85 \times \frac{2.6+6}{2} \times 2 + 3.75 \times 2.5/2 + 5.7 \times 2 + 10.67 \times 2$$
$$= 87.74 \text{kN}$$

标准层楼面活荷载所产生的框架柱总轴力标准值为：

$$\Sigma N_{kP} = 7.8 \times \frac{2.6+6}{2} \times 2 + 6.25 \times 2.5/2 + 8.70 \times 2 + 14.79 \times 2$$
$$= 121.87 \text{kN}$$

考虑荷载组合系数按（1.2×恒载＋0.9×1.4×活载）得到柱轴力设计值。风荷载作用下考虑 P-Δ 效应调整后的框架弯矩图见图 13-55。

### 13.6.5 内力组合

根据上节内力计算结果，即可进行框架各梁柱各控制截面上的内力组合，其中梁的控制截面为梁端柱边及跨中。由于对称性，每层有五个控制截面，即图 13-56(a)梁中的 1、2、3、4、5 号截面，表 13-6 给出了第四层梁的内力组合过程；柱则分为边柱和中柱（即 A 柱、B 柱），每个柱每层有两个控制截面，如图 13-56(b)所示。以第四层柱为例，控制截面为 7、8 号截面。因活荷载作用下内力计算采用分层法，故当三层梁和四层梁上作用有活荷载时，将对四层柱内产生内力。表 13-7 整理出了当三层、四层分别有活荷载最不利组合时在 7、8 号截面所产生的内力。表 13-8 给出了四层柱的内力组合过程。

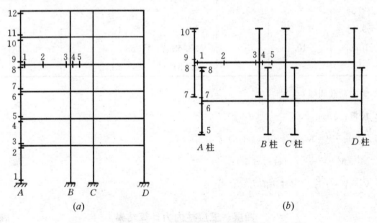

图 13-56 框架梁柱控制截面

### 13.6.6 截面设计

根据内力组合结果，即可选择各截面的最不利内力进行截面配筋计算。必须指出的是，表 13-8 中组合得到的内力，并不一定是最不利内力。例如对于大偏心受压的情况，可能是 $N$ 较小但不是最小而 $M$ 又较大时更危险，因此，必要时应根据截面大小偏压的情况重新组合做出最不利的一组内力配筋。最后，在考虑构造要求以后,确定有关控制截面的配筋,并做出结构施工图,此处从略。

第四层梁内力组合 表 13-6

| 荷载类型\截面 | 恒载 ① | | 活载 ② | | 活载 ③ | | 活载 ④ | | 活载 ⑤ | |
|---|---|---|---|---|---|---|---|---|---|---|
| | $M$ | $V$ | $M$ | $V$ | $M$ | $V$ | $M$ | $V$ | $M$ | $V$ |
| 1 | −37.76 | 72.58 | −5.69 | 11.54 | 0.10 | −0.11 | −4.41 | 11.02 | −0.05 | −0.05 |
| 2 | 55.58 | — | 11.38 | — | −0.16 | — | 11.76 | — | 0.08 | — |
| 3 | −44.49 | −75.58 | −7.01 | −12.07 | −0.37 | −0.11 | −7.67 | −12.52 | 0.19 | −0.05 |
| 4 | −14.88 | 7.67 | −2.86 | 0 | −0.36 | 3.02 | −4.12 | 6.02 | 0.51 | −0.02 |
| 5 | −14.43 | | −3.57 | | 1.30 | | −0.50 | | −0.50 | |

| 荷载类型\截面 | 风载 ⑥ | | 内力组合 | | | | | |
|---|---|---|---|---|---|---|---|---|
| | | | 恒载×1.2+活载×1.4 ⑦ | | | 恒载×1.2+0.90× (活载×1.4+风载×1.4) ⑧ | | |
| | $M$ | $V$ | $M_{max}$ | $M_{min}$ | $V_{max}$ | $M_{max}$ | $M_{min}$ | $V_{max}$ |
| 1 | ±14.69 | ±4.26 | — | −53.28 | 103.25 | — | −70.99 | 107.00 |
| 2 | ±2.54 | — | 83.16 | | | 84.72 | | |
| 3 | ±9.61 | ±4.26 | — | −64.13 | −108.34 | — | −75.19 | −111.95 |
| 4 | ±10.69 | ±10.15 | — | −23.62 | 17.63 | — | −36.51 | 29.58 |
| 5 | 0 | | | −22.31 | | | −21.81 | |

说明: 1. 竖向荷载调幅 $\begin{cases} 梁端80\% \\ 跨中不调 \end{cases}$

2. 校核: $M_{跨中} \geqslant 0.5 \times \frac{1}{8}(g+p)l^2$;

$\frac{M_{左}+M_{右}}{2} + M_{跨中} \geqslant \frac{1}{8}(g+p)l^2$。

3. $M' = M - V' \frac{b}{2}$ (柱边弯矩);

$V' = V - q \frac{b}{2}$ (柱边剪力)。

四层、五层柱内力计算结果 表 13-7

| 柱 | 荷载类型\截面 | 四层梁上有活荷载的情况 | | | | 三层梁上有活荷载的情况 | | | |
|---|---|---|---|---|---|---|---|---|---|
| A柱 | $M_8$ | 5.17 | −0.08 | 4.30 | 0.04 | 1.72 | −0.03 | 1.43 | 0.01 |
| | $M_7$ | 1.72 | −0.03 | 1.43 | 0.01 | 5.17 | −0.08 | 4.30 | 0.04 |
| | $N$ | 11.54 | −0.11 | 11.10 | 0.06 | 0 | 0 | 0 | 0 |

§13.6 现浇混凝土多层框架结构设计示例

续表

| 柱 | 荷载类型 截面 | 四层梁上有活荷载的情况 | | | | 三层梁上有活荷载的情况 | | | |
|---|---|---|---|---|---|---|---|---|---|
| B 柱 | $M_8$ | −4.29 | 0.40 | −3.13 | −0.25 | −1.43 | 0.13 | −1.04 | −0.07 |
|  | $M_7$ | −1.43 | 0.13 | −1.04 | −0.07 | −4.29 | 0.40 | −3.13 | −0.25 |
|  | $N$ | 12.15 | 3.23 | 18.78 | −0.04 | 0 | 0 | 0 | 0 |

四层柱内力组合　　　　　　　表 13-8

| 柱号 | 荷载类型 截面 | 恒载 | | 活载 | | | | 风载 |
|---|---|---|---|---|---|---|---|---|
|  |  |  | 上层传来 |  |  |  | 上层传来 |  |
|  |  | ① | ② | ③ | ④ | ⑤ | ⑥ | ⑦ |
| A 柱 | $M_8$ | 33.81 | — | 6.89 | 6.02 | 1.64 | — | ±10.52 |
|  | $M_7$ | 33.81 | — | 6.89 | 6.60 | 5.14 | — | ±8.60 |
|  | $N$ | 76.70 | 289.63 | 11.54 | 11.10 | −0.11 | 33.75 | ∓7.84 |
|  | $V$ | — | — | — | — | — | — | ±5.78 |
| B 柱 | $M_8$ | −28.07 | — | −5.72 | −4.56 | −1.03 | — | ±15.00 |
|  | $M_7$ | −28.07 | — | −5.72 | −5.33 | −4.16 | — | ±14.18 |
|  | $N$ | 88.23 | 355.31 | 12.15 | 18.78 | 3.23 | 55.75 | ∓10.72 |
|  | $V$ | — | — | — | — | — | — | ±8.83 |

| 柱号 | 荷载类型 截面 | 内力组合 | | | | | |
|---|---|---|---|---|---|---|---|
|  |  | 恒载×1.2＋活载×1.4 | | | 恒×1.2＋0.90×（活×1.4＋风×1.4） | | |
|  |  | $N_{max},M$ | $N_{min},M$ | $\|M\|_{max},N,V$ | $N_{max},M$ | $N_{min},M$ | $\|M\|_{max},N,V$ |
|  |  | ⑧ | ⑨ | ⑩ | ⑪ | ⑫ | ⑬ |
| A 柱 |  | ①+②+③+⑥ | ①+②+⑤ | ①+②+③ | ⑦+⑧ | ⑦+⑨ | ⑦+⑩ |
|  | $M_8$ | 50.22 | 42.87 | 50.22 | 36.36 | 55.89 | 62.51 |
|  | $M_7$ | 50.22 | 47.77 | 50.22 | 38.42 | 57.88 | 60.09 |
|  | $N$ | 503.00 | 439.44 | 455.75 | 506.54 | 429.54 | 444.26 |
|  | $V$ | — | — | — | — | — | 7.28 |
| B 柱 |  | ①+②+④+⑥ | ①+②+⑤ | ①+②+③ | ⑦+⑧ | ⑦+⑨ | ⑦+⑩ |
|  | $M_8$ | −40.07 | −35.13 | −41.69 | −58.32 | −16.08 | −59.78 |
|  | $M_7$ | −41.15 | −39.51 | −41.69 | −58.27 | −21.05 | −58.76 |
|  | $N$ | 636.59 | 536.77 | 549.26 | 639.67 | 522.81 | 561.07 |
|  | $V$ | — | — | — | — | — | −11.13 |

### 13.6.7 水平位移计算

框架结构在水平力作用下的位移可先按式（13-10a）逐层计算层间水平位移，然后按式（13-13）计算考虑 P-Δ 效应后的层间水平位移，最后按式（13-10b）计算框架顶点总水平位移。本例框架考虑 P-Δ 效应位移增大系数计算过程见表 13-9。框架水平位移计算过程见表 13-10。

考虑 P-Δ 效应框架位移增大系数计算　　　　　　　　　　　　表 13-9

| 层次 | $D$ 值（$\times 10^{-4} E_c m$） | | $\sum_{k=1}^{4} D_{jk} h_j$ | 柱轴力设计值 | $\eta_s$ |
| --- | --- | --- | --- | --- | --- |
| | 边柱 | 中柱 | （$\times 10^{-4} E_c m^2$） | $\sum_{k=1}^{4} N_{jk}$ (kN) | |
| 6 | 3.17 | 4.84 | 51.26 | 543.78 | 1.0036 |
| 5 | 3.17 | 4.84 | 51.26 | 1453.21 | 1.010 |
| 4 | 3.17 | 4.84 | 51.26 | 2361.35 | 1.0156 |
| 3 | 3.17 | 4.84 | 51.26 | 3270.14 | 1.0218 |
| 2 | 3.17 | 4.84 | 51.26 | 4178.93 | 1.0280 |
| 1 | 2.03 | 2.51 | 39.04 | 5087.72 | 1.0454 |

框架水平位移计算　　　　　　　　　　　　　　　　　表 13-10

| 层次 | $V_j$ | $\sum_{k=1}^{4} D_{jk}$ | $\Delta u_{js}$ | $\eta_s$ | $\Delta u_j$ | $u$ |
| --- | --- | --- | --- | --- | --- | --- |
| | (kN) | ($\times 10^{-4} E_c m^2$) | ($\times 10^{-3}$ mm) | | ($\times 10^{-3}$ mm) | ($\times 10^{-3}$ mm) |
| 6 | 9.03 | 16.02 | 0.188 | 1.004 | 0.189 | 5.008 |
| 5 | 19.51 | 16.02 | 0.406 | 1.010 | 0.410 | 4.819 |
| 4 | 29.23 | 16.02 | 0.608 | 1.016 | 0.618 | 4.409 |
| 3 | 38.20 | 16.02 | 0.795 | 1.022 | 0.812 | 3.791 |
| 2 | 46.05 | 16.02 | 0.958 | 1.028 | 0.985 | 2.979 |
| 1 | 51.98 | 9.08 | 1.908 | 1.045 | 1.994 | 1.994 |

## 思 考 题

13.1　钢筋混凝土框架结构按施工方法的不同有哪些形式？各有何优缺点？

13.2　试分析框架结构在水平荷载作用下，框架柱反弯点高度的影响因素有哪些？

13.3　$D$ 值法中 $D$ 值的物理意义是什么？

13.4 试分析单层单跨框架结构承受水平荷载作用，当梁柱的线刚度比由零变到无穷大时，柱反弯点高度是如何变化的？

13.5 某多层多跨框架结构，层高、跨度、各层的梁、柱截面尺寸都相同，试分析该框架底层、顶层柱的反弯点高度与中间层的柱反弯点高度分别有何区别？

13.6 试画出多层多跨框架在水平风荷载作用下的弹性变形曲线。

13.7 框架结构设计时一般可对梁端负弯矩进行调幅，现浇框架梁与装配整体式框架梁的负弯矩调幅系数取值是否一致？哪个大？为什么？

13.8 钢筋混凝土框架柱计算长度的取值与框架结构的整体侧向刚度有何联系？

13.9 框架梁、柱纵向钢筋在节点内的锚固有何要求？

# 习　题

13.1 试分别用反弯点法和 $D$ 值法计算图 13-57 所示框架结构的内力（弯矩、剪力、轴力）和水平位移。图中在各杆件旁标出了线刚度，其中 $i=2600\text{kN}\cdot\text{m}$。

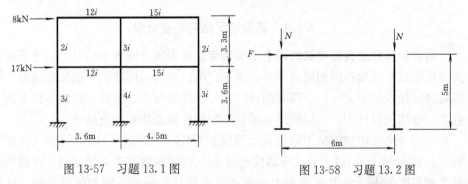

图 13-57　习题 13.1 图　　　　图 13-58　习题 13.2 图

13.2 某单层单跨刚架结构的计算简图如图 13-58。混凝土强度等级为 C25，纵向受力钢筋为 HRB400 级钢筋，箍筋为 HPB300 级钢筋，$a_s = a'_s = 35\text{mm}$。梁截面尺寸为 $b \times h = 200\text{mm} \times 600\text{mm}$，上下对称配筋，各配有 2⌀20 通长布置，箍筋为 ⌀8@100 双肢均匀布置。柱截面尺寸为 $b \times h = 400\text{mm} \times 600\text{mm}$，内外侧对称配筋各配有 4⌀25 通长钢筋，箍筋为 ⌀10@100 四肢均匀布置。承受竖向荷载标准值 $N = 300\text{kN}$，不考虑构件自重，不考虑 $P-\Delta$ 效应，求当该刚架结构处于承载能力极限状态时的水平作用力 $F$（提示：在梁端出现塑性铰后，该刚架所承受的水平力仍可增加，至柱底出现塑性铰时，刚架结构才处于承载能力极限状态）。

# 第 14 章 高层建筑结构

**教学要求：**
1. 理解高层建筑的受力特点、结构类型和结构布置的一般原则；
2. 理解剪力墙构件的受力特点和分类；
3. 了解剪力墙的内力和水平位移计算方法，领会剪力墙的构造要求；
4. 了解剪力墙结构的结构布置和计算方法；
5. 了解框架-剪力墙结构的组成、受力特点和计算方法；
6. 了解筒体结构的结构类型、框筒结构的受力特点和计算方法。

## §14.1 概　述

### 14.1.1 高层建筑结构高度分级

**高度和层数是高层建筑的两个主要指标。** 多少高度或多少层以上的建筑物称为高层建筑？世界各国的规定不一，也不严格。因为高层建筑一般标准较高，所以对高层建筑的定义与一个国家的经济条件、建筑技术、电梯、消防等许多因素有关。在结构设计中，高层建筑要采取专门的计算方法和构造措施。

我国《高层建筑混凝土结构技术规程》（JGJ 3—2010）（以下简称《高规》）规定，10 层及 10 层以上或房屋高度超过 28m 的建筑物称为高层建筑，并按结构形式和高度的不同分为 A 级和 B 级两类，在设计中采用不同的抗震等级、计算方法和构造措施。高度不超过表 14-1 限值的钢筋混凝土高层建筑为 A 级，高度超过 A 级高度限值的高层建筑称为 B 级高度的高层建筑。B 级高度钢筋混凝土高层建筑的最大适用高度见表 14-2。上述两表对于甲类建筑宜按设防烈度提高一度后查用，对于平面和竖向均不规则的结构，其适用高度宜适当降低。

A 级高度钢筋混凝土高层建筑的最大适用高度（m）　　　　表 14-1

| 结构体系 | 非抗震设计 | 抗震设防烈度 | | | | |
|---|---|---|---|---|---|---|
| | | 6 度 | 7 度 | 8 度 | | 9 度 |
| | | | | 0.20g | 0.30g | |
| 框架 | 70 | 60 | 50 | 40 | 35 | — |
| 框架-剪力墙 | 150 | 130 | 120 | 100 | 80 | 50 |

续表

| 结构体系 | | 非抗震设计 | 抗震设防烈度 | | | | |
|---|---|---|---|---|---|---|---|
| | | | 6度 | 7度 | 8度 | | 9度 |
| | | | | | 0.20g | 0.30g | |
| 剪力墙 | 全部落地 | 150 | 140 | 120 | 100 | 80 | 60 |
| | 部分框支 | 130 | 120 | 100 | 80 | 50 | 不应采用 |
| 筒体 | 框架-核心筒 | 160 | 150 | 130 | 100 | 90 | 70 |
| | 筒中筒 | 200 | 180 | 150 | 120 | 100 | 80 |
| 板柱-剪力墙 | | 110 | 80 | 70 | 55 | 40 | 不应采用 |

B级高度钢筋混凝土高层建筑的最大适用高度（m） 表 14-2

| 结构体系 | | 非抗震设计 | 抗震设防烈度 | | | |
|---|---|---|---|---|---|---|
| | | | 6度 | 7度 | 8度 | |
| | | | | | 0.20g | 0.30g |
| 框架-剪力墙 | | 170 | 160 | 140 | 120 | 100 |
| 剪力墙 | 全部落地 | 180 | 170 | 150 | 130 | 110 |
| | 部分框支 | 150 | 140 | 120 | 100 | 80 |
| 筒体 | 框架-核心筒 | 220 | 210 | 180 | 140 | 120 |
| | 筒中筒 | 300 | 280 | 230 | 170 | 150 |

在结构设计中，高层建筑的高度一般是指从室外地面至主要屋面的距离，不包括突出屋面的电梯机房、水箱、构架等高度以及地下室的埋置深度。

对于房屋高度超过 A 级高度限值的框架结构、板柱-剪力墙结构，以及 9 度抗震设防的各类结构，因研究成果和工程经验尚显不足，在表 14-2 中未予列入。

高度超出表 14-2 的高层建筑，则应通过专门的审查、论证，补充多方面的计算分析，必要时进行相应的结构试验研究，采取专门的加强构造措施，才能予以实施。

### 14.1.2 高层建筑的发展概况

广义地说，高层建筑在很早以前就出现了。在巴比伦王朝，就建有数百英尺的高塔；在古罗马时期，也有过一些高达十几层的房屋；在我国古代，曾建造了许多高层塔楼，有的还经受了地震与战火的考验，至今仍保存完好。

现代高层建筑作为城市现代化的象征，只有一百多年的历史，主要用于住宅、旅馆和办公楼等。18 世纪末的产业革命带来了生产力的发展和经济的繁荣，人口向城市集中，材料不断更新，设备逐步完善，技术日益发展，使得高层建筑的兴建成为必要与可能。1883年美国芝加哥建成11层的保险公司大楼首先采用了框架结构承重体系（外墙为砖墙自承重）。1905年美国纽约建成了高达50层的大楼。1931年在纽约又建成了帝国大厦，有102层，高达381m。二次世界大战以后，世界政治与经济格局相对稳定，使建筑业有了较大的发展。特别是最近一段时期，由于轻质、高强材料的研制成功，抗侧力结构体系的发展，电子计算机的广泛应用，服务设施和技术设备的完善，使得高层、超高层建筑大量涌现出来，不但出现在北美、欧洲的一些发达国家，而且也出现在亚洲、拉美等地的许多发展中国家。

图14-1是世界著名高层建筑的若干代表，图14-1(a)是位于阿拉伯联合酋长国迪拜市的哈利法塔，2009年建成，160层，桅杆顶高度为828m，是目前世界上最高的建筑；图14-1(b)是上海环球金融中心，2008年建成，101层，平屋顶高度为492m；图14-1(c)是台北101大厦，2004年建成，101层，450m，桅杆顶高度为508m；图14-1(d)是位于马来西亚吉隆坡的石油大厦，1996年建成，88层，桅杆顶高度为452m；图14-1(e)是位于美国芝加哥的希尔斯大厦，1974年建成，110层，442m，桅杆顶高度为527m。图14-1(f)是正在建设中的上海中心效果图，121层，632m。

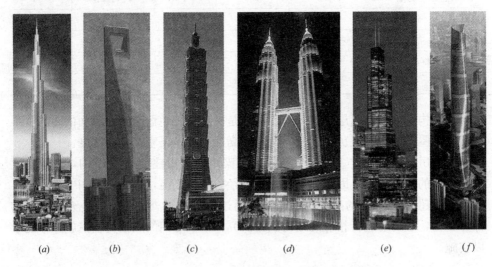

图14-1 世界著名的高层建筑
(a)哈利法塔；(b)上海环球金融中心；(c)台北101大楼；
(d)石油大厦；(e)希尔斯大厦；(f)上海中心

我国的高层建筑首先出现在20世纪20年代的上海。我国自行设计建造的高层建筑则始于20世纪50年代。20世纪80年代以后，我国高层建筑的发展极为迅猛，不但出现在大城市，而且还出现在一些中小城市，并且高度不断增长，造型日益翻新，结构体系丰富多样，建筑材料、施工技术、服务设施都得到了发展和提高。

### 14.1.3 高层建筑结构受力特点

高层建筑结构受力特点与多层建筑结构的主要区别是，侧向力（风或水平地震作用）成为影响结构内力、结构变形及建筑物土建造价的主要因素。在一般多层建筑结构中，影响结构内力的主要是竖向荷载，在结构变形方面主要是考虑梁在竖向荷载作用下的挠度，一般不必考虑结构侧向位移对建筑物使用功能或结构可靠性的影响。在高层建筑结构中，竖向荷载的作用与多层建筑相似，柱内轴力随着层数的增加而增大，可近似地认为轴力与层数呈线性关系，见图 14-2 (a)；而水平向作用的风荷载或地震作用力可近似地认为呈倒三角分布，该倒三角分布力在结构底部所产生的弯矩与结构高度的三次方成正比，见图 14-2 (b)，水平力作用下结构顶点的侧向位移与高度的四次方成正比，见图 14-2 (c)。上述弯矩和侧向位移常常成为决定结构方案、结构布置及构件截面尺寸的控制因素。**因此，对高层建筑结构考虑水平力的作用比竖向力更为重要。**

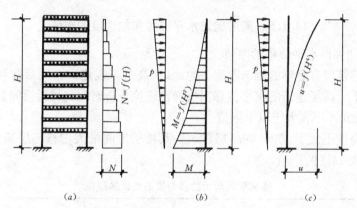

图 14-2 高层建筑结构的受力特点
(a) 轴力与高度的关系；(b) 弯矩与高度的关系；(c) 侧向位移与高度的关系

### 14.1.4 高层建筑的优缺点

高层建筑的设计与建造不仅要考虑到建筑功能与结构受力，还应该考虑到文化、社会、经济和技术等各方面的要求。

高层建筑集中了成千上万的人在一起工作、生活，极大地提高了土地的利用率，节约用地，增加了绿化面积，改善了城市环境。相对集中的高层建筑群便于人们相互间的联系，也可减少建筑物的管理费用。办公、居住、商业、娱乐等多用途的综合性办公楼的出现，使人们可方便地在同一座楼内工作和生活，免除了上下班的长途奔波，减少城市的交通流量，缩短道路、水、电、燃气管线等市政建设线路，节省市政建设投资。因此，尽管高层建筑的单体造价较高，但从城市总体规划的角度来看，却是经济的。

但是，高层建筑也有不尽如人意的一面。高层建筑造价昂贵，管理复杂，施工周期长，能量消耗大。高层建筑中难以充分利用天然采光、通风等自然环境，使人与自然的联系减少。大风时建筑物摆动会使人感觉眩晕，电梯损坏时上下楼梯困难。高层建筑还会投下一个巨大的阴影，影响附近建筑物的采光和日照。高层建筑对于无线电波犹如一个巨大的屏障和反射面。特别严重的是，高层建筑内如果发生火灾，其危害要比多层建筑大得多。如遇战争等意外袭击，高层建筑所造成的损失尤其惨重。例如，纽约世界贸易中心的南、北两座姐妹塔楼都是110层、411m高，分别于1972、1973年建成。2001年9月11日两架被劫持的波音客机分别撞击在南、北塔楼的2/3～3/4高度处，导致世界贸易中心两塔楼完全倒塌，造成数千人死亡和重大财产损失。该惨剧受到世界结构工程师的密切关注。很多人对双塔的倒塌原因、倒塌模式提出了各种各样的见解。一般公认的原因是大厦由于火灾和堆载而导致倒塌，同时也有一些专家提出了包括二次破坏、燃爆等可能性。

### 14.1.5 高层建筑水平位移和加速度的限值

1. 层间弹性水平位移的限值

高层建筑应有足够的侧向刚度。为此，《高规》规定，在风荷载和多遇水平地震作用下，高层建筑的水平位移当按弹性理论分析时，其楼层层间最大位移与层高之比 $\Delta u/h$ 不宜大于以下限值：

(1) 高度不大于150m的高层建筑，其楼层层间最大位移与层高之比 $\Delta u/h$ 不宜大于表14-3的限值。

楼层层间最大位移与层高之比的限值　　　　表14-3

| 结构类型 | $[\Delta u/h]$ | 结构类型 | $[\Delta u/h]$ |
|---|---|---|---|
| 框架 | 1/550 | 筒中筒、剪力墙 | 1/1000 |
| 框架-剪力墙、框架-核心筒板柱-剪力墙 | 1/800 | 除框架结构外的转换层 | 1/1000 |

注：楼层层间最大位移 $\Delta u$ 以楼层最大的水平位移差计算，不扣除整体弯曲变形。

(2) 高度不小于250m的高层建筑，楼层层间最大位移与层高之比$\Delta u/h$的限值为1/500。

(3) 高度为150～250m之间的高层建筑，楼层层间最大位移与层高之比$\Delta u/h$的限值按上述限值线性插入取用。

2. 罕遇水平地震作用下薄弱层（部位）的抗震变形验算

为了实现"大震不倒"，应对某些高层建筑进行罕遇地震作用下薄弱层（部位）的抗震变形验算，具体规定见《高规》。

3. 结构风振加速度的限制

高层建筑物在风荷载作用下将产生水平振动。过大的水平振动加速度将使在高楼内居住的人们感觉不舒适，甚至不能忍受。研究表明，当建筑物的水平加速度小于 $0.005g$ 时，居住者没有感觉；当建筑物的加速度为 $(0.005\sim 0.05)g$ 时，便会干扰居住者；当建筑物的加速度大于 $0.15g$ 时，则居住者不能忍受。

对照国外的研究成果和有关标准，与我国现行行业标准《高层民用建筑钢结构技术规程》(JGJ99—98) 相协调，《高规》规定，高度超过 150m 的高层建筑混凝土结构应具有更好的使用条件，满足舒适度的要求，按现行国家标准《建筑结构荷载规范》(GB50009—2001) 规定的 10 年一遇的风荷载取值计算或专门风洞试验确定的结构顶点最大加速度，对住宅、公寓 $a_{max}$ 不应大于 $0.15m/s^2$，对办公楼、旅馆 $a_{max}$ 不应大于 $0.25m/s^2$。

高层建筑风振反应水平加速度包括顺风向最大加速度、横风向最大加速度和扭转角加速度。关于顺风向最大加速度和横风向最大加速度的研究工作虽然较多，但各国的计算方法并不统一，互相之间也存在明显的差异。建议可按现行行业标准《高层民用建筑钢结构技术规程》(JGJ99—1998) 的规定计算。

## §14.2　高层建筑结构体系与布置原则

高层建筑结构体系包括两个方面：竖向结构体系和水平结构体系。前面已经提到，对于高层建筑结构来说，侧向力（如水平风荷载和水平地震作用）对结构内力及变形的影响加大，因此，竖向承重结构体系不但要承受与传递竖向荷载，还要抵抗侧向力的作用，故竖向结构也称为抗侧力结构。水平结构即日常所说的楼盖及屋盖结构，在高层建筑中，楼（屋）盖结构除了承受与传递楼（屋）面竖向荷载以外，还要协调各榀抗侧力结构的变形与位移，对结构的空间整体刚度的发挥和抗震性能有直接的影响。

### 14.2.1　高层建筑的竖向结构类型

**常用的钢筋混凝土高层建筑竖向结构类型有：框架结构体系、剪力墙结构体系、框架-剪力墙结构体系、筒体结构体系等。**

1. 框架结构

高层建筑采用框架结构时，框架梁应纵横向布置，形成双向抗侧力结构，使之具有较强的空间整体性，以承受任意方向的侧向力。**框架结构具有建筑平面布置灵活、造型活泼等优点，可以形成较大的使用空间，易于满足多功能的使用要求。**在结构受力性能方面，框架结构属于柔性结构，自振周期较长，地震反应较小，经过合理的结构设计，可以具有较好的延性性能。**其缺点是结构侧向刚度较小**，在地震作用下水平位移较大，容易使填充墙产生裂缝，并引起建筑装修、玻璃幕墙等非结构构件的损坏。地震作用下的大变形还将在框架柱内引起 $P\text{-}\Delta$ 效应，严重时会引起整个结构的倒塌。同时，当建筑层数较多或荷载较大时，框架柱截面尺寸较大，既减少了建筑使用面积，又会给室内办公用品或家具的布置带来不便。因此，框架结构体系一般适用于非地震区或层数较少的高层建筑。在抗震设防烈度较高的地区，其建筑高度应严格控制。否则，其技术经济效果和建筑物的抗震性能将受到影响。

高层框架结构柱网或梁系的布置要求与多层框架相似，但随着层数的增加和高度的提高，水平力对结构受力和变形的影响加大，结构布置时应特别注意增强结构在各个方向的侧向刚度，以保证结构的整体性和空间工作性能。

2. 剪力墙结构

剪力墙结构是由剪力墙同时承受竖向荷载和侧向力的结构。剪力墙是利用建筑外墙和内隔墙位置布置的钢筋混凝土结构墙，属于下端固定在基础顶面上的竖向悬臂板。竖向荷载在墙体内主要产生向下的压力，侧向力在墙体内产生水平剪力和弯矩。因这类墙体具有较大的承受水平力（水平剪力）的能力，故被称之为剪力墙。在地震区，水平力主要为水平地震作用力，因此把抗震结构中的剪力墙称为抗震墙。

剪力墙结构的适用范围较大，从十几层到三十几层都很常见，在四五十层及更高的建筑中也很适用。它常被用于高层住宅和高层旅馆建筑中，因为这类建筑物的隔墙位置较为固定，布置剪力墙不会影响各个房间的使用功能，而且在房间内没有柱、梁等外凸构件，既整齐美观，又便于室内家具布置。早期的剪力墙结构多为小开间，全部建筑隔墙均为剪力墙，因而可以采用较薄的楼板，但墙体太多，混凝土和钢筋用量增多，材料强度得不到充分利用，既增加了结构自重，又限制了建筑上的灵活多变。目前剪力墙结构多采用大开间，横墙间距为 $6\sim8m$，中间采用轻质隔墙支承在楼板上，便于建筑上灵活布置，又可充分利用剪力墙的材料强度、减轻结构自重。剪力墙结构布置的具体要求详见本章第 14.5 节。

3. 框架-剪力墙结构

在框架结构中的部分跨间布置剪力墙，或把剪力墙结构中的部分剪力墙抽掉改成框架承重，即成为框架-剪力墙结构。它既保留了框架结构建筑布置灵活、使用方便的优点，又具有剪力墙结构抗侧刚度大、抗震性能好的优点，同时还可充分发挥材料的强度作用，具有较好的技术经济指标，因而被广泛地应用于高层办公楼建筑和旅馆建筑中。

框架-剪力墙结构的适用范围很广，$10\sim40$ 层的高层建筑均可采用这类结构体系。当建筑物较低时，仅布置少量的剪力墙即可满足结构的抗侧要求；而当建筑物较高时，则要有较多的剪力墙，并通过合理的布置使整个结构具有较大的抗侧刚度和较好的整体抗震性能。框架-剪力墙结构布置的具体要求详见本章第 14.6 节。

### 4. 筒体结构

筒体结构主要有核心筒结构和框筒结构所组成。

核心筒一般由布置在电梯间、楼梯间及设备管线井道四周的钢筋混凝土墙所组成。为底端固定、顶端自由、竖向放置的薄壁筒状结构，其水平截面为单孔或多孔的箱形截面，如图 14-3 (a) 所示。它既可以承受竖向荷载，又可承受任意方向上的侧向力作用，是一个空间受力结构。在高层建筑平面布置中，为充分利用建筑物四周作为景观和采光，电梯等服务性设施的用房常常位于房屋的中部，核心筒也因此而得名。因筒壁上仅开有少量洞口，故有时也称为实腹筒。

核心筒的侧向刚度除与筒壁厚度有关外，与筒的平面尺寸有很大的关系，核心筒平面尺寸越大，其侧向刚度越大，但从建筑使用的角度看，核心筒越大，则服务性用房面积就加大，建筑使用面积就减小。

框筒是由布置在房屋四周的密集立柱与高跨比很大的窗间梁所组成的一个多孔筒体，见图 14-3 (b)。从形式上看，犹如由四榀平面框架在房屋的四角粘合而成，故称为框筒结构。因其立面上开有很多窗洞，故有时也称为空腹筒。框筒结构在侧向力作用下，不但与侧向力平行的两榀平面框架（常称为腹板框架）受力，而且与侧向力相垂直的两榀框架（常称为翼缘框架）也参加工作，通过角柱的连接形成一个空间受力体系。

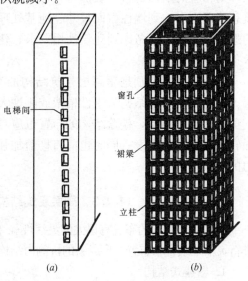

图 14-3 筒体结构
(a) 核心筒；(b) 框筒结构

筒体结构的主要形式有框筒结构、核心筒结构、筒中筒结构、框架-核心筒结构、束筒结构和多重筒结构。有时也可在上述结构的基础上辅助地布置一些框架或剪力墙，与筒体结构整体共同工作，形成各种独特的结构方案。筒体结构抗侧刚度大，整体性好；建筑布置灵活，能够提供很大的、可以自由分隔的使用空间，特别适用于30层以上或100m以上的超高层办公楼建筑。

#### 14.2.2 高层建筑的水平结构体系

水平结构是指楼盖及屋盖结构。在高层建筑中，水平结构除承受作用于楼面或屋面上的竖向荷载外，还要担当把各个竖向承重构件整合起来，并把作用在整个结构上的水平力传递或分配给各个竖向承重构件的任务，特别是当各榀框架、剪力墙结构的侧向刚度不等时，或当建筑物发生整体扭转时，楼盖结构中将产生楼板平面内的剪力和轴力，以实现各榀框架、剪力墙结构变形协调、共同工作。这就是所谓的空间协同工作或空间整体工作。另外，楼盖结构也是竖向承重结构的支承，使各榀框架、剪力墙不致产生平面外失稳。

在高层建筑结构分析时，常常采用楼盖结构在其自身平面内刚度为无穷大的假定。因此，高层建筑楼盖结构形式的选择和楼盖结构的布置，首先应考虑到使结构的整体性好、楼盖平面内刚度大，使楼盖在实际结构中的作用与在计算分析时平面内刚度无穷大的假定相一致。因此，高层建筑中的楼盖一般宜采用现浇楼盖结构。其次，楼盖结构的选型应尽量使结构高度小、重量轻。因为高层建筑层数多，楼盖结构的高度和重量对建筑物的总高度、总荷重影响较大。建筑总高度大，则相应的结构材料、装饰材料、设备管线材料、电梯提升高度都将增大。建筑总荷重则影响到墙柱截面尺寸、地基处理费用及基础造价等。另外，楼盖结构的选型和布置还要考虑到建筑使用要求、建筑装饰要求、设备布置要求及施工技术条件等。

在高层建筑特别是超高层建筑结构的布置中，常常会在某些高度设置刚性层。这时需将楼盖结构与刚性桁架或刚性大梁连成整体。在某些转换层，例如框支剪力墙的转换层，楼盖结构的布置也应与转换层大梁结构的布置相协调，以增强转换层结构的刚度。同时也应将楼盖加强加厚，以实现各抗侧力结构之间水平力的有效传递。

### 14.2.3 高层建筑结构的其他结构形式

高层建筑结构的布置有很大的灵活性，例如可以在各种基本结构形式的基础上进行灵活地组合和布置，形成新的抗侧力结构体系。这里介绍几种典型的结构方案。

1. 悬挂式结构

悬挂式结构是以核心筒、刚架、拱等作为竖向承重结构，全部楼面均通过钢丝束、吊索牢挂在上述承重结构上而形成的一种新型结构体系，如图 14-4 所示。由于受拉的钢丝束与受压的核心筒或拱受力明确，可充分发挥混凝土与高强钢丝的强度，所以这种结构往往具有自重轻、用钢量少、有效使用面积大等优点。特别是在建筑物的底层形成了开放的自由空间，可与周围地面环境连成一体综合布置，易于满足城市规划的要求。占地面积小是悬挂式结构的一大特点，这样可最大限度地减少新建筑物对邻近老建筑物的影响。这对旧城区的改造，或在密集的建筑群中建造新的高层建筑，具有特别重要的意义。

2. 巨型框架结构

在高层建筑中，通常每隔一定的层数就有一个设备层，布置水箱、空调机房、电梯机房或安置一些其他设备。这些设备层在立面上一般没有或很少有布置门窗洞口的要求，因此，可以利用这些设备层的高度，布置一些强度和刚度

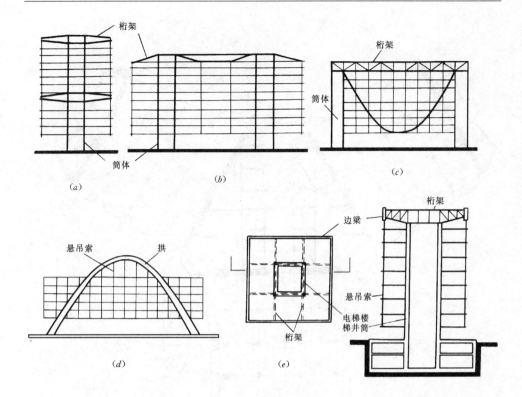

图 14-4 悬挂式结构

都很大的水平构件(桁架或现浇钢筋混凝土大梁)。巨型框架结构是将位于设备层上的大梁或大型桁架作为水平构件,将布置在建筑物周边的大型柱子或钢筋混凝土井筒作为柱子,与位于建筑物中间的核心筒组成整体,形成具有强大侧向刚度的巨型的框架结构。巨型框架结构打破了传统框架按建筑楼层和建筑开间布置承重构件的做法,把结构按两级受力体系进行布置。第一级即巨型框架,作为主要的抗侧力结构,并把荷载传至基础;第二级为在巨型框架的水平构件之间、由普通的楼层构件所组成的普通框架,以形成若干层建筑使用空间,普通框架上的竖向荷载或水平作用力则全部传递给巨型框架。巨型框架结构在建筑上可以给人以巨型骨架的结构感觉,也为建筑上布置大空间提供了方便。另外,各小框架可在巨型框架施工结束后同时施工,加快了施工进度。图14-5 (a) 为深圳亚洲大酒店的标准层结构平面布置,该建筑共 32 层,高 96.5m。竖向由中央电梯井及布置在 Y 形平面三个端部的端筒作为巨型框架柱子,每隔 6 层设置巨型框架梁。核心筒及端筒内布置楼梯间、电梯间及设备用房,筒壁厚度最厚处达 800~1000mm。巨型框架梁每翼 4 根(见图 14-5b),梁高 2m,跨度 16.5m。两层巨型框架梁之间的小框架布置如图 14-5 (c) 所示,小框架只承受竖向荷载,柱截面仅为 250mm×400mm,第六层不设小框架中柱,便于建筑上布置大空间。

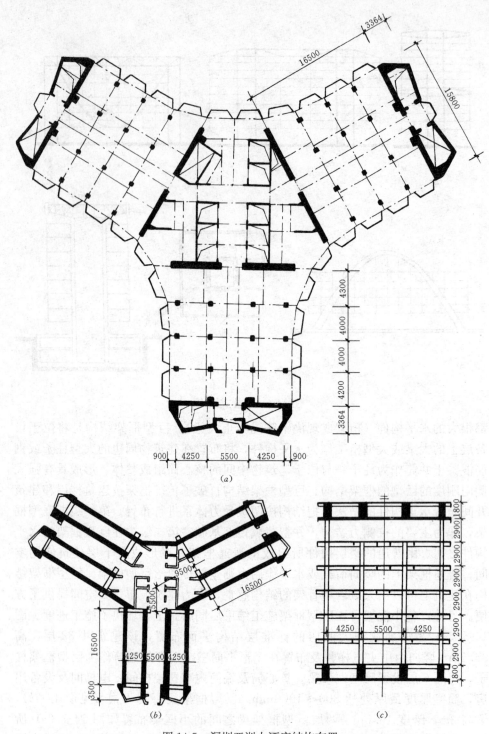

图 14-5 深圳亚洲大酒店结构布置
(a) 结构标准层平面;(b) 巨型框架梁的布置;(c) 小框架的布置

## 3. 竖向桁架结构

桁架结构具有很大的刚度,能够充分利用材料强度,因而在桥梁结构中得到了广泛的应用。高层钢结构中,在框架平面内增设一些斜向支撑或腹杆,使之形成竖向放置的刚接桁架,可大大提高结构的抗侧刚度,改善结构的受力性能。若采用若干个建筑层高作为桁架的节间距,以若干个建筑开间作为桁架的弦杆间距,则所形成的巨型桁架可作为高层建筑的承重结构,同时承受竖向荷载和水平力。图14-6为建于美国芝加哥的约翰·汉考克大楼的巨型桁架布置示意图,该建筑共100层,高344m。

## 4. 核心筒加复合巨型柱结构

上海金茂大厦主楼结构即采用了核心筒加外圈复合巨型柱的方案,同时由3道强劲的钢结构外伸桁架将核心筒和复合巨型柱连成整体,以提高主楼的侧向刚度,如图14-7所示。

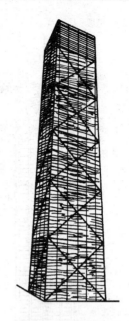

图14-6 巨型桁架结构

核心筒平面形状呈八角形,外围尺寸约为27m×27m,筒顶标高为333.70m,全部为现浇钢筋混凝土结构。根据建筑功能上的要求以及结构刚度的需要,在核心筒内部设纵横各两道井字形剪力墙。这些剪力墙从地下3层起只延伸到第53层(标高213.80m)。在核心筒外周四个立面处,成对规则地布置了8根复合巨型柱。它们是由H型钢、钢筋以及高强混凝土复合而成。复合巨型柱内的H型钢相隔一定高度与外伸桁架的钢梁和斜撑相连接,因而既能承受重力,又能抵抗横向风荷载和地震作用。同时在建筑周边的角部,成对规则地布置了8根巨型钢柱,这些钢柱在设计中仅承受重力荷载。巨型钢柱的截面为H型钢和钢板所组成的强劲箱体,截面几何图形成"日"字状,且带有大量的节点板。

沿主楼全高设计了三道刚度极大的钢结构外伸桁架,具体的位置为:第一道外伸桁架位于24~26层,标高97.05~105.55m;第二道外伸桁架位于51~53层,标高205.80~213.80m;第三道外伸桁架位于85~87层,标高325.70~333.70m。每一道外伸桁架的高度有两个楼层高,由大截面的钢柱、水平钢梁、垂直斜撑以及连接板所组成。桁架杆件包裹了混凝土,桁架所在层的楼板为现浇钢筋混凝土并作加强加厚处理,使外伸桁架与所在楼层形成了一个空间刚度极大的箱形体系。外伸桁架的两端各伸入相对的两根复合巨型柱内,并与柱中埋设的钢结构牢固连接,这样就形成东西和南北两垂直方向各两榀巨型桁架,把复合巨型柱和核心筒连接起来,在外伸桁架高度范围内形成了刚性层,保证了钢构件上的轴力能通过剪力的形式传递到钢筋混凝土核心筒

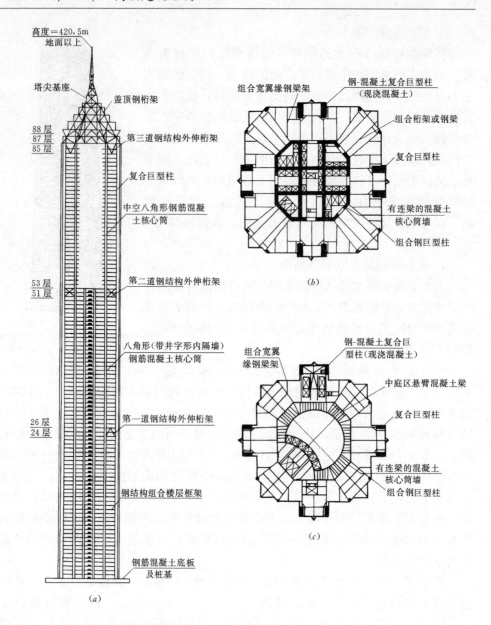

图 14-7 金茂大厦主楼结构体系
(a) 结构剖面图；(b) 办公室标准层结构平面；(c) 酒店标准层结构平面

内。另外，复合巨型柱内的钢结构还能承受由于与外伸桁架连接而产生的局部弯曲。复合巨型柱和核心筒通过外伸桁架三者结合成一体共同作用，构成了主楼的抗侧向荷载的结构体系。当侧向力作用于建筑物的主轴时，有 4 根复合巨型柱起作用。而当侧向力斜向作用于建筑物时，则 8 根复合巨型柱同时起作用，大大地提高了主楼结构抗侧力的能力。

### 14.2.4 高层建筑结构布置的一般原则

**1. 高层建筑的结构平面布置**

一般认为，高层建筑平面外形宜简单、规则、对称。**结构布置宜对称、均匀，并尽量使结构抗侧刚度中心、建筑平面形心、建筑物质量中心三者重合，以减小扭转的影响。**高层建筑一般可设计成矩形、方形、圆形、Y形、L形、十字形、井字形等平面形式，从抗风的角度看，圆形、正多边形、椭圆形、鼓形等凸形平面并具有流线型周边的建筑物所受到的风荷载较小。从抗震的角度看，平面对称、长宽比较为接近、结构抗侧刚度均匀，则其抗震性能较好。对于设有变形缝的建筑，各个独立的结构单元都应满足上述结构布置要求。如图14-8 所示，当结构平面上有局部凸出区段时，突出部分的长度不宜过大，图中 $L$、$l$ 的尺寸宜满足表14-4 的要求。当结构平面局部凸出部分的尺寸 $l/b \leqslant 1$ 且 $l/B_{max} \leqslant 0.3$、质量与刚度平面分布基本均匀对称时，可认为属于平面布局规则的结构，否则应按平面不规则结构进行抗震分析，以充分考虑结构整体扭转等不利因素。对于矩形平面，当平面过于狭长时，由于两端地震波输入有位相差而容易产生不规则振动，产生较大震害，也应对 L/B 进行限制。在实际工程中，L/B 在 6、7 度抗震设计时最好不超过 4；在 8、9 度抗震设计时最好不超过 3。

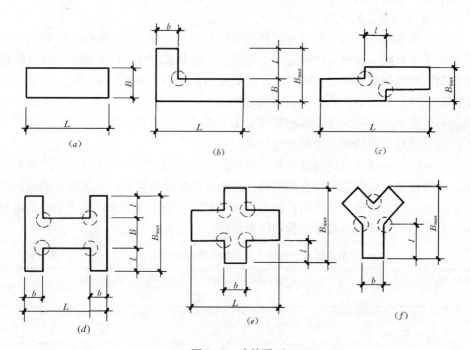

图 14-8　建筑平面

建筑平面尺寸的限值　　　　　　　　　　表 14-4

| 设防烈度 | $L/B$ | $l/B_{max}$ | $l/b$ |
|---|---|---|---|
| 6 度和 7 度 | ≤6.0 | ≤0.35 | ≤2.0 |
| 8 度和 9 度 | ≤5.0 | ≤0.30 | ≤1.5 |

在结构平面的凹角处（见图 14-8 中用虚线圈出处）容易造成应力集中，宜采取加强措施。在结构单元的两端或凹角部位应尽量避免设置楼梯间或电梯间，因为结构单元的两端往往受力复杂，凹角处应力集中。布置楼梯间、电梯间会削弱楼盖结构，不利于各抗侧力结构的整体受力。如果建筑布置中必须在上述部位布置楼梯间、电梯间时，一般应用钢筋混凝土墙将其围起来形成核心井筒，并对核心井筒的墙体配筋进行加强。

2. 高层建筑的结构竖向布置

**高层建筑竖向体型应力求规则、均匀，避免有过大的外挑和内收，避免错层和局部夹层**，同一层的楼面应尽量设置在同一标高处。高层建筑结构沿竖向的强度和刚度宜下大上小，逐渐均匀变化，不应采用竖向布置严重不规则的结构。抗震设计时，结构竖向抗侧力构件宜上下连续贯通。当某楼层抗侧刚度小于上层较多时，除应采用三维结构模型的振型分解反应谱法和弹性时程分析法进行计算外，尚应对薄弱部位采用有效的抗震构造措施。当在建筑底部、中部或顶部由于建筑使用要求而布置大空间、部分剪力墙被取消时，应进行弹性动力时程分析计算并采取有效的构造措施，防止由于刚度和承载力变化而产生的不利影响。

3. 建筑高宽比的限制

高层建筑结构可以近似地看做是固定于基础上的竖向悬臂结构，因此增加建筑平面尺寸对减少其侧向位移是十分有效的。**控制高层建筑的高宽比，可从宏观上控制结构抗侧刚度、整体稳定性、承载能力和经济合理性。**《高规》规定，钢筋混凝土高层建筑结构的高宽比不宜超过表 14-5 的限值。表中，当主体结构与裙房相连且裙房部分的面积和刚度相对于上部塔楼的面积和刚度大得较多时，高宽比按裙房以上建筑的高度和宽度计算。

当然，如选择适当的结构体系，进行合理的结构布置，并采取可靠的构造措施，上述高宽比的限制可以有所突破。对于高层建筑结构的抗侧力体系来说，更重要的是如何进行竖向承重构件的布置并将其适当地连接起来，使之形成整体共同工作，才能有效地提高建筑物的抗侧刚度。

钢筋混凝土高层建筑结构适用的最大高宽比　　　　表 14-5

| 结 构 类 型 | 非抗震设计 | 抗 震 设 防 烈 度 | | |
|---|---|---|---|---|
| | | 6 度、7 度 | 8 度 | 9 度 |
| 框架 | 5 | 4 | 3 | — |
| 板柱-剪力墙 | 6 | 5 | 4 | — |
| 框架-核心筒 | 8 | 7 | 6 | 4 |

续表

| 结构类型 | 非抗震设计 | 抗震设防烈度 | | |
|---|---|---|---|---|
| | | 6度、7度 | 8度 | 9度 |
| 框架-剪力墙、剪力墙 | 7 | 6 | 5 | 4 |
| 筒中筒 | 8 | 8 | 7 | 5 |

### 4. 变形缝的设置

在高层建筑结构中，应尽量少设缝或不设缝，其基本原则与多层框架相似。

当高层建筑结构未采取特别措施时，其伸缩缝间距不宜超出附录8中附表8的限制。否则的话，应采取以下构造措施和施工措施以减少温度和收缩应力：①在顶层、底层、山墙和内纵墙端开间等温度变化影响较大的部位增加配筋；②在顶层加强保温隔热措施，外墙设置外保温层；③每隔30～40m间距留出施工后浇带，后浇带宽800～1000mm，钢筋可采用搭接接头，后浇带混凝土宜在两个月后浇灌，后浇带混凝土浇灌时温度宜低于主体混凝土浇灌时的温度。此外，也可采取改善混凝土配方，对楼板施加预应力等措施。

高层建筑中一般设有裙房。因主楼与裙房的高度、重量都相差悬殊，因此常常设沉降缝。但设置沉降缝会给建筑构造、地下室防水等带来不便。因此，当采用以下措施后，高层部分与裙房部分之间可连为整体而不设沉降缝。这些措施是：①采用桩基，将桩支承在基岩上，使主楼的沉降量极小；②调整土压力，主楼与裙房采用不同的基础形式，使主楼与裙房的土压力和沉降量基本一致；③预留沉降差，在施工时先施工主楼，后施工裙房，或在主楼与裙房之间先留出后浇带，待沉降基本稳定后再连为整体。

在地震区，遇有下列情况之一时，宜设置防震缝：①结构平面尺寸超过限值而无加强措施；②房屋有较大的错层；③房屋各部分结构的刚度或荷载相差悬殊而又未采取有效措施。防震缝应沿房屋全高布置，地下室、基础可不设防震缝，但在缝下应加强构造和连接。

伸缩缝与沉降缝的宽度一般不宜小于50mm。防震缝的宽度不得小于100mm，同时对于框架结构房屋，当高度超过15m时，6度、7度、8度和9度相应每增加高度5m、4m、3m和2m，防震缝宽度宜加宽20mm。框架-剪力墙结构房屋的防震缝宽度不应小于以上针对框架结构规定数值的70%，剪力墙结构房屋的防震缝宽度不应小于以上针对框架结构规定数值的50%，且二者均不宜小于100mm。防震缝两侧结构体系不同时，宜按需要较宽防震缝的结构类型和较低房屋高度确定缝宽。

### 5. 基础埋置深度

基础应有一定的埋置深度。在确定基础埋置深度时，应综合考虑建筑物的高度、体型、地基土质、抗震设防烈度等因素。埋置深度可从室外地坪算至基础底面，并宜符合下列要求：

(1) 天然地基或复合地基，可取房屋高度的1/15；

(2) 桩基础，可取房屋高度的 1/18（桩长不计在内）。

## §14.3 高层建筑结构上的作用

高层建筑结构设计中荷载及作用的计算方法与其他结构设计一样，这里不再重复。下面主要介绍风荷载、地震作用、温度作用计算中的一些问题。

另外，当高层建筑顶部设有直升机平台、旋转餐厅、擦窗机等清洗设置，或在施工中采用附墙塔、爬塔等对结构受力有影响的施工设备时，应分别根据具体情况确定相应的设计荷载。

### 14.3.1 风 荷 载

1. 风荷载的特点

风荷载是指风遇到建筑物时在建筑物表面上产生的一种压力或吸力。如果在建筑物的某个特定的高度上作风压记录，其结果如图 14-9 所示。从图示的风压

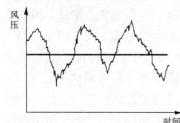

图 14-9 风压时程曲线

时程曲线可以看出，风压的变化可分为两部分：一是长周期部分，其值常在 10min 以上；二是短周期部分，常常只有几秒钟左右。为了便于分析，常把实际风压分解为平均风压（由平均风速产生的稳定风压）与脉动风压（不稳定风压）两部分。考虑到风的长周期大大地大于一般结构的自振周期，因此平均风压对结构的作用相当于静力作用。脉动风压周期短，其强度随时间而变化，其作用性质是动力的，将引起结构振动，因此风荷载具有静态和动态两种特性。在单层厂房或多层建筑结构设计中，一般仅考虑风的静力作用效应，但对高层建筑和高耸结构，则必须考虑风压脉动对结构的作用与影响。

风荷载的大小及其分布非常复杂，除与风速、风向有关外，还与建筑物的高度、形状、表面状况、周围环境等因素有关。作用于建筑物上的风压值及其分布规律，一般可通过实测或风洞试验来获得。对于重要的未建成的建筑物，为得到与实际更吻合的风荷载值，不但要以建筑物本身为模型进行风洞试验，而且还要做以所设计建筑物为中心的一定范围内的包括邻近建筑物及地面粗糙度的模型试验。

2. 风荷载计算

高层建筑物表面风荷载标准值的定义与计算公式已在 §10.25 中讲过，即式 (10-2)，现将不同的方面简述如下：

(1) 基本风压（$w_0$）

基本风压的定义和取值在第 10 章中已有介绍。对于一般情况下高度不超过 60m 的高层建筑，直接采用由《建筑结构荷载规范》（GB 50009—2001）中"全

国基本风压分布图"查得的基本风压值。对风荷载比较敏感的高层建筑,承载力设计时应将查得的基本风压提高 10% 采用。

(2) 风荷载体型系数($\mu_s$)

在建筑体积相同的情况下,合理地选择高层建筑体型,将能降低风对结构的作用,取得经济的效果。图 14-10 给出了几种常见建筑平面的风荷载体型系数。对于正多边形平面也可取 $\mu_s = 0.8 + 1.2/\sqrt{n}$,式中,$n$ 为多边形边数。很显然,圆形或椭圆形平面的建筑所受到的风压力最小。此外,如对矩形平面的角隅处进行适当的平滑处理(如削去其直角),也可得到减小风压力的效果。

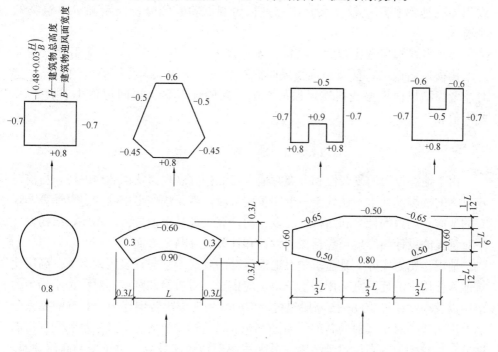

图 14-10 高层建筑的荷载体型系数

(3) 风振系数($\beta_z$)

对于高度大于 30m 且高宽比大于 1.5 的高层建筑结构,应采用风振系数来考虑风压脉动的影响,风振系数 $\beta_z$ 按式 (10-5) 计算。

3. 风荷载计算中的几个问题

(1) 对同一幢建筑,不同的风向,有不同的风荷载体型系数。即使对于矩形平面的高层建筑,当风向与建筑物边长呈非直角作用时,将在建筑物边长方向的两端产生压力和吸力,对结构产生扭矩的作用。

(2) 当建筑物立面上有竖线条、横线条、遮阳板、阳台等时,其风荷载体型系数将比平整的墙表面为大,尤其当表面有竖线条时更为明显,一般要增大 6%~8%。

(3) 由于风压在建筑物表面是不均匀分布的,因此,应对围护构件、连接部件、悬挑构件进行局部风压作用下的强度验算,并应采用局部风荷载体型系数,详见《建筑结构荷载规范》的有关规定。

(4) 当多栋或群集的高层建筑相互间距较近时,宜考虑风力相互干扰的群体效应。一般可将单栋建筑的体型系数 $\mu_s$ 乘以相互干扰增大系数,该系数可参考类似条件的试验资料确定;必要时宜通过风洞试验确定。

(5) 房屋高度大于200m时宜采用风洞试验来确定建筑物的风荷载。当建筑平面形状不规则、立面形状复杂,或当立面有开洞时,或为连体建筑,或当周围地形和环境较复杂时,宜进行风洞试验并经分析判断确定建筑物的风荷载。

(6) 当结构高宽比较大,结构顶点风速大于临界风速时,可能引起较明显的结构横风向振动,甚至出现横风向振动效应大于顺风向作用效应的情况。这时应考虑横风向风振或扭转风振的影响,并验证其最大层间位移小于表14-3的限值。

### 14.3.2 地 震 作 用

由于地震作用的复杂性和人类对地震与结构抗震规律认识的局限性,目前对建筑物的抗震设计水平还处于一个初步的阶段,尚无法作出精确的定量计算,现有的地震作用力的计算和结构抗震设计的计算大都是近似方法。因此,结构设计中对抗震的设计内容应当包括概念设计和计算设计两个方面。

地震作用力实际上是建筑物对地面运动的反应,它与许多因素有关。高层建筑地震作用力的计算宜采用振型分解反应谱法。对质量和刚度不对称、不均匀的结构以及高度超过100m的高层建筑结构应采用考虑扭转耦连振动影响的振型分解反应谱法。对于一般的高度不超过40m,以剪切变形为主,且质量和刚度沿高度分布比较均匀的高层建筑结构,可采用底部剪力法计算。对于甲类高层建筑、较高的高层建筑、复杂的高层建筑,及刚度和质量分布特别不均匀的高层建筑,还要采用时程分析法进行多遇和罕遇水平地震作用下的计算。

### 14.3.3 温 度 作 用

高层建筑结构是高次超静定结构。超静定结构受到温度变化的影响时会在结构内产生内力与变形,高度较高的高层建筑的温度应力较为明显。引起高层建筑结构温度内力的温度变化主要有三种:室内外温差、日照温差和季节温差。

一般说来,由于温度变化引起的结构内约束力与结构楼层的数量成正比。温度变化引起的结构变形一般有以下几种:

1. 柱弯曲。由于室内外的温差作用,引起外柱的一侧膨胀或另一侧收缩,柱截面内应变不均而引起弯曲。

2. 内、外柱之间的伸缩差。外柱柱列受室外温度影响，内柱柱列受室内空调温度控制，两者的轴向伸缩不一致，便引起楼盖结构的平面外剪切变形。

3. 屋面结构与下部楼面结构的伸缩差。暴露的屋面结构随季节日照的影响，热胀冷缩变化较大，而下部楼面结构的温度变化较小，由于上、下层水平构件的伸缩不等，就会引起墙体的剪切变形和剪切裂缝。

一般来说，对于 10 层以下的建筑物，且当建筑平面长度在 60m 以下时，温度变化的作用可以忽略不计。对 10～30 层的建筑物，温差引起的变形逐渐加大。温度作用的大小主要取决于结构外露的程度、楼盖结构的刚度及结构高度。只要在建筑隔热构造和结构配筋构造上作适当的处理，在内力计算中仍可不考虑温度的作用。对于 30 层以上或 100m 以上的超高层建筑，则在设计中必须注意温度作用，以防止建筑物的结构和非结构的破坏。

目前在我国，对高层建筑结构设计中如何考虑温度作用尚无具体规定。精确而实用的内力计算方法和具体而有效的构造措施都有待于进一步研究。

## §14.4 剪力墙构件

### 14.4.1 概　述

排架、多层框架和剪力墙分别是单层厂房、多层房屋和高层建筑中最常用的竖向结构构件。

**剪力墙的正式名称是结构墙**（structural walls），**由于它主要是承受水平力的，因此俗称剪力墙**（shear walls）。**科学研究和震后调查都已表明，剪力墙对结构抗震非常有效，因此又称它为抗震墙。**

剪力墙的高度一般与整个房屋的高度相同，宽度也较大，但厚度却很薄，一般仅 200～300mm。因此，剪力墙在其墙身平面内的侧向刚度很大，而出平面的刚度很小，可忽略不计。也就是说，剪力墙只承受墙身平面内的水平力，不承担出平面的水平力。

通常，剪力墙是底部固定在基础顶面的竖向悬臂板，在屋面和中间楼层处，楼、屋盖支承在剪力墙上，它们在把竖向荷载和水平力传给剪力墙的同时，也对剪力墙起着支撑约束作用，防止剪力墙发生出平面失稳。

剪力墙常因开门开窗、穿行管线等而需在墙立面上开设洞口，这时应尽量使洞口上下对齐，成列

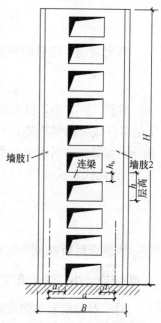

图 14-11　剪力墙的组成

成排地规则布置，使洞口至墙边及相邻洞口之间形成墙肢、上下洞口间形成连梁。所以剪力墙是由一些墙肢和各层连梁组成的，如图14-11所示。

按剪力墙高度 $H$ 与宽度 $B$ 的比值，剪力墙有三种：$H/B \geqslant 3$ 的为高剪力墙；$3 > H/B > 1$ 的为中等高度剪力墙；$H/B \leqslant 1$ 的为低剪力墙。这里讲的都是指高剪力墙而言的。

### 14.4.2 剪力墙的受力特点和分类

**1. 剪力墙受力性能的两个主要指标**

**(1) 肢强系数 $\zeta$**

已如前述，剪力墙是一个竖向悬臂板，在水平力作用下，它的水平截面将承受弯矩和剪力。洞口处的水平截面是由若干个墙肢以及墙肢间的洞口组成的，称为组合截面。双肢墙的组合截面如图14-12所示。如果洞口宽度相对较小，也就是墙肢被削弱得少些，墙肢就强；反之，如果洞口宽度相对较大，墙肢就弱。

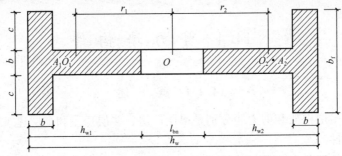

图 14-12 双肢剪力墙的组合截面

研究表明，墙肢的强弱可用肢强系数 $\zeta$ 来衡量：

$$\zeta = \frac{I_n}{I} \tag{14-1}$$

在图14-12中，$O$ 是组合截面形心，$O_1$、$O_2$ 分别是墙肢1、2的截面形心，$I$ 是组合截面的惯性矩，$I = I_n + I_j$。其中，$I_j$ 为所有墙肢截面惯性矩之和，$I_n$ 为所有墙肢截面对组合截面形心 $O$ 的面积矩 $A_{ji} r_{ji}^2$ 之和，即 $I_j = \sum I_{ji}$，$I_n = \sum A_{ji} \times r_{ji}^2$。将此代入式(14-1)，得

$$\zeta = \frac{1}{1 + \dfrac{\sum I_{ji}}{\sum A_{ji} r_{ji}^2}} \tag{14-2}$$

当组合截面高度一定时，洞宽大，墙肢截面高度就小，墙肢弱，而 $r_{ji}$ 大，比值 $\dfrac{\sum I_{ji}}{\sum A_{ji} r_{ji}^2}$ 小，故 $\zeta$ 值大；相反，$\zeta$ 小，洞宽小，墙肢强。

对于对称矩形截面双肢剪力墙，当洞宽趋近于零时，$\zeta$ 趋近于0.75；而当洞宽等于墙肢截面高度时，$\zeta = 0.923$。可见，$\zeta$ 越小，墙肢越强。

### (2) 整体性系数 $\alpha$

剪力墙的各个墙肢是由连梁把它们连接起来的，因此连梁相对于墙肢的强弱对剪力墙的受力性能有很大影响。下面研究某楼层的一跨连梁。

连梁与一般两端固定的等截面梁有两点不同：一是连梁两端是有刚域的；二是连梁的高跨比较大，应考虑剪切变形的影响。刚域是指抗弯刚度为无限大的刚臂，按图 14-11，刚臂长度可取为：

$$\beta a = a_1 - \frac{1}{4} h_b$$

$$\gamma a = a_2 - \frac{1}{4} h_b$$

式中　　$a$——连梁的跨度，等于左、右墙肢截面形心间的距离；

$\beta a$、$\gamma a$——连梁左、右端的刚臂长度；

$a_1$、$a_2$——左、右墙肢截面形心至洞口边缘的距离；

$h_b$——连梁的截面高度。

以前讲过，欲使截面产生单位曲率需施加的弯矩就是截面的弯曲刚度，欲使杆件产生单位转角需施加的弯矩就与杆件的弯曲线刚度有关，例如对于两端固定跨度为 $l$ 的等截面梁，欲使其两端都产生单位转角，共需施加的弯矩为 $12i$，$i = EI/l$，也即它的转角刚度为 $12i$。现在来研究连梁的转角刚度。

连梁转角刚度的计算简图如图 14-13 所示。当连梁两端 1、2 处各有一个单位转角时，杆件 $1'2'$ 在 $1'$ 与 $2'$ 处除了有单位转角外还有竖向位移 $\beta a$ 和 $\gamma a$，$1'$ 与 $2'$ 间总的竖向相对位移为 $(\beta a + \gamma a)$。

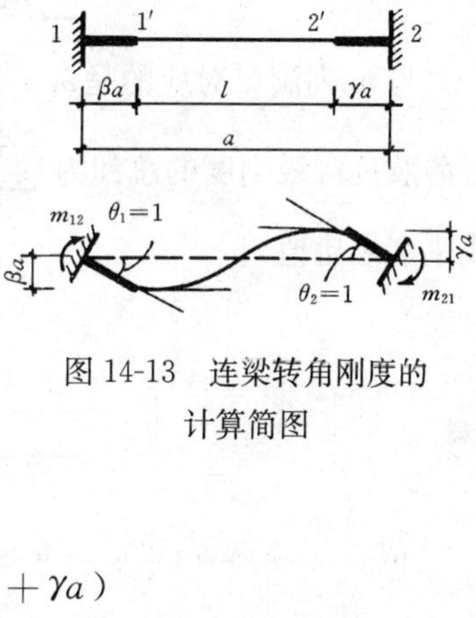

于是，考虑剪切弯形的影响，由单位转角产生的杆端 $1'$、$2'$ 处的弯矩

$$m'_{1'2'} = m'_{2'1'} = \frac{6EI_b}{l}$$

图 14-13　连梁转角刚度的计算简图

考虑剪切变形的影响，由竖向相对位移 $(\beta a + \gamma a)$ 产生的杆端 $1'$、$2'$ 处的弯矩

$$m''_{1'2'} = m''_{2'1'} = \frac{6EI_b}{l^2}(\beta a + \gamma a)$$

式中　　$l$——不计两端刚域的连梁长度；

$EI_b$——考虑剪切变形影响的连梁截面弯曲刚度，$EI_b = \dfrac{EI_{b0}}{1 + \dfrac{12\mu EI_{b0}}{GAl^2}}$，$EI_{b0}$ 为

不考虑剪切变形影响的连梁截面弯曲刚度，$A$ 为连梁的截面面积，$G$ 为剪切弹性模量，可近似取 $G = 0.42E$，$\mu$ 为剪应力不均匀系数，矩形截面 $\mu = 1.2$。

因此，在 $1'$、$2'$ 处的杆端总弯矩

$$m_{1'2'} = m'_{1'2'} + m''_{1'2'} = m'_{2'1'} + m''_{2'1'} = m_{2'1'}$$

$$= 6EI_b \left( \frac{1}{l} + \frac{\beta a + \gamma a}{l^2} \right) = 6EI_b \cdot \frac{a}{l^2}$$

$$= 6EI_b \frac{1}{(1-\beta-\gamma)^2 a}$$

$1'$、$2'$ 处的竖向剪力为：

$$V_{1'2'} = V_{2'1'} = 12EI_b \frac{1}{(1-\beta-\gamma)^3 a^2}$$

故得 1、2 截面处的杆端弯矩为：

$$m_{12} = m_{1'2'} + V_{1'2'}\alpha a = 6EI_b \frac{1+\beta-\gamma}{(1-\beta-\gamma)^3 a}$$

$$m_{21} = m_{2'1'} + V_{2'1'}\beta a = 6EI_b \frac{1-\beta+\gamma}{(1-\beta-\gamma)^3 a} \tag{14-3a}$$

最后得转角刚度

$$M_b = m_{12} + m_{21} = 6EI_b \cdot \frac{2}{(1-\beta-\gamma)^3 \cdot a} = \frac{12EI_b a^2}{l^3} \tag{14-3b}$$

若剪力墙有 $m$ 列洞口，层高和总高分别为 $h$ 和 $H$，则剪力墙中所有连梁的转角刚度的总和

$$\sum_{j=1}^{m} M_b \cdot \frac{H}{h} = \frac{12EH}{h} \sum_{j=1}^{m} \frac{I_{bj} a_j^2}{l_j^3}$$

与 $m$ 列洞口对应的是 $m+1$ 列墙肢。设墙肢 $j$ 的抗弯线刚度为 $EI_j/H$，则所有墙肢抗弯线刚度的总和为 $\sum_{j=1}^{m+1} \frac{EI_j}{H}$。令 $\alpha^2$ 为连梁总的转角刚度与墙肢总的抗弯线刚度之比值

$$\alpha^2 = \frac{\frac{12EH}{h} \sum_{j=1}^{m} \frac{I_{bj} a_j^2}{l_j^3}}{\frac{\tau E}{H} \sum_{j=1}^{m+1} I_j}$$

故

$$\alpha = H \sqrt{\frac{12}{\tau h \sum_{j=1}^{m+1} I_j} \sum_{j=1}^{m} \frac{I_{bj} a_j^2}{l_j^3}} \tag{14-4}$$

式中，$\tau$ 为考虑墙肢轴向变形的影响系数。对于多肢墙，$\tau$ 可近似取：3～4 肢时为 0.8，5～7 肢时为 0.85，8 肢以上时为 0.9；对于双肢墙，可取 $\tau = \frac{I - I_1 - I_2}{I}$，这里 $I$ 为剪力墙组合截面的惯性矩，$I_1$、$I_2$ 为墙肢 1、2 的截面惯性矩。这时，有

$$\alpha = H \sqrt{\frac{12 I_b a^2}{h(I_1 + I_2) l^3} \cdot \frac{I}{I - I_1 - I_2}}$$

通常称 $\alpha$ 为剪力墙的整体性系数。

整体性系数 $\alpha$ 是反映剪力墙受力特性的重要参数。$\alpha$ 大,连梁对墙肢的约束弯矩大,整体性好,局部弯矩小;$\alpha$ 小,则反之。

2. 单榀剪力墙的受力特点

单榀剪力墙的受力特点可用双肢墙来说明,以建立物理概念。双肢墙由两个墙肢和上下洞口间的各层连梁组成。如图 14-14 所示,在水平力作用下,与悬臂梁相似,很容易求出剪力墙的弯矩图,设 $x$ 截面处的弯矩为 $M$,则由平衡条件知

$$M = (M_1 + M_2) + Na$$

式中    $M_1$、$M_2$——墙肢 1、2 单独承担的弯矩,称为墙肢的局部弯矩;

         $Na$——由两个墙肢整体工作的组合截面所承担的弯矩,称为墙肢的整体弯矩;其中 $N$ 为墙肢中的轴向力,一肢受压,一肢受拉;$a$ 为两墙肢形心线间的距离。

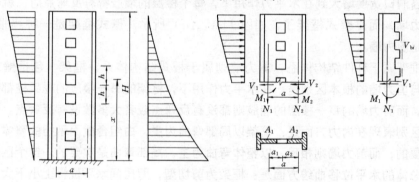

图 14-14   剪力墙的受力特点

现在再在连梁的跨中截开,并设该处连梁弯矩为零,见图 14-14。由平衡条件知

$$N = \sum_{i=1}^{n} V_{bi}$$

式中    $V_{bi}$——$x$ 截面以上 $i$ 层连梁的跨中竖向剪力;

         $n$——$x$ 截面以上连梁的数目。

因此就有

$$Na = (a_1 + a_2) \sum_{i=1}^{n} V_{bi}$$

式中    $(a_1 + a_2)V_{bi}$——第 $i$ 层连梁对两个墙肢产生的总约束弯矩;

         $(a_1 + a_2)\sum_{i=1}^{n} V_{bi}$——$x$ 截面以上所有连梁对墙肢约束弯矩的总和。

可见,①任意截面 $x$ 的弯矩 $M$ 是由局部弯矩 $(M_1 + M_2)$ 和整体弯矩 $Na$ 两部分

组成的。整体弯矩大,局部弯矩就小;②任一截面 $x$ 上的整体弯矩等于该截面以上所有连梁约束弯矩的总和,因此可以说,整体弯矩是由连梁提供的;③任一截面 $x$ 上墙肢的轴向力等于该截面以上所有连梁竖向剪力的总和。同时,也可理解到:墙肢截面上的正应力是由两部分组成的,第一部分是按各个单独的墙肢截面计算的由墙肢局部弯矩 $M_1$ 和 $M_2$ 产生的;第二部分是按组合截面由整体弯矩 $Na$ 产生的。显然,第一部分正应力在各墙肢截面上的总和为零,即不产生墙肢轴向力;第二部分各墙肢截面上正应力的总和就等于该墙肢的轴向力 $N$。

整体弯矩越大,说明两个墙肢共同工作的程度越大,越接近于整体墙。所以整体弯矩的大小反映了墙肢之间协同工作的程度,这种程度称为剪力墙的整体性。因为整体弯矩是由连梁对墙肢的约束提供的,而连梁的刚度与洞口的大小有关,所以剪力墙的受力特点与洞口的大小和形状有关。

3. 剪力墙与框架的判别

如果墙上洞口宽度增大,墙肢的截面高度就减小,肢强系数 $\zeta$ 增大,墙肢变弱。当洞口宽度增大到在水平力作用下,每个楼层的墙肢都有反弯点时,就不再是剪力墙,而是壁式框架了,如图 14-15 $(d)$ 所示。壁式框架是一种扁框架,它不是剪力墙。

框架属于杆件结构体系,剪力墙则属于板式结构体系,框架(包括壁式框架)与剪力墙的根本区别是:在水平力作用下,框架的每一楼层的框架柱都有反弯点,而剪力墙的每一楼层的墙肢则都没有反弯点或者大多数没有反弯点。这个根本区别表现在内力方面是:框架以局部弯曲为主,由组合截面承担的整体弯矩是次要的;而剪力墙则相反,以整体弯曲为主,局部弯曲是次要的。这个区别表现在总体的水平位移曲线方面是:框架为剪切型,即层间水平位移上小下大;剪力墙为弯曲型,其层间水平位移上大下小,分别如图 14-36 中的 $(a)$ 与 $(b)$ 所示。

研究表明,当肢强系数 $\zeta$ 不大于肢强系数限值 $[\zeta]$ 时,大多数楼层的墙肢将不出现反弯点,即当

$$\zeta \leqslant [\zeta] \text{ 时,为剪力墙} \tag{14-5}$$

$$\zeta > [\zeta] \text{ 时,为框架或壁式框架} \tag{14-6}$$

倒三角水荷载作用下和均布水平荷载作用下,墙肢截面为 T 形、矩形的肢强系数限值 $[\zeta]$ 可按表 14-6 采用。

注意,不能把剪力墙的 $\alpha$ 大,整体性好,局部弯矩小的受力概念用到框架中去。因为如果按式(14-4)计算 $\alpha$ 的话,壁式框架或框架的 $\alpha$ 是比较大的,通常 $\alpha \geqslant 10$,但由于框架柱太弱了,$\alpha$ 大说明框架梁比框架柱强得多,以致使楼层柱的两端接近固定端,当楼层柱两端产生相对水平位移时,楼层柱就出现反弯点。

**肢强系数限值 $[\zeta]$**　　　　　　　　　表 14-6

| 层数<br>$\alpha$ | 三角形荷载 | | | 均布荷载 | | |
|---|---|---|---|---|---|---|
| | 8 | 10 | 12 | 8 | 10 | 12 |
| 7 | 0.957 | 0.990 | 1.000 | 0.896 | 0.973 | 1.000 |
| 8 | 0.931 | 0.961 | 0.996 | 0.869 | 0.942 | 0.993 |
| 9 | 0.905 | 0.955 | 0.985 | 0.849 | 0.919 | 0.968 |
| 10 | 0.886 | 0.938 | 0.975 | 0.832 | 0.897 | 0.945 |
| 12 | 0.862 | 0.915 | 0.950 | 0.810 | 0.874 | 0.926 |
| 14 | 0.853 | 0.901 | 0.933 | 0.797 | 0.858 | 0.901 |
| 16 | 0.844 | 0.889 | 0.924 | 0.788 | 0.847 | 0.888 |
| 18 | 0.837 | 0.881 | 0.913 | 0.781 | 0.838 | 0.879 |
| 20 | 0.832 | 0.875 | 0.906 | 0.775 | 0.832 | 0.871 |

4. 剪力墙的分类

矩形洞口成列成排规则布置的高剪力墙可分为整截面剪力墙、整体小开口墙和联肢剪力墙三类，分别如图 14-15 (a)、(b)、(c) 所示。

**(1) 整截面剪力墙**

如同时满足以下两点则认为是整截面剪力墙：

1) 洞口面积小于整个墙面立面面积的 15%；
2) 洞口之间的距离及洞口至墙边的距离均大于洞的长边尺寸。

**(2) 整体小开口剪力墙**

当 $\zeta \leqslant [\zeta]$，且 $\alpha \geqslant 10$ 时，为整体小开口剪力墙。

**(3) 联肢剪力墙**

当 $\zeta \leqslant [\zeta]$，但 $\alpha < 10$ 时，为联肢剪力墙。

整截面剪力墙的洞口对其受力性能影响不大，犹如一根实心的竖向悬臂板。洞口对整体小开口墙的影响也不大，各楼层的墙肢都没有反弯点。洞口对联肢墙的影响是比较大的，它与整体小开口墙的区别是，联肢墙大多数楼层的墙肢没有反弯点，只有少数楼层的墙肢有反弯点。

按抗侧承载能力和抗侧刚度的大小排序，依次为整截面剪力墙、整体小开口墙、联肢剪力墙；但按延性的大小排序，则依次为联肢剪力墙、整体小开口墙、整截面剪力墙。

高层建筑中的剪力墙大多是联肢剪力墙，少数剪力墙，例如山墙等才是整体小开口墙。

综上可知，矩形洞口的宽度和高度的相对大小是十分重要的，当洞口过宽，使肢强系数 $\zeta > [\zeta]$ 时，由于墙肢过弱，成为壁式框架；当洞口不过宽，$\zeta \leqslant [\zeta]$ 时，才是剪力墙，这时如果洞口高度过大，使 $\alpha < 10$，就属于联肢墙，如果

洞口高度不过大,满足 $\alpha \geqslant 10$ 的就属于整体小开口墙。可见,洞口相对宽度的影响是根本性的,只有在它满足了属于剪力墙的要求 $\zeta \leqslant [\zeta]$ 后,洞口相对高度的影响才起作用。

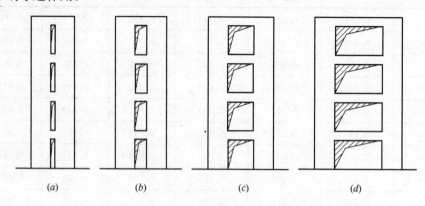

图 14-15　剪力墙与壁式框架
(a) 整截面剪力墙；(b) 整体小开口墙；(c) 联肢剪力墙；(d) 壁式框架

### 14.4.3　剪力墙的内力和水平位移计算

**1. 整截面剪力墙与整体小开口剪力墙的内力与水平位移计算**

整截面剪力墙或整体小开口剪力墙是指不开洞口或洞口较小的剪力墙。由于洞口对剪力墙内力分布的影响不大,故剪力墙犹如一根悬臂柱,在水平荷载作用下墙肢截面内的应力及墙肢的变形都可用材料力学公式计算。

（1）内力计算

对于整截面剪力墙,洞口对墙肢内力分布的影响极小,在水平荷载作用下,墙肢水平截面内的正应力呈直线分布,故可直接应用材料力学公式计算剪力墙内任意点的应力或任意水平截面上的内力。对于整体小开口剪力墙,其水平截面在受力后仍能基本上保持平面,墙肢水平截面内的正应力可以看成是剪力墙整体弯曲所产生的正应力与各墙肢局部弯曲所产生的正应力之和,如图 14-16 所示。因此,各墙肢的

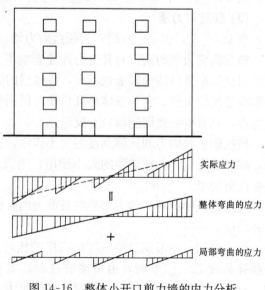

图 14-16　整体小开口剪力墙的内力分析

弯矩为：

$$M_j = \gamma M_p \frac{I_j}{I} + (1-\gamma) M_p \frac{I_j}{\Sigma I_j} \tag{14-7}$$

式中 $M_p$——外荷载在计算截面所产生的弯矩；

$I_j$——第 $j$ 墙肢的截面惯性矩；

$I$——整个剪力墙截面对组合截面形心的惯性矩；

$\gamma$——整体弯矩系数，设计中可取 $\gamma = 0.85$。

各墙肢所受到的轴力为：

$$N_j = \frac{\gamma M_p}{I} A_j y_j \tag{14-8}$$

式中 $A_j$——第 $j$ 墙肢的截面面积；

$y_j$——第 $j$ 墙肢的截面形心到整个剪力墙组合截面形心的距离。

由外荷载所产生的总剪力 $V_p$ 在各墙肢之间的分配既跟墙肢的截面惯性矩有关，又跟墙肢的截面面积有关，可近似地按下式计算：

$$V_j = \frac{1}{2} V_p \left( \frac{A_j}{\Sigma A_j} + \frac{I_j}{\Sigma I_j} \right) \tag{14-9}$$

(2) 水平位移计算

整截面剪力墙及整体小开口剪力墙在侧向荷载作用下的侧移量，同样可用材料力学公式计算，但因剪力墙的截面高度较大，计算时应考虑截面剪切变形对剪力墙位移的影响。在开有洞口时，还应考虑洞口使刚度削弱的因素。

在三种典型荷载作用下，剪力墙顶点侧向位移的计算公式为：

$$u = \begin{cases} \dfrac{V_0 H^3}{8EI_w} \left(1 + \dfrac{4\mu EI_w}{GA_w H^2}\right) & \text{（均布荷载）} \\[2mm] \dfrac{11 V_0 H^3}{60 EI_w} \left(1 + \dfrac{3.64 \mu EI_w}{GA_w H^2}\right) & \text{（倒三角形荷载）} \\[2mm] \dfrac{V_0 H^3}{3 EI_w} \left(1 + \dfrac{3\mu EI_w}{GA_w H^2}\right) & \text{（顶点集中荷载）} \end{cases} \tag{14-10}$$

式中 $V_0$——在墙底部外荷载产生的总剪力；

$H$——剪力墙的总高度；

$A_w$——考虑洞口影响后剪力墙水平截面的折算面积，

对于整截面剪力墙，$A_w = b_w h_w \left(1 - 1.25 \sqrt{\dfrac{A_{0p}}{A_f}}\right)$；

对于整体小开口剪力墙，$A_w = \Sigma A_{wj}$；

$b_w$、$h_w$——分别为剪力墙水平截面的宽度和高度；

$A_{0p}$、$A_f$——分别为剪力墙的洞口面积和剪力墙的总立面面积;

$A_{wj}$——剪力墙第 $j$ 墙肢水平截面面积,见图 14-17;

$\mu$——截面剪应力分布不均匀系数,对于矩形截面,$\mu=1.2$;

$I_w$——考虑开洞影响后剪力墙水平截面的折算惯性矩,

对于整截面剪力墙,$I_w = \dfrac{\Sigma I_i h_i}{\Sigma h_i}$(见图 14-18);

对于整体小开口剪力墙,$I_w = \dfrac{I}{1.2}$;

$I_i$——剪力墙沿竖向各段(或各层)水平截面的惯性矩,有洞口时应扣除洞口影响按组合截面计算(图 14-18);

$I$——整个剪力墙截面对组合截面形心的惯性矩;

$E$——混凝土的弹性模量;

$G$——混凝土的剪变模量。

为方便,常将顶点水平位移写成如下形式:

$$u = \begin{cases} \dfrac{1}{8} \dfrac{V_0 H^3}{EI_e} & \text{(均布荷载)} \\ \dfrac{11}{60} \dfrac{V_0 H^3}{EI_e} & \text{(倒三角形荷载)} \\ \dfrac{1}{3} \dfrac{V_0 H^3}{EI_e} & \text{(顶点集中荷载)} \end{cases} \quad (14\text{-}11)$$

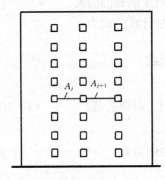

图 14-17 墙肢截面积

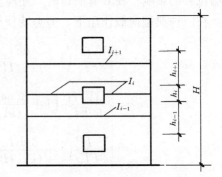

图 14-18 剪力墙截面惯性矩

即将式(14-10)的位移表达式写成悬臂杆只考虑弯曲变形时位移表达式的形式。这里,$EI_e$ 称为剪力墙的等效抗弯刚度,它是按照顶点位移相等的原则,将剪力墙的抗侧刚度折算成承受同样荷载的悬臂杆件只考虑弯曲变形时的刚度。比较式(14-10)与式(14-11),可见整截面剪力墙及整体小开口剪力墙的等效抗弯刚度为:

$$EI_e = \begin{cases} \dfrac{EI_w}{1+\dfrac{4\mu EI_w}{G A_w H^2}} & \text{(均布荷载)} \\[2pt] \dfrac{EI_w}{1+\dfrac{3.67\mu EI_w}{G A_w H^2}} & \text{(倒三角形荷载)} \\[2pt] \dfrac{EI_w}{1+\dfrac{3\mu EI_w}{G A_w H^2}} & \text{(顶点集中荷载)} \end{cases} \quad (14\text{-}12)$$

若将以上三式写成统一的公式，并以 $G=0.42E$ 代入，则可近似地写成

$$EI_e = \frac{EI_w}{1+\dfrac{9\mu I_w}{A_w H^2}} \quad (14\text{-}13)$$

上述计算方法适用于整截面剪力墙及墙肢和连梁刚度较均匀的整体小开口剪力墙。有时，在大体均匀的墙肢之间夹有个别的小墙肢，但整片墙仍属于整体小开口墙时，仍可按材料力学法计算该剪力墙的内力与位移，但宜对小墙肢的局部弯矩 $M_j$ 按下式进行修正：

$$M_j = M_{j0} + \Delta M_j \quad (14\text{-}14)$$

式中　$M_{j0}$——按材料力学法求得的墙肢端部弯矩；

　　　$\Delta M_j$——考虑小墙肢局部弯曲影响的附加弯矩。可取该小墙肢剪力 $V_j$ 乘上洞口高度的二分之一。

2. 双肢剪力墙的内力与水平位移计算

连续栅片法适用于双肢剪力墙或多肢剪力墙，这时剪力墙水平截面上的正应力已不再呈一连续的直线分布，各墙肢之间的连系梁既传递水平向推力，又传递剪力和弯矩。在双肢剪力墙或多肢剪力墙中，连系梁的刚度总是小于墙肢的刚度。同时，由于高层建筑层数多，从整体上看，连系梁既多又密，因此可近似地将有限多的连系梁看成是沿竖向无限密布的连续栅片。连续栅片在层高范围内的总抗弯刚度与原结构中连系梁的抗弯刚度相等。这样就可将连系梁的内力用沿竖向分布的连续函数来表达，可大大减少未知量的数目，便于手算求解，在求得连续栅片中的内力以后，再通过积分换算成实际结构连系梁中的内力，并进而求得墙肢中的其他内力。下面以图 14-19（a）的双肢剪力墙为例，介绍连续栅片法的应用。

(1) 基本假定

1) 假定楼盖、屋盖在自身平面内的刚度为无限大；

2) **连梁的连续化假定**；为了建立微分方程，就必须"消除洞口"，使剪力墙成为连续的，故将每一楼层处的连梁简化成均布于整个层高范围内的许多个小

梁，亦称为剪力栅片，见图 14-19（b），即将仅在楼层标高处才有的有限连接点看成在整个结构高度上连续分布的无限个连接点，从而为建立微分方程提供了前提；

3）假定两个墙肢在同一标高处的水平位移和转角都是相等的；

4）假定各连梁的反弯点位于跨中；

5）假定层高 $h$、墙肢的惯性矩 $I_1$、$I_2$ 及其截面积 $A_1$、$A_2$、连系梁的截面惯性矩 $I_{b0}$ 与其截面积 $A_b$ 等参数，沿剪力墙高度方向均为常数。这样，所建立的是常系数微分方程，便于求解。

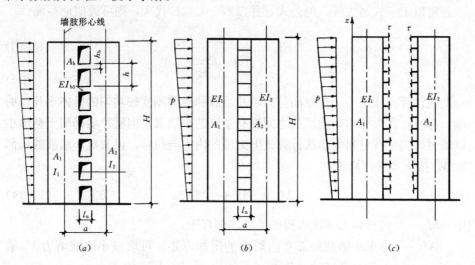

图 14-19 双肢剪力墙计算简图

(2) 建立微分方程

将连续化后的连系梁在跨中切开（图 14-19c），由于假定跨中为反弯点，故切开后在截面上只有剪力集度 $\tau$。沿连系梁切口处，在外荷载和切口处剪力的共同作用下，沿未知力 $\tau$ 方向上的竖向相对位移应为零。此竖向相对位移由图 14-20 所示三部分组成❶。

1）由墙肢弯曲变形所引起的竖向相对位移 $\delta_1$

如图 14-20 (a) 所示，基本体系在外荷载和切口处剪力的共同作用下发生弯曲变形。由于弯曲变形，使切口处产生竖向相对位移 $\delta_1$ 为：

$$\delta_1 = -a\theta_1 \tag{a}$$

式中 $\theta_1$——由于墙肢的弯曲变形所产生的转角；

$a$——洞口两侧墙肢轴线间的距离。

---

❶ 从结构力学中用"单位荷载"求位移的方法知，在连系梁跨中两侧虚加的方向相反的竖向单位荷载不会在墙肢中产生剪力，因此墙肢的剪切变形不会在连系梁跨度中点产生竖向相对位移。

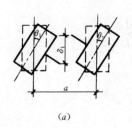 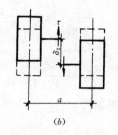 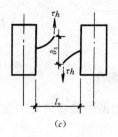

(a) (b) (c)

图 14-20 双肢剪力墙的变形

2) 由墙肢的轴向变形所引起的竖向相对位移 $\delta_2$

如图 14-20 (b) 所示,基本体系在外荷载和切口处剪力共同作用下使墙肢发生轴向变形。自两墙肢底到 $z$ 标高处的轴向变形差,就是切口处的竖向相对位移 $\delta_2$,为:

$$\delta_2 = \frac{1}{E}\left(\frac{1}{A_1}+\frac{1}{A_2}\right)\int_o^z\!\!\int_z^H \tau \mathrm{d}z\mathrm{d}z \tag{b}$$

3) 由连梁的弯曲和剪切变形所引起的竖向相对位移 $\delta_3$

如图 14-20 (c) 所示,由于连系梁切口处剪力 $\tau h$ 的作用,连系梁将产生弯曲变形与剪切变形。

弯曲变形产生的相对位移为:

$$\delta_{3M} = \frac{\tau h l^3}{12EI_{b0}}$$

剪切变形产生的相对位移为:

$$\delta_{3V} = \mu\frac{\tau h l}{GA_b}$$

式中 $h$——层高;

$l$——连梁的计算跨度,$l=l_n+\frac{h_b}{2}$;

$h_b$——连梁的截面高度;

$I_{b0}$——连梁的惯性矩;

$A_b$——连梁的截面积;

$\mu$——截面上剪应力分布不均匀系数;矩形截面时,$\mu=1.2$;

$G$——材料的剪变模量。

因此,由连梁的弯曲和剪切变形所引起的相对位移

$$\delta_3 = \delta_{3M}+\delta_{3V} = \frac{\tau h l^3}{12EI_{b0}}+\mu\frac{\tau h l}{GA_b} = \frac{\tau h l^3}{12EI_{b0}}\left(1+\frac{12\mu EI_{b0}}{GA_b l^2}\right)$$

令 $I_b$ 为计及剪切变形影响后的连梁折算惯性矩,即

$$I_b = \frac{I_{b0}}{1+\dfrac{12\mu EI_{b0}}{GA_b l^2}} \approx \frac{I_{b0}}{1+\dfrac{30\mu I_{b0}}{A_b l^2}}$$

则有
$$\delta_3 = \frac{\tau h l^3}{12EI_b} \tag{c}$$

根据连梁切口处的变形协调条件有
$$\delta_1 + \delta_2 + \delta_3 = 0$$

将式（a）、式（b）、式（c）代入上式即得
$$a\theta_1 - \frac{1}{E}\left(\frac{1}{A_1}+\frac{1}{A_2}\right)\int_0^z\!\!\int_z^H \tau \mathrm{d}z\mathrm{d}z - \frac{\tau h l^3}{12EI_b} = 0$$

将上式对 $z$ 微分两次，得
$$a\theta''_1 + \frac{1}{E}\left(\frac{1}{A_1}+\frac{1}{A_2}\right)\tau - \frac{h l^3}{12EI_b}\tau'' = 0 \tag{d}$$

现引入外荷载所引起的内力与 $\theta_1$ 的关系。

墙肢内力与其弯曲变形 $\theta_1$ 的关系为：
$$E(I_1+I_2)\theta_1 = M_p - \int_z^H a\tau \mathrm{d}z \tag{e}$$

式中　$M_p$——外荷载对整个剪力墙的弯矩。

对 $z$ 微分一次，并代入各种典型荷载下 $M_p$ 的表达式，可得
$$\theta'_1 = \begin{cases} \dfrac{1}{E(I_1+I_2)}\left[V_0\left(\dfrac{z}{H}-1\right)+a\tau\right] & \text{（均布荷载）} \\[2mm] \dfrac{1}{E(I_1+I_2)}\left[V_0\left(\dfrac{z^2}{H^2}-1\right)+a\tau\right] & \text{（倒三角形荷载）} \\[2mm] -\dfrac{1}{E(I_1+I_2)}V_0 - \theta\tau & \text{（顶点集中荷载）} \end{cases} \tag{f}$$

式中　$V_0$——基底 $z=0$ 处的总剪力，即全部外荷载水平力的总和。

将式（f）代入式（d），并令
$$D = \frac{2I_b a^2}{l^3}$$

$$s = \frac{aA_1A_2}{A_1+A_2}$$

$$\alpha_1^2 = \frac{6H^2 D}{h(I_1+I_2)}$$

$$\alpha^2 = \alpha_1^2 + \frac{6H^2 D}{sha}$$

§14.4 剪力墙构件　289

则可得
$$\tau''(z) - \frac{1}{H^2}\alpha^2 \tau(z)$$

$$= \begin{cases} -\dfrac{\alpha_1^2}{H^2 a}\left(1-\dfrac{z}{H}\right)V_0 & \text{（均布荷载）} \\[6pt] -\dfrac{\alpha_1^2}{H^2 a}\left(1-\dfrac{z^2}{H^2}\right)V_0 & \text{（倒三角形荷载）} \\[6pt] -\dfrac{\alpha_1^2}{H^2}V_0 & \text{（顶点集中荷载）} \end{cases} \quad (14\text{-}15)$$

上式即为双肢墙承受侧向荷载作用的基本微分方程式。它是根据力法的原理，由切口处的变形连续条件而得出的。

(3) **微分方程的解**

式(14-15)是二阶常系数非齐次线性微分方程。为了求解，令 $\dfrac{z}{H}=\xi$，同时引进函数 $\Phi(\xi)$，令 $\tau(z)=\Phi(\xi)\dfrac{\alpha_1^2}{\alpha^2}V_0\dfrac{1}{a}$，则式 (14-15) 可化为：

$$\Phi''(\xi) - \alpha^2 \Phi(\xi) = \begin{cases} -\alpha^2(1-\xi) & \text{（均布荷载）} \\ -\alpha^2(1-\xi^2) & \text{（倒三角形荷载）} \\ -\alpha^2 & \text{（顶点集中荷载）} \end{cases} \quad (14\text{-}16)$$

上述方程的解可由齐次方程的通解

$$\Phi_1 = C_1 \text{ch}(\alpha\xi) + C_2 \text{sh}(\alpha\xi)$$

和特解
$$\Phi_2 = \begin{cases} 1-\xi & \text{（均布荷载）} \\ 1-\xi^2 - \dfrac{2}{\alpha^2} & \text{（倒三角形荷载）} \\ 1 & \text{（顶点集中荷载）} \end{cases}$$

两部分相加所组成，即

$$\Phi = C_1 \text{ch}(\alpha\xi) + C_2 \text{sh}(\alpha\xi) + \begin{cases} 1-\xi & \text{（均布荷载）} \\ 1-\xi^2 - \dfrac{2}{\alpha^2} & \text{（倒三角形荷载）} \\ 1 & \text{（顶点集中荷载）} \end{cases}$$

其中 $C_1$ 及 $C_2$ 为积分常数。其边界条件为：

当 $z=0$，即 $\xi=0$ 时，$\theta=0$；

当 $z=H$，即 $\xi=1$ 时，在墙顶处的弯矩为零，$M(1)=0$。

利用上述边界条件求出 $C_1$ 和 $C_2$ 后，式 (14-16) 的解为：

$$\Phi(\xi) = \begin{cases} -\dfrac{\text{ch}\alpha(1-\xi)}{\text{ch}\alpha} + \dfrac{\text{sh}\alpha\xi}{\alpha\text{ch}\alpha} + (1-\xi) & \text{(均布荷载)} \\ \left(\dfrac{2}{\alpha^2} - 1\right)\left(\dfrac{\text{ch}\alpha(1-\xi)}{\text{ch}\alpha} - 1\right) + \dfrac{2}{\alpha}\dfrac{\text{sh}\alpha\xi}{\text{ch}\alpha} - \xi^2 & \text{(倒三角形荷载)} \\ \text{th}\alpha\text{sh}\alpha\xi - \text{ch}\alpha\xi + 1 & \text{(顶点集中荷载)} \end{cases}$$

(14-17)

由此可求出未知力（剪力）

$$\tau(\xi) = \frac{1}{a}\Phi(\xi)\frac{V_0\alpha_1^2}{\alpha^2} \tag{14-18}$$

(4) 内力计算

由式 (14-17) 可求得在任意高度 $\xi$ 处的 $\Phi(\xi)$ 值。又由式 (14-18) 可求得连续栅片切口处的分布剪力 $\tau(\xi)$，这样，便可求得连续栅片对墙肢的约束弯矩为：

$$m(\xi) = V_0 \frac{\alpha_1^2}{\alpha^2}\Phi(\xi) \tag{14-19a}$$

$j$ 层连梁的剪力

$$V_{bj} = \tau(\xi)h \tag{14-19b}$$

$j$ 层连梁的端部弯矩

$$M_{bj} = V_{bj}\frac{l_0}{2} \tag{14-19c}$$

$j$ 层墙肢的轴力

$$N_{ij} = \sum_{k=j}^{n} V_{bk} \quad (i=1,2) \tag{14-19d}$$

$j$ 层墙肢的弯矩

$$\left.\begin{aligned} M_{1j} &= \frac{I_1}{I_1+I_2}M_j \\ M_{2j} &= \frac{I_2}{I_1+I_2}M_j \end{aligned}\right\} \tag{14-19e}$$

这时

$$M_j = M_{pj} - \int_z^H \tau(\xi) \cdot a \cdot \mathrm{d}\xi = M_{pj} - \sum_{k=j}^{n} V_{bk}a$$

$j$ 层墙肢的剪力，可近似地把总剪力按两端无转动的杆考虑弯曲和剪切变形后的折算惯性矩 $I_i'$ 进行分配求得

$$\left.\begin{aligned} V_{1j} &= \frac{I_1'}{I_1'+I_2'} \cdot V_{pj} \\ V_{2j} &= \frac{I_2'}{I_1'+I_2'} \cdot V_{pj} \end{aligned}\right\} \tag{14-19f}$$

这里

$$I'_i = \frac{I_i}{1+\dfrac{12\mu EI_i}{GA_i h^2}} \quad (i=1,2)$$

图 14-21 是双肢墙的内力分析图。

(5) 水平位移计算

根据墙肢内力与其弯曲变形 $\theta$ 的关系式 (e)

$$E(I_1+I_2)\theta_1 = M_p - \int_z^H a\tau dz$$

可得剪力墙由于墙肢弯曲变形所引起的水平位移 $y_1$ 为：

$$y_1 = \frac{1}{E(I_1+I_2)}\int_0^z\int_0^z M_p(z)\mathrm{d}z\mathrm{d}z$$

$$-\frac{1}{E(I_1+I_2)}\int_0^z\int_0^z\int_z^H a\tau(z)\mathrm{d}z\mathrm{d}z\mathrm{d}z \tag{14-19g}$$

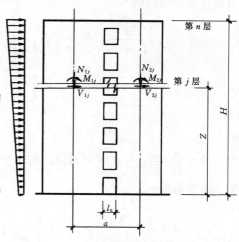

图 14-21 双肢剪力墙的内力计算

由于剪力墙截面高度较大，因此，尚需考虑由于墙肢剪切变形所引起的侧向位移 $y_2$ 为：

$$y_2 = \frac{\mu}{G(A_1+A_2)}\int_0^z V_p(z)\mathrm{d}z \tag{14-19h}$$

剪力墙的总侧向位移为：

$$y = y_1 + y_2$$

按不同荷载代入式 (14-19g)、式 (14-19h) 后，可得

当为均布荷载时

$$y = \frac{V_0 H^3}{2E(I_1+I_2)}\xi^2\left[\frac{1}{2}-\frac{1}{3}\xi+\frac{1}{12}\xi^2\right] - \frac{\alpha_1^2 V_0 H^2}{\alpha^2 E(I_1+I_2)}$$

$$\times\left[\frac{\xi(\xi-2)}{2\alpha^2} - \frac{\mathrm{ch}\alpha\xi-1}{\alpha^4 \mathrm{ch}\alpha} + \frac{\mathrm{sh}\alpha-\mathrm{sh}\alpha(1-\xi)}{\alpha^3 \mathrm{ch}\alpha} + \xi^2\left(\frac{1}{4}-\frac{\xi}{6}+\frac{\xi^2}{24}\right)\right]$$

$$+\frac{\mu V_0 H\left(\xi-\dfrac{1}{2}\xi^2\right)}{G(A_1+A_2)} \tag{14-20a}$$

当为倒三角形荷载时

$$y = \frac{V_0 H^3}{3E(I_1+I_2)}\left(\xi^2-\frac{1}{2}\xi^3+\frac{1}{20}\xi^5\right) - \frac{V_0 H^3}{E(I_1+I_2)}\frac{\alpha_1^2}{\alpha^2}$$

$$\times\left\{\left(1-\frac{2}{\alpha^2}\right)\left[\frac{1}{2}\xi^2-\frac{1}{6}\xi^5-\frac{\xi}{\alpha^2}+\frac{\mathrm{sh}\alpha-\mathrm{sh}\alpha(1-\xi)}{\alpha^3\mathrm{ch}\alpha}\right]-\frac{2(\mathrm{ch}\alpha\xi-1)}{\alpha^4\mathrm{ch}\alpha}\right.$$

$$\left.+\frac{\xi^2}{\alpha^2}-\frac{\xi^2}{6}+\frac{\xi^5}{60}\right\}+\frac{\mu V_0 H}{G(A_1+A_2)}\left(\xi-\frac{\xi^3}{3}\right) \tag{14-20b}$$

当为顶点集中荷载时

$$y = \frac{V_0 H^3}{2E(I_1+I_2)}\left(\xi^2 - \frac{1}{3}\xi^3\right) - \frac{V_0 H^3}{E(I_1+I_2)}\frac{\alpha_1^2}{\alpha^2}\left[\frac{1}{\alpha^3}\text{sh}\alpha\xi\right.$$

$$\left. -\frac{1}{\alpha^3}\text{th}\alpha\text{ch}\alpha\xi - \frac{1}{6}\xi^3 + \frac{1}{2}\xi^2 - \frac{1}{\alpha^2}\xi + \frac{1}{\alpha^3}\text{th}\alpha\right] + \frac{\mu V_0 H}{G(A_1+A_2)}\xi$$

$$(14\text{-}20c)$$

式中 $\xi = \frac{z}{H}$,当 $\xi = 1$ 时可得顶点的水平位移 $u$:

当为均布荷载时

$$u = \frac{1}{8}\frac{V_0 H^3}{E(I_1+I_2)}\left\{1 + \frac{\alpha_1^2}{\alpha^2}\left[\frac{8}{\alpha^2}\left(\frac{1}{2} + \frac{1}{\alpha^2} - \frac{1}{\alpha^2\text{ch}\alpha} - \frac{\text{sh}\alpha}{\alpha\text{ch}\alpha}\right)\right]\right.$$

$$\left. -\frac{\alpha_1^2}{\alpha^2} + \frac{4\mu E(I_1+I_2)}{H^2 G(A_1+A_2)}\right\}$$

$$(14\text{-}21a)$$

当为倒三角形荷载时

$$u = \frac{11}{60}\frac{V_0 H^3}{E(I_1+I_2)}\left\{1 + \frac{\alpha_1^2}{\alpha^2}\left[\frac{60}{11\alpha^2}\left(\frac{2}{3} + \frac{\text{sh}\alpha}{\alpha\text{ch}\alpha} - \frac{2}{\alpha^2\text{ch}\alpha}\right.\right.\right.$$

$$\left.\left.\left. + \frac{2\text{sh}\alpha}{\alpha^3\text{ch}\alpha}\right)\right] - \frac{\alpha_1^2}{\alpha^2} + \frac{40\mu E(I_1+I_2)}{11H^2 G(A_1+A_2)}\right\}$$

$$(14\text{-}21b)$$

当为顶点集中荷载时

$$u = \frac{V_0 H^3}{3E(I_1+I_2)}\left[1 + \frac{\alpha_1^2}{\alpha^2}\left(\frac{1}{\alpha^2} - \frac{1}{\alpha^3}\text{th}\alpha + \frac{1}{3}\right) + \frac{3\mu E(I_1+I_2)}{H^2 G(A_1+A_2)}\right] \quad (14\text{-}21c)$$

显然,双肢墙的等效抗弯刚度 $EI_e$ 为:

对于均布荷载

$$EI_e = \frac{E(I_1+I_2)}{1 + \frac{\alpha_1^3}{\alpha^2}\left[\frac{8}{\alpha^2}\left(\frac{1}{2} + \frac{1}{\alpha^2} - \frac{1}{\alpha^2\text{ch}\alpha} - \frac{\text{sh}\alpha}{\alpha\text{ch}\alpha}\right)\right] - \frac{\alpha_1^2}{\alpha^2} + \frac{4\mu E(I_1+I_2)}{H^2 G(A_1+A_2)}}$$

$$(14\text{-}22a)$$

对于倒三角形荷载

$$EI_e = \frac{E(I_1+I_2)}{1 + \frac{\alpha_1^2}{\alpha^2}\left[\frac{60}{11\alpha^2}\left(\frac{2}{3} - \frac{\text{sh}\alpha}{\alpha\text{ch}\alpha} - \frac{2}{\alpha^2\text{ch}\alpha} + \frac{2\text{sh}\alpha}{\alpha^3\text{ch}\alpha}\right)\right] - \frac{\alpha_1^2}{\alpha^2} + \frac{40\mu E(I_1+I_2)}{11H^2 G(A_1+A_2)}}$$

$$(14\text{-}22b)$$

对于顶点集中荷载

$$EI_e = \frac{E(I_1+I_2)}{1+\frac{\alpha_1^2}{\alpha^2}\left(\frac{1}{\alpha^2}-\frac{1}{\alpha^3}+\text{th}\alpha+\frac{1}{3}\right)+\frac{3\mu E(I_1+I_2)}{H^2G(A_1+A_2)}} \tag{14-22c}$$

### 14.4.4 剪力墙的截面设计与构造

剪力墙在竖向荷载和水平荷载作用下，在墙肢和连梁内都将产生轴力、弯矩和剪力。因此，在进行剪力墙截面设计时，墙肢应作为偏心受压或偏心受拉构件，分别进行正截面及斜截面承载力计算。连梁可按受弯构件计算，由于楼盖结构的作用，连梁内的轴力可忽略不计。此外，对处于小偏心受压状态的墙肢，尚应按轴心受压构件验算其墙体平面外的稳定性。当受到集中荷载作用时，尚应验算其局部受压承载力。

目前，剪力墙已被广泛地应用于高层建筑结构中。在剪力墙结构体系、框架-剪力墙结构体系、筒体结构体系（实腹筒可以看成是由若干榀剪力墙所组成）中，剪力墙都是作为主要的承重结构单元，因此，剪力墙的截面设计是整个结构设计中的主要部分。在地震区，剪力墙除了必须保证有足够的承载力外，尚应保证有足够的延性，以提高整个结构的耗能能力，改善结构的抗震性能。

在剪力墙墙肢截面设计时，当纵横向剪力墙连成整体共同工作时，可将纵墙的一部分作为横墙的翼缘予以考虑。同时也可将横墙的一部分作为纵墙的翼缘予以考虑。翼缘宽度可按表14-8取用。在框架-剪力墙结构中，剪力墙常常和梁柱连成一体，形成带边框剪力墙。因此，剪力墙墙肢常常按T形截面或工字形截面进行设计。

1. 墙肢正截面承载力计算

剪力墙墙肢为压（拉）、弯、剪共同作用下的复合受力构件，其正截面承载力计算方法与偏心受压柱或偏心受拉杆相同。但在墙肢截面内除端部集中配筋外，往往还布置有分布钢筋，这就使得墙肢的承载力计算公式与普通柱又有不同之处。考虑到分布筋直径一般较细，因此在设计中一般仅考虑其受拉屈服部分的作用，而忽略受压区的分布筋及靠近中和轴的受拉分布筋的作用。

试验表明，剪力墙经受反复荷载时，其正截面承载力并不比承受单调加载时降低。因此，不管有无地震作用组合，剪力墙的正截面承载力计算公式都是一样的。但当有地震作用参加内力组合时，则必须同时考虑承载力抗震调整系数 $\gamma_{RE}$。

(1) 大、小偏心受压的判断

与偏心受压柱相同，如墙肢的相对受压区高度为 $\xi$，则当 $\xi \leqslant \xi_b$ 时，为大偏心受压破坏；当 $\xi > \xi_b$ 时，为小偏心受压破坏。

(2) 大偏心受压

矩形截面墙肢的截面及其配筋如图14-22（a）所示，其中 $A_s$、$A_s'$ 为墙肢端部集中配筋量，$A_{sw}$ 为墙肢内全部纵向分布筋的截面面积。$A_{sw}$ 在墙肢内为均匀分布。

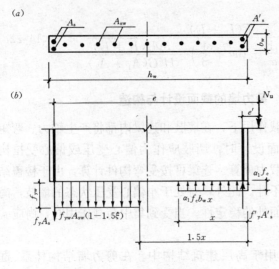

图 14-22 大偏心受压计算

截面为大偏压破坏时,受压区混凝土应力图用等效矩形图形来替代,其应力值取为 $\alpha_1 f_c$,端部纵筋 $A_s$、$A_s'$ 的应力分别达到 $f_y$、$f_y'$(一般 $f_y = f_y'$),分布筋 $A_{sw}$ 部分在受拉区,部分在受压区,且远离中和轴部分钢筋应力达到 $f_y$(或 $f_y'$),在中和轴附近部分则尚未屈服。为简化计算,假定离受压区边缘为 $1.5x$($x$ 为名义受压区高度)范围以外的受拉分布筋达到 $f_y$ 并参加工作,忽略离受压区边缘为 $1.5x$ 范围内所有分布筋的作用。这样,极限状态时墙肢截面应力分布如图 14-22(b)所示。

若考虑墙肢截面内为对称配筋,$A_s = A_s'$,其承载力计算的基本公式为:

$$\left.\begin{aligned}
N_u &= \alpha_1 f_c b_w \cdot x - f_{yw} \cdot A_{sw} \cdot \frac{h_{w0} - 1.5x}{h_{w0}} \\
N_u e &= \alpha_1 f_c b_w x \left(h_{w0} - \frac{x}{2}\right) + f_y' A_s' (h_{w0} - a_s') - f_{yw} A_{sw} \frac{(h_{w0} - 1.5x)^2}{2h_{w0}} \\
e &= e_0 + \frac{h_w}{2} - a_s
\end{aligned}\right\} \quad (14\text{-}23)$$

考虑到在实际工程中,$h_{w0}$ 较大,故近似地取附加偏心距 $e_a = 0$。在工程设计中,一般是按构造要求等因素先确定墙肢内分布钢筋 $A_{sw}$。设墙肢内竖向分布筋的配筋率为 $\rho_{sw}$,即

$$\rho_{sw} = \frac{A_{sw}}{b_w h_{w0}} \qquad (14\text{-}24)$$

则墙肢截面受压区有效高度 $x$ 及端部配筋量 $A_s'$ 可由式(14-24)导得

$$\left.\begin{aligned}
x &= \frac{N_u + f_{yw} A_{sw}}{\alpha_1 f_c b_w + 1.5 f_{yw} A_{sw}/h_{w0}} \\
A_s &= A_s' = \frac{N_u \cdot e - \alpha_1 f_c b_w x \left(h_{w0} - \frac{x}{2}\right) + 0.5 f_{yw} \rho_{sw} b_w (h_{w0} - 1.5x)^2}{f_y' (h_{w0} - a_s')}
\end{aligned}\right\} \quad (14\text{-}25)$$

当墙肢截面为 T 形或工字形时,可参照 T 形及工字形截面柱的计算方法进

行计算,当然同样可按上述原则考虑分布钢筋的作用。

(3) 小偏心受压

墙肢小偏心受压破坏时,截面全部受压(图 14-23a)或大部分受压(图 14-23b)。在压应力较大的一侧混凝土达到极限抗压强度,端部钢筋及分布钢筋均达到抗压屈服强度;在离轴向力较远的一侧,端部钢筋及分布筋或为受拉,或为受压,但均未屈服。因此,小偏心受压时墙肢内分布筋的作用均不予考虑。这样,墙肢小偏心受压极限状态时的截面应力分布与小偏心受压柱完全相同(图

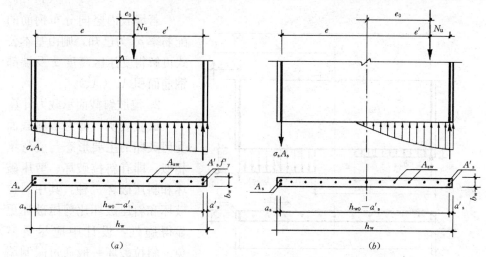

图 14-23 小偏心受压计算

14-23)。其基本方程为:

$$\left.\begin{aligned}
N_u &= \alpha_1 f_c b_w x + f'_y A'_s - \sigma_s A_s \\
N_u \cdot e &= \alpha_1 f_c b_w x \left( h_{w0} - \frac{x}{2} \right) + f'_y A'_s (h_{w0} - a'_s) \\
e &= e_0 + \frac{h_w}{2} - a_s \\
\sigma_s &= \frac{\xi - \beta_1}{\xi_b - \beta_1} f_y
\end{aligned}\right\} \quad (14\text{-}26)$$

由基本方程式(14-26)可求得墙肢端部配筋量 $A_s$、$A'_s$,计算方法与第 5 章小偏心受压柱完全相同,墙肢内竖向分布钢筋则按构造要求设置。

(4) 大偏心受拉

剪力墙一般不可能也不允许发生小偏心受拉破坏。这里仅介绍大偏心受拉承载力计算的有关公式。墙肢在弯矩 $M$ 和轴向拉力 $N$ 作用下,当 $e_0 = \dfrac{M}{N} > \dfrac{h}{2} - a_s$ 时,即为大偏心受拉。与大偏心受压时一样,忽略离受压区边缘为 $1.5x$ 范围内所有分布钢筋的作用,则极限状态时墙肢截面内应力分布如图 14-24 所示。若考

虑墙肢内为对称配筋，$A_s = A_s'$，则承载力计算的基本公式为：

$$\left.\begin{aligned}
N_u &= f_{yw} A_{sw} \frac{h_{w0} - 1.5x}{h_{w0}} - \alpha_1 f_c b_w x \\
N_u \cdot e &= \alpha_1 f_c b_w x \left(h_{w0} - \frac{x}{2}\right) + A_s' f_y' (h_{w0} - a_s') - f_{yw} A_{sw} \frac{(h_{w0} - 1.5x)^2}{2 h_{w0}} \\
e &= e_0 - \frac{h_w}{2} + a_s
\end{aligned}\right\}$$

(14-27)

若墙肢内竖向分布钢筋的配筋率 $\rho_{sw}$ 为已知，则由基本公式可解得受压区高度 $x$ 及端部钢筋面积 $A_s$（$A_s'$）。

**2. 墙肢斜截面承载力计算**

试验表明，剪力墙斜截面受剪破坏的主要形态与受弯梁相似，即有斜拉破坏、剪压破坏和斜压破坏三种。其中斜拉破坏和斜压破坏比剪压破坏更显得脆性，设计中应尽量避免。斜拉破坏一般通过限制墙肢内分布钢筋的最小配筋率来避免。斜压破坏一般通过限制

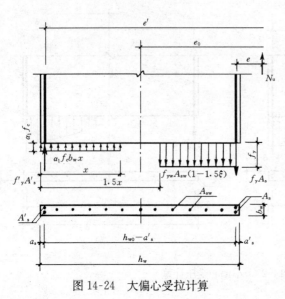

图 14-24 大偏心受拉计算

截面剪压比来避免，详见剪力墙构造要求。这里介绍的斜截面受剪承载力计算则是基于防止剪压破坏。

与受弯梁相类似，墙肢水平截面内的剪力由混凝土和水平分布钢筋共同承担，剪力墙的斜截面受剪承载力还受到墙肢内轴向压力或轴向拉力的影响。

（1）偏心受压时

墙肢内轴向压力的存在提高了剪力墙的受剪承载力，其计算公式为：

$$V_{w,u} = \frac{1}{\lambda - 0.5}\left(0.5 f_t b_w h_{w0} + 0.13 N \frac{A_w}{A}\right) + f_{yh} \frac{A_{sh}}{s} h_{w0} \quad (14-28)$$

式中 $b_w$、$h_{w0}$——墙肢腹板截面宽度和有效高度；

$A$、$A_w$——I 形或 T 形截面的全截面面积和腹板面积，对矩形截面，则 $A = A_w$；

$N$——与剪力设计值 $V_w$ 相应的压力设计值；当 $N > 0.2 f_c b_w h_w$ 时，取 $N = 0.2 f_c b_w h_w$；

$f_{yh}$——墙肢内水平向分布钢筋的抗拉强度设计值；

$A_{sh}$——配置在同一水平截面内的水平向分布钢筋的全部截面面积；

$s$——水平向分布钢筋的间距；

$\lambda$——计算截面处的剪跨比，$\lambda = \dfrac{M_w}{V_w h_{w0}}$；当$\lambda < 1.5$时，取$\lambda = 1.5$，当$\lambda > 2.2$时，取$\lambda = 2.2$；此处，$M_w$为与剪力设计值$V_w$相应的墙肢内弯矩设计值；当计算截面与墙底之间距离小于$h_{w0}/2$时，$\lambda$应按距离墙底$\dfrac{h_{w0}}{2}$处的弯矩值和剪力值计算。

当剪力设计值$V$不大于$\dfrac{1}{\lambda - 0.5}\left(0.5 f_t b_w h_{w0} + 0.13 N \dfrac{A_w}{A}\right)$时，可不进行斜截面承载力计算，只需按构造要求配置水平分布钢筋。

(2) 偏心受拉时

墙肢内轴向拉力的存在降低了剪力墙的受剪承载力。大偏拉情况下构件抗剪承载力的计算公式为：

$$V_{w,u} = \dfrac{1}{\lambda - 0.5}\left(0.5 f_t b_w h_{w0} - 0.13 N \dfrac{A_w}{A}\right) + f_{yh} \dfrac{A_{sh}}{s} h_{w0} \qquad (14-29)$$

式中$N$为与剪力设计值$V_w$相应的轴向拉力设计值，其余符号意义同前。当公式右边计算值小于$f_{yh}\dfrac{A_{sh}}{s}h_{w0}$时，取等于$f_{yh}\dfrac{A_{sh}}{s}h_{w0}$。

3. 墙肢平面外承载力验算

如墙肢为小偏心受压，还要按轴心受压构件验算其平面外的承载力。这时不考虑竖向分布钢筋的作用，而仅考虑端部钢筋$A'_s$，其计算公式为：

$$N_u = 0.9\varphi(f_c b_w h_w + f'_y A'_s) \qquad (14-30)$$

式中 $\varphi$——剪力墙平面外受压稳定系数，可按柱的受压稳定系数取用。在求$l_0/b$时，$l_0$可取层高，$b$即为$b_w$；

$A'_s$——墙肢内全部端部钢筋的截面面积。

4. 连梁承载力计算

(1) 连梁受弯承载力计算

连梁正截面受弯承载力计算方法同普通受弯构件。但可能会出现某几层连梁内力过大的情况，如连梁弯矩过大，超过其最大受弯承载力，配筋率过高，梁纵向受力钢筋布置不下，或剪力过大，连梁剪力设计值超过截面尺寸的限制条件，此时可适当考虑连梁的弯矩调幅，降低这几层连梁的梁端弯矩设计值。经调整后的连梁弯矩设计值，均不应小于调整前最大的连梁弯矩设计值的80%。调整后实际上也就降低了这些连梁的剪力设计值，因此其余几层连梁的弯矩设计值应相应提高，或增加相应墙肢的内力，以满足整个剪力墙的极限平衡条件。

(2) 连梁受剪承载力计算

根据连梁考虑水平荷载组合的剪力设计值，可进行连梁的斜截面受剪承载力计算。

$$V_{b,u} = 0.7 f_t b_b h_{b0} + f_{yv} \frac{A_{sv}}{s} h_{b0} \tag{14-31}$$

式中 $b_b$、$h_{b0}$——连梁截面宽度和截面有效高度；

$s$——连梁内箍筋间距；

$A_{sv}$——连梁内同一横截面内的箍筋总面积；

$f_{yv}$——连梁内箍筋的抗拉强度设计值。

5. 剪力墙构造要求

(1) 材料

剪力墙的混凝土强度等级不应低于 C20。带有筒体的剪力墙结构的混凝强度等级不宜低于 C30。

(2) 截面尺寸

为避免剪力墙墙肢发生斜压型剪切破坏，墙肢截面面积应满足下列限制条件：

$$V_w \leqslant 0.25 \beta_c f_c b_w h_{w0} \tag{14-32}$$

如上式要求不能满足，则应增加剪力墙厚度或提高混凝土强度等级。同时，剪力墙厚度尚不应小于 160mm。

为防止连梁发生斜压型剪切破坏，连梁的截面尺寸不能太小。即要求

$$V_b \leqslant 0.25 \beta_c f_c b_b h_{b0} \tag{14-33}$$

(3) 构造边缘构件

不论是抗震的还是非抗震的，剪力墙墙肢端部都应设置构造边缘构件，如图 14-25 所示。当墙肢端部有端柱时，端柱即成为边缘构件，见图 14-25 (a)；当墙肢端部无端柱时，则应设置构造暗柱，如图14-25 (b)所示；对带有翼缘的剪力墙，边缘构件可向翼缘扩大，如图 14-25 (c) 所示。构造边缘构件的范围和

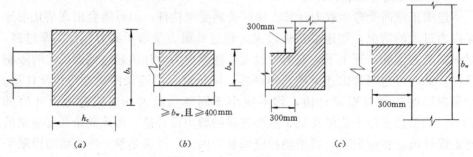

图 14-25 剪力墙墙肢端部的构造边缘构件

(a) 端柱；(b) 暗柱；(c) 翼柱

计算纵向钢筋用量的截面面积 $A_c$ 宜取图 14-25 中的阴影部分。构造边缘构件的纵向钢筋应满足正截面承载力的要求。当端柱承受集中荷载时，其竖向钢筋、箍筋直径和间距应满足框架柱的相应要求。非抗震的剪力墙构造边缘构件的配筋如图 14-26 所示，墙肢端部构造边缘构件应按构造配置不少于 4$\phi$12 的纵向钢筋，附加箍筋直径不应小于 6mm，间距不宜大于 250mm。箍筋、拉筋沿水平方向的肢距不宜大于 300mm，不应大于竖向钢筋间距的 2 倍。

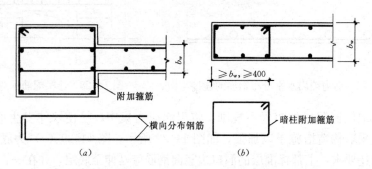

图 14-26 构造边缘构件的配筋

(4) 墙肢配筋构造

为防止剪力墙发生斜拉型剪切破坏，在墙肢中应当配置一定数量的水平向和竖直向的分布钢筋，以限制斜裂缝开展，同时也可减小温度收缩等不利因素的影响。剪力墙内竖向和水平分布钢筋的配筋率均不应小于 0.20%，间距均不宜大于 300mm，直径均不应小于 8mm。剪力墙的竖向和水平分布钢筋的直径不宜大于墙厚的 1/10。

房屋顶层剪力墙、长矩形平面房屋的楼梯间和电梯间剪力墙、端开间纵向剪力墙以及端山墙的水平和竖向分布钢筋的配筋率均不应小于 0.25%，间距均不应大于 200mm。

剪力墙内的分布钢筋不应采用单排配筋。当剪力墙厚度不大于 400mm 时可采用双排钢筋网。当剪力墙厚度大于 400mm，但不大于 700mm 时，宜采用三排配筋；当剪力墙厚度大于 700mm 时，宜采用四排配筋。各排钢筋网之间应采用拉筋连系，拉筋直径不应小于 6mm，间距不应大于 600mm，拉筋应与外皮水平钢筋钩牢。在底部加强部位，可适当增加拉筋数量。

剪力墙纵向钢筋最小锚固长度应取 $l_a$。剪力墙竖向及水平钢筋的连接应满足图 14-27 的要求，钢筋搭接长度为 $1.2l_a$，接头位置应错开 500mm 以上。

(5) 连梁配筋构造

连梁内的配筋应按计算确定。梁纵向钢筋应锚入墙肢内 $l_a$ 且不小于 600mm，箍筋直径不小于 6mm，间距不大于 150mm。位于顶层的连梁，在纵筋的锚固范围内也要布置箍筋，如图 14-28 所示。

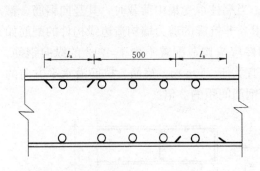
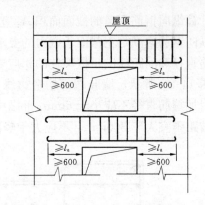

图 14-27　剪力墙内水平分布钢筋的连接　　　图 14-28　连梁配筋示意图

剪力墙门窗洞口如布置不规则，将引起应力集中，易使墙体发生剪切破坏。因此，应采取构造措施予以加强，如图 14-29 所示。图 14-29（a）为底层局部错洞时的构造要求，上部标准层的洞口边竖向钢筋应延伸至底层，并在一、二层形成上下连续的暗柱，二层洞口下设暗梁并加强配筋。底层局部洞口边应设暗柱并应伸入二层。图 14-29（b）为叠合错洞墙，采用暗框架配筋的构造方式；图 14-29（c）为采用阴影部分的轻质填充墙体把叠合洞口转化为规则洞口的处理方式。

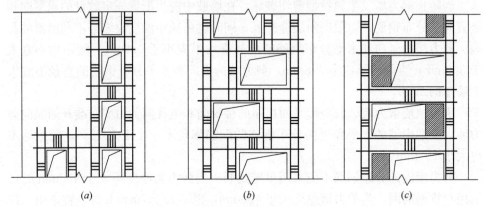

图 14-29　剪力墙不规则开洞配筋构造
(a) 底部局部错洞墙；(b) 叠合错洞墙构造之一；(c) 叠合错洞墙构造之二

## §14.5　剪力墙结构

### 14.5.1　剪力墙结构的布置

1. 一般剪力墙结构的布置

剪力墙结构体系按其体型分有"板式"与"塔式"两种。"板式"建筑平面如图 14-30（a）、(b)、(c) 所示，也称为"条式"；"塔式"建筑平面如图 14-30

($d$)、($e$)、($f$) 所示,也称为"点式"。

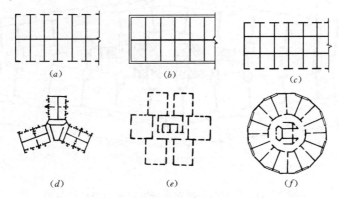

图 14-30 剪力墙结构平面

剪力墙应在纵横两个方向上都有布置,以承受任意方向上的侧向力,并宜使两个方向的抗侧刚度较为接近。板式体型的建筑平面长宽比较大,在横向可布置多道剪力墙,在纵向一般是两道外墙,一道或两道内墙。

结构布置时应注意控制剪力墙平面外的弯矩。当剪力墙墙肢与其平面外方向的楼面梁连接时,应采取措施减小梁端弯矩对墙的不利影响。例如沿梁轴线方向设置与梁相连的剪力墙,抵抗该墙肢平面外的弯矩;当不能设置与梁轴线方向相连的剪力墙时,宜在墙与梁相交处设置扶壁柱。扶壁柱宽度不应小于梁宽;当不能设置扶壁柱时,应在墙与梁相交处设置暗柱,并宜按计算确定配筋;暗柱的截面高度可取墙的厚度、暗柱的截面宽度可取梁宽加 2 倍墙厚。楼面梁的水平钢筋应伸入扶壁柱或暗柱锚固。扶壁柱或暗柱的纵向钢筋应通过计算确定,其配筋率不宜小于 0.5%,同时应配置直径不小于 6mm 及纵筋直径的 1/4、间距不大于 200mm 的箍筋。必要时,剪力墙内可设置型钢。

影响剪力墙结构造价的主要因素是剪力墙的数量及布置。剪力墙间距应根据建筑平面布局确定,一般取建筑开间或若干倍建筑开间。对于目前常见的高层住宅、旅馆建筑,层数一般为 16~30 层,在此范围内若剪力墙按小开间布置(剪力墙间距为 3.3~4.2m),墙体材料强度得不到充分发挥,过多的剪力墙反而会导致较大的地震反应。同时由于结构自重增大,增加了基础工程的投资。而剪力墙若按大开间布置(剪力墙间距为 6~8m),则可较充分地发挥墙体的承载能力,具有较好的技术经济指标。如图 14-31 所示的广州白天鹅宾馆,标准层平面客房开间为 4m,结构布置中剪力墙间距为 8m。该结构共 30 层,高 100m,抗震设防烈度为 7 度。

剪力墙结构布置时还要注意单榀剪力墙的长度不宜过大。一方面由于剪力墙的长度大,会导致结构刚度迅速增大,使结构自振周期过短,地震作用力加大;另一方面,低而宽的剪力墙墙肢易发生脆性的剪切破坏,使结构的延性降低,对

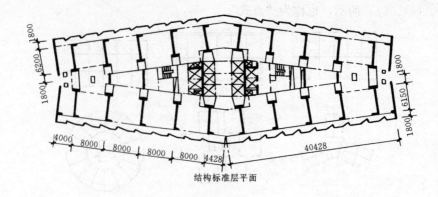

图 14-31　广州白天鹅宾馆标准层剪力墙结构布置

结构抗震不利。要注意以下 3 点：

① 高宽比大于 3 的剪力墙容易设计成具有延性的弯曲破坏剪力墙，因此，当同一轴线上的连续剪力墙过长时，也可采用设置施工洞或结构竖缝的方法，将整片的剪力墙划分为若干墙段；

② 使每个墙段成为高宽比大于 3 的独立墙肢或联肢墙，墙段之间宜采用弱连系梁连接，连梁的跨高比宜大于 6，墙段的分段宜均匀，每个独立墙段的总高度与其截面高度之比不应小于 3；

③ 为防止墙肢内裂缝过大，避免墙体内竖向钢筋拉断，墙肢截面高度不宜大于 8m。

2. 底部大空间剪力墙结构的布置

剪力墙结构中剪力墙的布置很适合于宾馆、住宅的标准层建筑平面，但是却难以满足建筑整体上多功能、大空间等使用要求。例如一些宾馆建筑，常需在底层或底部数层布置门厅、餐厅、会议室或娱乐设施等，又如一些沿街建造的住宅建筑，常需在底层或底部数层布置商店等公共服务设施。这时需在底层或底部若干层取消部分剪力墙，即只有一部分标准层的剪力墙可以落地，另一部分剪力墙不能直接落地而要改为框支剪力墙，这类结构称为底部大空间剪力墙结构，是剪力墙结构的一种特殊情况。图 14-32 为深圳红岭大厦 4 号楼、5 号楼的结构布置。该结构共 28 层，高 78.40m，抗震设防烈度为 6 度；4 层以上为住宅标准层，1～3 层为沿街布置的商场。住宅标准层的剪力墙一部分直接伸至基础，另一部分在 1～3 层改为框架柱支承，底层结构布置如图 14-32（a）所示。标准层剪力墙结构的平面布置如图 14-32（b）所示。注意到该建筑下部结构比标准层面积要大，故也称为大底盘塔楼结构。

底部大空间剪力墙结构或大底盘多塔楼结构的布置除了注意竖向荷载的有效传递外，更重要的是结构刚度沿高度方向要均匀，避免突变。由于底部取消了部分剪力墙而代之以框架，加之底部层高往往比标准层层高要大，因而与标准层相

§14.5 剪力墙结构 303

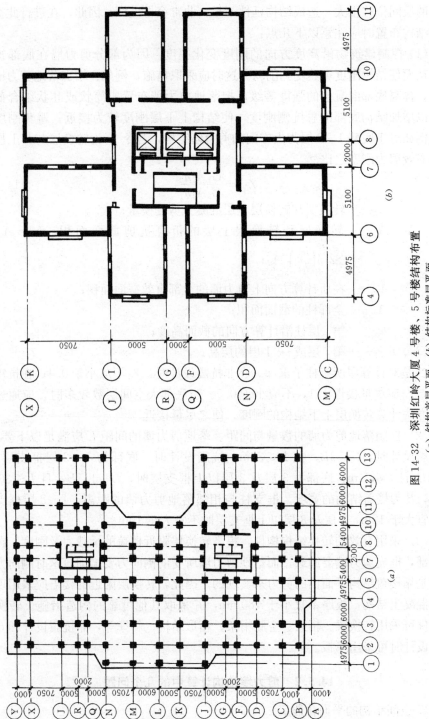

图 14-32 深圳红岭大厦 4 号楼、5 号楼结构布置
(a) 结构首层平面；(b) 结构标准层平面

比，底部的侧向刚度会有较大的削弱。侧向刚度突然减小，使得在水平力作用下底部的层间位移很大，造成结构延性不足，非常容易破坏。因此，在进行此类剪力墙结构布置时应注意以下几点：

(1) 控制建筑物沿高度方向的刚度变化幅度。因为部分剪力墙在底部被取消，从而使结构刚度突然受到削弱。这时应采取措施，例如：增加落地剪力墙的厚度，提高底部混凝土的强度等级，把落地剪力墙布置成筒状或Ⅱ状组合截面等，以增加结构底部的总抗侧刚度，使结构上下层刚度较为接近，避免刚度突变。例如对于底部1~2层为大空间的剪力墙结构，若令 $\gamma_{e1}$ 为转换层与其上层结构的等效剪力刚度之比

$$\gamma_{e1} = \frac{G_1 A_1 h_2}{G_2 A_2 h_1} \tag{14-34}$$

式中　$G_1$、$G_2$——转换层和转换层上层混凝土剪变模量；

$A_1$、$A_2$——转换层和转换层上层的折算抗剪截面面积，$A_i = A_{wi} + \Sigma 2.5 \left(\frac{h_{ci}}{h_i}\right)^2 A_{ci}$；

$A_w$——在所计算方向上剪力墙的全部有效截面面积；

$A_c$——全部柱的截面面积；

$h_{ci}$——第 $i$ 层柱沿计算方向的截面高度；

$h_i$、$h_{i+1}$——第 $i$ 层或 $i+1$ 层的层高。

式中 $\Sigma$ 是对计算层所有柱子求和。在非抗震设计时，$\gamma_{e1}$ 不应小于 0.4；在抗震设计时，$\gamma_{e1}$ 应尽量接近于 1，不应小于 0.5。当底部大空间层数较多时，应通过适当的方法计算转换层上下结构的刚度，使之尽量接近。

(2) 控制落地剪力墙的数量与间距。落地剪力墙的间距 $L$ 应满足以下要求：非抗震设计时，$L \leq 3B$，且 $L \leq 36\text{m}$；抗震设计时，底部为 1~2 层框支层时，$L \leq 2B$，且 $L \leq 24\text{m}$；底部为 3 层及 3 层以上框支层时，$L \leq 1.5B$，且 $L \leq 20\text{m}$。其中，$B$ 为楼盖结构的宽度。框支柱与相邻落地剪力墙的距离，1~2 层框支层时不宜大于 12m，3 层及 3 层以上框支层时不宜大于 10m。

(3) 采用有效的转换结构构件，提高转换层附近楼盖的承载力及刚度。在结构底部，框支剪力墙要卸载，而落地剪力墙所受的侧向力要增加，这时侧向力的转移是靠楼盖结构平面内的剪力来实现的。因此，转换层附近的楼盖应采用现浇钢筋混凝土结构，板厚不宜小于 180mm，并采取其他可靠的构造措施。转换结构构件可采用转换梁、桁架、空腹桁架、箱形结构、斜撑等，非抗震设计和 6 度抗震设计时可采用厚板。

### 14.5.2　剪力墙结构计算中的几个问题

1. 空间结构的平面化假定

剪力墙结构是一个空间受力体系。为简化计算，在计算水平荷载作用下剪力

墙结构的内力与位移时，可采用以下两个假定：

（1）楼盖结构在其自身平面内的刚度为无限大，而在平面外的刚度很小，可忽略不计。

（2）各榀剪力墙主要在其自身平面内发挥作用，在其平面外的刚度很小，可忽略不计。

根据假定（1），可将结构计算中的位移未知量大大减少。因为楼盖结构在其自身平面内的刚度为无限大，所以楼盖结构在水平面内没有变形，只有刚体位移。这样，在某一楼盖标高处各榀剪力墙的侧向水平位移都可由楼盖作刚体运动的条件来确定，从而可把整个楼层所承受的水平力分配给各榀剪力墙，见下述。

根据假定（2），在进行剪力墙结构分析时，可将纵向剪力墙与横向剪力墙分别考虑，亦即可将空间工作的结构，简化为平面结构来计算。在横向水平分力的作用下，可只考虑横墙作用而略去纵墙的作用。在纵向水平分力的作用下，可只考虑纵墙起作用而忽略横墙的作用。这样就使计算大为简化。

实际上，由于纵墙与横墙在其交结面上位移必须连续，在水平荷载作用下，纵墙与横墙是共同工作的。因此在计算横墙受力时，要把纵墙的一部分作为翼缘考虑；而在计算纵墙受力时，要把横墙的一部分作为翼缘考虑。现浇剪力墙有效翼缘宽度 $b_f$ 可按表 14-7 所列各项中最小值取用。装配整体式剪力墙的有效翼缘宽度宜将表中数值适当折减后取用。表 14-7 中 $b$ 为剪力墙厚度，其他有关符号的意义见图 14-33。

剪力墙的有效翼缘宽度 $b_f$    表 14-7

| 考虑方式 | 截面形式 | |
|---|---|---|
| | T（或 I）形截面 | L（或 [）形截面 |
| 按剪力墙的间距 $S_0$ 考虑 | $b+\dfrac{S_{01}}{2}+\dfrac{S_{02}}{2}$ | $b+\dfrac{S_{03}}{2}$ |
| 按翼缘厚度 $h_f$ 考虑 | $b+12h_f$ | $b+6h_f$ |
| 按窗间墙宽度考虑 | $b_{01}$ | $b_{02}$ |
| 按剪力墙总高度 $H$ 考虑 | $0.15H$ | $0.15H$ |

**2. 侧向荷载在各榀剪力墙之间的分配**

设有一平面为矩形的剪力墙结构如图 14-34（a）所示。剪力墙为正交布置，沿 $y$ 方向布置的剪力墙有 $m$ 榀，其刚度为 $EI_{xi}$（$i=1, 2, \cdots, m$），沿 $x$ 方向布置的剪力墙有 $n$ 榀，其刚度为 $EI_{yj}$（$j=1, 2, \cdots, n$）。

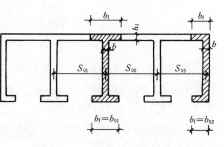

图 14-33　剪力墙的有效宽度

定义侧向刚度中心位置为 $c$。所谓侧向刚度中心，是指当水平荷载通过该点时，楼盖结构仅在自身平面内产生平移而无转动。在许多实际工程中，剪力墙的布置沿竖向是不变的，各榀剪力墙刚度也是不变的或是按同一比例变化的。这时，各楼层的抗侧刚度中心 $c$ 的位置处于同一竖直线上。

对于任一参考点坐标系 $x'oy'$，抗侧刚度中心 $c$ 的坐标为：

$$x_c = \frac{\left(\sum_{i=1}^{m} EI_{xi} r'_{xi}\right)}{\sum_{i=1}^{m} EI_{xi}} \tag{14-35a}$$

$$y_c = \frac{\left(\sum_{j=1}^{n} EI_{yj} r'_{yj}\right)}{\sum_{j=1}^{n} EI_{yj}} \tag{14-35b}$$

式中 $r'_{xi}$、$r'_{yj}$——分别为 $y$ 向剪力墙与 $x$ 向剪力墙至参考点坐标原点 $o$ 的距离（图 14-34a）。

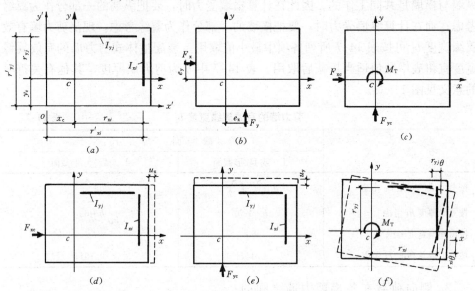

图 14-34 楼盖平面的位移

设建筑物受到某侧向力 $F$ 的作用，则 $F$ 可以分解成平行于建筑平面轴线的两个分力 $F_x$、$F_y$，见图 14-34（b）。这两个分力又可等效为通过抗侧刚度中心的力 $F_{xc}$、$F_{yc}$ 及扭矩 $M_T$（图 14-34c）。若假定 $F_x$、$F_y$ 的正向与坐标方向一致，扭矩的正向为顺时针方向，$F_x$、$F_y$ 至抗侧刚度中心的距离分别为 $e_y$、$e_x$，则由图 14-34（b）、（c）可得：

$$F_{xc} = F_x \tag{14-36a}$$

$$F_{yc} = F_y \tag{14-36b}$$
$$M_T = F_x e_y - F_y e_x \tag{14-36c}$$

欲求侧向力 $F$ 在各榀剪力墙之间的分配，可先求出 $F_{xc}$、$F_{yc}$、$M_T$ 单独作用下各榀剪力墙所受的作用，然后进行叠加。

当仅有 $F_{xc}$ 单独作用时，根据假定（1），楼面结构仅有沿 $x$ 方向的平移 $u_x$（图 14-34$d$）；根据假定（2），这时，仅有 $x$ 方向的剪力墙参加工作，$y$ 方向的剪力墙的作用可忽略不计。设每榀剪力墙所受的剪力为 $V_{xj1}$，则由力的平衡条件，有

$$\sum_{j=1}^{n} V_{xj1} = F_{xc} \tag{a}$$

对于每一榀 $x$ 方向的剪力墙，位移 $u_x$ 与剪力墙截面所受的弯矩之间有关系式

$$\frac{d^2 u_x}{dz^2} = \frac{M_{xj1}}{EI_{yj}}$$

对高度 $z$ 求导，有

$$\frac{d^3 u_x}{dz^3} = \frac{-V_{xj1}}{EI_{yj}} \tag{b}$$

所以

$$V_{xj1} = -EI_{yj} \cdot \frac{d^3 u_x}{dz^3} \tag{c}$$

将式（c）代入式（a），有

$$-\frac{d^3 u_x}{dz^3} \sum_{j=1}^{n} EI_{yj} = F_{xc}$$

即

$$\frac{d^3 u_x}{dz^3} = -\frac{F_{xc}}{\sum\limits_{j=1}^{n} EI_{yj}} \tag{d}$$

将上式代回式（b），得

$$V_{xj1} = \frac{EI_{yj}}{\sum\limits_{j=1}^{n} EI_{yj}} F_{xc} \tag{14-37a}$$

同理，当仅有 $F_{yc}$ 单独作用时，楼面仅有沿 $y$ 方向的平移 $u_y$（图 14-34$e$），这时，仅有 $y$ 方向的剪力墙参加工作，$x$ 方向的剪力墙内力可以忽略不计。设每榀剪力墙所受的剪力为 $V_{yi1}$，则可得

$$V_{yi1} = \frac{EI_{xi}}{\sum\limits_{i=1}^{m} EI_{xi}} F_{yc} \tag{14-37b}$$

当仅有 $M_T$ 作用时，由假定（1），楼面将发生绕侧向刚度中心 $c$ 的转动，见图 14-34（$f$），这时，$x$ 方向和 $y$ 方向的剪力墙都将受力。设转角为 $\theta$，$\theta$ 的方向与 $M_T$ 相同，以顺时针方向为正，则第 $j$ 榀 $x$ 方向剪力墙的位移为：

$$u_{xj} = r_{yj} \theta \tag{e}$$

第 $i$ 榀 $y$ 方向剪力墙的位移为：
$$u_{yi} = -r_{xi}\theta \tag{f}$$

设在扭矩 $M_T$ 作用下，$x$ 方向和 $y$ 方向剪力墙所受的剪力为 $V_{xj2}$、$V_{yi2}$，将剪力墙的位移式（e）、式（f）代入位移与荷载之间的关系（b），可得
$$V_{xj2} = -EI_{yj}r_{yj}\frac{d^3\theta}{dz^3} \tag{g}$$
$$V_{yi2} = EI_{xi}r_{xi}\frac{d^3\theta}{dz^3} \tag{h}$$

由结构平面内的扭矩平衡条件，可以写出
$$M_T = -\sum_{i=1}^m V_{yi2}r_{xi} + \sum_{j=1}^n V_{xj2}r_{yj}$$

将式（g）、式（h）代入上式，即可得到转角与扭矩之间的关系式
$$\frac{d^3\theta}{dz^3} = -\frac{M_T}{\sum_{i=1}^m EI_{xi}r_{xi}^2 + \sum_{j=1}^n EI_{yj}r_{yj}^2}$$

将上式代回式（g）、式（h）可得在单独扭矩 $M_T$ 作用下，剪力墙内的剪力为：
$$V_{xj2} = \frac{EI_{yj}r_{yj}}{\sum_{i=1}^m EI_{xi}r_{xi}^2 + \sum_{j=1}^n EI_{yj}r_{yj}^2}M_T \tag{14-38a}$$
$$V_{yi2} = -\frac{EI_{xi}r_{xi}}{\sum_{i=1}^m EI_{xi}r_{xi}^2 + \sum_{j=1}^n EI_{yj}r_{yj}^2}M_T \tag{14-38b}$$

因此，在侧向荷载 $F$ 作用下，剪力墙内的总剪力为：
$$V_{xj} = V_{xj1} + V_{xj2} \tag{14-39a}$$
$$V_{yi} = V_{yi1} + V_{yi2} \tag{14-39b}$$

## §14.6 框架—剪力墙结构

### 14.6.1 框架—剪力墙结构的组成及受力特点

框架结构易于形成较大的自由灵活的使用空间，以满足不同建筑功能的要求；剪力墙则可提供很大的抗侧刚度，以减少结构在风荷载或侧向地震作用下的侧向位移，有利于提高结构的抗震能力。因此，框架—剪力墙结构具有很广泛的适用范围，在办公楼、旅馆等公共建筑中得到了广泛的应用。图 14-35 为框架—剪力墙结构的布置方案示例。

在框架—剪力墙结构中，框架和剪力墙同时承受竖向荷载和侧向力。在竖向荷载作用下，框架和剪力墙分别承担其受荷范围内的竖向力，受荷范围的确定与

§14.6 框架—剪力墙结构

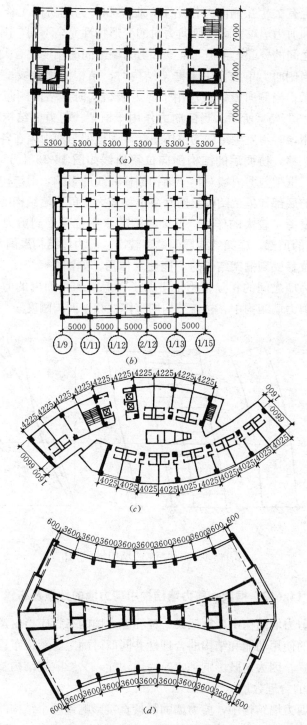

图 14-35 框架—剪力墙结构布置
(a) 上海交通大学包兆龙图书馆；(b) 甘肃省图书馆；(c) 深圳西丽大厦；(d) 广州远洋大厦

楼盖结构的布置有关。在侧向力作用下，框架和剪力墙协同工作，共同抵抗侧力。由于框架和剪力墙单独承受侧向力时的变形特性完全不同，因此，侧向力在框架和剪力墙之间的分配，不但与框架和剪力墙之间的刚度比有关，而且还随着高度而变化。当侧向力单独作用于框架结构时，结构侧移曲线呈剪切型，如图14-36（a）所示；当侧向力单独作用于剪力墙结构时，结构侧向位移曲线呈弯曲型，如图14-36（b）所示。当**侧向力**作用于框架—剪力**墙结构时**，由于楼盖结构的连接作用，若不发生结构的整体扭转，则框架与剪力墙在各楼层处必须具有相同的侧向位移，**协调后的结构侧向位移曲线如图 14-36（c）所示，呈弯剪型**。由此可见，框架与剪力墙对整个结构侧移曲线的影响，沿结构高度方向是变化的。**在结构的底部，框架结构层间水平位移较大，剪力墙结构的层间水平位移较小，剪力墙发挥了较大的作用，框架结构的水平位移受到剪力墙结构的"牵约"；而在结构的顶部，框架结构层间位移较小，剪力墙结构层间水平位移较大，剪力墙的水平位移受到框架结构的"拖住"作用**，如图14-36（c）、（d）所示。上述框架和剪力墙之间的相互作用是借助于楼盖结构平面内的剪力实现的，因此，在框架—剪力墙结构中，楼盖结构的整体性和平面内刚度必须得到保证。

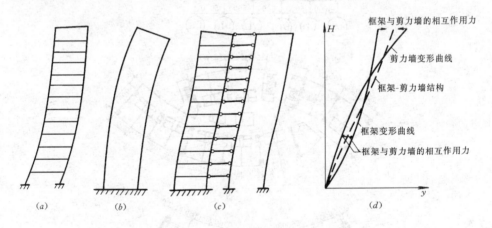

图 14-36　框架与剪力墙的相互作用

### 14.6.2　框架—剪力墙结构中剪力墙的数量及布置

在框架—剪力墙结构中，框架梁、柱和剪力墙的布置应当由建筑师和结构工程师按照建筑的使用功能和结构的合理性共同商讨确定。结构布置的关键是剪力墙的数量及位置，因为这既影响到建筑使用功能，又影响到结构整体抗侧刚度。

**1. 剪力墙的合理数量**

在框架—剪力墙结构中，剪力墙的数量直接影响到整个结构的抗震性能和土建造价。剪力墙布置得多，结构的抗侧刚度大，侧向位移小；但材料用量增加，同时由于结构自振周期缩短，结构自重增大，导致地震反应随之加大，即侧向力变大。反之，剪力墙布置得少，材料用量减少，由于结构较柔，自振周期变长，地震反应即地震作用力变小；但结构抗侧刚度小，侧向位移较大，地震后结构开裂或破坏严重。因此，剪力墙应该是布置得多还是布置得少才有利于结构抗震的问题，曾经在结构工程界引起较长时间的争论。经过对历次地震震害的调查分析发现，剪力墙数量过少，结构侧向位移较大，结构或非结构构件损坏严重，增加了修复费用；而剪力墙数量较多时，往往表现得震害较轻。这就说明，尽管增加剪力墙的布置会加大结构的地震反应，但对整个结构的抗震性能来说，还是有利的。当然，从建筑物土建造价的角度来说，剪力墙数量多时，会导致钢筋和混凝土用料增加，结构自重增大，并导致地基处理费用的上涨。剪力墙数量增加，虽然从力学的角度看，框架所受的水平力会有所减少，但按照我国现行的《高规》，框架部分的材料用量并不能减少很多。因此，从经济的角度来看，剪力墙以少设为好。此外，剪力墙少则有利于建筑平面的灵活布置。

确定剪力墙的合理数量是一个十分复杂的问题。在方案设计阶段，作为一个初步估算的方法，一般可以按剪力墙的壁率确定。所谓壁率是指平均每单位建筑面积上的剪力墙长度。日本在对几次地震的震害调查后发现，当壁率少于 $50\text{mm}/\text{m}^2$ 时，震害严重；当壁率多于 $150\text{mm}/\text{m}^2$ 时，破坏极轻微。另外，剪力墙的初步布置也可根据剪力墙面积率来确定，即同一层剪力墙截面面积与楼面面积之比。根据我国大量已建的框架—剪力墙结构的工程实践经验，一般认为剪力墙面积率在 $3\%\sim4\%$ 较为适宜。

在扩大初步设计阶段或作为结构设计的原则，剪力墙的布置应满足结构抗侧刚度的要求，即通过计算校核结构顶点位移及结构最大层间位移分别满足本章表14-3 的限制值。同时，应控制结构的自振周期在一个合理的范围内。根据我国大量已建的框架—剪力墙结构工程的经验，一般认为当结构基本自振周期 $T=(0.1\sim0.15)n$（$n$ 为结构层数）时，剪力墙的数量和构件截面尺寸较为合理。

2. 剪力墙的布置

剪力墙在建筑平面上的布置宜均匀、对称。对于地震区的框架—剪力墙结构，剪力墙沿纵横两个方向都要布置，并应使两个方向的结构自振周期较为接近。当无抗震设防要求时，侧向力为风荷载，因房屋纵向一般受风面较小且纵向框架跨数较多，这时也允许只设横向剪力墙，而纵向为纯框架结构。

剪力墙宜布置在房屋的竖向荷载较大处。剪力墙作为竖向薄壁柱，具有较大的承受轴向力的能力，利用剪力墙承受竖向荷载，可避免设置截面尺寸过大的柱子，有利于建筑布置。同时，剪力墙作为主要的抗侧力构件，在侧向力作用下墙肢内将产生很大的弯矩和剪力，有时还有轴向拉力，在此情况下增加竖向荷载所产生的轴向压力，可提高墙肢截面的承载力，改善墙肢的受力性能。

剪力墙宜布置在建筑平面形状变化处、楼梯间和电梯间的周围。上述位置由于楼板的刚度受到削弱，在地震时往往由于应力集中而发生较严重的震害，因此有必要布置一些剪力墙予以加强。同时，布置在楼梯间、电梯间四周的剪力墙可以形成井筒（核心筒）结构，有利于提高结构抗侧刚度，也不会影响建筑平面的布置和使用。

剪力墙应尽量布置在结构区段的两端或周边，以利于结构区段的整体抗扭。平面形状凹凸较大时，宜在凸出部分的端部附近布置剪力墙。剪力墙宜拉通对直，以取得较大的抗侧刚度。但当两榀纵向剪力墙布置在同一条轴线上而又相距较远时，要注意温度及混凝土收缩等对该两榀剪力墙受力的影响。

3. 楼盖结构的作用与布置

框架与剪力墙的协同工作需要由楼盖结构来保证。在框架—剪力墙结构中，楼盖的作用有时仅传递水平推力，不传递平面外弯矩和剪力，相当于铰接刚性连杆；有时既传递水平推力又传递弯矩，相当于连系梁，这在分析中应根据结构布置的具体情况确定。

为了保证框架与剪力墙能够共同承受侧向力，楼盖结构在其自身平面内的刚度必须得到保证。以结构底部为例，由于剪力墙的抗侧刚度比框架的抗侧刚度大得多，当它们受到相同侧向外力作用时，在同一楼面处，剪力墙的侧向位移比框架小得多，这时楼盖结构可看成是支承于相邻两榀剪力墙上、跨度为 $L$、截面高度为 $B$ 的深梁，见图 14-37。为了保证框架与剪力墙在侧向力作用下的空间协同工作性能，应限制楼盖这根水平深梁

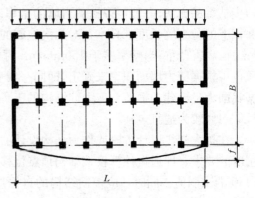

图 14-37 剪力墙的间距与楼盖结构的变形

的挠度 $f$，这一方面要保证楼盖本身的结构整体性，避免在楼面内开过大的洞口，另一方面应控制剪力墙之间的间距。表 14-8 为《规程》给出的剪力墙间距限值。

框架—剪力墙结构中剪力墙的最大间距　　　　表 14-8

| 楼盖结构形式 | 非抗震设计（取较小值） | 抗震设防烈度 | | | |
|---|---|---|---|---|---|
| | | 6度、7度（取较小值） | 8度（取较小值） | 9度（取较小值） |
| 现浇板、叠合梁板 | $5B$、60m | $4B$、50m | $3B$、40m | $2B$、30m |
| 装配整体式楼板 | $3.5B$、50m | $3B$、40m | $2.5B$、30m | 不宜采用 |

注：1. $B$ 为剪力墙之间的楼盖结构宽度（m）；
　　2. 叠合梁板式楼盖结构现浇层厚度应大于 60mm。

当剪力墙间距小于表 14-9 限值时，楼盖结构在其自身平面内的刚度可视为无穷大，即结构受力后楼盖仅发生平面内的刚体位移。各榀框架、剪力墙在同一楼层标高处的水平位移均可根据这一刚体位移条件确定，这可大大减少结构分析时的位移未知量数目。特别是当结构无整体扭转时，框架和剪力墙在同一楼层标高处可看成具有相等的水平位移，只有一个位移未知量。

### 14.6.3 框架—剪力墙结构计算

框架—剪力墙结构在侧向力作用下的内力计算分两步进行，首先求出侧向力在各榀框架和剪力墙之间的分配，然后再分别计算各榀框架和剪力墙的内力。后者的计算方法已经在前面讲过了，这里介绍基于框架—剪力墙结构协同工作原理的手算方法，导出侧向力作用下框架和剪力墙内总弯矩、总剪力的计算公式。

**1. 铰接体系与刚接体系**

框架—剪力墙结构中的内力分布受到楼盖结构平面外刚度的影响。以图 14-38 (a) 所示的框架—剪力墙结构为例，当受到 $y$ 方向水平力作用时，$x$ 方向的剪力墙即 $A$ 轴、$C$ 轴上的剪力墙仅作为翼缘参加工作，其截面面积一部分作为①轴、⑧轴上剪力墙的翼缘，一部分计入相连的框架柱。各榀框架和剪力墙均不在一条直线上，楼盖的作用相当于仅传递水平推力、不传递平面外弯矩和剪力的铰接刚性连杆。这一类结构方案称为框架—剪力墙结构铰接体系。其水平力作用下的结构计算简图如图 14-39 (a)。当结构受到 $x$ 方向水平力作用时，$y$ 方向的剪力墙即

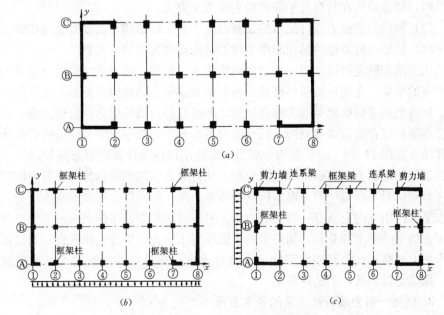

图 14-38 框架—剪力墙结构的简化
(a) 结构平面；(b) 结构在 $y$ 方向受力（铰接体系）；(c) 结构在 $x$ 方向受力（刚接体系）

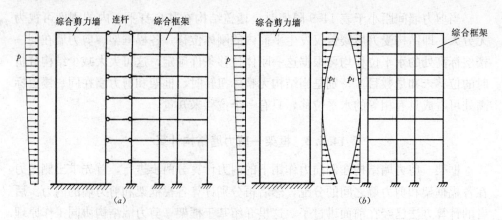

图 14-39 框架—剪力墙结构铰接体系的计算

①轴、⑧轴上的剪力墙仅作为翼缘参加工作,其截面面积一部分作为 $A$ 轴、$C$ 轴剪力墙上的翼缘,一部分作为 $B$ 轴上的框架柱。这时剪力墙和框架位于同一竖向平面内而且有连梁相连,则在连梁内除轴向力外,还将在框架与剪力墙之间传递竖向平面内的剪力和弯矩,该剪力将分别在框架柱和剪力墙内产生轴向拉力和压力,所形成的弯矩将平衡一部分外力所产生的弯矩。这一类结构方案称为框架—剪力墙结构刚接体系。其水平力作用下的结构计算简图如图 14-41($a$)。

2. 空间结构的平面化假定

在确定结构计算简图时,采用如下假定:
(1) 楼盖结构在其自身平面内的刚度为无穷大;
(2) 侧向力的合力通过结构的抗侧刚度中心,即结构平面没有整体扭转;
(3) 框架与剪力墙的结构刚度参数沿结构高度方向均为常数。

由前两条假定可以推出,在侧向力作用下,框架—剪力墙结构仅有沿外力作用方向的平移,在同一楼层标高处,各榀框架或剪力墙的侧移量都是相等的。这样,就可把所有的框架等效为综合框架,把所有剪力墙等效为综合剪力墙,并将综合框架和综合剪力墙移到同一层平面内进行分析。框架—剪力墙结构铰接体系计算简图如图 14-39($a$),框架—剪力墙结构刚接体系计算简图如图 14-41($a$)。综合框架的刚度为所有框架刚度之总和,综合剪力墙的刚度也为所有剪力墙的刚度之总和。对于框架—剪力墙结构刚接体系,某一层内综合连梁的刚度,为该层内水平力作用方向上所有一端与剪力墙、另一端与框架连接的梁或两端均与剪力墙相连的梁的刚度的总和。如果梁的纵轴线与水平力作用方向相垂直,则这根梁的作用可忽略不计,其刚度不能计入综合连梁。如果梁的两端均为框架或框架柱,那就是框架梁,不是连系梁。

3. 框架—剪力墙铰接体系的基本方程

框架—剪力墙结构铰接体系的计算简图如图 14-39($a$) 所示。在综合框架与综合剪力墙之间为代表楼盖作用的两端铰接的刚性连杆。为求出侧向力 $p$ 在综合框架与综合剪力墙之间的分配,可采用连续化方法,即将刚性连杆沿高度方向连续化、切断,并代之以等代的分布力 $p_f$,如图 14-39 (b) 所示。

脱离以后的综合剪力墙可看成是底部固定的悬臂梁,受侧向分布力 ($p-p_f$) 的作用。由材料力学可得到

$$EI_e \frac{d^4 y}{dz^4} = p - p_f \tag{14-40}$$

式中,$EI_e$ 为综合剪力墙的等效抗弯刚度,是各榀剪力墙的等效抗弯刚度之和;$y$ 为结构的侧向位移,是高度 $z$ 的函数。

对于综合框架,在 $D$ 值法中,曾定义框架柱的两端发生单位相对层间水平位移时所需的推力为 $D$ 值(图 14-40a),即当框架柱两端相对层间位移为 $\Delta u$ 时,该柱所承受的剪力为:

$$V = D \cdot \Delta u \tag{14-41a}$$

在这里,令 $C_f$ 为综合框架的抗推刚度,即综合框架沿竖向产生单位剪切角时所需的剪力

$$V_f = C_f \frac{dy}{dz} \tag{14-41b}$$

当框架沿高度方向产生单位剪切角 $\phi = \frac{dy}{dz} = 1$ 时,框架柱的相对层间位移为 $\Delta u = h$,见图(14-40b),将 $\Delta u = h$ 代入式(14-41a),并与式(14-41b)相比较,可知综合框架的抗推刚度 $C_f$ 为:

$$C_f = \Sigma D h = \Sigma \alpha \frac{12i}{h} \tag{14-42}$$

式中,$\Sigma$ 是对综合框架某层所有框架柱求和。

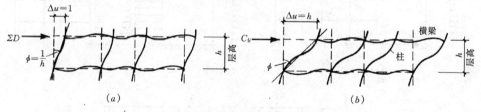

图 14-40 框架的抗侧刚度与抗推刚度
(a) 框架的抗侧刚度;(b) 框架的抗推刚度

将式(14-41b)对 $z$ 微分一次,可得

$$\frac{dV_f}{dz} = C_f \frac{d^2 y}{dz^2} \tag{14-43}$$

由材料力学可知 $\frac{dV_f}{dz} = -p_f$,将式(14-41b)代入式(14-40)得

$$EI_e \frac{d^4 y}{dz^4} - C_f \frac{d^2 y}{dz^2} = p \tag{14-44}$$

令 $\xi = \dfrac{z}{H}$，则上式可写成

$$\frac{d^4 y}{d\xi^4} - \lambda^2 \frac{d^2 y}{d\xi^2} = \frac{pH^4}{EI_e} \tag{14-45a}$$

式中

$$\lambda = \sqrt{\frac{C_f H^2}{EI_e}} \tag{14-45b}$$

式（14-45a）即为框架—剪力墙结构铰接体系的基本微分方程。式中 $\lambda$ 是一个无量纲的量，称为框架—剪力墙结构刚度特征值。$\lambda$ 是反映综合框架和综合剪力墙之间刚度比值的一个参数，是影响框架—剪力墙结构受力和变形的主要参数。

**4. 框架—剪力墙刚接体系的基本方程**

当考虑框架与剪力墙之间或剪力墙与剪力墙之间的梁的转动约束作用时，在平面化力学模式中，综合框架与综合剪力墙之间就应该用综合连梁来连接，如图 14-41（a）所示，这种结构称为框架—剪力墙结构刚接体系。

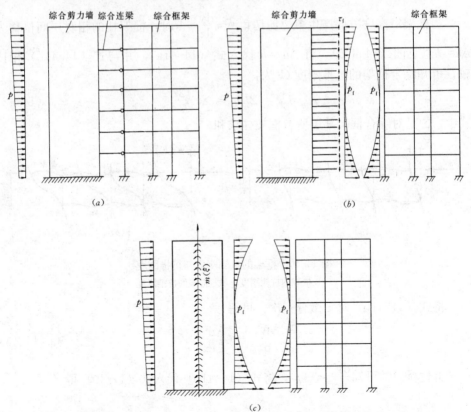

图 14-41 框架—剪力墙刚接体系计算简图

将综合连梁连续化，截断后，所加的等效力，除轴向分布力 $p_f$ 以外，还有分布剪力 $\zeta_f$，如图 14-41（b）所示。

截断后，对于综合框架部分，可近似地忽略 $\zeta_f$ 的作用，而仅考虑 $p_f$ 的作用。即对于综合框架，仍有

$$V_f = C_f \frac{dy}{dz}$$

$$C_f \frac{d^2 y}{dz^2} = -p_f$$

脱离以后的综合剪力墙，由于综合连梁内分布剪力 $\tau_f$ 的作用，将在剪力墙内产生沿竖向分布的线力矩 $m$，称为综合连梁的约束弯矩，图 14-41（c）。由材料力学可得

$$EI_e \frac{d^2 y}{dz^2} = \int_z^H (p - p_f)(x - z) dx - \int_z^H m \, dz$$

$$EI_e \frac{d^4 y}{dz^4} = p - p_f + \frac{dm}{dz} \tag{14-46}$$

综合连梁的约束弯矩 $m$ 与结构侧向位移 $y$ 之间的关系可由带刚臂梁的分析得到。在本章 §14.4 已经导得（式 14-3a），带刚臂梁（相当于某一根连梁）的杆端约束弯矩与杆端转角的关系为：

$$m_b = 6ci\theta$$

这里 $i$ 为连梁的线刚度，$\theta$ 为梁端转角。在连续化后，应把 $m_b$ 折算成沿高度方向分布的线力矩 $m'_b$，则有

$$m'_b = \frac{m_b}{h} = \frac{6ci}{h}\theta$$

在图 14-41（a）所示的计算力学模式中，把所有连梁等效成综合连梁，因此综合连梁的线刚度应为所有连梁的线刚度之和，综合连梁的约束弯矩 $m_b$ 为所有连梁的约束弯矩之和，即

$$m_b = \Sigma m'_b = \Sigma \frac{6ci}{h}\theta \tag{14-47}$$

式中 $\Sigma$ 是对连梁与剪力墙相交的节点数求和。

令

$$C_b = \Sigma \frac{6ci}{h} \tag{14-48}$$

为综合连梁的等效剪切刚度，并注意到 $\theta = \dfrac{dy}{dz}$，代入式（14-47），可得

$$\frac{dm_b}{dz} = C_b \frac{d^2 y}{dz^2} \qquad (14\text{-}49)$$

将上式代入式（14-46），即得

$$EI_e \frac{d^4 y}{dz^4} - (C_f + C_b) \frac{d^2 y}{dz^2} = p$$

令 $\xi = \dfrac{z}{H}$，则上式可写成：

$$\frac{d^4 y}{d\xi^4} - \lambda^2 \frac{d^2 y}{d\xi^2} = \frac{pH^4}{EI_e} \qquad (14\text{-}50a)$$

式中

$$\lambda = \sqrt{\frac{H^2 (C_f + C_b)}{EI_e}} \qquad (14\text{-}50b)$$

式（14-50a）即为框架—剪力墙结构刚结体系的基本微分方程，其形式与铰接体系的基本微分方程式（14-45a）完全一样。但须注意，二者的结构刚度特征值 $\lambda$ 的计算公式不同。

5. 框架—剪力墙结构的内力与位移计算

(1) 计算公式

式（14-45a）或式（14-50a）为四阶常系数线性微分方程，其一般解为：

$$y = A\operatorname{sh}\lambda\xi + B\operatorname{ch}\lambda\xi + C_1 + C_2 \xi + y_1 \qquad (14\text{-}51)$$

式中 $y_1$ 是特解，由荷载形式确定；$A$、$B$、$C_1$、$C_2$ 是四个积分常数，由综合剪力墙的边界条件确定。

求得侧移量 $y$ 的表达式后，由材料力学受弯梁的分析可知，梁内弯矩 $M$、剪力 $V$ 与梁挠曲线之间的关系为：

$$M = -EI \frac{d^2 y}{dz^2} \qquad (a)$$

$$V = \frac{dM}{dz} = -EI \frac{d^3 y}{dz^3} \qquad (b)$$

注意到综合剪力墙除受到线分布力 $(p - p_f)$ 作用以外，在刚接体系中，还受到线分布力矩 $m_b$ 的作用，且 $m_b$ 的方向与分布力 $(p - p_f)$ 在剪力墙内产生的弯矩的方向相反。因此，式 (b) 应改写为：

$$V - m_b = -EI \frac{d^3 y}{dz^3} \qquad (c)$$

将有关下标补入式（a）及式（c），并令 $V'_w$ 为综合剪力墙的名义剪力（对于铰接体系，$V'_w = V_w$）：

$$V'_w = V_w - m_b \tag{14-52}$$

则有

$$M_w = -EI_e \frac{d^2 y}{dz^2} = -\frac{EI_e}{H^2} \frac{d^2 y}{d\xi^2} \tag{14-53a}$$

$$V'_w = -EI_e \frac{d^3 y}{dz^3} = -\frac{EI_e}{H^3} \frac{d^3 y}{d\xi^3} \tag{14-53b}$$

为使用方便，下面分别给出在三种典型荷载作用下，框架—剪力墙结构的侧向位移 $y$，综合剪力墙的弯矩 $M_w$，综合剪力墙的名义剪力 $V'_w$ 的计算公式。

均布荷载作用下：

$$\left. \begin{aligned} y &= \frac{pH^2}{C_f \lambda^2} \left[ \left( \frac{1+\lambda\text{sh}\lambda}{\text{ch}\lambda} \right)(\text{ch}\lambda\xi - 1) - \lambda\text{sh}\lambda\xi + \lambda^2 \xi \left(1 - \frac{\xi}{2}\right) \right] \\ M_w &= \frac{pH^2}{\lambda^2} \left[ \left( \frac{1+\lambda\text{sh}\lambda}{\text{ch}\lambda} \right)\text{ch}\lambda\xi - \lambda\text{sh}\lambda\xi - 1 \right] \\ V'_w &= \frac{pH}{\lambda} \left[ \lambda\text{ch}\lambda\xi - \left( \frac{1+\lambda\text{sh}\lambda}{\text{ch}\lambda} \right)\text{sh}\lambda\xi \right] \end{aligned} \right\} \tag{14-54}$$

式中　$p$——均布荷载值。

倒三角形分布荷载作用下：

$$\left. \begin{aligned} y &= \frac{qH^2}{C_f} \left[ \left(1 + \frac{\lambda\text{sh}\lambda}{2} - \frac{\text{sh}\lambda}{\lambda}\right) \frac{\text{ch}\lambda\xi - 1}{\lambda^2 \text{ch}\lambda} + \left(\frac{1}{2} - \frac{1}{\lambda^2}\right)\left(\xi - \frac{\text{sh}\lambda\xi}{\lambda}\right) - \frac{\xi^3}{6} \right] \\ M_w &= \frac{qH^2}{\lambda^2} \left[ \left(1 + \frac{\lambda\text{sh}\lambda}{2} - \frac{\text{sh}\lambda}{\lambda}\right) \frac{\text{ch}\lambda\xi}{\text{ch}\lambda} - \left(\frac{\lambda}{2} - \frac{1}{\lambda}\right)\text{sh}\lambda\xi - \xi \right] \\ V_w &= \frac{qH}{\lambda} \left[ \left(1 + \frac{\lambda\text{sh}\lambda}{2} - \frac{\text{sh}\lambda}{\lambda}\right) \frac{\lambda\text{sh}\lambda\xi}{\text{ch}\lambda} - \left(\frac{\lambda}{2} - \frac{1}{\lambda}\right)\lambda\text{ch}\lambda\xi - 1 \right] \end{aligned} \right\} \tag{14-55}$$

式中　$q$——倒三角分布荷载顶点荷载值。

顶点集中荷载作用下：

$$\left. \begin{aligned} y &= \frac{PH^3}{EI_w} \left[ \frac{\text{sh}\lambda}{\lambda^3 \text{ch}\lambda}(\text{ch}\lambda\xi - 1) - \frac{1}{\lambda^3}\text{sh}\lambda\xi + \frac{1}{\lambda_2}\xi \right] \\ M_w &= PH \left[ \frac{\text{sh}\lambda}{\lambda\text{ch}\lambda}\text{ch}\lambda\xi - \frac{1}{\lambda}\text{sh}\lambda\xi \right] \\ V_w &= P \left( \text{ch}\lambda\xi - \frac{\text{sh}\lambda}{\text{ch}\lambda}\text{sh}\lambda\xi \right) \end{aligned} \right\} \tag{14-56}$$

式中 $P$——顶点集中荷载值。

(2) 计算图表

为使用方便，分别将在三种典型荷载作用下结构的侧向位移 $y$、综合剪力墙的弯矩 $M_w$、综合剪力墙的名义剪力 $V'_w$ 按不同的结构刚度特征值 $\lambda$ 绘制了图表，如图 14-42～图 14-44 所示。在绘制上述图表时所采用的自变量为 $\xi=\dfrac{z}{H}$，应变量为 $\dfrac{y}{y_0}$、$\dfrac{M_w}{M_0}$、$\dfrac{V'_w}{V_0}$，其中 $y_0$ 为相应的外荷载作用于纯剪力墙结构（$\lambda=0$）时在剪力墙结构顶点的侧移值，$M_0$ 为相应的外荷载在结构基底处所产生的总弯矩，$V_0$ 为相应的外荷载在结构基底处所产生的总剪力。这样，当外荷载形式和结构刚度特征值 $\lambda$ 确定以后，即可由相应的曲线查得不同 $\xi$ 值的 $\dfrac{y}{y_0}$、$\dfrac{M_w}{M_0}$、$\dfrac{V'_w}{V_0}$，继而可求得结构各标高处的侧向位移值 $y$，综合剪力墙的弯矩值 $M_w$，综合剪力墙的名义剪力 $V'_w$。

(3) 结构内力计算

1) 综合框架、综合剪力墙、综合连梁的内力计算

① 对于框架—剪力墙结构铰接体系，$m_b=0$，由式（14-52）可知 $V'_w=V_w$，即由图 14-42～图 14-44 或由式（14-54）～式（14-56）直接可得到任一标高处综合剪力墙的内力 $M_w$、$V_w$。在任一标高处综合框架所承受的总剪力 $V_f$ 可由整个结构水平截面内的剪力平衡条件得到，即

$$V_f = V_p - V_w \tag{14-57}$$

式中 $V_p$——外荷载在任一标高处所产生的剪力值。

② 对于框架—剪力墙结构刚接体系，由式（14-52）可得

$$V_w = V'_w + m_b \tag{a}$$

又由水平截面内结构的剪力平衡条件可知

$$V_w + V_f = V_p \tag{b}$$

将式（a）代入式（b），有

$$V_f + m_b = V_p - V'_w \tag{14-58}$$

在由公式或图表求得 $V'_w$ 以后，由上式可求得（$V_f+m_b$），（$V_f+m_b$）可按综合框架的抗推刚度 $C_f$ 和综合连梁的等效剪切刚度 $C_b$ 的比例进行分配，即

$$V_f = \dfrac{C_f}{C_f+C_b}(V_f+m_b) \tag{14-59}$$

$$m_b = \dfrac{C_b}{C_f+C_b}(V_f+m_b) \tag{14-60}$$

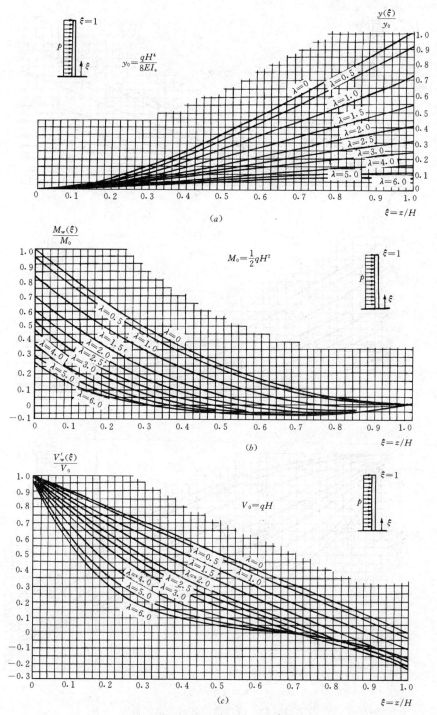

图 14-42 均布荷载剪力墙系数表

(a)均布荷载剪力墙位移系数表；(b)均布荷载剪力墙弯矩系数表；(c)均布荷载剪力墙剪力系数表

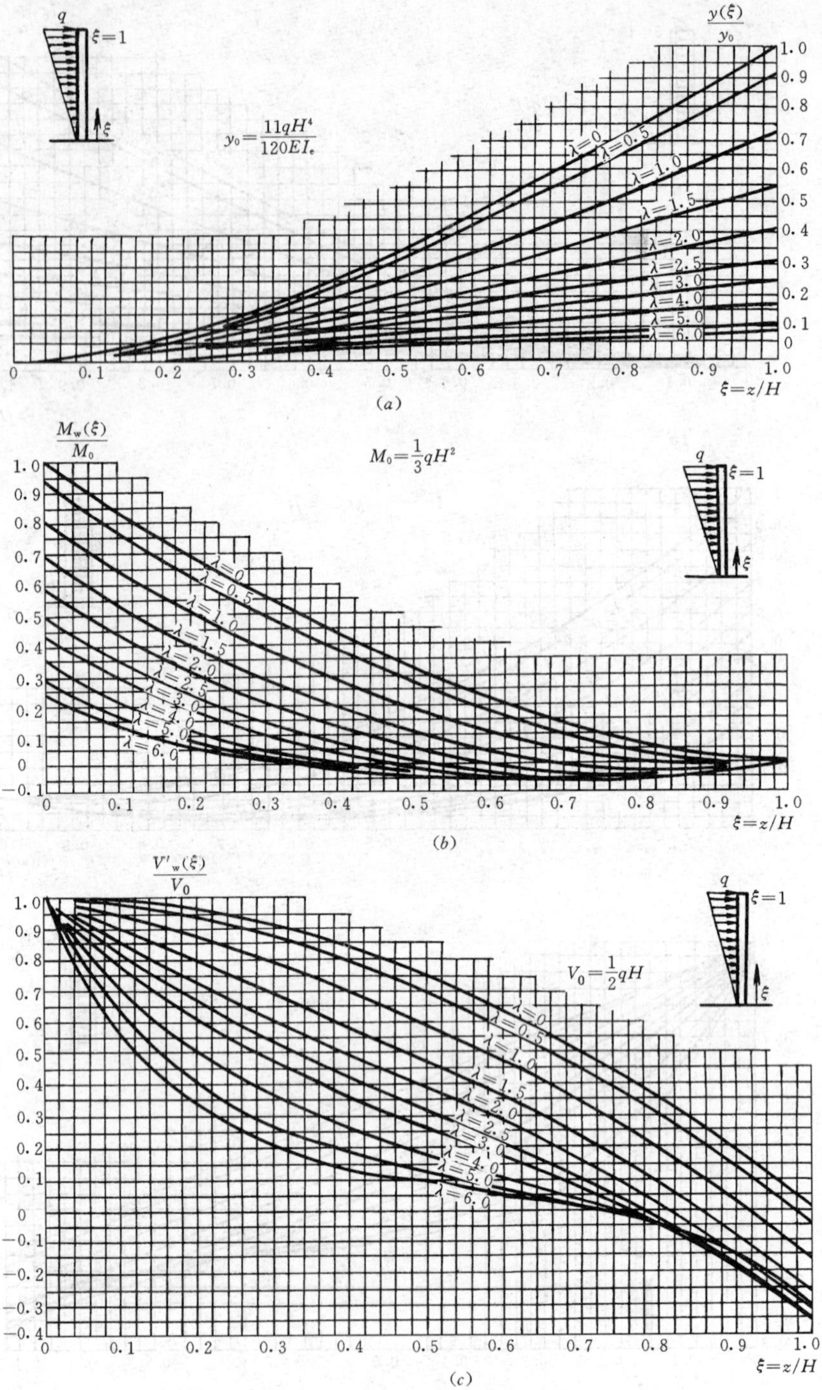

图 14-43 倒三角荷载剪力墙系数表
(a)倒三角形荷载剪力墙位移系数表;(b)倒三角形荷载剪力墙弯矩系数表;
(c)倒三角形荷载剪力墙剪力系数表

## §14.6 框架—剪力墙结构

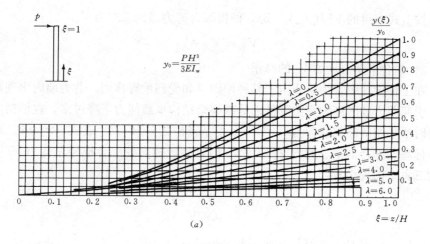

(a)

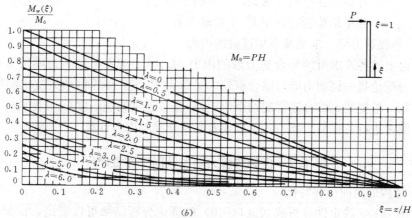

(b)

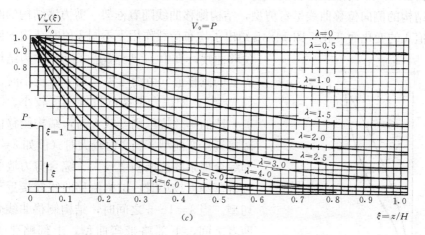

(c)

图 14-44 顶点集中荷载剪力墙系数表
(a) 顶点集中荷载剪力墙位移系数表；(b) 顶点集中荷载剪力墙弯矩系数表；
(c) 顶点集中荷载剪力墙剪力系数表

按上式求得的 $V_f$ 代入式（b），便得综合剪力墙的总剪力 $V_w$

$$V_w = V_p - V_f \tag{14-61}$$

2）综合框架总剪力 $V_f$ 的修正

在工程设计中，为防止由于某种原因（如受到地震作用，剪力墙内出现塑性铰）引起剪力墙刚度的突然降低而导致整个结构承载能力下降过多，在框架内力计算时所采用的框架层剪力 $V_f$ 不得太小。当按式（14-57）或式（14-59）求得某一标高处综合框架总剪力 $V_f < 0.2V_0$ 时，则该标高处综合框架总剪力 $V_f$ 应取下列二者中的较小者：

$$V_f = \begin{cases} 1.5V_{fmax} \\ 0.2V_0 \end{cases} \tag{14-62}$$

式中　$V_0$——外荷载在结构基底处所产生的总剪力值；

　　　$V_{fmax}$——整个结构所有各层 $V_f$ 中的最大者。

3）单榀剪力墙、框架及单根连梁的内力

将由上述各式求得的综合剪力墙的内力 $M_w$、$V_w$ 按各单榀剪力墙的等效刚度 $EI_e$ 分配给每一榀剪力墙，综合框架的总剪力 $V_f$ 按各单榀框架的抗推刚度 $C_f$ 分配给每一榀框架，综合连梁的约束弯矩 $m_b$ 按各连梁的线刚度 $C_i$ 分配给每一根连梁，则可进行各榀剪力墙、各榀框架及各根连梁的内力计算。

### 14.6.4 框架与剪力墙的共同工作性能

1. 结构的侧向位移特征

由图 14-36 的定性分析或式（14-40）的理论分析结果可以看出，框架—剪力墙结构的侧向位移曲线呈弯剪型，结构侧移曲线随着框架—剪力墙结构的刚度特征值 λ 的变化而变化。图 14-45 给出了均布荷载作用下不同 λ 值时结构的侧向位移曲线，其中 $H$ 为结构总高度，$u$ 为结构顶点处的侧移值。由图可见，当 λ 值较小时（例如 λ=1），即综合框架的抗推刚度较小、综合剪力墙的等效抗弯刚度较大时，结构侧移曲线较接近于弯曲型。当 λ 值较大时（例如 λ=6），即综合框架的抗推刚度较大、综合剪力墙的等效抗弯刚度较小时，结构侧移曲线较接近于剪切型。当 λ=1~6 之间时，结构侧移曲线介于两者之间，下部略带弯曲型，上部略带剪切型，称为弯剪型。

弯剪型曲线的层间位移较为均匀。对于弯曲型侧移曲线，其最大层间位移在结构的顶

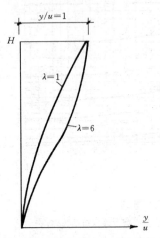

图 14-45　结构侧向位移曲线

层;对于剪切型侧移曲线,其最大层间位移在结构的底层;对于弯剪型曲线,其最大层间位移在结构的中部。通过对框架—剪力墙结构侧向位移 $y$ 的表达式进行分析,由 $\dfrac{d^2y}{dz^2}=0$ 可求出最大层间位移值 $\dfrac{\Delta u}{h}$ 及其所在高度 $z_m$,图 14-46 给出了 $z_m/H$ 随 $\lambda$ 值而变化的关系曲线,由图可见,随着 $\lambda$ 值的增大,$z_m/H$ 的位置由高而低逐渐下降。

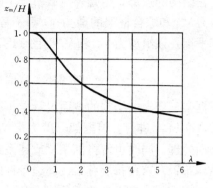

图 14-46 最大层间位移的位置

**2. 结构的内力分布特征**

作用在整个框架—剪力墙上的侧向力 $p$ 由综合剪力墙与综合框架共同承担,即

$$p = p_w + p_f \tag{14-63}$$

因为剪力墙与框架在侧向力单独作用下的变形特性不同,而楼板在其自身平面内刚度无穷大的作用要求两者的变形必须协调,因此,两者都有阻止对方发生自由变位的趋势,这就必然会在两者之间产生相互作用力,导致 $p_w$ 与 $p_f$ 沿结构高度方向的分布形式与外荷载形式不一致。图 14-47 为均布侧向力作用下,外荷载 $p$ 在框架和剪力墙之间的分配。在结构的顶部,框架与剪力墙之间有一个相互作用的集中力;在结构的上部,框架和剪力墙共同承受水平外荷载 $p$;在结构的底部,剪力墙所负担的水平荷载 $p_w$ 大于总水平荷载 $p$,而框架所承担的水平荷载 $p_f$ 的作用方向与外荷载 $p$ 的作用方向相反。当然,$p_w$ 和 $p_f$ 的代数和仍等于外荷载 $p$ 值。

图 14-48 表示在均布外荷载 $p$ 作用下,综合剪力墙承受的剪力 $V_w$ 和综合框架承受的剪力 $V_f$ 随结构刚度特征值 $\lambda$ 的变化情况。值得注意的是,在结构的底部,

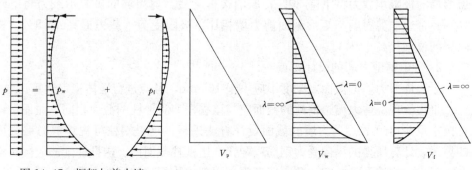

图 14-47 框架与剪力墙的荷载分配

图 14-48 框架与剪力墙的剪力分配

框架所承受的总剪力 $V_f$ 总是等于零，外荷载 $p$ 所产生的剪力 $V_p$ 均由剪力墙承担；在结构的顶部，尽管外荷载所产生的总剪力 $V_p$ 应该等于零，但综合剪力墙的剪力 $V_w$ 和综合框架的剪力 $V_f$ 都不等于零；它们大小相等，方向相反，两者恰好平衡。该组剪力 $V_w$ 和 $V_f$ 即图 14-47 中所示的顶点集中力。

### 14.6.5 截面设计及构造要求

框架—剪力墙结构的截面设计，框架部分可按第 13 章进行，剪力墙部分可按本章§14.4 进行。但框架—剪力墙结构中的剪力墙常常设有端柱，以便于建筑立面处理。同时也常将框架梁或连系梁拉通穿过剪力墙，以利于结构受力，方便结构布置。这种每层有梁、周边带柱的剪力墙也称为带边框剪力墙，它比矩形截面的剪力墙具有更高的承载能力和更好的抗震性能，其构造要求也与普通剪力墙稍有不同。

1. 带边框剪力墙的受力性能

对于一般高层框架—剪力墙结构中带边框的剪力墙，在正常的配筋情况下，一般为发生弯曲破坏。在水平荷载作用下，墙肢内首先出现水平向裂缝，当受拉侧边柱的纵筋达到屈服应力时，剪力墙即进入屈服阶段。随着荷载的继续增加，墙板中纵向分布筋逐渐屈服，裂缝不断加大，受压区高度不断减小，最后由于受压侧混凝土被压碎而导致整个构件的破坏。试验结果表明，结构的极限位移约为屈服位移的 7 倍，表明这类剪力墙具有较好的变形能力。

研究结果表明，带边框剪力墙的抗震性能明显优于矩形截面的剪力墙。设置端柱特别是加密端柱的约束箍筋可以延缓剪力墙内受压纵筋的压屈，提高端柱核心区混凝土的抗压强度，增强剪力墙的受弯承载力，提高结构的延性和耗能能力。设置于每层楼盖结构标高处的横梁则可作为剪力墙的加劲肋，可有效地阻止墙体内斜裂缝的开展，提高剪力墙的抗剪能力。同时端柱和横梁所形成的边框加强了剪力墙的稳定性，当在墙体内出现交叉斜裂缝以后，边框梁、柱仍可支持墙体裂而不倒，共同工作至最后极限状态。对比试验的结果表明，取消边框柱后，剪力墙的极限承载力将下降 30%；取消边框梁后，剪力墙的极限承载力将下降 10%；带边框剪力墙与矩形截面剪力墙相比，极限受剪承载力提高 42.5%，极限层间位移提高 110%。

2. 带边框剪力墙的设计要点

带边框剪力墙的截面，厚度不应小于 160mm，且应进行墙体稳定验算。

带边框现浇剪力墙边框柱的截面应与该榀框架其他柱的截面相同。截面设计可按本章§14.4 普通剪力墙的截面设计方法进行。这里端柱可视作剪力墙截面的翼缘，计算所得的纵向受力钢筋应配置在边框柱截面内。边框柱配筋应同时符合框架柱的构造配筋规定。剪力墙底部加强部位边框柱的箍筋宜沿全高加密，当带边框剪力墙上的洞口紧邻边框柱时，边框柱的箍筋宜沿全高加密。剪力墙内的边框梁相当于墙体的加强肋,当没有边框梁时应设置暗梁。暗梁宽度与墙厚相同,暗梁截面高度可取墙厚的2倍或与该榀框架梁截面等高。其配筋可按构造配置且应符合一般框架梁相应抗震等级的最小配筋要求。

剪力墙应沿水平向和竖向分别布置分布钢筋,分布钢筋沿墙厚方向均应至少双排配置,即形成两片竖向的钢筋网。分布钢筋直径不应小于8mm,间距不宜大于300mm。同时,在非抗震设计时,剪力墙水平和竖向分布钢筋配筋率均不应小于0.2%;抗震设计时,水平和竖向分布钢筋配筋率均不应小于0.25%。各排分布筋之间应设置拉筋,拉筋的直径不应小于6mm,间距不应大于600mm。

剪力墙的水平钢筋应全部锚入边框柱内,锚固长度不应小于$l_a$(非抗震设计)或$l_{aE}$(抗震设计)。

## §14.7 筒 体 结 构

### 14.7.1 筒体结构的布置

1. 核心筒结构

核心筒可以作为独立的高层建筑承重结构,同时承受竖向荷载和侧向力的作用。当单个核心筒独立工作时,建筑物四周的柱子一般不落地,仅有核心筒将上部荷载传至基础。因此,核心筒结构占地面积小,可在地面留出较大的空间以满足绿化、交通、保护既有建筑物等规划要求。同时,核心筒结构上大下小的独特造型新颖美观,具有很好的艺术效果。建筑物四周的柱子因仅承受若干层的楼面竖向荷载,其截面尺寸较小,便于建筑上开窗采光,视野开阔,很受用户欢迎。

核心筒结构具有较大的抗侧刚度,且受力明确,分析方便。核心筒本身是一个典型的竖向悬臂结构,在竖向荷载和侧向力作用下,可按偏心受压构件进行筒身截面配筋设计。但在地震区,实腹的核心筒结构的受力性能并不理想。实腹的筒体结构易于出现脆性的破坏形态,且在地震作用下,作为悬臂结构的实腹核心筒为静定结构,没有多余的约束,缺乏第二道防线。当核心筒底部在水平力作用下形成塑性铰时,整个结构即成为机构而倒塌。同时,水塔状的建筑外形和质量分布及刚性的结构形式,使核心筒结构具有较大的地震反应。因此,结构布置时应该在筒壁四周适当地布置一些结构洞,或者根据结构抗震的要求对筒壁上的门窗洞口进行适当的调整,使筒壁成为联肢剪力墙的结构形式,利用连系梁梁端的塑性铰耗散地震能量,使之出现"强肢弱梁"型的破坏形态。

核心筒墙肢宜均匀、对称布置。筒体角部附近不宜开洞,当不可避免时,筒角内壁至洞口的距离不应小于500mm和开洞墙截面厚度的较大值。核心筒的外墙不宜在水平方向连续开洞,洞间墙肢的截面高度不宜小于1.2m。

当建筑周边柱子不落地时，楼面竖向荷载只能通过水平悬挑构件传至核心筒。因为悬臂段跨度较大，水平悬挑构件的形式一般为桁架结构，当层数较多时还可在竖向分成若干区段，设置多个桁架，各区段范围内楼盖可以通过小框架支承于下层的悬挑桁架上，也可通过悬挂索支承于上层的悬挑桁架上。

图 14-49 为同济大学图书馆新楼的结构布置图。该楼建于原有图书馆的天井内，为核心筒悬挑式结构，当核心筒上升至原有图书馆屋顶以上后再向四边布置预应力悬挑桁架及楼盖结构。核心筒内布置楼梯间、电梯间和卫生间等服务性用房，悬挑部分布置阅览室。该结构核心筒尺寸为 8.3m×8.3m，标准层建筑平面为 25.0m×25.0m。楼

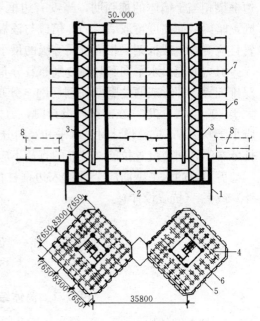

图 14-49 同济大学图书馆
1—地下连续墙；2—箱基；3—筒体；4—预应力主空腹桁架；5—预应力边空腹桁架；6—柱；7—后浇缝；8—原图书馆

盖结构支承于每两层一榀的预应力悬挑空腹桁架上，该桁架在平面上呈井字形布置，支承于核心筒上，同时在建筑外围的四周布置四榀预应力空腹桁架使楼盖结构形成整体工作。

图 14-50 为长沙黄兴路综合大楼的结构剖面，该大楼为核心筒承重结构。在第 9、15、21 层分别设置悬挑大梁，大梁为部分预应力结构，支承上部 5 层小框架的竖向荷载。为增强结构底部的承载力和提高结构延性，核心筒下部数层与裙房连为整体，共同抵抗侧向力。

当核心筒成组布置时，可形成较大的使用空间，常常被用于高层办公楼建筑中。这时常布置

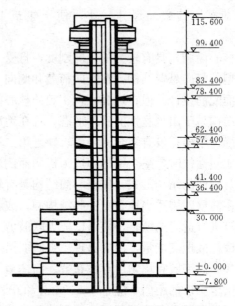

图 14-50 长沙黄兴路综合大楼

一些柱子承受竖向荷载以减少楼盖结构的跨度,这些柱子承受侧向力的能力很小,侧向力主要由核心筒承受。

2. 框筒结构

典型的框筒结构平面如图 14-51($a$) 所示。当框筒单独作为承重结构时,一般在中间需布置柱子,承受竖向荷载,以减少楼盖结构的跨度,如图 14-51($b$) 所示。水平力全部由框筒结构承受,房屋中间的柱子仅承受竖向荷载,这些柱子所形成的框架结构对抵抗侧向力的作用很小,可忽略不计。

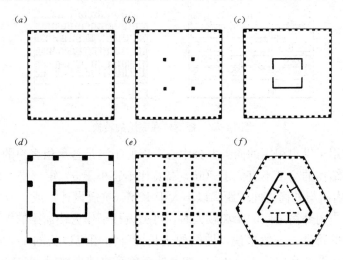

图 14-51 筒体结构平面

为保证翼缘框架在抵抗侧向力中的作用,充分发挥筒的空间工作性能,一般要求每一立面窗洞面积不宜大于墙面面积的 60%;周边柱轴线间距为 2.0～3.0m,不宜大于 4m;框筒柱的截面长边应沿筒壁方向布置,必要时可采用 T 形截面;窗裙梁横截面高度可取柱净距的 1/4,一般为 0.6～1.2m,截面宽度为 0.3～0.5m;整个结构的高宽比宜大于 3,结构平面的长度比不宜大于 2。

框筒结构外筒框距较密,常常不能满足建筑使用要求。为扩大底层柱距,减少底层柱子数,常用巨大的拱、梁或桁架等支承上部的柱子,如图 14-52 所示。

角柱对框筒结构的抗侧刚度和整体抗扭具有十分重要的作用。在侧向力作用下,角柱内往往产生较大的应力,因此应使角柱具有较大的截面面积和刚度,一般可取中柱的 1～2 倍,有时甚至在角柱位置布置实腹筒(或称为角筒)。

3. 筒中筒结构

把核心筒结构布置于框筒结构的中间,便成为筒中筒结构,如图 14-51($c$) 所示。筒中筒结构平面可以为正方形、矩形、圆形、三角形或其他形状。建筑布置时一般是把楼梯间、电梯间等服务性设施全部布置在核心筒内,而在内外筒之间提供环形的开阔空间,以满足建筑上自由分隔、灵活布置的要求。因此,筒中

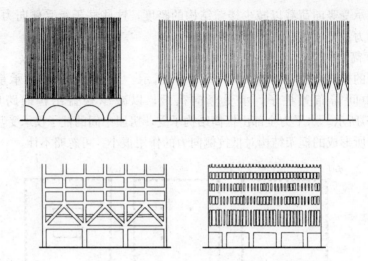

图 14-52 框筒柱在底层的转换

筒结构常被用于供出租用的商务办公中心，以便于满足各承租客户的不同要求。

筒中筒结构的高度不宜低于 80m，高宽比不宜小于 3，矩形平面的长宽比不宜大于 2，内筒与外筒之间的距离以不大于 12m（抗震设计）或 15m（非抗震设计）为宜。当内外筒之间的距离较大时，可另设柱子作为楼面梁的支撑点，以减小楼盖结构的跨度。一般来说，内筒的边长为外筒相应边长的 1/3 左右较为适宜，同时为房屋高度的 1/15～1/12。如另外有角筒或剪力墙时，内筒平面尺寸还可适当减小。内筒过大，内外筒之间的使用面积减小，影响到建筑的使用效益；内筒过小，则结构的抗侧刚度变小，影响到结构受力的合理性。内筒宜贯通建筑物全高，竖向刚度宜均匀变化。

筒中筒结构为三角形平面时宜切除尖角，外筒的切角长度不宜小于相应边长的 1/8，其角部可设置刚度较大的角柱或角筒。内筒的切角长度不宜小于相应边长的 1/10，切角处的筒壁宜适当加厚。

4. 框架—核心筒结构

筒中筒结构外部柱距较密，常会与建筑立面、建筑造型或建筑使用功能相矛盾。有时建筑布置上要求外部柱距在 4～5m 或更大。这时，周边柱子已不能形成筒的工作状态，而相当于框架的作用。这类结构称为框架—核心筒结构，如图 14-51(d) 所示。框架—核心筒结构可提供较大的开阔空间，因此常被用于高层办公楼建筑中。

如把内筒看成剪力墙结构，则框架—核心筒结构的受力性能与框架—剪力墙结构相似，但框架-核心筒结构中的柱子往往数量少而断面大。因此，应特别注意保证内筒的抗侧刚度和结构的抗震性能。框架—核心筒结构的周边柱间必须设置框架梁。

核心筒宜贯通建筑物全高，核心筒的宽度不宜小于筒体总高的 1/12，当结构平面上设置角筒、剪力墙或增强结构整体刚度的构件时，核心筒的宽度可适当减小。

5. 成束筒结构

当建筑物高度或其平面尺寸进一步加大，以至于框筒结构或筒中筒结构无法满足抗侧刚度要求时，可采用束筒结构（也称组合筒或模数筒），如图 14-51 (e) 所示。由于中间两排密柱框架的作用，可以有效地减少外筒翼缘框架中的剪力滞后效应，使翼缘框架柱子充分发挥作用。图 14-1 (e) 的希尔斯大厦是束筒结构的成功案例。

6. 多重筒结构

当建筑平面尺寸很大或当内筒较小时，内外筒之间的距离较大，即楼盖结构的跨度较大，这样势必会增加板厚或楼面大梁的高度。为保证楼盖结构的合理性，降低楼盖结构的高度，可在筒中筒结构的内外筒之间增设一圈柱子或剪力墙。若将这些柱子或剪力墙用梁联系起来使之也形成一个筒的作用，则可认为是由三个筒共同作用来抵抗侧向力，亦即成为一个三重筒结构，如图 14-51 (f) 所示。

### 14.7.2 筒体结构在侧向力作用下的受力特点

在侧向力作用下，框筒结构的受力既相似于薄壁箱形结构，又有其自身的特点。从材料力学可知，当侧向力作用于箱形结构时，箱形结构截面内的正应力均呈线性分布，其应力图形在翼缘方向为矩形，在腹板方向为一拉一压两个三角形；但当侧向力作用于框筒结构时，框筒底部柱内正应力沿框筒水平截面的分布不是呈线性关系，而是呈曲线分布。如图 14-53 所示。**正应力在角柱较大，在中部逐渐减小，这种现象称为剪力滞后效应。**这是由于翼缘框架中梁的剪切变形和

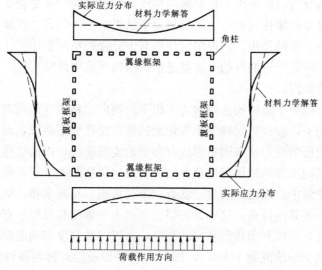

图 14-53　框筒结构底部柱内正应力分布

梁、柱的弯曲变形所造成的。**同时，在框筒结构的顶部，角柱内的正应力反而小于翼缘框架中柱内的正应力，这一现象称为负剪力滞后效应。**事实上，对于实腹的箱形截面，当考虑板内纵向剪切变形影响时，其横截面内的正应力分布也有剪力滞后或负剪力滞后的现象出现。

由于剪力滞后效应的影响，使得角柱内的轴力加大。而远离角柱的柱子则由于剪力滞后效应仅有较小的应力，不能充分发挥材料的作用，也减小了结构的空间整体抗侧刚度。为了减少剪力滞后效应的影响，在结构布置时要采取一系列措施，如减小柱间距，加大窗裙梁的刚度，调整结构平面使之接近于正方形，控制结构的高宽比等。

在筒体结构中，侧向力所产生的剪力主要由其腹板部分承担。对于筒中筒结构，则主要由外筒的腹板框架和内筒的腹板部分承担。外力所产生的总剪力在内外筒之间的分配与内外筒之间的抗侧刚度比有关。且在不同的高度，侧向力在内外筒之间的分配比例是不同的。一般来说，在结构底部，内筒承担了大部分剪力，外筒承担的剪力很小，例如在深圳国贸中心大厦的底层，外筒承担的剪力占外荷载总剪力的27%，内筒承担的剪力占总剪力的73%。

侧向力所产生的弯矩则由内外筒共同承担。由于外筒柱离建筑平面形心较远，故外筒柱内的轴力所形成的抗倾覆弯矩极大。在外筒中，翼缘框架又占了其中的主要部分，角柱也发挥了十分重要的作用。而外筒腹板框架柱及内筒腹板墙肢的局部弯曲所产生的弯矩极小。例如在深圳国贸中心大厦的底层，为平衡侧向力所产生的弯矩，外框筒柱内轴力所形成的弯矩占50.4%，内筒墙肢轴力所形成的弯矩占40.3%，而外框筒柱和内筒墙肢的局部弯曲所产生的弯矩仅占2.7%和6.6%。

由以上的分析可以看出，在框筒结构或筒中筒结构中，尽管受到剪力滞后效应的影响，翼缘框架柱内的应力比材料力学结果要小，但翼缘框架对结构抵抗侧向力仍有十分重要的作用，这说明结构仍有十分强的空间整体工作性能，从而达到节省材料，降低造价的目的。这就是框筒结构或筒中筒结构被广泛地应用于高层建筑的主要原因。

框筒结构或筒中筒结构在侧向力作用下的侧向位移曲线呈弯剪型。这是因为在侧向力作用下，腹板框架将发生剪切型的侧向位移变形曲线，而翼缘框架一侧受拉、一侧受压的受力状态则将形成弯曲型的变形曲线，内筒也将发生弯曲型的变形曲线，共同工作的结果将使整个结构的侧向位移曲线呈弯剪型。

在高层建筑中，通常每隔数层就有一个设备层，布置水箱、空调机房、电梯机房或安置一些其他设备。这些设备层在立面上一般没有或很少有布置门窗洞口的要求，因此，可以利用该设备层的高度，布置一些强度和刚度都很大的水平构件（桁架或现浇钢筋混凝土大梁），即形成水平加强层或称为刚性层的作用，这些水平构件既连接建筑物四周的柱子，又将核心筒和外柱连接起来，可约束周边框架和核心筒的变形，减少结构在水平荷载作用下的侧移量，并使各竖向构件的变形趋于均匀，减少楼盖结构的翘曲。这些大梁或大型桁架如与布置在建筑物四周的大型柱子或钢筋混凝土井筒整体连接，便形成具有强大抗侧刚度的巨型框架结构。这种巨型框架结构可以作为独立的承重结构，也可作为筒体结构中的加强构件。

### 14.7.3 筒体结构的计算方法

#### 1. 空间杆系-薄壁柱矩阵位移法

空间杆系-薄壁柱分析法是把一般的梁柱单元作为空间杆件考虑，而把内筒、角柱等部位的单元作为空间薄壁杆件，用矩阵位移法求解。对于一般的空间杆件单元，如图 14-54 所示，每个杆端有 6 个自由度，即沿 $x$、$y$、$z$ 三个方向的平移和绕 $x$、$y$、$z$ 三个方向的转角。对于空间开口薄壁杆件单元，如图 14-55 所示，在一般情况下，杆件在弯曲的同时，还将产生扭转，且杆件横截面不再保持平面而发生翘曲，每个杆端有 7 个自由度，比普通空间杆件单元增加了双力矩所产生的扭转角。空间杆系-薄壁柱矩阵位移法的优点是可以分析梁柱为任意布置的一般的空间框架结构或筒体结构，可以分析平面为非对称的结构或荷载，并可获得薄壁柱受约束扭转所引起的翘曲应力。但节点位移未知量较多，程序较复杂，计算时间长是其缺点。

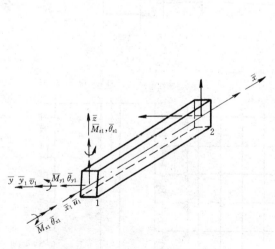

图 14-54 一般的空间杆件单元　　图 14-55 空间开口薄壁杆件单元

#### 2. 平面展开矩阵位移法

通过对矩形平面的框筒结构或筒中筒结构受力性能的分析可知，在侧向力作用下，筒体结构的腹板部分主要抗剪，翼缘部分的轴力形成弯矩作用主要抗弯；

筒体结构的各榀平面单元主要在其自身平面内受力,而在平面外的受力则很小。因此,可采用如下两点基本假定:①对筒体结构的各榀平面单元,可略去其出平面外的刚度,而仅考虑在其自身平面内的作用,因此,可忽略外筒的梁柱构件各自的扭转作用;②楼盖结构在其自身平面内的刚度可视为无穷大,因此,在对称侧向力作用下,在同一楼层标高处的内外筒的侧移量应相等,楼盖结构在其平面外的刚度则可忽略不计。

对于图14-56(a)所示的筒中筒结构,在对称侧向力作用下,整个结构不发生整体扭转,并且内外筒各榀结构出自身平面的作用以及外筒的梁柱构件各自的扭转作用与筒中筒结构的主要受力作用相比,均小得多而可忽略不计。另外,又因楼盖结构出平面的刚度小,可略去它对内、外筒壁的变形约束作用,因而,可进一步把内外筒分别展开到同一平面内,分别展开成带刚域的平面壁式框架和带门洞的墙体,并相互间用简化成连杆楼面结构体系相连。由于该筒中筒结构在双向都为轴对称,因此,可取四分之一平面的结构来分析。而对称轴上的有关边界条件则需按筒中筒结构的变形及其受力特点来确定。

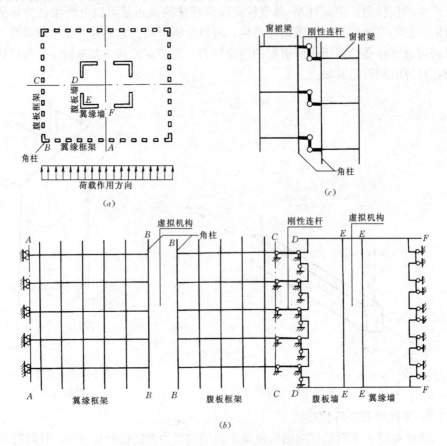

图14-56 筒中筒结构的平面展开矩阵位移法

在对称侧向力作用下,在翼缘框架的对称轴即 A-A 轴处,框架平面内既不产生水平位移,也不产生转角,只会出现竖向位移。因此,在各层的梁柱节点上,力学模式中应有两个约束。在内筒的翼缘墙的对称轴即 F-F 轴处,同样亦应设置图 14-56 (b) 所示的约束。在对称侧向力作用下的腹板框架的对称轴即 C-C 轴处,由于腹板框架这时的变形及其受力情况都是反对称的,因此,在对称轴 C-C 处的柱的轴向力应为零,但在此处会产生腹板框架平面内的侧向位移与相应的转角。因此,在各层的相应节点上,应设置一个竖向约束。同理,在内筒的腹板墙的对称轴 D-D 处,亦应设立相应的竖向约束。由于楼盖结构在其自身平面内的刚度为无限大,且忽略了筒壁的出平面的作用,所以,作用在结构某层上的侧向力,其荷载作用点可简化到该层外筒的腹板框架或内筒的腹板墙上的任一节点。基于同样的理由,把楼盖结构简化成轴向刚度为无穷大的、与内外筒以铰相连的连杆,以保证内外筒结构的侧向位移在各楼层处一一相同。

这里有一个很重要的问题是在展开成平面结构时对角柱的处理。随着空间结构的平面化,L 形角柱应展开成分属于两榀正交平面壁式框架的两根边柱（以下简称虚拟角柱）。角柱分开后,在每一楼层处用一仅能传递竖向剪力的虚拟机构（图 14-56c）将它们连接起来,以保持两个虚拟角柱的竖向变形一致而相互之间又不传递水平力及弯矩。同样,在内筒展开成平面结构时,在两相邻筒壁之间,亦在每一楼层处设置虚拟单元,以保证两相邻筒壁在原交结面上的竖向变形一致而相互之间又不传递水平力。

在把实际角柱分成两个虚拟角柱以后,虚拟角柱刚度的取值通常有以下两种方法。第一种方法是,当计算虚拟角柱的轴向刚度时,其截面积取实际角柱截面积的一半；当计算虚拟角柱的弯曲刚度时,其惯性矩可取实际角柱在相应方向上的惯性矩。第二种方法是,从虚拟角柱的简化力学模式,根据在相同荷载作用下变形相等的原则,导出虚拟角柱的轴向刚度与抗弯刚度的计算公式。

把筒中筒这一空间结构简化成平面结构后,可利用分析平面结构的方法和电算程序进行计算,使计算工作量大为减少。

3. 等效弹性连续体能量法求解

等效弹性连续体能量法,是基于楼板在其平面内的刚度为无限大和框筒的筒壁在其自身平面外的作用很小,只考虑其平面内作用的基本假定,把框筒结构简化成由四榀等效的正交异性弹性板所组成的实腹筒体,用能量法求解。

如同通常的实际情况那样,在整个建筑物高度内,梁和柱的间距都可以认为是相等的。此外,为了在分析中可简化公式推导,在整个建筑物高度内,梁与柱的横截面也都假定是不变的。于是由密集柱和窗裙梁所组成的每榀框架都可用一榀等厚的正交异性弹性板来等效,从而把框筒结构等效成一个无孔实腹筒体（图 14-57）,并可利用能量法求解。等效正交异性弹性板的刚度特征值可通过弹性板与实际结构的变形等效条件来导得。

在轴向力作用（图14-58）的情况下，对于每个开间，如果能满足

$$AE = dtE_{eq} \quad (14\text{-}64)$$

则框架与墙板两者在轴力作用下的荷载变形关系将会相等。

式中 $A$——每根柱的截面面积；

$E$——材料的弹性模量；

$d$——柱距；

$t$——等效板厚；

$E_{eq}$——等效弹性模量。

若取等效板的截面面积 $dt$ 和柱子截面面积 $A$ 相等，则

$$E_{eq} = E \quad (14\text{-}65)$$

等效墙板的剪切模量应按壁式

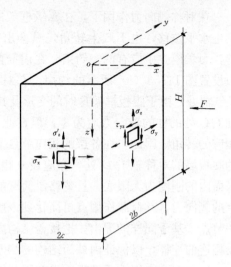

图 14-57　等效无孔实腹筒体

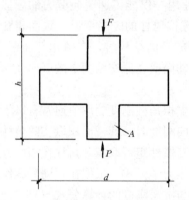
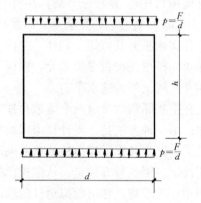

图 14-58　等效正交异性弹性板的轴向刚度特征值

框架与等效墙板在承受相同的剪力 $V$ 时，两者能发生相等的水平位移这一条件来选择（图14-59）。今假定在图示的壁式框架中，柱中的反弯点都在层高的中间，梁内的反弯点都在梁的跨中。这样，整个壁式框架的受力与变形特性就可取一个梁柱单元来进行研究。由于柱的间距很小，窗裙梁的截面又相对地很高，相对于柱的层高与梁的跨度来说，梁柱节点区的刚域就必须加以考虑了。这时，可假定梁柱单元在每个节点处存在着短的刚臂，其宽度等于柱宽，其高度等于梁高。

框架梁柱单元上的受力及边界约束条件如图14-59（a）所示。如果水平剪力值为 $V$，作用于节点 $D$，最终的水平位移是 $\Delta$，可得出剪力与位移之间的关系为：

§ 14.7 筒体结构

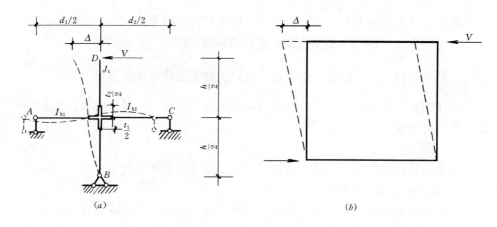

图 14-59 等效正交异性弹性板的剪切刚度特征值

$$V\frac{h}{2} = \frac{6EI_c}{e^2}\left(1+\frac{t_2}{e}\right)\frac{\Delta}{1+\dfrac{2\dfrac{I_c}{e}\left(1+\dfrac{t_2}{e}\right)^2}{\dfrac{I_{b1}}{l_1}\left(1+\dfrac{t_1}{l_1}\right)^2+\dfrac{I_{b2}}{l_2}\left(1+\dfrac{t_1}{l_2}\right)^2}} \quad (14\text{-}66)$$

式中 $e=h-t_2$；$l_1=d_1-t_1$；$l_2=d_2-t_1$。

对于具有同样开间宽度，承受同样大小的剪力 $V$ 的等效墙板（图 14-59b），它的荷载与位移间的关系是

$$\Delta = \frac{V}{GA}h \quad (14\text{-}67)$$

式中 $G$——等效板的剪变模量；
$A$——每根柱的截面面积亦即等效板的截面面积。

由以上两式，可得等效板的剪切刚度为：

$$GA = \frac{12EI_c}{e^2}\left(1+\frac{t_2}{e}\right)\frac{1}{1+\dfrac{2I_c\left(1+\dfrac{t_2}{e}\right)^2}{e\left[\dfrac{I_{b1}}{l_1}\left(1+\dfrac{t_1}{l_1}\right)^2+\dfrac{I_{b2}}{l_2}\left(1+\dfrac{t_1}{l_2}\right)^2\right]}} \quad (14\text{-}68)$$

若把其中一根梁的惯性矩设为零，则这个关系式可用于边柱。

一般地说，在实际结构工程中，常用 $I_{b1}=I_{b2}=I_b$，$d_1=d_2=d$，$l_1=l_2=l=d-t_1$，则

$$GA = \frac{12EI_c}{e^2}\left(1+\frac{t_2}{e}\right)\frac{1}{1+\dfrac{l}{e}\dfrac{I_c\left(1+\dfrac{t_2}{e}\right)^2}{I_b\left(1+\dfrac{t_1}{l}\right)^2}} \quad (14\text{-}69)$$

等效墙板的总剪切刚度 $GA$ 等于各个柱的等效剪切刚度 $GA$ 值的总和。

这样，就把实际为密柱深梁的框筒结构等效为厚度为 $t$、等效弹性模量为 $E$、等效剪变模量为 $G$ 的封闭的实腹筒，并可根据能量法进一步求解。

### 14.7.4 框筒（筒中筒）结构的截面设计与构造要求

筒体结构的设计是一个十分复杂的问题，限于篇幅，这里只能就几个主要问题作些简要的说明。

1. 混凝土

筒体结构应采用现浇混凝土结构，混凝土强度等级不宜低于 C30。

2. 外框筒梁和内筒连梁

外框筒梁和内筒连梁的截面承载力设计方法、截面尺寸限制条件及配筋形式可参照一般框架梁进行。当梁采用普通配筋时，上下纵向钢筋的直径均不应小于 16mm，腰筋直径不应小于 10mm。腰筋间距不应大于 200mm。箍筋直径，非抗震设计时不应小于 8mm，抗震设计时不应小于 10mm；箍筋间距，非抗震设计时不应大于 150mm，抗震设计时不应大于 100mm 且沿梁长不变，当梁内设交叉暗撑时，箍筋间距不应大于 200mm。

当梁的跨高比小于 1 时，宜配置交叉暗撑，如图 14-60 所示。每个交叉暗撑钢筋的总面积按下式计算：

非抗震设计 $$A_s = \frac{V_b}{2 f_y \sin\alpha} \qquad (14\text{-}70\text{a})$$

抗震设计 $$A_s = \frac{V_b \gamma_{RE}}{2 f_y \sin\alpha} \qquad (14\text{-}70\text{b})$$

式中，$V_b$ 为梁的剪力设计值；$\alpha$ 为暗撑与水平线的夹角。

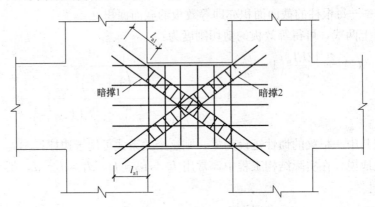

图 14-60　梁配置交叉暗撑钢筋

交叉暗撑纵向钢筋每个方向不小于 4 根，直径不小于 14mm，并用直径不小于 8mm 的矩形箍筋或螺旋形箍筋绑扎成小柱状，箍筋间距不应大于 150mm。

配置交叉暗撑的梁，截面宽度不宜小于 400mm。当框筒梁和内筒连梁的跨高比大于1位小于2时,可不设交叉暗撑但宜增配对角斜向钢筋。对角斜向钢筋或暗撑纵向钢筋伸入竖向构件的长度不应小于 $l_{a1}$,非抗震设计时 $l_{a1}$ 可取 $l_a$,抗震设计时 $l_{a1}$ 宜取 $1.15 l_a$。

3. 核心筒墙肢

核心筒墙厚应验算墙体稳定性,且外墙厚度不应小于200mm,内墙厚度不应小于160mm,必要时可设置扶壁柱或扶壁墙。

计算核心筒墙肢正截面(压、弯)承载力时宜考虑墙身分布钢筋与翼缘的作用,按双向偏心受压计算。计算核心筒墙肢斜截面受剪承载力时,仅考虑与剪力作用方向平行的肋部的面积,不考虑翼缘部分的作用。当核心筒洞口之间的墙肢截面高度与厚度之比小于4时,宜按框架柱进行截面设计。

墙肢应进行墙身平面外正截面受弯承载力校核,以验算竖向分布钢筋的配筋量。此时,墙身轴向力取竖向荷载作用产生的轴向力与风荷载或地震作用产生的轴向力的组合计算,偏心距不应小于墙厚的1/10。

墙肢的水平竖向分布钢筋不应少于两排,其最小配筋率等相关构造要求按剪力墙的构造要求采用。

4. 外框筒柱

外框筒柱的正截面(压、弯)承载力按双向偏心受压计算。前面已经提到,在侧向力作用下,角柱起着特别重要的作用,为保证角柱的承载力,计算时取用的角柱在两个方向上的受压偏心距均不应小于相应边长的1/10。

外框筒柱的轴压比限制值、抗剪截面限制条件及配筋构造要求,详见有关参考文献,此处不赘述。

5. 楼盖结构

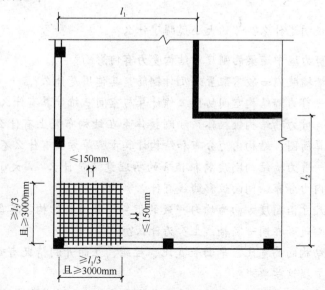

图14-61 板角配筋示意

筒体结构的楼盖常采用双向密肋楼盖，单向密肋楼盖，或采用预应力楼盖，以获得较好的结构刚度，又能减小楼盖结构高度。当采用普通助梁楼盖时，楼盖主梁不宜搁置在核心筒或内筒的连梁上。

筒体结构的楼盖外角宜设置双层双向钢筋，见图14-61。单层单向配筋率不宜小0.3%，钢筋的直径不应小于8mm，间距不应大于150mm，配筋范围不宜小于外框架（或外筒）至内筒外墙中距的1/3和3m。

## 思 考 题

14.1 与其他建筑结构相比，高层建筑结构设计有哪些特点？

14.2 为什么要限制高层建筑结构的层间侧向位移？工程设计中如何限制结构的层间侧向位移？

14.3 说明各种结构体系的侧向位移曲线有何特点？

14.4 建筑平面和立面布置要注意哪些问题？

14.5 整截面剪力墙、整体小开口剪力墙、双肢剪力墙、壁式框架的受力各有何特点？

14.6 剪力墙结构的等效抗弯刚度计算是根据什么条件等效？

14.7 双肢剪力墙或联肢剪力墙采用连续化计算方法的基本假定是什么？

14.8 带刚臂杆件的转角位移方程和等截面杆件的转角位移方程有什么区别？

14.9 剪力墙的整体性系数 $\alpha$ 对结构的内力分布和变形有什么影响？

14.10 在剪力墙结构分类判别时，为什么要同时采用 $\alpha$ 和 $\dfrac{I_n}{I}$ 这两个参数？$\alpha$ 的大小说明了什么？$\dfrac{I_n}{I}$ 的大小说明了什么？

14.11 双肢剪力墙中连梁的刚度对结构受力有何影响？

14.12 剪力墙墙肢内一般需配置哪几种钢筋？其作用是什么？

14.13 框架—剪力墙结构空间协同工作计算与空间三维计算有什么区别？

14.14 框架—剪力墙结构铰接体系和刚接体系在结构布置上有什么区别？在结构计算简图、结构内力分布和结构计算步骤等方面有什么不同？

14.15 框架—剪力墙结构刚度特征值 $\lambda$ 的物理意义是什么？$\lambda$ 大小的变化对结构的内力分布、侧向位移曲线有什么影响？

14.16 截面尺寸沿高度方向为均匀一致的框架—剪力墙结构，其各层的抗侧刚度中心是否在同一竖轴线上？为什么？

14.17 筒体结构的高宽比、平面长宽比、柱距、立面开洞情况有哪些要求？为什么要提这些要求？

14.18 什么是剪力滞后效应？什么是负剪力滞后效应？为什么会出现这些现象？

对筒体结构的受力有什么影响？

14.19 筒体结构平面展开分析法有哪些基本假定？

14.20 框筒结构中窗裙梁的设计与普通框架梁的设计相比有何特点？

# 习　题

14.1 某剪力墙洞口截面如图 14-62 所示，层高为 3.20m，洞口高 2.10m，共 25 层，承受均布侧向荷载 $p=6.0$kN/m，试求剪力墙基底截面各墙肢的内力。

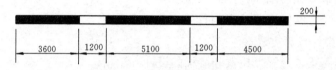

图 14-62　习题 14.1 图

14.2 某剪力墙洞口截面如图 14-63 所示，层高为 2.80m，洞口高 2.40m，共 18 层，试判别该剪力墙属于哪一类。

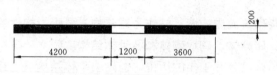

图 14-63　习题 14.2 图

# 第15章 砌体结构设计

**教学要求：**
1. 知道块体和砂浆的种类、强度等级及其选择；
2. 理解砌体结构的设计方法与砌体的强度设计值；
3. 熟练掌握无筋砌体构件的受压承载力计算方法；
4. 理解混合结构房屋的静力计算方案，掌握墙、柱高厚比验算和刚性方案房屋的墙体设计计算方法；
5. 知道圈梁、过梁、挑梁和墙梁的设计方法和构造；
6. 知道配筋砌体构件的构造和计算方法。

## §15.1 概　　述

由块体和砂浆砌筑而成的墙、柱作为建筑物主要受力构件的结构，称为砌体结构。分为三类：砖砌体、砌块砌体和石砌体结构。

砖、石砌体结构已有几千年的历史，但砌块砌体结构只有近百年。

砌体结构主要用于受压构件，特别是建筑物中的墙、柱等构件。在中小跨径的拱桥、隧道工程、坝、水池、烟囱和料仓等结构中有时也采用砌体结构。

砌体结构的主要优点是：就地取材，造价低；运输和施工简便；耐久性和耐火性好；保温、隔热、隔声性能好。

砌体结构的主要缺点是：强度低，特别是抗拉、抗剪和抗弯强度很低；自重大；整体性差；抗震性能差；手工操作；采用黏土砖侵占大量农田。

与其他结构相比，砌体结构主要有四个特点：①造价低，施工简便；②主要用于墙、柱等受压构件；③人工砌筑，质量的离散性较大；④整体性差，需要用圈梁、构造柱等提高其整体性和抗震性能。

现在，砌体结构正在向轻质高强、约束砌体、利用工业废料和工业化生产等方向发展。

砌体结构设计应遵循新修订的我国《砌体结构设计规范》（GB 50003—2011）的规定，以下简称《砌体规范》。

本章主要讲述砌体材料、砌体构件的承载力和混合结构房屋中砌体结构的设计等三方面内容。

## §15.2 砌体与砂浆的种类和强度等级

### 15.2.1 块体的种类

块体有砖、砌块和天然石材三种，分别构成砖砌体、砌块砌体和石砌体结构。

1. 砖

分为烧结砖、蒸压砖和混凝土砖三类。

(1) 烧结砖

有烧结普通砖和烧结多孔砖两种。

烧结普通砖是指由黏土、页岩、煤矸石或粉煤灰为主要原料，经过焙烧而成的实心或孔洞率不大于规定值且外形尺寸符合规定的砖。全国标准砖统一规格为 240mm×115mm×53mm。

烧结多孔砖是以黏土、页岩、煤矸石等为主要原料，经焙烧而成，孔洞率不小于 25%，孔的尺寸小而数量多，主要用于承重部位的砖，简称多孔砖。多孔砖分为 P 型砖和 M 型砖两种，分别见图 15-1 和图 15-2。

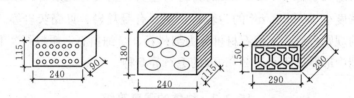

图 15-1 P 型多孔砖

(2) 蒸压砖

有蒸压灰砂普通砖和蒸压粉煤灰普通砖二种。

蒸压灰砂普通砖是以石灰等钙质材料和砂等硅质材料为主要原料，经坯料制备、压制排气成型、高压蒸汽养护而成的实心砖。

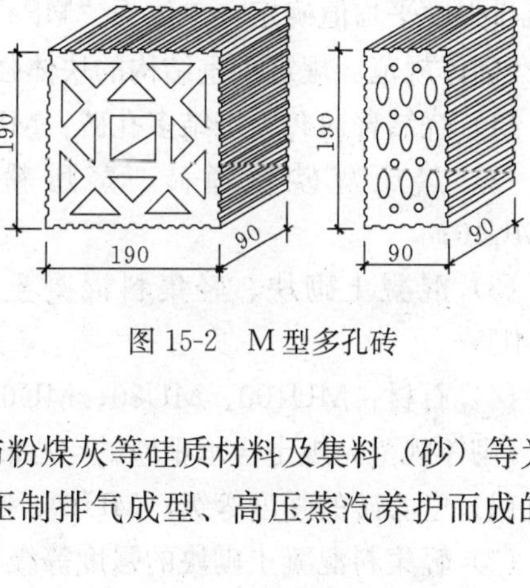

图 15-2 M 型多孔砖

蒸压粉煤灰普通砖是以石灰、消石灰（如电石渣）或水泥等钙质材料与粉煤灰等硅质材料及集料（砂）等为主要原料，掺加适量石膏、经坯料制备、压制排气成型、高压蒸汽养护而成的实心砖。

(3) 混凝土砖

以水泥为胶结材料，以砂、石等为主要集料，加水搅拌、成型、养护制成的一种多孔的混凝土半盲孔砖或实心砖。

2. 砌块

主要是指由普通混凝土或轻集料混凝土制成的混凝土小型空心砌块。目前应用较多的是单排孔的混凝土小型砌块，主要规格尺寸为 390mm×190mm×190mm、空心率为 25%～50%的空心砌块，简称混凝土砌块或砌块，如图 15-3 所示。

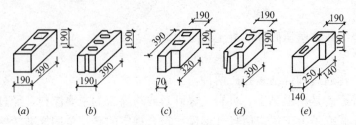

图 15-3 混凝土小型砌块块型

(a) 普通顺砖砌块； (b) 可安装钢窗框的砌块； (c) 可安装木窗框的砌块；
(d) 控制缝的砌块； (e) 转角砌块

3. 石材

重力密度大于等于 $18kN/m^3$ 的石材为重石，主要有花岗岩、砂岩和石灰岩等；重力密度小于 $18kN/m^3$ 的为轻石，主要有凝灰岩、贝壳灰岩等。按加工后石材外形的规则程度，天然石材可分为细料石、半细料石、粗料石、毛料石以及形状不规则中部厚度不小于 200mm 的毛石等 5 种。

### 15.2.2 块体的强度等级

块体的强度等级用符号 MU 表示。强度等级由标准试验方法得到的块体极限抗压强度平均值确定，单位为"MPa"（$N/mm^2$）。

《砌体规范》规定承重结构的块体强度等级如下：

(1) 烧结普通砖、烧结多孔砖：MU30、MU25、MU20、MU15 和 MU10；

(2) 蒸压灰砂普通砖、蒸压粉煤灰普通砖：MU25、MU20、MU15 和 MU10；

(3) 混凝土砌块、轻集料混凝土砌块：MU20、MU15、MU10、MU7.5 和 MU5；

(4) 石材：MU100、MU80、MU60、MU50、MU40、MU30 和 MU20。

《砌体规范》规定自承重墙的空心砖、轻集料混凝土砌块的强度等级如下：

(1) 空心砖的强度等级：MU10、MU7.5、MU5 和 MU3.5；

(2) 轻集料混凝土砌块的强度等级：MU10、MU7.5、MU5 和 MU3.5。

除石材外，建筑工程中用得最普遍的块材强度等级是 MU10 和 MU15。

### 15.2.3 砂　　浆

砂浆是由胶凝材料（水泥、石灰）、细骨料（砂）、水以及根据需要掺入的掺合料和外加剂等，按照一定的比例混合后搅拌而成。砂浆的主要作用是把块体粘结成共同受力的整体。此外，砂浆把块体表面抹平，使块体在砌体中受力比较均匀，同时砂浆填满块体间的缝隙，也提高了砌体的隔声、隔热、保温、防潮和抗冻等性能。

按配合成分，砂浆可分为水泥砂浆、混合砂浆及非水泥砂浆三种。水泥砂浆是指纯水泥砂浆；混合砂浆是指有塑性掺合料的水泥砂浆，如石灰水泥砂浆、黏土水泥砂浆等；非水泥砂浆是指不含水泥的砂浆，如石灰砂浆、石灰黏土砂浆等。

砂浆的强度等级可用边长为 70.7mm 立方体试块的 28 天龄期抗压强度指标为依据，普通砂浆强度等级用符号 M 表示，专用砌筑砂浆强度等级用 Ms、Mb 表示，单位均为"MPa"（$N/mm^2$）。确定砂浆强度等级时，应采用同类块体为砂浆强度试块底模。

砂浆的强度等级应按下列规定采用：

（1）烧结普通砖、烧结多孔砖、蒸压灰砂普通砖和蒸压粉煤灰普通砖砌体的普通砂浆强度等级：M15、M10、M7.5、M5 和 M2.5；

（2）蒸压灰砂普通砖和蒸压粉煤灰普通砖砌体采用的专用砌筑砂浆强度等级：Ms15、Ms10、Ms7.5、Ms5.0，s 为英文单词蒸汽压力 Steam pressure 及硅酸盐 Silicate 的第一个字母；

（3）混凝土普通砖、混凝土多孔砖、单排孔混凝土砌块和煤矸石混凝土砌块砌体采用的砂浆强度等级：Mb20、Mb15、Mb10、Mb7.5 和 Mb5，b 为英文单词"砌块"或"砖"Brick 的第一个字母；

（4）双排孔或多排孔轻集料混凝土砌块砌体采用的砂浆强度等级：Mb10、Mb7.5 和 Mb5；

（5）毛料石、毛石砌体采用的砂浆强度等级：M7.5、M5 和 M2.5。

验算施工阶段新砌筑的砌体承载力及稳定性时，因为砂浆尚未硬化，可取砂浆强度等级为零，即 M0。

砌筑用的砂浆除满足强度要求外，还应具有良好的流动性和保水性。

砂浆的流动性是指砂浆有合适的稠度，使其在砌筑砌体的过程中能比较容易均匀地铺开，使得块体与块体之间有较好的密实度。

砂浆在存放、运输和砌筑过程中保持水分的能力叫做保水性。在砌筑时，块体将吸收砂浆中的一部分水分。如果砂浆的保水性很差，新铺在块体上的砂浆中的水分很快被吸去，不仅难以将砂浆铺平，而且砂浆因过多失水而影响其硬化，使砌体质量和强度下降。所以砌体的质量很大程度上取决于砂浆的保水性。

图 15-4 示出了块体和砂浆的种类、常用的规格和强度等级。

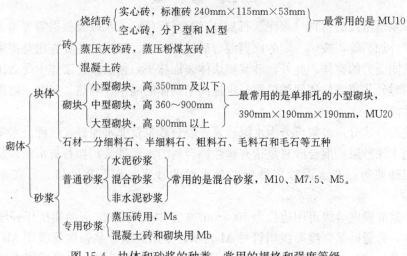

图 15-4 块体和砂浆的种类、常用的规格和强度等级

注意，砌体结构的构件截面尺寸是受块体尺寸制约的，例如用标准烧结砖砌筑的墙厚只能有 1/2 砖（120mm）、1 砖（240mm）、1 砖半（370mm）、2 砖（490mm）等；砖柱截面常有 370mm×370mm，490mm×490mm，370mm×490mm 等。《砌体规范》规定，承重的独立砖柱截面尺寸不应小于 240mm×370mm，毛石墙的厚度不宜小于 350mm，毛料石柱较小边长不宜小于 400mm。再如，用单排孔混凝土小型砌块 390mm×190mm×190mm 的墙厚只能是 190mm。另外，在砌体中，砂浆的厚度通常为 10mm。

### 15.2.4 块体和砂浆的选择

**块体和砂浆的选择主要应满足承载力和耐久性的要求**，同时也要考虑因地制宜和就地取材，对建筑物的要求以及工作环境等因素。对于抗震设防地区的砌体结构，其块体和砂浆的强度等级不应低于《砌体规范》中 10.1.12 条的要求。

砌体结构的耐久性应根据其环境类别和设计使用年限进行设计。

砌体结构的环境类别分为 5 类，如表 15-1 所示。

砌体结构的环境类别　　　　　　　　　　　　　　表 15-1

| 环 境 类 别 | 条 件 |
| --- | --- |
| 1 | 正常居住及办公建筑的内部干燥环境 |
| 2 | 潮湿的室内或室外环境，包括与无侵蚀性土和水接触的环境 |
| 3 | 严寒和使用化冰盐的潮湿环境（室内或室外） |
| 4 | 与海水直接接触的环境，或处于滨海地区的盐饱和的气体环境 |
| 5 | 有化学侵蚀的气体，液体或固态形式的环境，包括有侵蚀性土壤的环境 |

设计使用年限为 50a 时，砌体材料的耐久性应符合下列规定：

**(1)** 地面以下或防潮层以下的砌体、潮湿房间的墙或环境类别 2 的砌体，所用材料的最低强度等级应符合表 15-2 的规定

地面以下或防潮层以下的砌体、潮湿房间的
墙所用材料的最低强度等级　　　　　表 15-2

| 潮湿程度 | 烧结普通砖 | 混凝土普通砖、蒸压普通砖 | 混凝土砌块 | 石材 | 水泥砂浆 |
|---|---|---|---|---|---|
| 稍潮湿的 | MU15 | MU20 | MU7.5 | MU30 | M5 |
| 很潮湿的 | MU20 | MU20 | MU10 | MU30 | M7.5 |
| 含水饱和的 | MU20 | MU25 | MU15 | MU40 | M10 |

注：1. 在冻胀地区，地面以下或防潮层以下的砌体，不宜采用多孔砖，如采用时，其孔洞应用不低于 M10 的水泥砂浆预先灌实。当采用混凝土空心砌块时，其孔洞应采用强度等级不低于 Cb20 的混凝土预先灌实；
　　2. 对安全等级为一级或设计使用年限大于 50a 的房屋，表中材料强度等级应至少提高一级。

所以地面以下或防潮层以下的砌体应采用水泥砂浆。

(2) 处于环境类别 3～5 等有侵蚀性介质的砌体材料应符合下列规定：

1) 不应采用蒸压灰砂普通砖、蒸压粉煤灰普通砖；

2) 应采用实心砖，砖的强度等级不应低于 MU20，水泥砂浆的强度等级不应低于 M10；

3) 混凝土砌块的强度等级不应低于 MU15，灌孔混凝土的强度等级不应低于 Cb30，砂浆的强度等级不应低于 Mb10；

4) 应根据环境条件对砌体材料的抗冻指标、耐酸、碱性能提出要求，或符合有关规范的规定。

## §15.3　砌体结构的设计方法与砌体的强度设计值

### 15.3.1　砌体结构按近似概率理论的极限状态设计方法

与混凝土结构一样，砌体结构设计时也采用以近似概率理论为基础的极限状态设计方法，用可靠度指标来度量结构构件的可靠度，并采用以分项系数的设计表达式进行计算；其设计使用年限同样按国家标准《建筑结构可靠度设计统一标准》GB 50068 确定；其建筑结构安全等级，亦与表 10-6 的规定相同。

1. 结构功能的极限状态

砌体结构应按承载能力极限状态设计，并满足正常使用极限状态的要求。根据砌体结构的特点，一般情况下砌体结构正常使用极限状态可由相应的构造措施保证，因而不必像混凝土结构那样按正常使用极限状态进行验算。

2. 承载能力极限状态设计表达式

与混凝土结构相同，按《建筑结构荷载规范》GB 50009 规定，对于基本组

合，荷载效应组合的设计值应从可变荷载效应控制的组合和由永久荷载效应控制的两种组合中取最不利值确定，相应的承载能力极限状态设计表达式的一般形式即为式（10-29）和式（10-30）。然而，针对砌体结构的特点，某些系数有所不同，在《砌体规范》中直接给出了明确的永久荷载和可变荷载分项系数。

砌体结构按承载能力极限状态设计时，应按下列公式中最不利组合进行计算：

$$\gamma_0 \left(1.2S_{Gk} + 1.4\gamma_L S_{Q1k} + \gamma_L \sum_{i=2}^{n} \gamma_{Qi} \psi_{ci} S_{Qik}\right) \leqslant R(f, a_k \cdots) \quad (15\text{-}1a)$$

$$\gamma_0 \left(1.35 S_{Gk} + 1.4\gamma_L \sum_{i=1}^{n} \psi_{ci} S_{Qik}\right) \leqslant R(f, a_k \cdots) \quad (15\text{-}1b)$$

式中 $\gamma_0$——结构重要性系数，对安全等级为一级或设计使用年限为 50a 以上的结构构件，不应小于 1.1；对安全等级为二级或设计使用年限为 50a 的结构构件，不应小于 1.0；对安全等级为三级或设计使用年限为 1a～5a 的结构构件，不应小于 0.9；

$\gamma_L$——结构构件的抗力模型不定性系数。对静力设计，考虑结构设计使用年限的荷载调整系数，设计使用年限为 50a，取 1.0；设计使用年限为 100a，取 1.1；

$S_{Gk}$——永久荷载标准值的效应；

$S_{Q1k}$——在基本组合中起控制作用的一个可变荷载标准值的效应；

$S_{Qik}$——第 $i$ 个可变荷载标准值的效应；

$R(\cdot)$——结构构件的抗力函数；

$\gamma_{Qi}$——第 $i$ 个可变荷载的分项系数；

$\psi_{ci}$——第 $i$ 个可变荷载的组合值系数。一般情况下应取 0.7；对书库、档案库、储藏室或通风机房、电梯机房应取 0.9；

$f$——砌体的强度设计值，$f = f_k/\gamma_f$，式(15-3)；

$f_k$——砌体的强度标准值，$f_k = f_m - 1.645\sigma_f$，式（15-4）；

$\gamma_f$——砌体结构的材料性能分项系数，一般情况下，宜按施工质量控制等级为 B 级考虑，取 $\gamma_f = 1.6$；当为 C 级时，取 $\gamma_f = 1.8$；当为 A 级时，取 $\gamma_f = 1.5$；

$f_m$——砌体的强度平均值，可按式（15-6）确定；

$\sigma_f$——砌体强度的标准差；

$a_k$——几何参数标准值。

注：1. 当工业建筑楼面活荷载标准值大于 4kN/m² 时，式中系数 1.4 应为 1.3；

2. 施工质量控制等级划分要求，应符合现行国家标准《砌体结构工程施工质量验收规范》GB 50203 的有关规定。

3. 整体稳定性验算

需验算整体稳定性时，如倾覆、滑移、漂浮等，应把砌体结构作为一个刚体按下列公式中最不利组合进行验算：

$$\gamma_0(1.2S_{G2k} + 1.4\gamma_L S_{Q1k} + \gamma_L \sum_{i=2}^{n} S_{Qik}) \leqslant 0.8S_{G1k} \tag{15-2a}$$

$$\gamma_0(1.35S_{G2k} + 1.4\gamma_L \sum_{i=1}^{n} \psi_{ci}S_{Qik}) \leqslant 0.8S_{G1k} \tag{15-2b}$$

式中　$S_{G1k}$——起有利作用的永久荷载标准值的效应；

$S_{G2k}$——起不利作用的永久荷载标准值的效应。

可见，在验算稳定性时，首先要区分对整体稳定起有利还是不利作用的荷载类别，对起有利作用的永久荷载，取荷载分项系数 $\gamma_G=0.8$，其他永久荷载和可变荷载分项系数不予改变。

### 15.3.2　砌体的计算指标

砌体强度的设计值和标准值可分别按式（15-3）和式（15-4）确定。

$$f = f_k/\gamma_f \tag{15-3}$$

$$f_k = f_m - 1.645\sigma_f \tag{15-4}$$

式中　$f$——砌体的强度设计值；

$f_k$——砌体的强度标准值；

$\gamma_f$——砌体结构的材料性能分项系数，一般情况下宜按施工控制等级为 B 级考虑，取 $\gamma_f=1.6$；当为 C 级时，取 $\gamma_f=1.8$；

$f_m$——砌体的强度平均值；

$\sigma_f$——砌体强度的标准差。

砌体结构的强度与砌筑的质量密切相关，因此《砌体规范》采用《砌体工程施工质量验收规范》GB 50203 中规定的砌体施工质量控制等级 A、B、C 三个等级中的 B 级作为确定砌体强度设计值的依据。

1. 砌体的抗压强度设计值

《砌体规范》分别给出了龄期为 28d 的以毛截面计算的不同块体种类的砌体抗压强度设计值，分别见附表 11-4～附表 11-10。当确定块体种类后，便可根据块体和砂浆的强度等级在相应的附表中查到砌体的抗压设计强度。使用附表时，要重视表下的附注。

2. 砌体的轴心抗拉强度、弯曲抗拉强度和抗剪强度设计值

需要注意的是，各类砌体的轴心抗拉强度、弯曲抗拉强度和抗剪强度都与块体的强度等级无关，只取决于灰缝的强度。因此，《砌体规范》只给出了沿砌体灰缝截面破坏时砌体的轴心抗拉强度设计值，见附表 11-10。根据沿齿缝或沿通缝的破坏特征、砌体种类以及砂浆强度等级，在表中查得强度设计值后，还需按附注的要求作出适当调整后，方可正式确定其强度设计值。

单排孔混凝土砌块对孔砌筑时，灌孔砌体的抗剪强度设计值 $f_{vg}$，应按以下公式计算：

$$f_{vg}=0.2f_g^{0.55} \tag{15-5a}$$

式中 $f_g$——灌孔砌体的抗压强度设计值，应按下列方法确定：

混凝土砌块砌体的灌孔混凝土强度等级不应低于 **Cb20**，且不应低于 **1.5 倍的块体强度等级**。灌孔混凝土的强度等级取同强度等级的混凝土强度指标。

灌孔混凝土砌块砌体的抗压强度设计值 $f_g$，应按以下公式计算：

$$f_g = f + 0.6\alpha f_c \tag{15-5b}$$

$$\alpha = \delta\rho \tag{15-5c}$$

式中 $f_g$——灌孔混凝土砌块砌体的抗压强度设计值，该值不应大于未灌孔砌体抗压强度设计值的 2 倍；

$f$——未灌孔混凝土砌块砌体的抗压强度设计值，应按附表 11-7 采用；

$f_c$——灌孔混凝土的轴心抗压强度设计值；

$\alpha$——混凝土砌块砌体中灌孔混凝土面积与砌体毛面积的比值；

$\delta$——混凝土砌块的孔洞率；

$\rho$——混凝土砌块砌体的灌孔率，系截面灌孔混凝土面积与截面孔洞面积的比值，灌孔率应根据受力和施工条件确定，且不应小于 33%。

**3. 特殊情况下各类砌体强度设计值的调整系数 $\gamma_a$**

（1）对无筋砌体构件，其截面面积小于 **0.3m²** 时，$\gamma_a$ 为其截面面积加 **0.7**；对配筋砌体构件，当其中砌体截面面积小于 **0.2m²** 时，$\gamma_a$ 为其截面面积加 **0.8**；构件截面面积以 "m²" 计；

（2）当砌体用强度等级小于 **M5.0** 的水泥砂浆砌筑时，对附表 11-4 至附表 11-10 各表中的数值，$\gamma_a$ 为 **0.9**；对附表 11-11 中数值，$\gamma_a$ 为 **0.8**；

（3）当验算施工中房屋的构件时，$\gamma_a$ 为 **1.1**。

施工阶段砂浆尚未硬化的新砌砌体的强度和稳定性，可按砂浆强度为零进行验算。对于冬期施工采用掺盐砂浆法施工的砌体，砂浆强度等级按常温施工的强度等级提高一级时，砌体强度和稳定性可不验算。配筋砌体不得用掺盐砂浆施工。

### 15.3.3 砌体的受压性能

**1. 砌体受压的受力全过程**

试验表明，轴心受压的砌体短柱从开始加载到破坏，也和钢筋混凝土构件一样经历了未裂阶段、裂缝阶段和破坏阶段三个阶段。

（1）未裂阶段 当荷载小于 50%~70% 破坏荷载时，压应力与压应变近似为线性关系，砌体中没有裂缝。

（2）裂缝阶段 当荷载达到 50%~70% 破坏荷载时，在单个块体内出现竖向裂缝，试件就进入裂缝阶段，如图 15-5（a）所示。这时如果停止加载，裂缝就停止发展。继续加载，单个块体的裂缝增多，并且开始贯通。这时如果停止加载，裂缝仍将继续发展。

**(3) 破坏阶段** 当荷载增大至 80%～90% 破坏荷载时,砌体上已形成几条上下连续贯通的裂缝,试件就进入破坏阶段,如图 15-5 (b) 所示。这时的裂缝已把砌体分成几个 1/2 块体的小立柱,砌体外鼓,最后由于个别块体被压碎或小立柱失稳而破坏,见图 15-5 (c)。

**2. 砌体受压时块体的受力机理**

试验表明,砌体的受压强度远低于块体的抗压强度,这主要是砌体的受压机理造成的。

**(1) 块体在砌体中处于压、弯、剪的复杂受力状态**

由于块体表面不平整,加上砂浆铺的厚度不匀,密实性也不均匀,致使单个块体在砌体中不是均匀受压,且还无序地受到弯曲和剪切作用,如图 15-6 所示。由于块体的抗弯、抗剪强度远低于抗压强度,因而就较早地使单个块体出现裂缝,导致块体的抗压能力不能充分发挥。**这是砌体抗压强度远低于块体抗压强度的主要原因。**

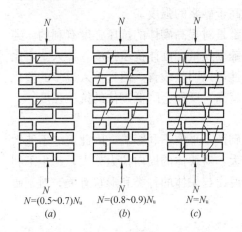

图 15-5 砌体受压的受力全过程
(a) 裂缝阶段;(b) 破坏阶段;(c) 破坏时

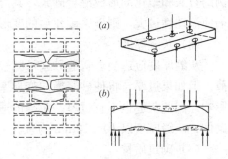

图 15-6 砌体内块体的复杂受力状态

**(2) 砂浆使块体在横向受拉**

通常,低强度等级的砂浆,它的弹性模量比块体的低,当砌体受压时,砂浆的横向变形比块体的横向变形大,**因此砂浆使得块体在横向受拉,从而降低了块体的抗压强度。**

**(3) 竖向灰缝中存在应力集中**

竖向灰缝不可能饱满,造成块体间的竖向灰缝处存在剪应力和横向拉应力的集中,使得块体受力更为不利。

**3. 影响砌体抗压强度的主要因素**

由上可知,凡是影响块体在砌体中充分发挥作用的各种主要因素,也就是影响砌体抗压强度的主要因素。

(1) 块体的种类、强度等级和形状

当砂浆强度等级相同，对同一种块体，如果块体的抗压强度高，则砌体的强度也高，因而砌体的抗压强度主要取决于块体的抗压强度。

当块体较高（厚）时，块体抵抗弯、剪的能力就大，故砌体的抗压强度会提高。当采用普通砖时，因厚度较小，块体内产生弯、剪应力的影响较大，所以在检验块体时，应使抗压强度和抗折强度都符合规定的标准。

块体外形是否平整也影响砌体的抗压强度，表面歪曲的块体，将引起较大的弯、剪应力，而表面平整的块体能有利于灰缝厚度的一致，减少弯、剪作用的影响，从而能提高砌体的抗压强度。

(2) 砂浆性能

砂浆强度等级高，砌体的抗压强度也高。如上所述，低强度等级的砂浆将使块体横向受拉，反过来，块体就使砂浆在横向受压，使砂浆处于三向受压状态，所以砌体的抗压强度可能高于砂浆强度；当砂浆强度等级较高时，块体与砂浆间的交互作用减弱，砌体的抗压强度就不再高于砂浆的强度。

砂浆的变形率小，流动性、保水性好都是对提高砌体的抗压强度有利的。纯水泥砂浆容易失水而降低流动性，将降低铺砌质量和砌体抗压强度。掺入一定比例的石灰和塑化剂形成混合砂浆，其流动性可以明显改善，但当掺入过多的塑化剂使流动性过大，则砂浆硬化后的变形率就高，反而会降低砌体的抗压强度。

(3) 灰缝厚度

灰缝厚度应适当。灰缝砂浆可减轻铺砌面不平的不利影响，因此灰缝不能太薄。但如果过厚，将使砂浆横向变形率增大，对块体的横向拉力就大，产生不利影响，因此灰缝也不宜过厚。灰缝的适宜厚度与块体的种类和形状有关。对于砖砌体，灰缝厚度以 10～12mm 为宜。

(4) 砌筑质量

砌筑质量的主要标志之一是灰缝质量，包括灰缝的均匀性、密实度和饱满程度等。灰缝均匀、密实、饱满可显著改善块体在砌体中的复杂受力状态，使砌体抗压强度明显提高。

**4. 砌体抗压强度平均值 $f_m$**

《砌体规范》规定，砌体抗压强度平均值 $f_m$ 按下式计算：

$$f_m = k_1 f_1^\alpha (1 + 0.07 f_2) k_2 \tag{15-6}$$

式中　　$f_1$——块体的抗压强度平均值（N/mm²）；

$f_2$——砂浆抗压强度平均值（N/mm²）；

$k_1$、$\alpha$、$k_2$——系数，按表 15-3 取用。

在表 15-3 中，表列条件以外时的 $k_2=1$。

对表 15-3 所列混凝土砌块，当 $f_2>10\text{N/mm}^2$ 时，应乘以 $(1.1-0.01 f_2)$ 以降低砂浆的影响，此式适用于 $f_2 \geqslant f_1$，$f_1 \leqslant 20\text{N/mm}^2$ 的情况；当为 MU20 的

砌块时还应乘系数 0.95。

轴心抗压强度平均值 $f_m$ （N/mm²） 表 15-3

| 砌体种类 | $f_m = k_1 f_1^\alpha (1+0.07f_2) k_2$ | | |
|---|---|---|---|
| | $k_1$ | $\alpha$ | $k_2$ |
| 烧结普通砖、烧结多孔砖、蒸压灰砂普通砖、蒸压粉煤灰普通砖、混凝土普通砖、混凝土多孔砖 | 0.78 | 0.5 | 当 $f_2<1$ 时，$k_2=0.6+0.4f_2$ |
| 混凝土砌块、轻集料混凝土砌块 | 0.46 | 0.9 | 当 $f_2=0$ 时，$k_2=0.8$ |
| 毛料石 | 0.79 | 0.5 | 当 $f_2<1$ 时，$k_2=0.6+0.4f_2$ |
| 毛石 | 0.22 | 0.5 | 当 $f_2<2.5$ 时，$k_2=0.4+0.24f_2$ |

### 15.3.4 砌体的轴心抗拉、抗弯、抗剪性能

**1. 砌体的轴心抗拉性能**

(1) 砌体轴心受拉的破坏形态

按轴心拉力方向的不同，砌体轴心受拉有沿齿缝截面破坏、沿块体与竖向灰缝截面破坏和沿通缝截面破坏等三种破坏形态。砌体弯曲受拉的破坏形态与轴心受拉的相同，分别见图 15-7 (a)、(b)、(c)。

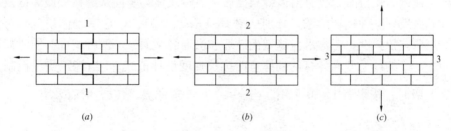

图 15-7 砌体轴心受拉的三种破坏形态
(a) 沿齿缝截面破坏；(b) 沿块体与竖向灰缝截面破坏；(c) 沿通缝截面破坏

(2) 砂浆与块体间的粘结强度

砌体的轴心受拉破坏，一般都发生在砂浆与块体的连接面上，因此砌体的抗拉强度主要取决于砂浆与块体之间的粘结强度。按力作用方向的不同，粘结强度分为力垂直于灰缝面的法向粘结强度与力平行于灰缝面的切向粘结强度两种，分别示于图 15-8 (a) 和 (b)。粘结强度主要与砂浆的强度等级有关，但分散性较大。由于法向粘结强度往往不易保证，所以在工程中不允许设计利用法向粘结强度的轴心受拉构件。也就是说，沿通缝截面破坏是不允许的。

砂浆与块体间的粘结强度在竖向灰缝内和在水平灰缝内是不同的。在竖向灰缝内由于砂浆没有填满加上砂浆硬化时的收缩，大大地削弱了粘结强度，因此在计算中不应考虑竖向灰缝的粘结强度。在水平灰缝中，当砂浆硬化收缩时，砌体

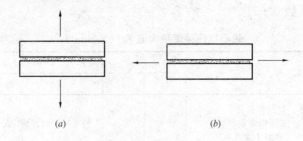

图 15-8 水平灰缝的两种粘结强度

(a) 垂直于灰缝面；(b) 平行于灰缝面

下沉，增加了上、下块体间的摩擦力，使粘结强度提高，因此在计算中应考虑水平灰缝的粘结强度。

《砌体规范》对砌体的轴心抗拉强度只考虑沿齿缝截面破坏的情况，并只计及水平灰缝的粘结强度；同时规定龄期为 28d 的以毛截面计算的各类砌体的轴心抗拉强度设计值 $f_t$，当施工质量控制等级为 B 级时，按附表 11-10 采用。当砌体内块体的搭接长度与块体高度的比值 $\frac{l}{h}<1$ 时，应按轴心抗拉强度乘以比值 $\frac{l}{h}$ 后采用。

2. 砌体的弯曲抗拉强度

砌体弯曲受拉时，也有沿齿缝截面破坏、沿块体与竖向灰缝截面破坏以及沿通缝截面破坏三种破坏形态，分别见图 15-9 (a)、(b)、(c)。《砌体规范》对砌体的弯曲抗拉强度只考虑沿齿缝截面破坏和沿通缝截面破坏两种情况。同时规定龄期为 28d 的以毛截面计算的砌体弯曲抗拉强度设计值 $f_{tm}$，当施工质量控制等级为 B 级时，按附表 11-10 采用。当 $\frac{l}{h}<1$ 时，应将 $f_{tm}$ 乘以 $\frac{l}{h}$ 值后采用。

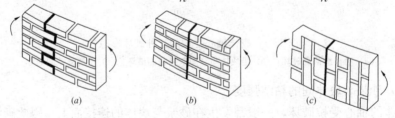

图 15-9 砌体弯曲受拉的三种破坏形态

(a) 沿齿缝截面破坏；(b) 沿块体与竖向灰缝截面破坏；(c) 沿通缝截面破坏

3. 砌体的抗剪强度

受纯剪作用的砌体有沿通缝截面破坏和沿阶梯形截面破坏两种破坏形态，分别如图 15-10 (a)、(b) 所示。实际上砌体很难遇到受纯剪作用的情况，通常遇到的是压剪作用的情况，其破坏形态与纯剪的有很大不同。

《砌体规范》规定龄期为 28d 的以毛截面计算的各类砌体的抗剪强度设计值 $f_v$，当施工质量控制等级为 B 级时，按附表 11-10 采用。

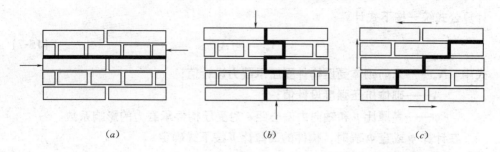

图 15-10 受剪作用的砌体截面破坏形态
(a) 沿通缝截面破坏；(b) 沿齿缝截面破坏；(c) 沿阶梯形截面破坏

### 15.3.5 砌体的弹性模量、线膨胀系数、收缩率和摩擦系数

砌体的弹性模量是在砌体的压应力—应变曲线上，取应力 $\sigma_A = 0.43 f_u$ 点的割线模量作为弹性模量的，$f_u$ 为砌体抗压强度极限值，见图 15-11。《砌体规范》规定的砌体弹性模量见附表 11-1。

砌体的线膨胀系数和收缩率见附表 11-2。一般烧结普通砖的这两项指标都较小，而混凝土和轻骨料混凝土砌体则相对大些，应采取相应措施防止出现因膨胀和收缩引起的裂缝。

在确定砌体的摩擦系数时，应考虑摩擦面处于干燥或是潮湿的状态。《砌体规范》规定的砌体摩擦系数见附表 11-3。

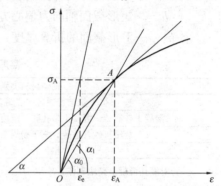

图 15-11 砌体弹性模量的取值方法

## §15.4 砌体结构构件的承载力

### 15.4.1 无筋砌体构件的受压承载力

**1. 受压承载力计算公式**

与钢筋混凝土受压构件不同的是，**在砌体结构中，受压构件的长细比是用高厚比 $\beta$ 来表示的，$\beta \leqslant 3$ 的为短柱，$\beta > 3$ 的为长柱。**

偏心受压构件的偏心距较大时，受压面积相应减小，构件的刚度和稳定性也随之削弱，最终导致构件承载力进一步降低。因此《砌体规范》规定，偏心距 $e$ 的计算值不应超过 $0.6y$，$y$ 为截面重心到轴向力所在偏心方向截面边缘的距离，当超过 $0.6y$ 时，则应采取减小轴向力偏心距的措施。

**不论短柱、长柱，轴心受压还是偏心受压，无筋砌体受压构件的受压承载力**

计算公式统一按下式计算：

$$N_u = \varphi f A \tag{15-7}$$

式中　$N_u$——无筋砌体受压构件受压承载力设计值；
　　　$A$——砌体抗压强度设计值；
　　　$\varphi$——高厚比 $\beta$ 和轴向力偏心距 $e$ 对受压构件承载力的影响系数。

在计算 $\varphi$ 或查 $\varphi$ 表时，构件的高厚比 $\beta$ 按下式确定：

对矩形截面

$$\beta = \gamma_\beta \frac{H_0}{h} \tag{15-8}$$

对 T 形截面

$$\beta = \gamma_\beta \frac{H_0}{h_T} \tag{15-9}$$

式中　$\gamma_\beta$——不同砌体材料构件的高厚比修正系数，按表15-4采用；
　　　$H_0$——受压构件的计算高度，按表15-10确定；
　　　$h$——矩形截面轴向力偏心方向的边长，当轴心受压时为截面较小边长；
　　　$h_T$——T 形截面的折算厚度，可近似按 $3.5i$ 计算，$i$ 为截面回转半径。

高厚比修正系数 $\gamma_\beta$　　　　　表 15-4

| 砌体材料类别 | $\gamma_\beta$ |
|---|---|
| 烧结普通砖、烧结多孔砖 | 1.0 |
| 混凝土普通砖、混凝土多孔砖、混凝土及轻骨料混凝土砌块 | 1.1 |
| 蒸压灰砂普通砖、蒸压粉煤灰普通砖、细料石 | 1.2 |
| 粗料石、毛石 | 1.5 |

注：对灌孔混凝土砌块砌体，$\gamma_\beta$ 取 1.0。

与钢筋混凝土结构构件的承载力计算不同，砌体结构构件的承载力计算基本上都是承载力的复核问题。

对矩形截面构件，当轴向力偏心方向的截面边长大于另一方向的边长时，除按偏心受压计算外，还应对较小边长方向，按轴心受压进行验算。

2. 受压构件承载力影响系数 $\varphi$

(1) 短柱

试验表明，对于高厚比 $\beta \leqslant 3$ 的矩形、T 形、十字形和环形截面的偏心受压短柱，其受压构件承载力影响系数 $\varphi$ 和偏心距 $e$ 与截面回转半径 $i$ 的比值 $e/i$ 大致接近反二次抛物线的关系，如图 15-12 所示。因此，对矩形截面

$$\varphi = \frac{1}{1+(e/i)^2} \tag{15-10}$$

$$\varphi = \frac{1}{1+12\left(\dfrac{e}{h}\right)^2} \tag{15-11}$$

式中　$e$——轴向力偏心距，$e=M/N$，$M$、$N$ 分别为计算截面的弯矩设计值和轴向压力设计值，轴心受压时，$e=0$，$\varphi=1$；

$i$——矩形截面回转半径,$i=\dfrac{h}{\sqrt{12}}$,故适用于矩形截面 $\varphi$ 的表达式见式(15-11);

$h$——矩形截面轴向力偏心方向的边长。

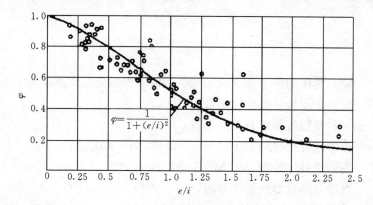

图 15-12 $\varphi$ 值试验曲线

对矩形截面受压构件,当轴向力偏心方向的截面边长大于另一方向的边长时,除按偏心受压计算外,还应对较小边长方向按轴心受压进行验算,取两者中的小值作为承载力。

对 T 形截面构件
$$\varphi = \dfrac{1}{1+12\left(\dfrac{e}{h_T}\right)^2} \tag{15-12}$$

式中 $h_T$——T 形截面折算厚度,可近似取 $h_T = 3.5i$;

$i$——T 形截面回转半径,$i=\sqrt{I/A}$,$I$ 为偏心方向的截面惯性矩,$A$ 为截面面积。

$\varphi$ 也可不按公式计算,而直接由附表 11-12 中按 $\beta \leqslant 3$ 的项来查取。

(2) 长柱

对于 $\beta > 3$ 的长柱,$\varphi$ 不仅与偏心距有关,还与高厚比 $\beta$ 有关,这时 $\beta$ 对 $\varphi$ 的影响体现在考虑纵向弯曲引起的附加偏心距 $e_i$ 中。

对矩形截面
$$\varphi = \dfrac{1}{1+12\left(\dfrac{e+e_i}{h}\right)^2} \tag{15-13}$$

研究表明,$e_i$ 主要与轴心受压构件的稳定系数 $\varphi_0$ 有关,可以用下式表示:
$$e_i = \dfrac{h}{\sqrt{12}}\sqrt{\dfrac{1}{\varphi_0}-1} \tag{15-14}$$

将上式代入式 (15-13),得 $\varphi$ 的计算式

对矩形截面
$$\varphi = \cfrac{1}{1+12\left[\cfrac{e}{h}+\sqrt{\cfrac{1}{12}\left(\cfrac{1}{\varphi_0}-1\right)}\right]} \qquad (15\text{-}15)$$

对 T 形截面
$$\varphi = \cfrac{1}{1+12\left[\cfrac{e}{h_T}+\sqrt{\cfrac{1}{12}\left(\cfrac{1}{\varphi_0}-1\right)}\right]} \qquad (15\text{-}16)$$

$$\varphi_0 = \frac{1}{1+\alpha\beta^2} \qquad (15\text{-}17)$$

式中　$e_i$——偏心受压构件考虑纵向弯曲引起的附加偏心距，$\beta \leqslant 3$ 时，$e_i=0$；

　　　$\varphi_0$——轴心受压构件的稳定系数；

　　　$\alpha$——与砂浆强度等级有关的系数；

　　　　　当砂浆强度等级大于或等于 M5 时，$\alpha=0.0015$；

　　　　　当砂浆强度等级等于 M2.5 时，$\alpha=0.002$；

　　　　　当砂浆强度等级等于 0 时，$\alpha=0.009$。

长柱的 $\varphi$ 值除按公式计算外，也可按附表 11-12 中 $\beta>3$ 的项来查取。

【**例 15-1**】 已知：有一截面为 370mm×490mm 的独立砖柱，采用 MU10 烧结普通砖及 M5 混合砂浆砌筑，柱的计算高度 $H_0=4.2$m，柱顶的轴向压力设计值 $N=110$kN。

求：验算其受压承载力。

【**解**】 用砂浆砌筑的机制砖砌体的重力密度为 19kN/m³，故砖柱自重的轴向力设计值为 $19\times0.37\times0.49\times4.2\times1.2=17.36$kN

柱底截面轴向力设计值 $N=110+23=127.36$kN

计算 $\varphi$ 时的高厚比

$$\beta = \gamma_\beta \frac{H_0}{b}$$

由表 15-4 知，$\gamma_\beta=1.0$

$$\beta = 1\times\frac{4200}{370}=11.35>3，\text{是长柱}$$

查附表 11-12-1 中的 $\dfrac{e}{h}=0$ 的项，得 $\varphi=0.836$。

因为砖柱截面面积 $A=0.37\times0.49=0.1813\text{m}^2<0.3\text{m}^2$，故砌体强度设计值应乘以调整系数

$$\gamma_a = 0.7+A = 0.7+0.1813 = 0.8813$$

由附表 11-4 知，M5 与 MU10 的烧结普通砖砌体抗压强度设计值 $f=1.50\text{N/mm}^2$，因为是独立柱，还应乘以强度调整系数 $\gamma_a=0.7$，即 $f=0.7\times1.50=1.05\text{N/mm}^2$。故此独立砖柱的截面轴向受压承载力为：

$$N_u = \varphi\gamma_a fA = 0.836\times0.8813\times1.05\times370\times490\text{N}$$
$$=133.58\text{kN}>N=127.36（\text{安全}）$$

## §15.4 砌体结构构件的承载力

【例 15-2】 已知：截面为 500mm×600mm 的单排孔且对孔砌筑的小型轻骨料混凝土空心砌块独立柱，采用 MU15 砌块及 Mb10 砂浆砌筑，设在截面两个方向的柱计算高度相同，即 $H_0=5.4$m，该柱承受的荷载设计值 $N=420$kN，在长边方向的偏心距 $e=95$mm。

求：试验算其受压承载力。

【解】 (1) 对偏心方向验算受压承载力

$$\frac{e}{h} = \frac{0.095}{0.6} = 0.158$$

$\beta = \frac{5.4}{0.6} = 9$，因块材采用的是小型轻骨料混凝土，由表 15-4 知 $\gamma_\beta = 1.1$，取 $\beta = 1.1 \times 9 = 9.9$

查附表 11-12-1 得 $\varphi = 0.54$

$$A = 0.5 \times 0.6 = 0.3 \text{m}^2$$

查附表 11-7 得 $f = 4.02 \text{N/mm}^2$

因为是独立柱，还应乘以强度调整系数 $\gamma_a = 0.7$，则抗压强度设计值为：

$$f = 0.7 \times 4.02 = 2.81 \text{N/mm}^2$$

则 $N_u = \varphi f A = 0.54 \times 2.81 \times 0.3 \times 10^3 = 455.2$kN $> N = 420$kN（安全）

(2) 出平面按轴心受压验算

$\beta = \frac{5.4}{0.5} = 10.8$，乘以材料修正系数 $\gamma_\beta = 1.1$ 后，取 $\beta = 1.1 \times 10.8 = 11.88$

查附表 11-12-1 得 $\varphi = 0.83$

$N_u = \varphi f A = 0.83 \times 2.81 \times 0.3 \times 10^3 = 699.7$kN $> N = 420$kN（安全）

【例 15-3】 已知：图 15-13 示出了一单层单跨无吊车工业房屋的窗间墙截面，计算高度 $H_0 = 10.5$m，墙用 MU15 烧结多孔砖及 M5 水泥砂浆砌筑，承受轴向力设计值 $N=680$kN，荷载设计值产生的偏心距 $e=115$mm，且偏向翼缘。

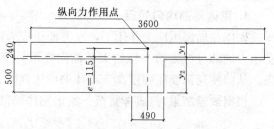

图 15-13 例 15-3 中的图

求：该窗间墙截面的受压承载力。

【解】 (1) 计算折算厚度 $h_T$

$$A = 3.6 \times 0.24 + 0.5 \times 0.49 = 1.109 \text{m}^2$$

$$y_1 = \frac{3.6 \times 0.24 \times 0.12 + 0.49 \times 0.5 \times 0.49}{1.109} = 0.202 \text{m}$$

$$e = 115\text{mm} < 0.6 y_1 = 121\text{mm}$$

$$y_2 = 0.5 + 0.24 - 0.202 = 0.538\text{m}$$

$$I = \frac{3.6 \times 0.24^3}{12} + 3.6 \times 0.24 \times (0.202 - 0.12)^2 + \frac{0.49 \times 0.5^3}{12}$$

$$+ 0.49 \times 0.5 \times (0.538 - 0.25)^2 = 0.0352\text{m}^4$$

$$i = \sqrt{\frac{I}{A}} = \sqrt{\frac{0.0352}{1.109}} = 0.178\text{m}$$

$$h_T = 3.5i = 3.5 \times 0.178 = 0.623\text{m}$$

(2) 求 $\varphi$ 值

$$\beta = \frac{H_0}{h_T} = \frac{9.5}{0.623} = 15.24$$

$$\frac{e}{h_T} = \frac{0.115}{0.623} = 0.185$$

查附表 11-12-1 得 $\varphi = 0.40$。

(3) 求 $f$ 值

查附表 11-4 得 $f = 1.83\text{N/mm}^2$，因采用水泥砂浆砌筑，$\gamma_a = 0.9$，取 $f = 0.9 \times 1.83 = 1.65\text{ N/mm}^2$。

(4) 验算

$$N_u = \varphi f A = 0.40 \times 1.65 \times 1.109 \times 10^3 = 731.9\text{kN} > N = 680\text{kN}(安全)$$

### 15.4.2 无筋砌体局部受压承载力计算

无筋砌体局部受压可分为：砌体局部均匀受压、梁端支座处砌体局部受压、垫块下砌体局部受压和垫梁下砌体局部受压等四种情况，分述如下。

**1. 砌体局部均匀受压**

砌体在局部压应力作用下，一方面压应力向四周扩散，另一方面没有直接承受压力的部分像套箍一样约束其横向变形，使该处砌体处于三向受压的应力状态，从而使局部受压强度高于砌体的抗压强度。

根据试验结果，《砌体规范》给出砌体局部均匀受压承载力计算公式为：

$$N_l \leqslant \gamma f A_l \tag{15-18}$$

$$\gamma = 1 + 0.35\sqrt{\frac{A_0}{A_l} - 1} \tag{15-19}$$

式中 $N_l$——局部受压面积上轴向力设计值；

$A_l$——局部受压面积；

$\gamma$——砌体局部抗压强度提高系数；

$f$——砌体的抗压强度设计值，局部受压面积小于 $0.3\text{m}^2$，可不考虑强度调整系数 $\gamma_a$ 的影响；

$A_0$——影响砌体局部抗压强度的计算面积，按表 15-5 确定。

### 计算面积 $A_0$ 与 $\gamma$ 最大值　　　　　表 15-5

| 情况 | 示意图 | $A_0$ | $\gamma$ 最大值 普通砌体 | $\gamma$ 最大值 灌孔的混凝土砌块砌体 |
|---|---|---|---|---|
| 情况一 |  | $h(a+c+h)$ | ≤2.5 | ≤1.5 |
| 情况二 |  | $h(b+2h)$ | ≤2.0 | ≤1.5 |
| 情况三 |  | $(a+h)h+(b+h_1-h)h_1$ | ≤1.5 | ≤1.5 |
| 情况四 |  | $h(a+h)$ | ≤1.25 | ≤1.25 |

注：1. $a$、$b$ 为矩形局部受压面积 $A_l$ 的边长；
　　2. $h$、$h_1$ 为墙厚或柱的较小边长、墙厚；
　　3. $c$ 为矩形局部受压面积的外边缘至构件边缘的较小距离，当大于 $h$ 时，应取为 $h$；
　　4. 未灌孔混凝土砌块砌体，$\gamma=1.0$，对多孔砖砌体孔洞难以灌实时，应取 $\gamma=1.0$。

一般说来，在砌体截面中心局部受压时，周围砌体的计算面积与局部受压面积的比值 $A_0/A_l$ 越大，则周围砌体的约束作用就越强，砌体的局部抗压强度就越高。试验表明，当 $A_0/A_l$ 较大时就会出现危险的劈裂破坏，因此，对 $\gamma$ 最大值应有所限制，如表 15-5 所示。

**2. 梁端局部受压**

当梁端支承在砌体上时，如图 15-14、图 15-15 所示，由于梁端产生转角，压应力分布是不均匀的，局部受压面积与梁端有效支承长度 $a_0$ 有关。当梁端上部作用荷载时，局部受压面积上既作用有上部砌体传来的轴向力，又要承受梁端传入的支承压力，故

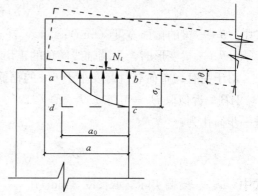

图 15-14　梁端砌体局部受压

在验算梁端局部受压承载力时要考虑这两种受力情况。

(1) 梁端有效支承长度 $a_0$

在梁端支承处，梁的弯曲变形及梁端下砌体的压缩变形，使梁端产生转角，造成砌体承受的局部压应力为曲线分布，局部受压面积上的应力是不均匀的；同时梁端下面传递压力的长度 $a_0$ 可能小于梁深入墙或柱内的实际支承长度 $a$，一般将 $a_0$ 称为梁的有效支承长度。$a_0$ 取决于梁的刚度、梁伸入支座的长度 $a$ 和砌体弹性模量。

假设梁端下实际压应力分布图形的面积与该图形的最大压应力 $\sigma_l$ 所确定的矩形应力图形面积的比值为 $\eta$，亦即压应力图形完整系数 $\left(\eta=\dfrac{A_{abc}}{A_{abcd}}\right)$，见图15-14，则由梁端的截离体平衡条件可写出由梁传来的支承压力为：

$$N_l = \eta \sigma_l a_0 b \tag{15-20}$$

式中 $N_l$——作用在局部受压面积上由梁传来的支承压力设计值（N）；

$\sigma_l$——局部受压面积边缘处最大压应力（N/mm²）；

$a_0$——梁端有效支承长度（mm）；

$\eta$——压应力图形完整系数；

$b$——梁的截面宽度（mm）。

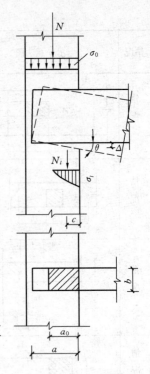

图15-15 有上部荷载时的梁下局部受压

梁端转角 $\theta$、支座边缘处的压缩变形 $\Delta$ 及 $a_0$ 三者的几何关系为：$\Delta = a_0 \tan\theta$。假设砌体的压缩刚度系数为 $k$，则试验表明，可将 $\sigma_l$ 与 $\Delta$ 的关系近似表示为 $\sigma_l = k\Delta$，可得 $a_0 = \sqrt{\dfrac{N_l}{\eta k b \tan\theta}}$，若近似取 $\eta k = 0.0007 f$，则有

$$a_0 = 38\sqrt{\dfrac{N_l}{bf\tan\theta}} \tag{15-21}$$

式中 $b$——梁的截面宽度（mm）；

$\tan\theta$——梁变形时，梁端轴线倾角的正切。

对于受有均布荷载且跨度小于6m的钢筋混凝土简支梁，$N_l = ql/2$，$\tan\theta = ql^3/24B_c$，近似取 $B_c = 0.33 E_c I_c$，$E_c = 2.55 \times 10^4 \text{N/mm}^2$，$l/h_c = 11$，则上式可进一步简化为：

$$a_0 = 10\sqrt{\dfrac{h_c}{f}} \leqslant a \tag{15-22}$$

式中 $a$——梁端实际支承长度（mm）；

$h_c$——梁的截面高度（mm）；

$f$——砌体抗压强度设计值（N/mm²）。

为简化计算，《砌体规范》根据试验结果并在确保局部受压安全度的情况下，规定在梁的常用跨度情况下，梁的有效支承长度均可按式（15-22）计算。

（2）梁端支承处砌体局部受压承载力

如图 15-15 所示，梁端支承处除了承受梁端的支承压力 $N_l$ 之外，一般还可能承受上部均匀荷载所产生的压应力 $\sigma_0$。根据应力叠加原理，梁端支承处砌体局部受压的承载力可按下式复核：

$$\psi N_0 + N_l \leqslant \eta f A_l \tag{15-23}$$

式中 $\psi$——上部荷载的折减系数，$\psi=1.5-0.5A_0/A_l$，当 $A_0/A_l \geqslant 3$ 时，取 $\psi=0$；

$N_0$——局部受压面积内上部轴向力设计值（N），$N_0=\sigma_0 A_l$；

$\sigma_0$——上部平均压应力设计值（N/mm²）；

$\eta$——梁端底面压应力图形完整系数，一般取 0.7，对于过梁和墙梁取 1.0；

$A_l$——局部受压面积，$A_l=a_0 b$。

其余符号意义同前。

在式（15-23）中，引入了上部荷载的折减系数 $\psi$，这是根据试验结果，认为由上部砌体传给梁端支承面的压力 $N_0$ 将会部分或全部传给梁端周围的砌体，形成所谓"内拱卸荷作用"。这种"内拱卸荷作用"与 $\dfrac{A_0}{A_l}$ 值有关，当 $\dfrac{A_0}{A_l} \geqslant 3$ 时，$\psi=0$，即可不计入 $N_0$；当 $\dfrac{A_0}{A_l}=1$ 时，$\psi=1$，即上部砌体传来的压力 $N_0$ 将全部作用在梁端局部受压面积上。

**3. 梁端下设有刚性垫块的砌体局部受压承载力**

当梁端支承处砌体局部受压承载力不足时，可通过在梁端下设置混凝土或钢筋混凝土刚性垫块，以增大梁对墙体的局部受压面积，防止局部受压破坏，如图 15-16 所示。刚性垫块的高度不宜小于 180mm，自梁边算起的垫块挑出长度不宜大于垫块高度 $t_b$。

试验表明，刚性垫块下砌体的局部受压承载力应按垫块下砌体局部受压计

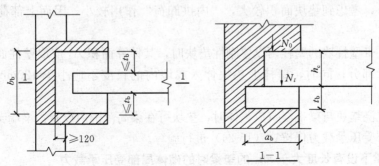

图 15-16 刚性垫块下局部受压计算简图

算，这时可借用砌体偏心受压强度公式进行复核，其计算公式为：

$$N_0 + N_l \leqslant \varphi \gamma_1 f A_b \tag{15-24}$$

式中　$N_0$——垫块面积 $A_b$ 内上部轴向力设计值（N），$N_0 = \sigma_0 A_b$；

　　　$A_b$——垫块面积（$mm^2$），$A_b = a_b \cdot b_b$；

　　　$\varphi$——垫块上 $N_0$ 与 $N_l$ 合力的影响系数，可查附表 11-12，取 $\beta \leqslant 3$ 时的相应值；

　　　$\gamma_1$——垫块外砌体面积的有利影响系数，$\gamma_1 = 0.8\gamma \geqslant 1.0$；$\gamma$ 为砌体局部抗压强度提高系数，按式（15-19）计算，但以 $A_b$ 代替 $A_l$，即

$$\gamma_1 = 0.8 + 0.28\sqrt{\frac{A_0}{A_b} - 1} \tag{15-25}$$

式中　$a_b$——垫块伸入墙内的长度（mm）；

　　　$b_b$——垫块的宽度（mm）；

　　　$A_0$——应按垫块面积 $A_b$ 为 $A_l$ 计算的影响砌体局部抗压强度的计算面积（$mm^2$）（按表 15-5 取值）。

当求垫块上 $N_0$ 与 $N_l$ 合力的影响系数 $\varphi$ 时，需要知道 $N_l$ 的作用位置。垫块上 $N_0$ 与 $N_l$ 的合力到墙边缘的距离取为 $0.4a_0$，这里 $a_0$ 为刚性垫块上梁的有效支承长度，按下式计算：

$$a_0 = \delta_1 \sqrt{\frac{h_c}{f}} \tag{15-26}$$

式中　$h_c$ 和 $f$——与式（15-22）中的含义相同；

　　　$\delta_1$——刚性垫块影响系数，依据上部平均压应力设计值 $\sigma_0$ 与砌体抗压强度设计值 $f$ 的比值按表 15-6 取用。

系数 $\delta_1$ 值表　　　　　　　　　　表 15-6

| $\sigma_0/f$ | 0 | 0.2 | 0.4 | 0.6 | 0.8 |
|---|---|---|---|---|---|
| $\delta_1$ | 5.4 | 5.7 | 6.0 | 6.9 | 7.8 |

注：表中其间的数值可采用插入法求得。

此外，考虑到垫块面积较大，"内拱卸荷"作用较小，因而上部荷载不予折减。

当在带壁柱墙的壁柱内设置刚性垫块时，其计算面积 $A_0$ 应取壁柱面积，不计算翼缘部分；同时，壁柱上垫块伸入翼墙内的长度不应小于 120mm，见图 15-16。

当现浇垫块与梁端浇筑成整体时，垫块可在梁高范围内设置，梁端支承处砌体的局部受压承载力仍按式（15-24）进行验算。

**4. 梁下设有长度大于 $\pi h_0$ 的垫梁时的砌体局部受压承载力**

当梁支承在钢筋混凝土垫梁上（如圈梁），则可利用垫梁把大梁传来的集中

荷载分散到一定宽度的墙上去。这时,可以把垫梁看做一根承受集中荷载的弹性地基梁。试验结果表明,梁端传来的力在砌体上的分布范围较大,当垫梁下砌体发生局压破坏时,梁下竖向压应力峰值与砌体强度之比均在 1.5 以上。因此,《砌体规范》参照弹性地基梁理论,规定垫梁下砌体可提供压应力的范围为 $\pi h_0$,其应力分布按三角形考虑。根据图 15-17,垫梁下砌体局部受压强度验算条件为:

$$\sigma_{ymax} \leqslant 1.5f \tag{15-27}$$

则

$$N_0 + N_l \leqslant (\sigma_{ymax} \pi h_0 b_b)/2 = (1.5f\pi h_0 b_b)/2 \approx 2.4fb_b h_0 \tag{15-28}$$

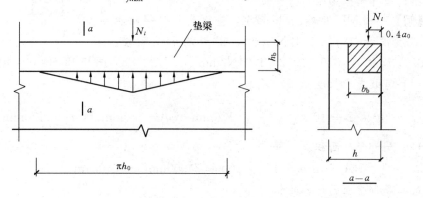

图 15-17 垫梁局部受压

考虑到荷载沿墙厚方向分布的不均匀性,上式右边应乘以系数 $\delta_2$,则局部受压承载力应按下列公式复核:

$$N_0 + N_l \leqslant 2.4\delta_2 fb_b h_0 \tag{15-29}$$

$$N_0 = \pi h_0 b_b \sigma_0 / 2 \tag{15-30}$$

$$h_0 = 2\sqrt[3]{E_c I_c/(Eh)} \tag{15-31}$$

式中 $N_0$——垫梁 $\pi h_0 b_b/2$ 范围内上部轴向力设计值(N);

$b_b$——垫梁在墙厚方向的宽度(mm);

$\delta_2$——当荷载沿墙厚方向均匀分布时,$\delta_2$ 取 1.0;不均匀分布时,$\delta_2$ 可取 0.8;

$h_0$——垫梁折算高度(mm);

$E_c$ 和 $I_c$——垫梁的弹性模量(N/mm²)和截面惯性矩(mm⁴);

$E$——砌体的弹性模量;

$h$——墙厚(mm)。

垫梁上梁端有效支承长度 $a_0$ 可按式(15-26)计算。

式 (15-31) 是按弹性地基梁计算的最大应力 $\sigma_{ymax} = 0.306\sqrt[3]{\dfrac{E_b I_b}{Eh}} \cdot N_l/b_b$，用 $N_l = (\sigma_{ymax} \pi h_0 b_b)/2$ 代入后推导得到的近似表达式。

【**例 15-4**】 已知：某房屋外纵墙的窗间墙截面尺寸为 1200mm×370mm，如图 15-18 所示，采用 MU20 烧结普通砖、M5 水泥砂浆砌筑。墙上支承的钢筋混凝土大梁截面尺寸为 200mm×550mm，支承长度 $a=240$mm。梁端荷载产生的支承反力设计值为 $N_l=85$kN，上部荷载产生的轴向压力设计值 $N_0$ 为 86.4kN。

求：验算梁端砌体的局部受压承载力。

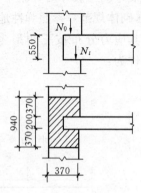

图 15-18 例 15-4 中的图

【**解**】 由 MU20 砖、M5 砂浆，查附表 11-4 得砌体抗压强度设计值 $f=2.12\text{N/mm}^2$，因为是水泥砂浆，$\gamma_a=0.9$，故取 $f=0.9\times2.12=1.91\text{N/mm}^2$。

(1) 有效支承长度

$$a_0 = 10\sqrt{\dfrac{h_c}{f}} = 10\times\sqrt{\dfrac{550}{1.91}} = 170\text{mm} < a = 240\text{mm}, \text{取 } a_0 = 170\text{mm}$$

(2) 局部受压面积

$$A_l = a_0 b = 170\times200 = 34000\text{mm}^2 = 0.034\text{m}^2$$

(3) 局部受压的计算面积

由表 15-5 中的情况二知

$$A_0 = (200+2\times370)\times370 = 347800\text{mm}^2 = 0.3478\text{m}^2$$

$$\dfrac{A_0}{A_l} = \dfrac{0.3478}{0.034} = 10.23 > 3，不需考虑上部荷载 N_0 的影响。$$

(4) 砌体局部抗压强度提高系数

$$\gamma = 1+0.35\sqrt{\dfrac{A_0}{A_l}-1} = 1+0.35\sqrt{10.23-1} = 2.06 > 2，取 \gamma = 2$$

(5) 梁端支承处砌体局部受压承载力计算

$$\eta\gamma A_l f = 0.7\times2\times0.034\times1.91\times10^6$$
$$= 90.92\text{kN} > \psi N_0 + N_l = 0+85 = 85\text{kN}（安全）$$

【**例 15-5**】 已知：除 $N_l=115$kN 外，其他条件与例 15-4 相同。

求：试验算局部受压承载力。

【**解**】 显而易见，梁端不设垫块或垫梁，梁下砌体的局部受压承载力是不能满足的。故设置预制刚性垫块，其尺寸为 $A_b = a_b \times b_b = 240\times600 = 144000\text{mm}^2 = 0.144\text{m}^2$

(1) 求 $\gamma_1$ 值

$b_0 = b+2h = 600+2\times370 = 1340 > 1200$mm，已超过窗间墙实际宽度，取 $b_0$

$=1200$mm。
$$A_0 = 370 \times 1200 = 444000 \text{mm}^2 = 0.44\text{m}^2$$
$$\gamma = 1 + 0.35\sqrt{\frac{A_0}{A_b} - 1} = 1 + 0.35\sqrt{\frac{0.44}{0.144} - 1} = 1.50, \gamma_1 = 0.8\gamma = 1.2$$

(2) 求 $\varphi$ 值

由于上部荷载作用在整个窗间墙上，则
$$\sigma_0 = \frac{265000}{1200 \times 370} = 0.60\text{N/mm}^2$$

作用在垫块上的 $N_0 = \sigma_0 A_b = 0.60 \times 144000 = 86400\text{N} = 86.4\text{kN}$
$$\frac{\sigma_0}{f} = \frac{0.60}{1.91} = 0.314, 查表 15-6 得, \delta_1 = 5.87$$

梁端有效支承长度
$$a_0 = \delta_1\sqrt{\frac{h_c}{f}} = 5.87 \times \sqrt{\frac{550}{1.91}} = 99.6\text{mm} < a = 240\text{mm}$$

取 99.6mm 计算，$N_l$ 作用点离边缘为 $0.4a_0 = 0.4 \times 99.6\text{mm} = 39.8\text{mm}$，$(N_0 + N_l)$ 对垫块形心的偏心距 $e$ 为：
$$e = \frac{N_l\left(\frac{a_b}{2} - 0.40 a_0\right)}{N_0 + N_l} = \frac{115(120 - 39.8)}{86.4 + 115} = 45.79\text{mm}$$

$$\frac{e}{h} = \frac{45.79}{240} = 0.191, 查附表 11-12-1 得 \varphi = 0.70$$

(3) 承载力复核
$$\varphi\gamma_1 f A_b = 0.70 \times 1.2 \times 1.91 \times 0.144 \times 10^6 \text{N}$$
$$= 231\text{kN} > (N_0 + N_l) = (86.4 + 115) = 201.4\text{kN}(安全)$$

### 15.4.3 砌体轴心受拉、受弯、受剪承载力计算

**1. 轴心受拉构件**

砌体轴心受拉承载力是很低的，因此工程上采用砌体轴心受拉的构件很少。在容积不大的圆形水池或筒仓中，可将池壁或筒壁设计成轴心受拉构件。由于液体或松散物料对墙壁的压力，在壁内产生环向拉力，使砌体轴心受拉。

砌体轴心受拉构件的承载力，按下式计算：
$$N_t \leqslant f_t A \tag{15-32}$$

式中　$N_t$——轴心拉力设计值；
　　　$f_t$——砌体轴心抗拉强度设计值。

**2. 受弯构件**

砌体挡土墙，在水平荷载作用下，属受弯构件。由于受弯构件的截面内还产生剪力，因此对受弯构件除计算受弯承载力外，还应计算受剪承载力计算。

(1) 受弯承载力

$$M \leqslant f_{tm}W \tag{15-33}$$

式中　$M$——弯矩设计值；
　　　$f_{tm}$——砌体的弯曲抗拉强度设计值，按附表 11-11 取用；
　　　$W$——截面抵抗矩。

(2) 受弯构件的受剪承载力

$$V \leqslant f_V bz \tag{15-34}$$

$$z = \frac{I}{S} \tag{15-35}$$

式中　$V$——剪力设计值；
　　　$f_V$——砌体的抗剪强度设计值，按附表 11-11 取用；
　　　$b$——截面宽度；
　　　$z$——内力臂，对于矩形截面 $z=2h/3$；
　　　$I$——截面惯性矩；
　　　$S$——截面面积矩；
　　　$h$——截面高度。

3. 受剪构件

如前所述，在竖向荷载和水平荷载作用下，可能产生沿通缝截面或沿阶梯形截面的受剪破坏。

沿通缝或阶梯形截面破坏的受剪构件的承载力均可按下式计算：

$$V \leqslant (f_V + \alpha\mu\sigma_0)A \tag{15-36}$$

当 $\gamma_G = 1.2$ 时

$$\mu = 0.26 - 0.082\frac{\sigma_0}{f} \tag{15-37}$$

当 $\gamma_G = 1.35$ 时

$$\mu = 0.23 - 0.065\frac{\sigma_0}{f} \tag{15-38}$$

式中　$V$——截面剪力设计值；
　　　$A$——水平截面面积，当有孔洞时，取净截面面积；
　　　$f_V$——砌体的抗剪强度设计值，对灌孔的混凝土砌块砌体取 $f_{VG}$；
　　　$\alpha$——修正系数：
　　　　　　当 $\gamma_G = 1.2$ 时，砖（含多孔砖）砌体取 0.60，混凝土砌块砌体取 0.64；
　　　　　　当 $\gamma_G = 1.35$ 时，砖（含多孔砖）砌体取 0.64，混凝土砌块砌体取 0.66；
　　　$\mu$——剪压复合受力影响系数，$\alpha$ 与 $\mu$ 的乘积可查表 15-7；
　　　$\sigma_0$——永久荷载设计值产生的水平截面平均压应力，其值不应大于 $0.8f$；

$f$——砌体的抗压强度设计值。

αμ 值　　　　　　　表 15-7

| $\gamma_G$ | 砌体种类 | $\sigma_0/f$ 0.1 | 0.2 | 0.3 | 0.4 | 0.5 | 0.6 | 0.7 | 0.8 |
|---|---|---|---|---|---|---|---|---|---|
| 1.2 | 砖砌体 | 0.15 | 0.15 | 0.14 | 0.14 | 0.13 | 0.13 | 0.12 | 0.12 |
|  | 砌块砌体 | 0.16 | 0.16 | 0.15 | 0.15 | 0.14 | 0.13 | 0.13 | 0.12 |
| 1.35 | 砖砌体 | 0.14 | 0.14 | 0.13 | 0.13 | 0.13 | 0.13 | 0.12 | 0.11 |
|  | 砌块砌体 | 0.15 | 0.14 | 0.14 | 0.13 | 0.13 | 0.13 | 0.12 | 0.12 |

设计计算时，应控制轴压比 $\sigma_0/f$ 不大于 0.8，以防止墙体产生斜压破坏。还应注意到，上述 $f_V$ 取值不能用于确定砌体的抗震抗剪强度设计值。

【例 15-6】 已知：一矩形水池壁，如图 15-19 所示，壁高 $H=1.2\text{m}$，采用 MU10 烧结多孔砖和 MU7.5 水泥混合砂浆砌筑，壁厚 490mm。

求：当不考虑自重产生的竖向压力时，试验算池壁承载力。

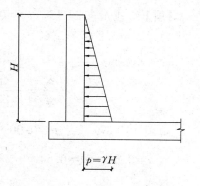

图 15-19　例 15-6 中的图

【解】 取 1m 宽竖向板带按悬臂受弯构件计算，在固定端的弯矩和剪力为：
池底水压力 $p=\gamma H=1.2\times10\times1.2=14.4\text{kN/m}^2$

$$M=\frac{1}{6}pH^2=\frac{1}{6}\times14.4\times1.2^2=3.46\text{kN}\cdot\text{m}$$

$$V=\frac{pH}{2}=0.5(1.2\times10\times1.2\times1.2)=8.64\text{kN}$$

受弯承载力验算：

$$W=\frac{1}{6}bh^2=\frac{1}{6}\times1.0\times0.49^2=0.04\text{m}^2$$

查附表 11-11 得

$$f_{tm}=0.14\text{MPa}$$

$$f_{tm}W=0.14\times0.04\times10^3=5.6\text{kN}\cdot\text{m}>3.46\text{kN}\cdot\text{m}(满足)$$

受剪承载力验算：

查附表 11-11 得　$f_V=0.14\text{MPa}, z=2h/3=2\times490/3=326.7\text{mm}$

$$f_V bz=0.14\times1\times0.3267\times10^3=45.7\text{kN}>8.64\text{kN}(满足)$$

【例 15-7】 已知：某房屋中的一片横墙，截面尺寸为 5200mm×190mm，

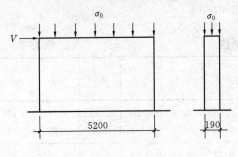

图 15-20 例 15-7 中的图

见图 15-20。采用混凝土小型空心砌块 MU10 和水泥混合砂浆 Mb5 砌筑，施工质量控制等级 B 级。由恒荷载标准值作用于墙顶水平截面上的平均压应力为 $0.80\text{N/mm}^2$；作用于墙顶的水平剪力设计值：按可变荷载效应控制的组合为 250kN，按永久荷载效应控制的组合为 280kN。

求：验算该横墙的受剪承载力。

【解】 查附表 11-11，$f_V=0.06\text{N/mm}^2$，查附表 11-7，$f=2.22\text{N/mm}^2$。

(1) $\gamma_G=1.2$ 时

$$\sigma_0=1.2\times 0.80=0.96\text{N/mm}^2$$

$$\frac{\sigma_0}{f}=\frac{0.96}{2.22}=0.43<0.8$$

由式 (15-37) $\mu=0.26-0.082\dfrac{\sigma_0}{f}=0.26-0.082\times 0.43=0.225$

取 $\alpha=0.64$，$\alpha\mu=0.64\times 0.225=0.144$（亦可由查表 15-7 得到）

按式 (15-36)

$$(f_V+\alpha\mu\sigma_0)A=(0.06+0.144\times 0.96)\times 5200\times 190\times 10^{-3}$$
$$=195.86\text{kN}<250\text{kN}$$

此时该横墙受剪承载力不足。

(2) $\gamma_G=1.35$ 时

$$\sigma_0=1.35\times 0.80=1.08\text{N/mm}^2$$

$$\frac{\sigma_0}{f}=\frac{1.08}{2.22}=0.49<0.8$$

查表 15-7，$\alpha\mu=0.13$

按式 (15-36)

$$(f_V+\alpha\mu\sigma_0)A=(0.06+0.13\times 1.08)\times 5200\times 190\times 10^{-3}$$
$$=198.0\text{kN}<280\text{kN}$$

说明该横墙受剪承载力亦不足。

(3) 为确保该横墙的受剪承载力，现采用 Cb20 混凝土灌孔。砌块的孔洞率为 45%，每隔 2 孔灌 1 孔，即 $\rho=33\%$。

$$\alpha=\delta\rho=0.45\times 0.33=0.15$$

$$f_g=f+0.6\alpha f_c=2.22+0.6\times 0.15\times 9.6$$
$$=3.08\text{N/mm}^2<2f=4.44\text{N/mm}^2$$

$$f_{vg}=0.2f_g^{0.55}=0.2\times 3.08^{0.55}$$

$$= 0.371 \text{N/mm}^2$$

当 $\gamma_G = 1.2$ 时

$$(f_{vg} + \alpha\mu\sigma_0)A = (0.371 + 0.144 \times 0.96) \times 5200 \times 190 \times 10^{-3}$$
$$= 503.23 \text{kN} > 250 \text{kN}$$

当 $\gamma_G = 1.35$ 时

$$(f_{vg} + \alpha\mu\sigma_0)A = (0.371 + 0.13 \times 1.08) \times 5200 \times 190 \times 10^{-3}$$
$$= 505.26 \text{kN} > 280 \text{kN}$$

采用灌孔砌块墙体后，均可充分满足受剪承载力要求。

### 15.4.4 配筋砖砌体构件

由配置钢筋的砌体作为建筑物主要受力构件的结构称为配筋砌体结构，其构件主要有配筋砖砌体构件和配筋砌体构件两种，这里只讲述前者。

1. 网状配筋砖砌体受压构件

（1）网状配筋砖砌体受压构件的受力特点及其适用范围

当在砖砌体上作用轴向压力时，砖砌体发生纵向压缩，同时也发生横向膨胀。试验研究表明，如果能用任何方法阻止砌体横向变形的发展，则构件承担轴向荷载的能力将大大提高。

网状配筋砖砌体就是在砖砌体的水平灰缝内设置一定数量和规格的钢筋网，使其与砌体共同工作。因为钢筋设置在水平灰缝内，故又称为横向配筋砖砌体。常用钢筋网的网格为矩形 $a \times b$，见图 15-21 (a)；还有连弯钢筋网，见图 15-21 (b)。在轴向压力作用下，由于摩擦力以及与砂浆的粘结力，钢筋被完全嵌固在灰缝内并和砖砌体共同工作。这时，砌体纵向受压，钢筋横向受拉，因为钢筋弹性模量很大，变形很小，可阻止砌体在纵向受压时横向变形的发展，防止了砌体因过早失稳而破坏，因而间接地提高了砌体承担纵向压力的能力。砌体和横向钢筋的共同工作可一直维持到砌体完全破坏。

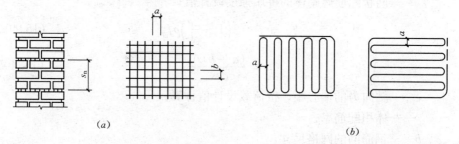

图 15-21 网状配筋砌体
(a) 用方格网配筋的砖柱；(b) 连弯钢筋网

网状配筋砖砌体的破坏特征，在本质上不同于无筋砖砌体。破坏开始时和无筋砖砌体一样，在个别砖内出现裂缝，这时达到约相当于 $60\% \sim 75\%$ 的破坏荷载。继续加载，裂缝发展很缓慢，其发展特征不同于普通砖砌体，在无筋砖砌体中，贯通的垂直裂缝展开较大，但在横向配筋砖砌体中，由于钢筋的约束，裂缝展开较小，特别是在钢筋网处更小些，因而直至破坏瞬间，也不会发生像无筋砌体破坏时那样被分裂成若干 1/2 砖的小立柱而失稳的现象。接近破坏荷载时，外部破坏较严重的砖开始脱落。最后，可能发生个别砖完全被压碎脱落。

对比无筋和网状配筋砌体的试验过程发现，配置横向钢筋提高了砌体的初裂荷载，这是因为在灰缝中的钢筋提高了单砖的抗弯、抗剪能力。由于钢筋的拉结作用，避免了被竖向裂缝分割的小柱失稳破坏。

试验表明，当荷载偏心作用时，横向配筋的效果将随偏心距的增大而降低。因为在偏心荷载作用下，截面中压应力分布很不均匀，在压应力较小的区域钢筋作用难以发挥。同时，对于高厚比较大的构件，整个构件失稳破坏的可能性越来越大，此时横向钢筋的作用也难以施展。所以，《砌体规范》规定：①网状配筋砌体只适用于高厚比 $\beta \leqslant 16$ 的轴心受压构件和偏心荷载作用在截面核心范围内的偏心受压构件，对于矩形截面，要求 $e/h \leqslant 0.17$；②对于矩形截面构件，当轴向力偏心方向的截面边长大于另一方向的边长时，除按偏心受压计算外，还应对较小边长方向按轴心受压进行验算；③当网状配筋砖砌体构件下端与无筋砌体交接时，当应验算交接处无筋砌体的局部受压承载力。

(2) 承载力复核

《砌体规范》规定网状配筋砖砌体受压构件的承载力按下列公式进行复核：

$$N \leqslant \varphi_n f_n A \tag{15-39}$$

式中　$N$——轴向力设计值；

　　　$\varphi_n$——高厚比和配筋率以及轴向力的偏心距对网状配筋砖砌体受压构件承载力的影响系数，可按附表 11-13 采用或按式 (15-41) 计算；

　　　$A$——截面面积；

　　　$f_n$——网状配筋砖砌体的抗压强度设计值；

$$f_n = f + 2\left(1 - \frac{2e}{y}\right)\rho f_y \tag{15-40a}$$

$$\rho = \frac{(a+b)A_s}{abs_n} \tag{15-40b}$$

　　　$e$——轴向力的偏心距，按荷载设计值计算；

　　　$\rho$——体积配筋率；

　　　$a$、$b$——钢筋网的网格尺寸；

　　　$A_s$——钢筋的截面面积；

　　　$s_n$——钢筋网的竖向间距；

　　　$f_y$——钢筋抗拉强度设计值；当 $f_y > 320\text{N/mm}^2$ 时，仍采用 $320\text{N/mm}^2$。

当采用如图 15-21 (b) 连弯钢筋网时，钢筋网的钢筋方向应互相垂直，沿砌体高度交错设置，$s_n$ 取同一方向网的间距。

网状配筋砖砌体矩形截面单向偏心受压构件承载力的影响系数 $\varphi_n$ 可按下式计算：

$$\varphi_n = \cfrac{1}{1+12\times\left[\cfrac{e}{h}+\sqrt{\cfrac{1}{12}\times\left(\cfrac{1}{\varphi_{on}}-1\right)}\right]^2} \quad (15\text{-}41)$$

$$\varphi_{on} = \cfrac{1}{1+(0.0015+0.45\rho)\beta^2} \quad (15\text{-}42)$$

式中　$\varphi_{on}$——网状配筋砖砌体受压构件的稳定系数。

（3）构造要求

1）网状配筋砖砌体中的体积配筋率，不应小于 0.1%，并不应大于 1%。

2）采用钢筋网时，钢筋的直径宜采用 3mm～4mm。

3）钢筋网中网格间距离不应大于 120mm，并不应小于 30mm。

4）钢筋网的竖向间距 $s_n$ 不应大于 5 皮砖，并不应大于 400mm。

5）为了避免钢筋的锈蚀和提高钢筋与砖砌体的粘结力，所用砂浆强度等级应不低于 M7.5。钢筋网应设置在砌体的水平灰缝中，灰缝厚度应保证钢筋上下至少各有 2mm 厚的砂浆层。

2. 组合砖砌体构件

组合砖砌体构件有两类：一类是砖砌体和钢筋混凝土面层或钢筋砂浆面层的组合砖砌体构件，如图 15-22 所示，简称组合砌体构件；另一类是砖砌体和钢筋混凝土构造柱的组合墙，见图 15-23，简称组合墙。

当荷载偏心距较大，即 $e>0.6y$，无筋砖砌体承载力不足而截面尺寸又受到限制时，宜采用组合砖砌体构件。当先砌墙后浇混凝土的构造柱不大于 4m，且能与满足一定要求的圈梁形成"弱框架"时，可按组合墙设计，考虑构造柱分担部分墙体荷载。

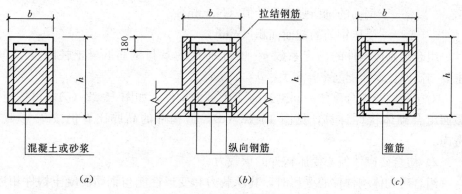

图 15-22　组合砖砌体的几种形式

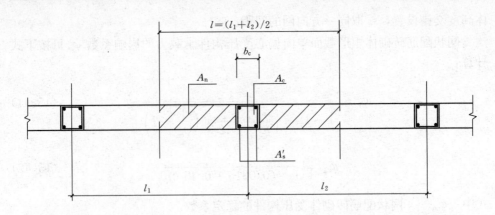

图 15-23 砖砌体和构造柱构成的组合墙截面

研究表明，两类组合砖砌体构件都是采用在砖砌体内部配置钢筋混凝土（或钢筋砂浆）部件，通过共同工作来提高承载力和变形性能的。在计算方法上可采用相同的叠加模式。

(1) 砖砌体和钢筋混凝土面层或钢筋砂浆面层的组合砌体构件

1) 组合砖砌体轴心受压构件的承载力

$$N \leqslant \varphi_{\text{com}}(fA + f_cA_c + \eta_s f'_y A'_s) \quad (15\text{-}43)$$

式中 $\varphi_{\text{com}}$——组合砖砌体构件的稳定系数，可按附表 11-14 采用；

$f_c$——混凝土或面层水泥砂浆的轴心抗压强度设计值（N/mm²），砂浆的轴心抗压强度设计值可取为相同强度等级混凝土的轴心抗压强度设计值的 70%，当砂浆为 M15 时，取 5.2N/mm²；当砂浆为 M10 时，取 3.4N/mm²；当砂浆为 M7.5，取 2.5N/mm²；

$A_c$、$A$——分别为构件中混凝土（或砂浆）面层及砖砌体的截面面积（mm²）；

$\eta_s$——受压钢筋的强度系数，当面层为混凝土时，$\eta_s=1.0$；当面层为砂浆时，$\eta_s=0.9$；

$f'_y$——钢筋的抗压强度设计值（N/mm²）；

$A'_s$——受压钢筋的截面面积（mm²）。

组合砖砌体构件的稳定系数 $\varphi_{\text{com}}$ 介于砖柱的 $\varphi$ 与钢筋混凝土柱的 $\varphi_{\text{rc}}$ 之间，主要与高厚比 $\beta$ 和配筋率 $\rho$ 有关，$\rho=A'_s/bh$。

对于砖墙与组合砌体一同砌筑的 T 形截面构件，如图 15-22 (b)，可按矩形截面组合砌体构件计算，见图 15-22 (c)，但构件的高厚比 $\beta$ 仍按 T 形截面考虑。

2) 组合砖砌体偏心受压构件的承载力

组合砖砌体构件偏心受压时，其承载力和变形性能与钢筋混凝土构件相近，可按下式计算：

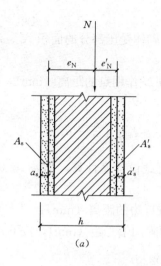 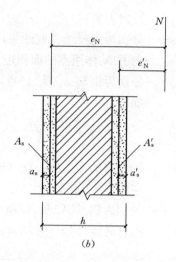

图 15-24 组合砖砌体偏心受压构件
(a) 小偏心受压；(b) 大偏心受压

$$N \leqslant fA' + f_c A'_c + \eta_s f'_y A'_s - \sigma_s A_s \qquad (15-44)$$

或
$$Ne_N \leqslant fS_s + f_c S_{c,s} + \eta_s f'_y A'_s (h_0 - a'_s) \qquad (15-45)$$

此时受压区高度 $x$ 可从对 $N$ 的力矩平衡条件按下式确定（见图 15-24）：

$$fS_N + f_c S_{c,N} + \eta_s f'_y A'_s e'_N - \sigma_s A_s e_N = 0 \qquad (15-46)$$

式中 $A_s$——距轴向力 N 较远侧钢筋的截面面积（mm²）；

$A'_s$——受压钢筋的截面面积（mm²）；

$\sigma_s$——钢筋 $A_s$ 的应力（N/mm²），按下式确定（正值为拉应力，负值为压应力），当 $\sigma_s > f_y$ 时，取 $\sigma_s = f_y$，当 $\sigma_s < f'_y$ 时，取 $\sigma_s = f'_y$。

当 $\xi \geqslant \xi_b$，即小偏心受压时，根据平截面变形假定并经线性简化给出：

$$\sigma_s = 650 - 800\xi (\text{N/mm}^2) \qquad (15-47)$$
$$-f'_y \leqslant \sigma_s \leqslant f_y \qquad (15-48)$$

当 $\xi < \xi_b$，即大偏心受压时：

$$\sigma_s = f_y$$

式中 $\xi$——组合砖砌体构件截面受压区相对高度系数，$\xi = x/h_0$；

$h_0$——组合砖砌体构件截面的有效高度（mm），$h_0 = h - a_s$；

$\xi_b$——组合砖砌体构件大、小偏心受压时，受压区相对高度的分界值，对于 HPB235 级钢筋及 HRB335 级钢筋，$\xi_b$ 分别取 0.55、0.425；

$f_y$——钢筋的受拉强度设计值（N/mm²）；

$A'_c$、$A'$——分别为混凝土（或砂浆）面层和砖砌体受压部分的面积（mm²）；

$S_{c,s}$、$S_s$——分别为混凝土（或砂浆）面层及砖砌体受压部分的面积 $A'_c$、$A'$ 对钢筋 $A_s$ 重心的面积矩（mm³），其符号规则为：逆时针向为正，顺时针向为负；

$S_{c,N}$、$S_N$——分别为混凝土（或砂浆）面层及砖砌体受压部分的面积 $A_c'$、$A'$ 对轴向力 $N$ 作用点的面积矩（$mm^3$）；

$e_N'$、$e_N$——分别为钢筋 $A_s'$ 及 $A_s$ 重心至纵向力 $N$ 作用点的距离（mm），按下式确定：

$$e_N' = e + e_a - \left(\frac{h}{2} - a_s'\right); e_N = e + e_a + \left(\frac{h}{2} - a_s\right); \quad (15-49)$$

$e$——轴向力的初始偏心距（mm），按荷载设计值计算，当 $e<0.05h$ 时，应取 $e=0.05h$；

$a_s$、$a_s'$——分别为钢筋 $A_s$ 及 $A_s'$ 重心至截面较近边的距离（mm）；

$e_a$——组合砖砌体构件在轴向力作用下的附加偏心距（mm），按下式确定：

$$e_a = \frac{\beta^2 h}{2200}(1 - 0.022\beta) \quad (15-50)$$

对组合砖砌体，当纵向力偏心方向的截面边长大于另一方向的边长时，同样还应对较小边长方向按轴心受压验算。

3) 组合砖砌体的构造要求

① 面层混凝土强度等级宜采用 C20；面层水泥砂浆强度等级不宜低于 M10，砌筑砂浆强度等级不低于 M7.5。

② 设计使用年限为 50a 时，砌体中钢筋的保护层厚度应符合附表 11-15 的要求。

③ 砂浆面层的厚度，可采用 30mm～45mm。当面层厚度大于 45mm 时，其面层宜采用混凝土。

④ 竖向受力钢筋宜采用 HPB300 级钢筋。对于混凝土面层，亦可采用 HRB335 级钢筋。受压钢筋一侧的配筋率（钢筋截面面积与组合砖砌体计算截面面积之比），对砂浆面层，不宜小于 0.1%，对混凝土面层不宜小于 0.2%。受拉钢筋的配筋率，不应小于 0.1%。竖向受力钢筋的直径，不应小于 8mm，钢筋净间距，不应小于 30mm。

⑤ 箍筋的直径，不小于 4mm 及 $d/5$（$d$ 为受压钢筋的直径），并不宜大于 6mm。箍筋的间距，不应大于 20 倍受压钢筋的直径及 500mm，并不应小于 120mm。

⑥ 当组合砖砌体构件一侧的受力钢筋多于 4 根时，应设置附加箍筋或拉结钢筋。

⑦ 对于截面长短边相差较大的构件如墙体等，应采用穿通墙体的拉结钢筋作为箍筋，同时设置水平分布钢筋。水平分布钢筋的竖向间距及拉结钢筋的水平间距，均不应大于 500mm，见图 15-25。

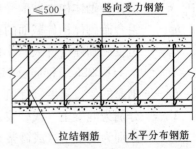

图 15-25 混凝土或砂浆面层组合墙

⑧ 组合砖砌体构件的顶部及底部，以及牛腿部位，必须设置钢筋混凝土垫块，受力钢筋伸入垫块的长度必须满足锚固要求。

(2) 砖砌体和钢筋混凝土构造柱构成的组合墙

图 15-23 为砖砌体和钢筋混凝土构造柱构成的组合墙。组合砖墙轴心受压承载力按下式计算：

$$N \leqslant \varphi_{com}[fA + \eta(f_c A_c + f'_y A'_s)] \tag{15-51}$$

$$\eta = \left[\frac{1}{\frac{l}{b_c} - 3}\right]^{\frac{1}{4}} \tag{15-52}$$

式中 $\varphi_{com}$——组合砖墙的稳定系数，可按附表 11-14 采用；

$\eta$——强度系数，当 $l/b_c$ 小于 4 时取 $l/b_c=4$；

$l$——墙长方向构造柱的间距；

$b_c$——沿墙长方向构造柱的宽度；

$A$——扣除孔洞和构造柱的砖砌体截面面积；

$A_c$——构造柱的截面面积。

与式 (15-43) 相比，仅是引入了强度系数 $\eta$ 来反映两者的差别，因而计算模式是一致的。由式 (15-52) 可知，构造柱间距的影响最为显著。为了保证构造柱与圈梁形成一种"弱框架"，对砖墙产生较大的约束，有必要对钢筋混凝土圈梁的设置采取较为严格的规定。

组合砖墙的材料和构造应符合下列规定：

① 砂浆强度等级不应低于 M5，构造柱的混凝土强度等级不宜低于 C20。

② 柱内竖向受力钢筋保护层厚度应符合附表 11-15 的要求。

③ 构造柱的截面尺寸不宜小于 240mm×240mm，其厚度不应小于墙厚，边柱、角柱的截面宽度宜适当加大。柱内竖向受力钢筋，对于中柱，不宜少于 4 根，直径不宜小于 12mm；对于边柱、角柱，不宜少于 4 根，直径不宜小于 14mm。构造柱的竖向受力钢筋的直径也不宜大于 16mm。其箍筋，一般部位宜采用直径 6mm、间距 200mm；楼层上、下 500mm 范围内宜采用直径 6mm、间距 100mm。构造柱的竖向受力钢筋应在基础梁和楼层圈梁中锚固，并应符合受拉钢筋的锚固要求。

④ 组合砖墙砌体结构房屋，应在纵横墙交接处、墙端部和较大洞口的洞边设置构造柱，其间距不宜大于 4m。各层洞口宜设置在相应位置，并宜上下对齐。

⑤ 组合砖墙砌体结构房屋应在基础顶面、有组合墙的楼层处设置现浇钢筋混凝土圈梁，圈梁的截面高度不宜小于 240mm；纵向钢筋数量不宜少于 4 根，直径不宜小于 12mm，纵向钢筋应深入构造柱内，并应符合受拉钢筋的锚固要求；圈梁的箍筋直径宜采用 6mm、间距 200mm。

⑥ 砖砌体与构造柱的连接处应砌成马牙槎，并应沿墙高每隔 500mm 设 2φ6

拉结钢筋，且每边深入墙内不宜小于600mm。

⑦ 组合砖墙的施工顺序应为先砌墙后浇混凝土构造柱。

⑧ 构造柱可不单独设置基础，但应伸入室外地坪下500mm，或与埋深小于500mm的基础梁相连。

**【例15-8】** 已知：砖柱截面尺寸为370mm×490mm，其沿长边方向计算高度为4.2m，用MU10烧结多孔砖，M7.5混合砂浆砌筑，承受轴心压力设计值 $N=450$kN。

求：试验算其受压承载力。

**【解】** (1) 先按无筋砌体验算

$$\beta = \frac{H_0}{h} = \frac{4200}{490} = 8.57$$

查附表11-4及附表11-12-1得 $f=1.69\text{N/mm}^2$，$\varphi=0.90$。

由于 $A=0.37\times0.49=0.18\text{m}^2<0.3\text{m}^2$，应考虑调整系数 $\gamma_a=0.7+0.18=0.88$，调整后的砌体抗压强度为：

$$\gamma_a f = 0.88\times1.69 = 1.487\text{N/mm}^2$$

故砖柱承载力为：

$$\varphi A f = 0.90\times370\times490\times1.487$$
$$\approx 243\text{kN} < 450\text{kN}(\text{不满足要求})$$

(2) 采用网状配筋加强

采用消除应力钢丝 $\phi5$，其抗拉强度设计值 $f_y=1110$MPa，设方格网孔眼尺寸为60mm，网的间距为三皮砖（180mm），则

$$\rho = \frac{(a+b)A_s}{abs_n} = \frac{(60+60)\times19.63}{60\times60\times180} = 0.36\%$$

配筋率 $\rho\%=0.36\%>0.1\%$，且小于1%，满足要求。

$$f_y = 1110\text{N/mm}^2 > 320\text{N/mm}^2, 取 f_y = 320\text{N/mm}^2$$

砌体截面面积 $A=0.18\text{m}^2$，小于 $0.2\text{m}^2$，应考虑调整系数 $\gamma_a=0.8+0.18=0.98$，调整后的砌体抗压强度为：

$$\gamma_a f = 0.98\times1.69 = 1.656\text{N/mm}^2$$

$$f_n = \gamma_a f + 2\rho f_y = 1.656 + \frac{2\times0.36}{100}\times320 = 3.96\text{N/mm}^2$$

由 $\beta$ 及 $\rho$ 查附表11-13，得 $\varphi_n=0.84$

$$\varphi_n A f_n = 0.84\times370\times490\times3.96 = 603\text{kN} > N = 450\text{kN}(\text{安全})$$

**【例15-9】** 已知：条件同例15-8，但轴向力设计值改为 $N=180$kN，荷载设计值产生的偏心距 $e=80$mm。砖柱按例15-8配置网状钢筋。

求：试验算其承载力。

**【解】** (1) 沿截面长边方向按偏心受压进行验算

$$e = 80\text{mm} < \frac{1}{6}h = \frac{490}{6} = 81.7\text{mm}$$

$$\frac{e}{h} = \frac{80}{490} = 0.163$$

$$y = \frac{h}{2} = \frac{0.49}{2} = 0.245$$

$$f_n = 1.656 + 2\left(1 - \frac{2 \times 0.08}{0.245}\right) \times \frac{0.36}{100} \times 320 = 2.455\text{N/mm}^2$$

$$\beta = \frac{H_0}{h} = 8.57$$

$$\varphi_{0n} = \frac{1}{1+(0.0015+0.45\rho)\beta^2} = \frac{1}{1+\left(0.0015+0.45 \times \frac{0.36}{100}\right) \times 8.57^2} = 0.815$$

$$\varphi_n = \frac{1}{1+12\left\{\frac{e}{h}+\sqrt{\frac{1}{12}\left(\frac{1}{\varphi_{0n}}-1\right)}\right\}^2}$$

$$= \frac{1}{1+12\left\{0.163+\sqrt{\frac{1}{12}\left(\frac{1}{0.815}-1\right)}\right\}^2} = 0.733$$

$$\varphi_n A f_n = 0.733 \times 370 \times 490 \times 2.455 = 326\text{kN} > N = 180\text{kN}(安全)$$

(2) 沿截面短边方向按轴心受压进行验算

$$\beta = \frac{4200}{370} = 11.35$$

$$\varphi_n = \varphi_{0n} = \frac{1}{1+\left(0.0015+0.45 \times \frac{0.36}{100}\right) \times 11.35^2} = 0.715$$

$$f_n = 1.656 + 2 \times \frac{0.36}{100} \times 320 = 3.96\text{N/mm}^2$$

$$\varphi_n A f_n = 0.715 \times 370 \times 490 \times 3.96 = 513\text{kN} > N = 180\text{kN}(安全)$$

**【例 15-10】** 已知：砖砌体和钢筋混凝土构造柱组合墙，构造柱尺寸 240mm×240mm，间距 $l=3.6$m，混凝土 C20，配 4ϕ12 钢筋，墙高 3m，墙体厚 240mm，采用 MU15 烧结多孔砖和 M7.5 混合砂浆砌筑。承受均布线荷载设计值 $q=420$kN/m。

求：试验算其承载力。

**【解】** 取 3.6m 长墙段按轴心受压组合墙计算。
由式 (15-51) 和式 (15-52)

$$N \leq \varphi_{com}[fA_n + \eta(f_c A_c + f'_y A'_s)]$$

$$\eta = \left[\frac{1}{\frac{l}{b_c}-3}\right]^{\frac{1}{4}}$$

构造柱截面积　$A_c = 240 \times 240 = 57600 \text{mm}^2$

　　　　　　　$f_c = 9.6 \text{N/mm}^2$，$A'_s = 452 \text{mm}^2$，$f'_y = 270 \text{N/mm}^2$

砖墙净截面积　$A_n = 3360 \times 240 = 806400 \text{mm}^2$

查附表 11-4 得　墙体 $f = 2.07 \text{N/mm}^4$，配筋率 $\rho = \dfrac{452 \times 100}{240 \times 3600} = 0.052\%$

墙体高厚比　$\beta = \dfrac{3000}{240} = 12.5$

查附表 11-14　$\varphi_{com} = 0.815$

　　　　　　　$l = 3.6 \text{m}$

$$\eta = \left[\frac{1}{\frac{l}{b_c}-3}\right]^{\frac{1}{4}} = \left[\frac{1}{\frac{3600}{240}-3}\right]^{\frac{1}{4}} = 0.54$$

$$N = 420 \times 3.6 = 1512 \text{kN}$$

$$\varphi_{com}[fA_n + \eta(f_c A_c + f'_y A'_s)]$$
$$= 0.815[2.07 \times 806400 + 0.54(9.6 \times 57600 + 270 \times 452)]$$
$$= 1657.5 \text{kN} > N = 1512 \text{kN}(安全)$$

如不考虑构造柱作用，查附表 11-12 得轴向力影响系数 $\varphi = 0.81$。

$$\varphi A f = 0.81 \times 240 \times 3600 \times 2.07 = 1449 \text{kN} < N = 1512 \text{kN}(不安全)$$

## §15.5　混合结构房屋的砌体结构设计

房屋的主要承重结构是由不同的结构材料所组成的，称为混合结构房屋，有钢-木混合结构房屋、钢-混凝土混合结构房屋和混凝土-砌体混合结构房屋等。这里讲述的是混凝土-砌体混合结构房屋，其楼、屋盖采用混凝土结构，而竖向承重结构和基础等则采用砌体结构，它是我国目前在多层民用建筑中普遍采用的结构形式之一。

本节主要讲述承重墙的结构布置；混合结构房屋的静力计算方案；墙、柱的高厚比验算等内容。

### 15.5.1　承重墙的结构布置

承重墙的结构布置有横墙承重、纵墙承重、纵横墙承重和内框架承重等四种方案。其中，纵墙承重房屋的侧向刚度较差，故在多层混合结构民用房屋中大多采用横墙承重、纵横墙承重和内框架承重的结构布置方案。

1. 横墙承重方案

横墙承重方案是指由横墙直接承受楼（屋）盖荷载的结构布置方案。这时，竖向荷载的传递路线是：楼（屋）盖荷载→横墙→基础→地基。图 15-26 示出了某多层宿舍采用钢筋混凝土预制铺板楼盖的楼面结构布置图，预制板直接支承在横墙上。

横墙承重方案的特点是：

（1）纵墙的处理比较灵活　这时纵墙只承受自重，主要起围护、隔断及把横墙连接成整体的作用。所以在纵墙上开设门窗洞口比较灵活，在外纵墙上进行建筑立面处理也比较方便。

（2）侧向刚度大，整体性好　由于横墙数量较多，又与纵墙相互连接，所以房屋的侧向

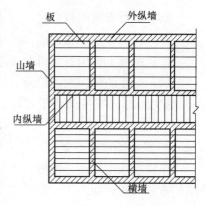

图 15-26　采用铺板式楼盖的横墙承重方案

刚度较大，整体性好，对抵抗风荷载、水平地震作用和地基的不均匀沉降等都比纵墙承重方案有利。

（3）楼（屋）盖经济，施工方便　由于横墙间距比纵墙间距小，所以楼（屋）盖结构比较简单、经济，施工也方便，但墙体材料用量较多。

横墙承重方案主要适用于房间大小固定、横墙间距较小的多层住宅、宿舍和旅馆等。

2. 纵墙承重方案

纵墙承重方案是指由纵墙直接承受楼（屋）盖荷载的结构布置方案。这时，竖向荷载的传递路线是：楼（屋）盖荷载→纵墙→基础→地基。

当房屋进深较大又希望取得较大空间时，常把大梁或屋架支承在纵墙上，预制板则支承在大梁或屋架上，如图 15-27（a）所示；当房屋进深较小，预制板跨度适当时，也可把预制板直接支承在纵墙上，如图 15-27（b）所示。

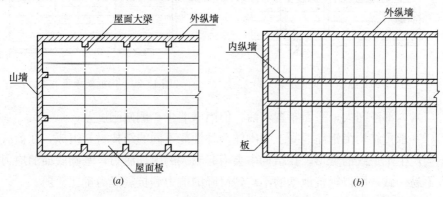

图 15-27　纵墙承重方案
(a) 有大梁或屋架时；(b) 直接铺板时

纵墙承重方案的特点是：

(1) 横墙布置比较灵活；
(2) 纵墙上的门窗洞口受到限制；
(3) 房屋的侧向刚度较差。

纵墙承重方案主要用于有较大空间的房屋，如单层厂房的车间、仓库及教学楼等。

### 3. 纵横墙承重方案

纵横墙承重方案是指由一部分纵墙和一部分横墙直接承受楼（屋）盖荷载的结构布置方案，如图 15-28 所示。这时，一部分楼（屋）盖荷载传递给承重的纵墙后再传给基础和地基；另一部分楼（屋）盖荷载则传递给承重的横墙后再传给基础和地基。

对于一些房间大小变化较大、平面布置比较灵活的房屋，往往需要采用纵、横墙同时承重的方案，如教学楼、试验楼和办公楼等。纵横墙承重方案兼有纵墙承重和横墙承重的优点，也有利于建筑平面的灵活布置，其侧向刚度和抗震性能也比纵向承重的好。

### 4. 内框架承重方案

内框架承重方案是指由设置在房屋内部的钢筋混凝土框架和外部的砌体墙、柱共同承受楼（屋）盖荷载的结构布置方案，如图 15-29 所示。它常用于要求有较大内部空间的多层工业厂房、仓库和商店等建筑。内框架承重房屋的特点是：

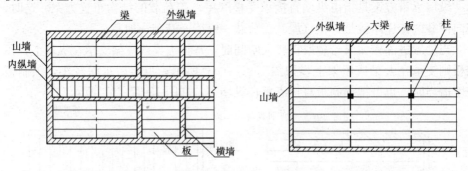

图 15-28　纵横墙承重方案　　　　图 15-29　内框架承重方案

(1) 内部空间大，平面布置灵活，但因横墙少，侧向刚度差；
(2) 承重结构由钢筋混凝土和砌体两种性能不同的结构材料组成，在荷载作用下会产生不一致的变形，在结构中会引起较大的附加应力，基础底面的应力分布也不易一致，所以抵抗地基的不均匀沉降的能力和抗震能力都比较弱。

在混合结构房屋中，承重墙的布置宜遵循以下原则：

(1) 尽可能采用横墙承重方案；
(2) 承重墙的布置力求简单、规则，纵墙宜拉通，避免断开和转折，每隔一

定距离设置一道横墙,将内外纵墙拉结起来,以增加房屋的空间刚度,并增强房屋抵抗地基不均匀沉降的能力;

(3) 墙上的门窗等洞口应上下对齐;

(4) 墙体布置时,应注意与楼(屋)盖结构布置相配合,尽量避免墙体承受偏心距过大的竖向偏心荷载。

### 15.5.2 混合结构房屋的静力计算方案

1. 水平荷载下混合结构房屋的受力机理

图 15-30 示出了没有横墙,只有外纵墙的单层单跨混合结构房屋。在水平荷载作用下,它按平面结构工作,其计算简图就是图 15-30($d$)的铰接排架,设其顶点水平位移为 $u_p$。再来研究有横墙的情况,见图 15-31。这时,作用在外纵墙上的风荷载传递路线如下:

$$\text{风荷载} \rightarrow \text{外纵墙} \begin{cases} \rightarrow \text{外纵墙基础} \rightarrow \text{地基} \\ \rightarrow \text{屋盖} \rightarrow \text{横墙} \rightarrow \text{横墙基础} \rightarrow \text{地基} \end{cases}$$

可见,有了横墙以后,传力体系已不再是平面结构体系而是空间结构体系了。这里的关键是外纵墙顶端把一部分风荷载传给屋盖后,屋盖是怎样工作的?

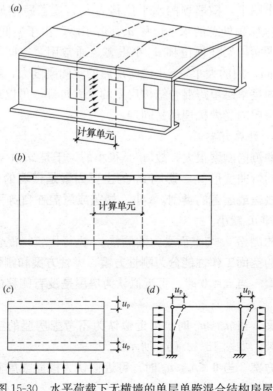

图 15-30　水平荷载下无横墙的单层单跨混合结构房屋

在第 11 章楼盖中,讲的是楼盖或屋盖在竖向荷载作用下的竖向弯曲,所以这是一个新问题,而且是很重要的概念。

如图 15-31 所示,在水平荷载作用下,屋盖将在自身平面内(水平面内)弯曲,按两端支承在横墙上的水平梁受弯,横墙的间距 s 就是它的跨度,房屋的宽度就是它的截面高度。

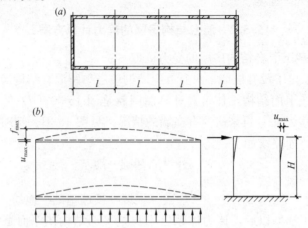

图 15-31 水平荷载下有横墙的单层单跨混合结构房屋

设水平荷载作用下,横墙顶的水平位移为 $u_2$,屋盖跨中最大水平位移(挠度)为 $u_1$,则外纵墙顶处总的水平位移 $u_s = u_1 + u_2$。由于空间工作,故 $u_s$ 必然比没有横墙时的平面排架柱顶位移 $u_p$ 小很多。通常用"空间性能影响系数 $\eta = u_s/u_p$"来反映空间作用的大小,$\eta$ 小说明房屋的空间刚度大,空间作用大。

以上虽然讲的是单层单跨混合结构房屋的受力机理,可以理解到,对于多层多跨混凝土结构房屋的受力机理也是同理。

2. 房屋的静力计算方案

通常,横墙的侧向刚度很大,故 $u_2$ 是很小的,于是 $u_s$ 主要取决于楼盖或屋盖在自身平面内的弯曲变形 $u_1$。影响 $u_1$ 的主要因素是横墙的间距 s(也就是水平梁的跨度)和楼盖或屋盖的类别。s 小,楼盖或屋盖在自身平面内的弯曲刚度大,$u_1$ 就小,也即 $u_s$ 就小。

由空间工作的侧移 $u_s$ 与平面受力的侧移 $u_p$ 进行比较,混合结构房屋的静力计算,根据房屋的空间工作性能分为刚性方案、弹性方案和刚弹性方案三类。

(1)刚性方案 当 $u_s \approx 0$ 时,可近似认为房屋是没有侧移的,计算简图如图 15-32(a)所示。

(2)弹性方案 当 $u_s \approx u_p$ 时,可近似认为不考虑房屋的空间受力性能,计算简图为铰接排架,如图 15-32(b)所示。

(3)刚弹性方案 当 $0 < u_s < u_p$ 时,可近似认为楼盖或屋盖是外纵墙的弹性支座,其计算简图如图 15-32(c)所示。

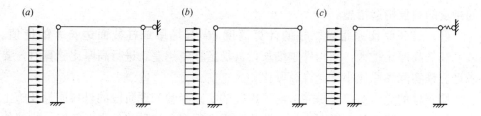

图 15-32 混合结构房屋三类静力计算方案的计算简图
(a) 刚性方案；(b) 弹性方案；(c) 刚弹性方案

为了简便，《砌体规范》根据楼盖或屋盖的类别和横墙间距 $s$，直接给出了划分三类静力计算方案的设计用表，见表 15-8。

房屋的静力计算方案　　　　　表 15-8

| | 屋盖或楼盖类别 | 刚性方案 | 刚弹性方案 | 弹性方案 |
|---|---|---|---|---|
| 1 | 整体式、装配整体式和装配式无檩体系钢筋混凝土屋盖或钢筋混凝土楼盖 | $s<32$ | $32 \leqslant s \leqslant 72$ | $s>72$ |
| 2 | 装配式有檩体系钢筋混凝土屋盖、轻钢屋盖和有密铺望板的木屋盖或木楼盖 | $s<20$ | $20 \leqslant s \leqslant 48$ | $s>48$ |
| 3 | 瓦材屋面的木屋盖和轻钢屋盖 | $s<16$ | $16 \leqslant s \leqslant 36$ | $s>36$ |

注：1. 表中 $s$ 为房屋的横墙间距，其长度单位为米（m）；
　　2. 对无山墙或伸缩缝处无横墙的房屋，应按弹性方案考虑。
　　3. 当屋盖、楼盖类别不同或横墙间距不同的上柔下刚多层房屋时，顶层可按单层房屋计算，其空间性能影响系数可根据屋盖类别按表 15-12 采用。

刚性和刚弹性方案房屋的横墙，应符合下列规定：

(1) 横墙中开有洞口时，洞口的水平截面面积不应超过横墙截面面积的 50%；

(2) 横墙的厚度不宜小于 180mm；

(3) 单层房屋的横墙长度不宜小于其高度，多层房屋的横墙长度不宜小于 $H/2$（$H$ 为横墙总高度）。

注：1. 当横墙不能同时符合上述要求时，应对横墙的刚度进行验算。如其最大水平位移值 $u_{max} \leqslant \dfrac{H}{4000}$ 时，仍可视作刚性或刚弹性方案房屋的横墙；

2. 凡符合注 1 刚度要求的一段横墙或其他结构构件（如框架等），也可视作刚性或刚弹性方案房屋的横墙。

### 15.5.3　墙、柱高厚比验算

砌体结构中的墙、柱是受压构件，除要满足截面承载力外，还必须保证其稳定性。墙、柱高厚比验算是保证砌体结构在施工阶段和使用阶段稳定性和房屋空间刚度的重要构造措施。

墙、柱高厚比系指墙、柱的计算高度 $H_0$ 与墙厚或柱截面边长 $h$ 的比值。墙、柱的高厚比越大,则构件越细长,其稳定性就越差。进行高厚比验算时,要求墙、柱实际高厚比小于允许高厚比。

墙、柱的允许高厚比是在考虑了以往的实践经验和现阶段的材料质量及施工水平的基础上确定的。影响允许高厚比的因素很多,如砂浆的强度等级、横墙的间距、砌体的类型及截面形式、支撑条件和承重情况等,这些因素在计算中通过修正允许高厚比或对计算高度进行修正来体现。

1. 墙、柱的高厚比验算

**墙、柱的高厚比应按下式验算:**

$$\beta = \frac{H_0}{h} \leqslant \mu_1 \mu_2 [\beta] \tag{15-53}$$

式中　$[\beta]$——墙、柱的允许高厚比,应按表 15-9 采用;
　　　$H_0$——墙、柱的计算高度,应按表 15-10 采用;
　　　$h$——墙厚或矩形柱与 $H_0$ 相对应的边长;
　　　$\mu_1$——自承重墙允许高厚比的修正系数;
　　　$\mu_2$——有门窗洞口墙允许高厚比的修正系数,应按下式计算:

$$\mu_2 = 1 - 0.4 \frac{b_s}{s} \tag{15-54}$$

　　　$b_s$——在宽度 $s$ 范围内的门窗洞口总宽度,见图 15-33;
　　　$s$——相邻窗间墙或壁柱之间的距离。

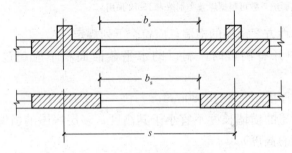

图 15-33　门窗洞口宽度

注意,验算墙、柱高厚比时,是不考虑高厚比修正系数 $\gamma_\beta$ 的。

对厚度 $h \leqslant 240$mm 的自承重墙,允许高厚比修正系数 $\mu_1$ 按下列规定采用:

$h = 240$mm 时,$\mu_1 = 1.2$;$h = 90$mm 时,$\mu_1 = 1.5$;240mm$>h>$90mm 时,$\mu_1$ 按插入法取值;对上端为自由端的墙的允许高厚比,除按上述规定提高外,尚可提高 30%;对厚度小于 90mm 的墙,当双面用不低于 M10 的水泥砂浆抹面,包括抹面层的墙厚不小于 90mm 时,可按墙厚等于 90mm 验算高厚比。

当按式 (15-54) 计算的 $\mu_2$ 值小于 0.7 时,应采用 0.7。当洞口高度等丁或小于墙高的 1/5 时，可取 $\mu_2$ 等于 1.0。

当洞口高度大于或等于墙高的 4/5 时，可按独立墙段验算高厚比。

确定墙、柱计算高度及允许高厚比时，应注意以下几点：

(1) 当与墙连接的相邻两横墙间的距离 $s \leqslant \mu_1 \mu_2 [\beta] h$ 时，墙的高度可不受式 (15-53) 的限制；

(2) 变截面柱的高厚比可按上、下截面分别验算，其计算高度可按表 15-10 的规定采用；验算上柱的高厚比时，墙、柱的允许高厚比可按表 15-9 的数值乘以 1.3 后采用。

墙、柱的允许高厚比 $[\beta]$ 值　　　　　表 15-9

| 砌体类型 | 砂浆强度等级 | 墙 | 柱 |
| --- | --- | --- | --- |
| 无筋砌体 | M2.5 | 22 | 15 |
|  | M5.0 或 Mb5.0、Ms5.0 | 24 | 16 |
|  | ≥M7.5 或 Mb7.5、Ms7.5 | 26 | 17 |
| 配筋砌块砌体 | — | 30 | 21 |

注：1. 毛石墙、柱的允许高厚比应按表中数值降低 20%；
　　2. 带有混凝土或砂浆面层的组合砖砌体构件的允许高厚比，可按表中数值提高 20%，但不得大于 28；
　　3. 验算施工阶段砂浆尚未硬化的新砌砌体构件高厚比时，允许高厚比对墙取 14，对柱取 11。

受压构件的计算高度 $H_0$　　　　　表 15-10

| 房屋类别 | | | 柱 | | 带壁柱墙或周边拉结的墙 | | |
| --- | --- | --- | --- | --- | --- | --- | --- |
| | | | 排架方向 | 垂直排架方向 | $s>2H$ | $2H \geqslant s>H$ | $s \leqslant H$ |
| 有吊车的单层房屋 | 变截面柱上段 | 弹性方案 | $2.5H_u$ | $1.25H_u$ | $2.5H_u$ | | |
| | | 刚性方案、刚弹性方案 | $2.0H_u$ | $1.25H_u$ | $2.0H_u$ | | |
| | 变截面柱下段 | | $1.0H_l$ | $0.8H_l$ | $1.0H_l$ | | |
| 无吊车的单层和多层房屋 | 单跨 | 弹性方案 | $1.5H$ | $1.0H$ | $1.5H$ | | |
| | | 刚弹性方案 | $1.2H$ | $1.0H$ | $1.2H$ | | |
| | 多跨 | 弹性方案 | $1.25H$ | $1.0H$ | $1.25H$ | | |
| | | 刚弹性方案 | $1.1H$ | $1.0H$ | $1.1H$ | | |
| | 刚性方案 | | $1.0H$ | $1.0H$ | $1.0H$ | $0.4s+0.2H$ | $0.6s$ |

注：1. 表中 $H_u$ 为变截面柱上段高度；$H_l$ 为变截面柱下段高度。
　　2. 对于上段为自由端的构件，$H_0 = 2H$；
　　3. 独立砖柱，当无柱间支撑时，柱在垂直排架方向的 $H_0$ 应按表中数值乘以 1.25 后采用；
　　4. $s$——房屋横墙间距；
　　5. 自承重墙的计算高度应根据周边支承或拉接条件确定。

2. 带壁柱或构造柱墙的高厚比验算

对于带壁柱墙,既要保证墙和壁柱作为一个整体的稳定性,又要保证壁柱之间墙体本身的稳定性,其高厚比验算,应按下列规定进行:

(1) 按式 (15-53) 验算带壁柱墙的高厚比,此时公式中 $h$ 应改用带壁柱墙截面的折算厚度 $h_T$,取 $h_T=3.5i$ 在确定截面回转半径 $i$ 时,墙截面的翼缘宽度 $b_f$,可按以下规定采用:

① 多层房屋,当有门窗洞口时,可取窗间墙宽度;当无门窗洞口时,每侧翼墙宽度可取壁柱高度(层高)的 1/3,但不应大于相邻壁柱间的距离;

② 单层房屋,可取壁柱宽加 2/3 墙高,但不应大于窗间墙宽度和相邻壁柱间的距离;

③ 计算带壁柱墙的条形基础时,可取相邻壁柱间的距离。

当确定带壁柱墙的计算高度 $H_0$ 时,$s$ 应取与之相交相邻墙之间的距离。

(2) 当构造柱截面宽度不小于墙厚时,可按式 (15-53) 验算带构造柱墙的高厚比,此时公式中 $h$ 取墙厚;当确定带构造柱墙的计算高度 $H_0$ 时,$s$ 应取相邻横墙间的距离;墙的允许高厚比 $[\beta]$ 可乘以修正系数 $\mu_c$,$\mu_c$ 可按下式计算:

$$\mu_c = 1 + \gamma \frac{b_c}{l} \qquad (15\text{-}55)$$

式中 $\gamma$——系数。对细料石砌体,$\gamma=0$;对混凝土砌块、混凝土多孔砖、粗料石、毛料石及毛石砌体,$\gamma=1.0$;其他砌体,$\gamma=1.5$;

$b_c$——构造柱沿墙长方向的宽度;

$l$——构造柱的间距。

当 $b_c/l > 0.25$ 时取 $b_c/l = 0.25$,当 $b_c/l < 0.05$ 时取 $b_c/l = 0$。

注:考虑构造柱有利作用的高厚比验算不适用于施工阶段。

(3) 按式 (15-53) 验算壁柱间墙或构造柱间墙的高厚比时,$s$ 应取相邻壁柱间或相邻构造柱间的距离。设有钢筋混凝土圈梁的带壁柱墙或带构造柱墙,当 $b/s \geqslant 1/30$ 时,圈梁可视作壁柱间墙或构造柱间墙的不动铰支点($b$ 为圈梁宽度)。当不满足上述条件且不允许增加圈梁宽度时,可按墙体平面外等刚度原则增加圈梁高度,此时,圈梁仍可视为壁柱间墙或构造柱间墙的不动铰支点。

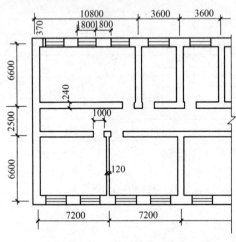

图 15-34 例 15-11 中的图

【例 15-11】 已知:某试验楼部分平面如图 15-34 所示,采用预制钢筋混凝土空心楼板,外墙厚 370mm,内纵墙及横墙厚 240mm,底层墙高 4.8m(从楼板至基础顶面);隔墙厚

120mm，高 3.6m，砂浆为 M5，砖为 MU10，纵墙上窗宽 1800mm，门宽 1000mm。

求：验算各墙的高厚比。

**【解】** （1）确定房屋的静力计算方案

最大横墙间距 $s=3.6\times3=10.8$m，查表 15-8，$s<32$m，故为刚性方案。

（2）纵墙的高厚比验算

承重墙高 $H=4.8$m。查表 15-9 知，$[\beta]=24$。自承重墙 $H=3.60$m，$h=120$mm，$\mu_1[\beta]=1.44\times24=34.56$。由于左上角房间的横墙间距较大，故取此处两道纵墙进行验算：外纵墙长 $s=10.8$m$>2H$，查表 15-10 得 $H_0=1.0H=4.8$m。

$$\mu_2=1-0.4b_s/s=1-0.4\times1.8/3.6=0.8$$

由式（15-53）得，纵墙高厚比

$\beta=H_0/h=4.8/0.37=13<\mu_1\mu_2[\beta]=1\times0.8\times24=19.2$，满足要求。

内纵墙上洞口宽度为 $b_s=1.0$m，$s=10.8$m。按整片墙求出

$$\mu_2=1-0.4\times1/10.8=0.96$$

内纵墙高厚比

$$\beta=H_0/h=4.8/0.24=20<\mu_1\mu_2[\beta]=1\times0.96\times24=23$$

（3）240mm 厚横墙的高厚比验算

由于横墙厚度、砌筑砂浆、墙体高度均与内纵墙相同，且横墙上无洞口，又比内纵墙短，计算高度也小，故不必再验算。

（4）120mm 厚隔墙的高厚比验算

隔墙一般是后砌在地面垫层上，上端用斜放侧砖顶住楼面梁砌筑，故可简化为按不动铰支点考虑。因两侧与墙壁拉接不好，可按两侧无拉接墙壁计算，$H_0=3.6$m，因无洞口，故 $\mu_2=1$。

隔墙高厚比

$\beta=H_0/h=3.6/0.12=30<\mu_1\mu_2[\beta]=1.44\times1\times24=34.56$，满足要求。

**【例 15-12】** 已知：某单层车间，如图 15-35 所示，长 24m，宽 15m，层高 4.2m，无吊车，四周墙体用 MU10 砖和 M5 混合砂浆砌筑，屋面采用预制钢筋混凝土大型屋面板。

求：验算带壁柱纵墙和山墙的高厚比。

**【解】** （1）确定房屋的静力计算方案

本房屋的屋盖为 1 类屋盖，两端山墙（横墙）间的距离 $s=24$m$<32$m，查表 15-8，属刚性方案房屋。

（2）带壁柱纵墙的高厚比验算

计算壁柱截面的几何特征，见图 15-36。计算截面的面积

$$A=3000\times240+370\times250=8.125\times10^5\text{mm}^2$$

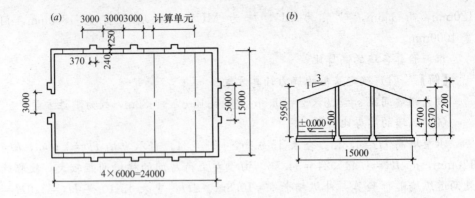

图 15-35 某单层无吊车车间的平面、侧立面图

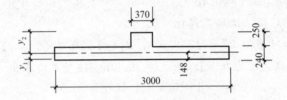

图 15-36 带壁柱墙的计算截面

截面重心位置

$$y_1 = \frac{3000 \times 240 \times 120 + 370 \times 250 \times (240 + 250/2)}{8.125 \times 10^5} = 148\text{mm}$$

$$y_2 = 240 + 250 - 148 = 342\text{mm}$$

对形心轴的惯性矩

$$I = \frac{300 \times 148^3}{3} + \frac{370 \times 342^3}{3} + \frac{(3000-370)(240-148)^3}{3} = 8.86 \times 10^9 \text{mm}^4$$

回转半径

$$i = \sqrt{\frac{I}{A}} = \sqrt{\frac{8.86 \times 10^9}{8.125 \times 10^5}} = 104\text{mm}$$

折算厚度

$$h_T = 3.5i = 3.5 \times 104 = 364\text{mm}$$

确定壁柱计算高度 $H_0$：壁柱的下端嵌固于距室内地面以下 0.5m 处，柱高 $H=4.2+0.5=4.7$m。$s=24$m$>2H=9.4$m，查表 15-10 得

$$H_0 = 1.0H = 4.7\text{m}$$

整片纵墙的高厚比验算：查表 15-9，当砂浆为 M5 时，$[\beta]=24$，修正系数 $\mu_2=1-0.4\times 3/6=0.8$。对于承重墙，$\mu_1=1$。将上列数据代入式（15-55），得

$\beta=H_0/h_T=4.7/0.364=12.91<\mu_1\mu_2[\beta]=1\times 0.8 \times 24=19.2$，满足要求。

壁柱间墙高厚比的验算。此时

$$H = 4.7\text{m} < s = 6.0\text{m} < 2H = 9.4\text{m}$$

查表 15-10 得壁柱间墙的计算高度
$$H_0 = 0.4s + 0.2H = 0.4 \times 6.0 + 0.2 \times 4.7 = 3.34\text{m}$$
将上述数据代入式 (15-53)，得
$$\beta = H_0/h = 3.34/0.24 = 13.92 < \mu_1\mu_2[\beta] = 1 \times 0.8 \times 24 = 19.2, 满足要求。$$
(3) 带壁柱山墙的高厚比验算

选房屋左端的山墙为验算对象，因为它开有门洞，较右端的山墙不利。

壁柱截面的几何特征，见图 15-37。计算过程同前，结果如下：
$$A = 9.325 \times 10^5 \text{mm}^2, \ y_1 = 144\text{mm}, \ y_2 = 346\text{mm}$$
$$I = 9.503 \times 10^9 \text{mm}^4, \ i = \sqrt{I/A} = 101\text{mm}, \ h_T = 3.5i = 354\text{mm}$$

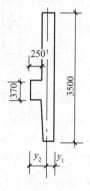

图 15-37 带壁柱山墙的计算截面

整片墙的高厚比验算：

此时，墙长 $s$ 为两纵墙间的距离，$s=15\text{m}$，带壁柱墙的高度 $H$ 应从基础顶面算至柱顶处，即
$$H = 4.3 + 5\tan 18°26' = 4.7 + 5 \times 0.333 \approx 6.37\text{m}$$
查表 15-8，$s=5\text{m}<32\text{m}$，属刚性方案。查表 15-10，$s>2H=12.7\text{m}$，得
$$H_0 = 1.0H = 6.37\text{m}$$
由前述 $[\beta] = 24$，$\mu_1 = 1$；$\mu_2 = 1 - 0.4 \times 1.5/5 = 0.88$
$$\beta = H_0/h_T = 6.37/0.354 = 18 < \mu_1\mu_2[\beta] = 1 \times 0.88 \times 24 = 21.12, 满足要求。$$
壁柱间墙的高厚比验算：

墙高 $H = 7.2-(7.2-6.37)/2 = 6.785\text{m}$，此时 $s=5\text{m}<H_0$，由表 15-10，按刚性方案确定计算高度 $H_0$，得
$$H_0 = 0.6H = 0.6 \times 6.785 = 4.07\text{m}, 墙厚 h=240\text{mm}$$
$$\mu_1 = 1, \mu_2 = 1 - 0.4 \times 3/5 = 0.76$$
$$\beta = H_0/h = 4.07/0.24 = 16.96 < \mu_1\mu_2[\beta] = 1 \times 0.76 \times 24 = 18.24, 满足要求。$$

## §15.6 墙体的设计计算

### 15.6.1 刚性方案房屋的墙体设计计算

1. 多层房屋的承重纵墙计算

首先考虑竖向荷载作用下纵墙的计算。

(1) 计算简图

混合结构的纵墙通常比较长，设计时可仅取其中有代表性的一段进行计算。一般取一个开间的窗洞中线间距内的竖向墙带作为计算单元，如图 15-38 所示，

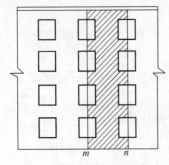

图 15-38　外墙计算单元

这个墙带的纵向剖面见图 15-39 (a)。

墙带承受的竖向荷载有墙体自重、屋盖楼盖传来的永久荷载及可变荷载。这些荷载对墙带作用的位置见图 15-40。图中，$N_l$ 为计算楼层内由楼盖传来的永久荷载及可变荷载，也即楼盖大梁的支座处合压力。$N_l$ 至墙内皮的距离可取等于 $0.4a_0$，$a_0$ 为梁端有效支承长度，按式 (15-22) 计算。$N_u$ 为由上面各层楼盖、屋盖及墙体自重传来的竖向荷载（包括永久荷载及可变荷载），可以认为 $N_u$ 作用于上一楼层的墙柱的截面重心。

刚性方案房屋中屋盖和楼盖可以视为纵墙的不动铰支点，因此，竖向墙带就好像一个承受各种纵向力的竖向连续梁，被支承于与楼盖及屋盖相交的支座上，其弯矩图如图 15-39 (a) 所示，但考虑到在楼盖大梁支承处，墙体截面被削弱，而偏于安全地可将大梁支承处视为铰接。在底层砖墙与基础连接处，墙体虽未减弱，但由于多层房屋上部传来的轴向力与该处弯矩相比大很多，因此底端也可认为是铰接支承。这样，**墙体在每层高度范围内就成了两端铰支的竖向构件**，其偏心荷载引起的弯矩图见图 15-39 (b)。

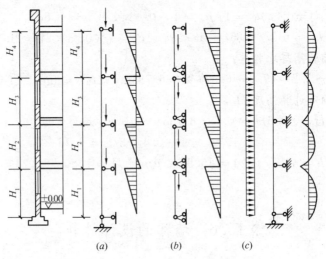

图 15-39　外墙计算图形

外纵墙在水平荷载作用下的计算方法可分为两种情况：第一种情况是对于采用刚性方案多层房屋的外墙，当洞口水平截面面积不超过全截面面积的 2/3，其层高和总高不超过表 15-11 的规定，且屋面自重不小于 $0.8kN/m^2$ 时，可不考虑风荷载的影响，仅按竖向荷载进行计算。第二种情况是当必须考虑风荷载时，墙带产生的弯矩图见图 15-39 (c)，此时由于在楼板支承处，产生外侧受拉的弯矩，

故要按竖向连续梁计算墙体的承载力。这时，可近似取墙带跨中及支座弯矩

$$M = \frac{1}{12}wH_i^2 \tag{15-56}$$

式中　$w$——沿楼层高均布风荷载设计值；
　　　$H_i$——楼层高度。

刚性方案多层房屋外墙不考虑风荷载影响时的最大高度　　表 15-11

| 基本风压值（kN/m²） | 层高（m） | 总高（m） |
|---|---|---|
| 0.4 | 4.0 | 28 |
| 0.5 | 4.0 | 24 |
| 0.6 | 4.0 | 18 |
| 0.7 | 3.5 | 18 |

注：对于多层砌块 190mm 厚的外墙，当层高不大于 2.8m，总高不大于 19.6m，基本风压不大于 0.7kN/m²时，可不考虑风荷载的影响。

（2）控制截面的位置及内力计算

对每层墙体一般有下列几个截面起控制作用：所计算楼层墙上端楼盖大梁底面、窗口上端、窗台以及墙下端亦即下层楼盖大梁底稍上的截面。为偏于安全，当上述几处的截面面积均以窗间墙计算时，把图 15-41 中的截面Ⅰ-Ⅰ、Ⅳ-Ⅳ作为控制截面，此时截面Ⅰ-Ⅰ处作用有轴向力 $N$ 和弯矩 $M$，而截面Ⅳ-Ⅳ只有轴向力 $N$ 作用，内力图如图 15-41（c）所示。

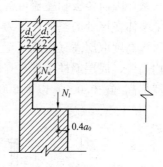

图 15-40　纵墙荷载位置图

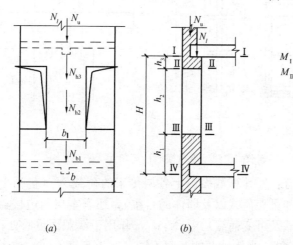

图 15-41　外墙最不利计算截面位置及内力图

（3）截面承载力计算

按最不利荷载组合，确定控制截面的轴向力 $N$ 和轴向力偏心距 $e$ 之后，就可按受压构件承载力计算公式进行计算。

水平风荷载作用下产生的弯矩应与竖向荷载作用下的弯矩进行组合,风荷载取正风压(压力)还是取负风压(吸力)应以组合后弯矩的代数和增大来决定。

当风荷载、永久荷载、可变荷载进行组合时,尚应按《建筑结构荷载规范》GB 50009 的有关规定考虑组合系数。

2. 多层房屋的承重横墙计算

刚性方案房屋由于横墙间距不大,在水平风荷载作用下,纵墙传给横墙的水平力对横墙的承载力计算影响很小。因此,**横墙只需计算竖向荷载作用下的承载力。**

(1) 计算简图

因为楼盖和屋盖的荷载沿横墙一般都是均匀分布的,**因此可以取 1m 宽的墙体作为计算单元**,见图 15-42。一般楼盖和屋盖构件均搁在横墙上,和横墙直接联系,因而楼板和屋盖可视为横墙的侧向支承。另外,由于楼板伸入墙身,削弱了墙体在该处的整体性,为了简化计算,可把该处视为不动铰支点。中间各层的计算高度取层高(楼板底至上层楼板底);顶层如为坡屋顶则取层高加山尖的平均高度;底层墙柱下端支点取至条形基础顶面,如基础埋深较大时,一般可取地坪标高(±0.000)以下 300～500mm。

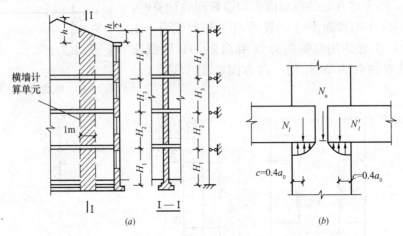

图 15-42 承重横墙计算单元

横墙承受的荷载有:所计算截面以上各层传来的荷载 $N_u$(包括上部各层楼盖和屋盖的永久荷载和可变荷载以及墙体的自重),还有本层两边楼盖传来的竖向荷载(包括永久荷载及可变荷载)$N_l$、$N'_l$;$N_u$ 作用于墙截面重心处;$N_l$ 及 $N'_l$ 均作用于距墙边 $0.4a_0$ 处。当横墙两侧开间不同(梁板跨度不同)或者仅在一侧的楼面上有活荷载时,$N_l$ 及 $N'_l$ 的数值并不相等,墙体处于偏心受压状态。但由于偏心荷载产生的弯矩通常都较小,轴向压力较大,故在实际计算中,各层均可按轴心受压构件计算。

(2) 控制截面位置及内力计算

由于承重横墙是按轴心受压构件计算的，又因《砌体规范》规定沿层高各截面取用相同的纵向力影响系数 $\varphi$，所以应取每层轴向力最大的下端部截面作为控制截面进行计算。

**总之，多层刚性方案房屋，在竖向荷载作用下，墙、柱在每层高度范围内，可近似地视作两端铰支的竖向构件；在水平荷载作用下，墙、柱可视作竖向连续梁。**

(3) 截面承载力计算

在求得每层控制截面处的轴向力后，即可按受压构件承载力计算公式确定各层的块体和砂浆强度等级。

当横墙上设有门窗洞口时，则应取洞口中心线之间的墙体作为计算单元。

当有楼面大梁支承于横墙时，应取大梁间距作为计算单元，此外，尚应进行梁端砌体局部受压验算。对于支承楼板的墙体，则不需进行局部受压验算。

3. 单层房屋的墙、柱计算

在竖向荷载与水平荷载作用下，单层房屋的墙、柱可视为上端不动铰支于屋盖，下端嵌固于基础的竖向构件，因为在单层房屋纵墙底端处的轴力与多层房屋相比要小得多，而弯矩比较大。因此，纵墙下端可认为嵌固于基础顶面。在水平风荷载及竖向偏心力作用下分别计算内力，两者叠加就是墙、柱最终的内力图。

### 15.6.2 弹性、刚弹性体房屋的墙体设计计算

1. 弹性方案房屋墙体的内力计算

弹性方案房屋，可按屋架、大梁与墙（柱）为铰接的、不考虑空间工作的平面排架或框架计算。对于单层弹性方案房屋，与钢筋混凝土及钢结构排架一样，其计算简图考虑以下两条假定：

(1) 屋架或屋面梁与墙（柱）顶端的连接，可视为能传递竖向力和水平剪力的铰，墙或柱下端则嵌固于基础顶面；

(2) 把屋架或屋面大梁视作一刚度无限大的水平杆件，在荷载作用下无轴向变形，即这时横梁两端的水平位移相等。

2. 刚弹性方案房屋墙体的内力计算

属于刚弹性方案的房屋，在水平荷载作用下，两横墙之间中部水平位移较弹性方案房屋小，且随着两横墙间距的减小，房屋空间刚度增大，该水平位移不断减小，但又不能忽略。

刚弹性方案房屋的计算简图，可按屋架或大梁与墙（柱）为铰接的并考虑空间作用的平面排架或框架计算。为了考虑排架的空间作用，计算时引入一个小于 1 的房屋各层空间性能影响系数 $\eta_i$。系数 $\eta_i$ 是通过对建筑物实测及理论分析而确定的，其大小和横墙间距及屋面结构的水平刚度有关，见表 15-12。

刚弹性方案房屋墙柱内力分析可按下列步骤进行：

（1）在各层横梁与柱连接处加水平铰支杆，计算在水平荷载（风荷载）下无侧移时的支杆反力 $R_i$，并求相应的内力图，见图15-43（a）。

（2）把已求出的支杆反力 $R_i$ 乘以由表15-12查得的相应空间性能影响系数 $\eta_i$，并反向作用在节点上，求出这种情况的内力图，见图15-43（b）。

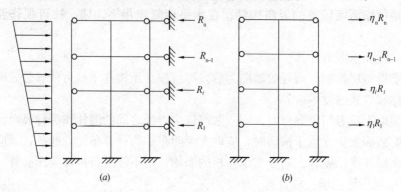

图 15-43　刚弹性方案房屋的静力计算简图

（3）将上述两种情况下的内力图叠加即得最后内力。

房屋各层的空间性能影响系数 $\eta_i$　　　　表 15-12

| 屋盖或楼盖类别 | 横墙间距 $s$ (m) | | | | | | | | | | | | | | |
|---|---|---|---|---|---|---|---|---|---|---|---|---|---|---|---|
| | 16 | 20 | 24 | 28 | 32 | 36 | 40 | 44 | 48 | 52 | 56 | 60 | 64 | 68 | 72 |
| 1 | — | — | — | — | 0.33 | 0.39 | 0.45 | 0.50 | 0.55 | 0.60 | 0.64 | 0.68 | 0.71 | 0.74 | 0.77 |
| 2 | — | 0.35 | 0.45 | 0.54 | 0.61 | 0.68 | 0.73 | 0.78 | 0.82 | — | — | — | — | — | — |
| 3 | 0.37 | 0.49 | 0.60 | 0.68 | 0.75 | 0.81 | — | — | — | — | — | — | — | — | — |

注：$i$ 取 $1 \sim n$，$n$ 为房屋的层数。

在多层房屋中，有时会出现下部为刚性方案、顶层为弹性或刚弹性方案的情况，计算这种上柔下刚的房屋时，顶层可按单层房屋计算。

在多层房屋中，还可能出现上刚下柔的情况，考虑到这种结构沿竖向的刚度变化显著，不够合理，且存在着整体失效的可能性，因而一般通过如增加横墙等措施，使其改变为刚性多层房屋。

### 15.6.3　墙体的设计计算例题

【例 15-13】　已知：某四层混合结构办公楼，平面尺寸和外墙剖面如图15-44所示，屋盖和楼盖均为现浇钢筋混凝土梁板，钢筋混凝土梁截面尺寸为 250mm×500mm，梁端入墙长度为240mm，外墙厚370mm，内横墙厚240mm，隔断墙厚120mm。全部采用 MU10 烧结多孔砖和 M5 混合砂浆砌筑。

求：验算外纵墙、内横墙和横隔断墙的高厚比，验算外纵墙的承载力。

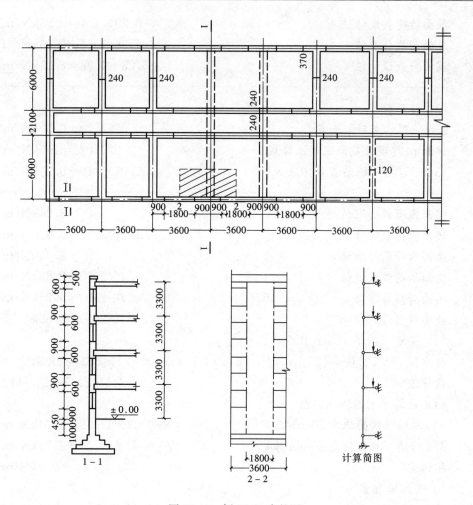

图 15-44 例 15-13 中的图

**【解】** 1. 荷载计算

(1) 屋面荷载

| | |
|---|---|
| APP 改性沥青防水层 | 0.30kN/m² |
| 20mm 厚 1:2.5 水泥砂浆找平层 | 0.40kN/m² |
| 100~140mm 厚(2%找坡)膨胀珍珠岩保温层 $\frac{0.10+0.14}{2}\times 7$ = | 0.84kN/m² |
| 100mm 厚钢筋混凝土屋面板 $0.10\times25$ = | 2.5kN/m² |
| 20mm 厚板下纸筋石灰抹面 $0.02\times16$ = | 0.32kN/m² |
| 屋面恒荷载标准值 | 4.36kN/m² |
| 屋面恒荷载设计值 $1.2\times4.36$ = | 5.23kN/m² |
| 屋面活荷载标准值 | 0.70kN/m² |

| | |
|---|---|
| 屋面活荷载设计值 | $0.70 \times 1.4 = 0.98 \text{kN/m}^2$ |
| 屋面荷载标准值 | $4.36 + 0.7 = 5.06 \text{kN/m}^2$ |
| 屋面荷载设计值 | $5.23 + 0.98 = 6.21 \text{kN/m}^2$ |

(2) 楼面荷载

| | |
|---|---|
| 25mm 厚水泥砂浆面层 | $0.025 \times 20 = 0.50 \text{kN/m}^2$ |
| 100mm 厚现浇钢筋混凝土楼板 | $0.1 \times 25 = 2.5 \text{kN/m}^2$ |
| 15mm 厚板下纸筋石灰抹底 | $0.015 \times 16 = 0.24 \text{kN/m}^2$ |
| 楼面恒荷载标准值 | $3.24 \text{kN/m}^2$ |
| 楼面恒荷载设计值 | $1.2 \times 3.24 = 3.89 \text{kN/m}^2$ |
| 楼面活荷载标准值 | $2.00 \text{kN/m}^2$ |
| 楼面活荷载设计值 | $1.4 \times 2.00 = 2.80 \text{kN/m}^2$ |
| 楼面荷载标准值 | $3.24 + 2.00 = 5.24 \text{kN/m}^2$ |
| 楼面荷载设计值 | $3.89 + 2.80 = 6.69 \text{kN/m}^2$ |

(3) 梁重（包括 20mm 抹灰在内）

| | |
|---|---|
| 标准值 | $[0.25 \times 0.5 \times 25 + 0.02 \times (2 \times 0.5 + 0.25) \times 17] \times 6.0 = 21.3 \text{kN}$ |
| 设计值 | $1.2 \times 21.3 = 25.56 \text{kN}$ |

(4) 计算单元的墙体荷载

| | |
|---|---|
| 240 砖墙（双面抹灰 20mm 厚） | $0.24 \times 19 + 0.02 \times 17 \times 2 = 5.24 \text{kN/m}^2$ |
| 370 砖墙（双面抹灰 20mm 厚） | $0.37 \times 19 + 0.02 \times 17 \times 2 = 7.71 \text{kN/m}^2$ |
| 塑钢窗 | $0.4 \text{kN/m}^2$ |

1) 女儿墙自重

| | |
|---|---|
| 标准值 | $0.5 \times 3.6 \times 5.24 = 9.43 \text{kN}$ |
| 设计值 | $1.2 \times 9.43 = 11.32 \text{kN}$ |

2) 屋面梁高度范围内的墙体自重

| | |
|---|---|
| 标准值 | $0.5 \times 3.6 \times 7.71 = 13.88 \text{kN}$ |
| 设计值 | $1.2 \times 13.88 = 16.66 \text{kN}$ |

3) 每层墙体自重（窗口尺寸为 1800mm×1800mm）

| | |
|---|---|
| 标准值 | $(3.3 \times 3.6 - 1.8 \times 1.8) \times 7.71 + 1.8 \times 1.8 \times 0.4 = 67.91 \text{kN}$ |
| 设计值 | $1.2 \times 67.91 = 81.49 \text{kN}$ |

2. 高厚比验算

(1) 外纵墙高厚比验算

| | |
|---|---|
| 横墙最大间距 | $s = 3 \times 3.6 = 10.8 \text{m}$ |
| 底层层高 | $H = 3.3 + 0.45 + 0.50 = 4.25 \text{m}$ |

因为 $s > 2H = 2 \times 4.25 = 8.50 \text{m}$，根据刚性方案，查表 15-10 得，$H_0 = 1.0H$

$=4.25\text{m}$

外纵墙为承重墙,故 $\mu_1 = 1.0$。

外纵墙每开间有尺寸为 1800mm×1800mm 的窗洞,由式(15-54)

$$\mu_2 = 1 - 0.4 \cdot \frac{b_s}{s} = 1 - 0.4 \times \frac{1.8}{3.6} = 0.8$$

由表 15-9 查得砂浆强度等级为 M5 时,墙的允许高厚比 $[\beta] = 24$,由式(15-53)得

$$\beta = \frac{H_0}{h} = \frac{4250}{370} = 11.49 \leqslant \mu_1\mu_2[\beta] = 19.2 \text{(满足要求)}$$

(2) 内横墙高厚比验算

纵墙间距 $s = 6.0\text{m}$,墙高 $H = 4.25\text{m}$,所以 $H < s < 2H$,根据刚性方案由表 15-10 得

$$H_0 = 0.4s + 0.2H = 0.4 \times 6.0 + 0.2 \times 4.25 = 3.25\text{m}$$

内横墙为承重墙,故 $\mu_1 = 1.0, \mu_2 = 1.0$。

由式(15-53)得

$$\beta = \frac{H_0}{h} = \frac{3250}{240} = 13.54 < \mu_1\mu_2[\beta] = 1.0 \times 1.0 \times 24 = 24 \text{(满足要求)}$$

(3) 隔断墙高厚比验算

隔断墙高 $H = 3.3 - 0.5 = 2.80\text{m}$,按两端无拉结的情况考虑,故

$$s = 6 - 0.24 = 5.76\text{m}$$
$$s > 2H$$

则
$$H_0 = 1.0H = 2.80\text{m}$$

隔断墙为非承重墙,$h = 120\text{mm}$,用内插法可得 $\mu_1 = 1.44$,该墙上无洞口,故 $\mu_2 = 1.0$,

由式(15-53)可得

$$\beta = \frac{H_0}{h} = \frac{2800}{120} = 23.3 < \mu_1\mu_2[\beta] = 1.44 \times 1.0 \times 24 = 34.56 \text{(满足要求)}$$

3. 外纵墙承载力验算

每层取如图 15-41 所示上端 I-I、下端 Ⅳ-Ⅳ 截面作为控制截面。

(1) 顶层墙体承载力验算

1) 内力计算

根据梁、板的平面布置及计算单元的平面尺寸,可得屋盖传来的竖向荷载如下:

标准值 $(5.06 \times 3.6 \times 6.0 + 21.3)/2 = 65.30\text{kN}$

设计值 $(6.21 \times 3.6 \times 6.0 + 25.56)/2 = 79.85\text{kN}$

查附表 11-4,由 MU10 和 M5,查得 $f = 1.5\text{N/mm}^2$。

已知梁高 $h_c = 500\text{mm}$,则由式(15-26)知梁的有效支承长度

$$a_0 = 10\sqrt{\frac{h_c}{f}} = 10 \times \sqrt{\frac{500}{1.5}} = 183\text{mm} < 240\text{mm}$$

屋盖竖向荷载作用于墙顶 I-I 截面的偏心距

$$e_0 = \frac{h}{2} - 0.4a_0 = \frac{370}{2} - 0.4 \times 183 = 112\text{mm} = 0.112\text{m}$$

由于女儿墙厚240mm，而外墙厚370mm，因此女儿墙自重对计算截面的偏心距

$$e = (370 - 240)/2 = 65\text{mm} = 0.065\text{m}$$

顶层 I-I 截面处的弯矩设计值

$$M = 79.85 \times 0.112 - 11.32 \times 0.065 = 8.21\text{kN} \cdot \text{m}$$

I-I 截面处轴力设计值

$$N = 11.32 + 16.66 + 79.85 = 107.83\text{kN}$$

顶层墙体下端 IV-IV 截面处的轴力设计值

$$N = 107.83 + 81.49 = 189.32\text{kN}$$

2) 承载力验算

① 墙体上端 I-I 截面

砌体截面尺寸取窗间墙的水平截面面积，即

$$A = 0.37 \times 1.8 = 0.666\text{m}^2 > 0.3\text{m}^2$$

故取砌体强度调整系数 $\gamma_a = 1.0$。

荷载设计值引起的偏心距

$$e = \frac{M}{N} = \frac{8.21}{107.83} = 0.0761\text{m}$$

$$\frac{e}{h} = \frac{0.0761}{0.37} = 0.2056$$

构件的高厚比

$$\beta = \frac{H_0}{h} = \frac{3300}{370} = 8.92$$

查附表 11-12-1，$\varphi = 0.47$，则

$$\varphi\gamma_a fA = 0.47 \times 1.0 \times 1.50 \times 0.666 \times 10^6 \text{N}$$
$$= 0.4695 \times 10^6 \text{N} = 469.5\text{kN} > N = 107.83\text{kN}（满足要求）$$

② 墙体下端 IV-IV 截面

荷载设计值引起的偏心距

$$e = \frac{M}{N} = 0$$

查附表 11-12-1，$\varphi = 0.89$，则

$$\varphi\gamma_a fA = 0.89 \times 1.0 \times 1.50 \times 0.666 \times 10^6$$
$$= 889.10\text{kN} > N = 189.32\text{kN}（满足要求）$$

(2) 三层墙体承载力验算

1) 内力计算

根据梁、板的平面布置及计算单元的平面尺寸，可得本层楼盖传来的竖向荷载如下：

标准值　　　$(5.24 \times 3.6 \times 6.0 + 21.3)/2 = 67.24 \text{kN}$

设计值　　　$(6.69 \times 3.6 \times 6.0 + 25.56)/2 = 85.03 \text{kN}$

竖向荷载作用于 I-I 截面的偏心距

$$e_0 = \frac{h}{2} - 0.40 a_0 = \frac{370}{2} - 0.4 \times 183 = 112 \text{mm} = 0.112 \text{m}$$

三层墙 I-I 截面处的弯矩设计值

$$M = 85.03 \times 0.112 = 9.52 \text{kN} \cdot \text{m}$$

三层墙 I-I 截面处的轴力设计值

标准值　　$N_k = (9.43 + 13.88 + 65.30) + 66.27 + 67.24 = 221.12 \text{kN}$

设计值　　$N = 189.32 + 85.03 = 274.35 \text{kN}$

三层墙体下端 IV-IV 截面处的轴力设计值

$$N = 274.35 + 81.49 = 355.84 \text{kN}$$

2) 承载力验算

①墙体上端 I-I 截面

$$e = \frac{M}{N} = \frac{9.52}{274.35} = 0.0347 \text{m}$$

$$\frac{e}{h} = \frac{0.0347}{0.37} = 0.094$$

查附表 11-12-1, $\varphi = 0.69$，则

$$\varphi \gamma_a f A = 0.69 \times 1.0 \times 1.50 \times 0.666 \times 10^6 \text{N}$$
$$= 689.3 \text{kN} > N = 274.35 \text{kN}（满足要求）$$

②墙体下端 IV-IV 截面

荷载设计值引起的偏心距

$$e = \frac{M}{N} = 0$$

查附表 11-11-1, $\varphi = 0.89$

$$\varphi \gamma_a f A = 0.89 \times 1.0 \times 1.50 \times 0.666 \times 10^6 \text{N}$$
$$= 889.1 \text{kN} > N = 355.84 \text{kN}（满足要求）$$

(3) 二层墙体承载力验算

1) 内力计算

根据梁、板平面布置及计算单元的平面尺寸，可得二层楼盖传来的竖向荷载如下：

标准值　　　　　　　　67.24kN

设计值　　　　　　　　85.03kN

二层楼盖竖向荷载作用于墙Ⅰ-Ⅰ截面的偏心距
$$e_0 = 0.112\text{m}$$
二层墙Ⅰ-Ⅰ截面处的弯矩设计值
$$M = 9.52\text{kN}\cdot\text{m}$$
二层墙体上端Ⅰ-Ⅰ截面处的轴力设计值
标准值　　　　　$222.12+67.91+67.24=357.27\text{kN}$
设计值　　　　　$274.35+81.49+85.03=440.87\text{kN}$
二层墙体下端Ⅳ-Ⅳ截面处的轴力设计值
标准值　　　　　$357.29+67.91=425.20\text{kN}$
设计值　　　　　$440.87+81.49=522.36\text{kN}$

2) 承载力验算
① 墙体上端Ⅰ-Ⅰ截面
$$e = \frac{M}{N} = \frac{9.52}{440.87} = 0.0216\text{m}$$

$$\frac{e}{h} = \frac{0.0216}{0.370} = 0.058$$

查附表 11-12-1, $\varphi = 0.77$,则
$$\varphi\gamma_a fA = 0.77 \times 1.0 \times 1.50 \times 0.666 \times 10^6\text{N}$$
$$= 769.23\text{kN} > N = 440.87\text{kN}(满足要求)$$

② 墙体下端Ⅳ-Ⅳ截面
荷载设计值引起的偏心距
$$e = \frac{M}{N} = 0$$

查附表 11-12-1, $\varphi = 0.89$,则
$$\varphi\gamma_a fA = 0.89 \times 1.0 \times 1.50 \times 0.666 \times 10^6\text{N}$$
$$= 889.10\text{kN} > N = 522.36\text{kN}(满足要求)$$

(4) 底层墙体承载力验算
1) 内力计算
根据梁、板平面布置及计算单元的平面尺寸,可得本层楼盖传来的竖向荷载如下:
标准值　　　　　　　　　　　　67.24kN
设计值　　　　　　　　　　　　85.03kN
底层楼盖竖向荷载作用于墙体上端Ⅰ-Ⅰ截面的偏心距
$$e_0 = 0.112\text{m}$$
底层墙体Ⅰ-Ⅰ截面的弯矩设计值

$$M = 9.52 \text{kN·m}$$

底层墙体上端Ⅰ-Ⅰ截面处的轴力

标准值　　　　　　　$425.20 + 67.24 = 492.44$kN

设计值　　　　　　　$522.36 + 85.03 = 607.39$kN

底层墙体下端Ⅳ-Ⅳ截面处的轴力

标准值：$492.44 + [(4.25 \times 3.6 - 1.8 \times 1.8) \times 7.71 + 1.8 \times 1.8 \times 0.4]$
　　　$= 492.44 + 94.28 = 586.72$kN

设计值　$607.39 + 1.2 \times 94.28 = 720.53$kN

2) 承载力验算

①墙体上端Ⅰ-Ⅰ截面

$$e = \frac{M}{N} = \frac{9.52}{607.39} = 0.0157\text{m}$$

$$\frac{e}{h} = \frac{0.0157}{0.370} = 0.042, \beta = \frac{H_0}{h} = \frac{4.250}{370} = 11.49$$

查附表 11-11-1，$\varphi = 0.74$，则

$$\varphi \gamma_a fA = 0.74 \times 1.0 \times 1.50 \times 0.666 \times 10^6 \text{N}$$
$$= 739.26\text{kN} > 607.39\text{kN}（满足要求）$$

②墙体下端Ⅳ-Ⅳ截面

荷载设计值引起的偏心距

$$e = \frac{M}{N} = 0$$

查附表 11-12-1，$\varphi = 0.83$，则

$$\varphi \gamma_a fA = 0.83 \times 1.0 \times 1.50 \times 0.666 \times 10^6 \text{N}$$
$$= 829.17\text{kN} > 720.53\text{kN}（满足要求）$$

(5) 砌体局部受压计算

以窗间墙第一层墙垛为例，墙垛截面为 1800mm×370mm，混凝土梁截面为 250mm×500mm，支承长度 $a = 240$mm，$f = 1.5$N/mm²

$$a_0 = 10 \cdot \sqrt{\frac{h_c}{f}} = 10 \times \sqrt{\frac{500}{1.5}} = 183\text{mm}$$

$$A_l = a_0 \cdot b = 183 \times 250 = 45750\text{mm}^2$$

$$A_0 = h(2h + b) = 370 \times (2 \times 370 + 250) = 366300\text{mm}^2$$

$$\gamma = 1 + 0.35 \cdot \sqrt{\frac{A_0}{A_l} - 1} = 1.93 \leqslant 2.0$$

墙体的上部荷载设计值 $N = 607.39$kN

$$\sigma_0 = \frac{607390}{370 \times 1800} = 0.91\text{N/mm}^2$$

$$N_0 = \sigma_0 A_l = 0.91 \times 45750\text{N} = 41.63\text{kN}$$

由于 $\frac{A_0}{A_l} = 8.00 > 3$,所以 $\varphi = 0$, $N_l = \frac{85.03}{2} = 42.52 \text{kN}$

$\eta A_l f = 0.7 \times 1.93 \times 45750 \times 1.5 = 92.71 \text{kN} > N_l = 42.52 \text{kN}$(满足要求)

## §15.7 圈梁、过梁、挑梁和墙梁的设计

### 15.7.1 圈梁设计

第12章讲过,圈梁的作用是增强房屋的整体刚度,这对于整体性差的砌体房屋尤为重要。有关圈梁的内容也已在第12章中讲过了,这里再补充如下:

(1) 砖砌体房屋,檐口标高为5m～8m时,应在檐口标高处设置圈梁一道,檐口标高大于8m时,应增加设置数量;

(2) 砌块及料石砌体房屋,檐口标高为4m～5m时,应在檐口标高处设置圈梁一道,檐口标高大于5m时,应增加设置数量;

(3) 采用现浇混凝土楼(屋)盖的多层砌体结构房屋,当层数超过5层时,除应在檐口标高处设置一道圈梁外,可隔层设置圈梁,并应与楼(屋)面板一起现浇。未设置圈梁的楼面板嵌入墙内的长度不应小于120mm,并沿墙长配置不少于2根直径为10mm的纵向钢筋。

(4) 对有吊车或较大振动设备的单层工业房屋,当未采取有效的隔振措施时,除在檐口或窗顶标高处设置现浇混凝土圈梁外,尚应增加设置数量。

(5) 住宅、办公楼等多层砌体结构民用房屋,且层数为3层～4层时,应在底层和檐口标高处各设置一道圈梁。当层数超过4层时,除应在底层和檐口标高处各设置一道圈梁外,至少应在所有纵、横墙上隔层设置。多层砌体工业房屋,应每层设置现浇混凝土圈梁。设置墙梁的多层砌体结构房屋,应在托梁、墙梁顶面和檐口标高处设置现浇钢筋混凝土圈梁。

建筑在软弱地基或不均匀地基上的砌体结构房屋,除按本节规定设置圈梁外,尚应符合现行国家标准《建筑地基基础设计规范》GB 50007的有关规定。

圈梁应符合下列构造要求:

(1) 圈梁宜连续地设在同一水平面上,并形成封闭状;当圈梁被门窗洞口截断时,应在洞口上部增设相同截面的附加圈梁。附加圈梁与圈梁的搭接长度不应小于其中到中垂直间距的2倍,且不得小于1m;

(2) 纵、横墙交接处的圈梁应可靠连接。刚弹性和弹性方案房屋,圈梁应与屋架、大梁等构件可靠连接;

(3) 混凝土圈梁的宽度宜与墙厚相同,当墙厚不小于240mm时,其宽度不宜小于墙厚的2/3。圈梁高度不应小于120mm。纵向钢筋数量不应少于4根,直径不应小于10mm,绑扎接头的搭接长度按受拉钢筋考虑,箍筋间距不应大

于 300mm；

(4) 圈梁兼作过梁时，过梁部分的钢筋应按计算面积另行增配。

#### 15.7.2 过　梁

过梁是墙体中承受门、窗洞口上部墙体和楼盖重力的构件。主要有钢筋砖过梁、砖砌平拱过梁、砖砌弧拱过梁和钢筋混凝土过梁等四种形式，分别见图 15-45 (a)、(b)、(c)、(d)。

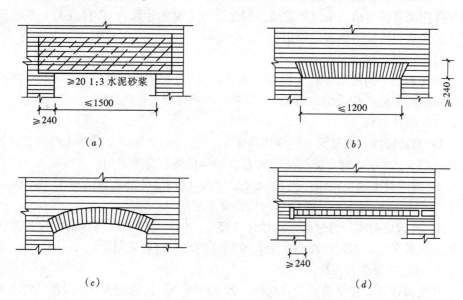

图 15-45　过梁类型
(a) 钢筋砖过梁；(b) 砖砌平拱；(c) 砖砌弧拱；(d) 钢筋混凝土过梁

砖砌过梁具有节约钢材水泥、造价低廉、砌筑方便等优点，但对振动荷载和地基不均匀沉降较敏感，跨度也不宜过大，其中**钢筋砖过梁不应超过 1.5m；对砖砌平拱不应超过 1.2m。对跨度较大的或有较大振动荷载或可能产生不均匀沉降的房屋应采用钢筋混凝土过梁。**

1. 过梁的构造
(1) 砖砌过梁截面计算高度范围内砂浆的强度等级不宜低于 M5；
(2) 砖砌平拱过梁用竖砖砌筑部分的高度不应低于 240mm；
(3) 钢筋砖过梁底面砂浆层处的钢筋，其直径不应小于 5mm，间距不宜大于 120mm，钢筋深入支座内不宜小于 240mm，底面砂浆层厚度不宜小于 30mm；
(4) 钢筋混凝土过梁端部的支承长度，不宜小于 240mm。

2. 过梁上的荷载
过梁承受的荷载有两种情况：一是仅有墙体荷载；二是除墙体荷载外，还承受梁板荷载。

在荷载作用下过梁如同受弯构件那样，上部受压，下部受拉。但是，试验表明，当过梁上的砖砌体砌筑的高度接近跨度的一半时，由于砌体砂浆随时间增长而逐渐硬化，使砌体与过梁共同工作，这种组合作用可将其上部的荷载直接传递到过梁两侧的砖墙上，从而使跨中挠度增量减小很快，过梁中的内力增大不多。

试验还表明，当梁、板距过梁下边缘的高度较小时，其荷载才会传到过梁上；若梁、板位置较高，而过梁跨度相对较小，则梁、板荷载将通过下面砌体的起拱作用而直接传给支承过梁的墙。因此，为了简化计算，《砌体规范》规定过梁上的荷载，可按下列规定采用：

(1) 梁板荷载

对砖和小型砌块砌体，梁板下的墙体高度 $h_w < l_n$ 时（$l_n$ 为过梁的净跨），可按梁板传来的荷载采用；当 $h_w \geqslant l_n$ 时，可不考虑梁板荷载。

(2) 墙体荷载

1) 对砖砌体，当过梁上的墙体高度 $h_w < l_n/3$ 时，应按全部墙体的均布自重采用；当 $h_w \geqslant l_n/3$ 时，应按高度为 $l_n/3$ 墙体的均布自重采用；

2) 对混凝土砌块砌体，当 $h_w < l_n/2$ 时，应按墙体的均布自重采用；当 $h_w \geqslant l_n/2$ 时，应按高度为 $l_n/2$ 墙体的均布自重采用；

3) 对砌块砌体，当过梁上的墙体高度 $h_w$ 小于 $l_n/2$ 时，墙体荷载应按墙体的均布自重采用，否则应按高度为 $l_n/2$ 墙体的均布自重采用。

3. 过梁的承载力计算

严格讲，过梁应是偏心受拉构件。因为跨度和荷载均较小，一般都按跨度为 $l_n$ 的简支梁进行内力和强度计算。强度计算公式如下：

砖砌平拱过梁受弯承载力

$$M \leqslant f_{tm}W \tag{15-57}$$

钢筋砖过梁受弯承载力

$$M \leqslant 0.85 h_0 f_y A_s \tag{15-58}$$

受剪承载力

$$V \leqslant f_v bz \tag{15-59}$$

式中　$M$——按简支梁计算的跨中弯矩设计值；

　　　$W$——砖砌平拱过梁的截面抵抗矩，对矩形截面：

$$W = bh^2/6$$

　　　$b$——砖砌平拱过梁的截面宽度；

　　　$h$——过梁截面计算高度，取过梁底面以上墙体的高度，但不大于 $l_n/3$；当考虑梁、板传来的荷载时，按梁、板下的墙体高度采用；

　　　$f_{tm}$——砌体弯曲抗拉强度设计值；

　　　$h_0$——钢筋砖过梁的有效高度，$h_0 = h - a_s$；

$a_s$——受拉钢筋重心到截面下边缘的距离;
$f_y$——受拉钢筋强度设计值;
$z$——截面内力臂,对矩形截面,$z = 2h/3$;
$f_v$——砌体的抗剪强度设计值。

钢筋混凝土过梁也可按一般钢筋混凝土简支梁进行受弯和受剪承载力的计算。此外,应进行梁端下砌体的局部承压验算。由于钢筋混凝土过梁多与砌体形成组合结构,刚度较大,可取其有效支承长度 $a_0$ 等于实际支承长度,但不应大于墙厚,梁端底面压应力图形完整系数 $\eta = 1.0$,且可不考虑上层荷载的影响,即 $\psi = 0$。

【例 15-14】 已知:钢筋砖过梁净跨 $l_n = 1.2$m,墙厚为 240mm,采用 MU15 烧结多孔砖、M7.5 混合砂浆砌筑,在离窗口顶面标高 500mm 处作用有楼板传来的均布恒载标准值 7.0kN/m,均布活荷载标准值 4.0kN/m。

求:试验算过梁的承载力。

【解】 (1) 内力计算

$h_w = 0.5$m $< l_n = 1.2$m,故必须考虑梁板荷载,过梁计算高度取 500mm。
过梁自重标准值(计入两面抹灰)$0.5 \times (0.24 \times 19 + 2 \times 0.02 \times 17) = 2.62$kN/m

按永久荷载控制时,作用在过梁上的均布荷载设计值为:
$$q = [1.35(7.0 + 2.62) + 1.4 \times 0.7 \times 4.0] = 16.91 \text{kN/m}$$

$$M = \frac{ql_n^2}{8} = 16.91 \times \frac{1.2^2}{8} = 3.04 \text{kN} \cdot \text{m}$$

$$V = \frac{ql_n}{2} = 16.91 \times \frac{1.2}{2} = 10.15 \text{kN}$$

(2) 受弯承载力
$$h_0 = 500 - 15 = 485 \text{mm}$$
采用 HPB300 钢筋,$f_y = 270$N/mm², $2\phi 6 (A_s = 57\text{mm}^2)$。
$0.85 f_y A_s h_0 = 0.85 \times 270 \times 57 \times 485 \times 10^{-6}$
$= 6.34$kN·m $> 3.04$kN·m(满足要求)。

(3) 受剪承载力计算
砌体抗剪强度设计值查附表 11-11,$f_v = 0.17$N/mm²,则
$$z = \frac{2}{3}h = \frac{2}{3} \times 500 = 333 \text{mm}$$
$f_v bz = 0.17 \times 240 \times 333$N $= 13.58$kN $> V = 10.15$kN(满足要求)。

### 15.7.3 挑 梁

挑梁是一种在砌体结构房屋中常用的钢筋混凝土构件,一端埋入墙内,另一

端挑出墙外，依靠压在埋入部分的上部砌体重力及上部楼（屋）盖传来的竖向荷载来防止倾覆。挑檐、阳台、雨篷、悬挑楼梯等均属挑梁范围。这类构件将涉及抗倾覆验算、砌体局部受压承载力验算以及挑梁本身的承载力计算等问题。

1. 挑梁的构造要求

（1）纵向受力钢筋至少应有 1/2 的钢筋面积深入梁尾端，且不少于 2ϕ12。其余钢筋深入支座的长度不应小于 $2l_1/3$（$l_1$ 为挑梁埋入砌体中的长度）；

（2）挑梁埋入砌体中的长度 $l_1$ 与挑出长度 $l$ 之比宜大于 1.2；当挑梁上无砌体时，$l_1$ 与 $l$ 之比宜大于 2。

2. 挑梁的受力特点

试验表明，挑梁受力后，在悬臂段竖向荷载产生的弯矩和剪力作用下，埋入段将产生挠曲变形，但这种变形受到上下砌体的约束。

当荷载增加到一定程度时，挑梁与砌体的上界面墙边竖向拉应力超过砌体沿通缝的抗拉强度时，将沿上界面墙边出现如图 15-46 所示水平裂缝①；随后在挑梁埋入端头下界面出现水平裂缝②；这时，挑梁有向上翘的趋势，在挑梁埋入端上角的砌体中将出现阶梯斜裂缝③；最后，挑梁埋入端近墙边下界

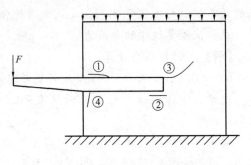

图 15-46 裂缝出现情况

面砌体的受压区不断减小，会出现局部受压裂缝④，甚至发生局部受压破坏。

最后，挑梁可能发生下述两种破坏形态：

（1）倾覆破坏。当悬臂段竖向荷载较大，而挑梁埋入段较短，且砌体强度足够，埋入段前端下面的砌体未发生局部受压破坏，则可能在埋入段尾部以外的墙体中产生 $\alpha \geqslant 45°$（试验平均值为 57° 左右）的斜裂缝。如果这条斜裂缝进一步加宽并向斜上方发展，则表明斜裂缝以内的墙体以及在这个范围内的其他抗倾覆荷载已不能有效地抵抗挑梁的倾覆，挑梁实际上已发生倾覆破坏。

（2）局部受压破坏。当挑梁埋入段较长，且砌体强度较低时，可能在埋入段尾部墙体中斜裂缝未出现以前，发生埋入段前端梁下砌体被局部压碎的情况。

因此，《砌体规范》建议对挑梁分别进行抗倾覆验算及挑梁埋入段前端下面砌体的局部受压承载力验算。

3. 砌体墙中钢筋混凝土挑梁抗倾覆验算

$$M_{0v} \leqslant M_r \tag{15-60}$$

$$M_r = 0.8 G_r (l_2 - x_0) \tag{15-61}$$

式中　$M_{0v}$——挑梁的荷载设计值对计算倾覆点产生的倾覆力矩；

§15.7 圈梁、过梁、挑梁和墙梁的设计

$M_r$ ——挑梁的抗倾覆力矩设计值；

$G_r$ ——挑梁的抗倾覆荷载，为挑梁尾端上部 45°扩散角的阴影范围（其水平长度为 $l_3$）内的本层砌体与楼面恒荷载标准值之和，如图 15-47 所示；

$l_2$ —— $G_r$ 作用点至墙外边缘的距离（mm）。

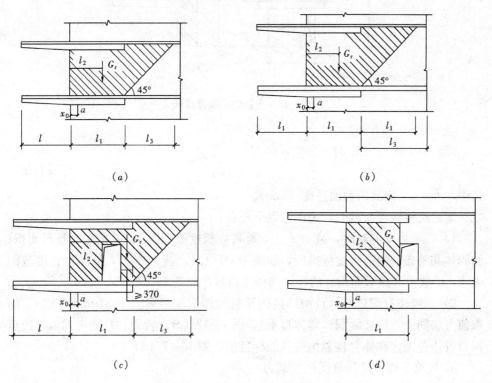

图 15-47 挑梁的抗倾覆荷载

(a) $l_3 \leqslant l_1$ 时；(b) $l_3 > l_1$ 时；(c) 洞在 $l_1$ 之内时；(d) 洞在 $l_1$ 之外时

$G_r$ 的计算范围见图 15-47 (a)、(b)、(c)、(d)，应根据实际工程中不同的情况对照采用。

对于雨篷等悬臂构件，$G_r$ 的计算方法见图 15-48，其中

$$l_2 = l_1/2; \quad l_3 = l_n/2$$

式中 $l_1$ ——挑梁埋入砌体的长度；

$x_0$ ——计算倾覆点 $a$ 至墙外边缘的距离（mm），**由于砌体塑性变形的影响，因此倾覆点不在外边缘而是向内移动至 a 点**，挑梁计算倾覆点至墙外边缘的距离 $x_0$ 可按下列规定采用：

(1) 对一般挑梁，即当 $l_1 \geqslant 2.2h_b$ 时，

$$x_0 = 0.3h_b \tag{15-62}$$

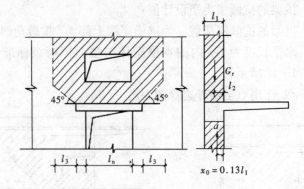

图 15-48 雨篷的抗倾覆荷载

且 $x_0 \leqslant 0.13l_1$

(2) 当 $l_1 < 2.2h_b$ 时

$$x_0 = 0.13l_1 \tag{15-63}$$

式中 $h_b$——挑梁的截面高度（mm）。

确定挑梁倾覆荷载时，须注意以下几点：

1) 当墙体无洞口时，且 $l_3 \leqslant l_1$，则取 $l_3$ 长度范围内 45°扩散角（梯形面积）的砌体和楼盖的恒荷载之标准值，如图 15-47（a）；若 $l_3 > l_1$，则取 $l_1$ 长度范围内 45°扩散角（梯形面积）的砌体和楼盖荷载，如图 15-47（b）。

2) 当墙体有洞口时，且洞口内边至挑梁埋入端距离大于 370mm，则 $G_r$ 的取值方法同上（应扣除洞口墙体自重），图 15-47（c）；否则，只能考虑墙外边至洞口外边范围内砌体与楼盖恒荷载的标准值，图 15-47（d）。

**4. 挑梁下砌体的局部受压承载力**

挑梁下砌体的局部受压承载力可按下式进行验算（参见图 15-49）：

$$N_l \leqslant \eta\gamma f A_l \tag{15-64}$$

式中 $N_l$——挑梁下的支承压力，$N_l = 2R$（$R$ 为挑梁的倾覆荷载设计值，可近似取挑梁根部剪力）；

$\eta$——梁端底面压应力图形的完整系数，可取 0.7；

$\gamma$——砌体局部抗压强度提高系数，挑梁支承在一字墙时，见图 15-49（a），取 $\gamma = 1.25$，挑梁支承在丁字墙时，见图 15-49（b），取 $\gamma = 1.5$；

$A_l$——挑梁下砌体局部受压面积，$A_l = 1.2bh_b$（$b$ 为挑梁的截面宽度，$h_b$ 为挑梁截面高度）。

**5. 挑梁受弯、受剪承载力计算**

由于倾覆点不在墙边而在离墙边 $x_0$ 处，以及墙内挑梁上下界面压应力的作用，最大弯矩设计值 $M_{max}$ 在接近 $x_0$ 处，最大剪力设计值 $V_{max}$ 在墙边。其值为：

§15.7 圈梁、过梁、挑梁和墙梁的设计

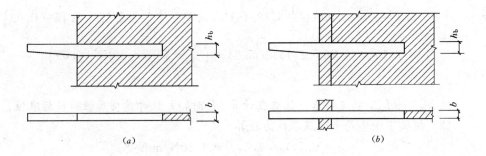

图 15-49 挑梁下砌体局部受压
(a) 挑梁支承在一字墙；(b) 挑梁支承在丁字墙

$$M_{\max} = M_{0v} \tag{15-65}$$
$$V_{\max} = V_0 \tag{15-66}$$

式中 $V_0$ ——挑梁的荷载设计值在挑梁墙外边缘处截面产生的剪力。

【例 15-15】 已知：一承托阳台的钢筋混凝土挑梁埋置于 T 形截面墙段中，如图 15-50 所示。挑出长度 $l = 1.8\text{m}$，埋入长度 $l_1 = 2.15\text{m}$。挑梁截面 $b \times h_b = 240\text{mm} \times 300\text{mm}$，挑梁上墙体净高 2.86m，墙厚 240mm，采用 MU10 烧结普通砖、M5 级混合砂浆砌筑，墙体重力为 $5.24\text{kN/m}^2$。墙体及楼屋盖传给挑梁的荷载为：活荷载 $p_1 = 4.15\text{kN/m}$，$p_2 = 4.95\text{kN/m}$，$p_3 = 1.65\text{kN/m}$；恒荷载 $g_1 = 4.85\text{kN/m}$，$g_2 = 9.60\text{kN/m}$，$g_3 = 15.2\text{kN/m}$，挑梁自重 1.35kN/m，埋入部分 2.20kN/m；集中力 $F = 6.0\text{kN}$。

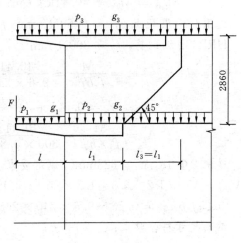

图 15-50 例 15-15 中的图

求：试设计该挑梁。

【解】 (1) 抗倾覆验算

$$l_1 = 2.15\text{m} > 2.2h_b = 2.2 \times 300 = 660\text{mm} = 0.66\text{m}$$
$$x_0 = 0.3h_b = 0.3 \times 0.3 = 0.09\text{m}, \text{且} < 0.13l_1 = 0.23\text{m}$$
$$M_{0v} = 1.2 \times 6.0 \times (1.8 + 0.09) + \frac{1}{2} \times [1.4 \times 4.15 + 1.2 \times (1.35 + 4.85)]$$
$$\times (1.8 + 0.09)^2 = 37.27\text{kN} \cdot \text{m}$$
$$M_r = 0.8 \times \left[\frac{1}{2} \times (9.60 + 2.2) \times (2.15 - 0.09)^2 + 2.15 \times 2.86 \times 5.24\right.$$

$$\times \left(\frac{2.15}{2} - 0.09\right) + \frac{1}{2} \times (2.15)^2 \times 5.24 \times \left(\frac{1}{3} \times 2.15 + 2.15 - 0.09\right)$$
$$+ 2.15 \times (2.86 - 2.15) \times 5.24 \times \left(\frac{1}{2} \times 2.15 + 2.15 - 0.09\right)\bigg]$$
$$= 92.38 \text{kN} \cdot \text{m}$$

故 $M_r > M_{0V}$，满足要求。注意在计算 $M_r$ 时，$G_r$ 仅考虑楼盖恒荷载标准值。

(2) 挑梁下砌体局部受压承载力验算

$$\eta = 0.7, \gamma = 1.5, f = 1.50 \text{N/mm}^2$$
$$A_l = 1.2bh_b = 1.2 \times 240 \times 300 = 86400 \text{mm}^2$$
$$N_l = 2 \times \{1.2 \times 6.0 + (1.8 + 0.09) \times [1.4 \times 4.15 + 1.2 \times (1.35 + 4.85)]\}$$
$$= 64.49 \text{kN} < \eta\gamma f A_l = 0.7 \times 1.5 \times 1.50 \times 86400 \text{N} \approx 136 \text{kN}$$

满足要求。

(3) 挑梁承载力计算

$$M_{\max} = M_{0V} = 40.41 \text{kN} \cdot \text{m}; \quad h_{b0} = h_b - 35 = 265 \text{mm}$$

选用 C20 混凝土，$f_c = 9.60 \text{N/mm}^2$, $f_t = 1.10 \text{N/mm}^2$

HRB335 级钢筋，$f_y = 300 \text{N/mm}^2$

$$\alpha_s = \frac{M}{f_c b h_{b0}^2} = \frac{40.41 \times 10^6}{9.6 \times 240 \times 265^2} = 0.25$$

$$\gamma_s = 0.5(1 + \sqrt{1 - 2\alpha_s}) = 0.853$$

$$A_s = \frac{M}{f_y \gamma_s h_{b0}} = \frac{40.41 \times 10^6}{300 \times 0.853 \times 265} = 595 \text{mm}^2$$

选配 2 Φ 18, $A_s = 628 \text{mm}^2$，满足要求。

$$V_{\max} = V_0 = 1.2 \times 6.0 + 1.8 \times [1.4 \times 4.15 + 1.2 \times (1.35 + 4.85)] = 31.05 \text{kN}$$
$$0.25 f_c b h_{b0} = 0.25 \times 9.6 \times 240 \times 265 \text{N} = 153 \text{kN} > V_{\max} = 31.05 \text{kN}$$

截面尺寸符合要求；

$$0.7 f_t b h_{b0} = 0.7 \times 1.1 \times 240 \times 265 \text{N} = 48.97 \text{kN} > V_{\max} = 31.05 \text{kN}$$

可按构造配箍筋，选配双肢箍 $\phi6@200$。

### 15.7.4 墙 梁 设 计

**墙梁是由钢筋混凝土托梁和梁上计算高度范围内的砌体墙组成的组合构件。**墙梁承受本身的重力以及施加在墙梁上的本层及上层楼（屋）盖等传来的荷载。在非地震区的工业与民用建筑中，墙梁应用得较为广泛。如底层为商店、上部为住宅的墙梁结构，支承墙体的基础梁、连系梁等。此外，软土地基上砌有墙体的桩基承台梁、剧院舞台的台口大梁均属墙梁结构。

墙梁分为承重墙梁和非承重墙梁两种。只承受托梁自重和托梁顶面以上墙体重量的墙梁称为非承重墙梁。如果托梁还承受楼（屋）盖等传来的荷载，则称为承重墙梁。工程中的墙梁主要有承重与自承重简支墙梁、连续墙梁和框支墙梁等。

1. 墙梁的尺寸和洞口

采用烧结普通砖砌体、混凝土普通砖砌体、混凝土多孔砖砌体和混凝土砌块砌体的墙梁尺寸和洞应符合下列规定：

(1) 墙梁设计应符合表 15-13 的规定：

墙梁的一般规定　　　　　　　　表 15-13

| 墙梁类别 | 墙体总高度 (m) | 跨度 (m) | 墙体高跨比 $h_w/l_{0i}$ | 托梁高跨比 $h_b/l_{0i}$ | 洞宽比 $b_h/l_{0i}$ | 洞高 $h_h$ |
|---|---|---|---|---|---|---|
| 承重墙梁 | ≤18 | ≤9 | ≥0.4 | ≥1/10 | ≤0.3 | ≤$5h_w/6$ 且 $h_w-h_h$≥0.4m |
| 自承重墙梁 | ≤18 | ≤12 | ≥1/3 | ≥1/15 | ≤0.8 | — |

注：墙体总高度指托梁顶面到檐口的高度，带阁楼的坡屋面应算到山尖墙 1/2 高度处。

(2) 墙梁计算高度范围内每跨允许设置一个洞口，洞口高度，对窗洞取洞顶至托梁顶面距离。对自承重墙梁，洞口至边支座中心的距离不应小于 $0.1l_{0i}$，门窗洞上口至墙顶的距离不应小于 0.5m。

(3) 洞口边缘至支座中心的距离，距边支座不应小于墙梁计算跨度的 0.15 倍，距中支座不应小于墙梁计算跨度的 0.07 倍。托梁支座处上部墙体设置混凝土构造柱、且构造柱边缘至洞口边缘的距离不小于 240mm 时，洞口边至支座中心距离的限值可不受本规定限制。

(4) 托梁高跨比，对无洞口墙梁不宜大于 1/7，对靠近支座有洞口的墙梁不宜大于 1/6。配筋砌块砌体墙梁的托梁高跨比可适当放宽，但不宜小于 1/14；当墙梁结构中的墙体均为配筋砌块砌体时，墙体总高度可不受本规定限制。

2. 墙梁的受力特点

**当托梁及其上砌体达到一定强度后，墙和梁共同工作形成梁高较大的墙梁组合结构，也可视为组合深梁**。试验表明，作为一个组合深梁时，其上部荷载主要通过墙体的拱作用向两端支座传递，托梁承受拉力，两者组成一个带拉杆的拱结构，见图 15-51 (a)。墙梁从开始受力一直到破坏，始终保持这种受力状况，即

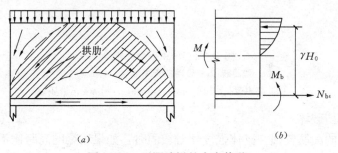

图 15-51　无洞墙梁的内力传递

使出现各种裂缝,也不会发生实质性的变化。**当墙体上有洞口时,形成大拱套小拱的受力结构**,其应力分布与无洞口墙梁基本一致,主应力轨迹线也变化不大,如图 15-52 所示。

不难看出,**托梁在整个受力过程中相当于一个偏心受拉构件**,见图 15-51 (b)。影响墙梁承载能力的因素很多,如砌体的高跨比 $h_w/l_0$、托梁的高跨比

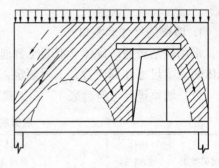

图 15-52 有洞墙梁的内力传递

$h_b/l$、砌体强度 $f$、混凝土强度 $f_c$、托梁配筋率、加载方式、开洞情况等。由于这些因素的不同,有洞口与无洞口墙梁将发生下面几种破坏形态。

(1) 弯曲破坏

当托梁的配筋较弱,砌体强度较高,而墙梁的高跨比 $h_w/l_0$ 偏小时,类似于钢筋混凝土少筋梁,托梁跨中的垂直裂缝将随荷载的增加而穿过托梁与墙的界面进入墙体,并在墙体中迅速向上发展。裂缝发展得很宽,砌体的受压区只有 3~5 皮砖,但受压区砌体不会发生被压碎的现象,如图 15-53 (a) 所示。实际上墙梁已经受弯破坏。

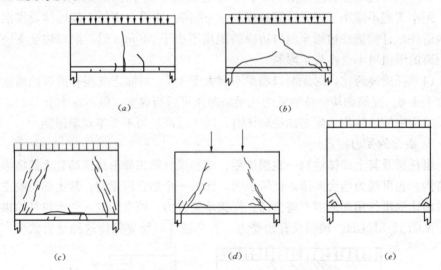

图 15-53 墙梁的破坏形态

(a) 弯曲破坏;(b) 斜拉破坏;(c) 斜压破坏;
(d) 集中荷载作用下的斜拉破坏;(e) 局部受压破坏

(2) 剪切破坏

当托梁的配筋较强,砌体强度相对较弱时,如果墙梁的高跨比不是太大,则可能由于剪力引起的主拉应力较大,支座上方的砌体中出现斜裂缝并延伸至托

梁,从而发生砌体的剪切破坏。可能发生以下几种剪切破坏形式。

1) 斜拉破坏

当墙梁的高跨比较小（$h_w/l_0 < 0.5$），且砌体砂浆强度较低，特别是有剪跨比（$a/l$）较大的集中荷载作用时，会出现沿灰缝阶梯形上升的较平缓的斜裂缝，如图 15-53 (b) 所示。这种破坏发生得较突然，在设计中应尽可能避免形成这种破坏形式出现的条件。

2) 斜压破坏

当墙梁的高度比较大（$h_w/l \geqslant 0.5$），或集中荷载的剪跨比较小，且砌体强度较高时，将在支座上方形成剪压斜裂缝，裂缝多而陡，很多裂缝是沿砖劈裂破坏的，如图 15-53 (c) 所示。此类构件的开裂荷载和抗剪承载力较大。

3) 劈裂破坏

当集中荷载较大，砌体强度较低时，往往在荷载作用点与支座垫板的连线上，突然出现一条或几条几乎贯穿墙体全高的劈裂型斜裂缝，如图 15-53 (d) 所示。这时，开裂荷载与破坏荷载相当接近。这种破坏没有预兆，应予以防止。

(3) 局压破坏

当墙体高跨比较大（$h_w/l > 0.75$），托梁配筋较强，砌体相对较弱时，支座端部砌体竖向应力高度集中，将在托梁端部上面的砌体中先出现多条细的竖向裂缝，最后发生局部受压破坏，见图 15-53 (e)。

此外，当托梁端部混凝土强度过低，支承长度过小，纵筋锚固不足，托梁端部也可能发生局压破坏。

试验表明，墙梁两端设置翼墙，能降低梁端墙体的竖向压应力，显著提高墙梁的局部受压承载能力。

为防止出现上述承载能力较低的破坏形态，保证墙体与托梁有较强的组合作用，已如上述《砌体规范》对墙梁的尺寸、洞口和托梁，规定了要求。

3. 墙梁的计算简图

在实际房屋中，托梁上面的墙体高度往往都是相当高的。试验表明，墙再高，墙梁在弯矩作用下的内力臂并没有什么明显增长，而且墙体抗剪强度也主要由托梁以上一定高度内的墙体控制。因此，《砌体规范》规定**参与墙梁承重作用的墙体计算高度 $h_w$ 只取托梁顶面一层高，但不大于墙梁的计算跨度 $l_{0i}$**，即满足 $h_w \leqslant l_{0i}$。墙梁的计算简图按图 15-54 采用。各计算参数按下列规定取用：

(1) 墙梁计算跨度 $l_0(l_{0i})$，对简支墙梁和连续墙梁取 1.1 倍净跨（$l_n$ 或 $l_{ni}$）或支座中心距离（$l_c$ 或 $l_{ci}$）较小值；对框支墙梁，取框架柱中心线间的距离 $l_c(l_{ci})$；

(2) 墙体计算高度 $h_w$，取托梁顶面上一层墙体（包括顶梁）高度，当 $h_w > l_0$ 时，取 $h_w = l_0$（对连续墙梁和多跨框支墙梁，$l_0$ 取各跨的平均值）；

(3) 墙梁跨中截面计算高度 $H_0$，取 $H_0 = h_w + 0.5h_b$；

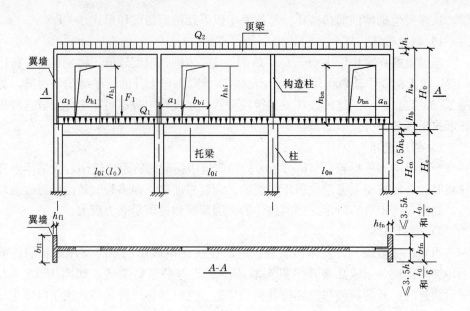

图 15-54 墙梁的计算简图

$l_0(l_{0i})$—墙梁计算跨度;$h_w$—墙体计算高度;$h$—墙体厚度;$H_0$—墙梁跨中截面计算高度;$b_{f1}$—翼墙计算宽度;$H_c$—框架柱计算高度;$b_{hi}$—洞口宽度;$h_{hi}$—洞口高度;$a_i$—洞口边缘至支座中心的距离;$Q_1$、$F_1$—承重墙梁的托梁顶面的荷载设计值;$Q_2$—承重墙梁的墙梁顶面的荷载设计值

(4) 翼墙计算宽度 $b_f$,取窗间墙宽度或横墙间距的 2/3,且每边不大于 $3.5h$($h$ 为墙体厚度)和 $1/6 l_0$;

(5) 框架柱计算高度 $H_c$,取 $H_c = H_{cn} + 0.5 h_b$;$H_{cn}$ 为框架柱净高,取基础顶面至托梁底面的距离。

4. 墙梁的计算荷载

墙梁是在托梁上砌筑墙体而逐渐形成的。在墙梁设计中,应分别按使用阶段和施工阶段的荷载进行计算。

(1) 使用阶段墙梁上的荷载,应按下列规定采用:

1) 承重墙梁的托梁顶面的荷载设计值,取托梁自重及本层楼盖的恒荷载和活荷载;

2) 承重墙梁的墙梁顶面的荷载设计值,取托梁以上各层墙体自重,以及墙梁顶面以上各层楼(屋)盖的恒荷载和活荷载;集中荷载可沿作用的跨度近似化为均布荷载;

3) 自承重墙梁的墙梁顶面的荷载设计值,取托梁自重及托梁以上墙体自重。

(2) 施工阶段托梁上的荷载,应按下列规定采用:

1) 托梁自重及本层楼盖的恒荷载;

2) 本层楼盖的施工荷载；

3) 墙体自重，可取高度为 $l_{0\max}/3$ 的墙体自重，开洞时尚应按洞顶以下实际分布的墙体自重复核；$l_{0\max}$ 为各计算跨度的最大值。

5. 墙梁的截面承载力计算

墙梁应分别进行托梁使用阶段正截面承载力和斜截面受剪承载力计算、墙体受剪承载力和托梁支座上部砌体局部受压承载力计算，以及施工阶段托梁的承载力验算。自承重墙梁可不验算墙体受剪承载力和砌体局部受压承载力。

(1) 墙梁的托梁正截面承载力计算

① 跨中截面：

托梁取跨中最大弯矩处的截面为计算截面。在此截面上作用有轴向拉力和弯矩，应按偏心受拉构件计算。其弯矩 $M_{bi}$ 及轴向拉力 $N_{bti}$，按下列公式计算：

$$M_{bi} = M_{1i} + \alpha_M M_{2i} \tag{15-67}$$

$$N_{bti} = \eta_N \frac{M_{2i}}{H_0} \tag{15-68}$$

式中 $M_{1i}$ ——荷载设计值 $Q_1$、$F_1$ 作用下的简支梁跨中弯矩或按连续梁或框架分析的托梁各跨跨中最大弯矩；

$M_{2i}$ ——荷载设计值 $Q_2$ 作用下的简支梁跨中弯矩或按连续梁、框架分析的托梁第 $i$ 跨跨中最大弯矩；

$\eta_N$ ——考虑墙梁组合作用的托梁跨中轴力系数可按式 (15-71) 或 (15-72) 计算，但对自承重简支墙梁应乘以折减系数 0.8；当 $h_w/l_{0i} > 1$ 时，取 $h_w/l_{0i} = 1$；

$\alpha_M$ ——考虑墙梁组合作用的托梁跨中弯矩系数，按式 (15-71) 和式 (15-74) 计算，但对自承重简支墙梁应乘以 0.8；当式 (15-69) 中的 $h_b/l_0 > \frac{1}{6}$ 时，取 $h_b/l_0 = \frac{1}{6}$；当式 (15-72) 中的 $h_b/l_{0i} > \frac{1}{7}$ 时，取 $h_b/l_{0i} = \frac{1}{7}$；当 $\alpha_M > 1.0$ 时，取 $\alpha_M = 1.0$。

托梁跨中弯矩系数 $\alpha_M$，按下列公式计算，但当式 (15-69) 中 $\frac{h_b}{l_0} > \frac{1}{6}$ 时，取 $\frac{h_b}{l_0} = \frac{1}{6}$；当式 (15-72) 中 $\frac{h_b}{l_{0i}} > \frac{1}{7}$ 时，取 $\frac{h_b}{l_{0i}} = \frac{1}{7}$；当式 (15-71)、式 (15-74) 中 $\frac{h_w}{l_0}$ 或 $\frac{h_w}{l_{0i}} > 1$ 时，取 $\frac{h_w}{l_0}$ 或 $\frac{h_w}{l_{0i}} = 1$。

对简支墙梁

$$\alpha_M = \psi_M \left(1.7 \frac{h_b}{l_0} - 0.03\right) \tag{15-69}$$

$$\psi_M = 4.5 - 10 \frac{a}{l_0} \tag{15-70}$$

$$\eta_N = 0.44 + 2.1\frac{h_w}{l_0} \tag{15-71}$$

对连续墙梁和框支墙梁

$$\alpha_M = \psi_M\left(2.7\frac{h_b}{l_{0i}} - 0.08\right) \tag{15-72}$$

$$\psi_M = 3.8 - 8\frac{a_i}{l_{0i}} \tag{15-73}$$

$$\eta_N = 0.8 + 2.6\frac{h_w}{l_{0i}} \tag{15-74}$$

式中 $\psi_M$ ——洞口对托梁跨中截面弯矩的影响系数，对无洞口墙梁取 $\psi_M = 1.0$，对有洞口墙梁分别按式（15-70）、式（15-73）计算；

$a_i$ ——洞口边至墙梁最近支座的距离，当 $a_i > 0.35 l_{0i}$ 时，取 $a_i = 0.35 l_{0i}$。

②支座截面：

对于连续墙梁和框支墙梁的支座截面应按混凝土受弯构件计算托梁的正截面承载力，第 $j$ 支座的弯矩设计值 $M_{bj}$ 可按下式计算：

$$M_{bj} = M_{1j} + \alpha_M M_{2j} \tag{15-75}$$

$$\alpha_M = 0.75 - \frac{a_i}{l_{0i}} \tag{15-76}$$

式中 $M_{1j}$ ——荷载设计值 $Q_1$、$F_1$ 作用下按连续梁或框架分析的托梁第 $j$ 支座截面的弯矩设计值；

$M_{2j}$ ——荷载设计值 $Q_2$ 作用下按连续梁或框架分析的托梁第 $j$ 支座截面的弯矩设计值；

$\alpha_M$ ——考虑墙梁组合作用的托梁支座截面弯矩系数，无洞口墙梁取 0.4，有洞口墙梁可按式（15-76）计算。

墙体受压区一般不产生弯曲受压破坏，故无须对墙体进行弯压强度验算。

(2) 墙梁的墙体和托梁受剪承载力计算

1) 墙体斜截面受剪承载力，按下列公式计算：

$$V_2 \leqslant \xi_1 \xi_2 \left(0.2 + \frac{h_b}{l_{0i}} + \frac{h_t}{l_{0i}}\right) f h h_w \tag{15-77}$$

式中 $V_2$ ——在荷载设计值 $Q_2$ 作用下墙梁支座边缘截面剪力的最大值；

$\xi_1$ ——翼墙影响系数，对单层墙梁取 1.0，对多层墙梁，当 $\frac{b_f}{h} = 3$ 时，取 1.3，当 $\frac{b_f}{h} = 7$ 时或设置构造柱时，取 1.5，当 $3 < \frac{b_f}{h} < 7$ 时，按线性插入取值；

$\xi_2$ ——洞口影响系数，无洞口墙梁取 1，单层有洞口墙梁取 0.6，多层有洞口墙梁取 0.9；

$h_t$——墙梁顶面圈梁截面高度。

2) 托梁斜截面受剪承载力

按钢筋混凝土受弯构件计算，其剪力 $V_{bj}$ 按下列公式计算：

$$V_{bj} = V_{1j} + \beta_v V_{2j} \tag{15-78}$$

式中 $V_{1j}$——荷载设计值 $Q_1$、$F_1$ 作用下按简支梁、连续梁或框架分析的托梁第 $j$ 支座边缘截面剪力设计值；

$V_{2j}$——荷载设计值 $Q_2$ 作用下按简支梁、连续梁或框架分析的托梁第 $j$ 支座边剪力设计值；

$\beta_v$——考虑墙梁组合作用的托梁剪力系数，无洞口墙梁边支座截面缘截面取 0.6，中支座截面取 0.7；有洞口墙梁边支座截面取 0.7，中支座截面取 0.8；对自承重墙梁，无洞口时取 0.45，有洞口时取 0.5。

(3) 托梁支座上部砌体局部受压承载力计算

托梁支座上部砌体局部受压按下式计算：

$$Q_2 \leqslant \zeta h f \tag{15-79}$$

$$\zeta = 0.25 + 0.08 b_f / h \tag{15-80}$$

式中 $\zeta$——局部受压系数。

试验表明，纵向翼墙对墙体的局部受压有明显的改善作用，当翼墙宽度 $b_f \geqslant 5h$（$h$ 为墙梁中墙体厚度）或墙梁支座处设置上下贯通的落地构造柱时可不进行局部受压承载力验算。对非承重墙梁，砌体有足够的局部受压强度，也可不予验算。

(4) 施工阶段承载力验算

施工阶段托梁按钢筋混凝土受弯构件进行受弯承载力验算与受剪承载力验算。由前述施工阶段托梁上的荷载来确定托梁的内力。

6. 墙梁的构造

(1) 托梁和框支柱的混凝土强度等级不应低于 C30；

(2) 承重墙梁的块体强度等级不应低于 MU10，计算高度范围内墙体的砂浆强度等级不应低于 M10（Mb10）；

(3) 框支墙梁的上部砌体房屋，以及设有承重的简支墙梁或连续墙梁的房屋，应满足刚性方案房屋的要求；

(4) 墙梁的计算高度范围内的墙体厚度，对砖砌体不应小于 240mm，对混凝土砌块砌体不应小于 190mm；

(5) 墙梁洞口上方应设置混凝土过梁，其支承长度不应小于 240mm；洞口范围内不应施加集中荷载；

(6) 承重墙梁的支座处应设置落地翼墙，翼墙厚度，对砖砌体不应小于

240mm，对混凝土砌块砌体不应小于190mm，翼墙宽度不应小于墙梁墙体厚度的3倍，并与墙梁墙体同时砌筑。当不能设置翼墙时，应设置落地且上、下贯通的混凝土构造柱；

(7) 当墙梁墙体在靠近支座1/3跨度范围内开洞时，支座处应设置落地且上、下贯通的混凝土构造柱，并应与每层圈梁连接；

(8) 墙梁计算高度范围内的墙体，每天可砌筑高度不应超过1.5m，否则，应加设临时支撑；

(9) 托梁两侧各两个开间的楼盖应采用现浇混凝土楼盖，楼板厚度不应小于120mm，当楼板厚度大于150mm时，应采用双层双向钢筋网，楼板上应少开洞，洞口尺寸大于800mm时应设洞口边梁；

(10) 托梁每跨底部的纵向受力钢筋应通长设置，不应在跨中弯起或截断；钢筋连接应采用机械连接或焊接；

(11) 托梁跨中截面的纵向受力钢筋总配筋率不应小于0.6%；

(12) 托梁上部通长布置的纵向钢筋面积与跨中下部纵向钢筋面积之比值不应小于0.4；连续墙梁或多跨框支墙梁的托梁支座上部附加纵向钢筋从支座边缘算起每边延伸长度不应小于$l_0/4$；

(13) 承重墙梁的托梁在砌体墙、柱上的支承长度不应小于350mm；纵向受力钢筋伸入支座的长度应符合受拉钢筋的锚固要求；

(14) 当托梁截面高度$h_b$大于等于450mm时，应沿梁截面高度设置通长水平腰筋，其直径不应小于12mm，间距不应大于200mm；

(15) 对于洞口偏置的墙梁，其托梁的箍筋加密区范围应延到洞口外，距洞边的距离大于等于托梁截面高度$h_b$，见图15-55，箍筋直径不应小于8mm，间距不应大于100mm。

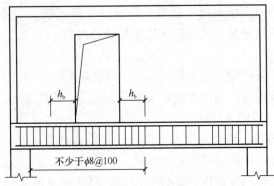

图15-55 偏开洞时托梁箍筋加密区

**【例15-16】** 已知：某5层商店—住宅楼的局部平剖面如图15-56和图15-57所示。托梁截面$b_b \times h_b = 250mm \times 650mm$，混凝土为C25；主筋为HRB335级

§15.7 圈梁、过梁、挑梁和墙梁的设计

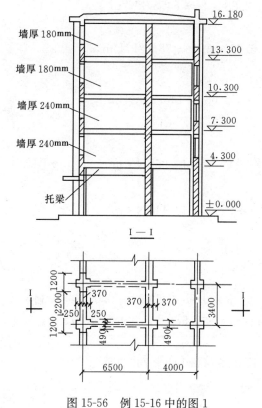

图 15-57 例 15-16 中的图 2

钢筋，箍筋为 HPB235 级钢筋；二、三层墙体用 MU20 烧结多孔砖，M7.5 级混合砂浆；四、五层墙体 MU10 烧结多孔砖，M5 混合砂浆砌筑。

求：试设计该墙梁。

**【解】** （1）荷载计算

屋面　　$1.2\times4.6+1.4\times0.5=6.22\text{kN/m}^2$

三～五层楼盖　　$1.2\times2.95+1.4\times1.5=5.64\text{kN/m}^2$

二层楼盖　　$1.2\times3.95+1.4\times1.5=6.84\text{kN/m}^2$

240 墙双面抹灰　　$1.2\times5.24=6.29\text{kN/m}^2$

180 墙双面抹灰　　$1.2\times4.10=4.92\text{kN/m}^2$

净跨 $l_n=5.88\text{m}$，$1.1l_n=6.468\text{m}$；支座中心距离 $l_c=6.50\text{m}$，故取 $l_0=6.468\text{m}$。

二层层高 3.0m，楼板厚 120mm，故墙体计算高度 $h_w=3.0-0.12=2.88\text{m}$，墙梁计算高度 $H_0=h_w+0.5h_b=2.88+0.5\times0.65=3.205\text{m}$。经检查，墙梁的跨度、墙体总高、托梁的高跨比均满足表 15-13 的规定。

1) 直接作用在托梁顶面上的荷载设计值

托梁自重　　　　　　　$1.2\times25\times0.25\times0.65=4.875\text{kN/m}$

二层楼盖　　　　　　　　　　　$6.84\times3.4=23.256\text{kN/m}$

总计　　　　　　　　　　　　　　　　　　　$Q_1=28.1\text{kN/m}$

2) 作用在墙梁顶面上的荷载设计值

墙体 $g_w = (6.29 + 4.92) \times 2.88 \times 2 = 64.57 \text{kN/m}$

墙梁顶面以上楼面和屋面荷载

$$Q_i = 5.64 \times 3.4 \times 3 + 6.22 \times 3.4 = 78.68 \text{kN/m}$$

作用在墙梁顶面上的荷载

$$Q_2 = g_w + Q_i = 64.57 + 78.68 = 143.25 \text{kN/m}$$

(2) 使用阶段正截面承载力计算

$$M_1 = \frac{Q_1 l_0^2}{8} = \frac{28.1 \times 6.468^2}{8} = 146.95 \text{kN} \cdot \text{m}$$

$$M_2 = \frac{Q_2 l_0^2}{8} = \frac{1435 \times 6.468^2}{8} = 749.11 \text{kN} \cdot \text{m}$$

$$\psi_M = 1.0$$

托梁弯矩系数 $\alpha_M$

$$\alpha_M = \psi_M (1.7 h_b / l_0 - 0.03) = 1.0 \times (1.7 \times 0.65 \div 6.468 - 0.03) = 0.141$$

$$\eta_N = 0.44 + 2.1 h_w / l_0 = 0.44 + 2.1 \times 2.880 \div 6.468 = 1.375$$

托梁的弯矩

$$M_b = M_1 + \alpha_M M_2 = 146.95 + 0.141 \times 749.11$$
$$= 252.57 \text{kN} \cdot \text{m}$$

托梁的轴心拉力

$$N_{bt} = \frac{\eta_N}{H_0} M_2 = \frac{1.375}{3.205} \times 749.11 = 321.38 \text{kN}$$

偏心距

$$e_0 = \frac{M_b}{N_{bt}} = \frac{252.57}{321.45} = 0.786 \text{m} = 786 \text{mm} > \frac{1}{2}(h_b - 2a_s) = 290 \text{mm}$$

故为大偏心受拉构件

$$e = e_0 - \frac{h_b}{2} + a_s = 786 - 325 + 35 = 496 \text{mm}$$

$$A'_s = \frac{N_{bt} e - \alpha_{smax} f_c b h_0^2}{f'_y (h_0 - a'_s)}$$

$$= \frac{321380 \times 496 - 0.399 \times 11.9 \times 250 \times 615^2}{300 \times (615 - 35)} < 0$$

按构造配筋

$$\rho_{min} = 0.2\% > 45 f_t / f_y = 45 \times 1.27 \div 300 = 0.19\%$$

$$A'_s = \rho_{min} b h_0 = \frac{0.2}{100} \times 250 \times 615 = 308 \text{mm}^2,\text{选配 } 2 \Phi 14 (308 \text{mm}^2)。$$

将 $A'_s$ 代入基本公式解得 $x = 61 \text{mm} < 2a'_s = 70 \text{mm}$

$$A_s = \frac{N_{bt}(e_0 + 0.5h_b - a'_s)}{f_y(h_0 - a'_s)} = \frac{321380(786 + 0.5 \times 650 - 35)}{300(615 - 35)} = 1987\text{mm}^2$$

选配 $4\Phi 25, A_s = 1962\text{mm}^2$，满足要求。

(3) 使用阶段斜截面受剪承载力计算

1) 墙体斜截面受剪承载力

$$V_2 = \frac{Q_2 l_n}{2} = \frac{143.25 \times 5.88}{2} = 421.16\text{kN}$$

墙体受剪承载力

$$\frac{b_f}{h} = 1200/240 = 5$$

$$\xi_1 = 1.4$$

$$\xi_2 = 1.0$$

$\xi_1\xi_2(0.2 + h_b/l_0 + h_t/l_0)fhh_w = 1.4 \times 1.0\left(0.2 + \frac{0.65}{6.468} + 0\right) \times 2.39 \times 240 \times 2880\text{N} = 694.97\text{kN} > V_2 = 421.16\text{kN}$

满足要求。

2) 托梁斜截面受剪承载力

托梁端部的剪力

$$V_b = V_1 + 0.6V_2 = \frac{Q_1 \times l_n}{2} + 0.6 \cdot V_2$$
$$= 0.5 \times 28.1 \times 5.88 + 0.6 \times 421.16$$
$$= 335.31$$

托梁受剪承载力

$$V_{cs} = 0.7f_t b h_0 + 1.25 f_{yv}\frac{A_{sv}}{s}h_0$$

将 $f_t = 1.27\text{N/mm}^2$，$f_{yv} = 210\text{N/mm}^2$，$b = 250\text{mm}$，$h_0 = 615\text{mm}$，$V_{cs} = V_b$ 代入，得

$$\frac{A_{sv}}{s} = 1.23\text{mm}$$

选配双肢箍筋 $\phi 10@120$，$A_{sv}/s = 1.308 > 1.23$，满足要求。

(4) 使用阶段托梁支座上部砌体局部受压承载力计算

$$\zeta = 0.25 + 0.08 b_f/h = 0.25 + 0.08 \times \frac{1200}{240} = 0.65$$

$Q_2 = 143.25\text{kN/m} < \zeta h f = 0.65 \times 240 \times 2.39 = 372.84\text{kN/m}$，满足要求。

(5) 施工阶段托梁承载力验算

施工阶段的结构重要性系数 $\gamma_0 = 0.9$；则

$$0.9 \times \left(28.1 + \frac{1}{3} \times 6.468 \times 0.24 \times 19 \times 1.2\right) = 39.9\text{kN/m}$$

$$M = \frac{1}{8} \times 39.9 \times 6.468^2 = 208.65 \text{kN} \cdot \text{m}$$

$$\alpha_s = \frac{208650000}{250 \times 615^2 \times 11.9} = 0.185, \gamma_s = 0.897$$

$$A_s = \frac{208650000}{300 \times 0.897 \times 615} = 1261 \text{mm}^2 < 1962 \text{mm}^2, 满足要求$$

$$V = \frac{1}{2} \times 39.9 \times 5.88 = 117.3 \text{kN}$$

$$< 0.7 f_t b h_0 = 0.7 \times 1.27 \times 250 \times 615 \text{N} = 136.7 \text{kN}$$

故托梁在施工阶段受弯和受剪承载力均符合要求。

## §15.8 墙、柱的一般构造要求、框架填充墙和防止墙体裂缝的措施

### 15.8.1 墙、柱的一般构造要求

混合结构房屋的墙、柱除了满足高厚比不大于允许高厚比以及对最低的材料强度等级等构造要求，还应满足下列构造要求：

**1.** 预制钢筋混凝土板在混凝土圈梁上的支承长度不应小于 **80mm**，板端伸出的钢筋应与圈梁可靠连接，且同时浇筑；预制钢筋混凝土板在墙上的支承长度不应小于 **100mm**，并应按下列方法进行连接：

（1）板支承于内墙时，板端钢筋伸出长度不应小于 **70mm**，且与支座处沿墙配置的纵筋绑扎，用强度等级不应低于 **C25** 的混凝土浇筑成板带；

（2）板支承于外墙时，板端钢筋伸出长度不应小于 **100mm**，且与支座处沿墙配置的纵筋绑扎，并用强度等级不应低于 **C25** 的混凝土浇筑成板带；

（3）预制钢筋混凝土板与现浇板对接时，预制板端钢筋应伸入现浇板中进行连接后，再浇筑现浇板。

**2.** 墙体转角处和纵横墙交接处应沿竖向每隔 **400mm～500mm** 设拉结钢筋，其数量为每 **120mm** 墙厚不少于 **1** 根直径 **6mm** 的钢筋；或采用焊接钢筋网片，埋入长度从墙的转角或交接处算起，对实心砖墙每边不小于 **500mm**，对多孔砖墙和砌块墙不小于 **700mm**。

**3.** 填充墙、隔墙应分别采取措施与周边主体结构构件可靠连接，连接构造和嵌缝材料应能满足传力、变形、耐久和防护要求。

**4.** 在砌体中留槽洞及埋设管道时，应遵守下列规定：

（1）不应在截面长边小于 **500mm** 的承重墙体、独立柱内埋设管线；

（2）不宜在墙体中穿行暗线或预留、开凿沟槽，当无法避免时应采取必要的措施或按削弱后的截面验算墙体的承载力。

注：对受力较小或未灌孔的砌块砌体，允许在墙体的竖向孔洞中设置管线。

5. 承重的独立砖柱截面尺寸不应小于 240mm×370mm。毛石墙的厚度不宜小于 350mm，毛料石柱较小边长不宜小于 400mm。

注：当有振动荷载时，墙、柱不宜采用毛石砌体。

6. 支承在墙、柱上的吊车梁、屋架及跨度大于或等于下列数值的预制梁的端部，应采用锚固件与墙、柱上的垫块锚固：

(1) 对砖砌体为 9m；

(2) 对砌块和料石砌体为 7.2m。

7. 跨度大于 6m 的屋架和跨度大于下列数值的梁，应在支承处砌体上设置混凝土或钢筋混凝土垫块；当墙中设有圈梁时，垫块与圈梁宜浇成整体。

(1) 对砖砌体为 4.8m；

(2) 对砌块和料石砌体为 4.2m；

(3) 对毛石砌体为 3.9m。

8. 当梁跨度大于或等于下列数值时，其支承处宜加设壁柱，或采取其他加强措施：

(1) 对 240mm 厚的砖墙为 6m；对 180mm 厚的砖墙为 4.8m；

(2) 对砌块、料石墙为 4.8m。

9. 山墙处的壁柱或构造柱宜砌至山墙顶部，且屋面构件应与山墙可靠拉结。

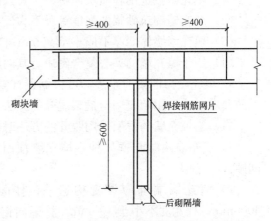

图 15-58 砌块墙与后砌隔墙交接处钢筋网片

10. 砌块砌体应分皮错缝搭砌，上下皮搭砌长度不应小于 90mm。当搭砌长度不满足上述要求时，应在水平灰缝内设置不小于 2 根直径不小于 4mm 的焊接钢筋网片（横向钢筋的间距不应大于 200mm，网片每端应伸出该垂直缝不小于 300mm）。

11. 砌块墙与后砌隔墙交接处，应沿墙高每 400mm 在水平灰缝内设置不少于 2 根直径不小于 4mm、横筋间距不应大于 200mm 的焊接钢筋网片（图 15-58）。

12. 混凝土砌块房屋，宜将纵横墙交接处，距墙中心线每边不小于 300mm 范围内的孔洞，采用不低于 Cb20 混凝土沿全墙高灌实。

13. 混凝土砌块墙体的下列部位，如未设圈梁或混凝土垫块，应采用不低于 Cb20 混凝土将孔洞灌实：

(1) 搁栅、檩条和钢筋混凝土楼板的支承面下，高度不应小于 200mm 的砌体；

(2) 屋架、梁等构件的支承面下，长度不应小于 600mm，高度不应小于

600mm 的砌体；

（3）挑梁支承面下，距墙中心线每边不应小于 300mm，高度不应小于 600mm 的砌体。

### 15.8.2 框架填充墙

1. 框架填充墙墙体除应满足稳定要求外，尚应考虑水平风荷载及地震作用的影响。

2. 在正常使用和正常维护条件下，填充墙的使用年限宜与主体结构相同，结构的安全等级可按二级考虑。

3. 填充墙的构造设计，应符合下列规定：

（1）填充墙宜选用轻质块体材料，其强度等级应符合 15.2.4 节中的规定；

（2）填充墙砌筑砂浆的强度等级不宜低于 M5（Mb5、Ms5）；

（3）填充墙墙体墙厚不应小于 90mm；

（4）用于填充墙的夹心复合砌块，其两肢块体之间应有拉结。

4. 填充墙与框架的连接，可根据设计要求采用脱开或不脱开方法。有抗震设防要求时宜采用填充墙与框架脱开的方法。

（1）当填充墙与框架采用脱开的方法时，宜符合下列规定：

1）填充墙两端与框架柱，填充墙顶面与框架梁之间留出不小于 20mm 的间隙。

2）填充墙端部应设置构造柱，柱间距宜不大于 20 倍墙厚且不大于 4000mm，柱宽度不小于 100mm。柱竖向钢筋不宜小于 $\phi 10$，箍筋宜为 $\phi^R 5$，竖向间距不宜大于 400mm。竖向钢筋与框架梁或其挑出部分的预埋件或预留钢筋连接，绑扎接头时不小于 $30d$，焊接时（单面焊）不小于 $10d$（$d$ 为钢筋直径）。柱顶与框架梁（板）应预留不小于 15mm 的缝隙，用硅酮胶或其他弹性密封材料封缝。当填充墙有宽度大于 2100mm 的洞口时，洞口两侧应加设宽度不小于 50mm 的单筋混凝土柱。

3）填充墙两端宜卡入设在梁、板底及柱侧的卡口铁件内，墙侧卡口板的竖向间距不宜大于 500mm，墙顶卡口板的水平间距不宜大于 1500mm。

4）墙体高度超过 4m 时宜在墙高中部设置与柱连通的水平系梁。水平系梁的截面高度不小于 60mm。填充墙高不宜大于 6m。

5）填充墙与框架柱、梁的缝隙可采用聚苯乙烯泡沫塑料板条或聚氨酯发泡材料充填，并用硅酮胶或其他弹性密封材料封缝。

6）所有连接用钢筋、金属配件、铁件、预埋件等均应作防腐防锈处理，并应符合《砌体规范》第 4.3 节的规定。嵌缝材料应能满足变形和防护要求。

（2）当填充墙与框架采用不脱开的方法时，宜符合下列规定：

1）沿柱高每隔 500mm 配置 2 根直径 6mm 的拉结钢筋（墙厚大于 240mm 时

## §15.8 墙、柱的一般构造要求、框架填充墙和防止墙体裂缝的措施

配置3根直径6mm),钢筋伸入填充墙长度不宜小于700mm,且拉结钢筋应错开截断,相距不宜小于200mm。填充墙墙顶应与框架梁紧密结合。顶面与上部结构接触处宜用一皮砖或配砖斜砌楔紧。

2)当填充墙有洞口时,宜在窗洞口的上端或下端、门洞口的上端设置钢筋混凝土带,钢筋混凝土带应与过梁的混凝土同时浇筑,其过梁的断面及配筋由设计确定。钢筋混凝土带的混凝土强度等级不小于C20。当有洞口的填充墙尽端至门窗洞口边距离小于240mm时,宜采用钢筋混凝土门窗框。

3)填充墙长度超过5m或墙长大于2倍层高时,墙顶与梁宜有拉结措施,墙体中部应加设构造柱;墙高度超过4m时宜在墙高中部设置与柱连接的水平系梁,墙高超过6m时,宜沿墙高每2m设置与柱连接的水平系梁,梁的截面高度不小于60mm。

### 15.8.3 防止或减轻墙体开裂的主要措施

1. 在正常使用条件下,应在墙体中设置伸缩缝。伸缩缝应设在因温度和收缩变形引起应力集中、砌体产生裂缝可能性最大处。伸缩缝的间距可按表15-14采用。

砌体房屋伸缩缝的最大间距(m) 表15-14

| 屋盖或楼盖类别 | | 间距 |
|---|---|---|
| 整体式或装配整体式钢筋混凝土结构 | 有保温层或隔热层的屋盖、楼盖 | 50 |
| | 无保温层或隔热层的屋盖 | 40 |
| 装配式无檩体系钢筋混凝土结构 | 有保温层或隔热层的屋盖、楼盖 | 60 |
| | 无保温层或隔热层的屋盖 | 50 |
| 装配式有檩体系钢筋混凝土结构 | 有保温层或隔热层的屋盖 | 75 |
| | 无保温层或隔热层的屋盖 | 60 |
| 瓦材屋盖、木屋盖或楼盖、轻钢屋盖 | | 100 |

注:1. 对烧结普通砖、烧结多孔砖、配筋砌块砌体房屋,取表中数值;对石砌体、蒸压灰砂普通砖、蒸压粉煤灰普通砖、混凝土砌块、混凝土普通砖和混凝土多孔砖房屋,取表中数值乘以0.8的系数,当墙体有可靠外保温措施时,其间距可取表中数值;
2. 在钢筋混凝土屋面上挂瓦的屋盖应按钢筋混凝土屋盖采用;
3. 层高大于5m的烧结普通砖、烧结多孔砖、配筋砌块砌体结构单层房屋,其伸缩缝间距可按表中数值乘以1.3;
4. 温差较大且变化频繁地区和严寒地区不采暖的房屋及构筑物墙体的伸缩缝的最大间距,应按表中数值予以适当减小;
5. 墙体的伸缩缝应与结构的其他变形缝相重合,缝宽度应满足各种变形缝的变形要求;在进行立面处理时,必须保证缝隙的变形作用。

2. 房屋顶层墙体,宜根据情况采取下列措施:

(1)屋面应设置保温、隔热层;

(2)屋面保温(隔热)层或屋面刚性面层及砂浆找平层应设置分隔缝,分隔缝间距不宜大于6m,其缝宽不小于30mm,并与女儿墙隔开;

(3)采用装配式有檩体系钢筋混凝土屋盖和瓦材屋盖;

(4)顶层屋面板下设置现浇钢筋混凝土圈梁,并沿内外墙拉通,房屋两端圈

梁下的墙体内宜设置水平钢筋；

（5）顶层墙体有门窗等洞口时，在过梁上的水平灰缝内设置2～3道焊接钢筋网片或2根直径6mm钢筋，焊接钢筋网片或钢筋应伸入洞口两端墙内不小于600mm；

（6）顶层及女儿墙砂浆强度等级不低于M7.5（Mb7.5、Ms7.5）；

（7）女儿墙应设置构造柱，构造柱间距不宜大于4m，构造柱应伸至女儿墙顶并与现浇钢筋混凝土压顶整浇在一起；

（8）对顶层墙体施加竖向预应力。

3. 房屋底层墙体，宜根据情况采取下列措施：

（1）增大基础圈梁的刚度；

（2）在底层的窗台下墙体灰缝内设置3道焊接钢筋网片或2根直径6mm钢筋，并应伸入两边窗间墙内不小于600mm。

4. 在每层门、窗过梁上方的水平灰缝内及窗台下第一道和第二道水平灰缝内，宜设置焊接钢筋网片或2根直径6mm钢筋，焊接钢筋网片或钢筋应伸入两边窗间墙内不小于600mm。当墙长大于5m时，宜在每层墙高度中部设置2～3道焊接钢筋网片或3根直径6mm的通长水平钢筋，竖向间距为500mm。

5. 房屋两端和底层第一、第二开间门窗洞处，可采取下列措施：

（1）在门窗洞口两边墙体的水平灰缝中，设置长度不小于900mm、竖向间距为400mm的2根直径4mm的焊接钢筋网片。

（2）在顶层和底层设置通长钢筋混凝土窗台梁，窗台梁高宜为块材高度的模数，梁内纵筋不少于4根，直径不小于10mm，箍筋直径不小于6mm，间距不大于200mm，混凝土强度等级不低于C20。

（3）在混凝土砌块房屋门窗洞口两侧不少于一个孔洞中设置直径不小于12mm的竖向钢筋，竖向钢筋应在楼层圈梁或基础内锚固，孔洞用不低于Cb20混凝土灌实。

6. 填充墙砌体与梁、柱或混凝土墙体结合的界面处（包括内、外墙），宜在粉刷前设置钢丝网片，网片宽度可取400mm，并沿界面缝两侧各延伸200mm，或采取其他有效的防裂、盖缝措施。

7. 当房屋刚度较大时，可在窗台下或窗台角处墙体内、在墙体高度或厚度突然变化处设置竖向控制缝。竖向控制缝宽度不宜小于25mm，缝内填以压缩性能好的填充材料，且外部用密封材料密封，并采用不吸水的、闭孔发泡聚乙烯实心圆棒（背衬）作为密封膏的隔离物（图15-59）。

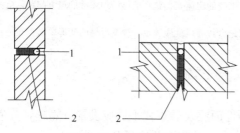

图15-59 控制缝构造
1—不吸水的、闭孔发泡聚乙烯实心圆棒；
2—柔软、可压缩的填充物

## 思 考 题

15.1 什么是砌体结构？砌体按所采用材料的不同可以分为哪几类？
15.2 砌体结构有哪些主要优缺点？
15.3 怎样确定块体材料和砂浆的等级？
15.4 选用材料应注意哪些问题？
15.5 简述砌体受压过程及其破坏特征。
15.6 为什么砌体的抗压强度远小于单块块体的抗压强度？
15.7 简述影响砌体抗压强度的主要因素。砌体抗压强度计算公式考虑了哪些主要参数？
15.8 怎样确定砌体的弹性模量？简述其主要影响因素。
15.9 为什么砂浆强度等级高的砌体抗压强度比砂浆的强度低？而对砂浆强度等级低的砌体，当块体强度高时，抗压强度又比砂浆强度高？
15.10 混合结构房屋的结构布置方案有哪几种？其特点是什么？
15.11 根据什么来区分房屋的静力计算方案？有哪几类静力计算方案？设计时怎样判别？
15.12 为什么要验算墙、柱高厚比？高厚比验算考虑了哪些因素？不满足时怎样处理？
15.13 简述影响受压构件承载力的主要因素。
15.14 轴心受压和偏心受压构件承载力计算公式有何差别？偏心受压时，为什么要按轴心受压验算另一方向的承载力？
15.15 稳定系数 $\varphi_0$ 的影响因素是什么？确定 $\varphi_0$ 时的依据与钢筋混凝土轴心受力构件是否相同？试比较两者表达式的异同点。
15.16 无筋砌体受压构件对偏心距 $e_0$ 有何限制？当超过限值时，如何处理？
15.17 梁端局部受压分哪几种情况？试比较其异同点。
15.18 什么是砌体局部抗压强度提高系数 $\gamma$？为什么砌体局部受压时抗压强度有明显提高？
15.19 当梁端支承处局部受压承载力不满足时，可采取哪些措施？
15.20 验算梁端支承处局部受压承载力时，为什么对上部轴向力设计值乘以上部荷载的折减系数 $\psi$？$\psi$ 又与什么因素有关？
15.21 什么是配筋砌体？配筋砌体有哪几类？简述其各自的特点。
15.22 简述网状配筋砖砌体与无筋砌体计算公式的异同点。
15.23 什么是组合砖砌体？怎样计算组合砖砌体的承载力？偏心受压组合砖砌体的计算方法与钢筋混凝土偏压构件有何不同？
15.24 刚性方案的混合结构房屋墙柱承载力是怎样验算的？

15.25 常用过梁的种类有哪些?怎样计算过梁上的荷载?承载力验算包含哪些内容?

15.26 简述挑梁的受力特点和破坏形态。应计算或验算哪些内容?

15.27 挑梁弯矩最大点和计算倾覆点是否在墙的边缘?为什么?计算挑梁抗倾覆力矩时为什么挑梁尾端上部 $45°$ 扩散角范围内砌体与楼面恒载标准值可以考虑进去?

15.28 何谓墙梁?简述墙梁的受力特点和破坏形态。

15.29 如何计算墙梁上的荷载?承载力验算包含哪些内容?

15.30 引起砌体结构墙体开裂的主要因素有哪些?如何采取相应的预防措施?

## 习 题

15.1 已知:柱截面为 $490\text{mm} \times 620\text{mm}$,采用 MU10 烧结普通砖及 M5 水泥混合砂浆砌筑,施工质量控制等级为 B 级,柱计算高度 $H_0 = 6.8\text{m}$,柱顶承受轴向压力设计值 $N = 250\text{kN}$,沿截面长边方向的弯矩设计值 $M = 8.1\text{kN} \cdot \text{m}$。柱底截面按轴心受压计算。

求:试验算该砖柱的承载力是否满足要求。

15.2 已知:一厚 190mm 的承重内横墙,采用 MU5 单排孔且孔对孔砌筑的混凝土小型空心砌块和 M5 水泥砂浆。已知作用在底层墙顶的荷载设计值为 118kN/m,纵墙间距为 6.8m,横墙间距 3.4m, $H = 3.5\text{m}$。

求:试验算底层墙底截面承载力(墙自重为 $3.36\text{kN/m}^2$)。

15.3 已知:某房屋外纵墙的窗间墙截面尺寸为 $1200\text{mm} \times 240\text{mm}$,如图 15-60 所示,采用 MU10 烧结普通砖、M2.5 混合砂浆砌筑。墙上支承的钢

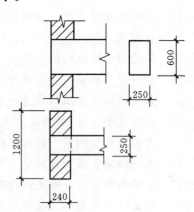

图 15-60 习题 15.3 中的图

筋混凝土大梁截面尺寸为 $250\text{mm} \times 600\text{mm}$。梁端荷载产生的支承压力设计值为 180kN,上部荷载产生的轴向压力设计值为 50kN。

求:验算梁端砌体的局部受压承载力。

15.4 某单层单跨无吊车工业厂房窗间墙截面,如图 15-61 所示。已知计算高度 $H_0 = 8.2\text{m}$,烧结多孔砖强度等级为 MU10,水泥混合砂浆强度等级为 M2.5,承受的荷载设计值 $N = 350\text{kN}$, $M = 40\text{kN} \cdot \text{m}$。荷载偏向翼缘。

求:试验算截面的承载力。

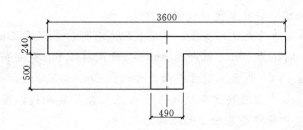

图 15-61 习题 15.4 中的图

15.5 已知：房屋纵向窗间墙上有一跨度达 6.0m 的大梁，梁截面尺寸为 $b\times h=200\text{mm}\times 550\text{mm}$，支承长度 $a=240\text{mm}$，支座反力 $N_l=85\text{kN}$，梁底墙体截面处的上部荷载设计值为 280kN。窗间墙截面为 $1200\text{mm}\times 370\text{mm}$（见图 15-62），采用烧结普通砖强度等级为 MU10，水泥混合砂浆强度等级为 M5。

求：试验算局部受压承载力。

15.6 已知：一外纵墙的窗间墙截面为 $1200\text{mm}\times 190\text{mm}$，上有跨度为 5.0m 的梁；截面尺寸 $b\times h=200\text{mm}\times 500\text{mm}$。外纵墙采用单排孔且孔对孔砌筑的轻骨料混凝土小型空心砌块灌孔砌体，砌块强度等级为 MU10，水泥混合砂浆强度等级为 Mb5，用 Cb20 混凝土灌孔。已知梁的支撑长度 $a=190\text{mm}$，$N_l=110\text{kN}$，梁底墙体截面上的荷载为 215kN，砌块孔洞率 $\delta=50\%$，灌孔率 $\rho=35\%$。

求：(1) 试验算局部受压承载力；
(2) 如不满足，则将梁搁于圈梁上再进行验算。

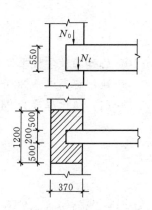

图 15-62 习题 15.5 中的图

15.7 已知：一网状配筋砖柱，截面尺寸为 $b\times h=490\text{mm}\times 490\text{mm}$，计算高度 $H_0=4.2\text{m}$，承受轴向力设计值 $N=180\text{kN}$，沿长边方向弯矩设计值 $M=15.0\text{kN}\cdot\text{m}$。采用 MU15 烧结多孔砖和 M10 水泥混合砂浆砌筑，网状配筋采用消除应力钢丝 $\phi^b 5$ 焊接方格网，钢丝间距 $a=50\text{mm}$，钢丝网竖向间距 $s_n=250\text{mm}$，$f_y=430\text{N}/\text{mm}^2$。

求：试验算该砖柱的承载力。

15.8 已知：某钢筋混凝土组合砖墙厚 240mm，计算高度 $H_0=3.9\text{m}$，采用 MU10 烧结多孔砖、M7.5 水泥混合砂浆砌筑，承受轴向荷载。沿墙长方向每 1.5m 设 $240\text{mm}\times 240\text{mm}$ 钢筋混凝土构造柱，采用 C20 混凝土，HPB300 级钢筋，纵筋为 $4\phi 12$。

求：每米横墙所能承受的轴向压力设计值。

15.9 已知某单层单跨无吊车房屋，采用装配式有檩体系钢筋混凝土屋盖，两端有山墙，间距为40m，柱距为4m，每开间有1.6m宽的窗，窗间墙截面尺寸如图15-63所示（壁柱截面尺寸为390mm×390mm，墙厚190mm），采用MU10小型混凝土砌块及M5水泥混合砂浆砌筑，屋架下弦标高为6.0m（室内地坪与基础顶面距离为0.5m）。

求：(1) 试确定属于何种计算方案；
(2) 确定带壁柱墙的高厚比是否满足要求。

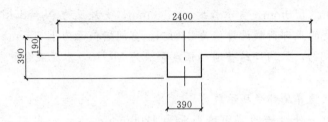

图 15-63 习题 15.9 中的图

15.10 已知某教学楼平、剖面如图15-64（a）及（b）所示，底层墙高取至室内地坪标高以下300mm处。荷载情况如下：

(1) 墙体厚度为240mm，采用MU10烧结普通砖，一层用M5水泥混合

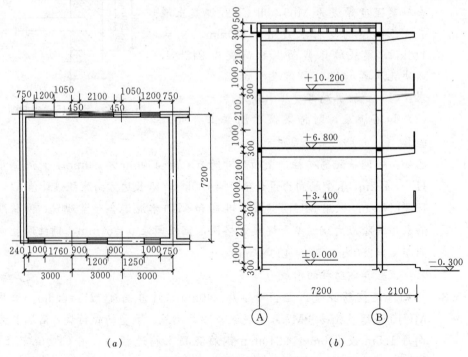

图 15-64 习题 15.10 中的图

砂浆；二、三、四层用 M2.5 水泥混合砂浆。

(2) 砖墙及双面粉刷重量：$5.24kN/m^2$。

(3) 屋面恒荷载：$3.6kN/m^2$；梁自重：$3kN/m^2$；屋面活荷载：$0.7kN/m^2$。

(4) 各层楼面恒荷载：$2.4kN/m^2$；梁自重：$3kN/m^2$；楼面活荷载：$2.0kN/m^2$。

(5) 风荷载：$0.3kN/m^2$。

(6) 窗自重：$0.30kN/m^2$。

(7) 走廊栏板重：$2.0kN/m$。

求：试验算 A 轴纵墙的承载力是否满足；如不满足，修改到满足为止。

15.11 已知：过梁净跨 $l_n=3.3m$，过梁上墙体高度 1.0m，墙厚 240mm，承受梁板荷载 12kN/m（其中活荷载 5kN/m）。墙体采用 MU10 烧结多孔砖、M5 水泥混合砂浆，过梁混凝土强度等级 C20，纵筋为 HRB335 级钢筋，箍筋为 HPB300 级钢筋。

求：试设计该过梁。

15.12 已知：某承托阳台的钢筋混凝土挑梁，埋置于丁字形截面的墙体中，如图 15-65 所示。挑梁混凝土强度等级为 C20，主筋采用 HRB335 级钢筋，箍筋采用 HPB300 级钢筋。挑梁截面 $b \times h_b = 240mm \times 240mm$，挑出长度 $l=1.3m$，埋入长度 $l_1=1.8m$。挑梁上墙体净高 2.86m，上、下墙厚均为 240mm，采用 MU10 烧结普通砖和 M5 水泥混合砂浆砌筑。墙体及楼屋盖传给挑梁的荷载为：活荷载 $p_1=9.50kN/m$，$p_2=4.95kN/m$，$p_3=1.75kN/m$；恒荷载 $g_1=10.80kN/m$，$g_2=9.90kN/m$，$g_3=11.20kN/m$，挑梁自重 1.20kN/m，埋入部分 1.44kN/m；集中力 $F=6.0kN$。

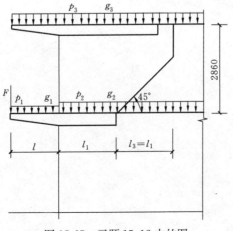

图 15-65 习题 15.12 中的图

求：试设计该挑梁。

15.13 某单跨 5 层商店—住宅的局部平、剖面图如图 15-66 所示。托梁 $b_b \times h_b$ =300mm×850mm，混凝土强度等级为 C30，纵筋为 HRB335 级钢筋，箍筋为 HPB300 级钢筋。墙体厚 240mm。采用 MU10 烧结普通砖、M10 水泥混合砂浆砌筑。

各层荷载标准值：

二层楼面　　　　恒荷载 4.0kN/m²　　活荷载 2.0kN/m²

三～五层楼面　　恒荷载 3.5kN/m²　　活荷载 2.0kN/m²

屋　　面　　　　恒荷载 4.5kN/m²　　活荷载 0.5kN/m²

求：试设计该墙梁。

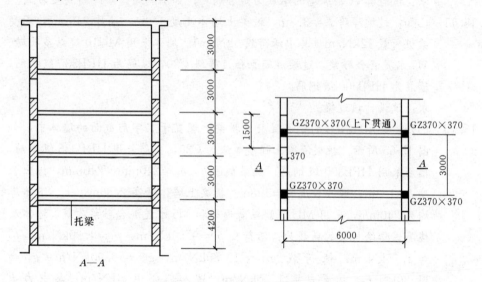

图 15-66　习题 15.13 中的图

# 附录5 民用建筑楼面均布活荷载标准值及其组合值、频遇值和准永久值系数

附表5

| 项次 | 类别 | 标准值 (kN/m²) | 组合值系数 $\psi_c$ | 频遇值系数 $\psi_f$ | 准永久值系数 $\psi_q$ |
|---|---|---|---|---|---|
| 1 | (1) 住宅、宿舍、旅馆、医院病房、托儿所、幼儿园、办公室<br>(2) 教室、试验室、阅览室、会议室、医院门诊室 | 2.0<br>2.0 | 0.7<br>0.7 | 0.5<br>0.6 | 0.4<br>0.5 |
| 2 | 食堂、餐厅、一般资料档案室 | 2.5 | 0.7 | 0.6 | 0.5 |
| 3 | (1) 礼堂、剧场、影院、有固定座位的看台<br>(2) 公共洗衣房 | 3.0<br>3.0 | 0.7<br>0.7 | 0.5<br>0.5 | 0.3<br>0.3 |
| 4 | (1) 商店、展览厅、车站、港口、机场大厅及其旅客等候室<br>(2) 无固定座位的看台 | 3.5<br>3.5 | 0.7<br>0.7 | 0.6<br>0.5 | 0.5<br>0.3 |
| 5 | (1) 健身房、演出舞台<br>(2) 舞厅 | 4.0<br>4.0 | 0.7<br>0.7 | 0.6<br>0.6 | 0.5<br>0.5 |
| 6 | (1) 书库、档案库、储藏室<br>(2) 密集柜书库 | 5.0<br>2.0 | 0.9 | 0.9 | 0.8 |
| 7 | 通风机房,电梯机房 | 7.0 | 0.9 | 0.9 | 0.8 |
| 8 | 汽车通道及停车库：<br>(1) 单向板楼盖（板跨不小于2m）<br>客车<br>消防车<br>(2) 双向板楼盖和无梁楼盖（柱网尺寸不小于6m×6m）<br>客车<br>消防车 | <br>4.0<br><br>3.5<br><br>2.0<br>20.0 | <br>0.7<br><br>0.7<br><br>0.7<br>0.7 | <br>0.7<br><br>0.7<br><br>0.7<br>0.7 | <br>0.6<br><br>0.6<br><br>0.6<br>0.6 |
| 9 | 厨房：<br>(1) 一般的<br>(2) 餐厅的 | <br>2.0<br>4.0 | <br>0.7<br>0.7 | <br>0.6<br>0.7 | <br>0.5<br>0.7 |
| 10 | 浴室、厕所、盥洗室：<br>(1) 第1项中的民用建筑<br>(2) 其他民用建筑 | <br>2.0<br>2.5 | <br>0.7<br>0.7 | <br>0.5<br>0.6 | <br>0.4<br>0.5 |
| 11 | 走廊、门厅、楼梯：<br>(1) 宿舍、旅馆、医院病房、托儿所、幼儿园、住宅<br>(2) 办公楼、教室、餐厅、医院门诊部<br>(3) 其他民用建筑 | <br>2.0<br>2.5<br>3.5 | <br>0.7<br>0.7<br>0.7 | <br>0.5<br>0.6<br>0.5 | <br>0.4<br>0.5<br>0.3 |
| 12 | 阳台：<br>(1) 一般情况<br>(2) 当人群有可能密集时 | <br>2.5<br>3.5 | <br>0.7 | <br>0.6 | <br>0.5 |

注：1. 本表所给各项活荷载适用于一般使用条件，当使用荷载较大或情况特殊时，应按实际情况采用；
2. 第6项书库活荷载当书架高度大于2m时，书库活荷载尚应按每米书架高度不小于2.5kN/m²确定；
3. 第8项中的客车活荷载只适用于停放载人少于9人的客车；消防车活荷载是适用于满载总重为300kN的大型车辆；当不符合本表的要求时，应将车轮的局部荷载按结构效应的等效原则，换算为等效均布荷载；
4. 第11项楼梯活荷载，对预制楼梯跳步平板，尚应按1.5kN集中荷载验算；
5. 本表各项荷载不包括隔墙自重和二次装修荷载。对固定隔墙的自重应按恒荷载考虑，当隔墙位置可灵活自由布置时，非固定隔墙的自重应取每延米长墙重（kN/m）的1/3作为楼面活荷载的附加值（kN/m²）计入，附加值不小于1.0kN/m²。

# 附录6 等截面等跨连续梁在常用荷载作用下的内力系数表

1. 在均布及三角形荷载作用下：
   $M=$ 表中系数 $\times ql_0^2$（或 $\times gl_0^2$）；
   $V=$ 表中系数 $\times ql_0$（或 $\times gl_0$）。
2. 在集中荷载作用下：
   $M=$ 表中系数 $\times Ql_0$（或 $\times Gl_0$）；
   $V=$ 表中系数 $\times Q$（或 $\times G$）。
3. 内力正负号规定：
   $M$——使截面上部受压、下部受拉为正；
   $V$——对邻近截面所产生的力矩沿顺时针方向者为正。

两 跨 梁　　　　　　附表 6-1

| 荷载图 | 跨内最大弯矩 | | 支座弯矩 | 剪 力 | | |
|---|---|---|---|---|---|---|
| | $M_1$ | $M_2$ | $M_B$ | $V_A$ | $V_{Bl}$ / $V_{Br}$ | $V_C$ |
| 满跨均布 | 0.070 | 0.070 | −0.125 | 0.375 | −0.625 / 0.625 | −0.375 |
| 单跨均布 | 0.096 | — | −0.063 | 0.437 | −0.563 / 0.063 | 0.063 |
| 满跨三角形 | 0.048 | 0.048 | −0.078 | 0.172 | −0.328 / 0.328 | −0.172 |
| 单跨三角形 | 0.064 | — | −0.039 | 0.211 | −0.289 / 0.039 | 0.039 |
| 集中荷载 | 0.156 | 0.156 | −0.188 | 0.312 | −0.688 / 0.688 | −0.312 |

附录6 等截面等跨连续梁在常用荷载作用下的内力系数表　437

续表

| 荷载图 | 跨内最大弯矩 | | 支座弯矩 | 剪力 | | |
|---|---|---|---|---|---|---|
| | $M_1$ | $M_2$ | $M_B$ | $V_A$ | $V_{Bl}$ / $V_{Br}$ | $V_C$ |
| (Q 中点) | 0.203 | — | −0.094 | 0.406 | −0.594 / 0.094 | 0.094 |
| (Q Q Q Q) | 0.222 | 0.222 | −0.333 | 0.667 | −1.333 / 1.333 | −0.667 |
| (Q Q) | 0.278 | — | −0.167 | 0.833 | −1.167 / 0.167 | 0.167 |

### 三　跨　梁　　附表 6-2

| 荷载图 | 跨内最大弯矩 | | 支座弯矩 | | 剪力 | | | |
|---|---|---|---|---|---|---|---|---|
| | $M_1$ | $M_2$ | $M_B$ | $M_C$ | $V_A$ | $V_{Bl}$ / $V_{Br}$ | $V_{Cl}$ / $V_{Cr}$ | $V_D$ |
| 满跨 $g$ | 0.080 | 0.025 | −0.100 | −0.100 | 0.400 | −0.600 / 0.500 | −0.500 / 0.600 | −0.400 |
| 1,3跨 $q$ | 0.101 | — | −0.050 | −0.050 | 0.450 | −0.550 / 0 | 0 / 0.550 | −0.450 |
| 2跨 $q$ | — | 0.075 | −0.050 | −0.050 | 0.050 | −0.050 / 0.500 | −0.500 / 0.050 | 0.050 |
| 1,2跨 $q$ | 0.073 | 0.054 | −0.117 | −0.033 | 0.383 | −0.617 / 0.583 | −0.417 / 0.033 | 0.033 |
| 1跨 $q$ | 0.094 | — | −0.067 | 0.017 | 0.433 | −0.567 / 0.083 | 0.083 / −0.017 | −0.017 |
| 满跨三角 $g$ | 0.054 | 0.021 | −0.063 | −0.063 | 0.183 | −0.313 / 0.250 | −0.250 / 0.313 | −0.188 |
| 1,3跨三角 | 0.068 | — | −0.031 | −0.031 | 0.219 | −0.281 / 0 | 0 / 0.281 | −0.219 |
| 2跨三角 | — | 0.052 | −0.031 | −0.031 | 0.031 | −0.031 / 0.250 | −0.250 / 0.051 | 0.031 |

续表

| 荷 载 图 | 跨内最大弯矩 | | 支 座 弯 矩 | | 剪 力 | | | |
|---|---|---|---|---|---|---|---|---|
| | $M_1$ | $M_2$ | $M_B$ | $M_C$ | $V_A$ | $\dfrac{V_{Bl}}{V_{Br}}$ | $\dfrac{V_{Cl}}{V_{Cr}}$ | $V_D$ |
| (三角形分布 q, 满跨) | 0.050 | 0.038 | −0.073 | −0.021 | 0.177 | −0.323<br>0.302 | −0.198<br>0.021 | 0.021 |
| (三角形分布 q, 边跨) | 0.063 | — | −0.042 | 0.010 | 0.208 | −0.292<br>0.052 | 0.052<br>−0.010 | −0.010 |
| (G 三点集中, 满跨) | 0.175 | 0.100 | −0.150 | −0.150 | 0.350 | −0.650<br>0.500 | −0.500<br>0.650 | −0.350 |
| (Q Q 边跨集中) | 0.213 | — | −0.075 | −0.075 | 0.425 | −0.575<br>0 | 0<br>0.575 | −0.425 |
| (Q 中跨集中) | — | 0.175 | −0.075 | −0.075 | −0.075 | −0.075<br>0.500 | −0.500<br>0.075 | 0.075 |
| (Q Q) | 0.162 | 0.137 | −0.175 | −0.050 | 0.325 | −0.675<br>0.625 | −0.375<br>0.050 | 0.050 |
| (Q) | 0.200 | — | −0.100 | 0.025 | 0.400 | −0.600<br>0.125 | 0.125<br>−0.025 | −0.025 |
| (GG GG GG) | 0.244 | 0.067 | −0.267 | −0.267 | 0.733 | −1.267<br>1.000 | −1.000<br>1.267 | −0.733 |
| (QQ  QQ) | 0.289 | — | −0.133 | −0.133 | 0.866 | −1.134<br>0 | 0<br>1.134 | −0.866 |
| (QQ 中) | — | 0.200 | −0.133 | −0.133 | −0.133 | −0.133<br>1.000 | −1.000<br>0.133 | 0.133 |
| (QQ QQ) | 0.229 | 0.170 | −0.311 | −0.089 | 0.689 | −1.311<br>1.222 | −0.778<br>0.089 | 0.089 |
| (QQ) | 0.274 | — | −0.178 | 0.044 | 0.822 | −1.178<br>0.222 | 0.222<br>−0.044 | −0.044 |

附录6  等截面等跨连续梁在常用荷载作用下的内力系数表　439

附表 6-3

## 四 跨 梁

| 荷载图 | 跨内最大弯矩 | | | | 支座弯矩 | | | 剪力 | | | |
|---|---|---|---|---|---|---|---|---|---|---|---|
| | $M_1$ | $M_2$ | $M_3$ | $M_4$ | $M_B$ | $M_C$ | $M_D$ | $V_A$ | $V_{Bl}$ / $V_{Br}$ | $V_{Cl}$ / $V_{Cr}$ | $V_{Dl}$ / $V_{Dr}$ | $V_E$ |

| 荷载图 | $M_1$ | $M_2$ | $M_3$ | $M_4$ | $M_B$ | $M_C$ | $M_D$ | $V_A$ | $V_{Bl}$/$V_{Br}$ | $V_{Cl}$/$V_{Cr}$ | $V_{Dl}$/$V_{Dr}$ | $V_E$ |
|---|---|---|---|---|---|---|---|---|---|---|---|---|
| 满布 | 0.077 | 0.036 | 0.036 | 0.077 | −0.107 | −0.071 | −0.107 | 0.393 | −0.607 / 0.536 | −0.464 / 0.464 | −0.536 / 0.607 | −0.393 |
| | 0.100 | — | 0.081 | — | −0.054 | −0.036 | −0.054 | 0.446 | −0.554 / 0.018 | 0.018 / 0.482 | −0.518 / 0.054 | 0.054 |
| | 0.072 | 0.061 | — | 0.098 | −0.121 | −0.018 | −0.058 | 0.380 | −0.620 / 0.603 | −0.397 / −0.040 | −0.040 / −0.558 | −0.442 |
| | 0.094 | 0.056 | 0.056 | — | −0.036 | −0.107 | −0.036 | −0.036 | −0.036 / 0.429 | −0.571 / 0.571 | −0.429 / 0.036 | 0.036 |
| | — | 0.071 | — | — | −0.067 | 0.018 | −0.004 | 0.433 | −0.567 / 0.085 | 0.085 / −0.022 | 0.022 / 0.004 | 0.004 |
| | 0.062 | 0.028 | 0.028 | 0.052 | −0.049 | −0.054 | 0.013 | −0.049 | −0.049 / 0.496 | −0.504 / 0.067 | 0.067 / 0.013 | −0.013 |
| | — | — | — | — | −0.067 | −0.045 | −0.067 | 0.183 | −0.317 / 0.272 | −0.228 / 0.228 | −0.272 / 0.317 | −0.183 |
| | 0.067 | — | 0.055 | — | −0.084 | −0.022 | −0.034 | 0.217 | −0.234 / 0.011 | 0.011 / 0.239 | −0.261 / 0.034 | 0.034 |

附录6 等截面等跨连续梁在常用荷载作用下的内力系数表

续表

| 荷载图 | 跨内最大弯矩 | | | | 支座弯矩 | | | 剪力 | | | | |
|---|---|---|---|---|---|---|---|---|---|---|---|---|
| | $M_1$ | $M_2$ | $M_3$ | $M_4$ | $M_B$ | $M_C$ | $M_D$ | $V_A$ | $V_{Bl}$ / $V_{Br}$ | $V_{Cl}$ / $V_{Cr}$ | $V_{Dl}$ / $V_{Dr}$ | $V_E$ |
| | 0.049 | 0.042 | — | 0.066 | −0.075 | −0.011 | −0.036 | 0.175 | −0.325 / 0.314 | −0.186 / −0.025 | −0.025 / 0.286 | −0.214 |
| | — | 0.040 | 0.040 | — | −0.022 | −0.067 | −0.022 | −0.022 | −0.022 / 0.205 | −0.295 / 0.295 | −0.205 / 0.022 | 0.022 |
| | 0.088 | — | — | — | −0.042 | 0.011 | −0.003 | 0.208 | −0.292 / 0.053 | 0.063 / −0.014 | −0.014 / 0.003 | 0.003 |
| | — | 0.051 | — | — | −0.031 | −0.034 | 0.008 | −0.031 | −0.031 / 0.247 | −0.253 / 0.042 | 0.042 / −0.008 | −0.008 |
| | 0.169 | 0.116 | 0.116 | 0.169 | −0.161 | −0.107 | −0.161 | 0.339 | −0.661 / 0.554 | −0.446 / 0.446 | −0.554 / 0.661 | −0.330 |
| | 0.210 | — | 0.183 | — | −0.080 | −0.054 | −0.080 | 0.420 | −0.580 / 0.027 | 0.027 / 0.473 | −0.527 / 0.080 | 0.080 |
| | 0.159 | 0.146 | — | 0.206 | −0.181 | −0.027 | −0.087 | 0.319 | −0.681 / 0.654 | −0.346 / −0.060 | −0.060 / 0.587 | −0.413 |
| | — | 0.142 | 0.142 | — | −0.054 | −0.161 | −0.054 | 0.054 | −0.054 / 0.393 | −0.607 / 0.607 | −0.393 / 0.054 | 0.054 |

附录 6　等截面等跨连续梁在常用荷载作用下的内力系数表

续表

| 荷载图 | 跨内最大弯矩 | | | | 支座弯矩 | | | 剪力 | | | | |
|---|---|---|---|---|---|---|---|---|---|---|---|---|
| | $M_1$ | $M_2$ | $M_3$ | $M_4$ | $M_B$ | $M_C$ | $M_D$ | $V_A$ | $V_{Bl}$ / $V_{Br}$ | $V_{Cl}$ / $V_{Cr}$ | $V_{Dl}$ / $V_{Dr}$ | $V_E$ |
| 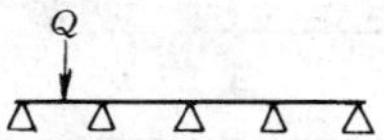 荷载图1 | 0.200 | — | — | — | −0.100 | −0.027 | −0.007 | 0.400 | −0.600 / 0.127 | 0.127 / −0.033 | −0.033 / 0.007 | 0.007 |
| 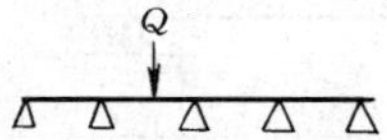 荷载图2 | — | 0.173 | — | — | −0.074 | −0.080 | 0.020 | −0.074 | −0.074 / 0.493 | −0.507 / 0.100 | 0.100 / −0.020 | −0.020 |
| 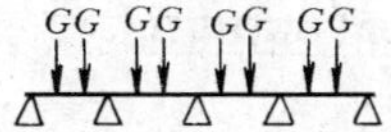 荷载图3 | 0.238 | 0.111 | 0.111 | 0.238 | −0.286 | −0.191 | −0.286 | 0.714 | 1.286 / 1.095 | −0.905 / 0.905 | −1.095 / 1.286 | −0.714 |
| 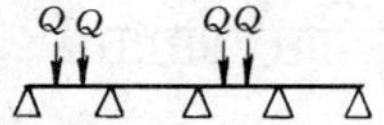 荷载图4 | 0.286 | — | 0.222 | — | −0.143 | −0.095 | −0.143 | 0.857 | −1.143 / 0.048 | 0.048 / 0.952 | −1.048 / 0.143 | 0.143 |
| 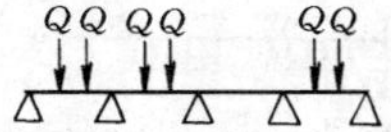 荷载图5 | 0.226 | 0.194 | — | 0.282 | −0.321 | −0.048 | −0.155 | 0.679 | −1.321 / 1.274 | −0.726 / −0.107 | −0.107 / 1.155 | −0.845 |
| 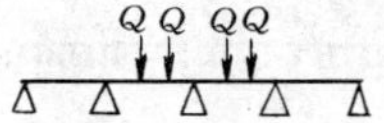 荷载图6 | — | 0.175 | 0.175 | — | −0.095 | −0.286 | −0.095 | 0.095 | 0.095 / 0.810 | −1.190 / 1.190 | −0.810 / 0.095 | 0.095 |
| 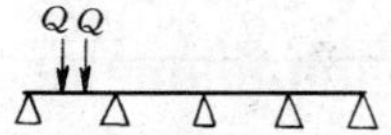 荷载图7 | 0.274 | — | — | — | −0.178 | 0.048 | −0.012 | 0.822 | −1.178 / 0.226 | 0.226 / −0.060 | −0.060 / 0.012 | 0.012 |
| 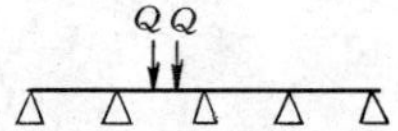 荷载图8 | — | 0.198 | — | — | −0.131 | −0.143 | 0.036 | −0.131 | −0.131 / 0.988 | −1.012 / 0.178 | 0.178 / −0.036 | −0.036 |

附表 6-4  五 跨 梁

| 荷载图 | 跨内最大弯矩 | | | 支座弯矩 | | | | 剪力 | | | | | |
|---|---|---|---|---|---|---|---|---|---|---|---|---|---|
| | $M_1$ | $M_2$ | $M_3$ | $M_B$ | $M_C$ | $M_D$ | $M_E$ | $V_A$ | $V_{Bl}$ / $V_{Br}$ | $V_{Cl}$ / $V_{Cr}$ | $V_{Dl}$ / $V_{Dr}$ | $V_{El}$ / $V_{Er}$ | $V_F$ |
| 全跨均布荷载 $g$（$A$ $l_0$ $B$ $l_0$ $C$ $l_0$ $D$ $l_0$ $E$ $l_0$ $F$） | 0.078 | 0.033 | 0.046 | −0.105 | −0.079 | −0.079 | −0.105 | 0.394 | −0.606 / 0.526 | −0.474 / 0.500 | −0.500 / 0.474 | −0.526 / 0.606 | −0.394 |
| 各跨满布荷载 $b$（$M_1$ $M_2$ $M_3$ $M_4$ $M_5$） | 0.100 | — | 0.085 | −0.053 | −0.040 | −0.040 | −0.053 | 0.447 | −0.553 / 0.013 | 0.013 / 0.500 | −0.500 / −0.013 | −0.013 / 0.553 | −0.447 |
| 偶数跨布满荷载 | — | 0.079 | — | −0.053 | −0.040 | −0.040 | −0.053 | −0.053 | −0.053 / 0.513 | −0.487 / 0 | 0 / 0.487 | −0.513 / 0.053 | 0.053 |
| 第1、2跨布满荷载 | 0.073 | ② 0.059 / 0.078 | — | −0.119 | −0.022 | −0.044 | −0.051 | 0.380 | −0.620 / 0.598 | −0.402 / −0.023 | −0.023 / 0.493 | −0.507 / 0.052 | 0.052 |
| 第2、3跨布满荷载 | ① / 0.098 | — | 0.064 | −0.035 | −0.111 | −0.020 | −0.057 | 0.035 | 0.035 / 0.424 | 0.576 / 0.591 | −0.409 / −0.037 | −0.037 / 0.557 | −0.443 |
| 第1跨布满荷载 | 0.094 | — | — | −0.067 | 0.018 | −0.005 | 0.001 | 0.433 | 0.567 / 0.085 | 0.086 / 0.023 | 0.023 / 0.006 | 0.006 / −0.001 | 0.001 |
| 第2跨布满荷载 | — | 0.074 | — | −0.049 | −0.054 | 0.014 | −0.004 | 0.019 | −0.049 / 0.496 | −0.505 / 0.068 | 0.068 / −0.018 | −0.018 / 0.004 | 0.004 |
| 第3跨布满荷载 | — | — | 0.072 | 0.013 | 0.053 | 0.053 | 0.013 | 0.013 | 0.013 / −0.066 | −0.066 / 0.500 | −0.500 / 0.066 | 0.066 / −0.013 | 0.013 |

附录6　等截面等跨连续梁在常用荷载作用下的内力系数表

续表

| 荷载图 | 跨内最大弯矩 | | | 支座弯矩 | | | | 剪力 | | | | | |
|---|---|---|---|---|---|---|---|---|---|---|---|---|---|
| | $M_1$ | $M_2$ | $M_3$ | $M_B$ | $M_C$ | $M_D$ | $M_E$ | $V_A$ | $V_{B左}$ / $V_{B右}$ | $V_{C左}$ / $V_{C右}$ | $V_{D左}$ / $V_{D右}$ | $V_{E左}$ / $V_{E右}$ | $V_F$ |
| (均布载全跨) | 0.053 | 0.026 | 0.034 | −0.066 | −0.049 | −0.049 | −0.066 | 0.184 | −0.316 / 0.266 | −0.234 / 0.250 | −0.250 / 0.234 | −0.266 / 0.316 | −0.184 |
| (载奇数跨) | 0.067 | — | 0.059 | −0.033 | −0.025 | −0.025 | −0.033 | 0.217 | −0.283 / 0.008 | 0.008 / −0.250 | −0.250 / −0.006 | −0.008 / 0.283 | −0.217 |
| (载偶数跨) | — | 0.055 | — | −0.033 | −0.025 | −0.025 | −0.033 | −0.033 | −0.033 / −0.250 | −0.250 / −0.006 | 0 / 0.242 | −0.258 / 0.033 | 0.033 |
| (载第1、2跨) | ①— / 0.066 | ②0.041 / 0.053 | 0.044 | −0.075 | −0.014 | −0.014 | −0.032 | 0.175 | −0.325 / 0.311 | −0.189 / −0.014 | −0.014 / 0.246 | −0.255 / 0.032 | −0.032 |
| (载第2跨) | — | 0.039 | — | −0.022 | −0.070 | −0.013 | −0.036 | −0.022 | −0.022 / 0.202 | −0.298 / 0.307 | −0.198 / −0.028 | −0.023 / 0.286 | −0.214 |
| (载第3跨) | 0.063 | — | 0.051 | −0.042 | 0.011 | −0.003 | 0.001 | 0.208 | −0.292 / 0.053 | 0.053 / −0.014 | −0.014 / −0.004 | 0.004 / −0.001 | −0.001 |
| | — | — | — | −0.031 | −0.034 | 0.009 | −0.002 | −0.031 | −0.031 / 0.247 | −0.253 / 0.043 | 0.049 / −0.011 | −0.011 / 0.002 | 0.002 |
| | — | — | 0.050 | 0.008 | −0.033 | −0.033 | 0.008 | 0.008 | 0.008 / −0.041 | −0.041 / 0.250 | −0.250 / 0.041 | 0.041 / −0.008 | −0.008 |

444　附录6　等截面等跨连续梁在常用荷载作用下的内力系数表

续表

| 荷载图 | 跨内最大弯矩 | | | 支座弯矩 | | | | 剪力 | | | | |
|---|---|---|---|---|---|---|---|---|---|---|---|---|
| | $M_1$ | $M_2$ | $M_3$ | $M_B$ | $M_C$ | $M_D$ | $M_E$ | $V_A$ | $V_{Bl}$ / $V_{Br}$ | $V_{Cl}$ / $V_{Cr}$ | $V_{Dl}$ / $V_{Dr}$ | $V_{El}$ / $V_{Er}$ | $V_F$ |
| | 0.171 | 0.112 | 0.132 | −0.158 | −0.118 | −0.118 | −0.158 | 0.342 | −0.658 / 0.540 | −0.460 / 0.500 | −0.500 / 0.460 | −0.540 / 0.658 | −0.342 |
| | 0.211 | — | 0.191 | −0.079 | −0.059 | −0.059 | −0.079 | 0.421 | −0.579 / 0.020 | 0.020 / 0.500 | −0.500 / −0.020 | −0.020 / 0.579 | −0.421 |
| | — | 0.181 | — | −0.079 | −0.059 | −0.059 | −0.079 | −0.079 | −0.079 / 0.520 | −0.480 / 0 | 0 / 0.480 | −0.520 / 0.079 | 0.079 |
| | ①—/0.207 | ②0.144/−0.178 | 0.151 | −0.179 | −0.032 | −0.066 | −0.077 | 0.321 | −0.679 / 0.647 | −0.353 / −0.034 | −0.034 / 0.489 | −0.511 / 0.077 | 0.077 |
| | 0.200 | 0.140 | — | −0.052 | −0.167 | −0.031 | −0.086 | −0.052 | −0.052 / 0.385 | −0.615 / 0.637 | −0.363 / −0.056 | −0.056 / 0.586 | −0.414 |
| | — | — | — | −0.100 | 0.027 | −0.007 | 0.002 | 0.400 | −0.600 / 0.127 | 0.127 / −0.031 | −0.034 / 0.009 | 0.009 / −0.002 | −0.002 |
| | — | −0.173 | — | −0.073 | −0.081 | 0.022 | −0.005 | −0.073 | −0.073 / 0.493 | −0.507 / 0.102 | 0.102 / −0.027 | −0.027 / 0.005 | 0.005 |
| | — | — | 0.171 | 0.020 | −0.079 | −0.079 | 0.020 | 0.020 | 0.020 / −0.099 | −0.099 / 0.500 | −0.500 / 0.099 | 0.090 / −0.020 | −0.020 |

## 附录6 等截面等跨连续梁在常用荷载作用下的内力系数表

续表

| 荷载图 | 跨内最大弯矩 $M_1$ | $M_2$ | $M_3$ | 支座弯矩 $M_B$ | $M_C$ | $M_D$ | $M_E$ | 剪力 $V_A$ | $V_{Bl}$ / $V_{Br}$ | $V_{Cl}$ / $V_{Cr}$ | $V_{Dl}$ / $V_{Dr}$ | $V_{El}$ / $V_{Er}$ | $V_F$ |
|---|---|---|---|---|---|---|---|---|---|---|---|---|---|
| GGGGGGGG | 0.240 | 0.100 | 0.122 | −0.281 | −0.211 | 0.211 | −0.281 | 0.719 | −1.281 / 1.070 | −0.930 / 1.000 | −1.000 / 0.930 | 1.070 / 1.281 | −0.719 |
| QQ QQ | 0.287 | — | 0.228 | −0.140 | −0.105 | −0.105 | −0.140 | 0.860 | −1.140 / 0.035 | 0.035 / 1.000 | 1.000 / −0.035 | −0.035 / 1.140 | −0.860 |
| QQ QQ | — | 0.216 | — | −0.140 | −0.105 | −0.105 | −0.140 | −0.140 | −0.140 / 1.035 | −0.965 / 0 | 0.000 / 0.965 | −1.035 / 0.140 | 0.140 |
| QQ QQ QQ | 0.227 | ②0.189 / 0.209 | — | −0.319 | −0.057 | −0.118 | −0.137 | 0.681 | −1.319 / 1.262 | −0.738 / −0.061 | −0.061 / 0.981 | −1.019 / 0.137 | 0.137 |
| QQ QQ QQ | ①— / 0.282 | 0.172 | 0.198 | −0.093 | −0.297 | −0.054 | −0.153 | −0.093 | −0.093 / 0.796 | −1.204 / 1.243 | −0.757 / −0.099 | −0.099 / 1.153 | −0.847 |
| QQQQ QQ | 0.274 | — | — | −0.179 | 0.048 | −0.013 | 0.003 | 0.821 | −1.179 / 0.227 | 0.227 / −0.061 | −0.061 / 0.016 | 0.016 / −0.003 | −0.003 |
| QQ | — | 0.198 | — | −0.131 | −0.144 | 0.038 | −0.010 | −0.131 | −0.131 / 0.987 | −1.013 / 0.182 | 0.182 / −0.048 | −0.048 / 0.010 | 0.010 |
| QQ | — | — | 0.193 | 0.035 | −0.140 | −0.140 | 0.035 | 0.035 | 0.035 / −0.175 | −0.175 / 1.000 | −1.000 / 0.175 | 0.175 / −0.035 | −0.035 |

表中：① 分子及分母分别为 $M_1$ 及 $M_5$ 的弯矩系数；② 分子及分母分别为 $M_2$ 及 $M_4$ 的弯矩系数。

# 附录7  双向板弯矩、挠度计算系数

## 符 号 说 明

$$B_C = \frac{Eh^3}{12(1-\nu^2)} \text{ 刚度；}$$

式中　$E$——弹性模量；

　　　$h$——板厚；

　　　$\nu$——泊桑比。

$f, f_{max}$——分别为板中心点的挠度和最大挠度；

$f_{01}, f_{02}$——分别为平行于 $l_{01}$ 和 $l_{02}$ 方向自由边的中点挠度；

$m_{01}, m_{01,max}$——分别为平行于 $l_{01}$ 方向板中心点单位板宽内的弯矩和板跨内最大弯矩；

$m_{02}, m_{02,max}$——分别为平行于 $l_{02}$ 方向板中心点单位板宽内的弯矩和板跨内最大弯矩；

$m_{01}, m_{02}$——分别为平行于 $l_{01}$ 和 $l_{02}$ 方向自由边的中点单位板宽内的弯矩；

$m'_1$——固定边中点沿 $l_{01}$ 方向单位板宽内的弯矩；

$m'_2$——固定边中点沿 $l_{02}$ 方向单位板宽内的弯矩；

|||||||||||代表固定边；————代表简支边；

正负号的规定：

　　弯矩——使板的受荷面受压者为正；

　　挠度——变位方向与荷载方向相同者为正。

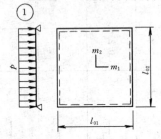

挠度＝表中系数×$\dfrac{pl_{01}^4}{B_C}$；

$\nu=0$，弯矩＝表中系数×$pl_{01}^2$；

这里 $l_{01} < l_{02}$。

## 四边简支

附表 7-1

| $l_{01}/l_{02}$ | $f$ | $m_1$ | $m_2$ | $l_{01}/l_{02}$ | $f$ | $m_1$ | $m_2$ |
|---|---|---|---|---|---|---|---|
| 0.50 | 0.01013 | 0.0965 | 0.0174 | 0.80 | 0.00603 | 0.0561 | 0.0334 |
| 0.55 | 0.00940 | 0.0892 | 0.0210 | 0.85 | 0.00547 | 0.0506 | 0.0348 |
| 0.60 | 0.00867 | 0.0820 | 0.0242 | 0.90 | 0.00496 | 0.0456 | 0.0358 |
| 0.65 | 0.00796 | 0.0750 | 0.0271 | 0.95 | 0.00449 | 0.0410 | 0.0364 |
| 0.70 | 0.00727 | 0.0683 | 0.0296 | 1.00 | 0.00406 | 0.0368 | 0.0368 |
| 0.75 | 0.00663 | 0.0620 | 0.0317 | | | | |

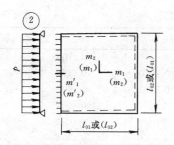

挠度 = 表中系数 $\times \dfrac{pl_{01}^4}{B_C}$（或 $\times \dfrac{p(l_{01})^4}{B_C}$）；

$\nu = 0$，弯矩 = 表中系数 $\times pl_{01}^2$（或 $\times p(l_{01})^2$）；

这里 $l_{01} < l_{02}$，$(l_{01}) < (l_{02})$。

### 三边简支一边固定    附表 7-2

| $l_{01}/l_{02}$ | $(l_{01})/(l_{02})$ | $f$ | $f_{max}$ | $m_1$ | $m_{1max}$ | $m_2$ | $m_{2max}$ | $m'_1$ 或 $(m'_2)$ |
|---|---|---|---|---|---|---|---|---|
| 0.50 | | 0.00488 | 0.00504 | 0.0583 | 0.0646 | 0.0060 | 0.0063 | −0.1212 |
| 0.55 | | 0.00471 | 0.00492 | 0.0563 | 0.0618 | 0.0081 | 0.0087 | −0.1187 |
| 0.60 | | 0.00453 | 0.00472 | 0.0539 | 0.0589 | 0.0104 | 0.0111 | −0.1158 |
| 0.65 | | 0.00432 | 0.00448 | 0.0513 | 0.0559 | 0.0126 | 0.0133 | −0.1124 |
| 0.70 | | 0.00410 | 0.00422 | 0.0485 | 0.0529 | 0.0148 | 0.0154 | −0.1087 |
| 0.75 | | 0.00388 | 0.00399 | 0.0457 | 0.0496 | 0.0168 | 0.0174 | −0.1048 |
| 0.80 | | 0.00365 | 0.00376 | 0.0428 | 0.0463 | 0.0187 | 0.0193 | −0.1007 |
| 0.85 | | 0.00343 | 0.00352 | 0.0400 | 0.0431 | 0.0204 | 0.0211 | −0.0965 |
| 0.90 | | 0.00321 | 0.00329 | 0.0372 | 0.0400 | 0.0219 | 0.0226 | −0.0922 |
| 0.95 | | 0.00299 | 0.00306 | 0.0345 | 0.0369 | 0.0232 | 0.0239 | −0.0880 |
| 1.00 | 1.00 | 0.00279 | 0.00285 | 0.0319 | 0.0340 | 0.0243 | 0.0249 | −0.0839 |
| | 0.95 | 0.00316 | 0.00324 | 0.0324 | 0.0345 | 0.0280 | 0.0287 | −0.0882 |
| | 0.90 | 0.00360 | 0.00368 | 0.0328 | 0.0347 | 0.0322 | 0.0330 | −0.0926 |
| | 0.85 | 0.00409 | 0.00417 | 0.0329 | 0.0347 | 0.0370 | 0.0378 | −0.0970 |
| | 0.80 | 0.00464 | 0.00473 | 0.0326 | 0.0343 | 0.0424 | 0.0433 | −0.1014 |
| | 0.75 | 0.00526 | 0.00536 | 0.0319 | 0.0335 | 0.0485 | 0.0494 | −0.1056 |
| | 0.70 | 0.00595 | 0.00605 | 0.0308 | 0.0323 | 0.0553 | 0.0562 | −0.1096 |
| | 0.65 | 0.00670 | 0.00680 | 0.0291 | 0.0306 | 0.0627 | 0.0637 | −0.1133 |
| | 0.60 | 0.00752 | 0.00762 | 0.0268 | 0.0289 | 0.0707 | 0.0717 | −0.1166 |
| | 0.55 | 0.00838 | 0.00848 | 0.0239 | 0.0271 | 0.0792 | 0.0801 | −0.1193 |
| | 0.50 | 0.00927 | 0.00935 | 0.0205 | 0.0249 | 0.0880 | 0.0888 | −0.1215 |

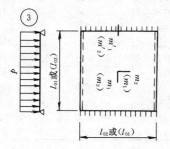

挠度 = 表中系数 $\times \dfrac{pl_{01}^4}{B_C}$（或 $\times \dfrac{p(l_{01})^4}{B_C}$）；

$\nu = 0$，弯矩 = 表中系数 $\times pl_{01}^2$（或 $\times p(l_{01})^2$）；

这里 $l_{01} < l_{02}$，$(l_{01}) < (l_{02})$。

对边简支、对边固定  附表 7-3

| $l_{01}/l_{02}$ | $(l_{01})/(l_{02})$ | $f$ | $m_1$ | $m_2$ | $m'_1$ 或 $(m'_2)$ |
|---|---|---|---|---|---|
| 0.50 | | 0.00261 | 0.0416 | 0.0017 | −0.0843 |
| 0.55 | | 0.00259 | 0.0410 | 0.0028 | −0.0840 |
| 0.60 | | 0.00255 | 0.0402 | 0.0042 | −0.0834 |
| 0.65 | | 0.00250 | 0.0392 | 0.0057 | −0.0826 |
| 0.70 | | 0.00243 | 0.0379 | 0.0072 | −0.0814 |
| 0.75 | | 0.00236 | 0.0366 | 0.0088 | −0.0799 |
| 0.80 | | 0.00228 | 0.0351 | 0.0103 | −0.0782 |
| 0.85 | | 0.00220 | 0.0335 | 0.0118 | −0.0763 |
| 0.90 | | 0.00211 | 0.0319 | 0.0133 | −0.0743 |
| 0.95 | | 0.00201 | 0.0302 | 0.0146 | −0.0721 |
| 1.00 | 1.00 | 0.00192 | 0.0285 | 0.0158 | −0.0698 |
| | 0.95 | 0.00223 | 0.0296 | 0.0189 | −0.0746 |
| | 0.90 | 0.00260 | 0.0306 | 0.0224 | −0.0797 |
| | 0.85 | 0.00303 | 0.0314 | 0.0266 | −0.0850 |
| | 0.80 | 0.00354 | 0.0319 | 0.0316 | −0.0904 |
| | 0.75 | 0.00413 | 0.0321 | 0.0374 | −0.0959 |
| | 0.70 | 0.00482 | 0.0318 | 0.0441 | −0.1013 |
| | 0.65 | 0.00560 | 0.0308 | 0.0518 | −0.1066 |
| | 0.60 | 0.00647 | 0.0292 | 0.0604 | −0.1114 |
| | 0.55 | 0.00743 | 0.0267 | 0.0698 | −0.1156 |
| | 0.50 | 0.00844 | 0.0234 | 0.0798 | −0.1191 |

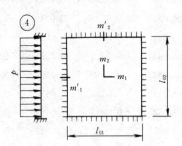

挠度 = 表中系数 × $\dfrac{pl_{01}^4}{B_C}$；

$\nu = 0$，弯矩 = 表中系数 × $pl_{01}^2$；

这里 $l_{01} < l_{02}$。

四 边 固 定  附表 7-4

| $l_{01}/l_{02}$ | $f$ | $m_1$ | $m_2$ | $m'_1$ | $m'_2$ |
|---|---|---|---|---|---|
| 0.50 | 0.00253 | 0.0400 | 0.0038 | −0.0829 | −0.0570 |
| 0.55 | 0.00246 | 0.0385 | 0.0056 | −0.0814 | −0.0571 |
| 0.60 | 0.00236 | 0.0367 | 0.0076 | −0.0793 | −0.0571 |
| 0.65 | 0.00224 | 0.0345 | 0.0095 | −0.0766 | −0.0571 |
| 0.70 | 0.00211 | 0.0321 | 0.0113 | −0.0735 | −0.0569 |
| 0.75 | 0.00197 | 0.0296 | 0.0130 | −0.0701 | −0.0565 |
| 0.80 | 0.00182 | 0.0271 | 0.0144 | −0.0664 | −0.0559 |
| 0.85 | 0.00168 | 0.0246 | 0.0156 | −0.0626 | −0.0551 |
| 0.90 | 0.00153 | 0.0221 | 0.0165 | −0.0588 | −0.0541 |
| 0.95 | 0.00140 | 0.0198 | 0.0172 | −0.0550 | −0.0528 |
| 1.00 | 0.00127 | 0.0176 | 0.0176 | −0.0513 | −0.0513 |

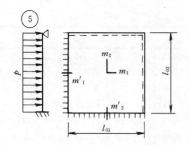

挠度＝表中系数×$\dfrac{pl_{01}^4}{B_C}$；

$\nu=0$，弯矩＝表中系数×$pl_{01}^2$；

这里 $l_{01} < l_{02}$。

**邻边简支、邻边固定**　　　　　　　　　　　　附表 7-5

| $l_{01}/l_{02}$ | $f$ | $f_{max}$ | $m_1$ | $m_{1max}$ | $m_2$ | $m_{2max}$ | $m'_1$ | $m'_2$ |
|---|---|---|---|---|---|---|---|---|
| 0.50 | 0.00468 | 0.00471 | 0.0559 | 0.0562 | 0.0079 | 0.0135 | −0.1179 | −0.0786 |
| 0.55 | 0.00445 | 0.00454 | 0.0529 | 0.0530 | 0.0104 | 0.0153 | −0.1140 | −0.0785 |
| 0.60 | 0.00419 | 0.00429 | 0.0496 | 0.0498 | 0.0129 | 0.0169 | −0.1095 | −0.0782 |
| 0.65 | 0.00391 | 0.00399 | 0.0461 | 0.0465 | 0.0151 | 0.0183 | −0.1045 | −0.0777 |
| 0.70 | 0.00363 | 0.00368 | 0.0426 | 0.0432 | 0.0172 | 0.0195 | −0.0992 | −0.0770 |
| 0.75 | 0.00335 | 0.00340 | 0.0390 | 0.0396 | 0.0189 | 0.0206 | −0.0938 | −0.0760 |
| 0.80 | 0.00308 | 0.00313 | 0.0356 | 0.0361 | 0.0204 | 0.0218 | −0.0883 | −0.0748 |
| 0.85 | 0.00281 | 0.00286 | 0.0322 | 0.0328 | 0.0215 | 0.0229 | −0.0829 | −0.0733 |
| 0.90 | 0.00256 | 0.00261 | 0.0291 | 0.0297 | 0.0224 | 0.0238 | −0.0776 | −0.0716 |
| 0.95 | 0.00232 | 0.00237 | 0.0261 | 0.0267 | 0.0230 | 0.0244 | −0.0726 | −0.0698 |
| 1.00 | 0.00210 | 0.00215 | 0.0234 | 0.0240 | 0.0234 | 0.0249 | −0.0677 | −0.0677 |

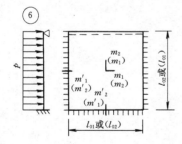

挠度＝表中系数×$pl_{01}^4$（或×$p(l_{01})^4$）；

$\nu=0$，弯矩＝表中系数×$pl_{01}^2$（或×$p(l_{01})^2$）；

这里 $l_{01} < l_{02}$，$(l_{01}) < (l_{02})$。

**三边固定、一边简支**　　　　　　　　　　　　附表 7-6

| $l_{01}/l_{02}$ | $(l_{01})/(l_{02})$ | $f$ | $f_{max}$ | $m_1$ | $m_{1max}$ | $m_2$ | $m_{2max}$ | $m'_1$ | $m'_2$ |
|---|---|---|---|---|---|---|---|---|---|
| 0.50 | | 0.00257 | 0.00258 | 0.0408 | 0.0409 | 0.0028 | 0.0089 | −0.0836 | −0.0569 |
| 0.55 | | 0.00252 | 0.00255 | 0.0398 | 0.0399 | 0.0042 | 0.0093 | −0.0827 | −0.0570 |
| 0.60 | | 0.00245 | 0.00249 | 0.0384 | 0.0386 | 0.0059 | 0.0105 | −0.0814 | −0.0571 |
| 0.65 | | 0.00237 | 0.00240 | 0.0368 | 0.0371 | 0.0076 | 0.0116 | −0.0796 | −0.0572 |
| 0.70 | | 0.00227 | 0.00229 | 0.0350 | 0.0354 | 0.0093 | 0.0127 | −0.0774 | −0.0572 |
| 0.75 | | 0.00216 | 0.00219 | 0.0331 | 0.0335 | 0.0109 | 0.0137 | −0.0750 | −0.0572 |
| 0.80 | | 0.00205 | 0.00208 | 0.0310 | 0.0314 | 0.0124 | 0.0147 | −0.0722 | −0.0570 |
| 0.85 | | 0.00193 | 0.00196 | 0.0289 | 0.0293 | 0.0138 | 0.0155 | −0.0693 | −0.0567 |
| 0.90 | | 0.00181 | 0.00184 | 0.0268 | 0.0273 | 0.0159 | 0.0163 | −0.0663 | −0.0563 |
| 0.95 | | 0.00169 | 0.00172 | 0.0247 | 0.0252 | 0.0160 | 0.0172 | −0.0631 | −0.0558 |

续表

| $l_{01}/l_{02}$ | $(l_{01})/(l_{02})$ | $f$ | $f_{max}$ | $m_1$ | $m_{1max}$ | $m_2$ | $m_{2max}$ | $m'_1$ | $m'_2$ |
|---|---|---|---|---|---|---|---|---|---|
| 1.00 | 1.00 | 0.00157 | 0.00160 | 0.0227 | 0.0231 | 0.0168 | 0.0180 | −0.0600 | −0.0550 |
|  | 0.95 | 0.00178 | 0.00182 | 0.0229 | 0.0234 | 0.0194 | 0.0207 | −0.0629 | −0.0599 |
|  | 0.90 | 0.00201 | 0.00206 | 0.0228 | 0.0234 | 0.0223 | 0.0238 | −0.0656 | −0.0653 |
|  | 0.85 | 0.00227 | 0.00233 | 0.0225 | 0.0231 | 0.0255 | 0.0273 | −0.0683 | −0.0711 |
|  | 0.80 | 0.00256 | 0.00262 | 0.0219 | 0.0224 | 0.0290 | 0.0311 | −0.0707 | −0.0772 |
|  | 0.75 | 0.00286 | 0.00294 | 0.0208 | 0.0214 | 0.0329 | 0.0354 | −0.0729 | −0.0837 |
|  | 0.70 | 0.00319 | 0.00327 | 0.0194 | 0.0200 | 0.0370 | 0.0400 | −0.0748 | −0.0903 |
|  | 0.65 | 0.00352 | 0.00365 | 0.0175 | 0.0182 | 0.0412 | 0.0446 | −0.0762 | −0.0970 |
|  | 0.60 | 0.00386 | 0.00403 | 0.0153 | 0.0160 | 0.0454 | 0.0493 | −0.0773 | −0.1033 |
|  | 0.55 | 0.00419 | 0.00437 | 0.0127 | 0.0133 | 0.0496 | 0.0541 | −0.0780 | −0.1093 |
|  | 0.50 | 0.00449 | 0.00463 | 0.0099 | 0.0103 | 0.0534 | 0.0588 | −0.0784 | −0.1146 |

# 附录8 钢筋混凝土结构伸缩缝最大间距

钢筋混凝土结构伸缩缝最大间距（m） 附表8

| 结构类别 | | 室内或土中 | 露天 |
|---|---|---|---|
| 排架结构 | 装配式 | 100 | 70 |
| 框架结构 | 装配式 | 75 | 50 |
| | 现浇式 | 55 | 35 |
| 剪力墙结构 | 装配式 | 65 | 40 |
| | 现浇式 | 45 | 30 |
| 挡土墙、地下室墙壁等类结构 | 装配式 | 40 | 30 |
| | 现浇式 | 30 | 20 |

注：1. 装配整体式结构的伸缩缝间距，可根据结构的具体情况取表中装配式结构与现浇式结构之间的数值；

2. 框架-剪力墙结构或框架-核心筒结构房屋的伸缩缝间距，可根据结构的具体情况取表中框架结构与剪力墙结构之间的数值；

3. 当屋面无保温或隔热措施时，框架结构、剪力墙结构的伸缩缝间距宜按表中露天栏的数值取用；

4. 现浇挑梁、雨罩等外露结构的局部伸缩缝间距不宜大于12m。

# 附录9 单阶柱柱顶反力与水平位移系数值

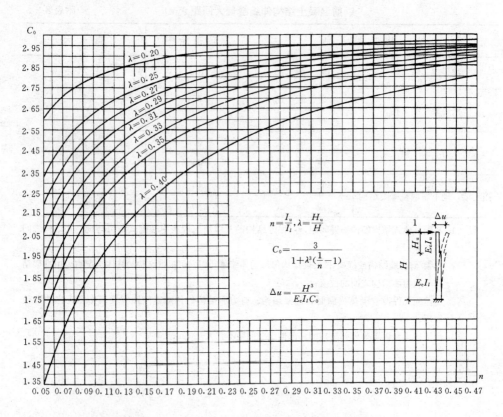

附图9-1 柱顶单位集中荷载作用下系数 $C_0$ 的数值

附录9 单阶柱柱顶反力与水平位移系数值 453

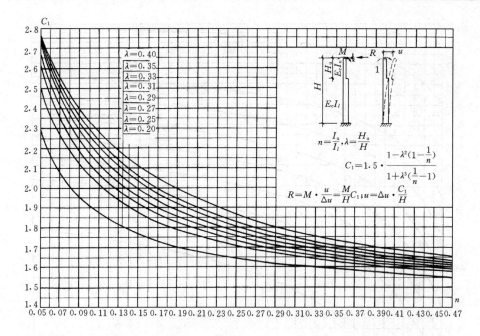

附图 9-2 柱顶力矩作用下系数 $C_1$ 的数值

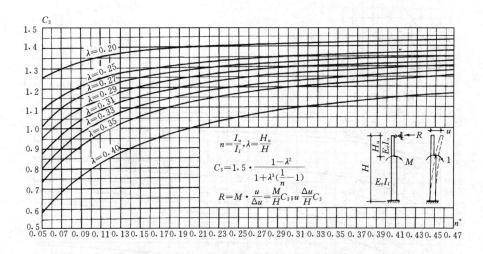

附图 9-3 力矩作用在牛腿顶面时系数 $C_3$ 的数值

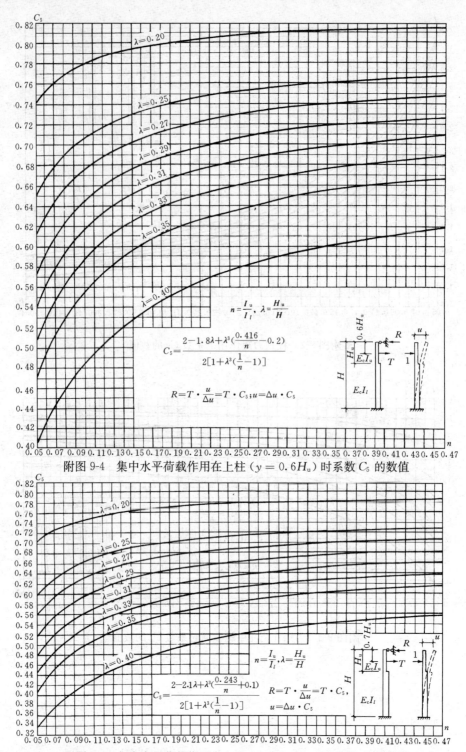

附图 9-4 集中水平荷载作用在上柱（$y=0.6H_u$）时系数 $C_5$ 的数值

附图 9-5 集中水平荷载作用在上柱（$y=0.7H_u$）时系数 $C_5$ 的数值

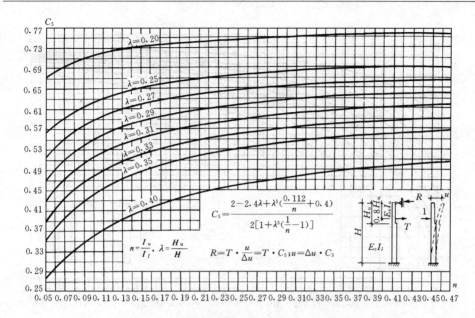

附图9-6 集中水平荷载作用在上柱（$y=0.8H_u$）时系数 $C_5$ 的数值

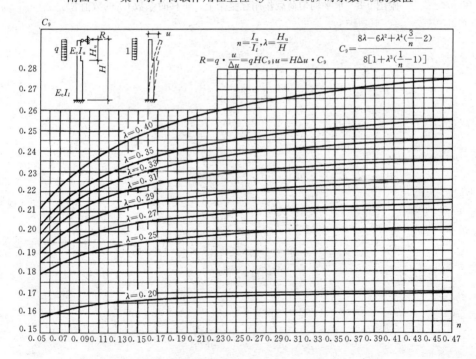

附图9-7 水平均布荷载作用在整个上柱时系数 $C_9$ 的数值

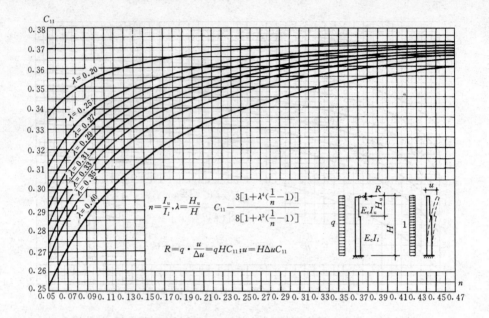

附图 9-8 水平均匀荷载作用在整个上、下柱时系数 $C_{11}$ 的数值

# 附录 10 规则框架承受均布及倒三角形分布水平力作用时反弯点的高度比

规则框架承受均布水平力作用时标准反弯点的高度比 $y_0$ 值　　附表 10-1

| n | j\K | 0.1 | 0.2 | 0.3 | 0.4 | 0.5 | 0.6 | 0.7 | 0.8 | 0.9 | 1.0 | 2.0 | 3.0 | 4.0 | 5.0 |
|---|---|---|---|---|---|---|---|---|---|---|---|---|---|---|---|
| 1 | 1 | 0.80 | 0.75 | 0.70 | 0.65 | 0.65 | 0.60 | 0.60 | 0.60 | 0.60 | 0.55 | 0.55 | 0.55 | 0.55 | 0.55 |
| 2 | 2 | 0.45 | 0.40 | 0.35 | 0.35 | 0.35 | 0.35 | 0.40 | 0.40 | 0.40 | 0.40 | 0.45 | 0.45 | 0.45 | 0.45 |
|   | 1 | 0.95 | 0.80 | 0.75 | 0.70 | 0.65 | 0.65 | 0.65 | 0.60 | 0.60 | 0.60 | 0.55 | 0.55 | 0.55 | 0.50 |
| 3 | 3 | 0.15 | 0.20 | 0.20 | 0.25 | 0.30 | 0.30 | 0.30 | 0.35 | 0.35 | 0.35 | 0.40 | 0.45 | 0.45 | 0.45 |
|   | 2 | 0.55 | 0.50 | 0.45 | 0.45 | 0.45 | 0.45 | 0.45 | 0.45 | 0.45 | 0.45 | 0.45 | 0.50 | 0.50 | 0.50 |
|   | 1 | 1.00 | 0.85 | 0.80 | 0.75 | 0.70 | 0.70 | 0.65 | 0.65 | 0.65 | 0.60 | 0.55 | 0.55 | 0.55 | 0.55 |
| 4 | 4 | −0.05 | 0.05 | 0.15 | 0.20 | 0.25 | 0.30 | 0.30 | 0.35 | 0.35 | 0.35 | 0.40 | 0.45 | 0.45 | 0.45 |
|   | 3 | 0.25 | 0.30 | 0.30 | 0.35 | 0.35 | 0.40 | 0.40 | 0.40 | 0.40 | 0.45 | 0.45 | 0.45 | 0.50 | 0.50 |
|   | 2 | 0.65 | 0.55 | 0.50 | 0.50 | 0.45 | 0.45 | 0.45 | 0.45 | 0.45 | 0.45 | 0.50 | 0.50 | 0.50 | 0.50 |
|   | 1 | 1.10 | 0.90 | 0.80 | 0.75 | 0.70 | 0.70 | 0.65 | 0.65 | 0.65 | 0.60 | 0.55 | 0.55 | 0.55 | 0.55 |
| 5 | 5 | −0.20 | 0.00 | 0.15 | 0.20 | 0.25 | 0.30 | 0.30 | 0.30 | 0.35 | 0.35 | 0.40 | 0.45 | 0.45 | 0.45 |
|   | 4 | 0.10 | 0.20 | 0.25 | 0.30 | 0.35 | 0.35 | 0.40 | 0.40 | 0.40 | 0.40 | 0.45 | 0.45 | 0.50 | 0.50 |
|   | 3 | 0.40 | 0.40 | 0.40 | 0.40 | 0.40 | 0.45 | 0.45 | 0.45 | 0.45 | 0.45 | 0.50 | 0.50 | 0.50 | 0.50 |
|   | 2 | 0.65 | 0.55 | 0.50 | 0.50 | 0.50 | 0.50 | 0.50 | 0.50 | 0.50 | 0.50 | 0.50 | 0.50 | 0.50 | 0.50 |
|   | 1 | 1.20 | 0.95 | 0.80 | 0.75 | 0.75 | 0.70 | 0.70 | 0.65 | 0.65 | 0.65 | 0.55 | 0.55 | 0.55 | 0.55 |
| 6 | 6 | −0.30 | 0.00 | 0.10 | 0.20 | 0.25 | 0.25 | 0.30 | 0.30 | 0.35 | 0.35 | 0.40 | 0.45 | 0.45 | 0.45 |
|   | 5 | 0.00 | 0.20 | 0.25 | 0.30 | 0.35 | 0.35 | 0.40 | 0.40 | 0.40 | 0.40 | 0.45 | 0.45 | 0.50 | 0.50 |
|   | 4 | 0.20 | 0.30 | 0.35 | 0.35 | 0.40 | 0.40 | 0.40 | 0.45 | 0.45 | 0.45 | 0.45 | 0.50 | 0.50 | 0.50 |
|   | 3 | 0.40 | 0.40 | 0.40 | 0.45 | 0.45 | 0.45 | 0.45 | 0.45 | 0.45 | 0.45 | 0.50 | 0.50 | 0.50 | 0.50 |
|   | 2 | 0.70 | 0.60 | 0.55 | 0.50 | 0.50 | 0.50 | 0.50 | 0.50 | 0.50 | 0.50 | 0.50 | 0.50 | 0.50 | 0.50 |
|   | 1 | 1.20 | 0.95 | 0.85 | 0.80 | 0.75 | 0.70 | 0.70 | 0.65 | 0.65 | 0.65 | 0.55 | 0.55 | 0.55 | 0.55 |
| 7 | 7 | 0.35 | −0.05 | 0.10 | 0.20 | 0.20 | 0.25 | 0.30 | 0.30 | 0.35 | 0.35 | 0.40 | 0.45 | 0.45 | 0.45 |
|   | 6 | −0.10 | 0.15 | 0.25 | 0.30 | 0.35 | 0.35 | 0.35 | 0.40 | 0.40 | 0.40 | 0.45 | 0.45 | 0.50 | 0.50 |
|   | 5 | 0.10 | 0.25 | 0.30 | 0.35 | 0.40 | 0.40 | 0.40 | 0.45 | 0.45 | 0.45 | 0.45 | 0.50 | 0.50 | 0.50 |
|   | 4 | 0.30 | 0.35 | 0.40 | 0.40 | 0.40 | 0.45 | 0.45 | 0.45 | 0.45 | 0.45 | 0.50 | 0.50 | 0.50 | 0.50 |
|   | 3 | 0.50 | 0.45 | 0.45 | 0.45 | 0.45 | 0.45 | 0.45 | 0.45 | 0.45 | 0.50 | 0.50 | 0.50 | 0.50 | 0.50 |
|   | 2 | 0.75 | 0.60 | 0.55 | 0.50 | 0.50 | 0.50 | 0.50 | 0.50 | 0.50 | 0.50 | 0.50 | 0.50 | 0.50 | 0.50 |
|   | 1 | 1.20 | 0.95 | 0.85 | 0.80 | 0.75 | 0.70 | 0.70 | 0.65 | 0.65 | 0.65 | 0.55 | 0.55 | 0.55 | 0.55 |
| 8 | 8 | −0.35 | −0.15 | 0.10 | 0.15 | 0.25 | 0.25 | 0.30 | 0.30 | 0.35 | 0.35 | 0.40 | 0.45 | 0.45 | 0.45 |
|   | 7 | −0.10 | 0.15 | 0.25 | 0.30 | 0.35 | 0.35 | 0.40 | 0.40 | 0.40 | 0.40 | 0.45 | 0.45 | 0.50 | 0.50 |
|   | 6 | 0.05 | 0.25 | 0.30 | 0.35 | 0.40 | 0.40 | 0.40 | 0.45 | 0.45 | 0.45 | 0.45 | 0.50 | 0.50 | 0.50 |
|   | 5 | 0.20 | 0.30 | 0.35 | 0.40 | 0.40 | 0.45 | 0.45 | 0.45 | 0.45 | 0.45 | 0.50 | 0.50 | 0.50 | 0.50 |
|   | 4 | 0.35 | 0.40 | 0.40 | 0.45 | 0.45 | 0.45 | 0.45 | 0.45 | 0.45 | 0.45 | 0.50 | 0.50 | 0.50 | 0.50 |

续表

| $n$ | $j$ \ $K$ | 0.1 | 0.2 | 0.3 | 0.4 | 0.5 | 0.6 | 0.7 | 0.8 | 0.9 | 1.0 | 2.0 | 3.0 | 4.0 | 5.0 |
|---|---|---|---|---|---|---|---|---|---|---|---|---|---|---|---|
| 8 | 3 | 0.50 | 0.45 | 0.45 | 0.45 | 0.45 | 0.45 | 0.45 | 0.45 | 0.50 | 0.50 | 0.50 | 0.50 | 0.50 | 0.50 |
|   | 2 | 0.75 | 0.60 | 0.55 | 0.55 | 0.50 | 0.50 | 0.50 | 0.50 | 0.50 | 0.50 | 0.50 | 0.50 | 0.50 | 0.50 |
|   | 1 | 1.20 | 1.00 | 0.85 | 0.80 | 0.75 | 0.70 | 0.70 | 0.65 | 0.65 | 0.65 | 0.55 | 0.55 | 0.55 | 0.55 |
| 9 | 9 | −0.40 | −0.05 | 0.10 | 0.20 | 0.25 | 0.25 | 0.30 | 0.30 | 0.35 | 0.35 | 0.45 | 0.45 | 0.45 | 0.45 |
|   | 8 | −0.15 | 0.15 | 0.25 | 0.30 | 0.35 | 0.35 | 0.35 | 0.40 | 0.40 | 0.40 | 0.45 | 0.45 | 0.50 | 0.50 |
|   | 7 | 0.05 | 0.25 | 0.30 | 0.35 | 0.40 | 0.40 | 0.40 | 0.45 | 0.45 | 0.45 | 0.45 | 0.50 | 0.50 | 0.50 |
|   | 6 | 0.15 | 0.30 | 0.35 | 0.40 | 0.40 | 0.45 | 0.45 | 0.45 | 0.45 | 0.45 | 0.50 | 0.50 | 0.50 | 0.50 |
|   | 5 | 0.25 | 0.35 | 0.40 | 0.40 | 0.45 | 0.45 | 0.45 | 0.45 | 0.45 | 0.45 | 0.50 | 0.50 | 0.50 | 0.50 |
|   | 4 | 0.40 | 0.40 | 0.40 | 0.45 | 0.45 | 0.45 | 0.45 | 0.45 | 0.45 | 0.50 | 0.50 | 0.50 | 0.50 | 0.50 |
|   | 3 | 0.55 | 0.45 | 0.45 | 0.45 | 0.45 | 0.45 | 0.45 | 0.50 | 0.50 | 0.50 | 0.50 | 0.50 | 0.50 | 0.50 |
|   | 2 | 0.80 | 0.65 | 0.55 | 0.55 | 0.50 | 0.50 | 0.50 | 0.50 | 0.50 | 0.50 | 0.50 | 0.50 | 0.50 | 0.50 |
|   | 1 | 1.20 | 1.00 | 0.85 | 0.80 | 0.75 | 0.70 | 0.70 | 0.65 | 0.65 | 0.65 | 0.55 | 0.55 | 0.55 | 0.55 |
| 10 | 10 | −0.40 | −0.05 | 0.10 | 0.20 | 0.25 | 0.30 | 0.30 | 0.30 | 0.35 | 0.35 | 0.40 | 0.45 | 0.45 | 0.45 |
|   | 9 | −0.15 | 0.15 | 0.25 | 0.30 | 0.35 | 0.35 | 0.40 | 0.40 | 0.40 | 0.40 | 0.45 | 0.45 | 0.50 | 0.50 |
|   | 8 | 0.00 | 0.25 | 0.30 | 0.35 | 0.40 | 0.40 | 0.40 | 0.45 | 0.45 | 0.45 | 0.45 | 0.50 | 0.50 | 0.50 |
|   | 7 | 0.10 | 0.30 | 0.35 | 0.40 | 0.40 | 0.45 | 0.45 | 0.45 | 0.45 | 0.45 | 0.50 | 0.50 | 0.50 | 0.50 |
|   | 6 | 0.20 | 0.35 | 0.40 | 0.40 | 0.45 | 0.45 | 0.45 | 0.45 | 0.45 | 0.45 | 0.50 | 0.50 | 0.50 | 0.50 |
|   | 5 | 0.30 | 0.40 | 0.40 | 0.45 | 0.45 | 0.45 | 0.45 | 0.45 | 0.45 | 0.50 | 0.50 | 0.50 | 0.50 | 0.50 |
|   | 4 | 0.40 | 0.40 | 0.45 | 0.45 | 0.45 | 0.45 | 0.45 | 0.45 | 0.50 | 0.50 | 0.50 | 0.50 | 0.50 | 0.50 |
|   | 3 | 0.55 | 0.50 | 0.45 | 0.45 | 0.45 | 0.50 | 0.50 | 0.50 | 0.50 | 0.50 | 0.50 | 0.50 | 0.50 | 0.50 |
|   | 2 | 0.80 | 0.65 | 0.55 | 0.55 | 0.55 | 0.50 | 0.50 | 0.50 | 0.50 | 0.50 | 0.50 | 0.50 | 0.50 | 0.50 |
|   | 1 | 1.30 | 1.00 | 0.85 | 0.80 | 0.75 | 0.70 | 0.70 | 0.65 | 0.65 | 0.65 | 0.60 | 0.55 | 0.55 | 0.55 |
| 11 | 11 | −0.40 | 0.05 | 0.10 | 0.20 | 0.25 | 0.30 | 0.30 | 0.30 | 0.30 | 0.35 | 0.40 | 0.45 | 0.45 | 0.45 |
|   | 10 | −0.15 | 0.15 | 0.25 | 0.30 | 0.35 | 0.35 | 0.40 | 0.40 | 0.40 | 0.40 | 0.45 | 0.45 | 0.50 | 0.50 |
|   | 9 | 0.00 | 0.25 | 0.30 | 0.35 | 0.40 | 0.40 | 0.40 | 0.45 | 0.45 | 0.45 | 0.45 | 0.50 | 0.50 | 0.50 |
|   | 8 | 0.10 | 0.30 | 0.35 | 0.40 | 0.40 | 0.45 | 0.45 | 0.45 | 0.45 | 0.45 | 0.50 | 0.50 | 0.50 | 0.50 |
|   | 7 | 0.20 | 0.35 | 0.40 | 0.45 | 0.45 | 0.45 | 0.45 | 0.45 | 0.45 | 0.45 | 0.50 | 0.50 | 0.50 | 0.50 |
|   | 6 | 0.25 | 0.35 | 0.40 | 0.45 | 0.45 | 0.45 | 0.45 | 0.45 | 0.45 | 0.45 | 0.50 | 0.50 | 0.50 | 0.50 |
|   | 5 | 0.35 | 0.40 | 0.40 | 0.45 | 0.45 | 0.45 | 0.45 | 0.45 | 0.50 | 0.50 | 0.50 | 0.50 | 0.50 | 0.50 |
|   | 4 | 0.40 | 0.45 | 0.45 | 0.45 | 0.45 | 0.45 | 0.45 | 0.50 | 0.50 | 0.50 | 0.50 | 0.50 | 0.50 | 0.50 |
|   | 3 | 0.55 | 0.50 | 0.50 | 0.50 | 0.50 | 0.50 | 0.50 | 0.50 | 0.50 | 0.50 | 0.50 | 0.50 | 0.50 | 0.50 |
|   | 2 | 0.80 | 0.65 | 0.60 | 0.55 | 0.55 | 0.50 | 0.50 | 0.50 | 0.50 | 0.50 | 0.50 | 0.50 | 0.50 | 0.50 |
|   | 1 | 1.30 | 1.00 | 0.85 | 0.80 | 0.75 | 0.70 | 0.70 | 0.65 | 0.65 | 0.65 | 0.60 | 0.55 | 0.55 | 0.55 |
| 12 以上 | ↓1 | −0.40 | −0.05 | 0.10 | 0.20 | 0.25 | 0.30 | 0.30 | 0.30 | 0.35 | 0.35 | 0.40 | 0.45 | 0.45 | 0.45 |
|   | 2 | −0.15 | 0.15 | 0.25 | 0.30 | 0.35 | 0.35 | 0.40 | 0.40 | 0.40 | 0.40 | 0.45 | 0.45 | 0.50 | 0.50 |
|   | 3 | 0.00 | 0.25 | 0.30 | 0.35 | 0.40 | 0.40 | 0.40 | 0.45 | 0.45 | 0.45 | 0.45 | 0.50 | 0.50 | 0.50 |
|   | 4 | 0.10 | 0.30 | 0.35 | 0.40 | 0.40 | 0.45 | 0.45 | 0.45 | 0.45 | 0.45 | 0.50 | 0.50 | 0.50 | 0.50 |
|   | 5 | 0.20 | 0.35 | 0.40 | 0.40 | 0.45 | 0.45 | 0.45 | 0.45 | 0.45 | 0.45 | 0.50 | 0.50 | 0.50 | 0.50 |
|   | 6 | 0.25 | 0.35 | 0.40 | 0.45 | 0.45 | 0.45 | 0.45 | 0.45 | 0.45 | 0.45 | 0.50 | 0.50 | 0.50 | 0.50 |
|   | 7 | 0.30 | 0.40 | 0.40 | 0.45 | 0.45 | 0.45 | 0.45 | 0.45 | 0.50 | 0.50 | 0.50 | 0.50 | 0.50 | 0.50 |
|   | 8 | 0.35 | 0.40 | 0.45 | 0.45 | 0.45 | 0.45 | 0.45 | 0.45 | 0.50 | 0.50 | 0.50 | 0.50 | 0.50 | 0.50 |
|   | 中间 | 0.40 | 0.40 | 0.45 | 0.45 | 0.45 | 0.45 | 0.50 | 0.50 | 0.50 | 0.50 | 0.50 | 0.50 | 0.50 | 0.50 |

附录10 规则框架承受均布及倒三角形分布水平力作用时反弯点的高度比

续表

| n | K / j | 0.1 | 0.2 | 0.3 | 0.4 | 0.5 | 0.6 | 0.7 | 0.8 | 0.9 | 1.0 | 2.0 | 3.0 | 4.0 | 5.0 |
|---|---|---|---|---|---|---|---|---|---|---|---|---|---|---|---|
| 12以上 | 4 | 0.45 | 0.45 | 0.45 | 0.45 | 0.50 | 0.50 | 0.50 | 0.50 | 0.50 | 0.50 | 0.50 | 0.50 | 0.50 | 0.50 |
| | 3 | 0.60 | 0.50 | 0.50 | 0.50 | 0.50 | 0.50 | 0.50 | 0.50 | 0.50 | 0.50 | 0.50 | 0.50 | 0.50 | 0.50 |
| | 2 | 0.80 | 0.65 | 0.60 | 0.55 | 0.55 | 0.50 | 0.50 | 0.50 | 0.50 | 0.50 | 0.50 | 0.50 | 0.50 | 0.50 |
| | ↑1 | 1.30 | 1.00 | 0.85 | 0.80 | 0.75 | 0.70 | 0.70 | 0.65 | 0.65 | 0.65 | 0.55 | 0.55 | 0.55 | 0.55 |

注：$K = \dfrac{i_1 + i_2 + i_3 + i_4}{2i}$

| $i_1$ | $i_2$ |
|---|---|
| | $i$ |
| $i_3$ | $i_4$ |

规则框架承受倒三角形分布水平力作用时标准反弯点的高度比 $y_0$ 值

附表 10-2

| n | K / j | 0.1 | 0.2 | 0.3 | 0.4 | 0.5 | 0.6 | 0.7 | 0.8 | 0.9 | 1.0 | 2.0 | 3.0 | 4.0 | 5.0 |
|---|---|---|---|---|---|---|---|---|---|---|---|---|---|---|---|
| 1 | 1 | 0.80 | 0.75 | 0.70 | 0.65 | 0.65 | 0.60 | 0.60 | 0.60 | 0.60 | 0.55 | 0.55 | 0.55 | 0.55 | 0.55 |
| 2 | 2 | 0.50 | 0.45 | 0.40 | 0.40 | 0.40 | 0.40 | 0.40 | 0.40 | 0.40 | 0.45 | 0.45 | 0.45 | 0.45 | 0.50 |
| | 1 | 1.00 | 0.85 | 0.75 | 0.70 | 0.70 | 0.65 | 0.65 | 0.65 | 0.60 | 0.60 | 0.55 | 0.55 | 0.55 | 0.55 |
| 3 | 3 | 0.25 | 0.25 | 0.25 | 0.30 | 0.30 | 0.35 | 0.35 | 0.35 | 0.40 | 0.40 | 0.45 | 0.45 | 0.45 | 0.50 |
| | 2 | 0.60 | 0.50 | 0.50 | 0.50 | 0.50 | 0.45 | 0.45 | 0.45 | 0.45 | 0.45 | 0.50 | 0.50 | 0.50 | 0.50 |
| | 1 | 1.15 | 0.90 | 0.80 | 0.75 | 0.75 | 0.70 | 0.70 | 0.65 | 0.65 | 0.65 | 0.60 | 0.55 | 0.55 | 0.55 |
| 4 | 4 | 0.10 | 0.15 | 0.20 | 0.25 | 0.30 | 0.30 | 0.35 | 0.35 | 0.35 | 0.40 | 0.45 | 0.45 | 0.45 | 0.45 |
| | 3 | 0.35 | 0.35 | 0.35 | 0.40 | 0.40 | 0.40 | 0.40 | 0.45 | 0.45 | 0.45 | 0.50 | 0.50 | 0.50 | 0.50 |
| | 2 | 0.70 | 0.60 | 0.55 | 0.50 | 0.50 | 0.50 | 0.50 | 0.50 | 0.50 | 0.50 | 0.50 | 0.50 | 0.50 | 0.50 |
| | 1 | 1.20 | 0.95 | 0.85 | 0.80 | 0.75 | 0.70 | 0.70 | 0.70 | 0.65 | 0.65 | 0.55 | 0.55 | 0.55 | 0.55 |
| 5 | 5 | −0.05 | 0.10 | 0.20 | 0.25 | 0.30 | 0.30 | 0.35 | 0.35 | 0.35 | 0.35 | 0.40 | 0.45 | 0.45 | 0.45 |
| | 4 | 0.20 | 0.25 | 0.35 | 0.35 | 0.40 | 0.40 | 0.40 | 0.40 | 0.40 | 0.45 | 0.45 | 0.50 | 0.50 | 0.50 |
| | 3 | 0.45 | 0.40 | 0.45 | 0.45 | 0.45 | 0.45 | 0.45 | 0.45 | 0.45 | 0.45 | 0.50 | 0.50 | 0.50 | 0.50 |
| | 2 | 0.75 | 0.60 | 0.55 | 0.55 | 0.50 | 0.50 | 0.50 | 0.50 | 0.50 | 0.50 | 0.50 | 0.50 | 0.50 | 0.50 |
| | 1 | 1.30 | 1.00 | 0.85 | 0.80 | 0.75 | 0.70 | 0.70 | 0.65 | 0.65 | 0.65 | 0.55 | 0.55 | 0.55 | 0.55 |
| 6 | 6 | −0.15 | 0.05 | 0.15 | 0.20 | 0.25 | 0.30 | 0.30 | 0.35 | 0.35 | 0.35 | 0.40 | 0.45 | 0.45 | 0.45 |
| | 5 | 0.10 | 0.25 | 0.30 | 0.35 | 0.35 | 0.40 | 0.40 | 0.40 | 0.45 | 0.45 | 0.45 | 0.50 | 0.50 | 0.50 |
| | 4 | 0.30 | 0.35 | 0.40 | 0.40 | 0.45 | 0.45 | 0.45 | 0.45 | 0.45 | 0.45 | 0.50 | 0.50 | 0.50 | 0.50 |
| | 3 | 0.50 | 0.45 | 0.45 | 0.45 | 0.45 | 0.45 | 0.45 | 0.45 | 0.50 | 0.50 | 0.50 | 0.50 | 0.50 | 0.50 |
| | 2 | 0.80 | 0.65 | 0.55 | 0.55 | 0.55 | 0.55 | 0.50 | 0.50 | 0.50 | 0.50 | 0.50 | 0.50 | 0.50 | 0.50 |
| | 1 | 1.30 | 1.00 | 0.85 | 0.80 | 0.75 | 0.70 | 0.70 | 0.65 | 0.65 | 0.65 | 0.60 | 0.55 | 0.55 | 0.55 |
| 7 | 7 | −0.20 | 0.05 | 0.15 | 0.20 | 0.25 | 0.30 | 0.30 | 0.35 | 0.35 | 0.35 | 0.45 | 0.45 | 0.45 | 0.45 |
| | 6 | 0.05 | 0.20 | 0.30 | 0.35 | 0.35 | 0.40 | 0.40 | 0.40 | 0.40 | 0.45 | 0.45 | 0.50 | 0.50 | 0.50 |
| | 5 | 0.20 | 0.30 | 0.35 | 0.40 | 0.40 | 0.45 | 0.45 | 0.45 | 0.45 | 0.45 | 0.50 | 0.50 | 0.50 | 0.50 |
| | 4 | 0.35 | 0.40 | 0.40 | 0.45 | 0.45 | 0.45 | 0.45 | 0.45 | 0.45 | 0.45 | 0.50 | 0.50 | 0.50 | 0.50 |
| | 3 | 0.55 | 0.50 | 0.50 | 0.50 | 0.50 | 0.50 | 0.50 | 0.50 | 0.50 | 0.50 | 0.50 | 0.50 | 0.50 | 0.50 |

续表

| n | j\K | 0.1 | 0.2 | 0.3 | 0.4 | 0.5 | 0.6 | 0.7 | 0.8 | 0.9 | 1.0 | 2.0 | 3.0 | 4.0 | 5.0 |
|---|---|---|---|---|---|---|---|---|---|---|---|---|---|---|---|
| 7 | 2 | 0.80 | 0.65 | 0.60 | 0.55 | 0.55 | 0.55 | 0.50 | 0.50 | 0.50 | 0.50 | 0.50 | 0.50 | 0.50 | 0.50 |
|   | 1 | 1.30 | 1.00 | 0.90 | 0.80 | 0.75 | 0.70 | 0.70 | 0.70 | 0.65 | 0.65 | 0.60 | 0.55 | 0.55 | 0.55 |
| 8 | 8 | −0.20 | 0.05 | 0.15 | 0.20 | 0.25 | 0.30 | 0.30 | 0.35 | 0.35 | 0.35 | 0.45 | 0.45 | 0.45 | 0.45 |
|   | 7 | 0.00 | 0.20 | 0.30 | 0.35 | 0.35 | 0.40 | 0.40 | 0.40 | 0.40 | 0.45 | 0.45 | 0.50 | 0.50 | 0.50 |
|   | 6 | 0.15 | 0.30 | 0.35 | 0.40 | 0.40 | 0.45 | 0.45 | 0.45 | 0.45 | 0.45 | 0.50 | 0.50 | 0.50 | 0.50 |
|   | 5 | 0.30 | 0.45 | 0.40 | 0.45 | 0.45 | 0.45 | 0.45 | 0.45 | 0.45 | 0.45 | 0.50 | 0.50 | 0.50 | 0.50 |
|   | 4 | 0.40 | 0.45 | 0.45 | 0.45 | 0.45 | 0.45 | 0.45 | 0.45 | 0.50 | 0.50 | 0.50 | 0.50 | 0.50 | 0.50 |
|   | 3 | 0.60 | 0.50 | 0.50 | 0.50 | 0.50 | 0.50 | 0.50 | 0.50 | 0.50 | 0.50 | 0.50 | 0.50 | 0.50 | 0.50 |
|   | 2 | 0.85 | 0.65 | 0.60 | 0.55 | 0.55 | 0.55 | 0.50 | 0.50 | 0.50 | 0.50 | 0.50 | 0.50 | 0.50 | 0.50 |
|   | 1 | 1.30 | 1.00 | 0.90 | 0.80 | 0.75 | 0.70 | 0.70 | 0.70 | 0.65 | 0.65 | 0.60 | 0.55 | 0.55 | 0.55 |
| 9 | 9 | −0.25 | 0.00 | 0.15 | 0.20 | 0.25 | 0.30 | 0.30 | 0.35 | 0.35 | 0.40 | 0.45 | 0.45 | 0.45 | 0.45 |
|   | 8 | −0.00 | 0.20 | 0.30 | 0.35 | 0.35 | 0.40 | 0.40 | 0.40 | 0.40 | 0.45 | 0.45 | 0.50 | 0.50 | 0.50 |
|   | 7 | 0.15 | 0.30 | 0.35 | 0.40 | 0.40 | 0.45 | 0.45 | 0.45 | 0.45 | 0.45 | 0.50 | 0.50 | 0.50 | 0.50 |
|   | 6 | 0.25 | 0.35 | 0.40 | 0.40 | 0.45 | 0.45 | 0.45 | 0.45 | 0.45 | 0.50 | 0.50 | 0.50 | 0.50 | 0.50 |
|   | 5 | 0.35 | 0.40 | 0.45 | 0.45 | 0.45 | 0.45 | 0.45 | 0.45 | 0.50 | 0.50 | 0.50 | 0.50 | 0.50 | 0.50 |
|   | 4 | 0.45 | 0.45 | 0.45 | 0.45 | 0.45 | 0.50 | 0.50 | 0.50 | 0.50 | 0.50 | 0.50 | 0.50 | 0.50 | 0.50 |
|   | 3 | 0.60 | 0.50 | 0.50 | 0.50 | 0.50 | 0.50 | 0.50 | 0.50 | 0.50 | 0.50 | 0.50 | 0.50 | 0.50 | 0.50 |
|   | 2 | 0.85 | 0.65 | 0.60 | 0.55 | 0.55 | 0.55 | 0.55 | 0.50 | 0.50 | 0.50 | 0.50 | 0.50 | 0.50 | 0.50 |
|   | 1 | 1.35 | 1.00 | 0.90 | 0.80 | 0.75 | 0.75 | 0.70 | 0.70 | 0.65 | 0.65 | 0.60 | 0.55 | 0.55 | 0.55 |
| 10 | 10 | −0.25 | 0.00 | 0.15 | 0.20 | 0.25 | 0.30 | 0.30 | 0.35 | 0.35 | 0.40 | 0.45 | 0.45 | 0.45 | 0.45 |
|   | 9 | −0.05 | 0.20 | 0.30 | 0.35 | 0.35 | 0.40 | 0.40 | 0.40 | 0.40 | 0.45 | 0.45 | 0.50 | 0.50 | 0.50 |
|   | 8 | 0.10 | 0.30 | 0.35 | 0.40 | 0.40 | 0.40 | 0.45 | 0.45 | 0.45 | 0.45 | 0.50 | 0.50 | 0.50 | 0.50 |
|   | 7 | 0.20 | 0.35 | 0.40 | 0.40 | 0.45 | 0.45 | 0.45 | 0.45 | 0.45 | 0.50 | 0.50 | 0.50 | 0.50 | 0.50 |
|   | 6 | 0.30 | 0.40 | 0.40 | 0.45 | 0.45 | 0.45 | 0.45 | 0.45 | 0.45 | 0.50 | 0.50 | 0.50 | 0.50 | 0.50 |
|   | 5 | 0.40 | 0.45 | 0.45 | 0.45 | 0.45 | 0.45 | 0.50 | 0.50 | 0.50 | 0.50 | 0.50 | 0.50 | 0.50 | 0.50 |
|   | 4 | 0.50 | 0.45 | 0.45 | 0.45 | 0.50 | 0.50 | 0.50 | 0.50 | 0.50 | 0.50 | 0.50 | 0.50 | 0.50 | 0.50 |
|   | 3 | 0.60 | 0.55 | 0.50 | 0.50 | 0.50 | 0.50 | 0.50 | 0.50 | 0.50 | 0.50 | 0.50 | 0.50 | 0.50 | 0.50 |
|   | 2 | 0.85 | 0.65 | 0.60 | 0.55 | 0.55 | 0.55 | 0.55 | 0.50 | 0.50 | 0.50 | 0.50 | 0.50 | 0.50 | 0.50 |
|   | 1 | 1.35 | 1.00 | 0.90 | 0.80 | 0.75 | 0.75 | 0.70 | 0.70 | 0.65 | 0.65 | 0.60 | 0.55 | 0.55 | 0.55 |
| 11 | 11 | −0.25 | 0.00 | 0.15 | 0.20 | 0.25 | 0.30 | 0.30 | 0.30 | 0.35 | 0.35 | 0.45 | 0.45 | 0.45 | 0.45 |
|   | 10 | −0.05 | 0.20 | 0.25 | 0.30 | 0.35 | 0.40 | 0.40 | 0.40 | 0.40 | 0.45 | 0.45 | 0.50 | 0.50 | 0.50 |
|   | 9 | 0.10 | 0.30 | 0.35 | 0.40 | 0.40 | 0.40 | 0.45 | 0.45 | 0.45 | 0.45 | 0.50 | 0.50 | 0.50 | 0.50 |
|   | 8 | 0.20 | 0.35 | 0.40 | 0.40 | 0.45 | 0.45 | 0.45 | 0.45 | 0.45 | 0.45 | 0.50 | 0.50 | 0.50 | 0.50 |
|   | 7 | 0.25 | 0.40 | 0.40 | 0.45 | 0.45 | 0.45 | 0.45 | 0.45 | 0.45 | 0.50 | 0.50 | 0.50 | 0.50 | 0.50 |
|   | 6 | 0.35 | 0.40 | 0.45 | 0.45 | 0.45 | 0.45 | 0.45 | 0.45 | 0.50 | 0.50 | 0.50 | 0.50 | 0.50 | 0.50 |
|   | 5 | 0.40 | 0.45 | 0.45 | 0.45 | 0.45 | 0.50 | 0.50 | 0.50 | 0.50 | 0.50 | 0.50 | 0.50 | 0.50 | 0.50 |
|   | 4 | 0.50 | 0.50 | 0.50 | 0.50 | 0.50 | 0.50 | 0.50 | 0.50 | 0.50 | 0.50 | 0.50 | 0.50 | 0.50 | 0.50 |
|   | 3 | 0.65 | 0.55 | 0.50 | 0.50 | 0.50 | 0.50 | 0.50 | 0.50 | 0.50 | 0.50 | 0.50 | 0.50 | 0.50 | 0.50 |
|   | 2 | 0.85 | 0.65 | 0.60 | 0.55 | 0.55 | 0.55 | 0.55 | 0.50 | 0.50 | 0.50 | 0.50 | 0.50 | 0.50 | 0.50 |
|   | 1 | 1.35 | 1.05 | 0.90 | 0.80 | 0.75 | 0.75 | 0.70 | 0.70 | 0.65 | 0.65 | 0.60 | 0.55 | 0.55 | 0.55 |
| 12以上 | 1 | −0.30 | 0.00 | 0.15 | 0.20 | 0.25 | 0.30 | 0.30 | 0.30 | 0.35 | 0.35 | 0.40 | 0.45 | 0.45 | 0.45 |
|   | ↓2 | −0.10 | 0.20 | 0.25 | 0.30 | 0.35 | 0.40 | 0.40 | 0.40 | 0.40 | 0.40 | 0.45 | 0.45 | 0.45 | 0.50 |

附录10 规则框架承受均布及倒三角形分布水平力作用时反弯点的高度比

续表

| $n$ | $j$ \ $K$ | 0.1 | 0.2 | 0.3 | 0.4 | 0.5 | 0.6 | 0.7 | 0.8 | 0.9 | 1.0 | 2.0 | 3.0 | 4.0 | 5.0 |
|---|---|---|---|---|---|---|---|---|---|---|---|---|---|---|---|
| 12以上 | 3 | 0.05 | 0.25 | 0.35 | 0.40 | 0.40 | 0.40 | 0.45 | 0.45 | 0.45 | 0.45 | 0.45 | 0.50 | 0.50 | 0.50 |
| | 4 | 0.15 | 0.30 | 0.40 | 0.40 | 0.45 | 0.45 | 0.45 | 0.45 | 0.45 | 0.45 | 0.50 | 0.50 | 0.50 | 0.50 |
| | 5 | 0.25 | 0.35 | 0.50 | 0.45 | 0.45 | 0.45 | 0.45 | 0.45 | 0.45 | 0.45 | 0.50 | 0.50 | 0.50 | 0.50 |
| | 6 | 0.30 | 0.40 | 0.50 | 0.45 | 0.45 | 0.45 | 0.45 | 0.50 | 0.50 | 0.50 | 0.50 | 0.50 | 0.50 | 0.50 |
| | 7 | 0.35 | 0.40 | 0.55 | 0.45 | 0.45 | 0.45 | 0.50 | 0.50 | 0.50 | 0.50 | 0.50 | 0.50 | 0.50 | 0.50 |
| | 8 | 0.35 | 0.45 | 0.55 | 0.45 | 0.50 | 0.50 | 0.50 | 0.50 | 0.50 | 0.50 | 0.50 | 0.50 | 0.50 | 0.50 |
| | 中间 | 0.45 | 0.45 | 0.55 | 0.45 | 0.50 | 0.50 | 0.50 | 0.50 | 0.50 | 0.50 | 0.50 | 0.50 | 0.50 | 0.50 |
| | 4 | 0.55 | 0.50 | 0.50 | 0.50 | 0.50 | 0.50 | 0.50 | 0.50 | 0.50 | 0.50 | 0.50 | 0.50 | 0.50 | 0.50 |
| | 3 | 0.65 | 0.55 | 0.50 | 0.50 | 0.50 | 0.50 | 0.50 | 0.50 | 0.50 | 0.50 | 0.50 | 0.50 | 0.50 | 0.50 |
| | 2 | 0.70 | 0.70 | 0.60 | 0.55 | 0.55 | 0.55 | 0.55 | 0.50 | 0.50 | 0.50 | 0.50 | 0.50 | 0.50 | 0.50 |
| | ↑1 | 1.35 | 1.05 | 0.90 | 0.80 | 0.75 | 0.70 | 0.70 | 0.70 | 0.65 | 0.65 | 0.60 | 0.55 | 0.55 | 0.55 |

上下层横梁线刚度比对 $y_0$ 的修正值 $y_1$　　　　附表 10-3

| $I$ \ $K$ | 0.1 | 0.2 | 0.3 | 0.4 | 0.5 | 0.6 | 0.7 | 0.8 | 0.9 | 1.0 | 2.0 | 3.0 | 4.0 | 5.0 |
|---|---|---|---|---|---|---|---|---|---|---|---|---|---|---|
| 0.4 | 0.55 | 0.40 | 0.30 | 0.25 | 0.20 | 0.20 | 0.20 | 0.15 | 0.15 | 0.15 | 0.05 | 0.05 | 0.05 | 0.05 |
| 0.5 | 0.45 | 0.30 | 0.20 | 0.20 | 0.15 | 0.15 | 0.15 | 0.10 | 0.10 | 0.10 | 0.05 | 0.05 | 0.05 | 0.05 |
| 0.6 | 0.30 | 0.20 | 0.15 | 0.15 | 0.10 | 0.10 | 0.10 | 0.05 | 0.05 | 0.05 | 0.05 | 0 | 0 | 0 |
| 0.7 | 0.20 | 0.15 | 0.10 | 0.10 | 0.10 | 0.05 | 0.05 | 0.05 | 0.05 | 0.05 | 0 | 0 | 0 | 0 |
| 0.8 | 0.15 | 0.10 | 0.05 | 0.05 | 0.05 | 0.05 | 0.05 | 0.05 | 0.05 | 0 | 0 | 0 | 0 | 0 |
| 0.9 | 0.05 | 0.05 | 0.05 | 0.05 | 0 | 0 | 0 | 0 | 0 | 0 | 0 | 0 | 0 | 0 |

注：

| $i_1$ | $i_2$ |
|---|---|
| | $i$ |
| $i_3$ | $i_4$ |

$I = \dfrac{i_1 + i_2}{i_3 + i_4}$，当 $i_1 + i_2 > i_3 + i_4$ 时，取 $I = \dfrac{i_3 + i_4}{i_1 + i_2}$，同时在查得的 $y_1$ 值前加负号"−"。

$K = \dfrac{i_1 + i_2 + i_3 + i_4}{2i_c}$

上下层高变化对 $y_0$ 的修正值 $y_2$ 和 $y_3$　　　　附表 10-4

| $\alpha_2$ | $\alpha_3$ \ $K$ | 0.1 | 0.2 | 0.3 | 0.4 | 0.5 | 0.6 | 0.7 |
|---|---|---|---|---|---|---|---|---|
| 2.0 | | 0.25 | 0.15 | 0.15 | 0.10 | 0.10 | 0.10 | 0.10 |
| 1.8 | | 0.20 | 0.15 | 0.10 | 0.10 | 0.10 | 0.05 | 0.05 |
| 1.6 | 0.4 | 0.15 | 0.10 | 0.10 | 0.05 | 0.05 | 0.05 | 0.05 |
| 1.4 | 0.6 | 0.10 | 0.05 | 0.05 | 0.05 | 0.05 | 0.05 | 0.05 |
| 1.2 | 0.8 | 0.05 | 0.05 | 0.05 | 0.0 | 0.0 | 0.0 | 0.0 |
| 1.0 | 1.0 | 0.0 | 0.0 | 0.0 | 0.0 | 0.0 | 0.0 | 0.0 |
| 0.8 | 1.2 | −0.05 | −0.05 | −0.05 | 0.0 | 0.0 | 0.0 | 0.0 |
| 0.6 | 1.4 | −0.10 | −0.05 | −0.05 | −0.05 | −0.05 | −0.05 | −0.05 |
| 0.4 | 1.6 | −0.15 | −0.10 | −0.10 | −0.05 | −0.05 | −0.05 | −0.05 |
| | 1.8 | −0.20 | −0.15 | −0.10 | −0.10 | −0.10 | −0.05 | −0.05 |
| | 2.0 | −0.25 | −0.15 | −0.15 | −0.10 | −0.10 | −0.10 | −0.10 |

续表

| $\alpha_2$ | $\alpha_3$ \ $K$ | 0.8 | 0.9 | 1.0 | 2.0 | 3.0 | 4.0 | 5.0 |
|---|---|---|---|---|---|---|---|---|
| 2.0 |  | 0.10 | 0.05 | 0.05 | 0.05 | 0.05 | 0.0 | 0.0 |
| 1.8 |  | 0.05 | 0.05 | 0.05 | 0.05 | 0.0 | 0.0 | 0.0 |
| 1.6 | 0.4 | 0.05 | 0.05 | 0.05 | 0.0 | 0.0 | 0.0 | 0.0 |
| 1.4 | 0.6 | 0.05 | 0.05 | 0.0 | 0.0 | 0.0 | 0.0 | 0.0 |
| 1.2 | 0.8 | 0.0 | 0.0 | 0.0 | 0.0 | 0.0 | 0.0 | 0.0 |
| 1.0 | 1.0 | 0.0 | 0.0 | 0.0 | 0.0 | 0.0 | 0.0 | 0.0 |
| 0.8 | 1.2 | 0.0 | 0.0 | 0.0 | 0.0 | 0.0 | 0.0 | 0.0 |
| 0.6 | 1.4 | −0.05 | 0.05 | 0.0 | 0.0 | 0.0 | 0.0 | 0.0 |
| 0.4 | 1.6 | −0.05 | −0.05 | −0.05 | 0.0 | 0.0 | 0.0 | 0.0 |
|  | 1.8 | −0.05 | −0.05 | −0.05 | −0.05 | 0.0 | 0.0 | 0.0 |
|  | 2.0 | −0.10 | −0.05 | −0.05 | −0.05 | −0.05 | 0.0 | 0.0 |

注：

$y_2$——按照 $K$ 及 $\alpha_2$ 求得，上层较高时为正值；

$y_3$——按照 $K$ 及 $\alpha_3$ 求得。

# 附录11 《砌体结构设计规范》 GB 50003—2011 的有关规定

**砌体的弹性模量（MPa）** 附表 11-1

| 砌体种类 | 砂浆强度等级 | | | |
|---|---|---|---|---|
| | $\geqslant$M10 | M7.5 | M5 | M2.5 |
| 烧结普通砖、烧结多孔砖砌体 | $1600f$ | $1600f$ | $1600f$ | $1390f$ |
| 混凝土普通砖、混凝土多孔砖砌体 | $1600f$ | $1600f$ | $1600f$ | — |
| 蒸压灰砂普通砖、蒸压粉煤灰普通砖砌体 | $1060f$ | $1060f$ | $1060f$ | — |
| 非灌孔混凝土砌块砌体 | $1700f$ | $1600f$ | $1500f$ | — |
| 粗料石、毛料石、毛石砌体 | — | 5650 | 4000 | 2250 |
| 细料石砌体 | — | 17000 | 12000 | 6750 |

注：1. 轻集料混凝土砌块砌体的弹性模量，可按表中混凝土砌块砌体的弹性模量采用；
  2. 表中砌体抗压强度设计值不按 3.2.3 条进行调整；
  3. 表中砂浆为普通砂浆，采用专用砂浆砌筑的砌体的弹性模量也按此表取值；
  4. 对混凝土普通砖、混凝土多孔砖、混凝土和轻集料混凝土砌块砌体，表中的砂浆强度等级分别为：$\geqslant$Mb10、Mb7.5 及 Mb5；
  5. 对蒸压灰砂普通砖和蒸压粉煤灰普通砖砌体，当采用专用砂浆砌筑时，其强度设计值按表中数值采用。

**砌体的线膨胀系数和收缩率** 附表 11-2

| 砌体类别 | 线膨胀系数<br>($10^{-6}$/℃) | 收缩率<br>(mm/m) |
|---|---|---|
| 烧结普通砖、烧结多孔砖砌体 | 5 | $-0.1$ |
| 蒸压灰砂普通砖、蒸压粉煤灰普通砖砌体 | 8 | $-0.2$ |
| 混凝土普通砖、混凝土多孔砖、混凝土砌块砌体 | 10 | $-0.2$ |
| 轻集料混凝土砌块砌体 | 10 | $-0.3$ |
| 料石和毛石砌体 | 8 | — |

注：表中的收缩率系由达到收缩允许标准的块体砌筑 28d 的砌体收缩系数。当地方有可靠的砌体收缩试验数据时，亦可采用当地的试验数据。

### 砌体的摩擦系数    附表 11-3

| 材料类别 | 摩擦面情况 | |
|---|---|---|
| | 干燥 | 潮湿 |
| 砌体沿砌体或混凝土滑动 | 0.70 | 0.60 |
| 砌体沿木材滑动 | 0.60 | 0.50 |
| 砌体沿钢滑动 | 0.45 | 0.35 |
| 砌体沿砂或卵石滑动 | 0.60 | 0.50 |
| 砌体沿粉土滑动 | 0.55 | 0.40 |
| 砌体沿黏性土滑动 | 0.50 | 0.30 |

### 烧结普通砖和烧结多孔砖砌体的抗压强度设计值（MPa）   附表 11-4

| 砖强度等级 | 砂浆强度等级 | | | | | 砂浆强度 |
|---|---|---|---|---|---|---|
| | M15 | M10 | M7.5 | M5 | M2.5 | 0 |
| MU30 | 3.94 | 3.27 | 2.93 | 2.59 | 2.26 | 1.15 |
| MU25 | 3.60 | 2.98 | 2.68 | 2.37 | 2.06 | 1.05 |
| MU20 | 3.22 | 2.67 | 2.39 | 2.12 | 1.84 | 0.94 |
| MU15 | 2.79 | 2.31 | 2.07 | 1.83 | 1.60 | 0.82 |
| MU10 | — | 1.89 | 1.69 | 1.50 | 1.30 | 0.67 |

注：当烧结多孔砖的孔洞率大于30%时，表中数值应乘以0.9。

### 混凝土普通砖和混凝土多孔砖砌体的抗压强度设计值（MPa）   附表 11-5

| 砖强度等级 | 砂浆强度等级 | | | | | 砂浆强度 |
|---|---|---|---|---|---|---|
| | Mb20 | Mb15 | Mb10 | Mb7.5 | Mb5 | 0 |
| MU30 | 4.61 | 3.94 | 3.27 | 2.93 | 2.59 | 1.15 |
| MU25 | 4.21 | 3.60 | 2.98 | 2.68 | 2.37 | 1.05 |
| MU20 | 3.77 | 3.22 | 2.67 | 2.39 | 2.12 | 0.94 |
| MU15 | — | 2.79 | 2.31 | 2.07 | 1.83 | 0.82 |

### 蒸压灰砂普通砖和蒸压粉煤灰普通砖砌体的抗压强度设计值（MPa）   附表 11-6

| 砖强度等级 | 砂浆强度等级 | | | | 砂浆强度 |
|---|---|---|---|---|---|
| | M15 | M10 | M7.5 | M5 | 0 |
| MU25 | 3.60 | 2.98 | 2.68 | 2.37 | 1.05 |
| MU20 | 3.22 | 2.67 | 2.39 | 2.12 | 0.94 |
| MU15 | 2.79 | 2.31 | 2.07 | 1.83 | 0.82 |

注：当采用专用砂浆砌筑时，其抗压强度设计值按表中数值采用。

### 单排孔混凝土砌块和轻集料混凝土砌块对孔砌筑砌体的抗压强度设计值（MPa）

附表 11-7

| 砌块强度等级 | 砂浆强度等级 | | | | | 砂浆强度 |
|---|---|---|---|---|---|---|
| | Mb20 | Mb15 | Mb10 | Mb7.5 | Mb5 | 0 |
| MU20 | 6.30 | 5.68 | 4.95 | 4.44 | 3.94 | 2.33 |
| MU15 | — | 4.61 | 4.02 | 3.61 | 3.20 | 1.89 |
| MU10 | — | — | 2.79 | 2.50 | 2.22 | 1.31 |
| MU7.5 | — | — | — | 1.93 | 1.71 | 1.01 |
| MU5 | — | — | — | — | 1.19 | 0.70 |

注：1. 对独立柱或厚度为双排组砌的砌块砌体，应按表中数值乘以 0.7；
    2. 对 T 形截面墙体、柱，应按表中数值乘以 0.85。

### 双排孔或多排孔轻集料混凝土砌块砌体的抗压强度设计值（MPa）

附表 11-8

| 砌块强度等级 | 砂浆强度等级 | | | 砂浆强度 |
|---|---|---|---|---|
| | Mb10 | Mb7.5 | Mb5 | 0 |
| MU10 | 3.08 | 2.76 | 2.45 | 1.44 |
| MU7.5 | — | 2.13 | 1.88 | 1.12 |
| MU5 | — | — | 1.31 | 0.78 |
| MU3.5 | — | — | 0.95 | 0.56 |

注：1. 表中的砌块为火山渣、浮石和陶粒轻集料混凝土砌块；
    2. 对厚度方向为双排组砌的轻集料混凝土砌块砌体的抗压强度设计值，应按表中数值乘以 0.8。

### 砌块高度为 180mm～350mm 毛料石砌体的抗压强度设计值（MPa）

附表 11-9

| 毛料石强度等级 | 砂浆强度等级 | | | 砂浆强度 |
|---|---|---|---|---|
| | M7.5 | M5 | M2.5 | 0 |
| MU100 | 5.42 | 4.80 | 4.18 | 2.13 |
| MU80 | 4.85 | 4.29 | 3.73 | 1.91 |
| MU60 | 4.20 | 3.71 | 3.23 | 1.65 |
| MU50 | 3.83 | 3.39 | 2.95 | 1.51 |
| MU40 | 3.43 | 3.04 | 2.64 | 1.35 |
| MU30 | 2.97 | 2.63 | 2.29 | 1.17 |
| MU20 | 2.42 | 2.15 | 1.87 | 0.95 |

注：对细料石砌体、粗料石砌体和干砌勾缝石砌体，表中数值应分别乘以调整系数 1.4、1.2 和 0.8。

### 毛石砌体的抗压强度设计值（MPa）

附表 11-10

| 毛石强度等级 | 砂浆强度等级 | | | 砂浆强度 |
|---|---|---|---|---|
| | M7.5 | M5 | M2.5 | 0 |
| MU100 | 1.27 | 1.12 | 0.98 | 0.34 |
| MU80 | 1.13 | 1.00 | 0.87 | 0.30 |

续表

| 毛石强度等级 | 砂浆强度等级 | | | 砂浆强度 0 |
|---|---|---|---|---|
| | M7.5 | M5 | M2.5 | |
| MU60 | 0.98 | 0.87 | 0.76 | 0.26 |
| MU50 | 0.90 | 0.80 | 0.69 | 0.23 |
| MU40 | 0.80 | 0.71 | 0.62 | 0.21 |
| MU30 | 0.69 | 0.61 | 0.53 | 0.18 |
| MU20 | 0.56 | 0.51 | 0.44 | 0.15 |

**沿砌体灰缝截面破坏时砌体的轴心抗拉强度设计值、弯曲抗拉强度设计值和抗剪强度设计值（MPa）** 附表 11-11

| 强度类别 | 破坏特征及砌体种类 | | 砂浆强度等级 | | | |
|---|---|---|---|---|---|---|
| | | | ≥M10 | M7.5 | M5 | M2.5 |
| 轴心抗拉 | 沿齿缝 | 烧结普通砖、烧结多孔砖 | 0.19 | 0.16 | 0.13 | 0.09 |
| | | 混凝土普通砖、混凝土多孔砖 | 0.19 | 0.16 | 0.13 | — |
| | | 蒸压灰砂普通砖、蒸压粉煤灰普通砖 | 0.12 | 0.10 | 0.08 | — |
| | | 混凝土和轻集料混凝土砌块 | 0.09 | 0.08 | 0.07 | — |
| | | 毛石 | — | 0.07 | 0.06 | 0.04 |
| 弯曲抗拉 | 沿齿缝 | 烧结普通砖、烧结多孔砖 | 0.33 | 0.29 | 0.23 | 0.17 |
| | | 混凝土普通砖、混凝土多孔砖 | 0.33 | 0.29 | 0.23 | — |
| | | 蒸压灰砂普通砖、蒸压粉煤灰普通砖 | 0.24 | 0.20 | 0.16 | — |
| | | 混凝土和轻集料混凝土砌块 | 0.11 | 0.09 | 0.08 | — |
| | | 毛石 | — | 0.11 | 0.09 | 0.07 |
| | 沿通缝 | 烧结普通砖、烧结多孔砖 | 0.17 | 0.14 | 0.11 | 0.08 |
| | | 混凝土普通砖、混凝土多孔砖 | 0.17 | 0.14 | 0.11 | — |
| | | 蒸压灰砂普通砖、蒸压粉煤灰普通砖 | 0.12 | 0.10 | 0.08 | — |
| | | 混凝土和轻集料混凝土砌块 | 0.08 | 0.06 | 0.05 | — |
| 抗剪 | 烧结普通砖、烧结多孔砖 | | 0.17 | 0.14 | 0.11 | 0.08 |
| | 混凝土普通砖、混凝土多孔砖 | | 0.17 | 0.14 | 0.11 | — |
| | 蒸压灰砂普通砖、蒸压粉煤灰普通砖 | | 0.12 | 0.10 | 0.08 | — |
| | 混凝土和轻集料混凝土砌块 | | 0.09 | 0.08 | 0.06 | — |
| | 毛石 | | — | 0.19 | 0.16 | 0.11 |

注：1. 对于用形状规则的块体砌筑的砌体，当搭接长度与块体高度的比值小于1时，其轴心抗拉强度设计值 $f_t$ 和弯曲抗拉强度设计值 $f_{tm}$ 应按表中数值乘以搭接长度与块体高度比值后采用；
2. 表中数值是依据普通砂浆砌筑的砌体确定，采用经研究性试验且通过技术鉴定的专用砂浆砌筑的蒸压灰砂普通砖、蒸压粉煤灰普通砖砌体，其抗剪强度设计值按相应普通砂浆强度等级砌筑的烧结普通砖砌体采用；
3. 对混凝土普通砖、混凝土多孔砖、混凝土和轻集料混凝土砌块砌体，表中的砂浆强度等级分别为：≥Mb10、Mb7.5 及 Mb5。

影响系数 $\varphi$（砂浆强度等级≥M5）　　　　附表 11-12-1

| $\beta$ | $\dfrac{e}{h}$ 或 $\dfrac{e}{h_T}$ | | | | | | | | | | | | |
|---|---|---|---|---|---|---|---|---|---|---|---|---|
| | 0 | 0.025 | 0.05 | 0.075 | 0.1 | 0.125 | 0.15 | 0.175 | 0.2 | 0.225 | 0.25 | 0.275 | 0.3 |
| ≤3 | 1 | 0.99 | 0.97 | 0.94 | 0.89 | 0.84 | 0.79 | 0.73 | 0.68 | 0.62 | 0.57 | 0.52 | 0.48 |
| 4 | 0.98 | 0.95 | 0.90 | 0.85 | 0.80 | 0.74 | 0.69 | 0.64 | 0.58 | 0.53 | 0.49 | 0.45 | 0.41 |
| 6 | 0.95 | 0.91 | 0.86 | 0.81 | 0.75 | 0.69 | 0.64 | 0.59 | 0.54 | 0.49 | 0.45 | 0.42 | 0.38 |
| 8 | 0.91 | 0.86 | 0.81 | 0.76 | 0.70 | 0.64 | 0.59 | 0.54 | 0.50 | 0.46 | 0.42 | 0.39 | 0.36 |
| 10 | 0.87 | 0.82 | 0.76 | 0.71 | 0.65 | 0.60 | 0.55 | 0.50 | 0.46 | 0.42 | 0.39 | 0.36 | 0.33 |
| 12 | 0.82 | 0.77 | 0.71 | 0.66 | 0.60 | 0.55 | 0.51 | 0.47 | 0.43 | 0.39 | 0.36 | 0.33 | 0.31 |
| 14 | 0.77 | 0.72 | 0.66 | 0.61 | 0.56 | 0.51 | 0.47 | 0.43 | 0.40 | 0.36 | 0.34 | 0.31 | 0.29 |
| 16 | 0.72 | 0.67 | 0.61 | 0.56 | 0.52 | 0.47 | 0.44 | 0.40 | 0.37 | 0.34 | 0.31 | 0.29 | 0.27 |
| 18 | 0.67 | 0.62 | 0.57 | 0.52 | 0.48 | 0.44 | 0.40 | 0.37 | 0.34 | 0.31 | 0.29 | 0.27 | 0.25 |
| 20 | 0.62 | 0.57 | 0.53 | 0.48 | 0.44 | 0.40 | 0.37 | 0.34 | 0.32 | 0.29 | 0.27 | 0.25 | 0.23 |
| 22 | 0.58 | 0.53 | 0.49 | 0.45 | 0.41 | 0.38 | 0.35 | 0.32 | 0.30 | 0.27 | 0.25 | 0.24 | 0.22 |
| 24 | 0.54 | 0.49 | 0.45 | 0.41 | 0.38 | 0.35 | 0.32 | 0.30 | 0.28 | 0.26 | 0.24 | 0.22 | 0.21 |
| 26 | 0.50 | 0.46 | 0.42 | 0.38 | 0.35 | 0.33 | 0.30 | 0.28 | 0.26 | 0.24 | 0.22 | 0.21 | 0.19 |
| 28 | 0.46 | 0.42 | 0.39 | 0.36 | 0.33 | 0.30 | 0.28 | 0.26 | 0.24 | 0.22 | 0.21 | 0.19 | 0.18 |
| 30 | 0.42 | 0.39 | 0.36 | 0.33 | 0.30 | 0.28 | 0.26 | 0.24 | 0.22 | 0.21 | 0.20 | 0.18 | 0.17 |

影响系数 $\varphi$（砂浆强度等级 M2.5）　　　　附表 11-12-2

| $\beta$ | $\dfrac{e}{h}$ 或 $\dfrac{e}{h_T}$ | | | | | | | | | | | | |
|---|---|---|---|---|---|---|---|---|---|---|---|---|
| | 0 | 0.025 | 0.05 | 0.075 | 0.1 | 0.125 | 0.15 | 0.175 | 0.2 | 0.225 | 0.25 | 0.275 | 0.3 |
| ≤3 | 1 | 0.99 | 0.97 | 0.94 | 0.89 | 0.84 | 0.79 | 0.73 | 0.68 | 0.62 | 0.57 | 0.52 | 0.48 |
| 4 | 0.97 | 0.94 | 0.89 | 0.84 | 0.78 | 0.73 | 0.67 | 0.62 | 0.57 | 0.52 | 0.48 | 0.44 | 0.40 |
| 6 | 0.93 | 0.89 | 0.84 | 0.78 | 0.73 | 0.67 | 0.62 | 0.57 | 0.52 | 0.48 | 0.44 | 0.40 | 0.37 |
| 8 | 0.89 | 0.84 | 0.78 | 0.72 | 0.67 | 0.62 | 0.57 | 0.52 | 0.48 | 0.44 | 0.40 | 0.37 | 0.34 |
| 10 | 0.83 | 0.78 | 0.72 | 0.67 | 0.61 | 0.56 | 0.52 | 0.47 | 0.43 | 0.40 | 0.37 | 0.34 | 0.31 |
| 12 | 0.78 | 0.72 | 0.67 | 0.61 | 0.56 | 0.52 | 0.47 | 0.43 | 0.40 | 0.37 | 0.34 | 0.31 | 0.29 |
| 14 | 0.72 | 0.66 | 0.61 | 0.56 | 0.51 | 0.47 | 0.43 | 0.40 | 0.36 | 0.34 | 0.31 | 0.29 | 0.27 |
| 16 | 0.66 | 0.61 | 0.56 | 0.51 | 0.47 | 0.43 | 0.40 | 0.36 | 0.34 | 0.31 | 0.29 | 0.26 | 0.25 |
| 18 | 0.61 | 0.56 | 0.51 | 0.47 | 0.43 | 0.40 | 0.36 | 0.33 | 0.31 | 0.29 | 0.26 | 0.24 | 0.23 |
| 20 | 0.56 | 0.51 | 0.47 | 0.43 | 0.39 | 0.36 | 0.33 | 0.31 | 0.28 | 0.26 | 0.24 | 0.23 | 0.21 |
| 22 | 0.51 | 0.47 | 0.43 | 0.39 | 0.36 | 0.33 | 0.31 | 0.28 | 0.26 | 0.24 | 0.23 | 0.21 | 0.20 |
| 24 | 0.46 | 0.43 | 0.39 | 0.36 | 0.33 | 0.31 | 0.28 | 0.26 | 0.24 | 0.23 | 0.21 | 0.20 | 0.18 |
| 26 | 0.42 | 0.39 | 0.36 | 0.33 | 0.31 | 0.28 | 0.26 | 0.24 | 0.22 | 0.21 | 0.20 | 0.18 | 0.17 |
| 28 | 0.39 | 0.36 | 0.33 | 0.30 | 0.28 | 0.26 | 0.24 | 0.22 | 0.21 | 0.20 | 0.18 | 0.17 | 0.16 |
| 30 | 0.36 | 0.33 | 0.30 | 0.28 | 0.26 | 0.24 | 0.22 | 0.21 | 0.20 | 0.18 | 0.17 | 0.16 | 0.15 |

### 影响系数 $\varphi$（砂浆强度 0） 附表 11-12-3

| $\beta$ | \multicolumn{13}{c}{$\frac{e}{h}$ 或 $\frac{e}{h_T}$} |
|---|---|---|---|---|---|---|---|---|---|---|---|---|---|
| | 0 | 0.025 | 0.05 | 0.075 | 0.1 | 0.125 | 0.15 | 0.175 | 0.2 | 0.225 | 0.25 | 0.275 | 0.3 |
| ≤3 | 1 | 0.99 | 0.97 | 0.94 | 0.89 | 0.84 | 0.79 | 0.73 | 0.68 | 0.62 | 0.57 | 0.52 | 0.48 |
| 4 | 0.87 | 0.82 | 0.77 | 0.71 | 0.66 | 0.60 | 0.55 | 0.51 | 0.46 | 0.43 | 0.39 | 0.36 | 0.33 |
| 6 | 0.76 | 0.70 | 0.65 | 0.59 | 0.54 | 0.50 | 0.46 | 0.42 | 0.39 | 0.36 | 0.33 | 0.30 | 0.28 |
| 8 | 0.63 | 0.58 | 0.54 | 0.49 | 0.45 | 0.41 | 0.38 | 0.35 | 0.32 | 0.30 | 0.28 | 0.25 | 0.24 |
| 10 | 0.53 | 0.48 | 0.44 | 0.41 | 0.37 | 0.34 | 0.32 | 0.29 | 0.27 | 0.25 | 0.23 | 0.22 | 0.20 |
| 12 | 0.44 | 0.40 | 0.37 | 0.34 | 0.31 | 0.29 | 0.27 | 0.25 | 0.23 | 0.21 | 0.20 | 0.19 | 0.11 |
| 14 | 0.36 | 0.33 | 0.31 | 0.28 | 0.26 | 0.24 | 0.23 | 0.21 | 0.20 | 0.18 | 0.17 | 0.16 | 0.15 |
| 16 | 0.30 | 0.28 | 0.26 | 0.24 | 0.22 | 0.21 | 0.19 | 0.18 | 0.17 | 0.16 | 0.15 | 0.14 | 0.13 |
| 18 | 0.26 | 0.24 | 0.22 | 0.21 | 0.19 | 0.18 | 0.17 | 0.16 | 0.15 | 0.14 | 0.13 | 0.12 | 0.12 |
| 20 | 0.22 | 0.20 | 0.19 | 0.18 | 0.17 | 0.16 | 0.15 | 0.14 | 0.13 | 0.12 | 0.12 | 0.11 | 0.10 |
| 22 | 0.19 | 0.18 | 0.16 | 0.15 | 0.14 | 0.14 | 0.13 | 0.12 | 0.12 | 0.11 | 0.10 | 0.10 | 0.09 |
| 24 | 0.16 | 0.15 | 0.14 | 0.13 | 0.13 | 0.12 | 0.11 | 0.11 | 0.10 | 0.10 | 0.09 | 0.09 | 0.08 |
| 26 | 0.14 | 0.13 | 0.13 | 0.12 | 0.11 | 0.11 | 0.10 | 0.10 | 0.09 | 0.09 | 0.08 | 0.08 | 0.07 |
| 28 | 0.12 | 0.12 | 0.11 | 0.11 | 0.10 | 0.10 | 0.09 | 0.09 | 0.08 | 0.08 | 0.08 | 0.07 | 0.07 |
| 30 | 0.11 | 0.10 | 0.10 | 0.09 | 0.09 | 0.09 | 0.08 | 0.08 | 0.07 | 0.07 | 0.07 | 0.07 | 0.06 |

### 网状配筋砖砌体轴向力影响系数 $\varphi_n$ 附表 11-13

| $\rho$ | $\beta$ | \multicolumn{5}{c}{$e/h$} |
|---|---|---|---|---|---|---|
| | | 0 | 0.05 | 0.10 | 0.15 | 0.17 |
| 0.1 | 4 | 0.97 | 0.89 | 0.78 | 0.67 | 0.63 |
| | 6 | 0.93 | 0.84 | 0.73 | 0.62 | 0.58 |
| | 8 | 0.89 | 0.78 | 0.67 | 0.57 | 0.53 |
| | 10 | 0.84 | 0.72 | 0.62 | 0.52 | 0.48 |
| | 12 | 0.78 | 0.67 | 0.56 | 0.48 | 0.44 |
| | 14 | 0.72 | 0.61 | 0.52 | 0.44 | 0.41 |
| | 16 | 0.67 | 0.56 | 0.47 | 0.40 | 0.37 |
| 0.3 | 4 | 0.96 | 0.87 | 0.76 | 0.64 | 0.61 |
| | 6 | 0.91 | 0.80 | 0.69 | 0.59 | 0.55 |
| | 8 | 0.84 | 0.74 | 0.62 | 0.53 | 0.49 |
| | 10 | 0.78 | 0.67 | 0.56 | 0.47 | 0.44 |
| | 12 | 0.71 | 0.60 | 0.51 | 0.43 | 0.40 |
| | 14 | 0.64 | 0.54 | 0.46 | 0.38 | 0.36 |
| | 16 | 0.58 | 0.49 | 0.41 | 0.35 | 0.32 |
| 0.5 | 4 | 0.94 | 0.85 | 0.74 | 0.63 | 0.59 |
| | 6 | 0.88 | 0.77 | 0.66 | 0.56 | 0.52 |
| | 8 | 0.81 | 0.69 | 0.59 | 0.50 | 0.46 |
| | 10 | 0.73 | 0.62 | 0.52 | 0.44 | 0.41 |
| | 12 | 0.65 | 0.55 | 0.46 | 0.39 | 0.36 |
| | 14 | 0.58 | 0.49 | 0.41 | 0.35 | 0.32 |
| | 16 | 0.51 | 0.43 | 0.36 | 0.31 | 0.29 |

续表

| $\rho$ | $\beta$ \ $e/h$ | 0 | 0.05 | 0.10 | 0.15 | 0.17 |
|---|---|---|---|---|---|---|
| 0.7 | 4 | 0.93 | 0.83 | 0.72 | 0.61 | 0.57 |
| | 6 | 0.86 | 0.75 | 0.63 | 0.53 | 0.50 |
| | 8 | 0.77 | 0.66 | 0.56 | 0.47 | 0.43 |
| | 10 | 0.68 | 0.58 | 0.49 | 0.41 | 0.38 |
| | 12 | 0.60 | 0.50 | 0.42 | 0.36 | 0.33 |
| | 14 | 0.52 | 0.44 | 0.37 | 0.31 | 0.30 |
| | 16 | 0.46 | 0.38 | 0.33 | 0.28 | 0.26 |
| 0.9 | 4 | 0.92 | 0.82 | 0.71 | 0.60 | 0.56 |
| | 6 | 0.83 | 0.72 | 0.61 | 0.52 | 0.48 |
| | 8 | 0.73 | 0.63 | 0.53 | 0.45 | 0.42 |
| | 10 | 0.64 | 0.54 | 0.46 | 0.38 | 0.36 |
| | 12 | 0.55 | 0.47 | 0.39 | 0.33 | 0.31 |
| | 14 | 0.48 | 0.40 | 0.34 | 0.29 | 0.27 |
| | 16 | 0.41 | 0.35 | 0.30 | 0.25 | 0.24 |
| 1.0 | 4 | 0.91 | 0.81 | 0.70 | 0.59 | 0.55 |
| | 6 | 0.82 | 0.71 | 0.60 | 0.51 | 0.47 |
| | 8 | 0.72 | 0.61 | 0.52 | 0.43 | 0.41 |
| | 10 | 0.62 | 0.53 | 0.44 | 0.37 | 0.35 |
| | 12 | 0.54 | 0.45 | 0.38 | 0.32 | 0.30 |
| | 14 | 0.46 | 0.39 | 0.33 | 0.28 | 0.26 |
| | 16 | 0.39 | 0.34 | 0.28 | 0.24 | 0.23 |

组合砖砌体构件的稳定系数 $\varphi_{com}$     附表 11-14

| $\beta$ | 配筋率 $\rho$(%) | | | | | |
|---|---|---|---|---|---|---|
| | 0 | 0.2 | 0.4 | 0.6 | 0.8 | ≥1.0 |
| 8 | 0.91 | 0.93 | 0.95 | 0.97 | 0.99 | 1.00 |
| 10 | 0.87 | 0.90 | 0.92 | 0.94 | 0.96 | 0.98 |
| 12 | 0.82 | 0.85 | 0.88 | 0.91 | 0.93 | 0.95 |
| 14 | 0.77 | 0.80 | 0.83 | 0.86 | 0.89 | 0.92 |
| 16 | 0.72 | 0.75 | 0.78 | 0.81 | 0.84 | 0.87 |
| 18 | 0.67 | 0.70 | 0.73 | 0.76 | 0.79 | 0.81 |
| 20 | 0.62 | 0.65 | 0.68 | 0.71 | 0.73 | 0.75 |
| 22 | 0.58 | 0.61 | 0.64 | 0.66 | 0.68 | 0.70 |
| 24 | 0.54 | 0.57 | 0.59 | 0.61 | 0.63 | 0.65 |
| 26 | 0.50 | 0.52 | 0.54 | 0.56 | 0.58 | 0.60 |
| 28 | 0.46 | 0.48 | 0.50 | 0.52 | 0.54 | 0.56 |

## 砌体结构中钢筋的最小保护层厚度    附表 11-15

| 环境类别 | 混凝土强度等级 | | | |
|---|---|---|---|---|
| | C20 | C25 | C30 | C35 |
| | 最低水泥含量（kg/m³） | | | |
| | 260 | 280 | 300 | 320 |
| 1 | 20 | 20 | 20 | 20 |
| 2 | — | 25 | 25 | 25 |
| 3 | — | 40 | 40 | 30 |
| 4 | — | — | 40 | 40 |
| 5 | — | — | — | 40 |

注：1. 材料中最大氯离子含量和最大碱含量应符合现行国家标准《混凝土结构设计规范》GB 50010 的规定；
2. 当采用防渗砌体块体和防渗砂浆时，可以考虑部分砌体（含抹灰层）的厚度作为保护层，但对环境类别 1、2、3，其混凝土保护层的厚度相应不应小于 10mm、15mm 和 20mm；
3. 钢筋砂浆面层的组合砌体构件的钢筋保护层厚度宜比表 4.3.3 规定的混凝土保护层厚度数值增加 5mm～10mm；
4. 对安全等级为一级或设计使用年限为 50a 以上的砌体结构，钢筋保护层的厚度应至少增加 10mm。

# 附录 12　电动桥式起重机基本参数 5~50/5t 一般用途电动桥式起重机基本参数和尺寸系列(ZQ1-62)

电动桥式起重机基本参数 5~50/5t 一般用途电动桥式起重机基本参数和尺寸系列 (ZQ1-62)　　附表 12

| 起重量 $Q(t)$ | 跨度 $L_k(m)$ | 尺寸 宽度 $B(mm)$ | 尺寸 轮距 $K(mm)$ | 尺寸 轨顶以上高度 $H(mm)$ | 轨道中心至端部距离 $B_1(mm)$ | 吊车工作级别 A4~A5 最大轮压 $P_{max}(kN)$ | 吊车工作级别 A4~A5 最小轮压 $P_{min}(t)$ | 吊车工作级别 A4~A5 起重机总质量 $m_1(t)$ | 小车总质量 $m_2(t)$ |
|---|---|---|---|---|---|---|---|---|---|
| 5 | 16.5 | 4650 | 3500 | 1870 | 230 | 76 | 3.1 | 16.4 | 2.0（单闸） 2.1（双闸） |
|  | 19.5 | 5150 | 4000 |  |  | 85 | 3.5 | 19.0 |  |
|  | 22.5 |  |  |  |  | 90 | 4.2 | 21.4 |  |
|  | 25.5 | 6400 | 5250 |  |  | 10 | 4.7 | 24.4 |  |
|  | 28.5 |  |  |  |  | 105 | 6.3 | 28.5 |  |
| 10 | 16.5 | 5550 | 4400 | 2140 | 230 | 115 | 2.5 | 18.0 | 3.8（单闸） 3.9（双闸） |
|  | 19.5 |  |  |  |  | 120 | 3.2 | 20.3 |  |
|  | 22.5 | 5550 | 4400 |  |  | 125 | 4.7 | 22.4 |  |
|  | 25.5 | 6400 | 5250 | 2190 |  | 135 | 5.0 | 27.0 |  |
|  | 28.5 |  |  |  |  | 140 | 6.6 | 31.5 |  |
| 15 | 16.5 | 5650 |  | 2050 | 230 | 165 | 3.4 | 24.1 | 5.3（单闸） 5.5（双闸） |
|  | 19.5 | 5550 | 4400 |  |  | 170 | 4.8 | 25.5 |  |
|  | 22.5 |  |  | 2140 | 260 | 185 | 5.8 | 31.6 |  |
|  | 25.5 | 6400 | 5250 |  |  | 195 | 6.0 | 38.0 |  |
|  | 28.5 |  |  |  |  | 210 | 6.8 | 40.0 |  |
| 15/3 | 16.5 | 5650 |  | 2050 | 230 | 165 | 3.5 | 25.0 | 6.9（单闸） 7.4（双闸） |
|  | 19.5 | 5550 | 4400 |  |  | 175 | 4.3 | 28.5 |  |
|  | 22.5 |  |  | 2150 | 260 | 185 | 5.0 | 32.1 |  |
|  | 25.5 | 6400 | 5250 |  |  | 195 | 6.0 | 36.0 |  |
|  | 28.5 |  |  |  |  | 210 | 6.8 | 40.5 |  |

续表

| 起重量 $Q(t)$ | 跨度 $L_k(m)$ | 尺寸 | | | | 吊车工作级别 A4~A5 | | | |
|---|---|---|---|---|---|---|---|---|---|
| | | 宽度 $B(mm)$ | 轮距 $K(mm)$ | 轨顶以上高度 $H(mm)$ | 轨道中心至端部距离 $B_1(mm)$ | 最大轮压 $P_{max}(kN)$ | 最小轮压 $P_{min}(t)$ | 起重机总质量 $m_1(t)$ | 小车总质量 $m_2(t)$ |
| 20/5 | 16.5 | 5650 | 4400 | 2200 | 230 | 195 | 3.0 | 25.0 | 7.5（单闸）7.8（双闸） |
| | 19.5 | 5550 | | 2300 | 260 | 205 | 3.5 | 28.0 | |
| | 22.5 | | | | | 215 | 4.5 | 32.0 | |
| | 25.5 | 6400 | 5250 | | | 230 | 5.3 | 30.5 | |
| | 28.5 | | | | | 240 | 6.5 | 41.0 | |
| 30/5 | 16.5 | 6050 | 4600 | 2600 | 260 | 270 | 5.0 | 34.0 | 11.7（单闸）11.8（双闸） |
| | 19.5 | 6150 | 4800 | | 300 | 280 | 6.5 | 36.5 | |
| | 22.5 | | | | | 290 | 7.0 | 42.0 | |
| | 25.5 | 6650 | 5250 | | | 310 | 7.8 | 47.5 | |
| | 28.5 | | | | | 320 | 8.8 | 51.5 | |
| 50/5 | 16.5 | 6350 | 4800 | 2700 | 300 | 395 | 7.5 | 44.0 | 14.0（单闸）14.5（双闸） |
| | 19.5 | | | 2750 | | 415 | 7.5 | 48.0 | |
| | 22.5 | | | | | 425 | 8.5 | 52.0 | |
| | 25.5 | 6800 | 5250 | | | 445 | 8.5 | 56.0 | |
| | 28.5 | | | | | 460 | 9.5 | 61.0 | |

注：1. 表列尺寸和起重量均为该标准制造的最大限值；
2. 起重机总质量根据带双闸小车和封闭式操纵室质量求得；
3. 本表未包括工作级别为 A6、A7 的吊车，需要时可查（ZQ1-62）；
4. 本表重量单位为吨（t），使用时要折算成法定重力计量单位千牛顿（kN），故理应将表中值乘以 9.81；为简化，近似以表中值乘以 10.0；
5. 起重量 5015t 表示主钩起重量为 50t，副钩起重量为 15t。

## 高校土木工程专业指导委员会规划推荐教材（经典精品系列教材）

| 征订号 | 书 名 | 定价 | 作者 | 备 注 |
|---|---|---|---|---|
| V16537 | 土木工程施工（上册）（第二版） | 46.00 | 重庆大学、同济大学、哈尔滨工业大学 | 21世纪课程教材、"十二五"国家规划教材、教育部2009年度普通高等教育精品教材 |
| V16538 | 土木工程施工（下册）（第二版） | 47.00 | 重庆大学、同济大学、哈尔滨工业大学 | 21世纪课程教材、"十二五"国家规划教材、教育部2009年度普通高等教育精品教材 |
| V16543 | 岩土工程测试与监测技术 | 29.00 | 宰金珉 | "十二五"国家规划教材 |
| V18218 | 建筑结构抗震设计（第三版）（附精品课程网址） | 32.00 | 李国强 等 | "十二五"国家规划教材、土建学科"十二五"规划教材 |
| V22301 | 土木工程制图（第四版）（含教学资源光盘） | 58.00 | 卢传贤 等 | 21世纪课程教材、"十二五"国家规划教材、土建学科"十二五"规划教材 |
| V22302 | 土木工程制图习题集（第四版） | 20.00 | 卢传贤 等 | 21世纪课程教材、"十二五"国家规划教材、土建学科"十二五"规划教材 |
| V21718 | 岩石力学（第二版） | 29.00 | 张永兴 | "十二五"国家规划教材、土建学科"十二五"规划教材 |
| V20960 | 钢结构基本原理（第二版） | 39.00 | 沈祖炎 等 | 21世纪课程教材、"十二五"国家规划教材、土建学科"十二五"规划教材 |
| V16338 | 房屋钢结构设计 | 55.00 | 沈祖炎、陈以一、陈扬骥 | "十二五"国家规划教材、土建学科"十二五"规划教材、教育部2008年度普通高等教育精品教材 |
| V15233 | 路基工程 | 27.00 | 刘建坤、曾巧玲 等 | "十二五"国家规划教材 |
| V20313 | 建筑工程事故分析与处理（第三版） | 44.00 | 江见鲸 等 | "十二五"国家规划教材、土建学科"十二五"规划教材、教育部2007年度普通高等教育精品教材 |
| V13522 | 特种基础工程 | 19.00 | 谢新宇、俞建霖 | "十二五"国家规划教材 |
| V20935 | 工程结构荷载与可靠度设计原理（第三版） | 27.00 | 李国强 等 | 面向21世纪课程教材、"十二五"国家规划教材 |
| V19939 | 地下建筑结构（第二版）（赠送课件） | 45.00 | 朱合华 等 | "十二五"国家规划教材、土建学科"十二五"规划教材、教育部2011年度普通高等教育精品教材 |
| V13494 | 房屋建筑学（第四版）（含光盘） | 49.00 | 同济大学、西安建筑科技大学、东南大学、重庆大学 | "十二五"国家规划教材、教育部2007年度普通高等教育精品教材 |
| V20319 | 流体力学（第二版） | 30.00 | 刘鹤年 | 21世纪课程教材、"十二五"国家规划教材、土建学科"十二五"规划教材 |
| V12972 | 桥梁施工（含光盘） | 37.00 | 许克宾 | "十二五"国家规划教材 |
| V19477 | 工程结构抗震设计（第二版） | 28.00 | 李爱群 等 | "十二五"国家规划教材、土建学科"十二五"规划教材 |
| V20317 | 建筑结构试验 | 27.00 | 易伟建、张望喜 | "十二五"国家规划教材、土建学科"十二五"规划教材 |
| V21003 | 地基处理 | 22.00 | 龚晓南 | "十二五"国家规划教材 |
| V20915 | 轨道工程 | 36.00 | 陈秀方 | "十二五"国家规划教材 |
| V21757 | 爆破工程 | 26.00 | 东兆星 等 | "十二五"国家规划教材 |
| V20961 | 岩土工程勘察 | 34.00 | 王奎华 等 | "十二五"国家规划教材 |
| V20764 | 钢-混凝土组合结构 | 33.00 | 聂建国 等 | "十二五"国家规划教材 |
| V19566 | 土力学（第三版） | 36.00 | 东南大学、浙江大学、湖南大学 苏州科技学院 | 21世纪课程教材、"十二五"国家规划教材、土建学科"十二五"规划教材 |

续表

| 征订号 | 书名 | 定价 | 作者 | 备注 |
|---|---|---|---|---|
| V20984 | 基础工程（第二版）（附课件） | 43.00 | 华南理工大学 | 21世纪课程教材、"十二五"国家规划教材、土建学科"十二五"规划教材 |
| V21506 | 混凝土结构（上册）——混凝土结构设计原理（第五版）（含光盘） | 48.00 | 东南大学、天津大学、同济大学 | 21世纪课程教材、"十二五"国家规划教材、土建学科"十二五"规划教材、教育部2009年度普通高等教育精品教材 |
| V22466 | 混凝土结构（中册）——混凝土结构与砌体结构设计（第五版） | 56.00 | 东南大学 同济大学 天津大学 | 21世纪课程教材、"十二五"国家规划教材、土建学科"十二五"规划教材、教育部2009年度普通高等教育精品教材 |
| V22023 | 混凝土结构（下册）——混凝土桥梁设计（第五版） | 49.00 | 东南大学 同济大学 天津大学 | 21世纪课程教材、"十二五"国家规划教材、土建学科"十二五"规划教材、教育部2009年度普通高等教育精品教材 |
| V11404 | 混凝土结构及砌体结构（上） | 42.00 | 滕智明 等 | "十二五"国家规划教材 |
| V11439 | 混凝土结构及砌体结构（下） | 39.00 | 罗福午 等 | "十二五"国家规划教材 |
| V21630 | 钢结构（上册）——钢结构基础（第二版） | 38.00 | 陈绍蕃 | "十二五"国家规划教材、土建学科"十二五"规划教材 |
| V21004 | 钢结构（下册）——房屋建筑钢结构设计（第二版） | 27.00 | 陈绍蕃 | "十二五"国家规划教材、土建学科"十二五"规划教材 |
| V22020 | 混凝土结构基本原理（第二版） | 48.00 | 张誉 等 | 21世纪课程教材、"十二五"国家规划教材 |
| V21673 | 混凝土及砌体结构（上册） | 37.00 | 哈尔滨工业大学、大连理工大学等 | "十二五"国家规划教材 |
| V10132 | 混凝土及砌体结构（下册） | 19.00 | 哈尔滨工业大学、大连理工大学等 | "十二五"国家规划教材 |
| V20495 | 土木工程材料（第二版） | 38.00 | 湖南大学、天津大学、同济大学、东南大学 | 21世纪课程教材、"十二五"国家规划教材、土建学科"十二五"规划教材 |
| V18285 | 土木工程概论 | 18.00 | 沈祖炎 | "十二五"国家规划教材 |
| V19590 | 土木工程概论（第二版） | 42.00 | 丁大钧 等 | 21世纪课程教材、"十二五"国家规划教材、教育部2011年度普通高等教育精品教材 |
| V20095 | 工程地质学（第二版） | 33.00 | 石振明 等 | 21世纪课程教材、"十二五"国家规划教材、土建学科"十二五"规划教材 |
| V20916 | 水文学 | 25.00 | 雒文生 | 21世纪课程教材、"十二五"国家规划教材 |
| V22601 | 高层建筑结构设计（第二版） | 45.00 | 钱稼茹 | "十二五"国家规划教材、土建学科"十二五"规划教材 |
| V19359 | 桥梁工程（第二版） | 39.00 | 房贞政 | "十二五"国家规划教材 |
| V19938 | 砌体结构（第二版） | 28.00 | 丁大钧 等 | 21世纪课程教材、"十二五"国家规划教材、教育部2011年度普通高等教育精品教材 |